"十三五"普通高等教育规划教材

LabVIEW 程序设计
基础与应用

张兰勇　编著

机械工业出版社

本书在介绍虚拟仪器的基本概念和 LabVIEW 软件基础知识的同时，重点详细地介绍了 LabVIEW 的数据采集、仪器控制、分析及应用，并结合实际应用，介绍了编者近年来在研究中总结出来的一些经典案例，尽量做到理论、应用与实际编程的紧密结合，使读者掌握使用 LabVIEW 的基本方法和技巧。

本书适合 LabVIEW 入门级读者以及从事相关专业的工程项目开发人员阅读，也可供高等院校计算机、电子技术、自动化工程、电气、通信、测控等相关专业的高年级本科学生使用。

本书的配套资源包含本书全部的实例程序、开发过程教学视频以及教学资源索引。为了配合教学，本书还提供了授课用电子课件。以上文件均可通过扫描本书封底的二维码获取下载链接。

图书在版编目（CIP）数据

LabVIEW 程序设计基础与应用 / 张兰勇编著. —北京：机械工业出版社，2019.7（2024.7 重印）
“十三五”普通高等教育规划教材
ISBN 978-7-111-63534-5

Ⅰ.①L…　Ⅱ.①张…　Ⅲ.①软件工具-程序设计-高等学校-教材
Ⅳ.①TP311.56

中国版本图书馆 CIP 数据核字（2019）第 182027 号

机械工业出版社（北京市百万庄大街 22 号　邮政编码 100037）
策划编辑：李馨馨　　责任编辑：李馨馨　白文亭
责任校对：张艳霞　　责任印制：邓　博

北京盛通数码印刷有限公司印刷

2024 年 7 月第 1 版 · 第 7 次印刷
184mm×260mm · 23.75 印张 · 587 千字
标准书号：ISBN 978-7-111-63534-5
定价：69.80 元

电话服务
客服电话：010-88361066
010-88379833
010-68326294

网络服务
机　工　官　网：www.cmpbook.com
机　工　官　博：weibo.com/cmp1952
金　　书　　网：www.golden-book.com
机工教育服务网：www.cmpedu.com

前　言

National Instruments(NI)公司发布的 LabVIEW 很大程度上解决了软件易用性和强大功能之间的矛盾，为工程师提供了效率与性能俱佳的真正出色的开发环境。LabVIEW 软件不但适用于各种测量和自动化领域，而且无论工程师是否有丰富的开发经验，都能顺利应用，所以 LabVIEW 目前已经成为大学生必修的一门基础实验课程。本书以 LabVIEW 为对象，通过理论与实例相结合的方式，结合作者多年的实践经验，深入浅出地介绍其使用方法和技巧，目的在于让读者快速掌握这门功能强大的图形化编程语言。

本书按照读者的学习能力与学习思维分成四部分，读者只需 4 周（28 天）便可具备开始使用 LabVIEW 进行编程所需的基本技能。通过阅读这本内容全面的教程，读者可快速掌握 LabVIEW 的基本知识并学习更高级的特性和概念。

本书以“条理清晰、系统全面、由浅入深、实例引导、贴近实用”为宗旨，精选了多个具有代表性的 LabVIEW 应用程序设计实例，实例类型丰富，覆盖面广，工程指导性强。本书不但详细介绍了实例的硬件仪器配置，也对实例的程序流程做了重点分析，提供了深入的程序设计思想，既利于读者举一反三，又便学、易懂。

本书在介绍虚拟仪器的基本概念和 LabVIEW 软件基础知识的同时，重点详细地介绍了 LabVIEW 的数据采集、仪器控制、分析及应用，并结合实际应用，介绍了编者近年来在研究中总结出来的一些经典案例，尽量做到理论、应用与实际编程的紧密结合，使读者掌握使用 LabVIEW 的基本方法和技巧。

本书具有以下几个特点。

基础性：简单而全面地介绍了 LabVIEW 的基本概念以及虚拟仪器开发的基础知识，特别适合于从事 LabVIEW 软件设计的初学者。

实用性：书中大部分实例工程均为利用该实验室内的设备进行设计与开发，且程序全部经过调试与验证。随书附赠云盘资源，云盘资源中附有实例程序源代码，读者稍加修改，便可应用于自己的工作中。

时代性：本书精选了的若干个典型实例，内容新颖，反映了当前虚拟仪器的发展及时代的需求。

本书将使初学者快速地拥有使用 LabVIEW 设计测量系统的能力，全书从实用角度出发，将内容分为四篇。

第 1 篇：入门篇——重点介绍虚拟仪器的概念和基础知识，包括 LabVIEW 的设计原理，建议读者用一周时间学习。

第 2 篇：基础篇——全面而详细地介绍虚拟仪器的组成、数据类型、图形图表的建立、程序结构设计、文件的输入与输出以及人机交互界面的设计等知识，建议读者用三周时间学习。

第 3 篇：提高篇——分别介绍了 LabVIEW 在数字信号处理、仪器控制、外部接口等方面的应用，建议读者用两周时间学习。

第 4 篇：综合篇——主要介绍了成功应用的 LabVIEW 测量系统实例，使读者迅速掌握 LabVIEW 编程的技巧，提高完成工程应用的效率；不仅详细介绍了 LabVIEW 的开发技术和使用技巧，还使读者能够将知识融会贯通，培养综合运用知识的能力，增强读者的实际动手能力，建议读者用两周时间学习。

本书在内容安排上循序渐进、深入浅出，力求突出重点，面向应用，提高能力，解决问题。

本书由张兰勇编著。在 2012 年第 1 版的基础上利用新版软件重新对部分程序进行了更新，并增加了近几年编者参与的工程实践案例，以使读者更深入地了解 LabVIEW 解决复杂工程问题的能力。本书的编写得到了哈尔滨工程大学自动化学院刘胜教授的鼓励和支持，在此向他表示衷心感谢。

为了使读者更快掌握 LabVIEW 编程，编者对本书进行了全程视频录像本书的配套资源包含本书全部的实例程序、开发过程教学视频以及教学资源索引。为了配合教学，本书还提供了授课用电子课件。以上文件均可通过扫描本书封底的二维码获取下载链接。虽然本书所设计的 LabVIEW 编程技术为较成熟的技术，然而本书所涉及的程序是作者费了一定心血编写出来的，如用到本书程序，请注明引自本书。

由于编者水平及时间有限，书中难免存在一些不妥或错误之处，恳请读者批评指正。

编　者

2019 年 4 月

目　录

第2篇 基 础 篇

第3篇　提　高　篇

第 4 篇 综 合 篇

第1篇 入 门 篇

第1章 虚拟仪器概述

1.1 虚拟仪器的概念及结构

虚拟仪器是美国国家仪器公司（National Instruments Corp，NI）于 1986 年推出的概念，是现代计算机技术和仪器技术深层次结合的产物，是计算机辅助测试（Computer Assistant Test）领域的一项重要技术。虚拟仪器的出现是测量仪器领域的一个突破，它彻底改变了传统的仪器观，从根本上更新了测量仪器的概念，带给了人们一个全新的仪器观念。虚拟仪器（Virtual instrumentation）是基于计算机的仪器。计算机和仪器的密切结合是目前仪器发展的一个重要方向。粗略地说这种结合有两种方式，一种是将计算机装入仪器，其典型的例子就是所谓的智能化仪器。随着计算机功能的日益强大以及其体积的日趋缩小，这类仪器的功能也越来越强大，目前已经出现含嵌入式系统的仪器。另一种方式是将仪器装入计算机，以通用的计算机硬件及操作系统为依托，实现各种仪器功能，虚拟仪器主要是指这种方式。图 1-1 所示为常见的虚拟仪器构成方案。

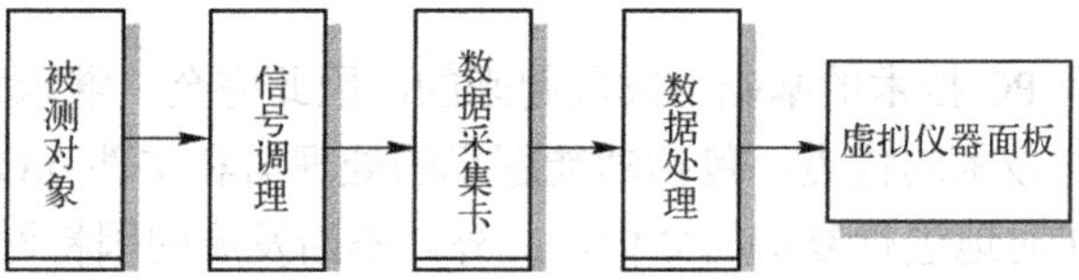

图 1-1 虚拟仪器构成方案

虚拟仪器利用硬件系统完成信号的采集、测量与调理，利用计算机强大的软件功能实现信号数据的运算、分析和处理，利用计算机的显示器模拟传统仪器的控制面板，以多种形式输出检测结果，从而完成所需的各种测试功能。虚拟仪器中的“虚拟”有以下两个层面的含义。

（1）虚拟的控制面板

传统仪器通过设置在面板上的各种“控件”来完成一些操作和功能，如通过各种开关、按键、滑动调节件、显示器等实现仪器电源的“通”“断”，被测信号的“输入通道”“放大倍数”“滤波特性”等参数设置，测量结果的“数值显示”“波形显示”等。

传统仪器面板上的“控件”都是实物，而且是用手动和触摸两种方式进行操作的，而虚拟仪器面板上的各种“控件”，它们的外形是与实物和传统仪器“控件”相像的图标，实际功能通过相应的软件程序来实现。

（2）虚拟的测量测试与分析

传统的仪器是通过设计具体的模拟或数字电路实现仪器的测量测试及分析功能。而虚拟仪器是利用软件程序实现这些功能的。

可见，虚拟仪器是由计算机硬件资源、模块化仪器硬件和用于数据分析、过程通信及图形用户界面的软件组成的测控系统，是一种由计算机操纵的模块化仪器系统。

虚拟仪器实际上是一个按照仪器需求组织的数据采集系统。虚拟仪器的研究中涉及的基础理论主要有计算机数据采集和数字信号处理。目前在这一领域内，使用较为广泛的计算机语言是美国NI公司的LabVIEW。

虚拟仪器的起源可以追溯到20世纪70年代，那时计算机测控系统在国防、航天等领域已经有了相当的发展。个人计算机（PC）出现以后，仪器级的计算机化成为可能，甚至在Microsoft公司的Windows诞生之前，NI公司已经在Macintosh计算机上推出了LabVIEW2.0以前的版本。对虚拟仪器和 LabVIEW 长期、系统、有效的研究开发使得该公司成为业界公认的权威。

利用 LabVIEW，可产生独立运行的可执行文件，它是一个真正的 32 位编译器。像许多重要的软件一样，LabVIEW 提供了 Windows、UNIX、Linux、Macintosh 等操作系统的多种版本。

1.1.1 虚拟仪器的特点和优势

虚拟仪器技术利用高性能的模块化硬件，结合高效灵活的软件来完成各种测试、测量和自动化的应用。灵活高效的软件能创建完全自定义的用户界面，模块化的硬件能方便地提供全方位的系统集成，标准的软硬件平台能满足用户对同步和定时应用的需求。

与传统仪器相比，虚拟仪器具有以下4个特点。

（1）性能高

虚拟仪器技术是在PC技术的基础上发展起来的，因此完全“继承”了以现成即用的PC技术为主导的最新商业技术的优点，包括功能超卓的处理器和文件 I/O，使用户在数据高速导入磁盘的同时就能实时地进行复杂的分析。此外，不断发展的因特网和越来越快的计算机网络使得虚拟仪器技术展现出更强大的优势。

（2）扩展性强

目前日益发展的软硬件工具使得工程师和科学家们不再局限于当前的技术中。得益于虚拟仪器应用软件的灵活性，只需要更新计算机或测量硬件，就能以最少的硬件投资和极少的甚至无须软件上的升级即可改进整个系统。利用最新的科技，可以把它们集成到现有的测量设备中，最终以较少的成本加速产品上市。

（3）开发时间少

在驱动和应用两个层面上，目前高效的软件构架能与计算机、仪器仪表和通信方面的最新技术结合在一起。设计这一软件构架是为了方便用户的操作，同时还提供了灵活性和强大的功能，使得用户能轻松地配置、创建、分布、维护和修改高性能、低成本的测量和控制解决方案。

（4）无缝集成

虚拟仪器技术从本质上说是一个集成的软硬件概念。随着产品在功能上不断趋于复杂，工程师们通常需要集成多个测量设备来满足完整的测试需求，而连接和集成这些不同设备总是要耗费大量的时间。虚拟仪器软件平台为所有的 I/O 设备提供了标准的接口，帮助用户轻松地将多个测量设备集成到单个系统，减少了任务的复杂性。

1.1.2 虚拟仪器的结构

虚拟仪器可以由多种接口（如 GPIB、VXI、PXI 等）或具有这些接口的仪器，来连接构成被测控对象和计算机。虚拟仪器的结构如图 1-2 所示。

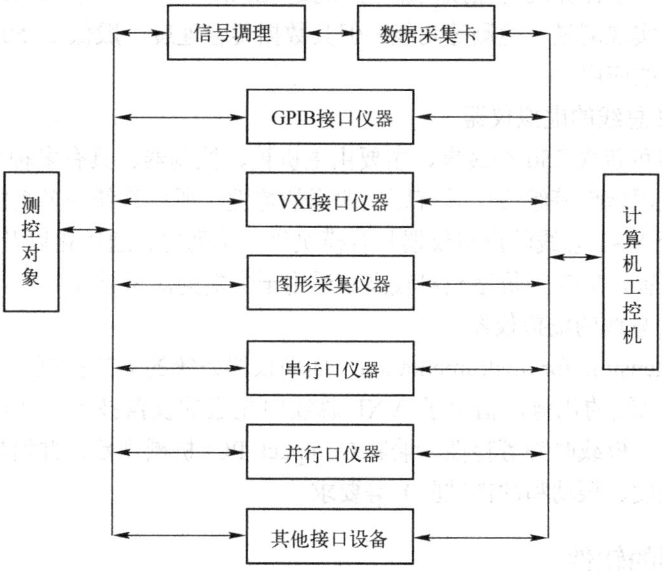

图 1-2 虚拟仪器的结构

虚拟仪器系统包括仪器硬件和应用软件两大部分。仪器硬件是计算机的外围电路，与计算机一起构成了虚拟仪器系统的硬件环境，是应用软件的基础；应用软件则是虚拟仪器的核心，在基本硬件确定后，软件通过不同功能模块即软件模块的组合构成多种仪器，赋予系统特有的功能，以实现不同的测量功能。

1.1.3 虚拟仪器的硬件

随着测试测量应用的日益复杂，目前市场上提供的模块化硬件产品也非常丰富，比如，总线类型支持 PCI、PXI、PCMCIA、USB 和 1394 总线等，产品种类从数据采集、信号调理、声音和振动测量、视觉、运动、仪器控制、分布式 I/O 到 CAN 接口等工业通信等领域。

按照硬件接口的不同，虚拟仪器可分为基于 PC 总线、GPIB 总线、VXI 总线和 PXI 总线共 4 种标准体系结构。

（1）基于 PC 总线的虚拟仪器

由于个人计算机的用户量大、通用性强，基于 PC 总线的虚拟仪器成为人们的首选。这种硬件一般采用基于 PC 总线的通用 DAQ（Data Acquisition，数据采集卡），主要的 PC 总线有 ISA、PCI、PC/104 等。这类虚拟仪器充分利用了计算机的资源，大大增加了测试系统的灵活性和扩展性。利用通用型 DAQ 可方便快捷地组建基于计算机的仪器，易于实现一机多型和一机多用。随着 A/D 转换技术、精密放大技术、滤波技术与数字信号调理技术等的迅速发展，DAQ 的采样速率已达到 2Gbit/s，精度高达 24 位，通道数高达 64 个，并能任意组合数字 I/O、模拟 I/O、计数器/定时器等通道，大大扩展了仪器的功能。

（2）基于 GPIB 通用接口总线的虚拟仪器

已有的专业仪器多数配有 GPIB（General Purpose Interface Bus，通用接口总线），所以利用此类仪器构建基于计算机的虚拟仪器一般通过 GPIB 实现。基于 GPIB 的虚拟仪器充分利用了现有条件来实现测量、检测等功能。但其数据传输速度一般低于 500kbit/s，不适合对系统速度要求较高的应用。

（3）基于 VXI 总线的虚拟仪器

VXI 系统最多可包含 256 个装置，主要由主机箱、控制器、具有多种功能的模块仪器和驱动软件、系统应用软件等组成，具有即插即用的特性，所以系统中各功能模块可随意更换构成新系统。基于 VXI 总线的虚拟仪器具有模块化、系列化、通用化以及 VXI 仪器的互换性和互操作性等特征，VXI 的价格相对较高，适用于尖端的测试领域。

（4）基于 PXI 总线的虚拟仪器

PXI（PCI Extension for Instrumentation，面向仪器系统的 PCI 扩展）总线整合了台式计算机的高速 PCI 总线的优势，借鉴了 VXI 总线中先进的仪器技术，如同步触发、板间总线、星形触发总线、板载时钟等特性，兼容 Compact PCI 机械规范，并增加了主动冷却、环境测试（温度、湿度、振动和冲击试验）等要求。

1.1.4 虚拟仪器的软件

虚拟仪器软件框架从底层到顶层，由 VISA（Virtual Instrumentation Software Architecture，虚拟仪器软件结构）库、仪器驱动程序、应用软件三部分组成。

（1）VISA 库

所谓 VISA 库，即虚拟仪器软件结构库，实质上就是标准 I/O 函数库及相关规范的总称，一般将该 I/O 函数库称为 VISA 库。VISA 库驻留于计算机系统中，执行仪器总线的特殊功能，起着连接计算机与仪器的作用，以实现对仪器的程序控制。

（2）仪器驱动程序

所谓仪器驱动程序是指能实现某一仪器系统控制与通信的软件程序集，是应用程序实现仪器控制的桥梁。仪器的驱动程序由仪器生产商以源码形式提供给用户使用，每个仪器模块都有自己的仪器驱动程序。

常用的虚拟仪器设计软件集成了大量常用仪器的驱动程序，以方便编程者使用。经常使用的测试仪器有几十大类、上万种型号，各种仪器的驱动程序都不相同，为使同类功能的仪器可以互换而不修改测试软件，即实现仪器的可互换性，世界各大仪器公司都为在仪器驱动程序研究和制定统一的标准和规范。

（3）应用软件

应用软件是直接面向操作用户的程序，该软件建立在仪器驱动程序之上，通过提供的测控操作界面、丰富的数据分析与处理功能等完成自动测试任务。尤其是应用软件的通用数字处理软件，集中体现了虚拟仪器的优点。

1.2 LabVIEW 的特点及功能

1.2.1 LabVIEW 的特点

LabVIEW（Laboratory Virtual Instrumentation Engineering Workbench，实验室虚拟仪器工程平台）是一种图形化的编程语言，它广泛地被工业界、学术界和研究实验室所接受，被视为一个标准的数据采集和仪器控制软件。LabVIEW 集成了与满足 GPIB、VXI、RS-232 和 RS-485 协议的硬件及数据采集卡通信的全部功能。它还内置了便于应用 TCP/IP、ActiveX 等软件标准的库函数。这是一个功能强大且灵活的软件，利用它可以方便地建立自己的虚拟仪器，其图形化的界面使得编程及使用过程都生动有趣。

图形化的程序语言，又称为“G”语言。使用这种语言编程时，基本上不写程序代码，取而代之的是流程图或框图。它尽可能地利用了技术人员、科学家、工程师所熟悉的术语、图标和概念，因此，LabVIEW 是一个面向最终用户的工具。它可以增强用户构建自己的科学和工程系统的能力，提供了实现仪器编程和数据采集系统的便捷途径。使用它进行原理研究、设计、测试并实现仪器系统时，可以大大提高工作效率。

LabVIEW 的出现大大提高了虚拟仪器的开发效率，降低了对开发人员的要求。LabVIEW 所提供的交互式的图形化开发环境彻底颠覆了以往“一种开发工具拥有强大开发功能的同时不可能简单易用”的思想。LabVIEW 所包含的各种特性使其成为开发测试、测量、自动化及控制应用的理想工具。

作为基于图形化编程语言的开发环境，LabVIEW 自然、直观、简洁的程序开发方式大大降低了学习难度。开发者可以通过各种交互式的控件、对话框、菜单及函数模块进行编程。

1.2.2 LabVIEW 的功能

LabVIEW 结合了简单易用的图形式开发环境与强大的 G 编程语言，提供了一个非常直观的编程环境。LabVIEW 具有专为大型应用开发、集体开发及应用配置设计的附加开发工具，包括应用程序生成器、图形比较、源代码控制、程序码编写指导及复杂矩阵运算等功能。

LabVIEW 不仅是一种编程语言，还是一种用于测量和自动化的特定应用程序开发环境，一种用来快速设计工业原型和应用程序的高度交互式的开发环境。同时 LabVIEW 还实现了对 FPGA 等硬件的支持，实际上也是一个硬件设计工具。测量和自动化程序在处理与通用程序一样的问题（如数据结构和算法、文件 I/O、网络 I/O 和数据库存取、打印等）的同时，还要处理额外的问题（如物理 I/O、实时性约束和硬件配置等）。

LabVIEW 适用于测量和自动化应用程序的能力与通用编程的能力的相互增强和扩展。

1.3 LabVIEW 的发展历程

LabVIEW 是由美国国家仪器公司（NI）创立的一种功能强大而又灵活的仪器和分析软

件应用开发工具。它是一种基于图形化的、用图标来代替文本行创建应用程序的计算机编程语言。

LabVIEW 从 1986 年发明至今，已推出了数个不同的版本，可以支持多个流行的操作系统，LabVIEW 的主要发展历程如下。

1983 年 4 月，LabVIEW 开发系统在美国德克萨斯州奥斯汀研制成功，主要是为仪器系统的开发者提供一套能够快捷地建立、检测和修改仪器系统的图形软件系统。

1986 年 5 月，NI 公司推出了 LabVIEW Beta 测试版。

1986 年 10 月，NI 公司正式推出了 LabVIEW1.0 for Macintosh 版本，该版本是解释型和单色的，一问世就引起了仪器工业的变革。

1990 年 1 月，LabVIEW2.0 版本问世，增加了彩色的性能，提供了图形编译功能，使得 LabVIEW 中的 VI（虚拟仪器）运行速度可以与编译 C 语言的运行速度相媲美。

1992 年 8 月，支持 Sun Solaris 工作站和 PC 的 LabVIEW 版本问世。

1993 年 1 月，LabVIEW3.0 版本开发完成，同时给用户提供了一个应用系统生成器（Application Builder），它使得 LabVIEW 的 VI 变成一个可以独立运行的程序。

1998 年 2 月，LabVIEW5.0 版本问世，该版本是 LabVIEW 历史上又一个里程碑。该版本为多核设备预先设置了多线程功能，还做了包括可程序设计的控制面板、用户定义控制、应用程序发行等重大改进。

2003 年，LabVIEW7 Express 和 LabVIEW7 系列开始推向市场，在 LabVIEW7 系列中，引入了新的数据类型——动态数据类型（Dynamic Data Type），并增加了 LabVIEW PDA 和 LabVIEW FPGA 等各种不同的功能模块。

2005 年，LabVIEW8 版本面世，该版本具有分布式、智能化的优异特性。

2006 年，20 周年纪念版 LabVIEW8.20 面世，LabVIEW8.2.1 是其中文版本。

2007 年 8 月，LabVIEW8.5 版本面世。

2008 年 8 月，LabVIEW8.6 版本发布，它是专用于测试、控制和嵌入式系统开发的 LabVIEW 图形化系统设计平台的版本。它提供了支持多核处理器、现场可编程、门阵列编程等新技术。

2009 年，LabVIEW2009 版本发布，该版本提供了一套实时操作系统，可用图形化设计方式简化执行复杂的数学运算，满足各项复杂的嵌入式运算需求。该版本的多核心执行功能具有新的平行 For Loops 架构，可自动跨多组处理器切割回路循环，可提升 1.89 倍的程序处理执行速度。

2010 年，LabVIEW2010 版本发布，通过新型后端编译器技术和自定义代码优化，加快了运行代码的速度，通过将源代码封装至配有打包的项目库的单一文件内，简化了代码部署和发布。

2011 年，LabVIEW2011 版本发布，它提供由 UI 控件组成的新型工程专用库、数学和信号处理 IP，以及用于控制异步线程并通过编程将 LabVIEW 代码编译至可执行程序的高级 API。

2012 年至今，LabVIEW 相继推出新版本，在原有版本的基础上进行升级优化。

历经 30 余年的持续创新、发展，LabVIEW 依靠其全新的概念和独特的优势，一直保持着高效、强大和开放这三个最基本的特性，逐步成为业界标准。

1.4 LabVIEW 的在线帮助系统

LabVIEW 的帮助系统为不同的用户提供了详尽的、全面的帮助信息和编程范例。利用这些帮助信息有助于用户快速获取所需的帮助，掌握 LabVIEW 程序开发。

这些帮助信息形式多样，内容丰富，主要包括显示即时帮助、搜索 LabVIEW 帮助、LabVIEW 编程范例及 LabVIEW 网络资源等。

1.4.1 显示即时帮助

显示即时帮助是 LabVIEW 提供的实时快捷帮助窗口，即时帮助信息对于 LabVIEW 初学者来说是非常有用的。

选择菜单栏的“帮助→显示即时帮助”选项，即可弹出即时帮助窗口。如果用户需要获得 VI、节点或控件的帮助信息，只需将鼠标移动到相关的 VI、节点或控件上面，即时帮助窗口将显示其基本的功能说明信息，如图 1-3 所示，默认的即时帮助窗口显示的是“加”节点的帮助信息。

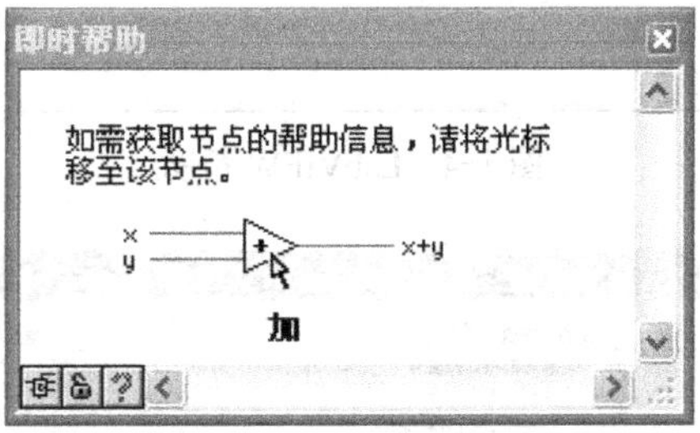

图 1-3 即时帮助窗口

1.4.2 搜索 LabVIEW 帮助

如果用户找不到相关的控件或函数，可以利用搜索 LabVIEW 帮助。LabVIEW 帮助是一个 Windows 标准风格的窗口，操作简捷，它包含了 LabVIEW 全部详尽的帮助信息。单击菜单栏的“帮助→搜索 LabVIEW 帮助”选项，即可弹出 LabVIEW 帮助窗口，如图 1-4 所示。

LabVIEW 帮助包含 LabVIEW 编程理论、编程分步指导以及 VI、函数、选板、菜单和工具的参考信息。通过窗口左侧的“目录”“索引”和“搜索”可浏览整个帮助系统，用户可以方便地查找到自己感兴趣的帮助信息。

在 LabVIEW 的编程过程中，如果用户想获取某个 SubVI 或者函数节点的帮助信息，可以在目标 SubVI 或者函数节点上右击弹出快捷菜单，通过选择快捷菜单上的“帮助”功能选项可以打开 LabVIEW 帮助窗口，在这个窗口上即可获取到该目标 SubVI 或者函数节点相关的帮助信息。

1.4.3 LabVIEW 编程范例

LabVIEW 编程范例包含了 LabVIEW 各个功能模块的应用实例，学习、借鉴 LabVIEW 提供的典型范例是快速深入学习 LabVIEW 的一个好方法。在启动界面下，单击“查找范例”选项即可打开范例查找器窗口，如图 1-5 所示。

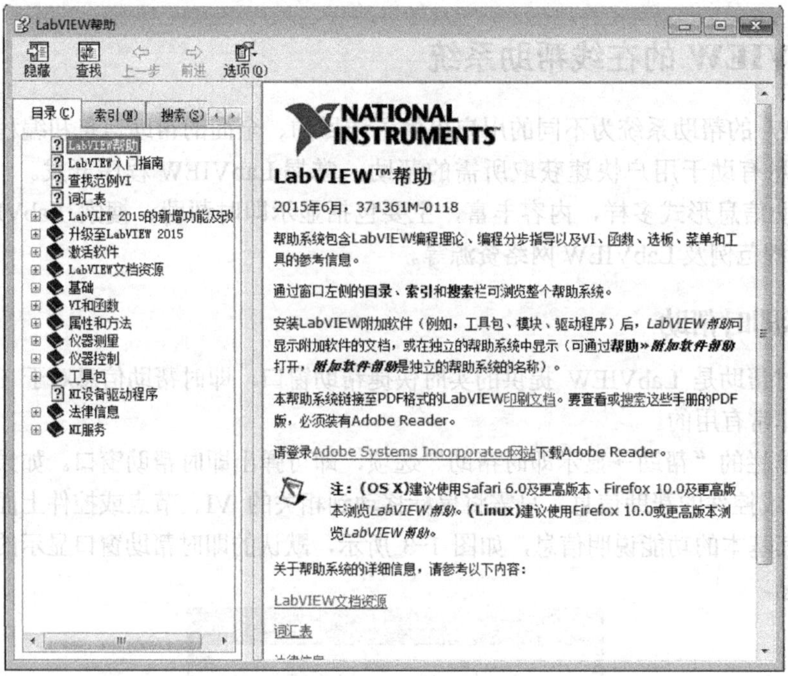

图 1-4 LabVIEW 帮助

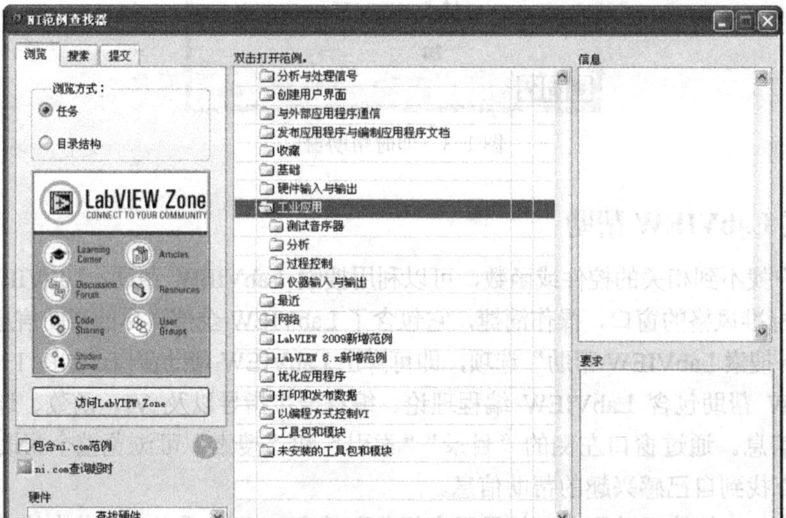

图 1-5 查找范例器

用户也可以选择菜单栏的“帮助→查找范例”选项打开该窗口。例程按照“任务”和“目录结构”的方式供用户浏览查找 LabVIEW 范例。另外，用户可以使用搜索功能查找感兴趣的例程，同时用户可以向 NI Developer Zone 提交自己编写的程序作为例程与其他用户共享代码。

在 LabVIEW 的学习过程，读者应该充分利用这些 LabVIEW 自带例程，这些例程编程规范，编程思路活跃，通过学习、借鉴这些例程可以帮助读者事半功倍地掌握 LabVIEW 的编程方法。

在 LabVIEW 的应用程序开发过程中，用户只要对一些相关的例程进行部分修改后就可以直接应用到自己的 VI 中，这样大大减少了用户的工作量，提高了 LabVIEW 程序的开发效率。

1.4.4 LabVIEW 网络资源

LabVIEW 网络资源包含了 LabVIEW 论坛、培训课程以及 LabVIEW Zone 等丰富的资源。在启动界面下，单击“网络资源”选项，即可链接到 NI 公司的官方网站 www.ni.com，该网站提供了大量的网络资源和相关链接。值得一提的是 LabVIEW Zone，在这个论坛上用户可以提问，发表看法，与全世界的 LabVIEW 用户交流 LabVIEW 编程心得。另外一个值得关注的是地方是 Knowledge Base，上面几乎包括了所有常见问题的解答。

1.5 LabVIEW 的应用

电子信息类以及控制技术的专业课内容抽象，模拟和数字电子、电路、数字信号处理、信号与系统、自动控制等课程，讲述抽象的电学原理以及控制学原理，需要通过反复的计算分析、实验研究甚至实践来帮助理解和掌握，因此计算实验环节具有至关重要的意义。

因此，计算和实验是学习此类课程中非常重要的环节，而且在培养实际动手能力和创新能力方面有着不可取代的作用。而计算过程通常比较复杂，需要通过大量的手工运算或者编程来实现，而实验练习通常需要多种仪器，不同的实验所用的仪器也不尽相同，存在功能缺失或冗余的现象，同时实验仪器准备烦琐，实验过程复杂，容易出现错误，较难熟练掌握，在有些情况下还会存在危险。

因此，通过 LabVIEW 简化计算过程，模拟一些功能各异的实验，让读者把更多的时间用在理解原理和掌握设计上，而不是花费大量的精力在编制复杂的程序和准备实验上，大大提高了学习效率。利用 LabVIEW 来辅助学习，能够使理论学习与实践更好地紧密结合，学习变得更生动、更形象，达到事半功倍的效果。LabVIEW 软件的诸多优点决定了它也将是未来实验教学、实践练习的重要工具。

LabVIEW 作为一种可视化工具将会被广大师生更容易地接受，应该将其贯穿到大学的辅助学习中。LabVIEW 在实验教学以及课程学习中的优势如下。

1）LabVIEW 是一个开放的开发平台，使用“所见即所得”的可视化技术建立人机界面，并且针对测试、测量和过程控制等电子信息技术与控制技术等应用领域，使用为大多数学生、工程师和科学家熟悉的数据流程图式的语言书写程序代码，编程过程和思维过程非常类似，编写程序变得简单，而且编写出来的程序更易懂。

2）LabVIEW 软件本身提供了丰富而实用的函数库以及硬件驱动程序库，用户可以在极短的时间内开发出满足自己需要的虚拟仪器，并且通过修改软件的方法很方便地改变或增减仪器的功能和规模以满足新的需求。

3）LabVIEW 提供了许多仪器面板中的控制对象，如表头、旋钮、开关、坐标图等，用户还可以通过控制编辑器，将现有的控制对象修改为适合自己工作领域的控制对象，可以方便直观地进行计算和实验结果的可视化。

LabVIEW 平台除了可以独立地完成电子信息类与控制类基础课和专业课的计算和实验练习外，还可以将信号与系统、数字信号处理、数字图像处理等课程有机地结合起来，甚至可以完成电子信息综合课程设计、毕业设计等任务，加深对抽象专业知识的理解，培养分析和解决问题的能力。

同时，利用 LabVIEW 软件建立的学习和实验平台，读者能在所设计的 LabVIEW 程序中，通过修改参数、不断凑试和调试、反复实验、对比分析，在实践中理解和掌握专业知识，为今后的工作奠定坚实的基础。

LabVIEW 软件目前已在电子测量、物理探伤、电子工程、振动分析、声学分析、地理勘探、故障分析、医学信息处理、射频信号处理等领域得到了广泛的应用。

1.6 习题

1）什么是虚拟仪器技术，与传统仪器相比，虚拟仪器的优势在哪里？

2）虚拟仪器的软件和硬件是什么？

3）LabVIEW 2015“帮助”的手段有几种？

4）LabVIEW 2015 有哪些新增的特性？

1.7 上机实验

上机目的：熟悉 LabVIEW 的界面，增加对 LabVIEW 的兴趣。

上机内容：创建一个 VI 程序，该 VI 实现的功能为产生一个正弦信号并利用波形图显示。

实现步骤：

1）创建一个新的 VI。在 LabVIEW 2015 的启动界面，选择主菜单的“文件”下的“新建 VI”选项，创建一个新的 VI。此时会出现 LabVIEW 的前面板，如图 1-6 所示。

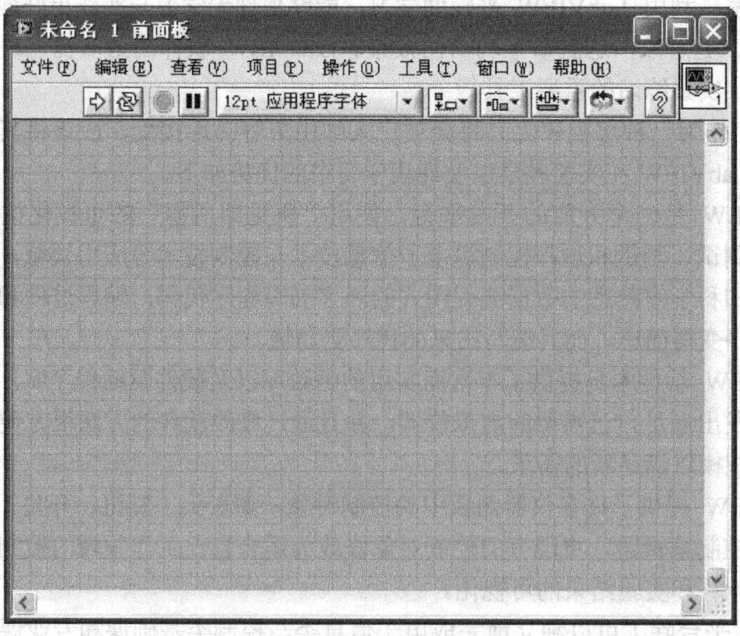

图 1-6 新建 VI 的前面板界面

2）在前面板的“窗口”菜单中选择“显示程序框图”选项，进入程序框图界面，如图 1-7 所示。

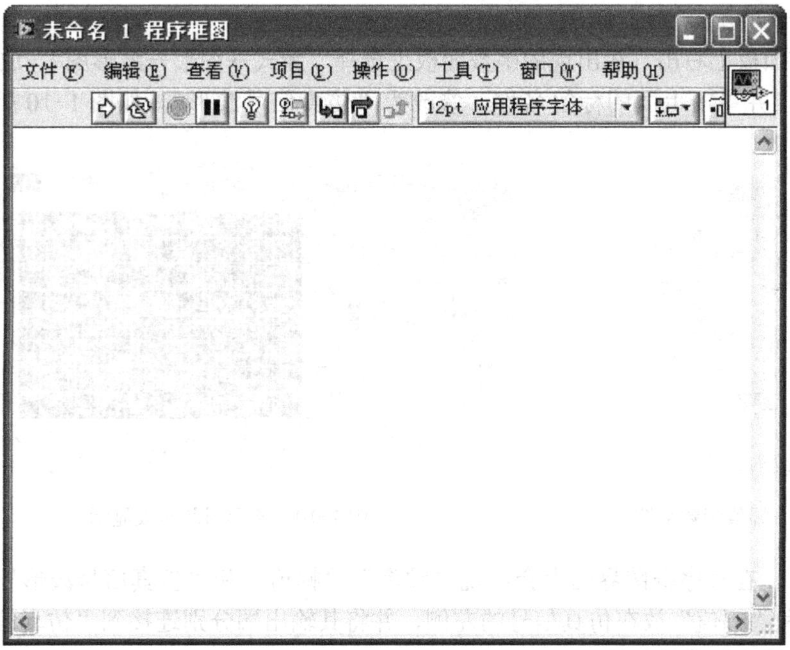

图 1-7　新 VI 的程序框图界面

3）在程序框图界面中选择“编程→波形→模拟波形→波形生成→仿真信号”，放置于程序框图中，此时会出现如图 1-8 所示的配置对话框，直接单击“确定”按钮即可。

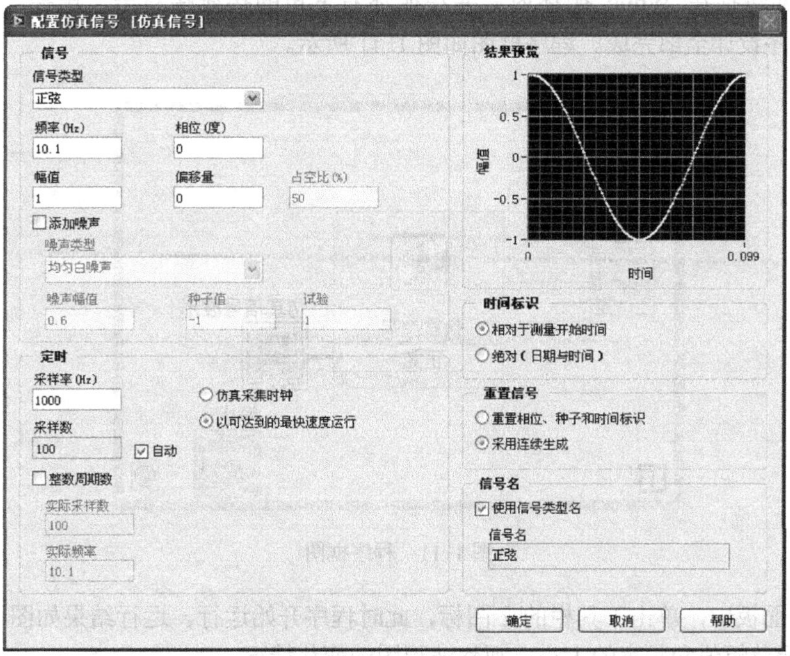

图 1-8　配置仿真信号对话框

4）在前面板上右击，在出现的函数面板上选择“新式→数值→旋钮”和“新式→数值→数值输入控件”，放置于前面板上，并分别单击上面的标签名称，修改为“幅值”和“频率”。如图 1-9 所示。

5）在前面板上右击，在出现的函数面板上选择“新式→图形→波形图”，放置于前面板上相应位置，并单击上面的标签名称，修改为“仿真信号波形”。如图 1-10 所示。

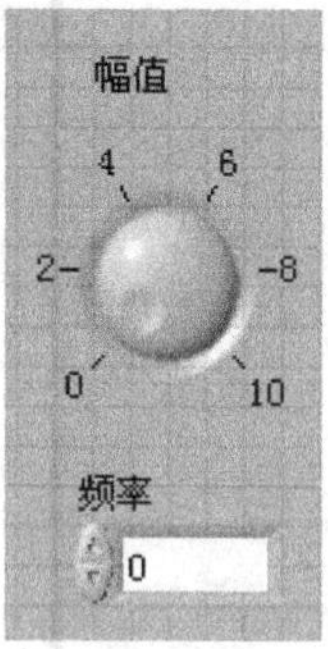

图 1-9　幅值和频率控件

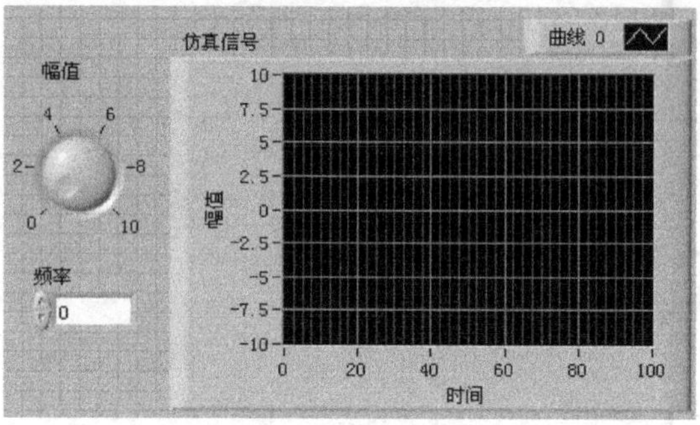

图 1-10　波形图前面板显示

6）此时，在程序框图界面上会出现“频率”，“幅值”和“仿真信号波形”三个图标。将“频率”和“幅值”放在仿真信号的左侧，并将其输出端分别连接到“仿真信号”左侧的“频率”和“幅值”的输入端。

7）将“仿真信号波形”放在“仿真信号”的右侧，并将其输入端连接到“仿真信号”的正弦输出端。

8）在程序框图中右击，在函数选板中选择“编程→结构→While 循环”，将以上几步创建的图标全部包括在 While 循环内。并在循环右下角的接线端右击，选择“创建输入控件”，此时程序设计全部完成。程序框图如图 1-11 所示。

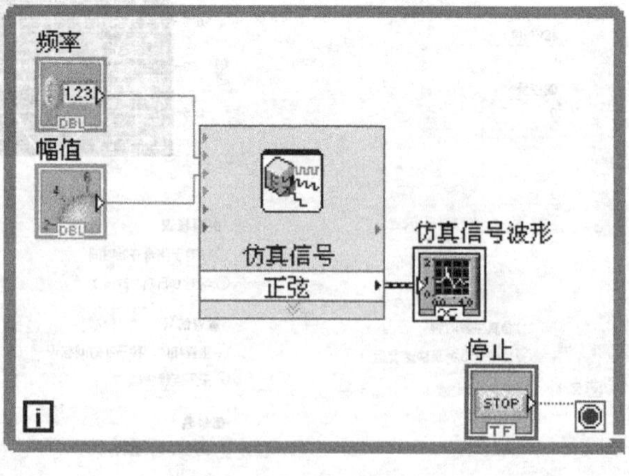

图 1-11　程序框图

9）在前面板中，单击工具栏的图标，此时程序开始运行。运行结果如图 1-12 所示。此时，可以调节幅值和频率的大小，观察波形图的变化情况。

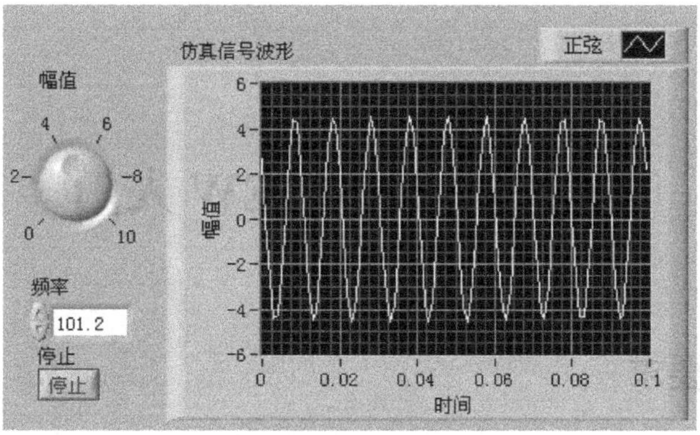

图 1-12 程序运行结果显示

10）单击“停止”按钮。在前面板中单击菜单栏的“文件”下的“保存”选项，选择保存路径并命名保存程序。单击“文件”菜单，选择“退出”，即可退出 LabVIEW 2015。

📖 注意：读者不必急于了解每部分控件或按钮的作用，只需按照题中的步骤一步步操作即可。具体的控件用法在以后的章节中将会有详细的介绍。本例只是为了增加读者的兴趣。

第2章　LabVIEW入门

2.1　系统配置要求

LabVIEW 可以安装在 Mac OS、Linux 和 Windows 2000/XP/Vista 等不同的操作系统上，不同的操作系统在安装 LabVIEW 2015 时对系统配置的要求也不同。用户在安装 LabVIEW 2015 软件之前，需要对个人计算机的软硬件作一定的了解。

安装 LabVIEW 的最低配置要求如下。

1）处理器：最小配置为 Pentium Ⅲ或 Celeron 866MHz 及以上的处理器，推荐配置为 Pentium4 或类似处理器。

2）内存：最小内存为 256MB，推荐内存配置为 512MB。

3）显示器支持的分辨率：1024×768 像素。

4）硬盘空间：最小安装需要至少 900MB 的硬盘空间，如果完全安装则需要 1.2GB 的硬盘空间。

2.2　LabVIEW 的安装

首先，将 LabVIEW 2015 安装 CD 放入光驱中，CD 自动运行。在弹出的对话框中选择“安装软件（简体中文）”或直接运行 CD 中的应用程序“setup.exe”，即开始安装 LabVIEW 2015，如图 2-1 所示。

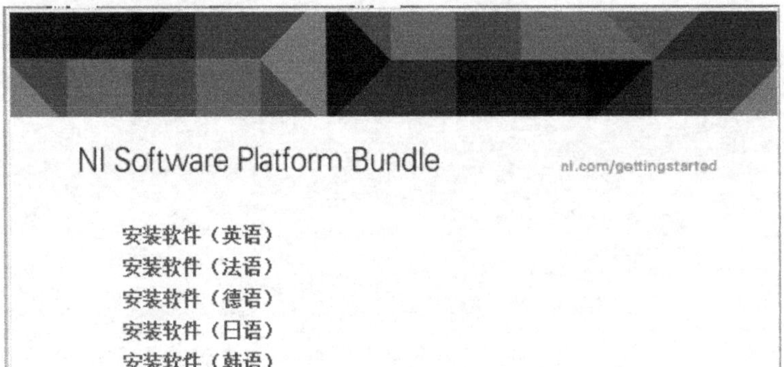

图 2-1　安装 LabVIEW 2015 启动画面

经过安装程序自动初始化之后，出现如图 2-2 所示画面。根据实际情况选择序列号安装，或者体验使用产品。

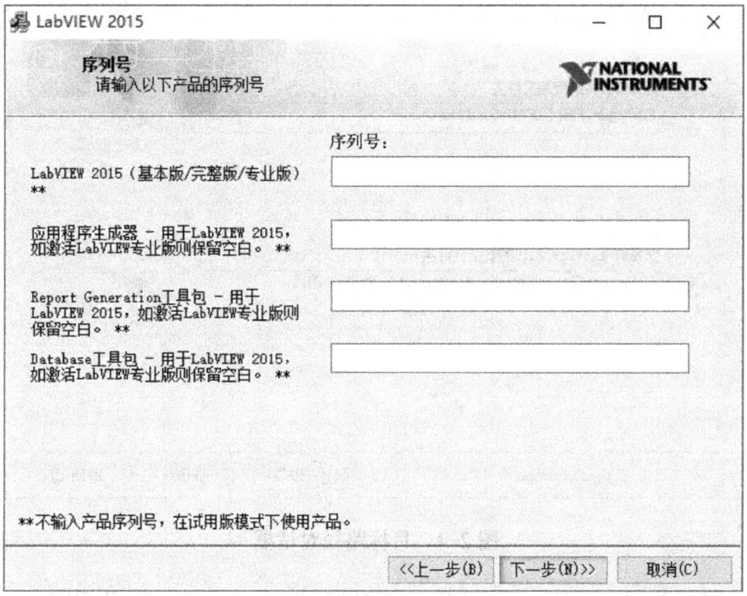

图 2-2　用户信息对话框

单击“下一步”按钮，会出现如图 2-3 所示画面，提示用户输入序列号。如果用户不输入序列号，则会安装 LabVIEW 2015 的试用版本。

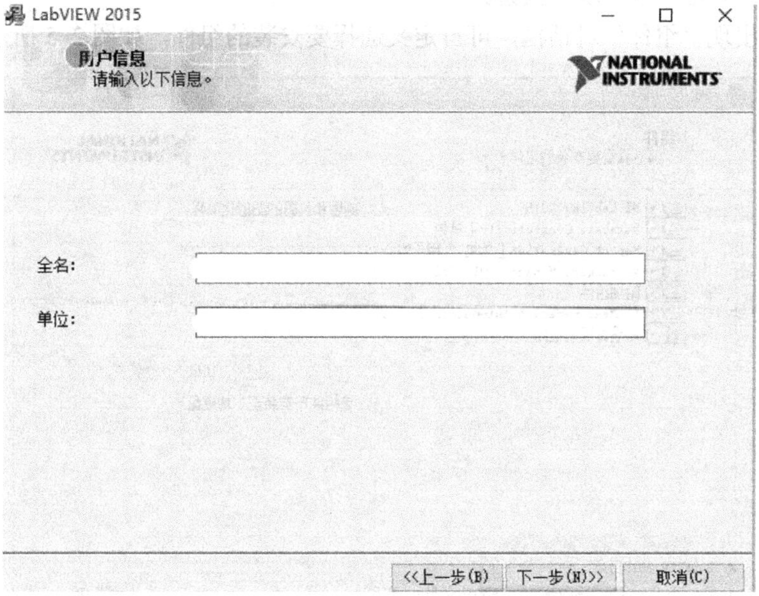

图 2-3　输入序列号对话框

填写完成之后单击“下一步”按钮，会出现“目标路径”对话框，用来选择安装路径，如图 2-4 所示。

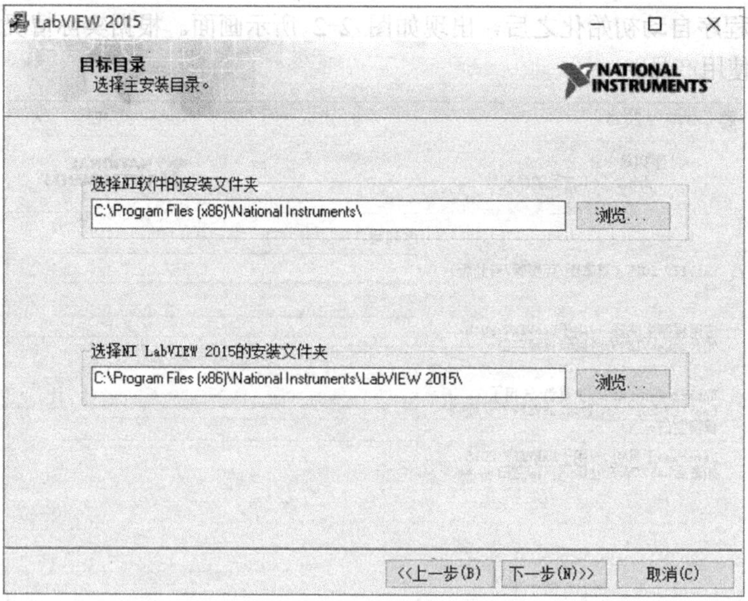

图 2-4　目标路径对话框

默认的安装路径为“C：\Program Files (x86)\National Instruments”和“C：\Program Files (x86)\National Instruments\LabVIEW 2015”。若要改变安装路径，使用右侧“浏览”按钮选择文件夹。安装 LabVIEW 2015 需要 900MB 左右的硬盘空间，一般情况下，安装完成以后的文件会比安装源文件稍大一些，选择安装文件夹路径时应该注意提供足够的硬盘空间。选择完目标路径后，单击“下一步”按钮。

接下来会出现“组件”对话框，可自定义选择要安装的组件，如图 2-5 所示。

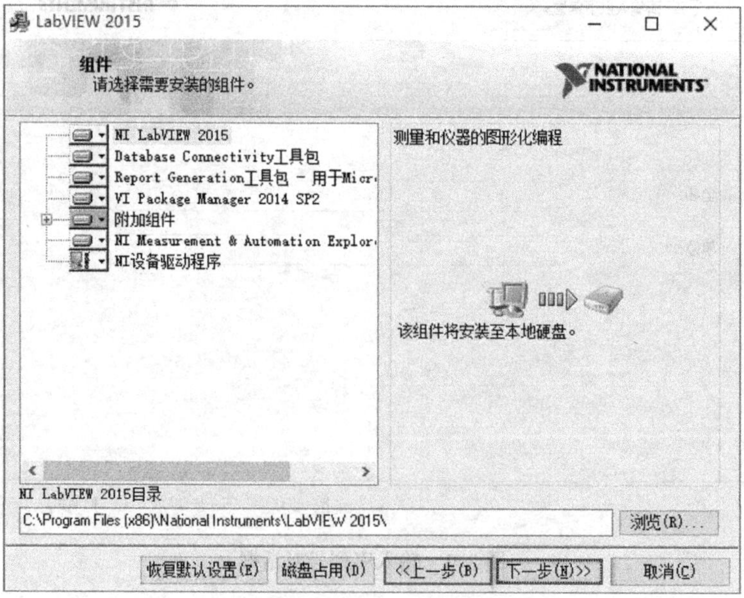

图 2-5　LabVIEW 安装组件选择

除了 LabVIEW 安装 CD 以外，NI 公司还提供了数张仪器驱动器 CD 供用户选择安装，包括 VXI、GPIB、DAQ 设备等；如果不需要安装仪器驱动程序，可在选择安装框中将其他组件删除，只安装 LabVIEW 2015。选择完所需安装的组件后，单击“下一步”按钮。

在打开的许可协议窗口中，选择“我接受以上 2 条许可协议”接受许可协议，再单击“下一步”按钮即开始安装，如图 2-6 所示。接着会出现安装进度框，此时请等待文件的安装，如图 2-7 所示。

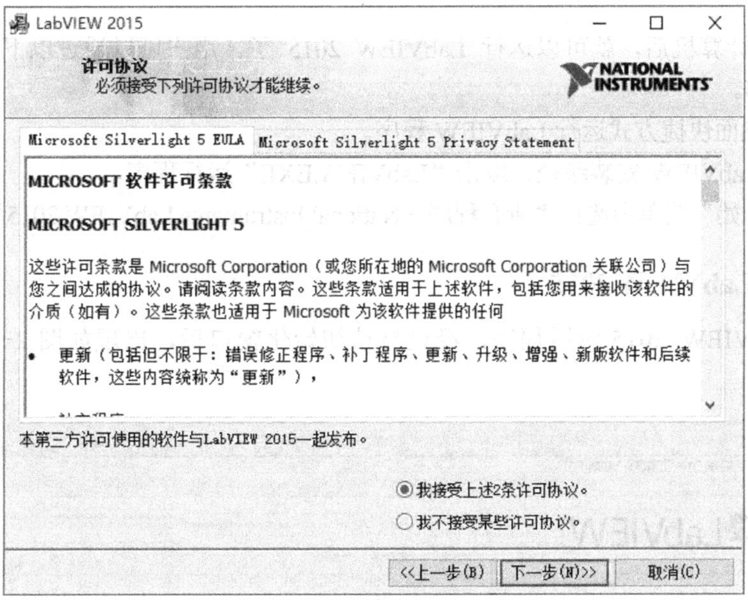

图 2-6　许可协议界面

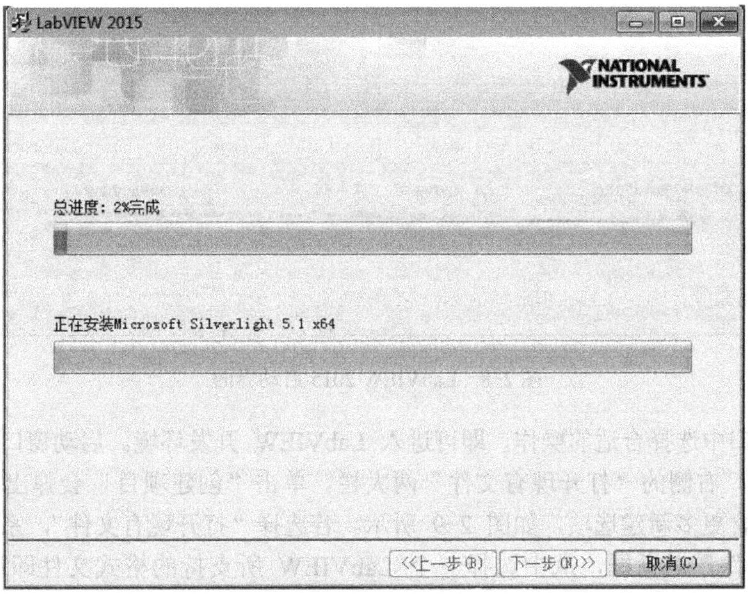

图 2-7　安装进度框

如果在选择组件时选择安装 NI 公司的仪器驱动程序，则在 LabVIEW 2015 安装完成时会提示输入仪器驱动 CD，此时将仪器驱动 CD 放入光驱，安装程序会自动进行搜索并继续安装。

安装完成后，需要重新启动计算机才能完成安装。

2.3 LabVIEW 开发环境

重新启动计算机后，就可以运行 LabVIEW 2015 了。用户可以通过以下几种方式运行 LabVIEW 2015。

1）通过桌面快捷方式运行 LabVIEW 程序。

2）进入 LabVIEW 安装路径，双击“LabVIEW.EXE”运行程序。

3）在“开始”菜单中选择“所有程序→National Instruments LabVIEW 2015”运行程序。

2.3.1 启动 LabVIEW 2015

运行 LabVIEW 2015 应用程序，经过自动初始化窗口后，出现如图 2-8 所示的启动界面。

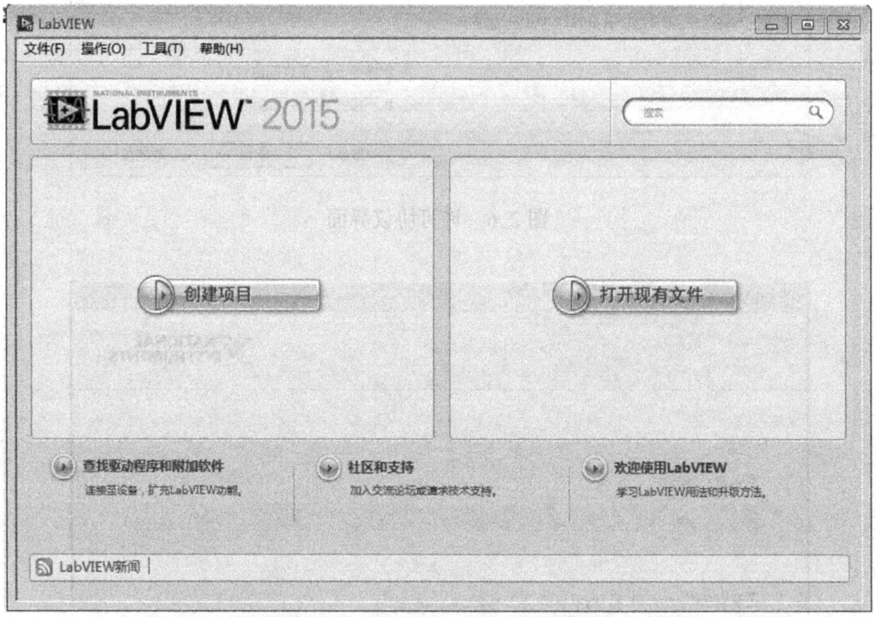

图 2-8 LabVIEW 2015 启动界面

从启动窗口中选择合适的操作，即可进入 LabVIEW 开发环境。启动窗口中分为左侧的“创建项目”和 右侧的“打开现有文件”两大栏。单击“创建项目”会弹出一个“创建项目”窗口，包含更多新建选项，如图 2-9 所示。若选择“打开现有文件”，系统会弹出“选择需打开的文件”对话框，从中选择一个 LabVIEW 所支持的格式文件即可进行编辑或运行。

图 2-9　新建窗口

打开已有文件或创建新文件以后，启动窗口会消失，关闭所有已打开的程序后，启动窗口会再次出现。在程序运行中，可以通过在前面板或程序框图窗口的菜单栏中选择“查看→启动窗口”显示启动窗口。

2.3.2　LabVIEW 的编程界面

LabVIEW 与虚拟仪器有着紧密的联系，在 LabVIEW 中开发的程序都被称为 VI（虚拟仪器），其扩展名默认为.VI 格式。所有的 VI 都包括以下 3 部分：前面板、程序框图和图标，如图 2-10 所示。

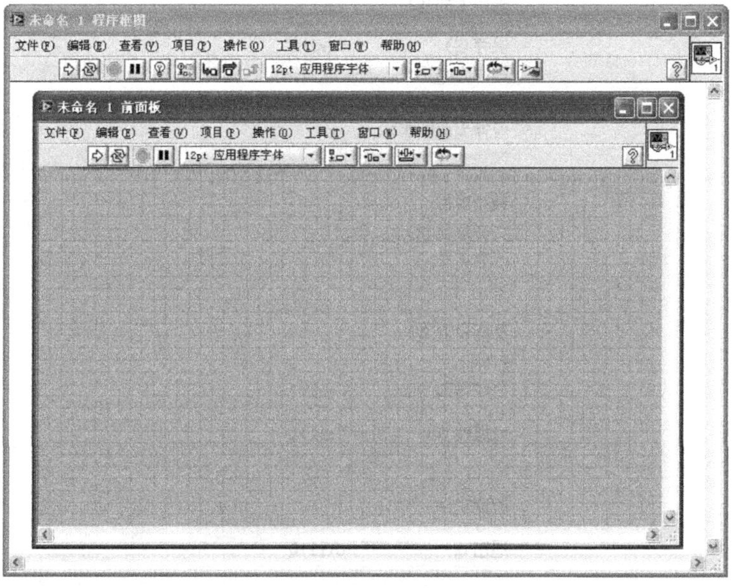

图 2-10　前面板和程序框图

前面板是图形化用户界面，也是 VI 的前面板。该界面上有交互式的输入和输出两类对象，分别称为控制器和显示器。控制器包括开关、按钮、旋钮和其他各种输入设备；显示器包括图形、LED 和其他显示输出对象。该界面可以模拟真实仪器的显示界面，用于设置输入数值和观察输出量。

程序框图是定义 VI 逻辑功能的图形化源代码。框图中的编程元素除了包括与前面板上的控制器和显示器对应的连线端子外，还有函数、子 VI、常量、结构和连线等。在程序框图中对 VI 编程的主要工作是从前面板上的控制器获得用户输入信息，并进行计算和处理，最后在显示器中将处理结果反馈给用户。只要在前面板中放有输入或显示控件，用户就可以在程序框图中看到相应的函数。

在程序框图和前面板右上角都有一个图标，右击可以修改 VI 属性，对于程序的美观和特性有很大帮助，在以后的章节中将详细讲解。

2.3.3 LabVIEW 菜单栏

要熟练地使用 LabVIEW 编写程序，了解其编程环境是非常必要的。在 LabVIEW 2015 中，菜单栏是其编程环境的重要组成部分，如图 2-11 所示。

图 2-11 LabVIEW 菜单栏

1. “文件”菜单

LabVIEW 2015 的“文件”菜单几乎包括了对其程序操作的所有命令，如图 2-12 所示。

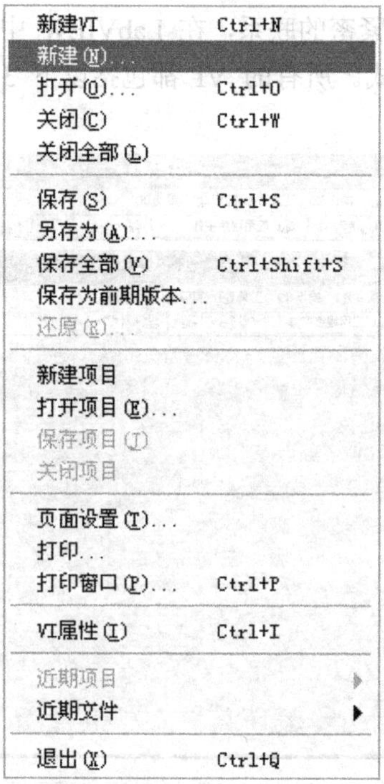

图 2-12 “文件”菜单

下面依次介绍其功能。

1）新建 VI：用于创建一个空白的 VI 程序。

2）新建：打开“新建 VI”对话框，新建空白 VI、根据模板创建 VI 或者创建其他类型的 VI。

3）打开：用来打开一个 VI。

4）关闭：用于关闭当前 VI。

5）关闭全部：关闭打开的所有 VI。

6）保存：保存当前编辑过的 VI。

7）另存为：另存为其他的 VI。

8）保存全部：保存当前打开的所有 VI。

9）保存为前期版本：可以保存修改前的 VI。

10）还原：当打开错误时可以还原 VI。

11）新建项目：新建项目文件。

12）打开项目：打开项目文件。

13）保存项目：保存项目文件。

14）关闭项目：关闭项目文件。

15）页面设置：用于设置打印当前 VI 的一些参数。

16）打印：打印当前 VI。

17）打印窗口：可以对打印进行设置。

18）VI 属性：用来查看和设置当前 VI 的一些属性。

19）近期项目：查看最近曾经打开的项目。

20）近期文件：查看最近曾经打开过的文件菜单。

21）退出：退出 LabVIEW 2015。

2.“编辑”菜单

“编辑”菜单中列出了几乎所有对 VI 及其组件进行编辑的命令，如图 2-13 所示。

下面详细介绍一些重要的编辑命令。

1）撤消：用于撤消上一步操作，恢复到上一次编辑之前的状态。

2）重做：执行和撤消相反的操作，再次执行上一次撤消所做的修改。

3）剪切：删除选定的文本、控件或者其他对象，并将其放到剪切板中。

4）复制：用于将选定的文本、控件或者其他对象复制到剪贴板中。

5）粘贴：用于将剪贴板中的文本、控件或者其他对象从剪贴板中放到当前光标位置。

6）从项目中删除：从项目中删除选定的对象。

7）当前值设置为默认值：将当前前面板上对象的取值设为该对象的默认值。这样当下一次打开该 VI 时，该对象将被赋予该默认值。

8）重新初始化为默认值：将前面板上对象的取值初始化为原来的默认值。

9）自定义控件：可以自己定义控件。

10）导入图片至剪贴板：用来从文件中导入图片。

11）设置 Tab 键顺序：可以设定用 Tab 键切换前面板上对象时的顺序。

12）删除断线：用来出去 VI 程序框图中由于连线不当造成的断线。

3.“查看”菜单

“查看”菜单包括了程序中所有与显示操作有关的命令，如图 2-14 所示。

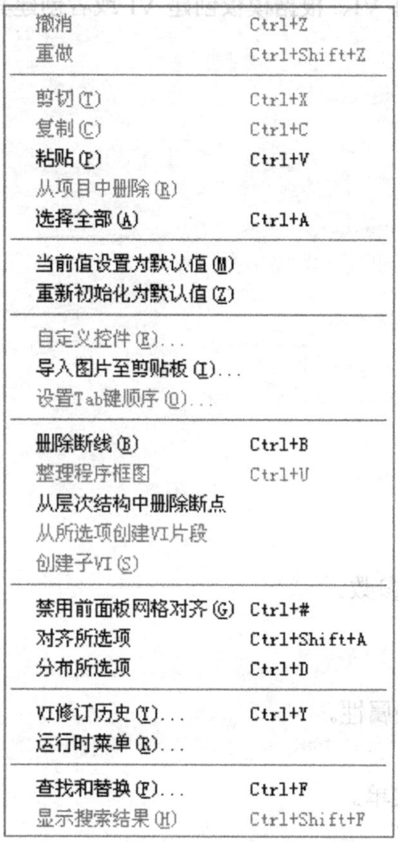

图 2-13 “编辑”菜单

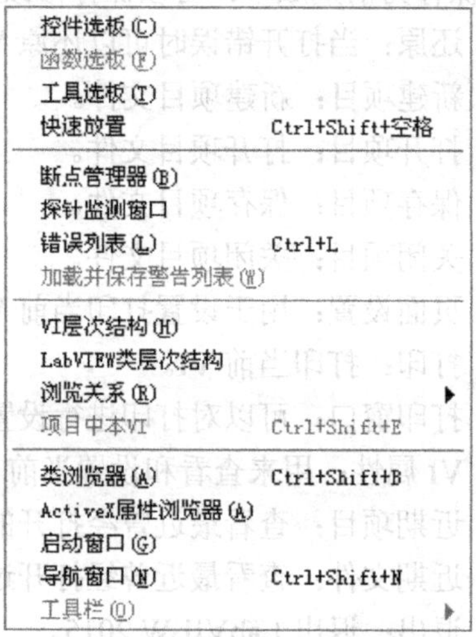

图 2-14 “查看”菜单

下面详细讲述“查看”菜单中重要的选项。

1）控件选板：显示 LabVIEW 的控件选板。

2）函数选板：显示 LabVIEW 的函数选板。

3）工具选板：显示 LabVIEW 的工具选板。

4）快速放置：可以对放置列表进行快速选择。

5）断点管理器：对程序中的断点进行设置。

6）VI 层次结构：用于显示该 VI 与其调用的子 VI 之间的层次结构。

7）浏览关系：用来浏览程序中所使用的所有 VI 之间的相对关系。

8）类浏览器：浏览程序中使用的类。

4.“项目”菜单

“项目”菜单包含了所有与项目操作相关的命令，如图 2-15 所示。

1）新建项目：新建一个项目文件。

2）打开项目：打开一个已有的项目文件。

3）保存项目：保存一个项目文件。

4）关闭项目：关闭当前项目文件。

5）添加至项目：将 VI 或其他文件添加到现有的项目文件中。

6）属性：显示当前项目属性。

5.“操作”菜单

“操作”菜单中包括了对 VI 操作的基本命令，如图 2-16 所示。

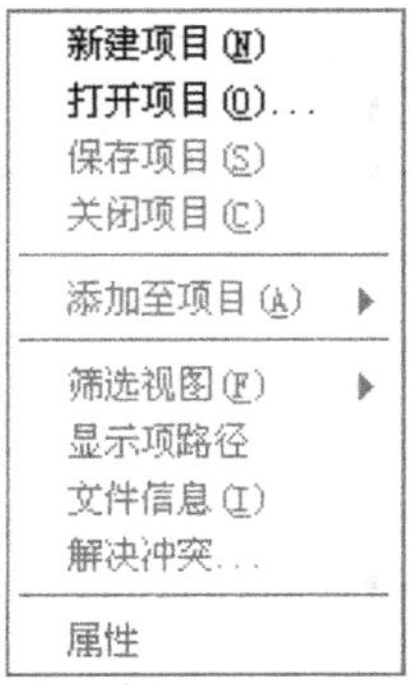

图 2-15 “项目”菜单

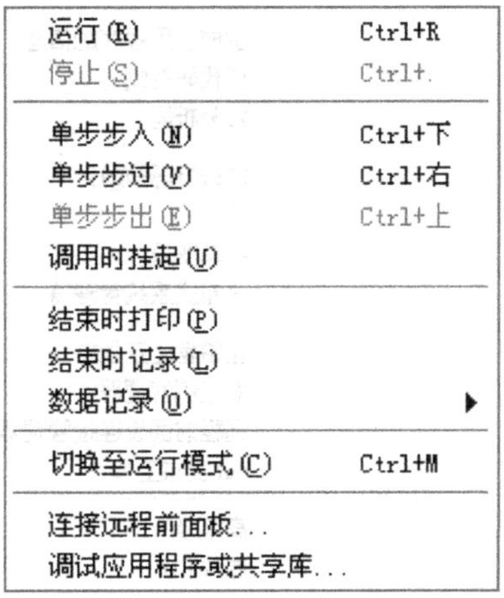

图 2-16 “操作”菜单

下面介绍“操作”菜单的使用方法。

1）运行：运行 VI 程序。

2）停止：中止 VI 程序。

3）单步步入：单步执行进入程序单元。

4）单步步过：单步执行完成程序单元。

5）单步步出：单步执行之后跳出程序。

6）调用时挂起：当 VI 被调用时，挂起程序。

7）结束时打印：当 VI 运行结束后打印该 VI。

8）结束时记录：当 VI 运行结束后记录运行结果到记录文件。

9）数据记录：设置记录文件的路径。

10）切换至运行模式：切换到运行模式。

11）连接远程前面板：设置与远程的 VI 连接、通信。

6.“工具”菜单

“工具”菜单中包含了进行编程的所有工具，如图 2-17 所示。

下面详细介绍“工具”菜单的使用。

1）Measurement &Automation Explorer：打开 MAX 程序。

2）仪器：可以选择连接 NI 的仪器驱动网络或者导入 CVI 仪器驱动程序。

3）比较：比较两个 VI 的不同之处。假如两个 VI 非常相似，却又比较复杂，用户想要找出两个 VI 中的不同之处时，可以使用这项功能。

4）合并：将多个 VI 或者 LLB 程序合并在一起。

5）性能分析：可以查看内存以及缓存状态，并对 VI 进行统计。

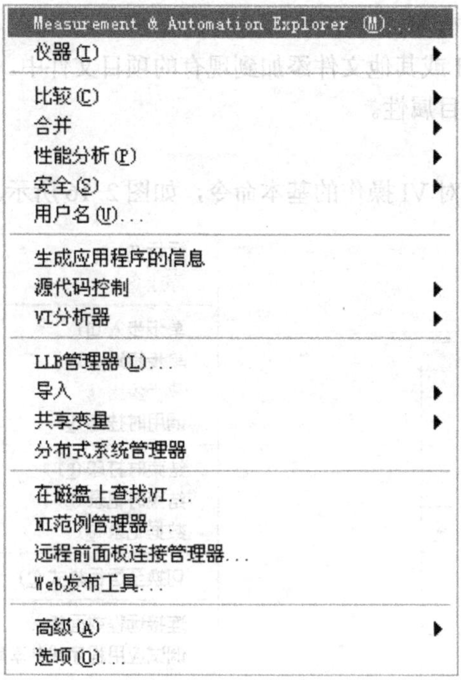

图 2-17 “工具”菜单

6）安全：可以进行密码保护措施设置。

7）生成应用程序的信息：可以产生编辑程序的相关信息。

8）源代码控制：设置和进行源代码的高级控制。

9）VI 分析器：可以对 VI 进行分析并显示运行结果。

10）LLB 管理器：对库文件进行新建、复制、重命名、删除以及转换等操作。

11）分布式系统管理器：对本地硬盘上的分布式系统和网络上的分布式系统进行综合管理。

12）Web 发布工具：可以将程序发布到网络上。

13）高级：对 VI 操作的高级使用工具。

14）选项：设置 LabVIEW 以及 VI 的一些属性和参数。

7.“窗口”菜单

利用“窗口”菜单可以打开各种窗口，例如前面板窗口、程序框图窗口以及导航窗口，如图 2-18 所示。

8.“帮助”菜单

LabVIEW 提供了功能强大的帮助功能，集中体现在它的“帮助”菜单上。如图 2-19 所示。

下面详细介绍“帮助”菜单的使用。

1）显示即时帮助：打开即时帮助窗口，鼠标放在控件或函数上时会提示该对象的作用。

2）锁定即时帮助：可以将即时帮助固定在前面板或程序框图中。

3）搜索 LabVIEW 帮助：打开 LabVIEW 帮助，在第一章中有详细的介绍。

4）解释错误：输入错误代码可以知道该错误的原因。

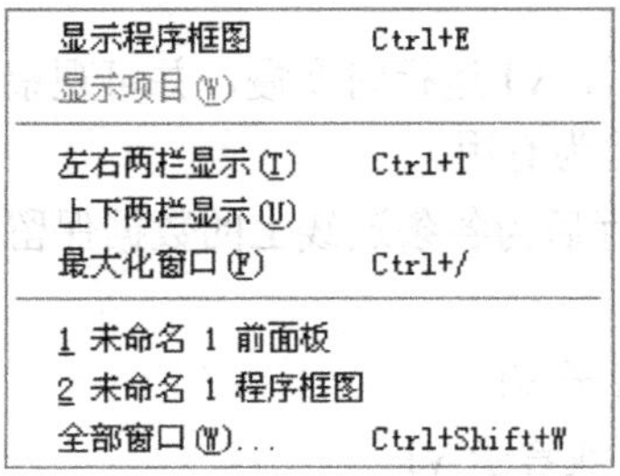

图 2-18 “窗口”菜单

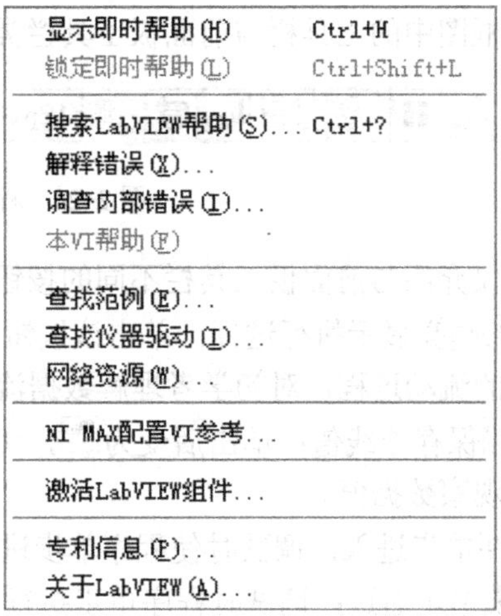

图 2-19 “帮助”菜单

5）调查内部错误：可以看到错误的相关信息。

6）查找范例：查找 LabVIEW 中带有的所有范例。

7）网络资源：在 NI 公司的官方网站查找程序的帮助信息。

8）专利信息：显示 NI 公司的所有相关专利。

2.3.4 LabVIEW 工具栏

在编辑前面板时，界面上方的工具栏可以提供一些便捷功能，如图 2-20 所示。

图 2-20 LabVIEW 前面板工具栏

下面详细介绍各个工具按钮的功能。

1）运行：单击可运行当前 VI，运行中该按钮变为，如果按钮变为，表示当前 VI 中存在错误，无法运行，单击该按钮即可弹出对话框显示错误原因。

2）连续运行：单击可重复连续运行当前 VI。

3）终止执行：当 VI 正运行时变亮，单击终止当前 VI 运行。

4）暂停：单击可暂停当前 VI 的运行，再次单击继续运行。

5）12pt 应用程序字体 文本设置：对选中文本的字体、大小、颜色、风格、对齐方式等进行设置。

6）对齐对象：使用不同方式对选中的若干对象进行对齐。

7）分布对象：使用不同方式对选中的若干对象间隔进行调整。

8）调整对象大小：使用不同方式对选中的若干前面板控件的大小进行调整，也可精确指定某控件的尺寸。

9）重新排序：调整选中对象的上下叠放次序。

10）显示/隐藏即时帮助窗口：单击后可显示/隐藏一个小悬浮窗口，其中是关于鼠标所指对象的帮助内容。

程序框图中的工具栏与前面板工具栏类似，如图 2-21 所示。

图 2-21　程序框图中的工具栏

下面仅介绍与前面板工具栏不同的按钮。

1）高亮显示执行过程：单击该按钮，变为后，VI 运行时变慢，并可观察到数据流在框图中的流动过程，对初学者理解数据流运行方式尤为有用。

2）保存连线值：单击后变为，可使 VI 运行后为各条连线上的数据保留值，可用探针直接观察数据值。

3）单步进入：调试时使程序单步进入循环或者子 VI。

4）单步通过：调试时程序单步执行完整个循环或者子 VI。

5）单步退出：单步进入某循环或者子 VI 后，单击此按钮可使程序执行完该循环或者子 VI 剩下的部分并跳出。

2.4　选项板

2.4.1　控件选板及功能

控件选板在前面板显示，由表示子选项板的顶层图标组成，该选项板包含创建前面板时可使用的全部对象。如需显示控件选板，读者可选择“查看”下拉菜单中的“控件选板”选项或在前选板空白处右击。控件有多种可见类别和样式，读者可以根据自己的需要来选择。控件选板中常用控件有新式、系统、经典 3 种显示风格。新式及经典控件选板上的许多控件对象具有非常形象的外观，如图 2-22 所示。

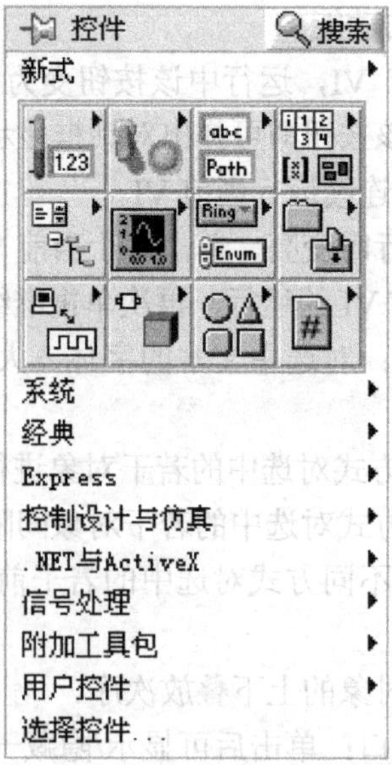

图 2-22　控件选板

为了获取对象的最佳外观，显示器最低应设置为 16 色。位于新式选板上的控件也有相应的低彩对象。经典选板上的控件适合于在 256 色和 16 色显示器上显示 VI。

控件选板有不同的可见类别，默认的类别是 Express 选板。如果要将其他选板设置为首选可见类别，用户可以选择控件工具栏上的“查看”下拉菜单中的“更改可见类别”选项来调整。新式控件选板中的各个控件模板及其功能见表 2-1。

表 2-1　控件选板功能表

图　标	名　称	功　能
	数值控件	存放各种数字控制器，包括数值控件、滚动条、按钮、颜色盒等
	布尔控件	用于创建按钮、开关和指示灯
	字符串与路径控制器	创建文本输入框和标签、输入或返回文件或目录的地址
	数组、矩阵与簇控制器	用来创建数组、矩阵与簇，包括标准错误簇输入控件和显示控件
	列表、表格与树	创建各种表格，包括树形表格和 Express 表格
	图形控件	提供各种形式的图形显示对象
	下拉列表与枚举控件	用来创建可循环浏览的字符串列表，枚举控件用于向用户提供一个可供选择的项列表
	容器控件	用于组合控件，或在当前 VI 的前面板上显示另一个 VI 的前面板
	I/O 名称控件	I/O 名称控件将做配置的 DAQ 通道名称、VISA 资源名称和 IVI 逻辑名称传递至 I/O　VI，与仪器或 DAQ 设备进行通信
	变体与类控件	用来与变体和类数据进行交互
	修饰控件	用于修饰和定制前面板的图形对象
	引用句柄控件	可用于对文件、目录、设备和网络连接等进行操作

2.4.2　函数选板及功能

函数选板如图 2-23 所示，其工作方式与控件选板大体相同，函数选板由表示子选项板的顶层图标组成，该选项板包含创建框图时可使用的全部对象，函数选板只能在编辑程序框图时使用。如需显示函数选板，请选择“查看”下拉菜单中的“函数选板”选项或在程序框图空白处右击。

最常用的且函数最全的是编程选板，所以下面介绍编程选板中的函数及功能，见表 2-2。

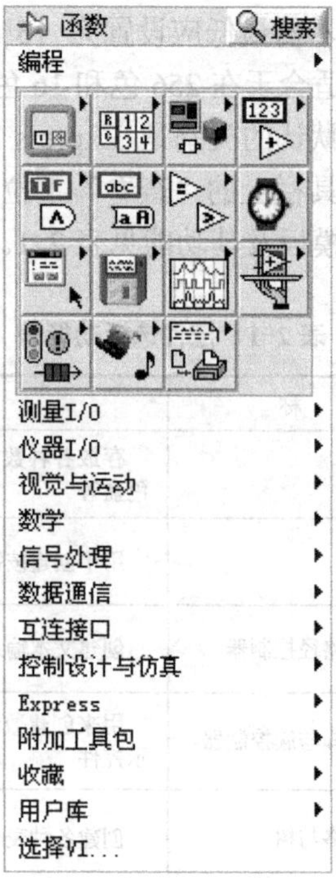

图 2-23　函数选板

表 2-2　编程选板功能表

图　标	名　称	功　能
	结构子选板	提供循环、条件、顺序结构、公式节点、全局变量、结构变量等编程要素
	数组子选板	提供数组运算和变换的功能
	簇与变体子选板	提供各种数组和簇的运算函数以及簇与数组之间的转换、变体属性设置
	数值子选板	提供数学运算、标准数学函数、各种常量和数据类型变换等编程要素
	布尔子选板	提供包括布尔运算符和布尔常量在内的编程元素
	字符串子选板	提供字符串运算、字符串常量和特殊字符等编程元素
	比较子选板	提供数字量、布尔量和字符串变量之间比较运算的功能
	同步子选板	提供通知器操作、队列操作、信号量和首次调用等功能
	图形和声音子选板	用于 3D 图形处理、绘图和声音的处理
	报表生成子选板	提供生成各种报表和简易打印 VI 前面板或说明信息等功能

（续）

图　标	名　称	功　能
	定时子选板	提供时间计数器、时间延迟、获取时间日期、设置时间标识常量等
	对话框与用户界面子选板	可用于对文件、目录、设备和网络连接等进行操作
	文件 I/O 子选板	提供文件管理、变换和读/写操作模块
	波形子选板	提供创建波形、提取波形、数模转换、模数转换等功能
	应用程序控制子选板	提供外部程序或 VI 调用、打印选单以及帮助管理等辅助功能

2.4.3　工具选板及功能

工具选板是特殊的鼠标操作模式。使用工具选板可完成特殊的编辑功能，这些工具的使用类似于标准的画图程序工具，如图 2-24 所示。

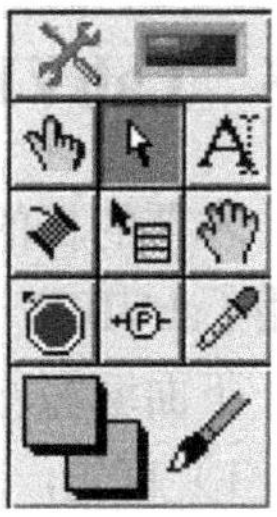

图 2-24　工具选板

使用浮动的工具选板中的定位工具可创建、修改和调试 VI。如果启动 LabVIEW 后工具选板没有显示，可通过选择“查看”下拉菜单中的“工具选板”来显示，或者按住〈Shift〉键右击选板空白处也会出现。光标对应于选板上所选择的工具图标。可选择合适的工具对前面板和程序框图上的对象进行操作和修改。

使用自动选择工具可以提高 VI 的编辑速度。如果自动选择工具已经打开，自动选择工具指示灯呈现高亮状态。当光标移到前面板或程序框图的对象上时，LabVIEW 将自动从工具选板中选择相应的工具。如需取消自动选择工具功能，可以单击工具选板上的“自动选择工具”按钮，指示灯呈灰色，表示自动选择工具功能已经关闭。按〈Shift+Tab〉组合键或单击“自动选择工具”按钮可重新打开自动选择工具功能。工具选板的可选工具与功能见表 2-3。

表 2-3　工具选板功能表

图　标	名　称	功　能
	自动选择工具	选中该工具，则在前面板和程序框图中的对象上移动鼠标指针时，LabVIEW 将根据相应对象的类型和位置自动选择合适的工具
	操作工具	用于操作前面板的控制器和指示器。可以操作前面板对象的数据，或选择对象内的文本和数据
	定位工具	用于选择对象、移动对象或者缩放对象的大小
	标签工具	用于输入标签或标题说明的文本，或者用于创建自由标签
	连线工具	用于在框图程序中节点端口之间连线或者定义子 VI 端口

（续）

图　　标	名　　称	功　　能
	对象快捷键	选中该工具，在前面板或程序框图中右击，即可弹出快捷菜单
	滚动窗口	同时移动窗口内的所有对象
	断点操作	用于程序中设置或清除断点
	探针工具	可在框图程序内的连线上设置探针
	复制颜色	可以获取对象某一点的颜色，来编辑其他对象的颜色
	着色工具	用于给对象上色，包括对象的前景色和背景色

2.5　LabVIEW 初体验：仿真信号并计算其频谱特性

本节的目的是运用本章的知识，仿真一正弦信号并计算其幅值与频谱，从而提高和增强使用 LabVIEW 的兴趣和信心。

下面编写程序，仿真正弦信号并进行相关计算。操作步骤如下。

1）首先，新建一个 VI，在程序框图的函数选板中选择“编程→波形→模拟波形→波形生成”子选板，从中找到“仿真信号”函数，放置于程序框图中。

2）在前面板中的控件选板中选择“新式→数值”子选板，找到“数值输入控件”，放置于前面板中，并复制一个数值输入控件，分别命名为“频率”和“幅值”。

3）返回到程序框图中，将“频率”和“幅值”图标分别连接到“仿真信号”的频率和幅值输入端。

4）在程序框图中，在函数选板中选择“编程→波形→模拟波形→波形测量”中的“FFT 频谱”函数，将其与“仿真信号”输出端连接。

5）在前面板中，选择控件选板中的“新式→图形”中的“波形图控件”，放置于前面板，命名为“仿真信号”，并复制两个在其下方放置，分别命名为“幅度”和“相位”。

6）在程序框图中，将仿真信号的输出与“仿真信号”波形图控件连接，同时与“FFT 频谱”连接，将“幅度”和“相位”波形图控件分别与“FFT 频谱”的幅度输出和相位输出端相连，如图 2-25 所示。

7）在前面板的“频率”和“幅值”中分别输入“193”和“4”，运行程序，查看运行结果。

8）分别改变仿真信号的幅值，观察波形图的变化。

9）保存程序并命名，关闭程序。

例程的程序流程图如图 2-25 所示。

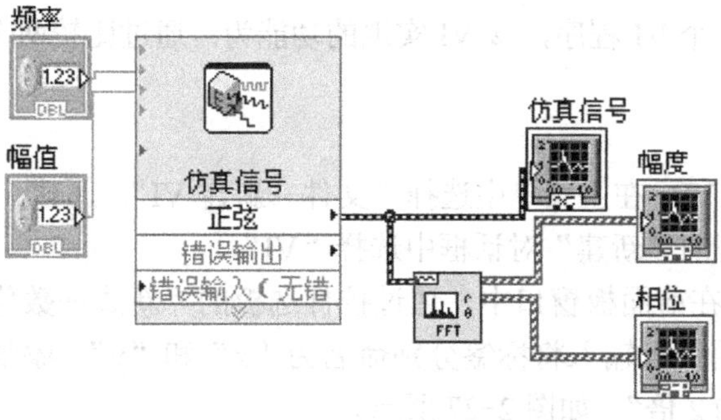

图 2-25　测量仿真信号频谱流程图

仿真信号频谱的前选板如图 2-26 所示。

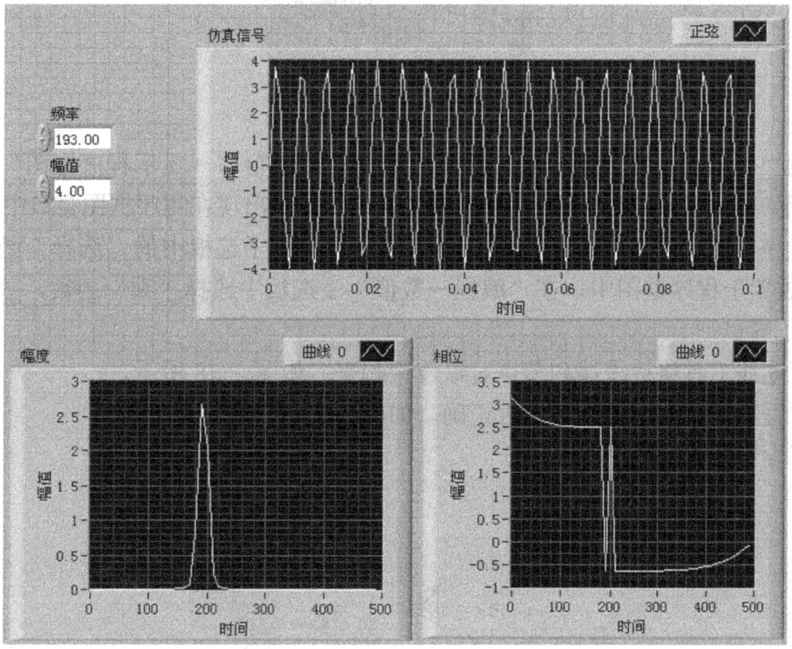

图 2-26　测量仿真信号频谱的前选板

2.6　习题

1）LabVIEW 安装的最低配置要求是什么？

2）LabVIEW 中都有哪些选板，它们都有哪些功能？

3）试编写一个小程序，计算两个数值的和与差，并在前面板显示。

2.7　上机实验

上机目的：熟悉 LabVIEW 中控件选板和函数选板的使用，以及数值计算功能的实现。

上机内容：创建一个 VI 程序，该 VI 实现的功能为：通过比较两个数值的大小，输出较大的数的 2 倍数值。

实现步骤：

1）创建一个新的 VI。在主菜单中选择“文件→新建 VI”，新建一个空白 VI；也可选择“文件→新建”，在打开的“新建”对话框中选择“VI”。

2）创建前面板。在前面板窗口中，通过控件选板的“新式→数值”子选板，添加两个数值输入控件，直接用键盘输入将标签分别命名为“x”和“y”；添加一个数值显示控件，标签命名为“较大值的 2 倍”。如图 2-27 所示。

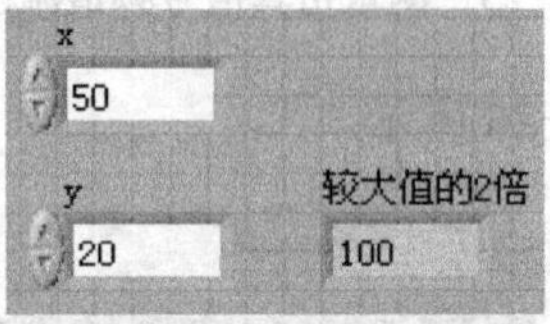

图 2-27　创建前面板

3）创建程序框图。在前面板窗口选择主菜单中的“窗口→显示程序框图”选项，切换到程序框图窗口。此时，前面板中的控件以接线端的形式出现在程序框图窗口中。

4）在程序框图中，选择函数选板的“编程→比较”子选板中的“选择”函数以及“大于”函数，放置于程序框图中。在“编程→数值”子选板中选择“乘”函数，放置于程序框图中。

5）利用连线工具将接线端和节点对象连接起来，如图 2-28 所示。

6）运行程序，观察运行结果是否正确。如图 2-29 所示。

7）保存程序，关闭程序。

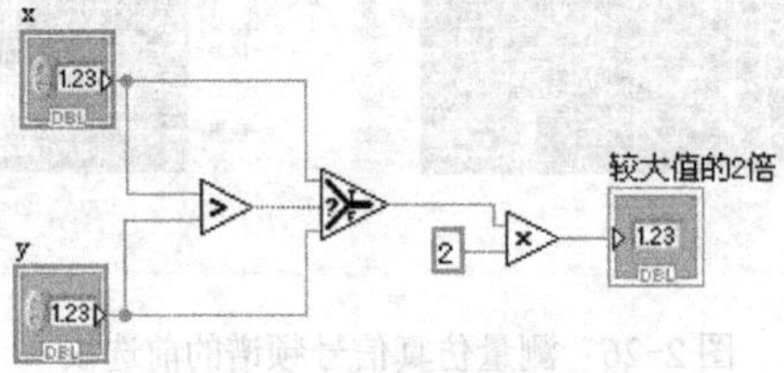

图 2-28　例程的程序流程图

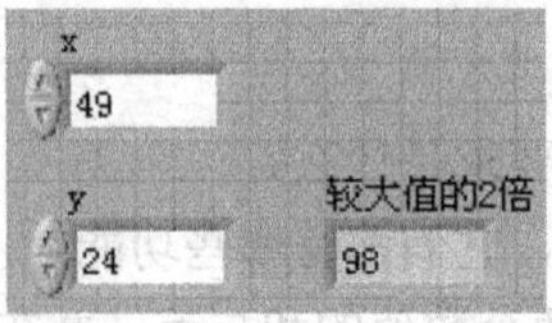

图 2-29　运行结果图

第2篇　基　础　篇

第3章　LabVIEW的数据类型与基本操作

3.1　基本数据类型

数据结构是程序设计的基础，不同的数据类型和数据结构在 LabVIEW 中存储的方式是不一样的。选择合适的数据类型不但能提高程序的性能，而且还能节省内存的使用。在 LabVIEW 编程中会用到一些基本的数据类型与操作，包括数值型、布尔型、字符型等。下面针对每一类数据类型进行详细讲解。

3.1.1　数值型

数值型是 LabVIEW 中一种基本的数据类型，可以分为浮点型、整型数和复数型 3 种基本形式，LabVIEW 中以不同的图标和颜色来表示不同的数据类型，其详细分类见表 3-1。

表 3-1　数值类型

数 值 类 型	图　　标	存储所占位数	数 值 范 围
有符号 64 位整数		64	−18446744073709551616～ +18446744073709551615
有符号 32 位整数		32	−2147483648～+2147483647
有符号 16 位整数		16	−32768～+32767
有符号 8 位整数		8	−128～+127
无符号 64 位整数		64	0～18446744073709551615
无符号 32 位整数		32	0～4294967295
无符号 16 位整数		16	0～65535
无符号 8 位整数		8	0～255
扩展精度浮点型		128	最小正数：6.48E−4966 最大正数：1.19E+4932 最小负数：−6.48E−4966 最大负数：−1.19E+4932

（续）

数 值 类 型	图　　标	存储所占位数	数 值 范 围
双精度浮点型	DBL	64	最小正数：4.49E-324 最大正数：1.79E+308 最小负数：-4.94E-324 最大负数：-1.79E+308
单精度浮点型	SGL	32	最小正数：1.40E-45 最大正数：3.40E+38 最小负数：-1.40E-45 最大负数：-3.40E+38
复数扩展精度浮点型	CXT	256	实部与虚部分别与扩展精度浮点型相同
复数双精度浮点型	CDB	128	实部与虚部分别与双精度浮点型相同
复数单精度浮点型	CSG	64	实部与虚部分别与单精度浮点型相同

在前面板上右击或直接从“查看”下拉菜单中选择“控件选板”，在控件选板中即可看到各种类型的数值输入控件与显示控件，图 3-1 所示为数值型数据在“新式”显示风格下的界面，其他显示风格下的界面用户可以在实际运用中加以熟悉。

在程序框图中数值型数据在函数选板下的界面如图 3-2 所示。

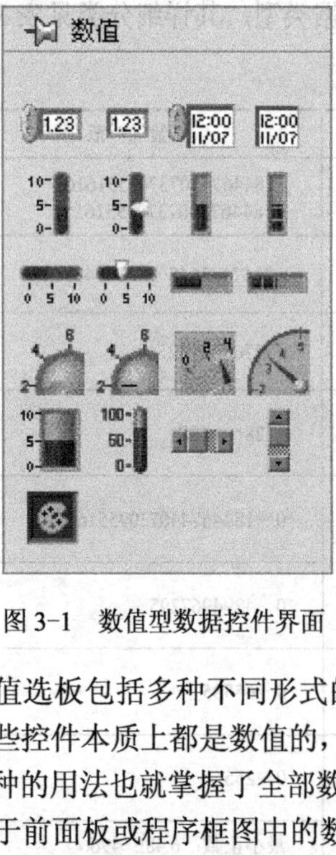

图 3-1　数值型数据控件界面

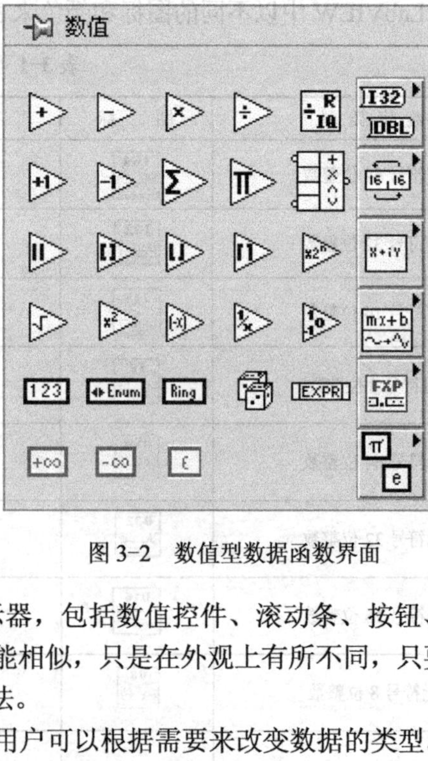

图 3-2　数值型数据函数界面

数值选板包括多种不同形式的控件和指示器，包括数值控件、滚动条、按钮、颜色盒等。这些控件本质上都是数值的，它们大多功能相似，只是在外观上有所不同，只要掌握了其中一种的用法也就掌握了全部数值对象的用法。

对于前面板或程序框图中的数值型数据，用户可以根据需要来改变数据的类型。在前面板或程序框图中右击目标对象，从弹出的快捷菜单中选择“表示法”选项，从该界面中可以选择该控件所代表的数据类型，如图 3-3 所示。

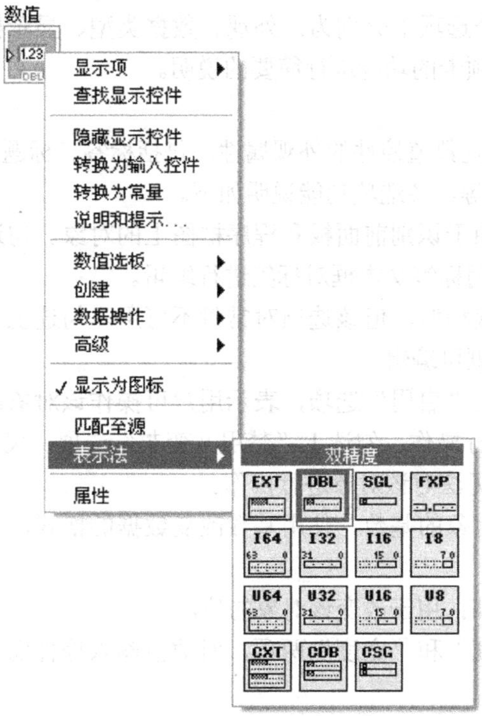

图 3-3　程序框图更改控件所代表的数据类型

如果用户希望更改数值型控件的属性，用户同样可以在前面板或程序框图中右击目标对象，从弹出的快捷菜单中选择最底部的“属性”选项，会弹出如图 3-4 所示对话框。

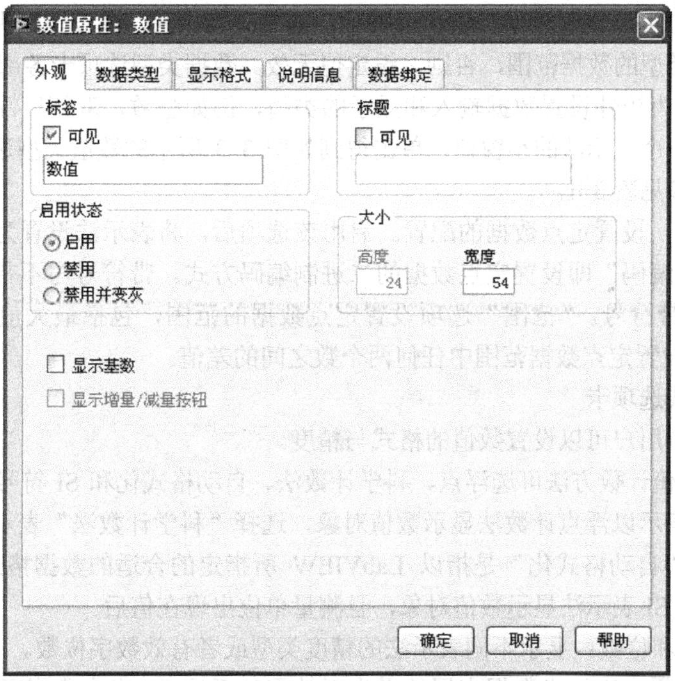

图 3-4　数值型数据的属性对话框

该对话框共包括 5 个选项卡分别为：外观、数据类型、显示格式、说明信息、数据绑定。下面分别对这 5 个选项卡的功能进行简要的说明。

（1）外观选项卡

在此选项卡中可以设置数值控件的外观属性，包括标签、标题、启用状态、显示基数、显示增量/减量按钮、大小等，各选项功能说明如下。

1）标签可见：标签用于识别前面板和程序框图上的对象。勾选上“可见”选项，可以显示对象的自带标签并启用标签文本框对标签进行编辑。

2）标题可见：同标签相似，但该选项对常量不可用。勾选上“可见”选项，可以显示对象的标题并使标题文本框可编辑。

3）启用状态：勾选上“启用”选项，表示用户可操作该对象；勾选上“禁用”选项，表示用户无法对该对象进行操作；勾选上“禁用并变灰”选项，表示在前面板窗口中显示该对象并将对象变灰，用户无法对该对象进行操作。

4）显示基数：显示对象的基数，使用基数改变数据的格式，如十进制，十六进制、八进制等。

5）显示增量/减量按钮：用于改变该对象的值。

6）大小：分为“高度”和“宽度”两项，对数值输入控件而言，其高度不能更改，只能修改控件宽度数据。

与数值输入控件外观属性配置选项卡相比，滚动条、旋钮、转盘、温度计、液罐等其他控件的外观属性配置选项卡稍有不同。如针对旋钮输入控件的特点，在外观属性配置选项卡又添加了定义指针颜色、锁定指针动作范围等特殊外观功能项。读者可在实际练习中加以体会。

（2）数据类型选项卡

在此选项卡中可以设置数据类型和范围等。读者应当注意，在设定最大值和最小值时，不能超出该数据类型的数据范围，否则，设定值无效。数据类型选项卡各部分功能如下。

1）表示法：为控件设置数据输入和显示的类型，例如整数，双精度浮点数等。在数据类型选项卡中有一个表示法的小窗口，单击得到如图 3-3 所示的数值类型选板，各图标对应的数据类型可以参见表 3-1。

2）定点配置：设置定点数据的配置。启用该选项后，将表示法设置为定点，可配置编码或设置范围。“编码”即设置定点数据的二进制编码方式。带符号与不带符号选项用于设置定点数据是否带符号。“范围”选项设置定点数据的范围，包括最大值和最小值。所需 delta 值选项用来设置定点数据范围中任何两个数之间的差值。

（3）显示格式选项卡

在此选项卡中用户可以设置数值的格式与精度。

1）类型：数值计数方法可选浮点、科学计数法、自动格式化和 SI 符号 4 种。其中，用户选择“浮点”表示以浮点计数法显示数值对象，选择“科学计数法”表示以科学计数法显示数值对象。而“自动格式化”是指以 LabVIEW 所指定的合适的数据格式显示数值对象，“SI 符号”表示以 SI 表示法显示数值对象，且测量单位出现在值后。

2）精度类型和位数：显示不同表示法的精度类型或者有效数字位数。

3）隐藏无效零：表示当数据末尾的零为无效零时不显示，但如数值无小数部分，该选项会将有效数字精度之外的数值强制为零。

4）以 3 的整数倍为幂的指数形式：显示时采用了工程计数法表示数值。

5）使用最小域宽：当数据实际位数小于用户指定的最小域宽时，用户若选中此选项，则在数据左端或者右端将用空格或者零来填补额外的字段空间。

6）默认编辑模式和高级编辑模式的切换完成默认视图格式和代码编辑格式及精度的切换。

（4）说明信息选项卡

用户可以在此选项卡中根据具体情况在“说明和提示”框中加注描述信息，用于描述该对象并给出使用说明。提示框用于 VI 运行过程中当光标移到一个对象上时显示对象的简要说明。

（5）数据绑定选项卡

用户在选项卡中可以自由设置数据绑定选择。数据绑定选择下拉菜单中有 3 个选项：未绑定、共享变量引擎（NI-PSP）和 DataSocket。访问类型共有 3 种：只读、读取/写入、路径。

3.1.2 布尔型

布尔型数据在 LabVIEW 中的应用比较广泛。因为 LabVIEW 程序设计很大一部分功能体现在仪器设计上，而在设计仪器时经常会有一些控制按钮和指示灯之类的控件，这些控件的数据类型一般为布尔型。另外，在程序设计过程中进行一些判断时也需要用到布尔型数据。

布尔型的值为“0”或者“1”，即“真（True）”或者“假（False）”，通常情况下布尔型即为逻辑型。在前面板上右击或者直接从“查看”下拉菜单中选择“控件”选板，即可从中找到布尔子选项。图 3-5 所示的是新式风格下的布尔子选板。

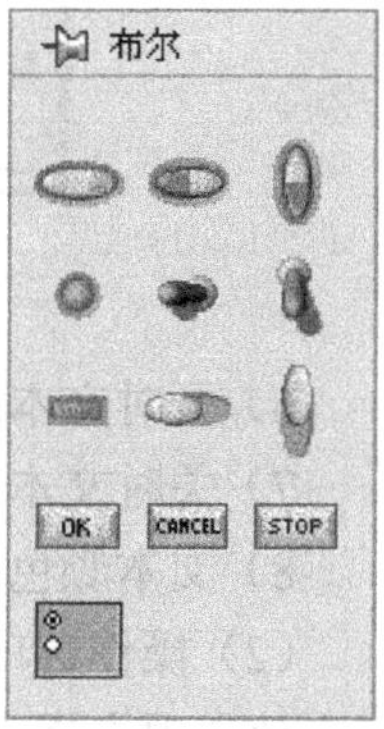

图 3-5　布尔子选板

在图中可以看到各种布尔型输入控件与显示控件，如开关、指示灯、按钮等，用户可以根据需要选择合适的控件。布尔控件用于输入并显示布尔值（True/False）。例如，监控一个实验的温度时，可在前面板上放置一个布尔警告灯，当温度超过设定温度时，显示灯高亮，发出警告。

在前面板的布尔控件上右击，从弹出的快捷菜单中选择“属性”菜单项，则可打开如图 3-6 所示的布尔属性对话框。下面对其属性选项卡进行说明。

（1）外观选项卡

打开布尔控件属性配置对话框，外观选项卡为默认选项卡。可以看到该选项卡与数值外观配置选项卡基本一致。下面介绍一些与数值控件外观配置选项卡不同的选项及其相应功能。

1）开：设置布尔对象状态为“真”时的颜色。

2）关：设置布尔对象状态为“假”时的颜色。

3）显示布尔文件：在布尔对象上显示用于指示布尔对象状态的文本，同时使用户能够打开“开时文本”和“关时文本”文本框进行编辑。

4）文本居中锁定：将显示布尔对象状态的文本居中显示。也可使用锁定布尔文本居中属性，通过编程将布尔文本锁定在布尔对象的中部。

5）多字符串显示：允许为布尔对象的每个状态显示文本。如取消勾选，在布尔对象上将仅显示“关时文本”文本框中的文本。

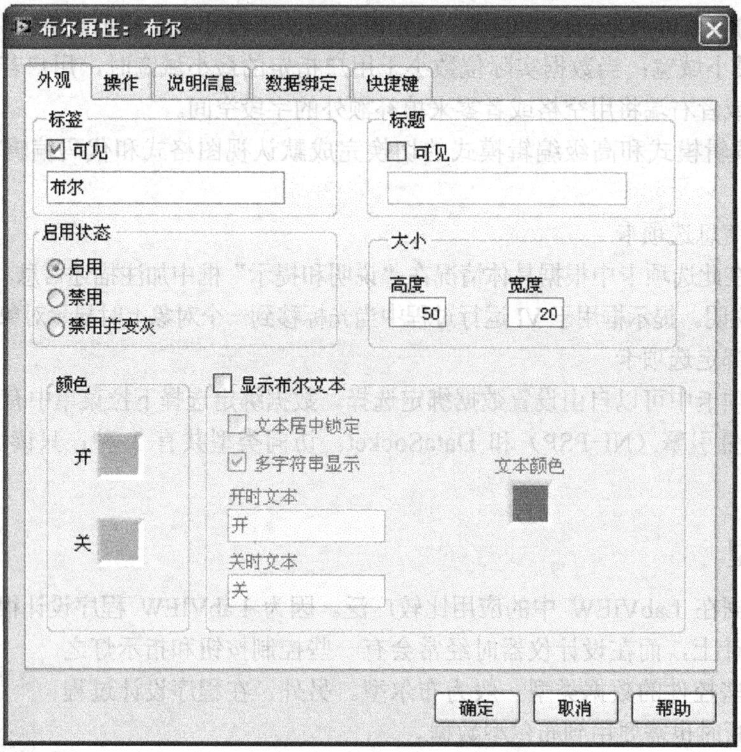

图 3-6　布尔属性对话框

6）开时文本：布尔对象状态为“真”时显示的文本。

7）关时文本：布尔对象状态为“假”时显示的文本。

8）文本颜色：说明布尔对象状态的文本颜色。

（2）操作选项卡

该选项卡用于为布尔对象指定按键时的机械动作。该选项卡包括按钮动作、动作解释、所选动作预览和指示灯等选项，各选项的功能如下。

1）按钮动作：设置布尔对象的机械动作，共有 6 种机械动作可供选择，如图 3-7 所示，读者可以在练习中对各种动作的区别加以体会。

2）动作解释：描述选中的按钮动作。

3）所选动作预览：显示所有所选动作的按钮，用户可测试按钮的动作。

4）指示灯：当预览按钮的值为“真”时，指示灯变亮。

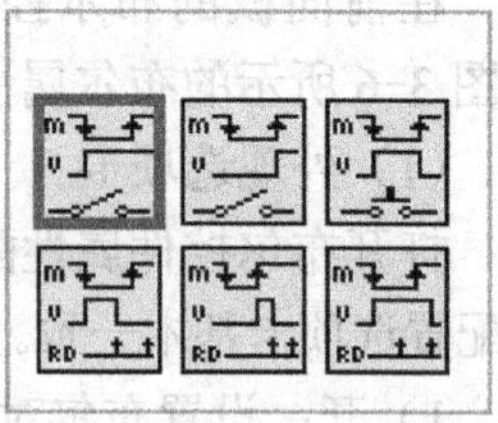

图 3-7　布尔对象的机械动作

3.1.3　枚举类型

LabVIEW 中的枚举类型和 C 语言中的枚举类型定义相同，它提供了一个选项列表，其中每一项都包含一个字符串标识和数字标识，数字标识与每一选项在列表中的顺序一一对应。枚举类型包含在控件选板的“下拉列表与枚举”子选板中，而枚举常数包含在函数选板的“数值”子选板中，如图 3-8 所示。

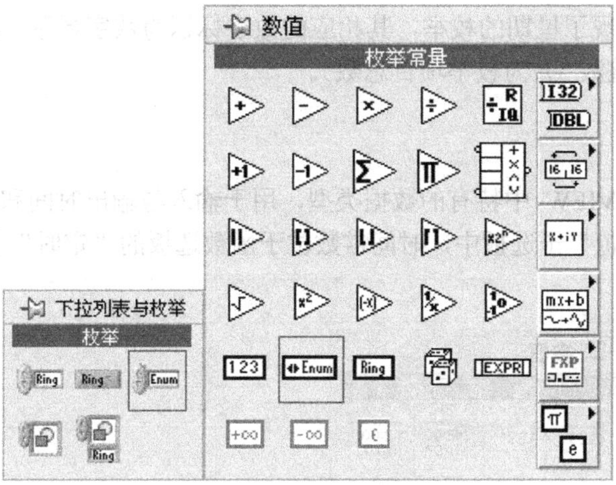

图 3-8　枚举类型与枚举常量

枚举类型可以以 8 位、16 位或 32 位无符号整数表示，这 3 种表示方式之间的转换可以通过右击快捷菜单中的属性选项实现，其属性的修改与数值对象基本相同，在此不再赘述。下面主要讲一下如何实现枚举类型。首先在前面板中添加一个枚举类型控件，然后右击该控件，从属性菜单中选择“编辑项”，分别输入从星期日到星期天，每输入一个按一下〈Enter〉键。如图 3-9 所示。

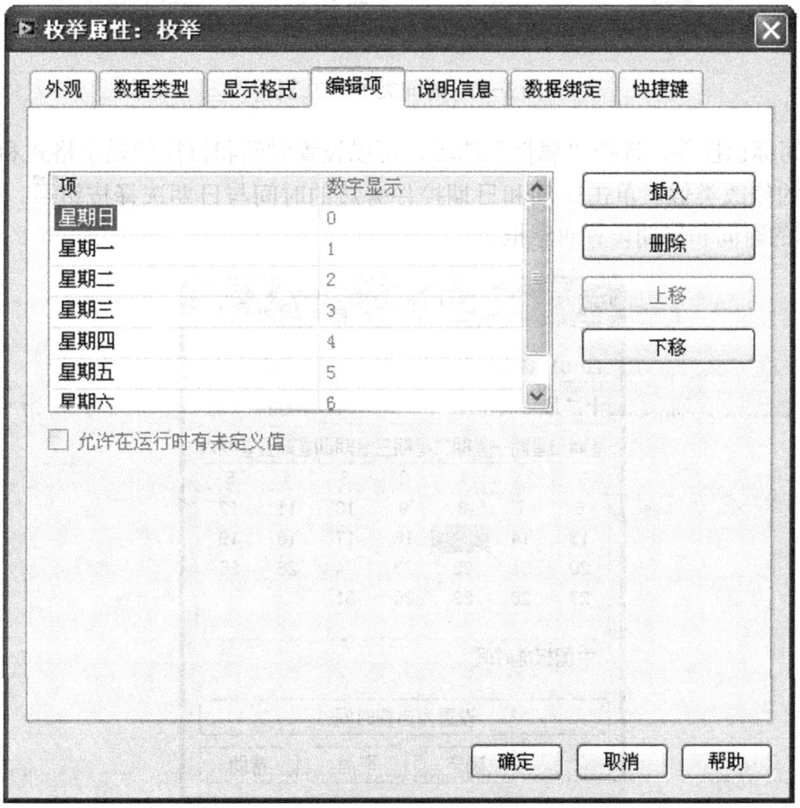

图 3-9　枚举类型的使用

此枚举控件便实现了星期的枚举，其相应的数字标识为数字显示。注意，枚举控件的值一定为 0～n-1 的正整数（n 为枚举项目总数）。

3.1.4 时间类型

时间类型是 LabVIEW 中特有的数据类型，用于输入与输出时间和日期。时间标识控件位于控件选板的“数值”子选板中，时间常数位于函数选板的“定时”子选板中，如图 3-10 所示。

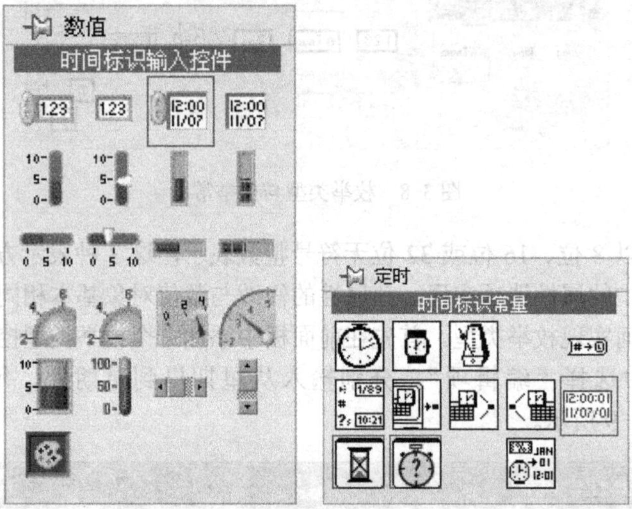

图 3-10　时间类型所在选板

右击时间标识控件，选择“属性”选项，可以设置时间和日期的显示格式和显示精度，与数值属性的修改类似。单击时间和日期控件旁边的时间与日期选择按钮，可以打开如图 3-11 所示的时间和日期设置对话框。

图 3-11　时间和日期设置对话框

3.1.5 变体类型

变体数据类型和其他的数据类型不同，它不仅能存储控件的名称和数据，而且还能携带控件的属性。例如当要把一个字符串转换为变体数据类型时，它既保存字符串文本，还标识这个文本为字符串类型。LabVIEW 中的任何一种数据类型都可以使用相应的函数来转换为变体数据类型。该数据类型包含在前面板控件选板的“变体与类”子选板中。如图 3-12 所示。

图 3-12　变体类型选板

变体数据类型主要用在 ActiveX 技术中，以方便不同程序间的数据交互（参考第 10 章）。在 LabVIEW 中可以把任何数据都转换为变体数据类型。

3.2　数据运算选板

3.2.1 数值函数选板

数值函数选板包含在函数选板的“数值”子选板中，该子选板中有类型转换节点、复数节点、缩放节点和数学与科学常量节点等，如图 3-13 所示。

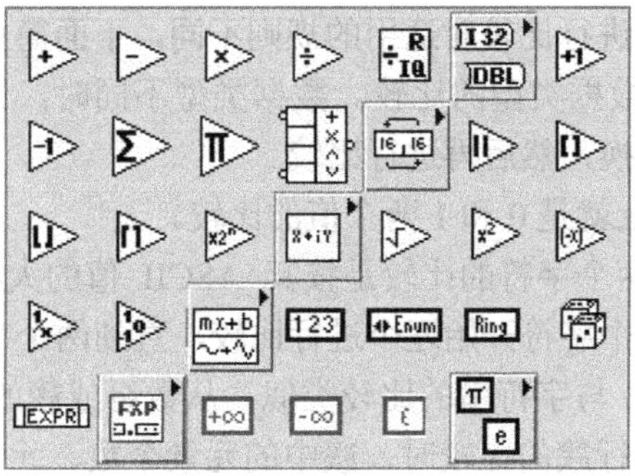

图 3-13　基本数值函数选板

该基本数值函数选板主要实现加、减、乘、除等基本功能。LabVIEW 中的数值函数选板的输入端能够根据输入数据类型的不同自动匹配合适的类型，并且能够自动进行强制数据类型转换。

3.2.2 布尔函数选板

布尔函数选板包含在函数选板中的“布尔”子选板中。布尔函数选板的输入数据类型可以是布尔型、整型、元素为布尔型或整型的数组和簇，如图 3-14 所示。

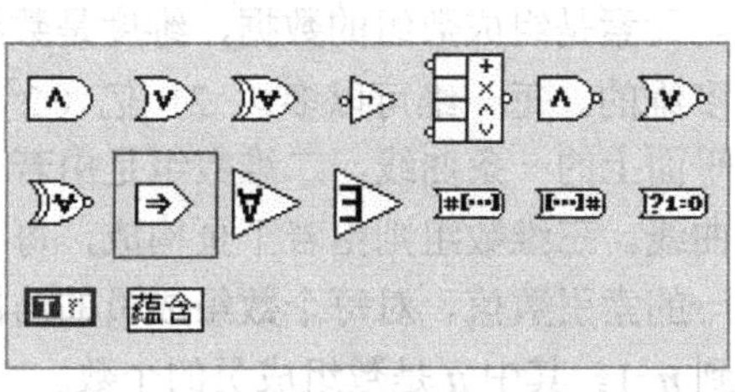

图 3-14　布尔函数选板

输入数据为整型时，在进行布尔运算前布尔函数选板会自动将整型数据转换成相应的二进制数，然后再逐位进行逻辑运算，得到二进制数运算结果，再将该结果转换成十进制输出。输入数据为浮点型时，布尔函数选板能够自动将它强制转换成整数型后再运算。

3.2.3 比较函数选板

比较函数选板包含在函数选板中的“比较”子选板中，用户使用比较函数选板可以进行数值比较、布尔值比较、字符串比较、数组比较和簇比较，如图 3-15 所示。

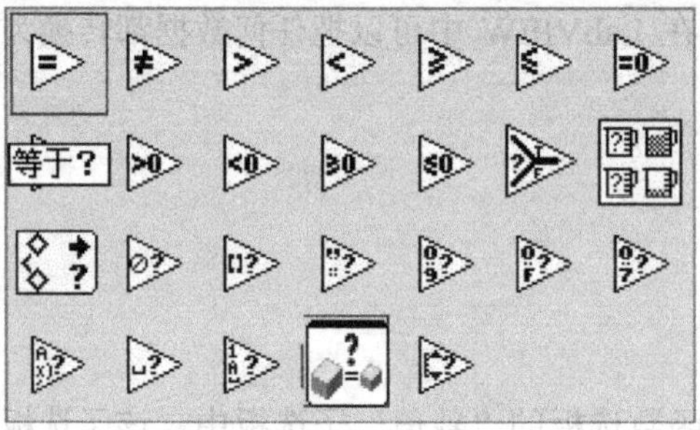

图 3-15 比较函数选板

不同数据类型的数据在进行比较时适用的规则不同，下面简单介绍以下这些规则。

1）数值比较：指相同数据类型的比较。数据类型不同时，比较函数选板的输入端能够自动进行强制性数据类型转换，然后再进行比较。

2）布尔值比较：实际上就是 0 和 1 两个值的比较。

3）字符串比较：因为两个字符的比较是按其 ASCII 值的大小来比较的，所以两个字符串的比较是从字符串的第一个字符开始逐个进行比较，直到两个字符不相等为止。

4）数组比较和簇比较：与字符串的比较类似，从数组或簇的第 0 个元素开始比较，直到有不相等的元素为止。进行簇的比较时，簇中的元素个数、元素的数据类型及顺序的比较与数组相同。

3.3 数组型数据

在程序设计语言中，数组是一种常用的数据类型，是相同数据类型的集合，是一种存储和组织相同类型数据的良好方式。LabVIEW 也不例外，它提供了功能丰富的数组函数供用户在编程时调用。LabVIEW 中的数组是数值型、布尔型、字符串型等多种数据类型中的同类数据集合。

数组由元素和维度组成。元素是组成数组的数据，维度是数组的长度、高度或深度。数组可以是一维的，也可以是多维的。每一维可以多达 21 亿（$2^{21}-1$）个成员。一维数组是一行或一列数据，描绘的是平面上的一条曲线。二维数组是由若干行和列的数据组成的，它可以在一个平面上描绘多条曲线。三维数组则由若干页构成，每一页都是一个二维数组。数组中的每一个元素都有其唯一的索引数值，对每个数组成员的访问都是通过索引数值来进行的。索引值从 0 开始，一直到 *n*-1。其中 *n* 是数组成员的个数。

3.3.1 数组的创建

在前面板和程序框图中可以创建数值、布尔、路径、字符串、波形和簇等数据类型的数组。下面通过例题来说明数组的创建。

【例 3-1】 多维数组的创建。

操作步骤如下。

1）在控件选板中选择“新式”显示风格下的“数组、矩阵与簇”子选板。

2）找到数组图标，单击选择并将其拖到前面板适当位置。

3）在控件选板上选择一个数值控件，将其拖入数组控件的框中，即可完成元素添加。

4）将鼠标移动到数组边框右下角，拖动鼠标可以添加新的数组元素。

5）右击数组控件，从弹出的菜单中选择“添加维数”即可设定所需维数，如图 3-16 所示。

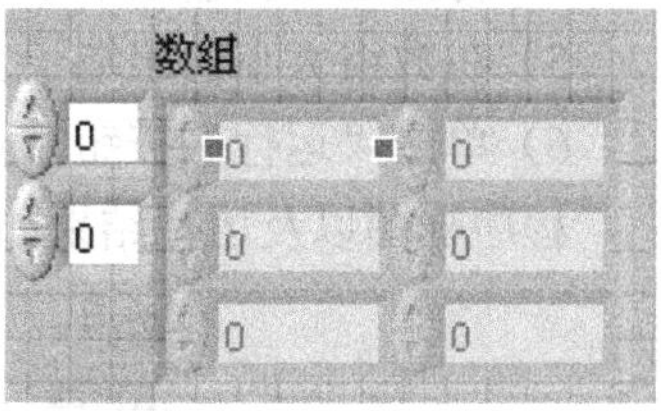

图 3-16　添加数组维数及成员

需要注意的是数组中不能再创建数组，但允许创建多维数组或创建每个簇中含有一个或多个数组的簇数组。不能创建元素为子面板控件、选项卡控件、图标或多曲线 XY 图的数组。

3.3.2 数组函数

数组函数用于对一个数组进行操作，主要包括求数组的长度、替换数组中的元素、取出数组中的元素、对数组排序或初始化数组等各种运算，LabVIEW 的数组选板中有丰富的数组函数可以实现对数组的各种操作。函数是以功能函数节点的形式来表现的。数组函数选板在“编程”子选板下的“数组”选板内，如图 3-17 所示。

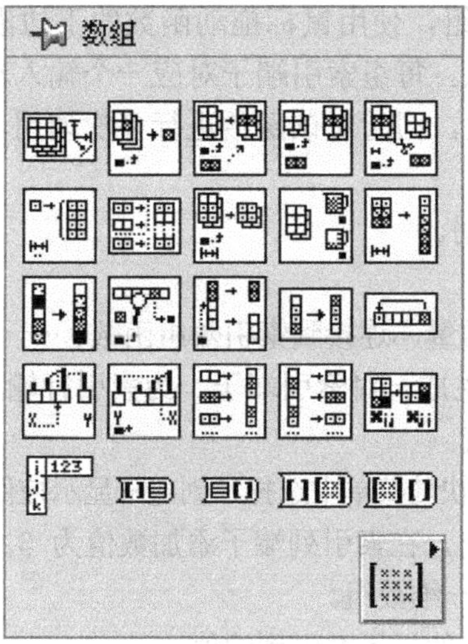

图 3-17　数组函数选板

常用的数组函数如下。

（1）数组大小

数组大小函数显示控件返回数组的位数。如果数组是一维的，则返回一个 32 位整数值，如果是多维的，则返回一个 32 位一维整型数组。节点的输入为一个 *n* 维数组，输出为该数组各维包含元素的个数。当 $n=1$ 时，节点的输出为一个标量；当 $n>1$ 时，节点的输出为一个一维数组，数组的每一个元素对应输入数组中的每一维的长度。

【例 3-2】 计算数组大小。

操作步骤如下。

1）首先创建一个数组常量放置到程序框图中。

2）在函数选板下的“编程”选板下的“数值”选板内选择数值常量，将其放置到数组常量框格中生成含一个元素的一维数组。

3）拖动数组常量边框添加元素，使数组中含 6 行 6 列总共 36 个元素。

4）将数组常量输出端子和数组大小函数输入端子相连。

5）在数组大小输出端子上右击，在弹出的快捷菜单中选择“创建→显示控件”。

6）单击“运行”按钮，查看运行结果。

程序框图以及运行结果如图 3-18 所示。

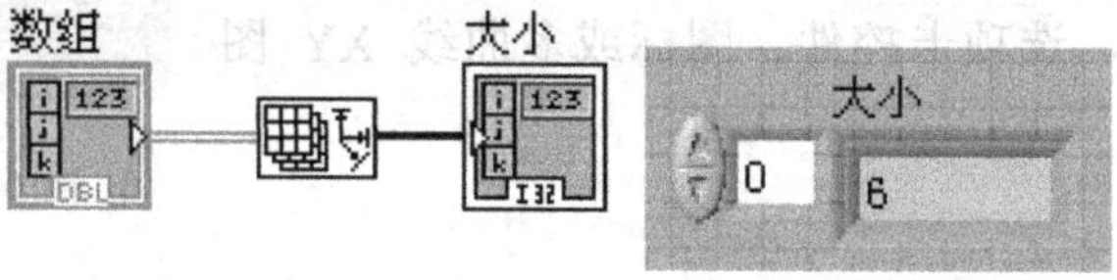

图 3-18　计算数组大小实例

（2）索引数组

索引数组用来索引数组元素或数组中的某一行。此函数会自动调整大小以匹配链接的输入数组的维数。一个任意类型的 *n* 维数组接入此输入参数后，自动生成 *n* 个索引端子组，这 *n* 个输入端子作为一组，使用鼠标拖动函数的下边沿可以增加新的输入索引端子组，这和数组的创建过程相似。每组索引端子对应一个输入端口。建立多组输入端子时，相当于使用同一数组输入参数，同时对该函数进行多次调用。输出端口返回索引值对应的标量或数组。

【例 3-3】 索引数组的使用。

操作步骤如下。

1）首先，创建一个数组常量，连接到索引数组函数。

2）由索引数组函数自动生成一对索引端子，为索引行输入值设为 2，索引列输入值为 2，表示索引第 3 行第 3 列数值。

3）在输出端子上右击，在快捷菜单中选择“创建→显示控件”，创建一个数值显示控件。

4）拖动函数下沿添加索引，在索引列端子添加数值为 3，索引第 4 列数组，在函数右端创建显示控件，自动创建为一维数组。

5）运行程序，数值显示控件显示索引到的值。

例程程序框图及结果如图 3-19 所示。

📖 注意：LabVIEW 中的行和列与数组中的行和列有区别，LabVIEW 中从第 0 行算起，所以第 0 行对应实际数组的第 1 行。

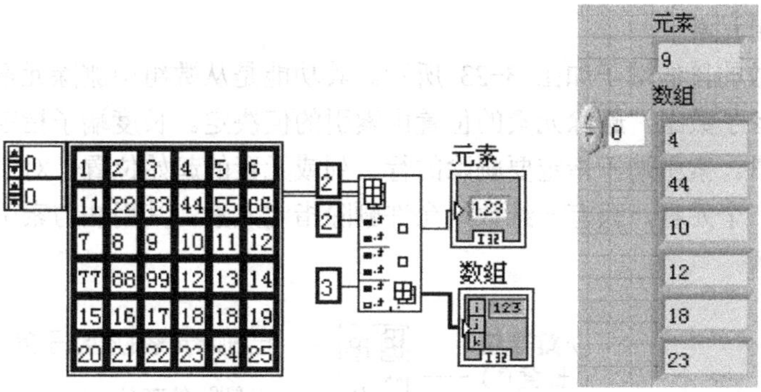

图 3-19　索引数组函数的应用

（3）替换数组子集

替换数组子集函数的接线端子如图 3-20 所示。其功能是从索引中指定的位置开始替换数组中的某个元素或子数组。拖动替换数组子集下的边框可以增加新的替换索引。

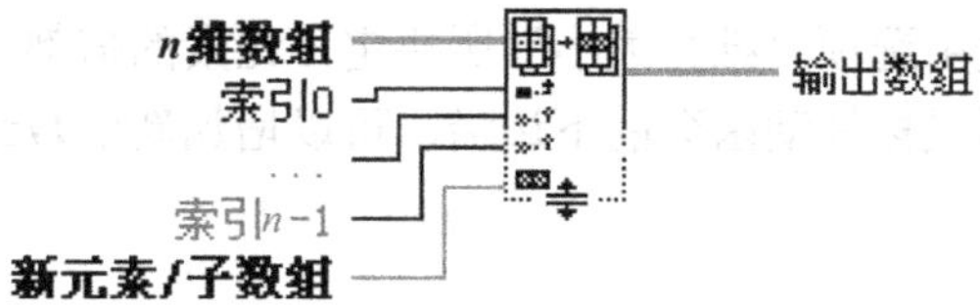

图 3-20　替换数组子集函数的接线端子

图 3-21 所示的程序将数组的第 1 行替换为新的序列。

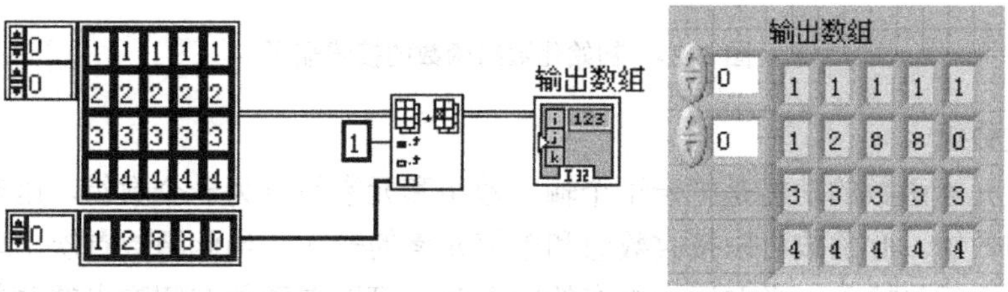

图 3-21　替换数组子集函数的使用

（4）数组插入

数组插入函数的接线端子如图 3-22 所示。其功能是向数组中插入新的元素或子数组。*n* 维数组是要插入元素、行、列或页的数组。输入可以是任意类型的 *n* 维数组。索引 0，…，*n*-1 端子指定数组中要插入元素、行、列或页的点。*n* 或 *n*-1 维数组端子是要插入 *n* 维数组的元素、行、列或页。其使用与替换数组子集函数基本相同，此处不再赘述。

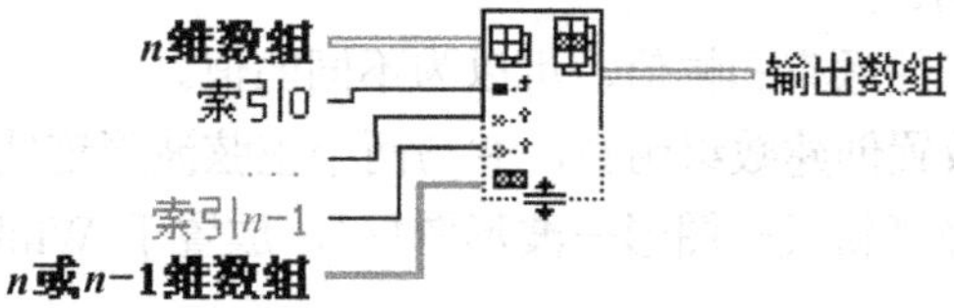

图 3-22　数组插入函数的接线端子

（5）删除数组元素

删除数组函数的接线端子如图 3-23 所示。其功能是从数组中删除元素，可删除的元素包括单个元素或者子数组。删除元素的位置由索引的值决定。长度端子指定要删除的元素、行、列或页的数量。索引端子指定要删除的行、列或元素的起始位置。对二维及二维以上的数组不能删除某一个元素，只有一维数组允许删除指定元素。其用法与索引数组函数基本相同，这里不再举例。

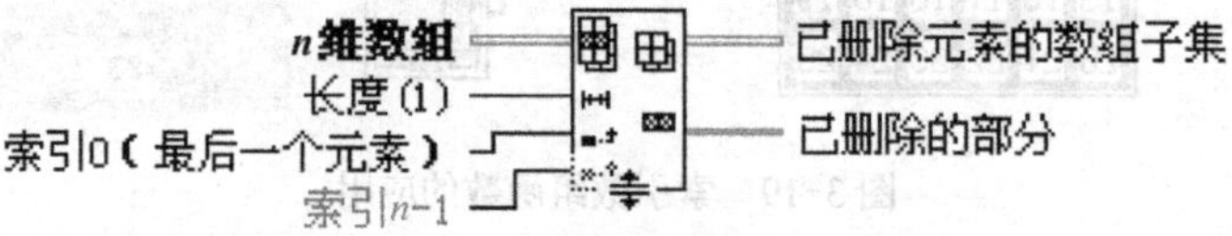

图 3-23　删除数组元素函数的接线端子

（6）初始化数组

初始化数组函数的接线端子如图 3-24 所示，其功能是创建一个新的数组。数组可以是任意长度。每一维的长度由选项“维数大小”所决定，元素的值都与输入的参数相同。初次创建的是一维数组。使用鼠标拖动函数的下边沿，可以增加新的数组元素，从而增加数组的维数。

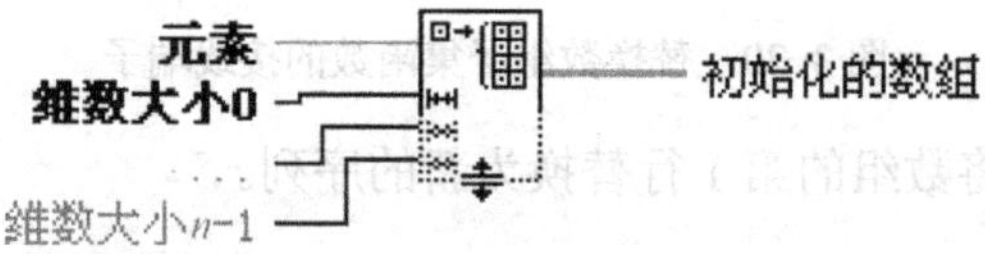

图 3-24　初始化数组函数的接线端子

（7）创建数组

创建数组元素函数的功能是把若干个输入数组和元素组合为一个数组。函数有两种输入类型：标量和数组。此函数可以接收数组和单值元素的输入。当此函数首次出现在框图窗口时，自动带一个标量输入。当要添加更多的输入时，可以在函数左侧弹出的菜单中选择“增加输入”，也可以将鼠标放置在对象的一个角上拖动鼠标来增加输入。此函数在合并元素和数组时，按照出现的顺序从顶部到底部合并。

【例 3-4】 创建波形数组。

操作步骤如下。

1）创建一个新的 VI，在“编程→结构”中选择 While 循环放置在程序框图上。

2）在函数面板中选择“波形→模拟波形→波形生成”，从中选择正弦波形函数放置于 While 循环内，作为输入值。

3）设定两个正弦波形的频率和幅值，可以为不同的值。

4）在 While 循环内放置创建数组函数，并与两个正弦波形连线。

5）在控件选板中选择“新式→图形→波形图标”，放置于 While 循环内，并与创建数组函数连接。

6）单击“运行”按钮，观察运行结果。

程序框图及运行结果图如图 4-25 所示。

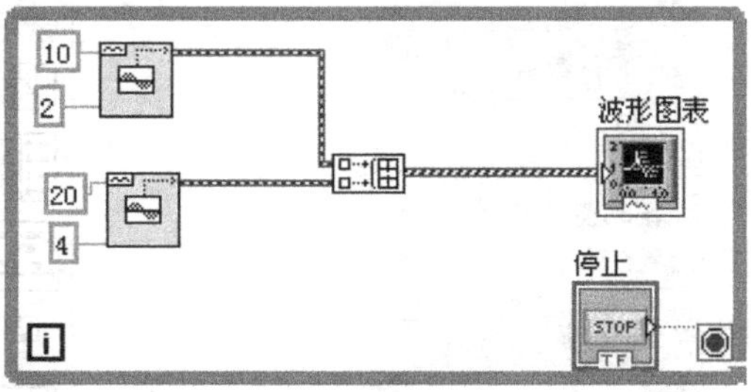

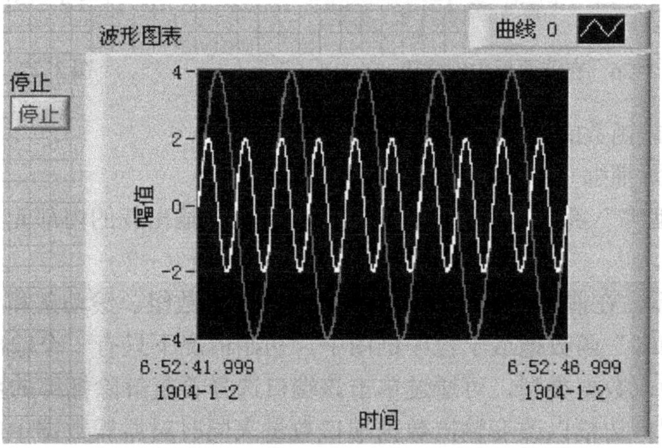

图 3-25　创建数组函数的应用

3.4　簇型数据

与数组类似，簇也是 LabVIEW 中一种集合型的数据结构，它对应于 C 语言等文本编程语言的结构体变量。很多情况下，为了便于引用，需要将不同的数据类型组合成一个有机整体。例如，一名学生的姓名、性别、年龄、成绩等数据项，都与这名学生有关，只有把它们组合成一个组合项才能真正详尽地反映情况。簇正是这样的一种数据结构，它可以包含很多种不同类型的数据，而数组只能包含同一类型的数据。可以把簇想象成一束电缆束，电缆束中每一根线代表一个元素。

3.4.1　簇的创建

簇的创建方法与数组类似。簇位于控件选板中的“新式→数组、矩阵与簇”子选板中，将其拖入前面板中，可以看到一个空簇，如图 3-26 所示。在簇中可以添加不同对象。图 3-28 中的簇是在其中添加了数组、布尔和字符串控件。

在程序框图中创建簇的方法与在前面板中创建簇的方法相同，读者可以自己进行尝试。

3.4.2　簇函数

簇函数位于函数选板下“编程→簇、类与变体”子选板中，如图 3-27 所示。

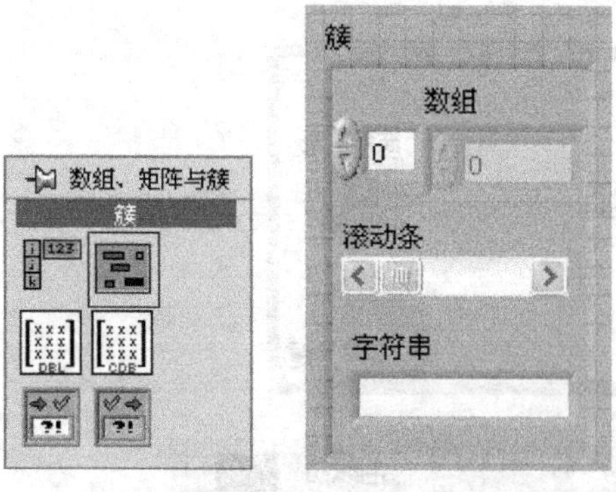

图 3-26　在前面板中创建簇

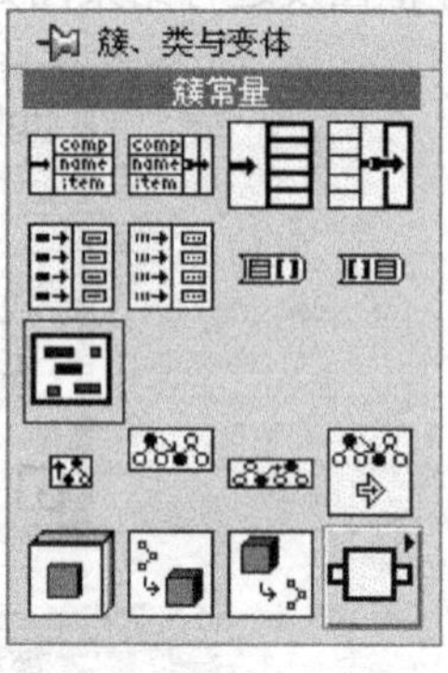

图 3-27　簇函数选板

下面对常用的簇函数的使用进行详细的介绍。

（1）按名称解除捆绑

“按名称解除捆绑”函数的功能是根据名称有选择地输出簇的内部元素，其中元素名称就是指元素的标签。

如图 3-28 所示，在前面板中创建一个簇，簇中包含数组、滚动条和字符串三个数据。将“按名称解除捆绑”函数拖放于程序框图中，初始情况下只有一个输出接线端，类型默认为簇中第一个输入数据类型，可通过单击该端口选择希望解除捆绑的数据类型，或者在函数图标中下拉图标边框以改变输出数据端口数量来同时对原簇数据中的几个值进行解除捆绑。

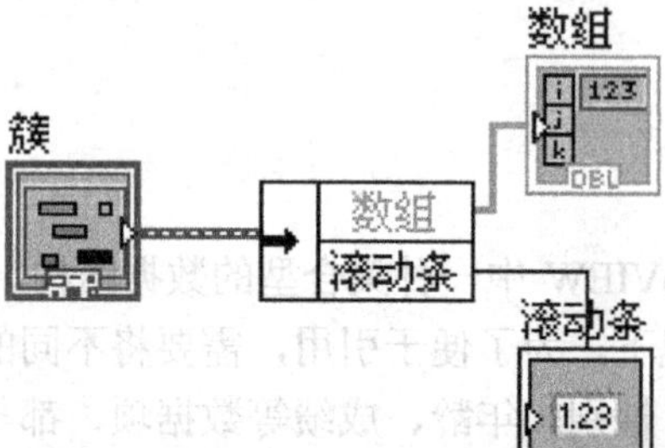

图 3-28 “按名称解除捆绑”函数的使用

（2）按名称捆绑

“按名称捆绑”函数的接线端子如图 3-29 所示，其功能是通过簇的内部元素来给簇的内部元素赋值。参考簇是必需的，该函数通过参考簇来获得元素名称。

与“按名称解除捆绑”函数类似，图 3-29 所示的前面板上簇中有数值、布尔和字符串 3 个数据。将“按名称捆绑”函数拖放至程序框图中时，默认只有一个输入接线端，当其输入簇端口接入簇数据时，左侧的接线端口默认为第一个簇数据类型，本例中为数值。可以通过单击该端口选择希望替换的数据类型，并输入替换值，也可以利用函数图标下拉通过改变替换元素数量来同时对原簇数据中的几个值进行替换。本例中对字符串型和布尔型数据进行了替换。

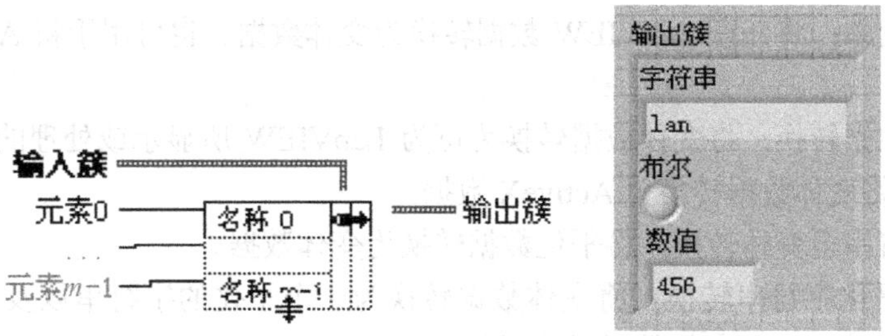

图 3-29 “按名称捆绑”函数的使用

（3）解除捆绑

该函数的功能是解开簇中各个元素的值。默认情况下，它会根据输入簇自动调整输入端子的数目和数据类型，并按照内部元素索引的顺序排列。每一个输出接线端对应一个元素，并在接线端上显示出对应元素的数据类型。同时，接线端上数据类型出现的顺序与簇中元素的数据类型顺序一致，但是可以选择输出元素的个数。该函数的应用较简单，此处不再举例。

（4）创建簇数组

“创建簇数组”函数的功能是将每个组件的输入捆绑为簇，然后将所有组件簇组成以簇为元素的数组。每个簇都是一个成员。

如图 3-30 所示，首先需要将输入的 2 个一维数组转成簇数据，然后再将簇数据组成 1 个一维数组。生成的簇数组中有两个元素，每个元素均为一个簇，每个簇则含有 1 个一维数组。在使用簇数组时，要求输入数据类型必须一致。

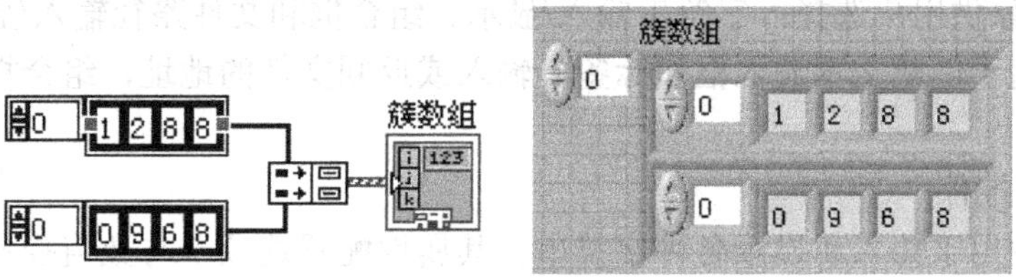

图 3-30 “创建簇数组”函数的使用

（5）簇至数组转换/数组至簇转换

“簇与数组转换”函数的功能是将相同数据类型元素组成的簇转换为数据类型相同的一维数组；“数组至簇转换”函数的功能是将一维数组转换为簇，簇元素和一维数组元素的数据类型相同。可通过右击函数，从快捷菜单中选择簇的大小，设置簇中元素的数量。

默认的簇有 9 个元素，因此在使用“数组至簇转换”函数时，在创建的空簇中必须放入 9 个元素，当输入数组的值不足 9 个时，簇则默认为 0。可以通过右击函数图标选择“簇大小”项来更改簇元素的个数，最大可达到 256 个。

（6）变体

“簇函数”选板的最后一个图标为“变体属性”函数。该函数用来添加、获取和删除 LabVIEW 变体的属性，以及操作变体数据。“变体属性”函数中各个子函数的主要功能如下。

1）转换为变体：将任意 LabVIEW 数据转换为变体数据。也可用于将 ActiveX 数据转换为变体数据。

2）变体至数据转换：将变体数据转换为可为 LabVIEW 所显示或处理的 LabVIEW 数据类型，也可用于将变体数据转换为 ActiveX 数据。

3）平化字符串至变体转换：将平化数据转换为变体数据。

4）变体至平化字符串转换：将变体数据转换为一个平化的字符串以及一个代表了数据类型的整数数组。ActiveX 变体数据无法平化。

5）获取变体属性：根据是否连接了名称参数，从某个属性的所有属性或值中获取名称和值。

6）设置变体属性：用于创建或改变变体数据的某个属性或值。

7）删除变体属性：删除变体数据中的属性和值。

3.5 字符串型数据

3.5.1 字符串与路径

字符串是 LabVIEW 中一种基本的数据类型，LabVIEW 为用户提供了功能强大的字符串控件和字符串运算功能函数。

路径也是一种特殊的字符串，专门用于对文件路径的处理。在前面板上右击，打开“控件”选板，在“新式”下可以看到“字符串与路径”子选板。“字符串与路径”子选板中共有 3 种对象供用户选择：字符串输入/显示、组合框和文件路径输入/显示。其中字符串和路径控件用于创建文本输入框和标签、输入或返回文件的地址，组合框可用于对输入项目进行选择。

（1）字符串控件

字符串控件用于输入和显示各种字符串。其属性配置选项卡与数值控件、布尔控件相似，读者可参考前面的介绍，此处不再详细说明。

右击字符串控件，在弹出的快捷菜单中，关于定义字符串的显示方式有 4 种，每种显示方式及含义如下。

1）正常显示：在这种模式下，除了一些不可显示的字符，如制表符、声音、Esc 等，字符串控件显示可打印的所有字符。

2）“\”代码显示：选择这种显示模式，字符串控件除了显示普通字符以外，用“\”形式还可以显示一些特殊控制字符，表 3-2 列出了一些常见的转义字符。

3）密码显示：密码模式主要用于输入密码，该模式下键入的字符均以“*”显示。

4）十六进制显示：将显示输入字符对应的十六进制 ASCII 码值。

📖 注意：在 LabVIEW 中，如果反斜杠后接的是大写字符，并且是一个合法的十六进制整数，则把它理解为一个十六进制的 ASCII 码值；如果反斜杠后接的是小写字符，而且是表中的一个命令字符，则把它理解为一个控制字符；如果反斜杠后接的既不是合法的十六进制整数，又不是表中的任何一个命令字符，则忽略反斜杠。

表 3-2 “\”代码转义字符列表

字　符	ASCII 码值	控 制 字 符	功 能 含 义
\n	10	LF	换行
\b	8	BS	退格
\f	12	FF	换页
\s	20	DC4	空格
\r	13	CR	回车
\t	9	HT	制表位
\\	39		反斜杠\

（2）路径控件

路径控件用于输入或返回文件或目录的地址。路径控件与字符串控件的工作原理相似，但 LabVIEW 会根据用户使用操作平台的标准句法将路径按一定格式处理。路径通常分为以下几种。

1）非法路径：如果函数未成功返回路径，该函数将在显示控件中返回一个非法路径值，非法路径值可作为一个路径控件的默认值来检测用户何时未提供有效路径，并显示一个带有选择路径选项的文件对话框。使用文件对话框函数显示文件对话框。

2）空路径：空路径可用于提示用户指定一个路径，将一个空路径与文件 I/O 函数相连时，空路径将指向映射到计算机的驱动器列表。

3）绝对路径和相对路径：相对路径是文件或目录在文件系统中相对于任意位置的地址。绝对路径描述从文件系统根目录开始的文件或目录地址。使用相对路径可避免在另一台计算机上创建应用程序或运行 VI 时重新指定路径。

（3）组合框控件

组合框控件可用来创建一个字符串列表，在前面板上可按次序循环浏览该列表。组合框控件类似于文本型或菜单型下拉列表控件。但是，组合框控件是字符串型数据，而下拉列表控件是数值型数据。

在字符串控件中最常用的是字符串输入和字符串显示两个控件，如果需要为字符串添加背景颜色可以使用“工具”选板中的“设置颜色”工具。如果需要修改字符串控件中文字的大小、颜色、字体等属性，需要先使用“工具”选板中的“编辑文本”工具选定字符串控件中的字符串，然后打开前面板工具栏中“文本设置”工具栏，选择符合用户需求的字体属性。

字符串控件在默认情况下为正常显示状态，显示字符的一般形式，在字符串中可以直接按〈Enter〉或空格键，系统自动根据键盘动作为字符串创建隐藏的“\”形式的转义控制字符。右击控件，在弹出的菜单中可以选择其他文本格式。

3.5.2 列表与表格控件

用户可在前面板控件选板中找到“列表、表格和树”子选板，该选板包括了列表、表格、树形控件这 3 种表单形式，如图 3-31 所示。

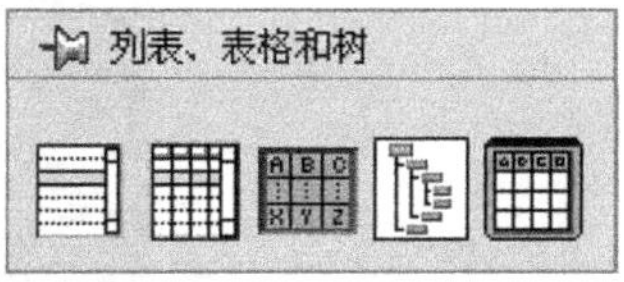

图 3-31　列表、表格和数子选板

表格是由字符串组成的二维数组，由多个单元格组成，每个单元格可以输入一个字符串。学会熟练使用表格是记录测量数据和生成报表的基础。

双击表格控件单元格可以对其进行输入，右击表格控件，在弹出的快捷菜单中选择“显示项”下的“行首、列首”，可以显示行首和列首。行首和列首可以作为表格的说明性文字。

通过使用 LabVIEW 的 Express 技术中的 Express 表格可以方便地构建表格，把数据加入表格中。

【例 3-5】 利用表格记录时间。

操作步骤如下。

1）新建一个 VI，在结构中选择 For 循环放置于程序框图中。

2）在控件选板中选择“列表、表格和树”子选板中的 Express 表格函数，放置于前面板，此时可以在程序面板中看到相应的 Express 表格函数。

3）将 Express 表格函数移入 For 循环中。在函数选板中选择“编程→数值”子选板中选择随机数函数，连接到表格的信号输入端。

4）在“编程→定时”子选板中选择定时函数，并为其输入设为 1000。

5）在 For 循环的循环总数输入端创建一个输入控件，设为 10。

6）运行程序，查看运行结果。

程序框图如图 3-32 所示，运行结果如图 3-33 所示。

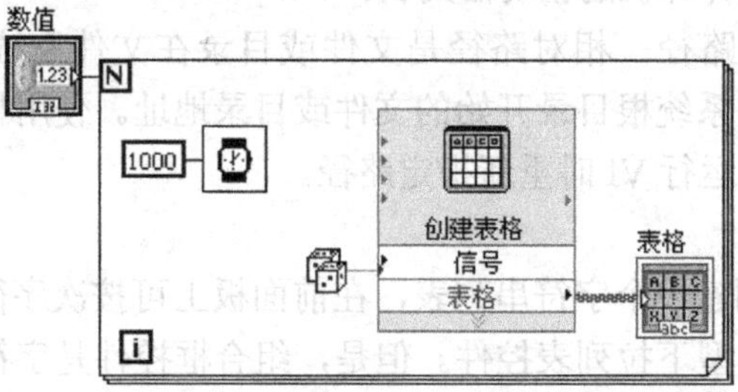

图 3-32　利用表格记录时间程序框图

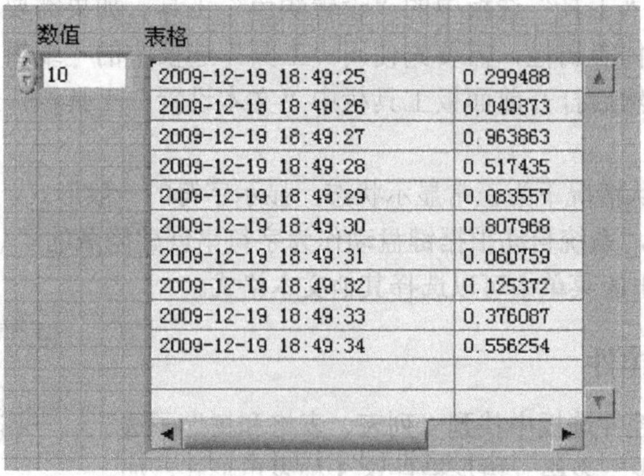
数值
表格
10
2009-12-19 18:49:25 0.299488
2009-12-19 18:49:26 0.049373
2009-12-19 18:49:27 0.963863
2009-12-19 18:49:28 0.517435
2009-12-19 18:49:29 0.083557
2009-12-19 18:49:30 0.807968
2009-12-19 18:49:31 0.060759
2009-12-19 18:49:32 0.125372
2009-12-19 18:49:33 0.376087
2009-12-19 18:49:34 0.556254

图 3-33　表格记录时间及随机数

列表框、多列列表框的使用方法和表格类似，不同的是表格控件输入和显示的是字符串，而列表框、多列列表框输入和显示的是长整型的数据类型。

树形控件用于显示项目的层次结构，默认情况下有多个列首和垂直线。它通常把第一列作为树形控件的树形目录菜单，第二列作为说明项使用。用户在树形控件上单击就可以在非运行状态进行添加和删除菜单项，在菜单项上右击，在弹出的快捷菜单中选择缩进项和移出项可以创建菜单项的结构层次，这点和菜单编辑器的使用方法类似。

3.5.3 字符串函数

LabVIEW 中提供了丰富的字符串操作函数，这些函数位于函数选板下字符串子选板中，如图 3-34 所示。

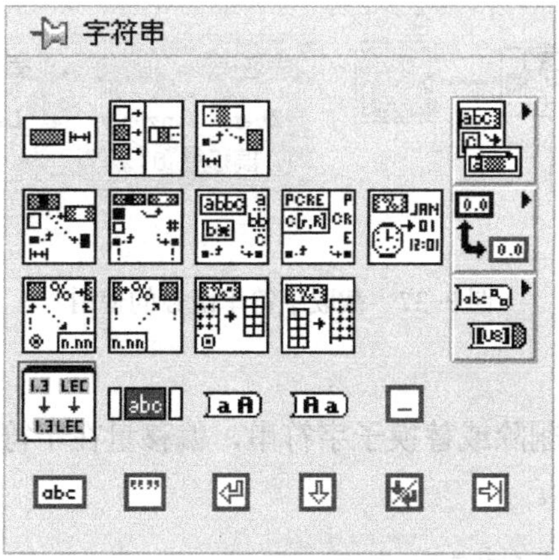

图 3-34 字符串子选板界面

下面对一些常用的字符串函数的使用方法进行简要的介绍。

（1）字符串长度

该函数的功能是用于返回字符串、数组字符串、簇字符串所包含的字符个数。图 3-35 所示为返回一个数组字符串的长度。字符串长度函数有时被用于作为其他函数如 For 循环的输入条件使用。

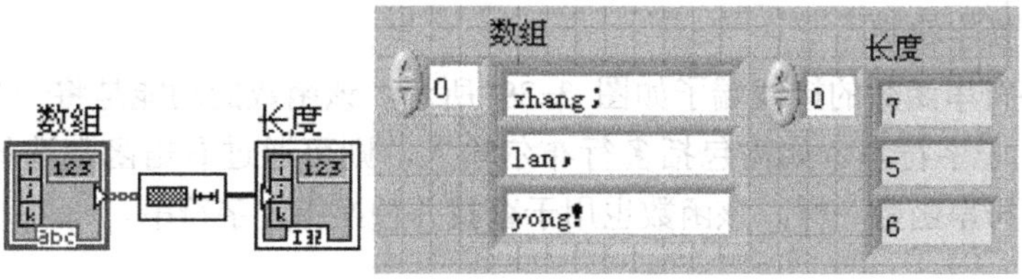

图 3-35 字符串长度函数的使用

（2）连接字符串

该函数的功能是将两个或多个字符串连接成一个新的字符串，拖动连接字符串函数下边框可以增加或减少字符串输入端个数，如图 3-36 所示。如果连接的字符串中需要换行，则可以在函数的输入端两个需要换行的字符串之间添加一个端口，接入回车键常量。

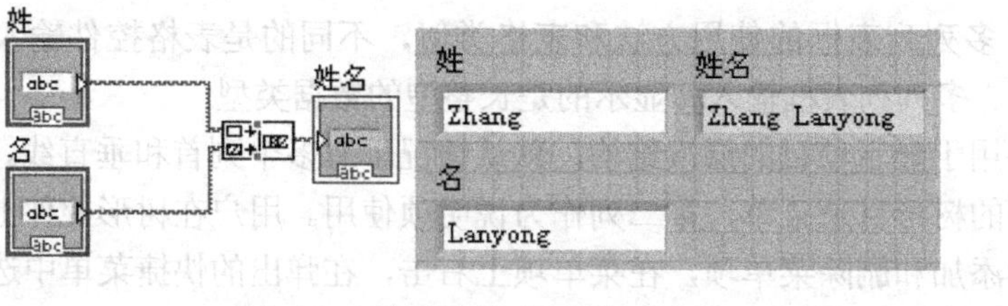

图 3-36　连接字符串函数的使用

（3）截取字符串

该函数的功能是返回输入字符串的子字符串，从偏移量位置开始，到字符串结束为止，如图 3-37 所示。

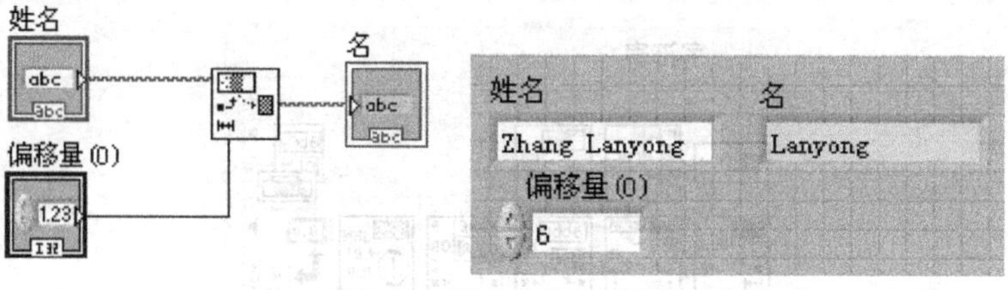

图 3-37　截取字符串函数的使用

（4）替换子字符串

该函数的功能是插入、删除或替换子字符串，偏移量在字符串中指定，可以显示被替换的子字符串，如图 3-38 所示。

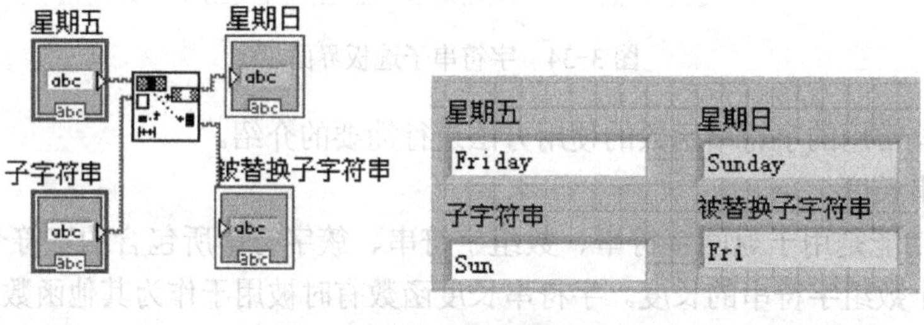

图 3-38　替换子字符串函数的使用

（5）搜索替换字符串

搜索替换字符串函数的接线端子如图 3-39 所示。该函数的功能是将一个或所有子字符串替换为另一个子字符串。如需包括多行布尔输入，则可通过右击函数选择正则表达式实现。和替换子字符串函数一样，该函数也用于查找并替换指定字符串。

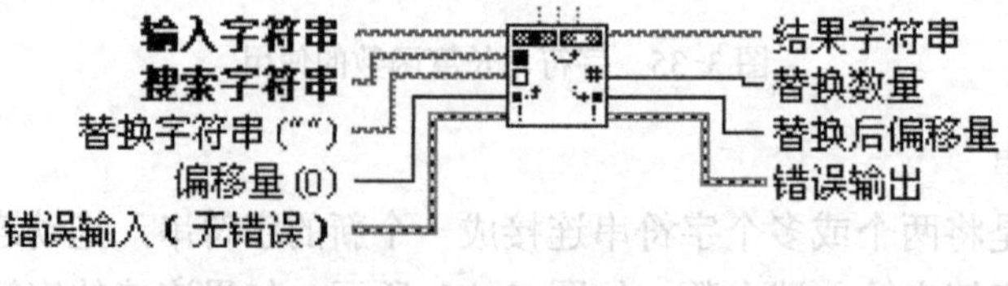

图 3-39　搜索替换字符串函数的接线端子

该字符串可用于多处修改错误拼写的字符串，比替换子字符串函数要方便。图 3-40 所示为使用替换子字符串和搜索字符串函数进行字符串的替换。

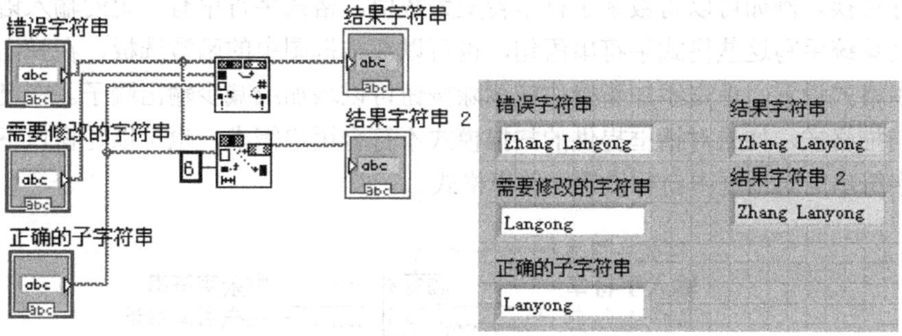

图 3-40　两种替换子字符串方法的实现

（6）格式化日期/时间字符串

该函数的功能是使用时间格式代码指定格式，并按照该格式将时间标识的值或数值进行显示。图 3-41 所示的时间格式化字符串为空，此时系统使用默认值，输出的为系统当前的日期和时间。其时间标识输入端通常连接一个获取日期时间函数（位于函数选板下的“定时”子板中），UTC 格式可以输入一个布尔值，当输入为“真”时，输出为格林尼治标准时间，默认情况输入为“假”，输出为本机系统时间。通过对时间格式化字符串的不同输入，可以提取时间标识部分的信息，如输入字符串为%a 显示星期几，其他的输入格式与对应的显示信息可以参照表 3-3。

表 3-3　时间格式代码列表

插 入 字 符	显 示 格 式	插 入 字 符	显 示 格 式
%a	星期名缩写	%b	月份名缩写
%c	地区日期/时间	%d	日期
%H	24 小时制	%I	12 小时制
%m	月份	%M	分钟
%p	am/pm 标识	%S	秒
%X	地区日期	%y	两位数年份
%Y	4 位数年份	%<digit>u	小数秒，<digit>位精度

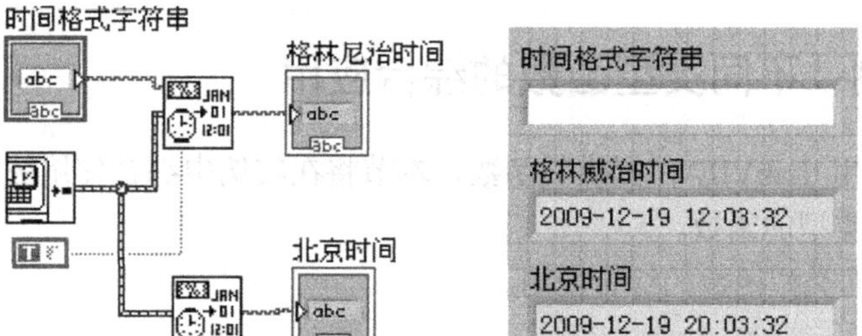

图 3-41　日期/时间的获得

（7）扫描字符串

扫描字符串函数的接线端子如图 3-42 所示。其功能是扫描输入字符串，然后根据格式字符串进行转换。例如可以将数字字符串转变为数值。格式字符串有一定的输入语法，读者可参照帮助系统手写这些格式字符串语句，也可以双击框图中的函数选板，在弹出的窗口中进行字符串格式设置。单击添加新操作或删除按钮可以增加或减少输出端子。在已选操作中可以选择扫描格式，如果对话框提供的扫描模式不符合用户需求，也可以在窗口下端的“对应的扫描字符串”对话框中自行设置字符串格式。

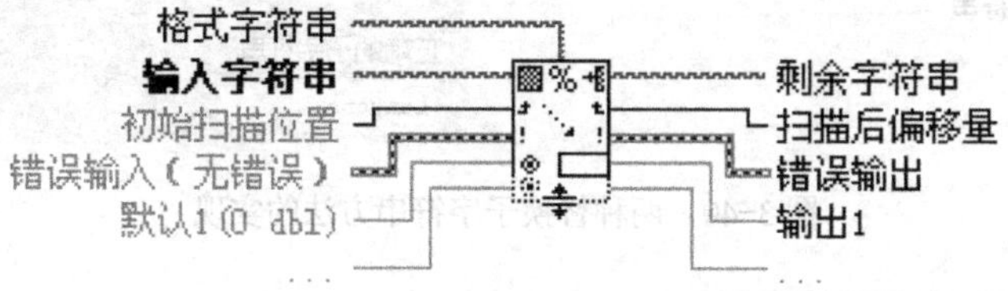

图 3-42　扫描字符串函数的接线端子

（8）数值至小数字符串转换

该函数的功能是将数字转换为小数格式的浮点型字符串，至少为“宽度”个字符，如有需要可以适当加宽。图 3-43 所示由于数字宽度不够，因此函数经过近似处理后在显示的数字左侧添加了 3 个空格。“字符串/数值转换”子选板的函数可以把字符串转换为各种数值类型，也可以把数值转换为各种形式的字符串。

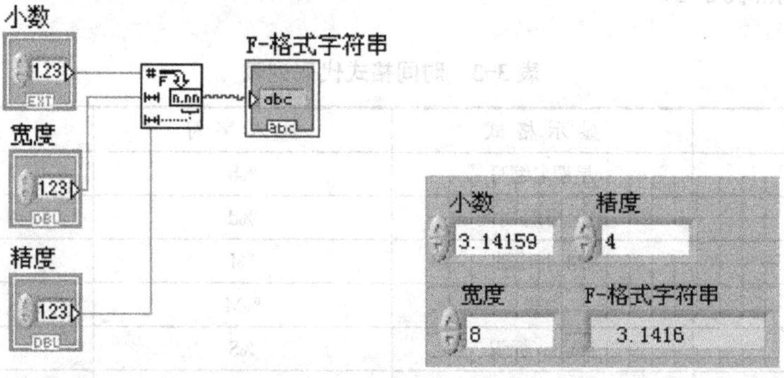

图 3-43　数值至小数字符串转换函数的使用

3.6　综合实例：不同类型函数的综合应用

为了更好地使用 LabVIEW 提供的函数，本节将在实例中综合使用数组函数、簇函数、字符串函数等多种类型的函数。

【例 3-6】 不同类型函数的综合应用。

操作步骤如下。

1）首先，创建一个四维数组，并从“编程→数组”子选板中选中删除数组元素函数，放置于程序框图。

2）将删除数组元素函数的索引值及长度值设为 2，表示从第 2 行起删除 2 行元素，同时为删除数组元素函数创建显示控件。

3）利用“编程→数组”子选板中的数组大小函数，测试输出数组的大小，并为其创建显示控件。

4）在“编程→数组”中选取乘函数，输入端一端接删除数组元素的输出，一端创建一个二维数组，两数组对应位相乘。

5）创建一个字符串常量控件，输入“Zhang Langong”，包含拼写错误。

6）利用前文中讲的搜索替换字符串函数改正拼写错误，并利用截取字符串函数截取第 6 位以后的字符。

7）将第 4 步和第 6 步输出结果利用簇捆绑函数捆绑为簇，并创建输出控件。

8）在函数选板中选择“按名称解除绑定”函数解除上一步中的簇捆绑，只输出字符串类型数据。

9）在函数选板中选择“编程→字符串”子选板中的连接字符串函数，在连接字符串处创建字符串常量，输入“Zhang”。

10）在连接字符串函数输出端创建显示控件，显示的为正确的全名。

本例的程序框图以及前面板如图 3-44 所示。

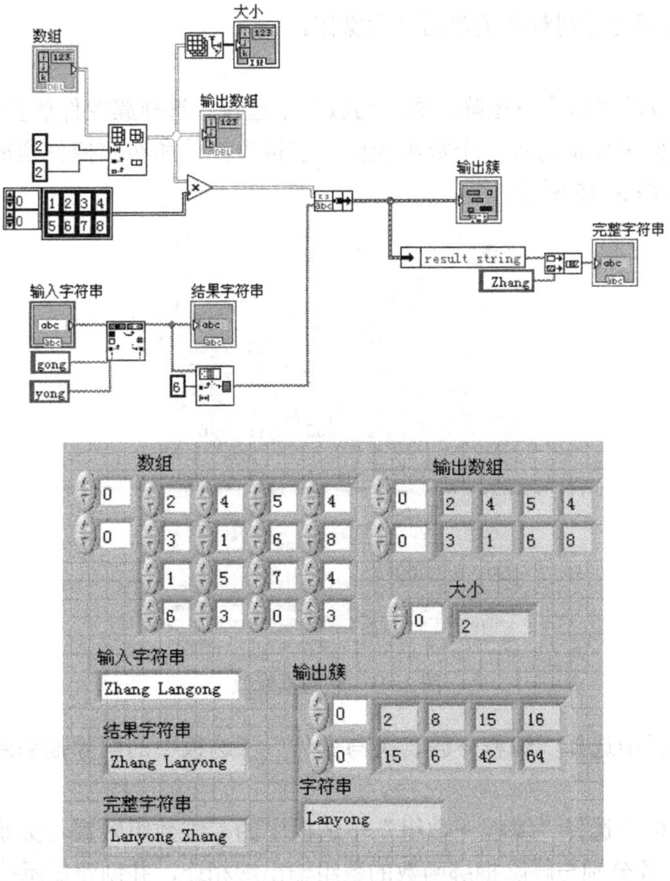

图 3-44　不同类型数据的综合应用

3.7 习题

1）LabVIEW 都包含哪些数据类型？每类数据类型的特点是什么？

2）设置一个字符串数据的属性值。

3）创建一个 5 行 5 列的二维数组，并为其赋值。

4）创建一个簇输入控件，并创建三个簇元素，其类型分别为字符串、布尔型及数值型。其中字符型标签修改为“姓名”，数值型标签修改为“年龄”，布尔型标签修改为“签到”。

5）从 0～10 之间任意取 4 个数，分别转换为一个字符串显示在不同的字符串显示控件中。同时要求将这 4 个数转换成字符串后显示在同一个字符串显示控件中，并在每两个数之间用逗号隔开。

3.8 上机实验

上机目的：熟悉各种类型数据的使用，并能应用于实际。

上机内容：创建一个 VI 程序，该 VI 实现的功能为：创建一个包含数组、字符串与布尔型数据的簇，解除绑定分别对各类数据进行操作。

实现步骤：

1）在控件选板的“新式→矩阵、数组与簇”子选板中选择簇控件放置于前面板。

2）在控件选板中分别选择一个数组控件、字符串控件和布尔控件拖放在簇控件内，并分别为其赋值。如图 3-45 所示。

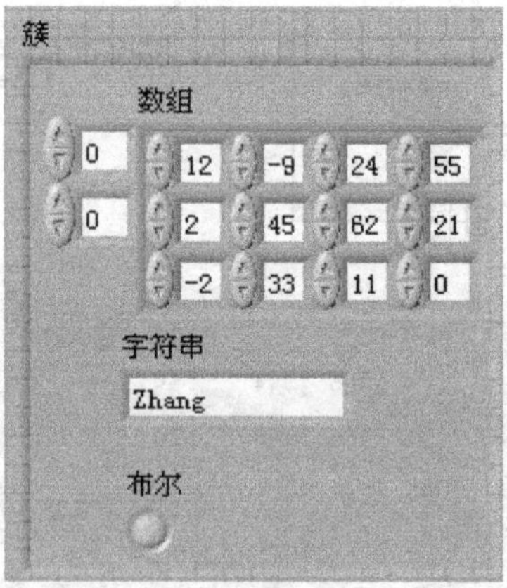

图 3-45　簇数据赋值

3）在函数选板中选择“编程→簇、类与变体”子选板中的解除捆绑函数，并与上一步创建的簇相连。

4）在函数选板中选择“编程→数组”子选板中的二维数组转置与数组的最大值与最小值两个数组函数，并分别与解除捆绑函数的数组输出端相连，并创建显示控件。

5）在函数选板中选择“编程→字符串”子选板中的连接字符串函数，并与捆绑函数的数组输出端相连，在另一输入端创建常量，输入“Lanyong”。

6）在“字符串”子选板中选择字符串长度函数，与连接字符串的输出端相连，并创建显示控件。

7）保存程序。

8）运行程序，查看运行结果。

本例程序框图如图 3-46 所示。

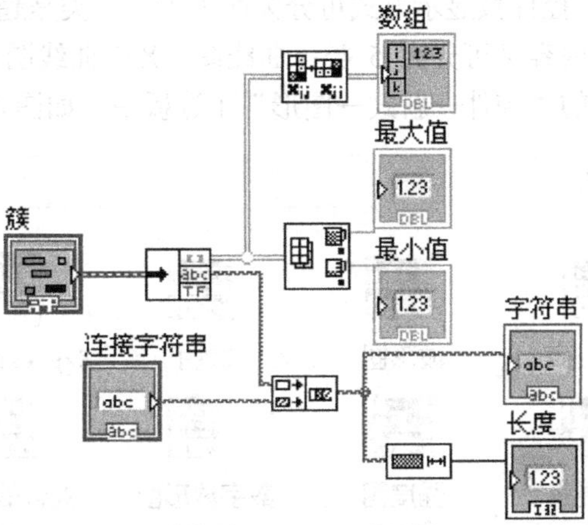

图 3-46　数据操作程序框图

运行结果如图 3-47 所示。

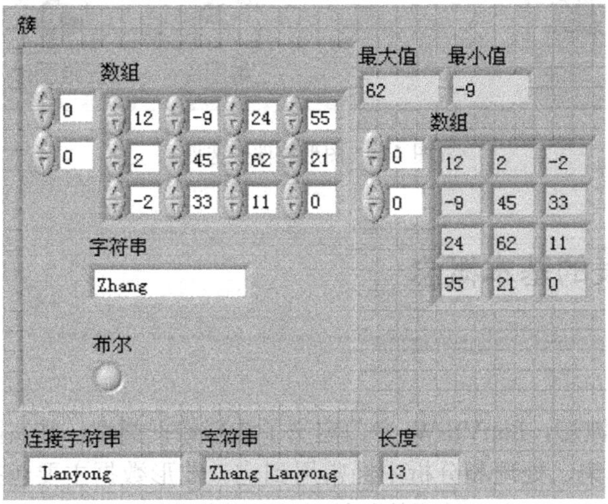

图 3-47　程序运行结果图

第 4 章　LabVIEW 的图形与图表

LabVIEW 图形化显示控件按显示方式可分为两大类：一类是趋势图（Chart），另一类是波形图（Graph）；按显示内容又可分为 5 类：曲线图、XY 曲线图、强度图、数字时序图和三维图。它们位于前面板的“控件→新式→图形”子选板中，如图 4-1 所示。

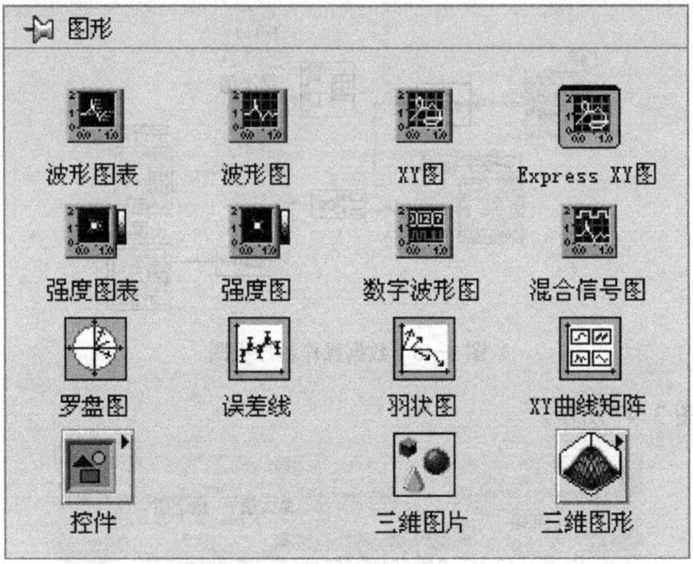

图 4-1　图形控件子选板

4.1　图形与图表的基本概念

4.1.1　波形数据

为了方便地显示波形，LabVIEW 专门定义了波形数据类型，它实际是按照一定格式预定义的簇，在信号采集、处理和分析中经常用到它。波形数据主要包括四方面内容：t0、dt、Y、attributes。其中，t0 表示波形的起始时间，数据类型为 Time Stamp；dt 表示波形相邻数据点的时间间隔，单位为秒（s），数据类型为双精度浮点型；Y 表示数据数组，默认为双精度浮点型；attributes 用来携带一些注释信息，用户可以自定义，数据类型为变量类型。当然，并不是只有波形数据才能通过图形或图表控件显示，其他数据也可以通过它们显示。

4.1.2　趋势图与波形图

趋势图（Chart）可以将新数据添加到曲线的尾端，从而反映实时数据的变化趋势，它主要用来显示实时曲线，如波形图表、强度图表等；波形图（Graph）在画图之前会自动清空当前图表，然后把输入的数据画成曲线，如波形图、XY 图等。

4.1.3 坐标图

波形图表与波形图是显示均匀采样波形的理想方式，而坐标图则是显示非均匀采样波形的好选择。坐标图就是通常意义上的笛卡儿图，它可以用来绘制多值函数曲线，例如圆和椭圆等，通过 XY 图和 Express XY 图可以轻松绘制坐标图。

4.2 波形图表与波形图的使用与定制

波形图表与波形图是在数据显示中用得最多的两个控件，在 4.1.2 节中讲到，波形图表是趋势图的一种，它将新的数据添加到旧数据尾端后再进行显示，可以反映数据的实时变化，它和波形图的主要区别在于波形图是将原数据清空后重新画一张图，而趋势图保留了旧数据，保留数据的缓冲区长度是可以通过右击控件并选择“图表历史长度”来设定的。下面分别对它们的用法与设置进行详细的介绍。

4.2.1 波形图表与波形图的使用

将波形图表与波形图放置在前面板上后的默认形式如图 4-2 所示，它包括了波形显示的主要元素：波形显示区、横纵坐标轴和图例。波形图表和波形图接收的数据类型包括标量数据类型、一维数组、波形数据和二维数组，另外，通过簇绑定或者创建数组的方法可以显示多条曲线。

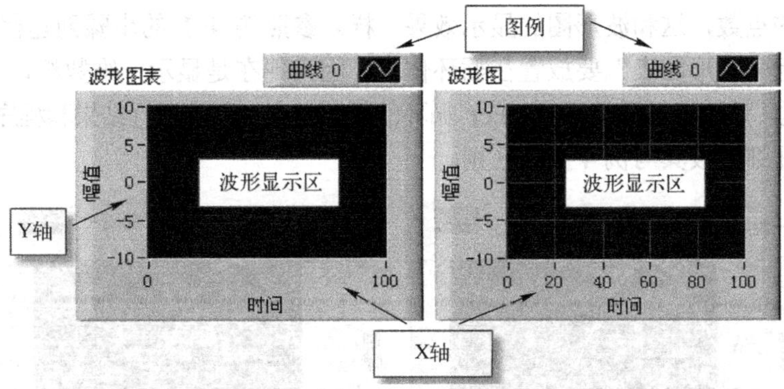

图 4-2 波形图表与波形图控件

【例 4-1】 标量数据的显示。

对于标量数据，波形图表直接将数据添加在曲线尾端，逐点显示，而波形图不能逐点显示，只能输入一维数组，按如下步骤创建程序。

1）切换到前面板，在“控件→新式→图形”中选择波形图表与波形图，放置到前面板上，修改标签名称为“标量数据--波形图表”和“标量数据--波形图”。

2）切换到程序框图，在“函数→编程→结构”中选择 For 循环，设置循环次数为 360。

3）在“函数→数学→初等与特殊函数→三角函数”中选择“正弦.vi”，放置到循环中。

4）用 For 循环的 i 乘以π除以 180 后作为“正弦.vi”的输入（化成弧度后作为输入，“正弦.vi”的输出波形更光滑），“正弦.vi”的输出接“标量数据--波形图表”。

5）将“正弦.vi”的输出经过 For 循环索引通道后连接“标量数据--波形图”。

6）在“函数→编程→定时”中选择“等待(ms).vi”放置在 For 循环体中，输入为 10，表示程序每隔 10ms 循环一次，这样是为了更加明显地展示波形图表显示标量数据的过程。

运行程序，显示结果与程序框图如图 4-3 所示。

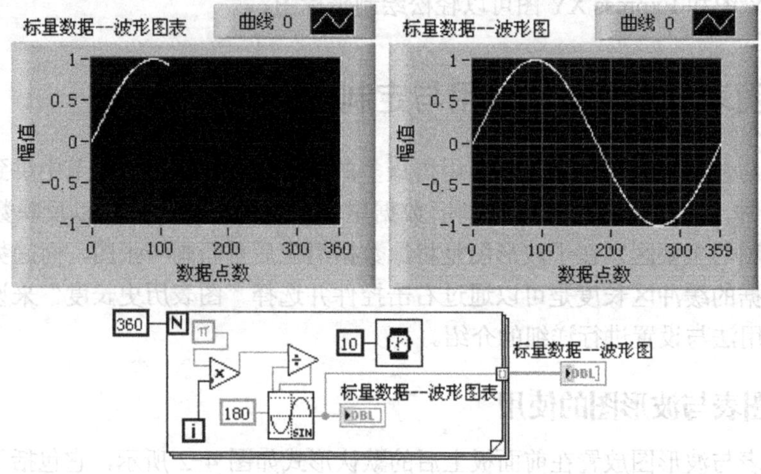

图 4-3　标量数据的显示

【例 4-2】 一维数组数据的显示。

对于一维数组数据，波形图表将它一次添加到曲线的末端，也就是说曲线每次向前推进的点数为数据的点数，这和波形图的显示效果一样。参照例 4-1 的步骤创建程序，不同之处在于“一维数组--波形图表”要放置在循环体内，因为现在是显示一维数组，关于 For 循环的索引通道问题，请读者参看第 5 章 For 循环的相关内容，程序运行结果和程序框图如图 4-4 所示。请读者仔细比较其与例 4-1 的区别。

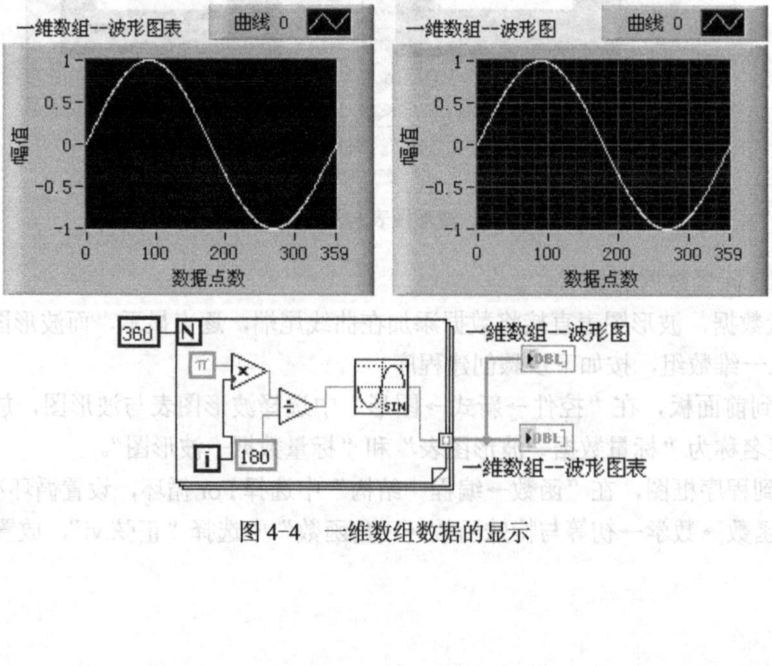

图 4-4　一维数组数据的显示

【例 4-3】 多曲线数据的显示。

对于波形图表，用簇里的“捆绑”函数就可以实现在一个波形图形中显示多条数据曲线，而对于波形图，则要用“创建数组”函数，按下列步骤创建程序。

（1）切换到前面板，在“控件→新式→图形”中选择波形图表与波形图，放置到前面板上，修改标签名称为“多曲线--波形图表”和“多曲线—波形图”。

（2）切换到后面板，在“函数→编程→结构”中选择 For 循环，设置循环次数为 30。

（3）在“函数→数学→初等与特殊函数→三角函数”中选择“正弦.vi”，放置到循环中，输入端口与 For 循环的 i 相连，输出端口分别“加 5”和“减 5”。

（4）在“函数→编程→簇、类与变体”中选择“捆绑.vi”，拉伸成 3 个输入端口，与“正弦.vi”的输出同加、减 5 后的值连接，创建成的簇数组输出与“多曲线--波形图表”连接。

（5）在“函数→编程→数组”中选择“创建数组.vi”，输入端口与“正弦.vi”的输出和加、减 5 后的值连接，输出连接“多曲线—波形图”。

（6）在“函数→编程→定时”中选择“等待(ms).vi”放置在 For 循环体中，输入为 100，表示程序每隔 100ms 循环一次，这样是为了更加明显地展示波形图表显示数据的过程。

运行程序，显示结果与程序框图如图 4-5 所示。

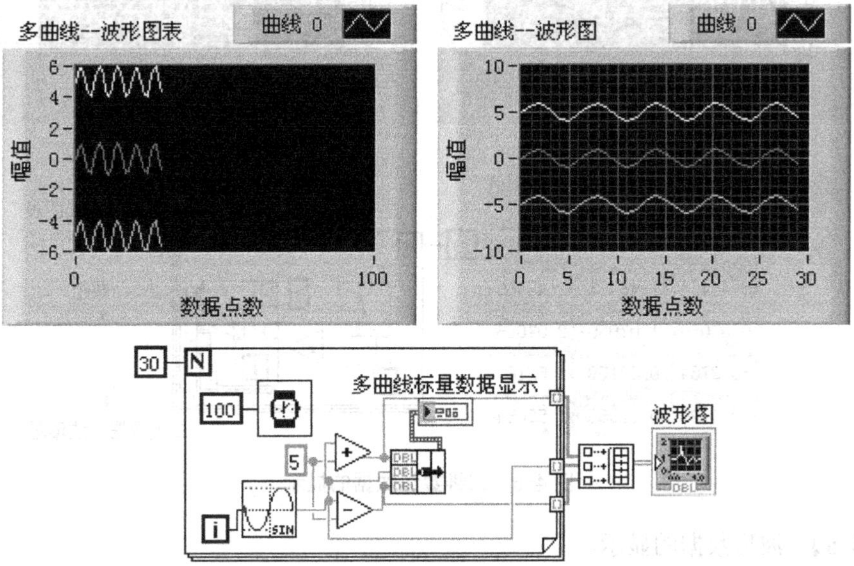

图 4-5 多曲线标量数据的显示

【例 4-4】 二维数组数据的显示。

对于二维数组，波形图表默认情况下将它转置，即每一列作为一条曲线来显示，而对于波形图，默认是将行作为一条曲线显示，需要用户手动对数据进行转置，具体方法为右击波形图，选择“转置数组”，按下列步骤创建程序。

1）切换到前面板，在“控件→新式→图形”中选择波形图表与波形图，放置到前面板上，修改标签名称为“二维数据--波形图表”和“二维数据—波形图”。

2）切换到程序框图，在“函数→编程→结构”中选择 For 循环，设置循环次数为 30。

3）在“函数→数学→初等与特殊函数→三角函数”中选择“正弦.vi”，放置到循环中，输入端口与 For 循环的 i 相连，输出值除以 2（此步操作和 4）中与 i 相加的目的都是为了使波形分开显示而不重叠）。

4）在 For 循环体中在建立一个 For 循环，循环次数为 3，将正弦值与内层 For 循环的 i 相加（禁用此处 For 循环的输入索引通道），再将它经过两层 For 循环的索引通道输出，形成二维数组，分别与“二维数据--波形图表”和“二维数据--波形图”连接。

5）在外层 For 循环的输出索引通道处右击，选择“创建→显示控件”，修改标签名称为“数组”。

运行程序，显示结果与程序框图如图 4-6 所示，图中所示为一个 30 行 3 列的数组，在波形显示时，每一列作为一条曲线进行显示，程序每运行一次，波形图表中的每条波形数据增加 30 个点，而波形图则是先清除旧的数据点，再显示新的 30 个数据点。

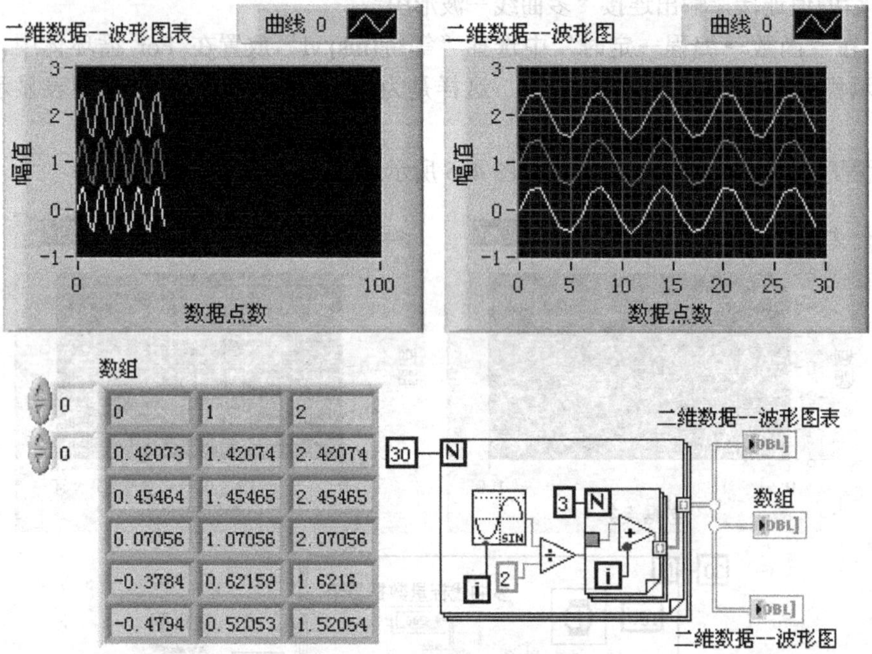

图 4-6　二维数组数据的显示

【例 4-5】 波形数据的显示。

对于波形数据，波形图表只能显示当前的输入数据，并不能将新数据添加到曲线的尾端，这是因为波形数据包含了横坐标的数据，因此每次画出的数据都和上次结果无关，等价于图表，按如下步骤创建程序。

1）切换到前面板，在“控件→新式→图形”中选择波形图表与波形图，放置到前面板上，修改标签名称为“波形数据--波形图表”和“波形数据--波形图”，在“波形数据--波形图”上右击，在快捷菜单中取消“忽略时间标识”。

2）切换到程序框图，在“函数→编程→结构”中选择 For 循环，设置循环次数为 30。

3）在“函数→数学→初等与特殊函数→三角函数”中选择“正弦.vi”，放置到循环中，输入端口与 For 循环的 i 相连。

4）在“函数→编程→波形”中选择“创建波形.vi”，拉伸成 3 个输入，分别选择“Y、dt、t0”，将 Y 与“正弦.vi”的输出端口相连，dt 设置成 10，在“函数→编程→定时”中选择“获取时期/时间(s).vi”，与 t0 相连。

5）将“创建波形.vi”的输出与“波形数据--波形图表”和“波形数据--波形图”连接。

运行程序，显示结果和程序框图如图 4-7 所示。在本程序中，用“创建波形”函数来创建一个正弦函数的波形数据，用“获取日期/时间”函数获取系统的当前时间，作为波形数据的起始时间，从图中可以看出，波形图表的横坐标显示的是系统的当前时间，而用波形图显示时间时要在右键菜单中取消“忽略时间标识”，请读者仔细比较它与前面几个案例的区别。

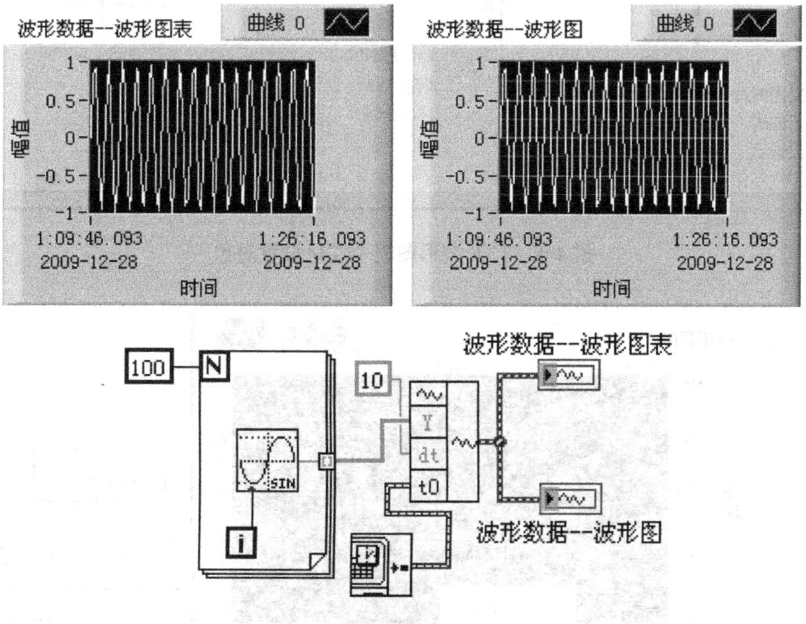

图 4-7　波形数据的显示

注意：当 VI 运行停止后，缓冲区中的数据并没有清除，对于波形数据的显示或者是用波形图来显示数据时问题不大，因为它们在程序重新运行时显示的是当前的最新数据，而对于用波形图表来显示其他类型的数据时，因为旧数据的存在，可能会引起混淆，如果想清除缓冲区中的数据，可以通过在波形图表的波形显示区域右击，选择“数据操作→清除图表”，如果想复制图表中的数据，右击波形显示区域后选择“数据操作→复制数据”即可。

4.2.2　波形图表的定制

1．打开波形图表个性化设置对象

打开波形图表个性化设置对象的方法有两种：右击波形显示区域，在弹出地快捷菜单中选择“显示项”，单击要显示的项，如图 4-8 中左图所示；或者是在右击弹出的菜单中选择“属性”，打开如图 4-8 右图所示的属性设置对话框，在“外观”选项卡里选择要显示的项

(图中画圈区域)，设置完成后的波形图表及各对象功能如图 4-9 所示。

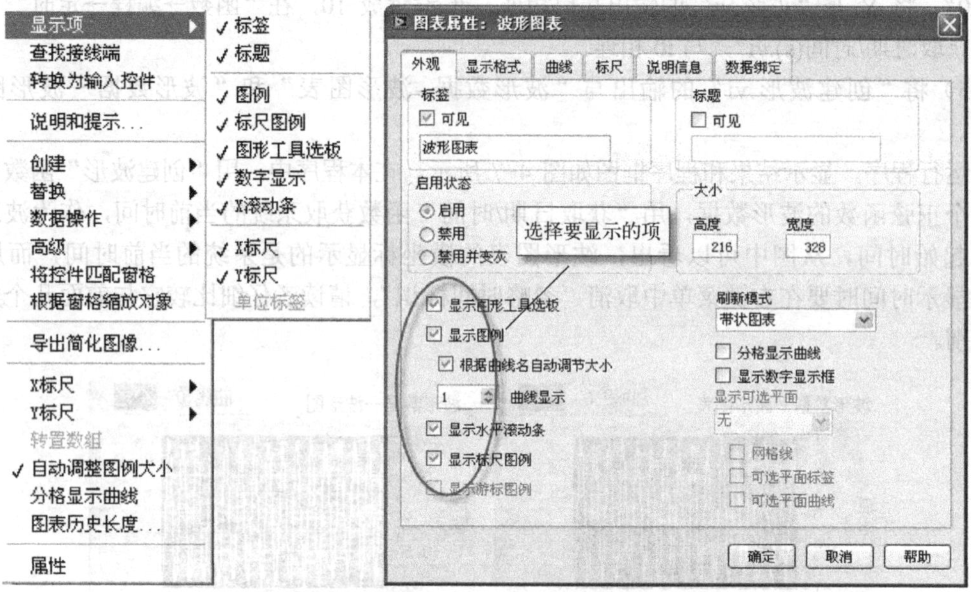

图 4-8　打开波形图表个性化设置对象

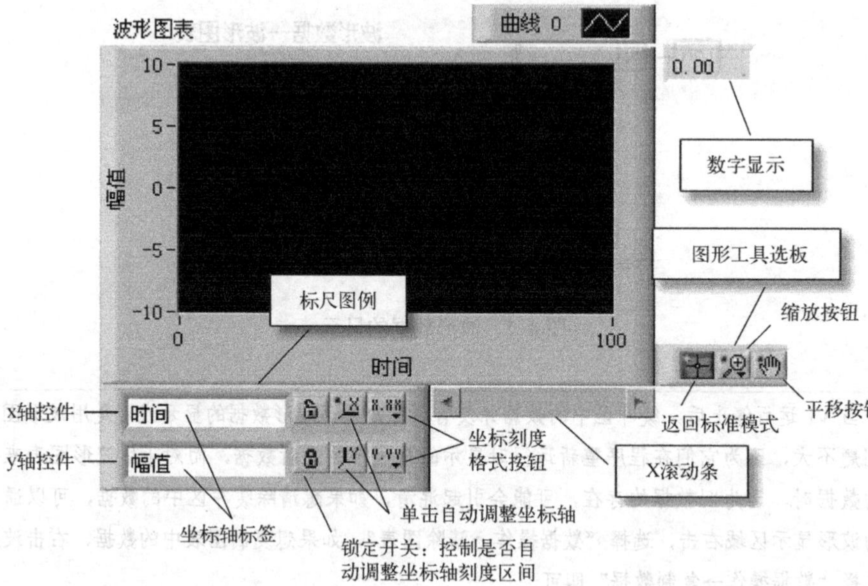

图 4-9　设置完成的波形图表及各对象功能

2. 设置坐标轴显示

(1) 自动调整坐标轴

如果用户想让 Y 坐标轴的显示范围随输入数据变化，可以右击波形图表控件，在弹出的菜单中选择“Y 标尺→自动调整 Y 标尺”，如果取消“自动调整”选项，则用户可任意指定 Y 轴的显示范围，对于 X 轴的操作与之类似。这个操作也可在属性对话框里的“标尺”

页完成，如图 4-10 的区域“1”。

（2）坐标轴缩放

在图 4-10 的区域“2”中可以进行坐标轴的缩放设置，坐标轴的缩放一般是对 X 轴进行操作，主要是使坐标轴按一定的物理意义进行显示，例如，对用采集卡采集到的数据进行显示时，默认情况下 X 轴是按采样点数显示的，如果要使 X 轴按时间显示，就要使 X 轴按采样率进行缩放。

（3）设置坐标轴刻度样式

在右键菜单中选择“X 标尺→样式”，然后进行选择，也可以在图 4-10 的区域“3”中进行设置，同时可对刻度的颜色进行设置。

（4）设置网格样式与颜色

网格样式与颜色的设置在图 4-10 的区域“3”中进行。

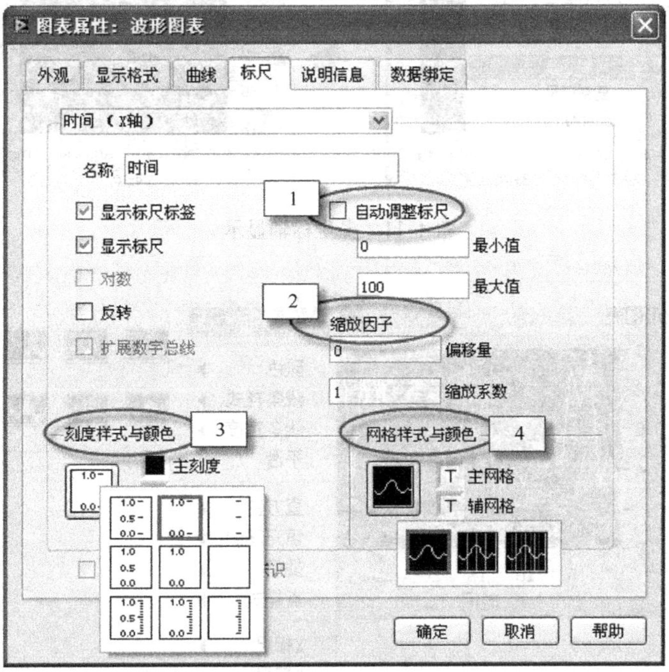

图 4-10　波形图表属性设置

（5）多坐标轴显示

默认情况下的坐标轴显示如图 4-2 所示，右击坐标轴，在弹出的菜单中选择“复制标尺”，此时的坐标轴标尺与原标尺同侧，如图 4-11 右上图所示，再右击标尺，在弹出的菜单中选择“两侧交换”，这样坐标轴标尺就对称地显示在图表的两侧了，如图 4-11 右下图所示。

📖 注意：对于波形图表的 X 轴，不能进行多坐标轴显示，而对于波形来说，则可以按上述步骤实现 X 轴的多坐标显示。如果要删除多坐标显示，则在右键弹出的菜单中选择“删除标尺”即可。

3．图例

默认情况下图例只显示一条曲线，若想要显示多条曲线的图例，直接将图例往下拉即可。右击图例，在弹出的菜单中可以对曲线的颜色、线型和显示风格等进行设置。双击图例文字可以改变曲线名称。此步操作如图 4-12 所示。

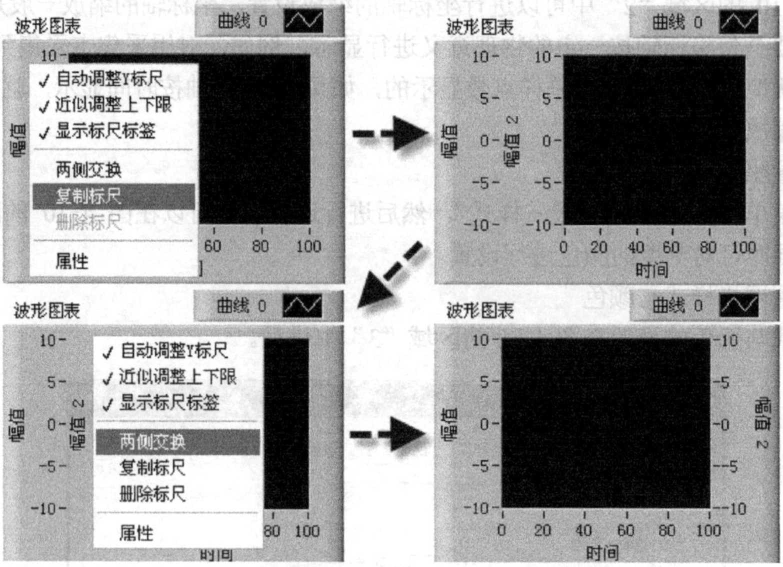

图 4-11　多坐标轴显示

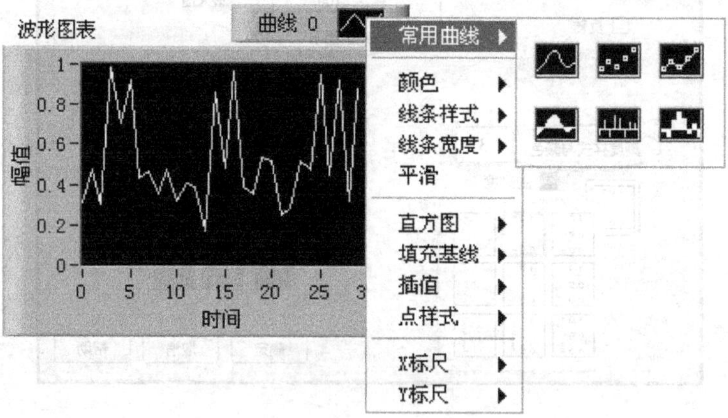

图 4-12　设置图例

4．图形工具选板

默认情况下第一个十字标志按钮被选中，表示此时图形区的游标可以移动。放大镜标志用来对图形进行缩放，共有 6 种模式，如图 4-13 所示。对于第一排中的放大方式，只需要选中该放大方式后，在图形区域拉动鼠标就能实现，用〈Ctrl+Z〉可以撤消上一步操作，选中手形标志后可以随意地在显示区域拖动图形。

5．更改缓冲区长度

在波形图表显示时，数据首先存放在一个缓冲区中，这个缓冲区的大小默认为 1024 个数据，这个数值大小是可以调整的，具体方法为在波形图表上右击，选择“图表历史长度”，在弹出的对话框中输入缓冲区的大小，如图 4-14 所示。

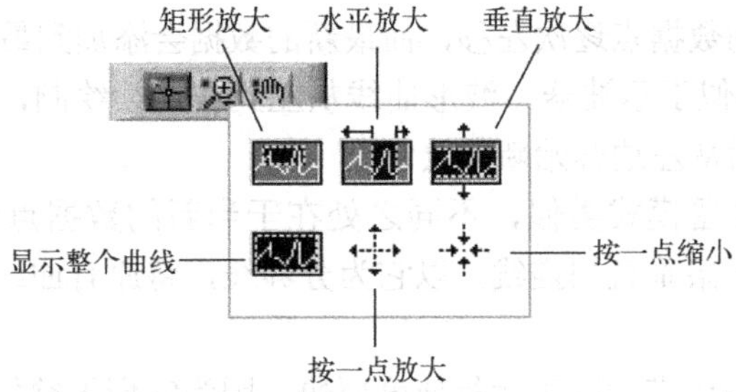

图 4-13　图形工具选板

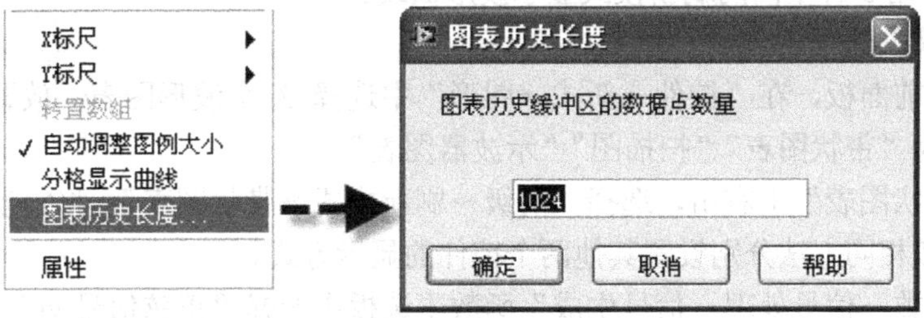

图 4-14　更改缓冲长度

6. 刷新模式

数据刷新模式设置是波形图表特有的，波形图没有这个功能。在波形图表上右击，在弹出的菜单中选择“高级→刷新模式”即可完成对数据刷新模式的设置，如图 4-15 所示。

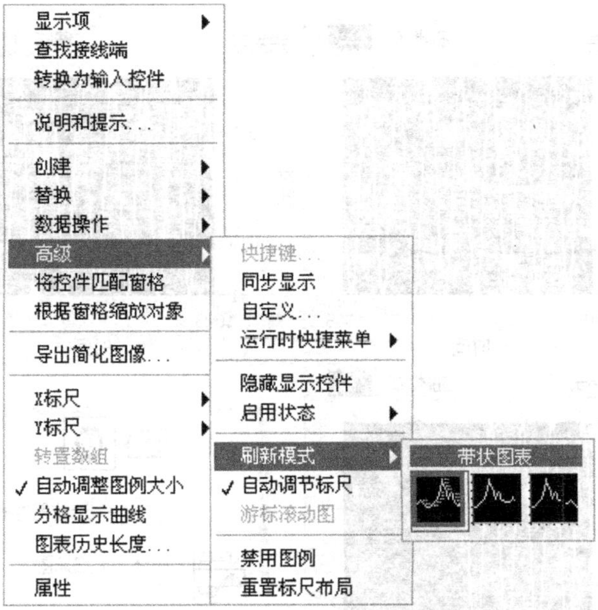

图 4-15　设置波形图表刷新模式

波形图表的刷新模式有以下 3 种。

1）带状图表：类似于纸带式图表记录仪。波形曲线从左到右连续绘制，当新的数据点到达右部边界时，先前的数据点逐次左移，而最新的数据会添加到最右边。

2）示波器图表：类似于示波器。波形曲线从左到右连续绘制，当新的数据点到达右部边界时，清屏刷新，然后从左边开始新的绘制。

3）扫描图：与示波器模式类似，不同之处在于当新的数据点到达右部边界时，不清屏，而是在最左边出现一条垂直扫描线，以它为分界线，将原有曲线逐点右推，同时在左边画出新的数据点。

示波器模式及扫描图比带状图表运行速度要快，因为它们无须像带状图表那样处理屏幕数据滚动而另外耗费时间。

【例 4-6】 用 3 种不同的刷新模式显示波形曲线。

按如下步骤创建程序。

1）切换到前面板，在“控件→新式→图形”中选择 3 个波形图表，放置到前面板上，修改标签名称为“带状图表”“扫描图”“示波器图表”。

2）在“带状图表”上右击，选择“高级→刷新模式→带状图表”，将它设置成带状图表的显示形式，按相同方法分别设置其他两个控件的显示方式。

3）在“函数→信号处理→信号生成”函数子选板中选择“正弦信号.vi”，放置到程序框图，用它来产生正弦信号。

4）从“函数→编程→结构”中选择“While 循环.vi”，将程序框图上的对象都置于循环体中，设置程序运行间隔为 100ms。

运行程序，分别用带状图表模式、扫描图模式、示波器图表模式来显示正弦波，效果和程序框图如图 4-16 所示。

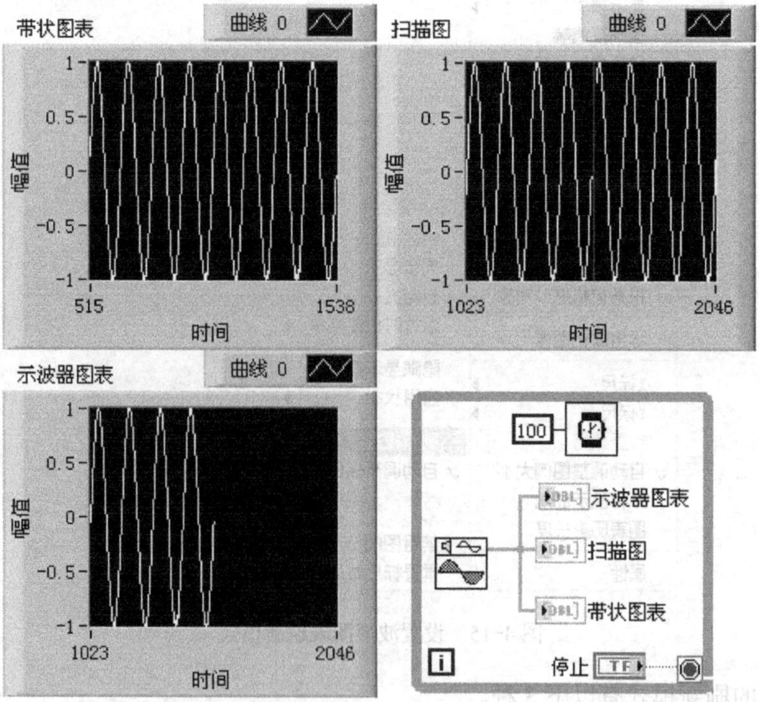

图 4-16 用 3 种不同的刷新模式显示正弦信号波形

【例 4-7】 分格显示曲线，每条曲线用不同样式表示。

分格显示曲线是波形图表特有的功能，右击波形图表控件，在弹出的菜单中选择“分格显示曲线”即可实现此功能，当然也可以在属性对话框的“外观”选项卡中进行设置。按如步骤创建程序。

1）切换到前面板，在“控件→新式→图形”中选择波形图表，放置到前面板上，修改标签名称为“分格显示”。

2）在“函数→编程→结构”中选择“While 循环.vi”设置程序运行间隔为 100ms。

3）在“函数→数学→初等与特殊函数→三角函数”中选择“正弦.vi”，放置到循环体中，将输入与 While 的 i 相连。

4）在“函数→编程→簇、类与变体”中选择“捆绑.vi”，拉伸成 3 个端口，分别与“正弦.vi”的输出相连，形成簇数组，与“分格显示”相连。

5）切换到前面板，在波形图表上右击，在弹出的菜单中选择“分格显示曲线”。

6）拉伸波形图表的图例，显示 3 条曲线图例，单击图例，在弹出的菜单中设置曲线的样式。

运行程序，显示效果和程序框图如图 4-17 所示。

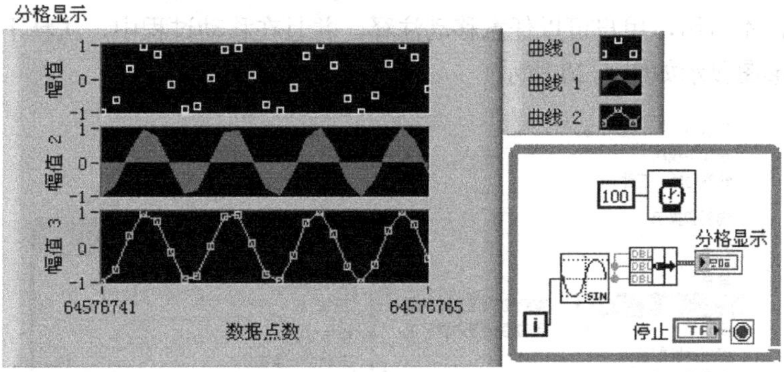

图 4-17 分格显示曲线

注意：在设置分格显示曲线时，需要在属性对话框的“外观”选项卡中指定要显示的曲线数目。

4.2.3 波形图的定制

波形图的个性化定制方法大部分和波形图表是相似的，对于相同的部分，这里不再赘述，只对不同的部分进行介绍。

1．游标

和波形图表相比，波形图的个性化设置对象没有“数字显示”，多了一个“游标图例”，如图 4-18 所示。通过游标图例，用户可以在波形显示区中添加游标、拖动游标。在游标图例中会显示游标的当前位置，游标可以不止一个，通过右击游标图例并选择“创建游标”来添加游标，选中某个游标后，还可以用游标移动器来移动游标。在游标图例中右击，从弹出的菜单中可对光标的样式、颜色等进行个性化设置。

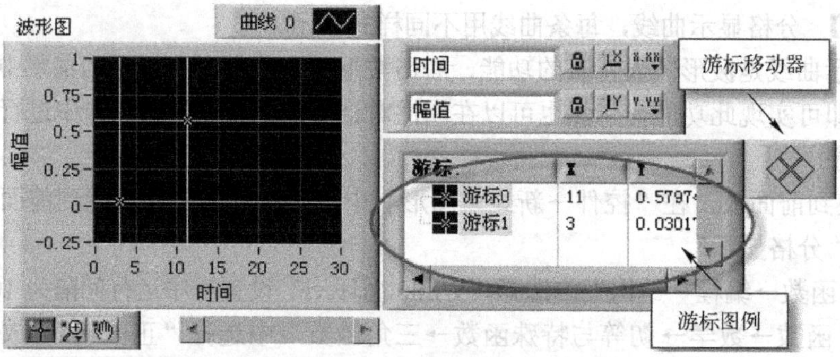

图 4-18　波形图游标设置

2．添加注释

在前面板上右击波形图，在弹出的菜单中选择“数据操作→创建注释”，弹出“创建注释”对话框，如图 4-19 所示。在“创建注释”对话框中，用户可以在“注释名称”中输入想要在波形图中显示的注释名称。在“锁定风格”中指定注释名称是“关联至一条曲线”还是“自由”，如果选择“关联至一条曲线”，则用户需要在“锁定曲线”中指定注释关联的曲线，在移动注释的过程中，注释始终指向关联的曲线；如果选择“自由”，则“锁定曲线”选项变成灰色，不可用，用户可以任意移动注释，并且在移动过程中，注释不指向曲线。设置完成后的波形图显示如图 4-20 所示。

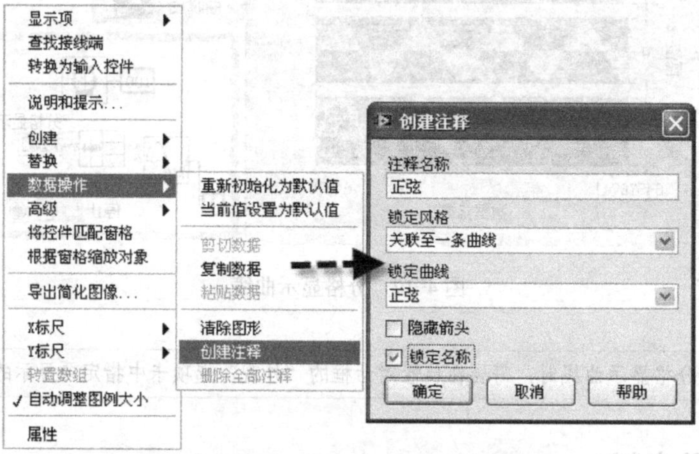

图 4-19　添加波形注释

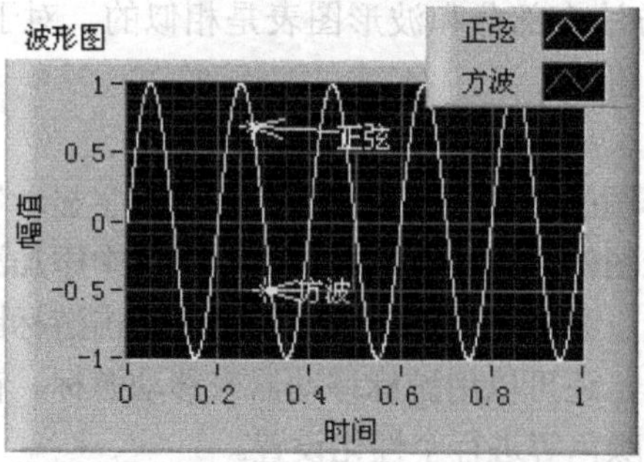

图 4-20　添加注释后的波形图显示

【例 4-8】 用簇数组和二维数据显示不同长度的数据曲线。

按如下步骤创建程序。

1）在“函数→信号处理→信号生成”子选板中，选择“正弦信号.vi”和“方波.vi”，设置正弦信号的采样点数为 128 点，方波的采样点数为 200 点，幅值为 0.5。

2）在“函数→编程→簇、类与变体”子选板中选择“创建簇数组.vi”，连接两信号输出端，创建簇数组并用波形图显示，取名为“簇数组显示”。

3）在“函数→编程→数组”子选板中选择“创建数组.vi”，连接两信号输出端，创建二维数组并用波形图显示，取名为“二维数组显示”。

运行程序，结果如图 4-21 所示。从图中可以看出，用簇数组显示的波形图中，只显示实际的数据点数，而用二维数组显示时，缺少的数据点用“0”补齐。

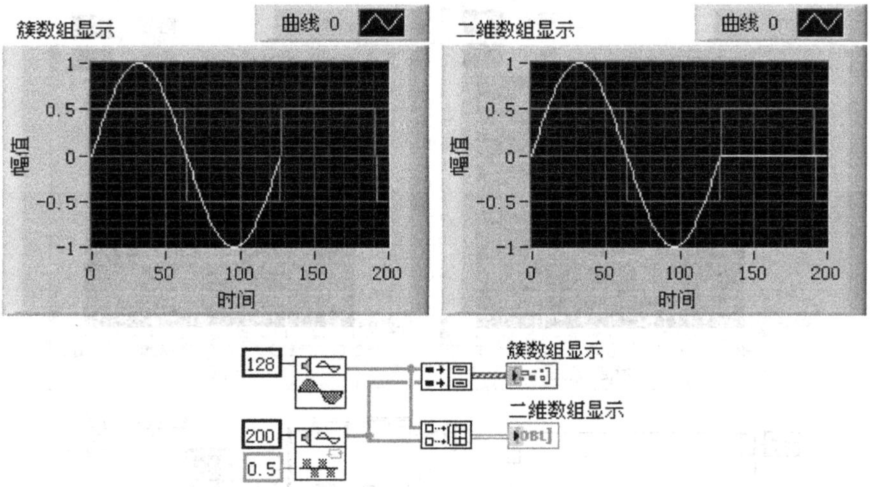

图 4-21 簇数组与二维数组显示

4.3 XY 图与 Express XY 图

由于波形图表与波形图的横坐标都是均匀分布的，因而不能描绘出非均匀采样得到的数据曲线，而用坐标图就可以轻松实现。LabVIEW 中的 XY 图和 Express XY 图是用来画坐标图的一个有效控件，XY 图和 Express XY 图的输入数据需要包含两个一维数组，分别包含数据点的横坐标和纵坐标的数值。在 XY 图中需要将两个数组合成为一个簇，而在 Express XY 图中则只需将两个一维数组分别和该 VI“X 输入端口”和“Y 输入端口”相连。

【例 4-9】 描绘同心圆。

如前所述，用 XY 图显示的时候对数据要进行簇捆绑，两个圆的半径分别为 1 和 2，用 Express XY 图显示时，如果显示的只是一条曲线，则只要将两个一维数组分别输入到 Express XY 的 X 输入端和 Y 输入端即可，本例需显示两个同心圆，所以在将数据接入到 Express XY 的输入端时，要先用“创建数组.vi”将数据连接成一个二维数组，按如下步骤创建程序。

1）在“函数→数学→初等与特殊函数→三角函数”子选板中选择“正弦与余弦.vi”。

2）用 For 循环产生 360 个数据点，正弦值作为 Y 轴，余弦值作为 X 轴，这样画出来的曲线就是一个圆。

3）在“函数→编程→簇、类型与变体”中选择“捆绑.vi”，将“正弦与余弦.vi”的输出组成簇数据，一路与“创建簇数组.vi”连接，另一路乘以 2 后与“创建簇数组.vi”连接，组成二维簇数组后与 XY 图连接。

4）在“函数→编程→数组”中选择“创建数组.vi”，将“正弦与余弦.vi”的 sin 输出端口连接到“创建数组.vi”的一个输入端，将 cos 输出值乘以 2 后连接到“创建数组.vi”的另一个输入端，组成的二维数组连接到 Express XY 图的 X 输入端，用同样的方法组成一个二维数组连接到 Express XY 图的 Y 输入端。

运行程序，显示结果和程序框图如图 4-22 所示。

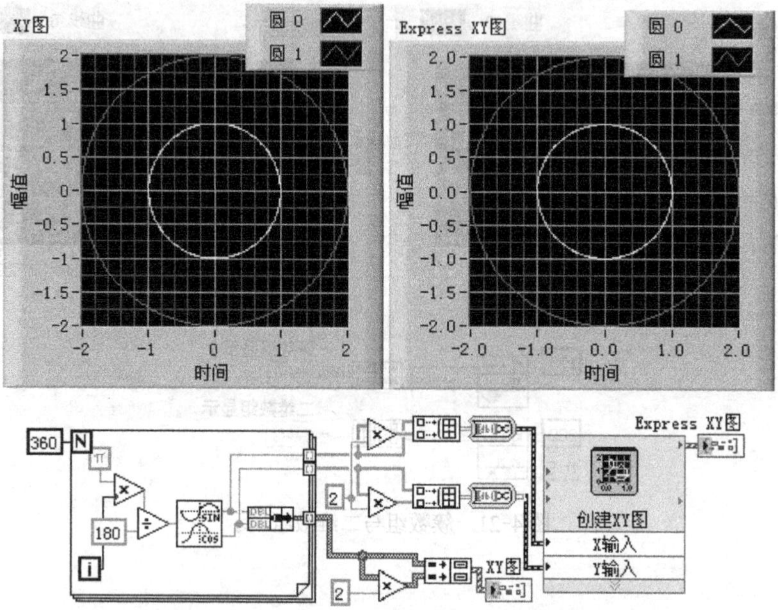

图 4-22　用 XY 图和 Express XY 图显示同心圆

4.4　强度图表与强度图

强度图表和强度图提供了一种在二维平面上表现三维数据的方法。它用 X 轴和 Y 轴来标志坐标，用屏幕色彩的亮度来表示该点的值，它的输入是一个二维数组，默认情况下数组的行坐标作为 X 轴坐标，数组的列坐标作为 Y 坐标，也可以通过右击图表并选择“转置数组”，将数组的列作为 X 轴，行作为 Y 轴。

强度图表和强度图的大部分组件和功能都是相同的，区别在于显示波形的实现方法和过程不同，类似于波形图表与波形图的区别。

【例 4-10】 用强度图表和强度图来表示一个二维数组。

本例中用两个 For 循环嵌套产生一个二维数组，分别用强度图表和强度图来显示，如图 4-23 所示，从图中可以明显地看出两种显示方式的区别：强度图表是把新数据添加到旧数据尾端，然后进行显示；而强度图是只显示当前最新数据。

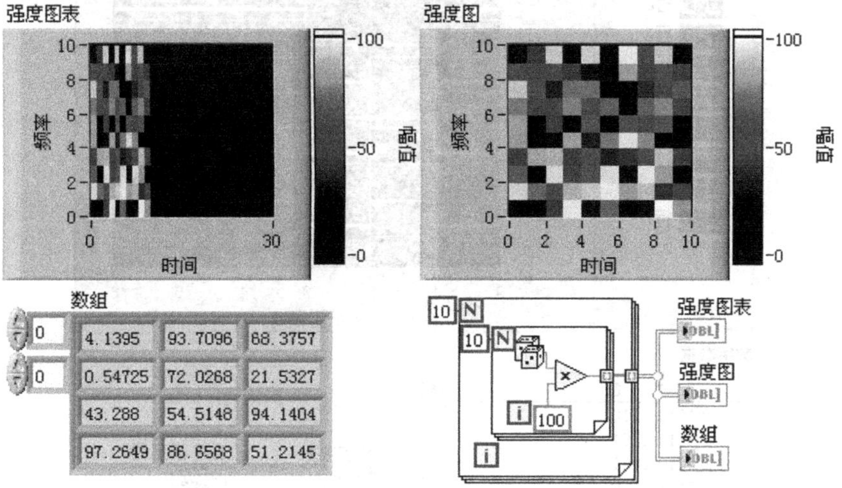

图 4-23 强度图表与强度图显示

> 📖 注意：默认情况下，强度图表和强度图是用单色来显示的，如果想改变显示的颜色，可以参考 LabVIEW 软件自带的例程，位置为“帮助→查找范例→基础→图形和图表→创建强度图色码表”。

4.5 数字波形图

在数字电路设计中我们经常要分析时序图，LabVIEW 提供了数字波形图来显示数字时序图。在介绍数字波形图之前，先介绍一下“数字数据”控件，它位于“控件→新式→IO”子选板中。将它放置到前面板上后类似于一张真值表，如图 4-24 所示。用户可以随意地增加和删除数据（数据只能为 0 或者 1），插入行或者删除行可以通过右击控件行的位置并选择“插入行/删除行”即可，对于列的操作则需要用户右击控件列的位置并选择“插入列/删除列”。

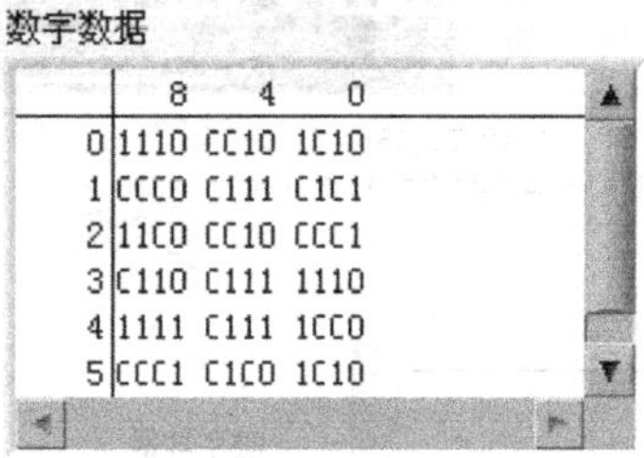

图 4-24 数字数据控件

1. 用数字数据作为输入直接显示

用数字数据作为输入直接显示，横轴代表数据序号，纵轴从上到下表示数字信号从最低位到最高位的电平变化，如图 4-25 所示。

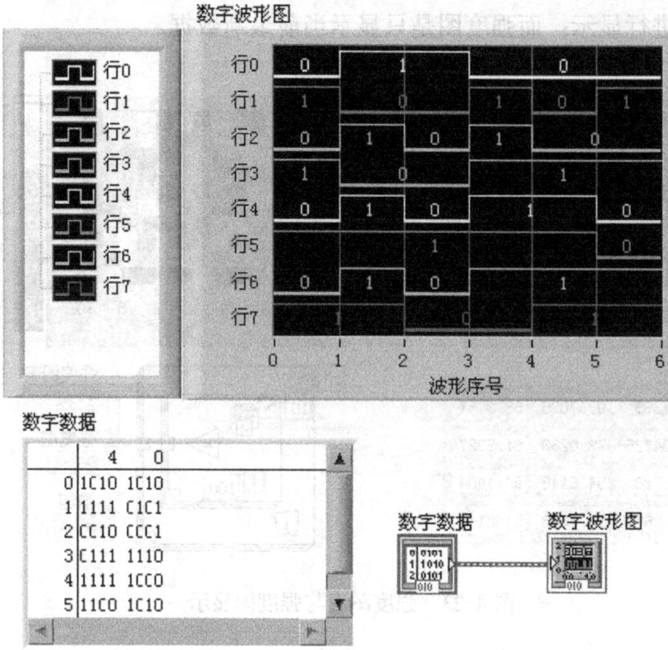

图 4-25　数字数据输入直接显示

2．组合成数字波形后进行输出

用“创建波形.vi”将数字数据与时间信息或者其他信息组合成数字波形，用数字波形图进行显示，如图 4-26 所示。

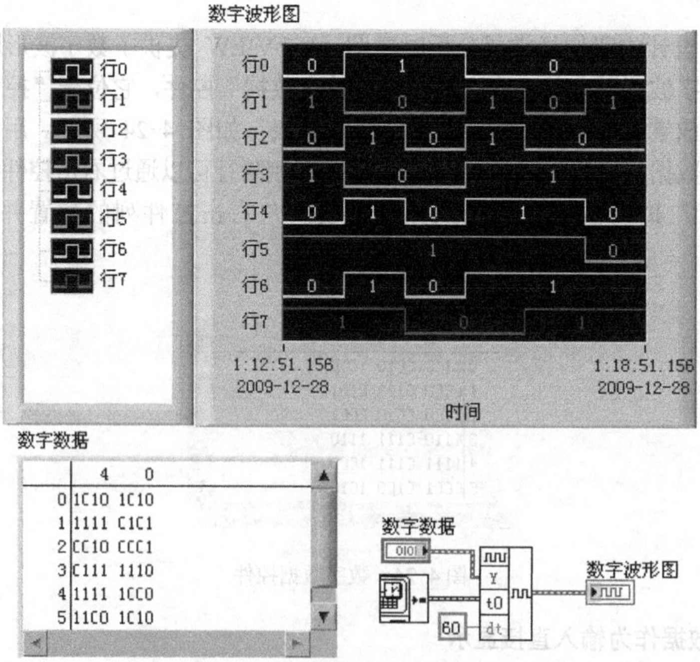

图 4-26　数字波形输出

3. 簇绑定输出

对于数组输入，可以用“捆绑”对数字信号进行打包，数据捆绑的顺序为：Xo、Delta x、输入数据、Number of Ports。这里的 Number of Ports 反映了二进制的位数或字长，等于 1 时为 8Bit，等于 2 时为 16bit，依次类推。显示结果和程序框图如图 4-27 所示。

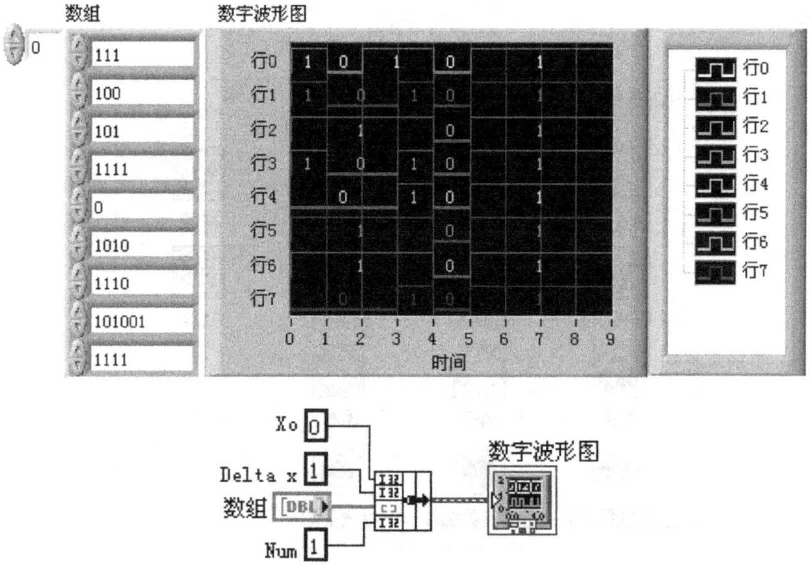

图 4-27　簇捆绑输出

4. 混合信号输出

混合信号图可以将任何波形图、XY 图或数字图接收的数据类型连线到混合图上，这些不同的数据类型用“捆绑”函数连接，混合信号图在不同的绘图区域绘制模拟和数字数据，如图 4-28 所示。

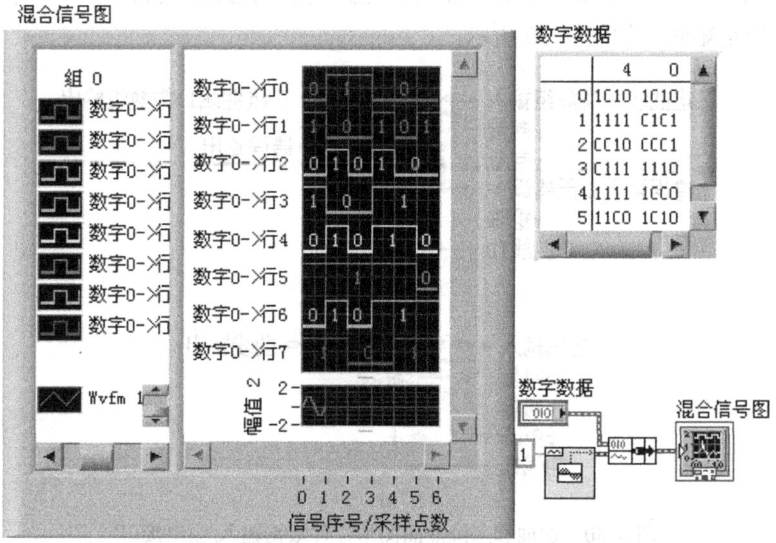

图 4-28　混合信号输出

4.6 三维图形

在实际工程应用中，三维图形是一种最直观的数据显示方式，它可以很清楚的描绘出空间轨迹，给出 X、Y、Z 三个方向的依赖关系。LabVIEW 2015 提供了许多三维图形控件，如图 4-29 所示。

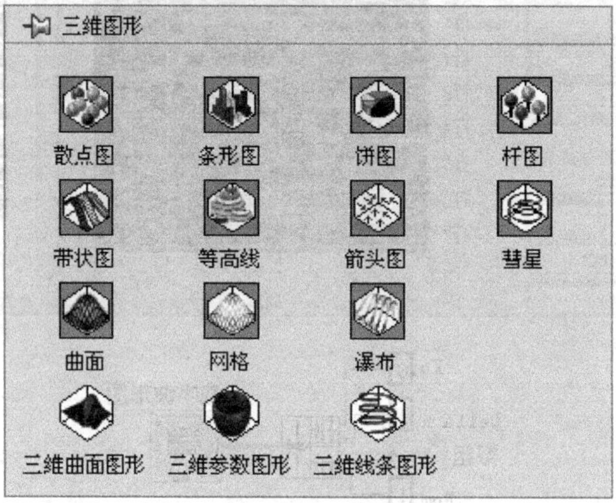

图 4-29 三维图形控件

下面对一些常用的三维图形控件的用法进行简单介绍。

4.6.1 三维曲面图形

三维曲面图形用来描绘一些简单的曲面，LabVIEW 2015 提供的曲面图形控件可以分为两种类型：曲面.vi 和三维曲面图形.vi，曲面和三维曲面图形控件的 X、Y 轴输入的是一维数组，Z 轴输入的是矩阵，如图 4-30 所示。

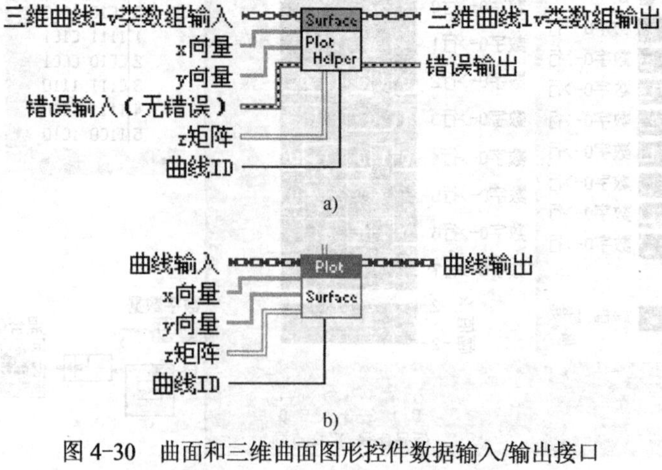

图 4-30 曲面和三维曲面图形控件数据输入/输出接口

a) 曲面.vi 数据输入接口 b) 三维曲面图形.vi 数据输入接口

【例 4-11】 用曲面和三维曲面控件绘制正弦曲面。

它们在显示方式上没有太大的差别，都可以将鼠标放置到图像显示区后，将图像在 X、Y、X 方向上任意旋转。两者最大的区别在于，“曲面”控件可以方便地显示三维图形在某个平面上的投影，例如，对于如图 4-31 所示的图形，单击即可显示图形在 XY 平面上的投影，对于在其他平面上的操作与之类似，显示结果如图 4-32 所示。

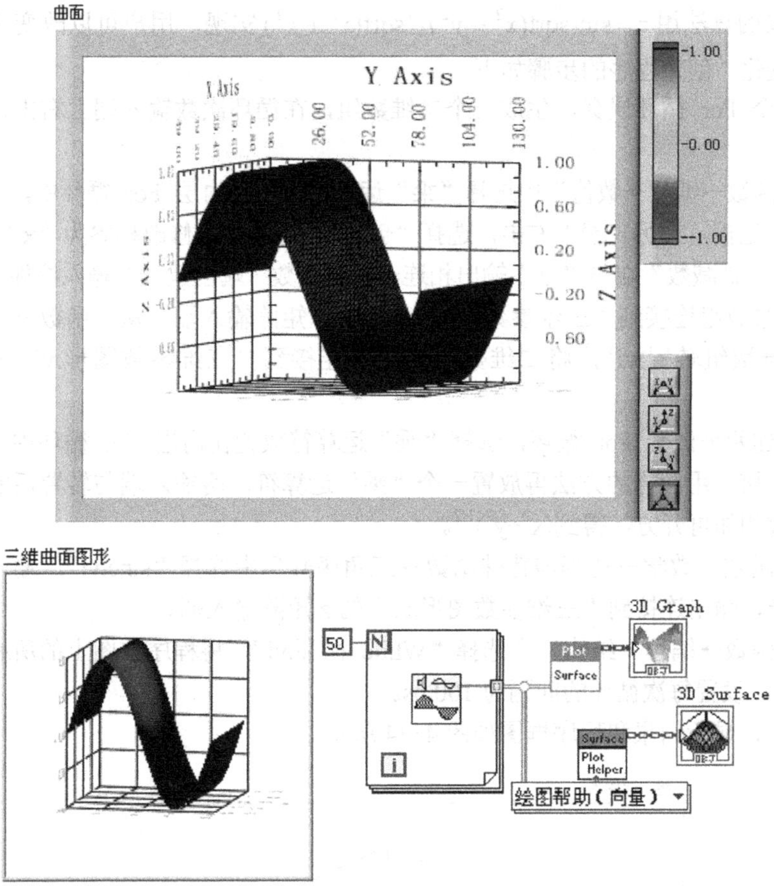

图 4-31　曲面与三维曲面图形

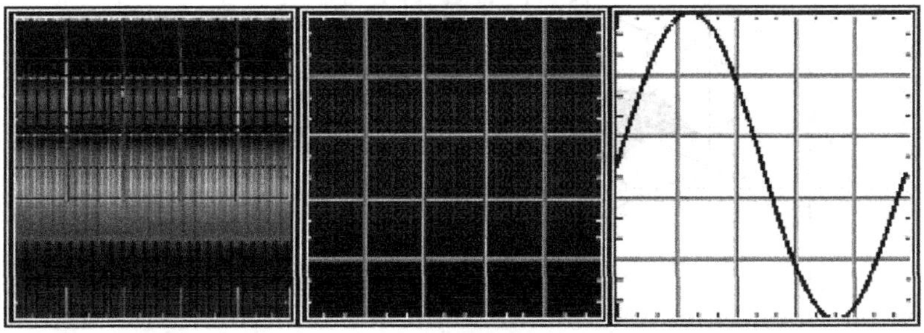

a)　　　　b)　　　　c)

图 4-32　三维曲面在三个坐标轴平面上的投影

a) XY 平面　b) XZ 平面　c) YZ 平面

4.6.2 三维参数图形

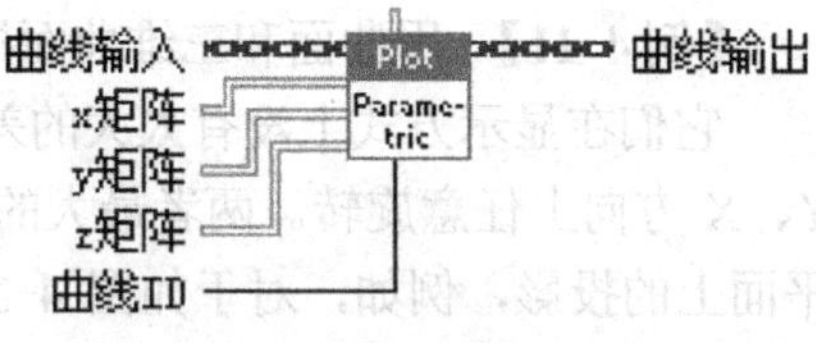

图 4-33 三维参数图形.vi 输入/输出端口

三维参数图形可以用来绘制一些更复杂的空间图形，它的三个轴输入的都是二维数组，如图 4-33 所示。

【例 4-12】 用三维参数图模拟水面波纹。

水面波纹的算法用 $z = \sin(\mathrm{sqrt}(x^2 + y^2)) / \mathrm{sqrt}(x^2 + y^2)$ 实现，用户可以改变不同的参数来观察波形的变化。创建程序的步骤如下。

1）用两个 For 循环嵌套，生成一个二维数组，在循环次数输入端上右击，选择“创建输入控件”。

2）从“函数→编程→数值”中选择“乘”运算符放置在内层 For 循环中，一个输入端与 For 循环的 i 连接，在另一端上右击，选择“创建输入控件”，修改标签为“x”，再选择一个“减”运算符，“被减数”端与“乘”输出相连，在“减数”端创建一个输入控件“y”。

3）将二维数组连接到“三维参数图形.vi”的 x 矩阵输入端，从“函数→编程→数组”中选择“二维数组转置.vi”，将二维数组转置后连接到“三维参数图形.vi”的 y 矩阵输入端。

4）再创建两个嵌套 For 循环，选择“乘”运算符放置在内层 For 循环中，将其两输入端与原数组连接，用同样的方法再放置一个“乘”运算符，两输入端与转置后的数组连接，再将这两个数相加再开方，得到$(x^2+y^2)^{1/2}$。

5）从“函数→数学→初等与特殊函数→三角函数”中选择“sinc.vi”，输入端与 3）产生的数据相连，输出连接到“三维参数图形.vi”的 z 矩阵输入端。

6）从“函数→编程→结构”中选择“While 循环.vi”，将程序框图上的所有对象放置到 While 循环中，设置每次循环的间隔为 100ms。

运行程序，显示结果和程序框图如图 4-34 所示。

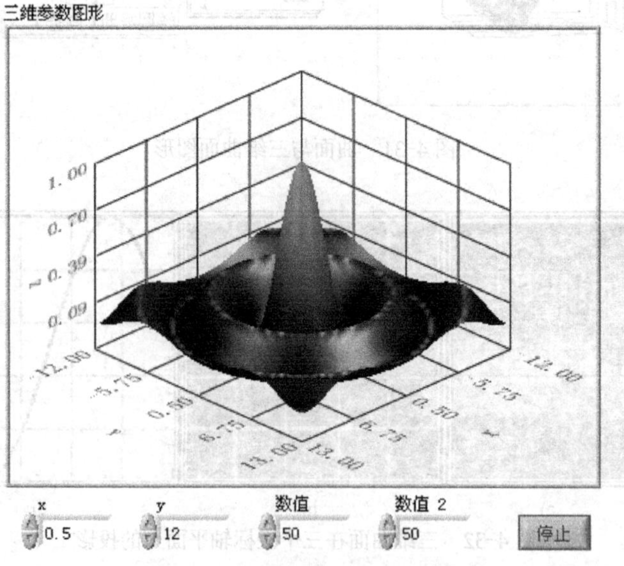

图 4-34 三维参数图形模拟水面波纹

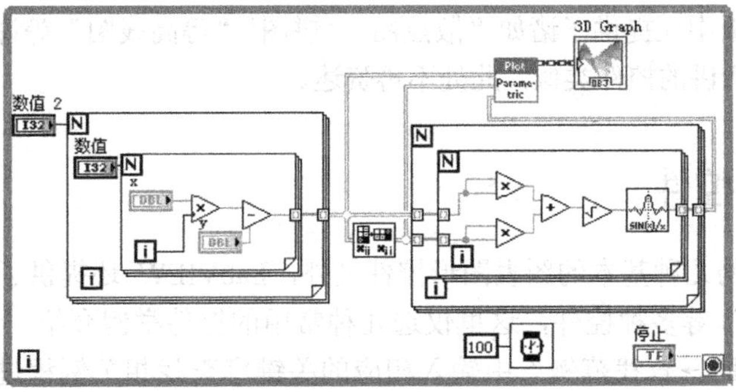

图 4-34　三维参数图形模拟水面波纹（续）

4.6.3　三维曲线图形

三维曲线图形控件用来绘制空间曲线，它的 3 个输入端都是一维数组，如图 4-35 所示。

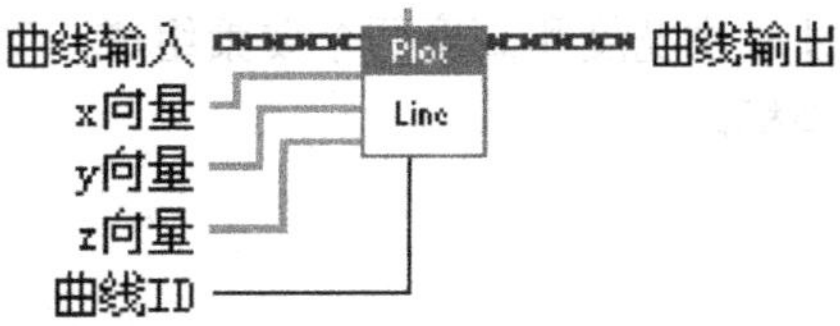

图 4-35　三维线条图形.vi 输入/输出端口

【例 4-13】 用三维曲线控件绘制螺旋曲线。

创建程序的步骤如下。

1）创建一个 For 循环，循环次数设置为输入控件，选择“正弦.vi”和“余弦.vi”，放置到循环体中，将 For 循环的 i 转换为弧度后连接到“正弦.vi”和“余弦.vi”的输入端。

2）将正弦值作为“三维曲线图形.vi”的 x 向量，余弦值作为 y 向量，弧度值作为 z 向量。

3）选择 While 循环将所有对象框到其中，设置循环间隔为 100ms。

显示效果和程序框图如图 4-36 所示，用户可以通过改变绘图的数据点数来观察图形变化。

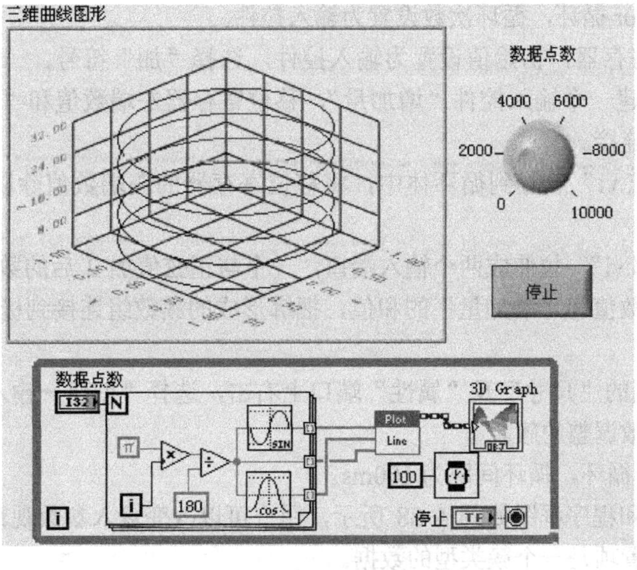

图 4-36　三维曲线绘制螺旋线

三维图形子选板中还提供了诸如“散点图”“饼图”“等高线图”等许多控件，这些控件的使用方法与例中所讲的控件类似，此处不再赘述。

4.7 其他图形控件

除了上面介绍的几种基本的图表图形控件之外，LabVIEW 还提供了“极坐标图”、“雷达图”以及“图片”等多种控件，这里仅选几种常用的控件举例介绍，读者如果想要了解更多，可以在“帮助→查找范例”中输入相应的关键字查找相关例程进行学习。

4.7.1 极坐标图

极坐标图位于“控件→新式→图形→控件”子选板中，极坐标图控件的输入/输出接口如图 4-37 所示，用户用到的接口主要是“数据数组”和“尺寸”。“数据数组”是由点组成的数组，每个点是由幅度和以度为单位的相位组成的簇，用于指定标尺的格式和精度。“尺寸”由宽度和高度两个要素组成：宽度指定右侧增加的水平坐标；高度指定底部增加的垂直坐标。

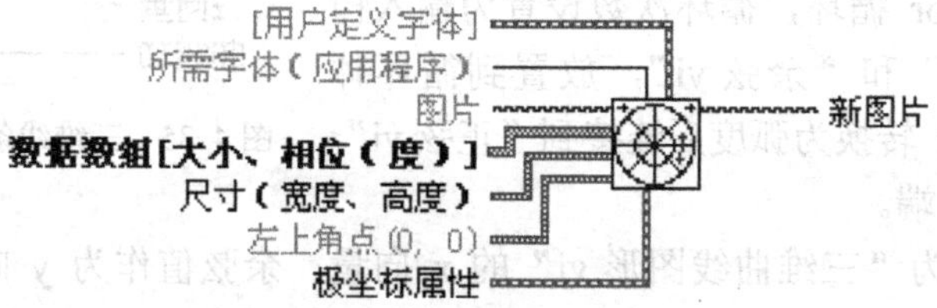

图 4-37 极坐标图输入/输出端口

【例 4-14】 极坐标图的使用。

按如下步骤创建程序框图。

1）创建一个 For 循环，循环次数设置为输入控件。

2）创建移位寄存器，初始值设置为输入控件，选择“加”符号，一端与移位寄存器左端连接，另一端创建一个输入控件“增加量”，移位寄存器左端数值和“增加量”的和值与移位寄存器的右端连接。

3）选择“正弦.vi”放置到循环体中，将移位寄存器的左端数值除以 6 后连接到“正弦.vi”的输入端。

4）选择“捆绑.vi”，拉伸成两个输入端口，一个与正弦值加 2 后的数值相连，另一端连接移位寄存器左端数值和“增加量”的和值，捆绑形成的簇数组连接到极坐标图的数据数组输入端。

5）在极坐标图的“尺寸”及“属性”端口上右击，选择“创建→输入控件”，这样就自动生成了极坐标参数调整的簇。

6）创建 While 循环，循环间隔为 100ms。

程序的前面板和程序框图如图 4-38 所示，用户可以改变输入参数观察波形的变化，“属性”与“尺寸”设置项是一个簇类型的数据。

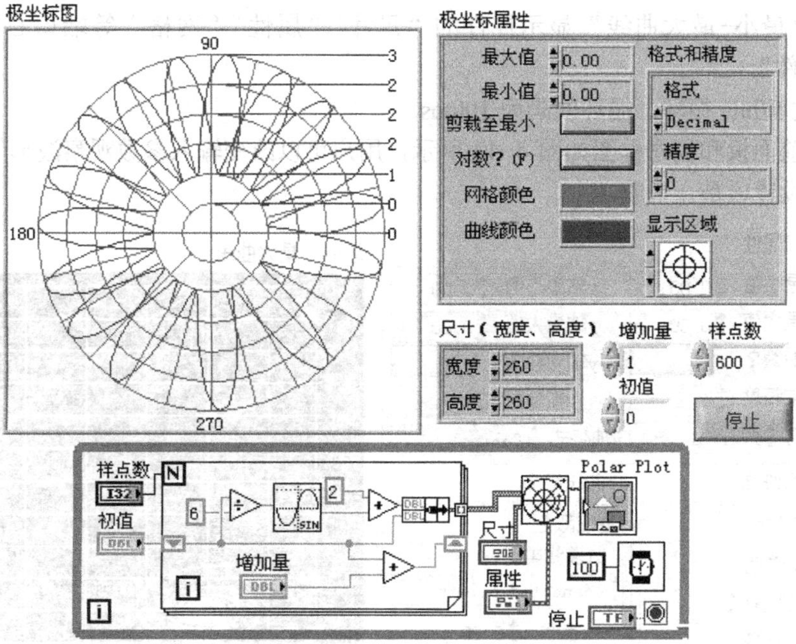

图 4-38 极坐标图使用示例

4.7.2 最小–最大曲线显示控件

“最小-最大曲线”显示控件位于“控件→新式→图形→控件”子选板中，控件的输入/输出端口如图 4-39 所示，最主要的是“数据”输入端口，该点数组中的每个元素是由 X 和 Y 的像素坐标组成的簇。

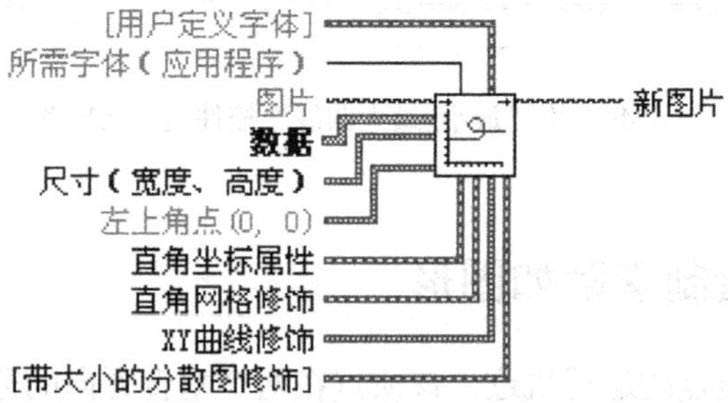

图 4-39 “最小-最大曲线”显示控件的输入/输出端口

【例 4-15】 用“最小-最大曲线”显示控件显示 XY 图。

本例用“最小-最大曲线”显示控件显示一条螺旋曲线，创建程序的步骤如下。

1）创建一个 For 循环，产生 3600 个数据点。

2）将 For 循环的 i 转换成弧度后连接到“正弦与余弦.vi”的输入端，正弦值除以加 1 后的弧度值（+1 的目的是为了避开起始的 0 值），余弦值进行同样操作。

3）用“捆绑.vi”将步骤 2）中的数据组成簇数组后与“最小-最大曲线”显示控件的数据输入端连接。

4）在“最小-最大曲线”显示控件的“尺寸”“属性”“网格”等端口右击选择“创建→输入控件”。

5）创建 While 循环，循环间隔为 100ms。

程序的前面板和程序框图如图 4-40 所示，用户可以改变输入参数观察波形的变化，“属性”等参数设置项是一个簇。

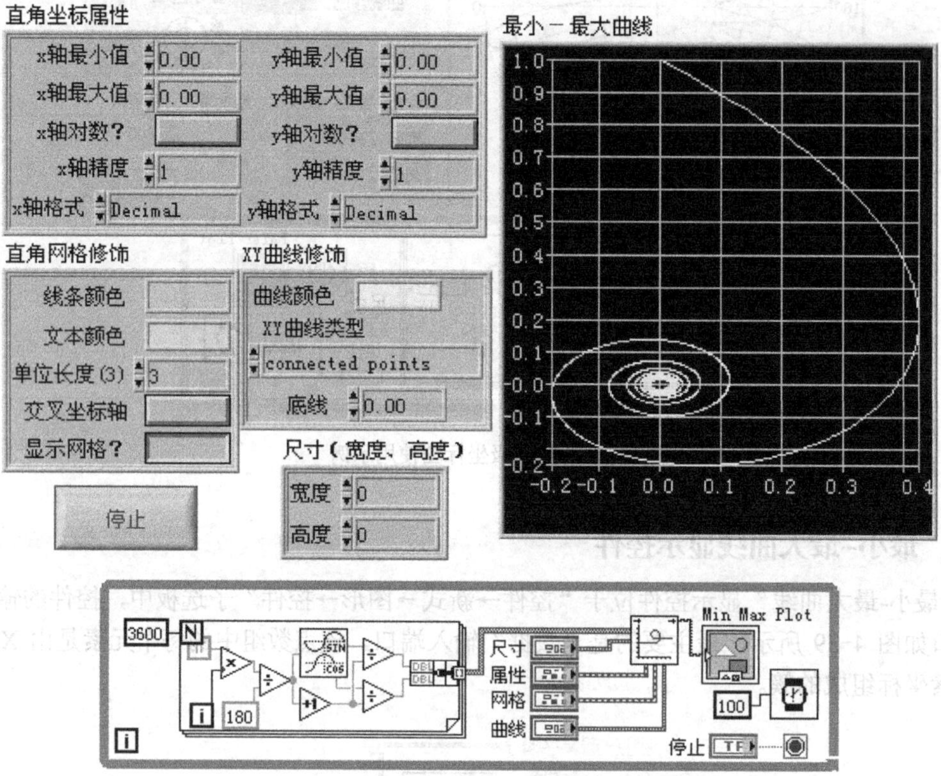

图 4-40　用“最小-最大曲线”控件显示 XY 图

4.8　综合实例：绘制李萨如图形

李萨如图形是一个质点的运行轨迹，该质点在两个垂直方向的分运动都是简谐振动。李萨如图形是物理学的重要内容之一，在工程技术领域也有很重要的应用，利用李萨如图形可以测量未知振动的频率和初相位。

假设形成李萨如图形的两个简谐振动，一个在 X 轴，一个在 Y 轴上，分别用如下两个式子来表示：

$$x = A\cos(mat + \varphi_1)$$

$$y = A\cos(nat + \varphi_2)$$

它们的合运动轨迹就是李萨如图形。创建程序的步骤如下。

1）在“函数→信号处理→信号生成”子选板里，选择“正弦信号.vi”，用它产生两个不同相位的正弦信号。

2）在第一个“正弦信号.vi”的周期输入端口右击，选择“创建→输入控件”，在第二个“正弦信号.vi”的周期输入端口右击，选择“创建→输入控件”。

3）用“函数→编程→簇、类与变体”中的“捆绑.vi”将两个正弦信号捆绑成一个簇，再输入到 XY 图的输入端。

4）把两个信号直接连到 Express XY 图的 X、Y 输入端。

5）创建 While 循环，循环间隔为 100ms。

程序运行的结果和程序框图如图 4-41 所示。

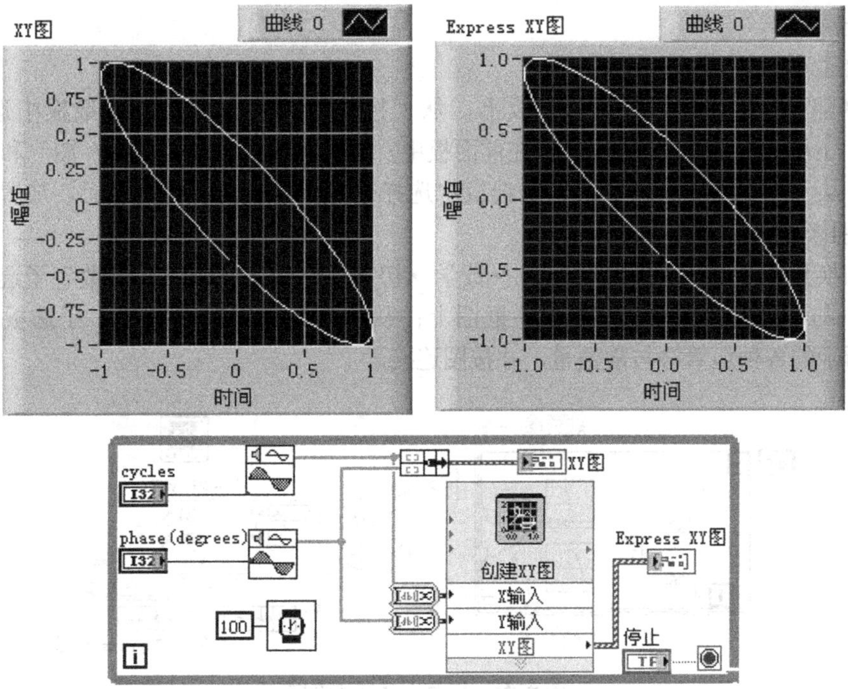

图 4-41　绘制李萨如图形

读者可以通过改变信号的频率，相位等参数来观看波形的变化，对图表各个参数的具体操作方法请参看前面的介绍。

4.9　习题

1）波形图表和波形图有哪些区别？

2）如何绘制不均匀采样的波形？

3）用三维图形里面的控件绘制一个球体。

4）学习“帮助→查找范例→基础→图形和图表”中提供的例程。

5）打开一个空白的 VI，在“函数→信号处理→波形生成”子选板中选择“仿真信号.vi”，放置在程序框图上，在弹出的对话框中完成配置，生成一个 100Hz 的正弦信号，在“仿真信号.vi”的“信号”输出端右击，选择“创建→图形显示控件”，运行程序，观看前面板上的显示结果，改变显示控件的各个参数，观察变化。

4.10 上机实验

上机目的：熟悉 LabVIEW 绘图控件的使用。

上机内容：用 XY 图和 Express XY 图绘制如下曲线：

$$r^2 = \frac{A^2B^2}{A^2\sin^2\alpha + B^2\cos^2\alpha}$$

式中，r、A、B 为输入参数，且$0 \leqslant \alpha \leqslant 2\pi$。

实现步骤：

1. 创建波形显示主程序

1）创建一个 VI，切换到前面板上，从“控件→新式→图形”子选板中选择“XY 图.vi”和“Express XY 图.vi”，放置在前面板中，并分别修改标签为“XY 图”和“Express XY 图”；从“控件→新式→数值”子选板中选择 3 个“数值输入控件.vi”，放置到前面板上，并分别修改标签为“A”“B”“r”。

2）切换到程序框图上，从“函数→数学→初等与特殊函数→三角函数”子选板中选择“正弦.vi”与“余弦.vi”，放置在程序框图上；从“函数→编程→数值”子选板中选择如图 4-42 所示的各种运算符与常数量，并按图连接。

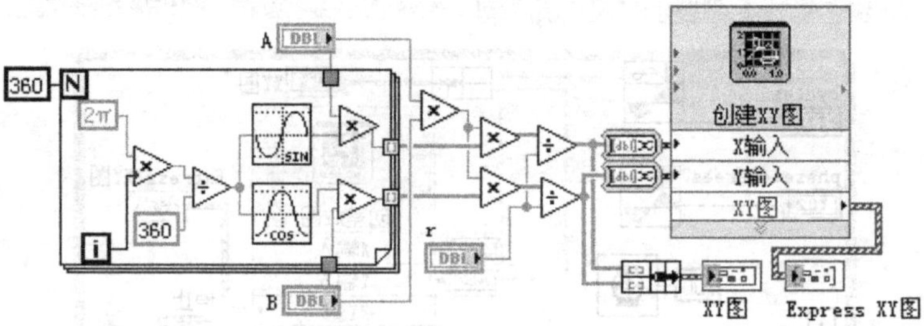

图 4-42 信号生成程序框图

至此，程序已经能运行，并能显示曲线，为使显示的效果更加美观，还需要进行如下修改。

2. 设置图形控件的显示范围

1）切换到前面板，在图形显示控件上右击，取消对“自动调整 X 轴”“自动调整 Y 轴”的选择。切换到程序框图，在 XY 图形显示 VI 上右击，选择“创建→属性节点→X 标尺→范围→最大值”，创建成功后，右击属性节点，选择“全部转换为读取”，用同样的方法分别设置 X 轴最小值的属性节点，Y 轴的最大值、最小值属性节点；然后对 Express XY 图也创建同样的属性节点。

2）从“函数→编程→数组”子选板中选择“数组最大值与最小值.vi”用来获取 X、Y 轴数组的最大值。

3）将步骤 2）中获取的最大值作为 X、Y 轴属性节点最大值的输入；在“函数→编程→数值”子选板中选择“取负数.vi”，将 2）中最大值的负数作为 X、Y 轴属性节点最小值的输入。

3. 设置程序连续运行

1）切换到程序框图，从“函数→编程→结构”子选板中选择“while 循环.vi”，将整个程序框在其中。

2）从“函数→编程→定时”子选板中选择“等待(ms).vi”，放置到 while 循环中，在等待(ms).vi 的输入端右击，选择“创建→常量”，并把常量设置为 100，即每个循环执行完毕后等待 100ms 后再进入到下一个循环，这样做的目的是为个节省系统资源。

3）在 while 循环的条件控件端右击，选择“创建→输入控件”。

4. 其他设置

1）在程序框图上调整各函数图标的位置，使之整齐。

2）切换到前面板，调整图标大小至合适，并对齐，从“控件→新式→修饰”子选板中选择“上凸盒”，放置到前面板上，选中它，从 VI 的标题栏中选择“重新排序→移至后面”，将它放置到“A”“B”“r”和“停止”按钮的下面，并调整大小使之合适。

5. 运行程序，观察波形

1）运行程序，改变各输入参数，观察波形变化。

2）改变图形控件显示的各个参数，观察变化。

程序运行时的效果和程序框图如图 4-43 所示。

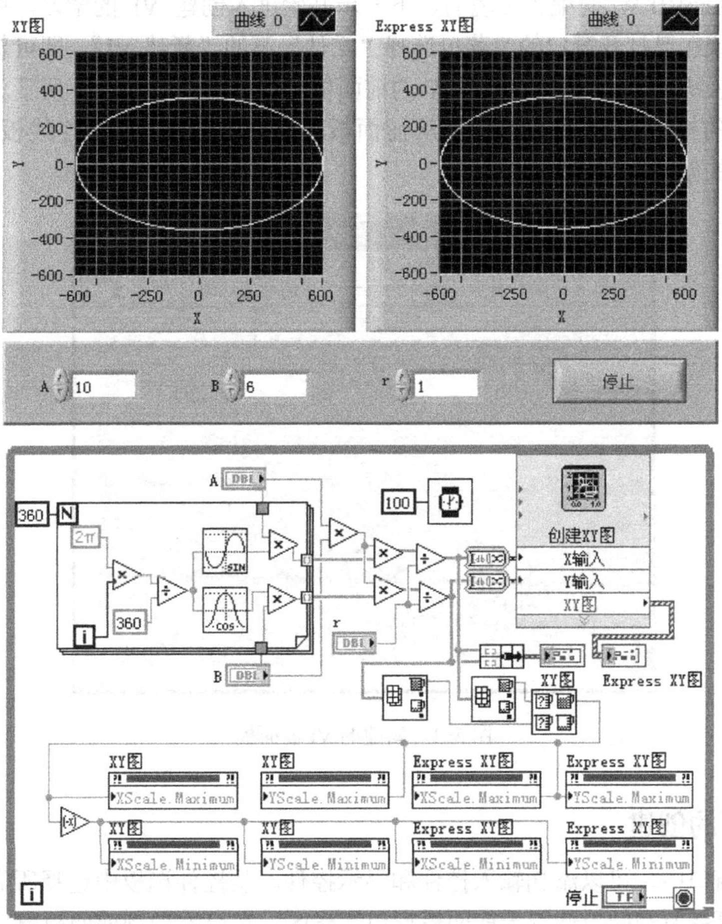

图 4-43　程序运行效果和程序框图

第 5 章　LabVIEW 程序设计与调试

本章主要讲述如何应用 LabVIEW 进行虚拟仪器设计和编程，以使读者尽快学会和使用 LabVIEW 进行编程，解决实际应用问题。本章着重介绍如何设计、编辑和调试 VI 以及子 VI 的设计和使用。

通过本章的学习，结合实例讲解，读者能快速熟悉并掌握 VI 的基本设计方法和实用技术，并可独立进行较简单的虚拟仪器程序设计。

5.1　VI 的创建

在熟悉了 LabVIEW 的编程环境后，下一步开始进入创建 VI 的学习。在启动窗口中选择“新建 VI”或在已打开窗口的主菜单选择“文件”下的“新建 VI”，即可新建一个空白的 VI 程序。此时系统将自动显示 LabVIEW 的前面板工作界面，如图 5-1 所示。在该面板中可以添加所需要的控件对象。下面分别从前面板、程序框图和图标/连线板三个部分讲解 LabVIEW 程序的创建。

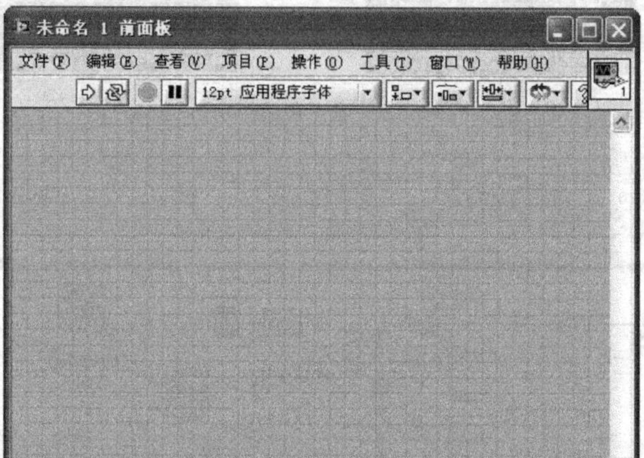

图 5-1　新建的 VI 前面板

5.1.1　前面板的创建

在前面板窗口中，可以添加输入控件和显示控件。从控件选板中选择所需的输入和显示控件，单击即可将所需的控件置于前面板窗口工作区。在已添加到前面板窗口工作区的控件上右击，在弹出的快捷菜单中选择项目可以对该控件的参数进行配置，如图 5-2 所示。

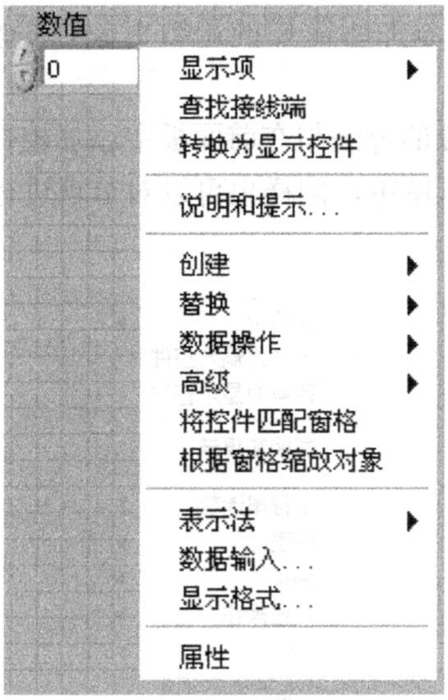

图 5-2 控件的右键快捷菜单

控件的右键快捷菜单选项及其功能见表 5-1。

表 5-1 控件的右键快捷菜单选项及其功能表

菜单选项	功能
显示项	在前面板中显示或隐藏项，如标签、标题等
查找接线端	查找该控件在程序框图窗口中对应的接线端
转换为显示控件	将该输入控件转换为输出控件
说明和提示	为该控件添加或修改说明和提示
创建	为该控件创建变量、引用、节点等
替换	从弹出的控件选板中选择一个控件替换该控件
数据操作	对数据进行操作，如设置默认值、复制、剪切等
高级	自定义快捷键、控件等操作
将控件匹配窗格	调整控件大小与窗格匹配
根据窗格缩放对象	根据窗格调整控件大小
表示法	设置数据的表示精度，有单精度、双精度、长整型等
数据输入	设置数据大小范围
显示格式	设置数据的表示格式与精度
属性	对控件所有属性进行设置，包括外观、格式、精度等

除了必要的输入和显示控件外，还可以在前面板窗口中添加辅助性的注释文字和选择合适的图案进行装饰，以作为虚拟仪器程序的选板。

5.1.2 程序框图的创建

创建前面板后，前面板窗口中的控件在程序框图窗口中对应为接线端。在前面板窗口的主菜单“窗口”下选择“显示程序框图”即可切换到程序框图窗口。右击空白处会出现函数选板，从该选板中可以选择或添加所需要的函数对象、编辑对象等各种和编程有关的函数对象。

在程序框图中添加节点对象的方法与在前面板中添加控件的方法类似。从函数选板中选择相应的节点对象放置于程序框图中，同样也可以对节点进行相关操作。右击节点对象将会出现如图 5-3 所示的界面。

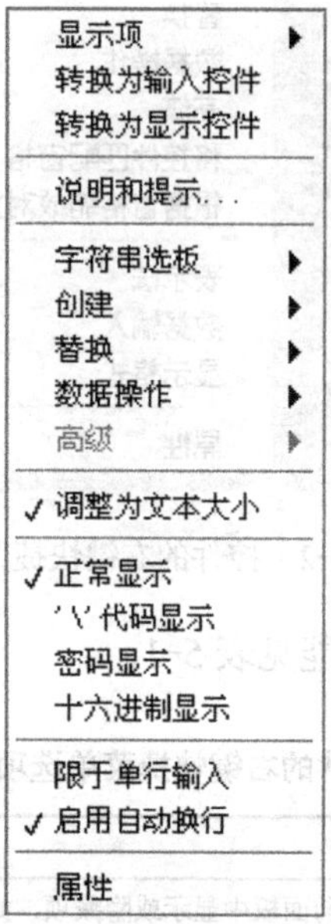

图 5-3　节点的右键菜单选项

程序框图中节点的右键快捷菜单项及其功能见表 5-2。

表 5-2　程序框图中节点的右键快捷菜单选项及其功能表

菜 单 选 项	功　　能
显示项	显示或隐藏标签、接线端项
转换为输入控件	将该函数以输入控件的形式显示
转换为显示控件	将该函数以显示控件的形式显示
说明和提示	为该函数添加或修改说明和提示
字符串选板	可直接进入字符串选板
创建	为该函数创建变量、引用、节点等
替换	从弹出的控件选板中选择一个函数替换该函数
数据操作	对数据进行操作，如设置默认值、复制、剪切等
高级	自定义快捷键等操作
调整为文本大小	将函数调整为文本大小
正常显示	将函数按常规形式显示
“\” 码显示	将函数按 “\” 码形式显示
密码显示	将函数按以 “*” 显示
十六进制显示	将函数以十六进制显示

（续）

菜 单 选 项	功　　能
限于单行输入	只能进行单行输入
启用自动换行	文本可以换行显示
属性	对函数所有属性进行设置，包括外观、格式、精度等

5.1.3 图标的创建

创建 VI 图标就是使用图标编辑器对 VI 图标进行编辑。在右上角的 VI 图标上右击，从弹出的快捷菜单中选择“编辑图标”，进入图标编辑器窗口，即可使用图标编辑工具设计修改图标。图标编辑的步骤如下。

1）通过菜单“编辑”下的“清除”选项，清除所有图形，再在空白工作区编辑图标。

2）在图标编辑工具中单击前景色或背景色，通过右下角的颜色选板设置前景色或背景色，如图 5-4 所示。

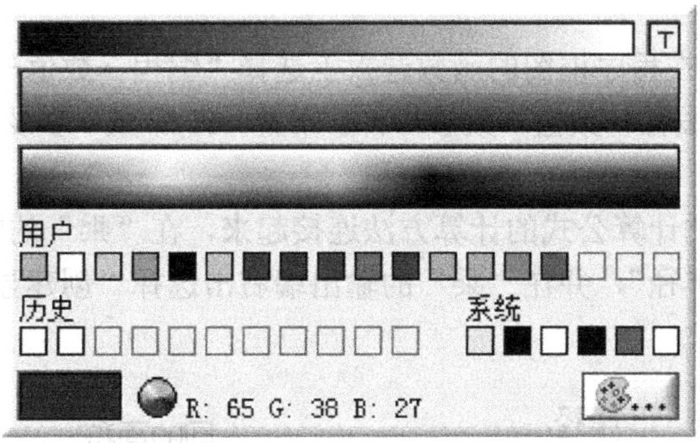

图 5-4　通过颜色选板设置颜色

3）使用画笔、直线、填充、矩形或文本工具等，在编辑区域添加前景颜色图案组成图标。此处创建 LabVIEW 2015 的图标，如图 5-5 所示。

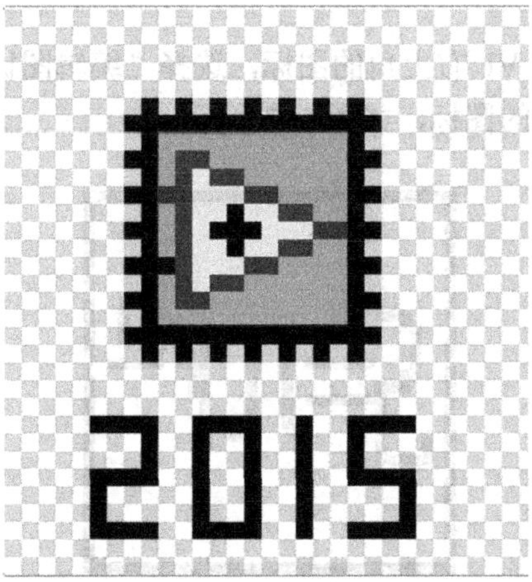

图 5-5　创建的 LabVIEW 2015 的图标

4）图标编辑完成后，单击图标编辑器右下角的“确定”按钮，保存已经编辑好的图标。

5.2 子 VI 的设计

在 LabVIEW 图形化编程环境中，图形连线会占据较大的屏幕空间，用户不可能把所有的程序都在同一个 VI 的程序框图中实现。因此，在很多情况下，需要把程序分割为一个个小的模块来实现，这就是子 VI。

其实任何 VI 本身就可以作为子 VI 被其他 VI 调用，只是需要在普通 VI 的基础上多进行两步简单的操作而已：定义连接端子和图标。下面先以一个简单的子 VI 为例来学习如何一步步创建子 VI。

【例 5-1】 子 VI 的建立。

建立一个子 VI，计算圆的面积。要求只需输入圆的半径，即可得到圆的面积。下面是编程步骤。

1）新建一个 VI，在程序框图的函数选板上选择“编程→数值→平方函数”，放置于程序框图中。同时选择“编程→数值→数学与科学常量→Pi 常数”以及“乘”函数，放置于程序框图中。

2）将三者按照圆的计算公式的计算方法连接起来，在“乘”的输入端右击选择“创建输入控件”，命名为“半径”，并在“乘”的输出端右击选择“创建显示控件”，命名为“圆的面积”，如图 5-6 所示。

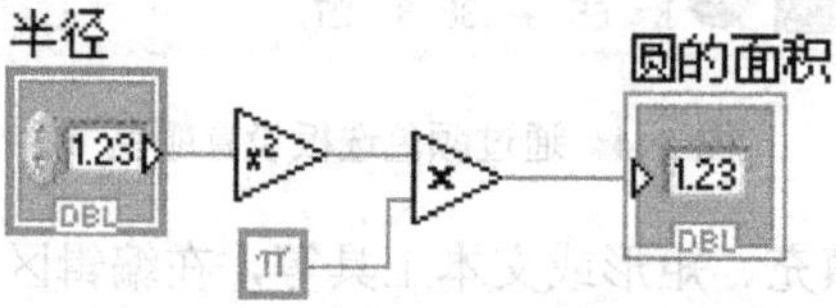

图 5-6　子 VI 程序框图

3）编辑 VI 图标。右击 VI 右上角的图标，选择“编辑图标”选项，打开 VI 图标编辑器。按上节的方法创建子 VI 的图标，如图 5-7 所示。

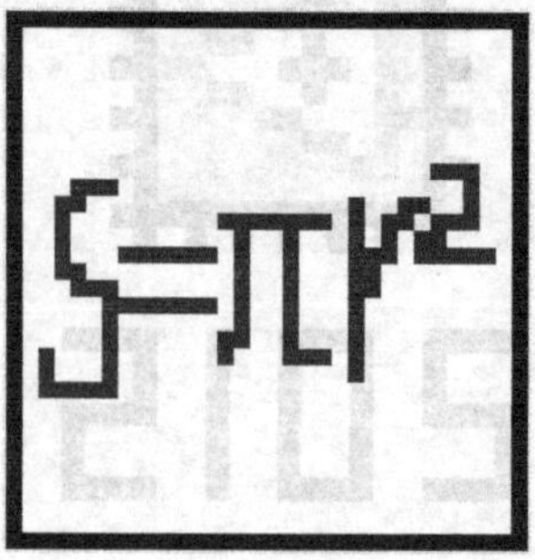

图 5-7　子 VI 的图标

4）建立连接端子。连线端子用于子 VI 的数据输入和输出。右击 VI 前面板右上角的图标，选择“显示连线板”，此时图标会变为▦，每一个小方格代表一个端子。再次右击该图标，选择模式下的两端子模式▯。单击左侧的小方格，光标会变为线轴形状。此时单击输入控件“半径”，就实现了该端子与“半径”输入控件相连。同样方法连接“圆的面积”输出控件。连接完成后，打开“帮助”下拉菜单的“显示即时帮助”选项，将鼠标放在右上角刚创建的图标即可看到子 VI 的预览，如图 5-8 所示。

5）保存该 VI，命名为“圆的面积”。保存该 VI 后，就可以在其他 VI 中调用刚保存的子 VI。新建一个 VI，在程序框图的函数选板上选择“选择 VI”选项，找到刚刚保存的 VI，并打开子 VI。右击输入端，选择“创建输入控件”，并右击输出端选择“创建显示控件”如图 5-9 所示。

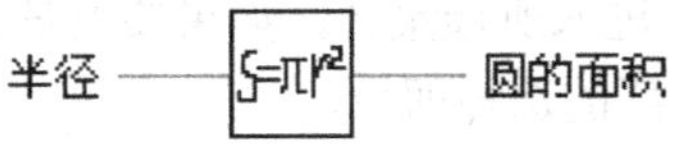

图 5-8　子 VI 预览

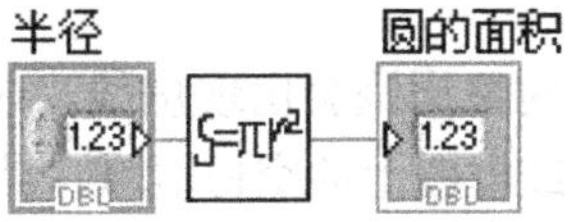

图 5-9　调用子 VI

其实也可以通过现有的程序框图自动创建子 VI。只需在主 VI 程序框图中按住鼠标选中那段希望被创建为子 VI 的代码，然后在菜单栏选择“编辑”下的“创建子 VI”选项即可。这时 LabVIEW 会自动将这段代码包含到一个新建的子 VI 中去，并会根据选中程序框图中的控件自动建立连接端子。

5.3　VI 的编辑

在创建 VI 之后，需要通过定制前面板对象的外观、连接框图函数等方法进行具体编辑。本节将对选择、移动、增减和编辑对象的各种具体方法进行介绍。

5.3.1　选择对象

选择对象时必须使鼠标处于工具选板中的“定位”工具状态下。调出工具选板的方法是从主菜单项中选择“查看”下的“工具”选板，如图 5-10 所示，从中用鼠标选择定位工具即可。

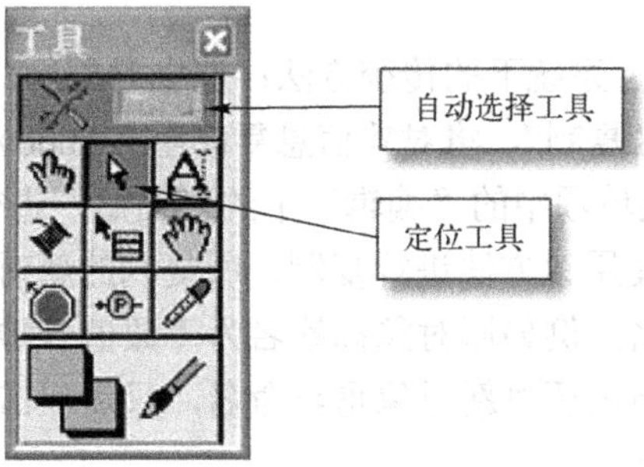

图 5-10　工具选板

在默认状态下，系统一般使用的是“自动选择工具”功能，在进行对象选择时会自动切换为所需的工具，不必手动切换到“定位工具”下。

鼠标位于定位工具状态下之后，要选择单个对象，只需用鼠标单击该对象选中即可，如果需要选中多个对象，或者框图上的一块程序区域，可以用如下两种方法实现。

1）鼠标单击某处后，自由拖拽出一块矩形区域，将待选区域或待选对象包括在其中即可。此种方法简单快捷，尤其适合选择框图上的大块连续程序区域，或者位于连续区域内的多个对象。

2）鼠标单击某个对象选中后，按住〈Shift〉键，选择其他待选择的对象、连线或程序体，就可将其添加到所选区域中。此种方法多用于对多个对象的精确选择，或者是位于非连续区域内的多个对象的选择。若对已选中对象按住〈Shift〉键再单击一次，可从所选区域中去除。

已选中的对象周围会出现虚线，表示该对象已进入所选集合，如果要取消已选区域，直接单击前面板或框图上的空白区域，或者直接进行新的选择即可。

5.3.2 移动对象

移动某对象或某区域的基本方法是：首先选中该对象或区域，然后用鼠标单击其中的一部分，直接进行拖动，直到所需停下的新位置为止，拖动过程中该对象或区域的轮廓会以虚线形式跟随鼠标移动，以帮助用户判断相对位置。

如果鼠标拖动之前先按住〈Shift〉键，再进行拖动，可以使得拖动方向严格限制在水平或者垂直方向上，这对于需要严格控制方向时的移动非常实用。

用键盘上的方向键也可以进行移动，在选中对象或区域后，按下键盘上的“↑”“↓”“←”“→”键即可分别进行上、下、左、右四个方向上的连续移动，直到松开该键为止，但移动速度较慢，是以一个像素为单位进行移动的。若需较快速地移动，可以按住〈Shift〉键后再进行移动。

如果想在当前移动完成之前取消本次移动过程，可以将该对象或区域一直拖拽到所有已打开的窗口之外并且虚线区域消失，然后释放鼠标。

当然，如果移动过程已完成，也可以使用主菜单项中的“编辑”下的“撤消移动”，或者快捷键〈Ctrl+Z〉取消上一次移动过程。

5.3.3 复制和删除对象

复制对象可沿用 Windows 系统下的传统方法：选中对象后，使用快捷键〈Ctrl+C〉或者主菜单项中的“编辑”下的“复制”，将对象信息复制至 Windows 剪贴板，然后在待复制处使用快捷键〈Ctrl+V〉或主菜单项中的“编辑”下的“粘贴”进行粘贴。

如果是在同一个 VI 中使用该方法进行复制，所复制的新对象名会以原对象标签名为基础自动递增数字序号为默认名，例如原对象标签名为“数值”，则新对象名为“数值 2”“数值 3”等。当然，也可以按照需要将新对象重新命名，只需双击其标签进入名称编辑状态并键入新名称即可。

如果是在不同的 VI 之间进行复制，且目标 VI 中无同名标签，则该对象的新标签名与原对象同名，否则也会自动改变名称。

另一种与复制对象操作过程非常相似的方法是克隆（Clone）对象。克隆对象的基本方法是：选中待克隆对象后，按住〈Ctrl〉键，同时拖动对象到空白的目标区域，然后释放鼠标，就可得到原对象的一个副本。

克隆对象与复制对象在大部分情况下效果相同，但是在对程序框图内的局部变量和属性节点进行操作时有所不同，克隆操作会只产生与该局部变量或属性节点的完全相同的副本，而复制操作会产生一个新的前面板控件（如输入控件或显示控件），并产生与该控件相对应的局部变量或属性节点。因此，如果只想复制局部变量或属性节点而不产生新的控件时，用直接复制的操作是不可行的，只能使用克隆操作实现。

删除对象时，只需选中待删除的对象，按下〈Delete〉键或〈Backspace〉键即可，或者执行菜单项中的“编辑”下的“删除”命令也可以进行删除操作。

当前面板上的输入控件或显示控件，或者框图上的端子被删除后，它在该 VI 中对应的局部变量也会因为失去源变量而不可用，表现为其图标中央的名称变为问号，这时需要重新指定到其他源变量，或者将其删除，否则 LabVIEW 环境会认为存在语法错误，不执行该 VI。

对于属性节点和全局变量，也有类似的情况，在源变量被删除后，其他引用该变量的地方都会变为不可用，因此，往往需要多处手工指定新的源变量或进行删除。

在框图上删除某块程序时，除了依照上述类似方法进行删除外，还需注意以下几点。

1）如果选中某个程序结构（如循环结构、条件结构、顺序结构、事件结构等）后直接进行删除，会将该程序结构体内的代码与该结构一起删除；

2）如果只想删除结构体内的代码，需要在结构体内进行选择然后删除，切勿选中结构体本身；

3）如果想保留结构体内代码而删除结构本身，则需要在结构边缘上右击，从弹出的右键菜单中选择“删除 While 循环”或“删除顺序”之类的移除命令进行删除。

5.3.4 对齐和分布对象

使用鼠标和键盘手动移动对象往往不够精确，不能达到理想的效果，这时可以使用工具栏上的对齐对象和分布对象工具，来精确调整多个对象之间的位置。

对齐对象工具用于将多个对象沿边缘或者中线对齐。单击工具栏上的对齐对象工具，就可以调出该选板，如图 5-11 所示。

图中包含了 6 个子工具，分别为上边缘对齐、水平中线对齐、下边缘对齐、左边缘对齐、垂直中线对齐、右边缘对齐等，可分别实现不同形式的对齐效果。各个子工具的图标也非常形象，有助于记忆和阅读。使用时，先选中需要对齐的多个对象，然后调出选板，选择所需对齐效果即可。

分布对象工具用于精确均匀地调整多个对象之间的间距。分布对象工具选板紧邻对齐对象工具，同样，单击就可调出该选板，如图 5-12 所示。

图中包含了 10 个子工具，分别为按上边缘等距离分布、按水平中线等距离分布、按下边缘等距离分布、垂直方向等间隔分布、垂直方向零距离分布、按左边缘等距离分布、按垂直中线等距离分布、按右边缘等距离分布、水平方向等间隔分布、水平方向零距离分布等。使用方法与对齐工具相同，选中多个对象后，再选择调用所需的分布效果即可。

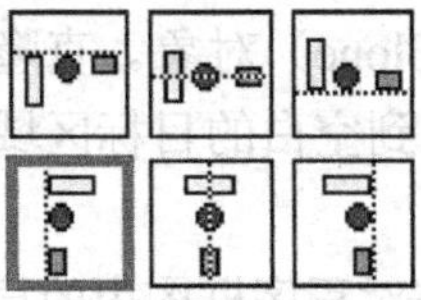

图 5-11　对齐对象工具选板

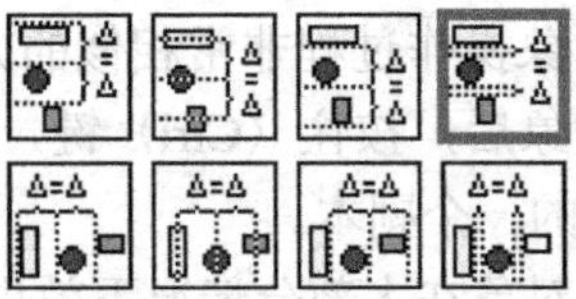

图 5-12　分布对象工具选板

5.3.5　调整对象大小

前面板上对象的大小需要调整时，可以使用鼠标手动调整。基本方法为：

1）在鼠标处于定位工具状态下时，将鼠标放在对象边缘或四角。

2）当对象周围出现小的方形手柄（对于矩形对象）或者圆形手柄（对于圆形对象）且鼠标变为双箭头时，在所需方向进行适当的拖拽，到所需的尺寸大小后释放鼠标就可调整成功。

上述方法每次只是对单个对象大小进行调整，如果需要将多个对象的大小严格地进行调整，就需要使用工具栏上的调整对象大小工具。

单击工具栏上的调整对象大小工具，调出该选板，如图 5-13 所示。

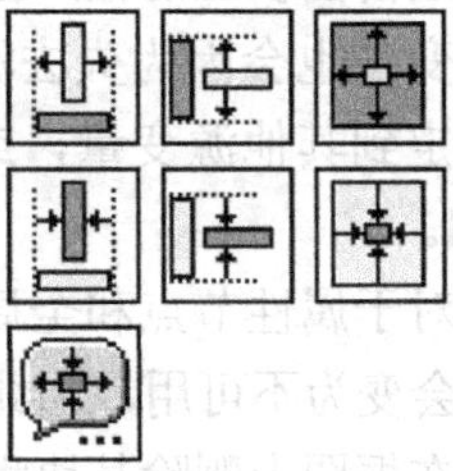

图 5-13　调整对象大小工具选板

图中包括调至最大宽度、调至最大高度、调至最大宽度和高度、调至最小宽度、调至最小高度、调至最小宽度和高度、使用对话框精确指定宽度和高度等 7 个工具，可分别实现不同形式的调整大小效果。

使用方法与对齐对象工具相同，选中多个对象后，再选择调用所需调整大小效果即可。

在前面板对象的右键菜单中，还有两个调整大小的工具——“将控件匹配窗格”和“根据窗格缩放对象”。

1）将控件匹配窗格：在前面板对象上右击可以看到该选项，可使该控件的尺寸与当前前面板相同，完全充满前面板。

2）根据窗格缩放对象：使对象自动跟随前面板大小的改变按比例进行缩放，一个前面板中只能有一个对象被勾中该选项。勾中后，该对象周围会出现水平和垂直方向的灰色延长线，这些延长线将整个前面板划分为若干区间，区间内的其他对象在前面板大小改变时，会依照与这些延长线的相对位置自动改变尺寸和位置，以保持整个面板上各个对象的比例和位置协调。

5.3.6　重新排序

前面板上对象一般情况下为分开排列的，但是有时需要重叠前面板上的控件以产生特殊的显示效果，这时可以使用前面板工具栏上的重新排序工具进行调整。框图工具栏上虽然也有该工具，但框图程序的重叠往往没有必要，而且反而影响程序阅读，所以一般不使用。

重新排序工具选板在调整对象大小工具选板旁边，单击即可调出该选板，如图 5-14 所示。

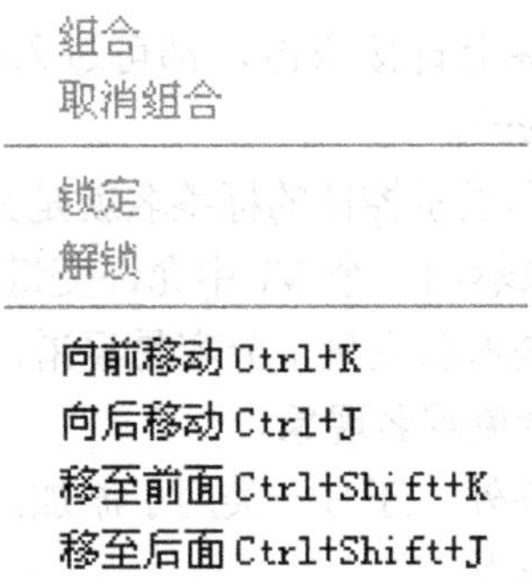

图 5-14　重新排序选板

下面详细介绍该选板中各个子工具的功能。

1）组合：将多个对象捆绑在一起，被组合后的各个对象之间的大小比例和相对位置总是固定的，因此组合后的组合体可以作为一个整体进行移动或者调整大小。这在需要固定多个位置紧邻的对象之间的距离，或者将功能相似的一组对象捆绑在一起时非常有用。组合关系可以分级多层组合，例如先将一组按钮使用一次组合命令组合为一个组合体，然后将一组字符串控件使用一次组合命令组合为一个组合体，再将这两个组合体使用一次组合命令组合为一个新的组合体。

2）取消组合：取消组合体中的组合关系。在取消分级组合时也需多次调用取消组合命令。

3）锁定：固定对象或者组合体在前面板上的位置，在用户已经编辑好某些对象或者组合体的外观和位置，不希望误删除或误移动时，可以调用该命令进行锁定。锁定之后的对象或组合体不能被删除，也不能被移动。在对象启用了“根据窗格缩放对象”功能时也不遵循位置相对移动规则，除非使用“解锁”工具解除锁定。

4）向前移动：把选中的对象在重叠的多个对象中向前移动一层。

5）向后移动：把选中的对象在重叠的多个对象中向后移动一层。

6）移至前面：把选中的对象移到最前层。

7）移至后面：把选中的对象移到最后层。

5.3.7　修改对象外观

框图上的对象外观一般不需要改变，按默认的标准方式易于阅读即可，但前面板作为与用户交互的窗口时，其上的各个对象外观往往需要精心修改，以实现最为友好美观且便于使用的用户界面。本小节将介绍如何对前面板上对象的标签、颜色和字体等主要用户界面元素进行修改和编辑。

（1）标签的编辑方法

标签是用于标识对象或者注释说明的文本框。前面板和程序框图上的每一个对象（包括输入控件、显示控件、子 VI、函数、结构等）都含有固定标签，可以通过勾选右键菜单的“显示项”来选择是否显示标签。

除了子 VI 的标签名与 VI 文件名相同，不可更改外，其他对象的标签名都可以修改。从工具模板中选择“编辑文本”工具，如图 5-15 中的深色按钮，然后在标签上单击，或者在

“自动选择工具”状态下，在标签上直接双击，都可进入标签编辑状态，再键入新的标签名，最后按回车键确认就可完成修改。

在 LabVIEW 中，输入控件和显示控件的标签名就是其变量名，在局部变量和属性节点对其引用时也会沿用其变量名。虽然同一个 VI 中允许变量名重名，LabVIEW 会自动区别重名的变量而不产生语法错误，但是重名变量十分容易混淆，为正确而清晰的编程带来了不必要的麻烦，因此在编程过程中应避免重名现象。

除了用以标识对象的固定标签外，还有一类用于添加注释说明信息的自由标签，该类标签不与任何对象联系，只起注释作用。

自由标签的创建方法是：使用编辑文本工具单击，或者直接单击前面板或程序框图上的空白区域，然后键入所需加注的信息即可。

前面板上的自由标签一般用于向用户提示操作信息或作简单说明，程序框图上的自由标签则一般用于添加程序注释，以便日后程序维护或升级时阅读。

（2）颜色的修改方法

除了框图端子、函数、子 VI 和连线外，LabVIEW 中的其余大部分对象，以及前面板和程序框图的空白区域都可以更改颜色，以创建丰富多彩的外观。

更改对象颜色时需要用到工具选板上的“设置颜色”工具和“获取颜色”工具。着色工具面板上的两个方块显示了当前前景色和背景色，单击后可以调出调色板，用鼠标在其中选择所需颜色即可，如图 5-16 所示。

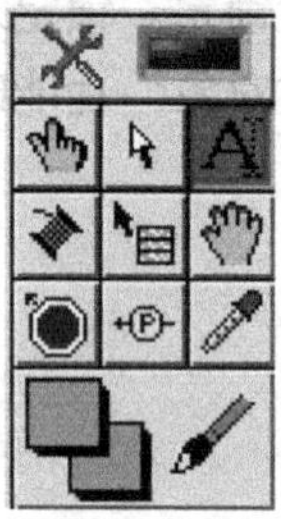

图 5-15　工具选板上的文本编辑工具

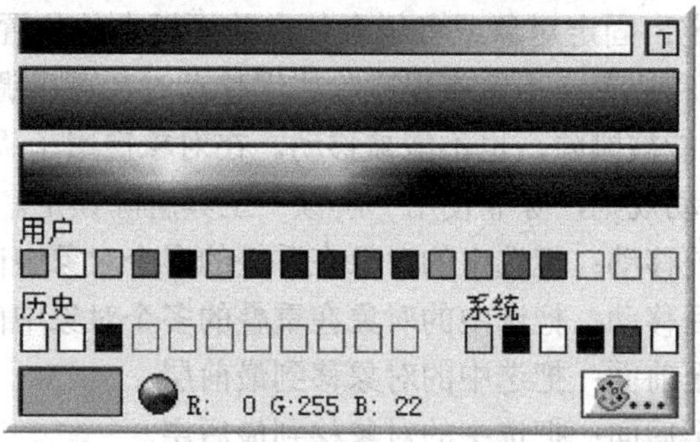

图 5-16　工具选板中的调色板

左下角的预览窗口可以即时显示颜色效果。

调色板第一行为灰度色谱，仅有灰度区分而无色彩，右上角为透明，即无色，对象的某部分被设为透明色后将显示出下一层对象或面板背景的颜色。

第二行和第三行分别为柔和色谱和明亮色谱，建议分别用于界面控件和高亮提醒的着色。右下角的按钮单击后可弹出新的颜色调配对话框，用于精确设置用户所需要的颜色。

选择好前景色和背景色后，在“设置颜色”工具状态下，直接单击对象或对象的某部分即可完成着色。工具选板上的“获取颜色”工具可用来获取对象的前景色和背景色，在该工具状态下，直接单击需要获取的对象，获得的前景色和背景色将显示在着色工具的颜色方框内，可被用来设置其他对象的颜色。“获取颜色”工具和“设置颜色”工具通常配合使用来精确设置多个对象为相同的前景色和背景色。

（3）字体的修改方法

前面板和程序框图上的所有文本都可以进行颜色、大小和字体的修改，这些修改可以通过工具栏上的字体菜单进行。使用时，只需先选中需要更改字体的大小，然后单击工具栏上的字体设置下拉列表，从弹出的字体设置菜单中选择相应功能即可，如图 5-17 所示。

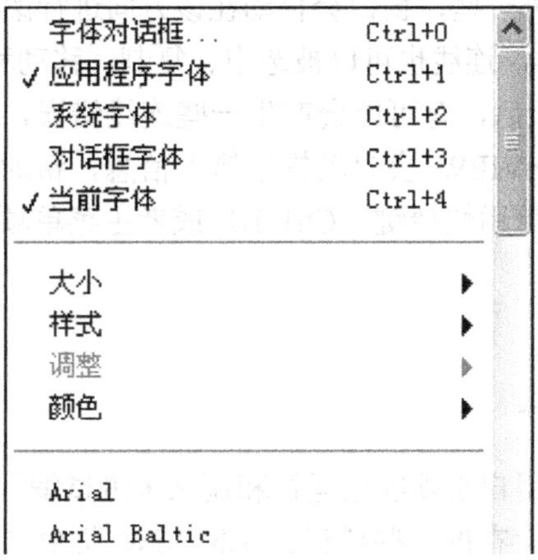

图 5-17 字体设置菜单

字体菜单中，当前字体的大小和名称显示在列表框中，第一个菜单项“字体对话框…”可用来通过对话框形式全面设置字体的各种属性。应用程序字体、系统字体和对话框字体为 LabVIEW 中预定义的字体，可用来保证在不同平台之间移植程序时字体尽量相似。大小、样式、调整、颜色等菜单项均含有下一级子菜单，可分别用以设置字体的大小、样式、对齐形式和颜色。最下方列出了本操作系统中所有已安装的字体，可供用户选择。

5.3.8 连线

LabVIEW 程序是以数据流形式组织的，每一个 VI 框图中的各个对象需要通过线段连接起来，以保证数据的正常流动。连线的基本方法是：单击源对象的源端口引出线段，然后连至目标对象的目标端口，再次单击即可完成连线。

连线方法比较简单，但需注意以下几点。

1）线段的颜色、粗细和样式代表了通过该线传递的数据类型，比如浮点数为橙色，标量为细实线，而一维数组较粗些，二维数组更粗，每增加一维数组，线就增粗一些，簇类型用花线表示，如图 5-18 所示。这些线的外观有助于用户直接判断数据类型，虽然在不同类型的变量之间连线时 LabVIEW 可以自动完成数据类型转换，但一般来说应尽量在同种数据类型之间传递数据，或者在不影响效率的情况下通过显式类型转换函数先进行类型转换再传递，这样更便于阅读，而且可以提醒避免数据溢出等可能的潜在错误。

图 5-18 簇的线型

2）连线时 LabVIEW 会自动根据周围的对象分布情况自动布线，会尽可能地利用空白区域分布，如果想手动布线，可以在引线状态下，用鼠标在需要转折处单击以产生一个拐点，该线就会从该拐点处继续引出，而拐点之前的线段会固定下来。

3）如果程序框图窗口未包含全部程序，需要连线至当前窗口外的对象，可以在引线状态下将鼠标稍稍放在窗口之外一些，窗口会自动在该方向进行滚动，展现剩余部分的代码。

4）与其他框图对象一样，连线也可以被选中、复制、移动和删除。

5）进行多次连线和删除后，有可能会产生一些连线错误，或者不完整的断线头，可以将鼠标放到连线错误处，LabVIEW 会自动提示错误信息，帮助用户改正。如果想一次清除所有断线和连接错误，可以使用快捷键〈Ctrl+B〉或者主菜单项中的“编辑”下的“删除断线”选项。

5.4 VI 的运行与调试

在程序编写完成之后，用户必须经过运行和调试来测试编写的程序是否能够产生预期的运行结果，从而找出程序中存在的一些错误。LabVIEW 提供了许多的工具来帮助用户完成程序的调试。

5.4.1 调试工具栏

程序框图工具栏中与调试有关的按钮如图 5-19 所示。

图 5-19 调试相关按钮

在前一章中已经详细介绍了各个按钮的功能，此处不再赘述。

5.4.2 高亮显示执行

LabVIEW 语言的一大特点就是数据流驱动，程序中每一个节点（包括函数、子 VI、结构等）只有在获得它的全部输入数据后才能够被执行，而且节点的输出只有当它的功能完全时才是有效的。

于是通过数据线互相连接节点，从而控制程序的执行次序，这也形成了多个同步运行的数据通道，而不像文本程序那样受到行顺序执行的约束。因此，数据流驱动模式使得 LabVIEW 应用程序的开发不仅更为简洁高效，更可以自然而有效地支持多线程并行运行。

使用工具栏上的高亮执行按钮可以切换 VI 是否以高亮方式运行，即是否显示数据流在框图中的流动过程。在该按钮变为的高亮执行方式下，VI 运行过程变得缓慢，并以流动的小圆点代替数据在线上的流动过程，这非常有助于编程者在调试时正确理解程序的执行过程。

【例 5-2】 汽车车速测量系统程序修正。

汽车车速测量系统的程序中，需要通过计速器获得车轮的转速，由于车轮的直径已知，通过计算可以得知行驶速度，再判断是否超速（以高于 150km/h 为准），最后以 LED 指示灯的亮或灭表示判断结果。

下面编写程序，操作步骤如下。

1）建立一个汽车车速测量系统，并运行查看是否存在错误。（编程过程在本节综合实例中详细讲解）。前面板如图 5-20 所示，程序框图如图 5-21 所示。运行程序后发现车速已经超过了 155km/h，但是指示灯并没有点亮，说明程序存在错误。

图 5-20　汽车速度测量前面板

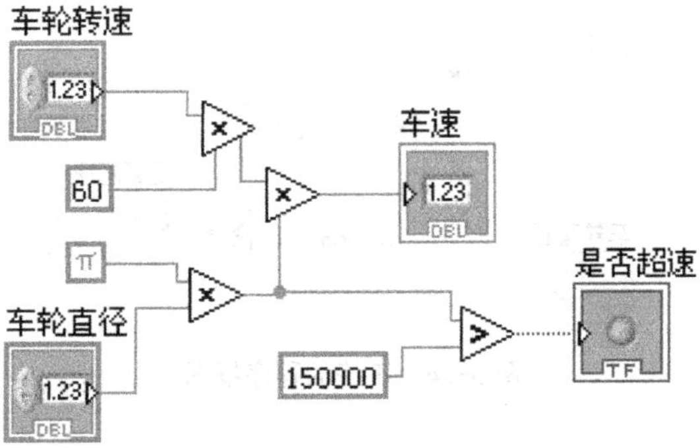

图 5-21　汽车速度测量程序框图

2）选择工具菜单的高亮执行查看程序的运行结果，如图 5-22 所示。

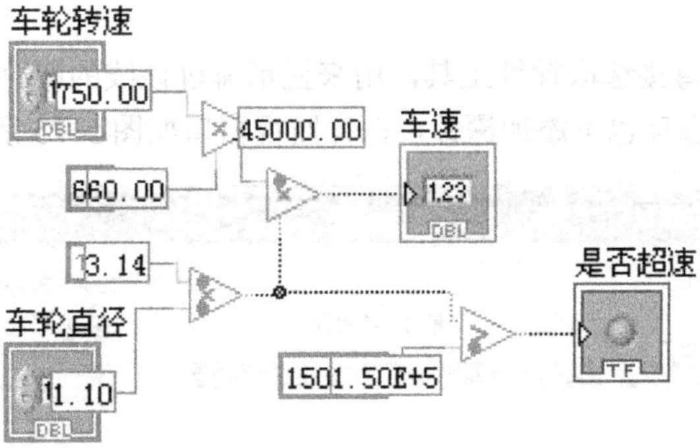

图 5-22　高亮执行方式运行

关闭该 VI 后重新打开，输入转速为 750r/min，高亮执行方式运行后，各个输入控件和常量立刻出现数值提示框，实时显示当前数据值，并且数据流以橙色小圆点表示，在线上流动。每一个节点的所有输入端都接收到有效数据流之后立刻开始执行，执行完后产生的输出数据再继续流向下一节点。

从图 5-22 中可以清楚地看到，右侧的逻辑判断代码中，是否超速的“与”输入端一侧与车轮的周长输出端相连，而未与车速输出端相连，导致程序错误。高亮执行方式帮助我们快速找出了程序错误。

3）改正方法：将逻辑判断部分的代码与车速输出端相连，从而可以正确判断车速是否超过限定值。再次运行程序，可以看到运行结果如图 5-23 所示。

图 5-23　改正后的程序运行结果

正确的程序框图如图 5-24 所示。

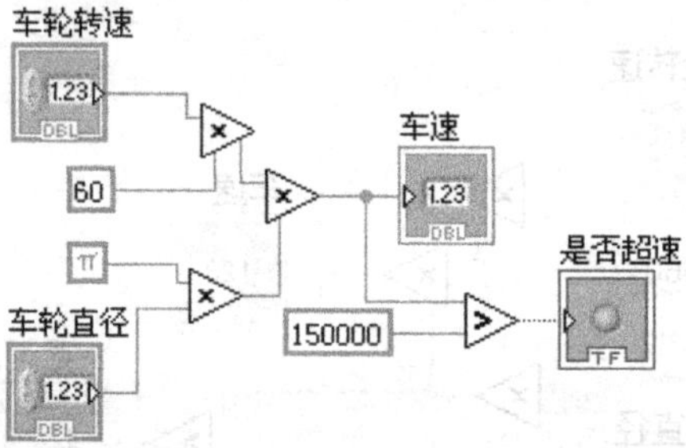

图 5-24　正确的程序框图

5.4.3　探针和断点诊断

除了高亮执行外，LabVIEW 还提供了“探针数据”和“设置/清除断点”工具，方便用户实时观察变量值和控制程序的执行。探针和断点工具均在工具选板上可以找到，具体内容见 2.4.3 节。

调试运行 VI 时，直接选取探针工具，用来显示流过该线的即时数据值，或者从鼠标右键菜单中选择“探针”选项也可添加探针，探针监视窗口如图 5-25 所示。

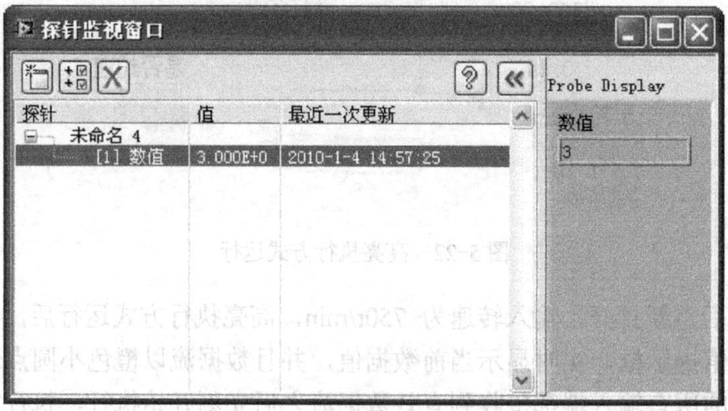

图 5-25　探针监视窗口

如果从鼠标右键菜单中选择“自定义探针”项则可以生成具有更多功能的自定义探针，自定义探针具有更复杂的数据探测和流程控制功能，比如特殊条件的断点功能以及波形图显示数据功能等。

【例 5-3】 使用探针观测数据流。

本例利用波形生成函数产生一个带噪声的正弦波，并利用不同的探针观察线路中的数据。

下面编写程序，操作步骤如下。

1）在程序框图中的函数面板上选择“编程→结构→While 循环”，在空白区域拖拽出一定区域，右击右下角循环条件的输入端，选择“创建输入控件”。

2）在“编程→波形→模拟波形→波形生成”中选择“仿真信号”函数，放置在 While 循环内，会弹出如下对话框，如图 5-26 所示。在对话框中勾选上“添加噪声”，单击确定。

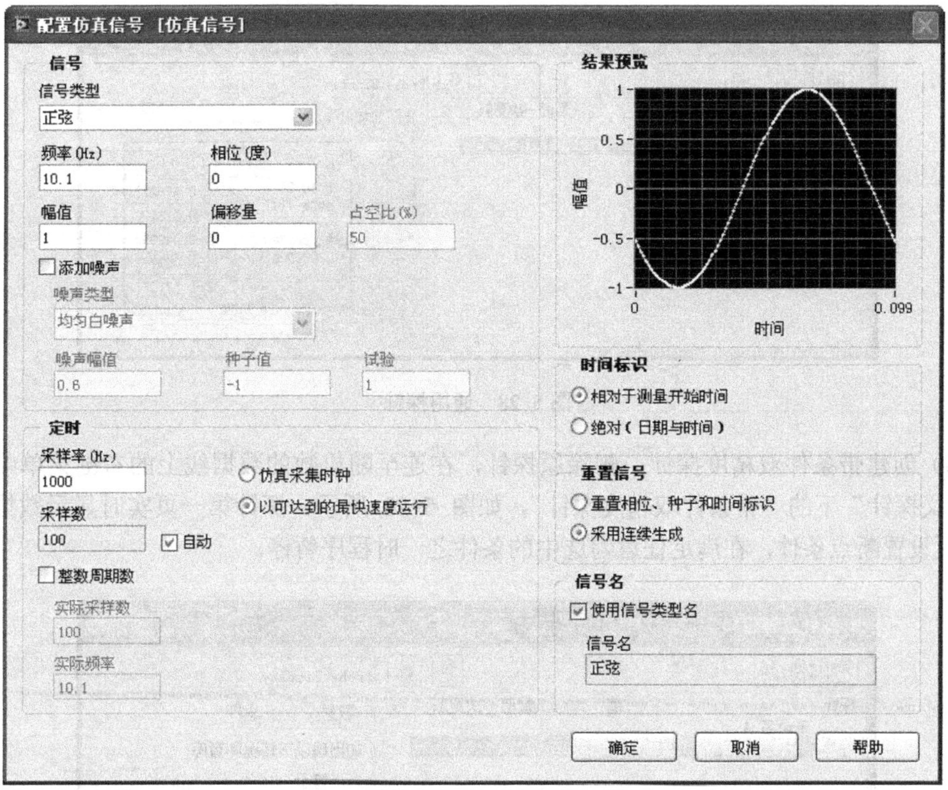

图 5-26 “配置仿真信号”对话框

3）进入前面板页面，在控件选板中选择“新式→图形→波形图”，放置在前面板适当位置。

4）在程序框图页面中，选择“编程→数值→随机数（0-1）”，将随机数连接至仿真信号的幅值输入端，并将仿真信号函数与波形图控件连接起来，如图 5-27 所示。

5）创建通用探针：在连至波形图的数据线上右击，选择“自定义探针”下的“通用探针”，如图 5-28 所示，通用探针只有显示数值的功能。

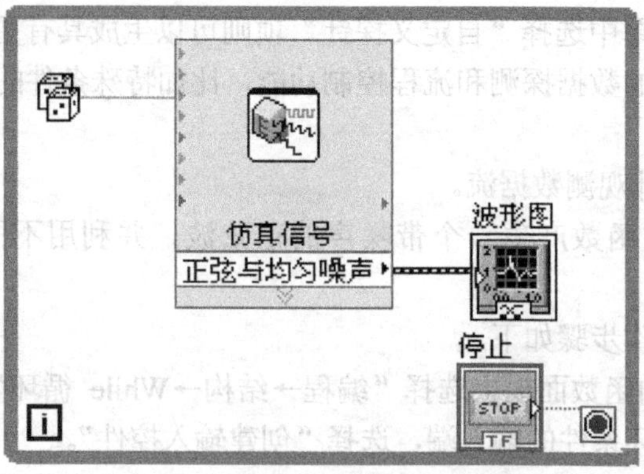

图 5-27　创建仿真信号显示流程图

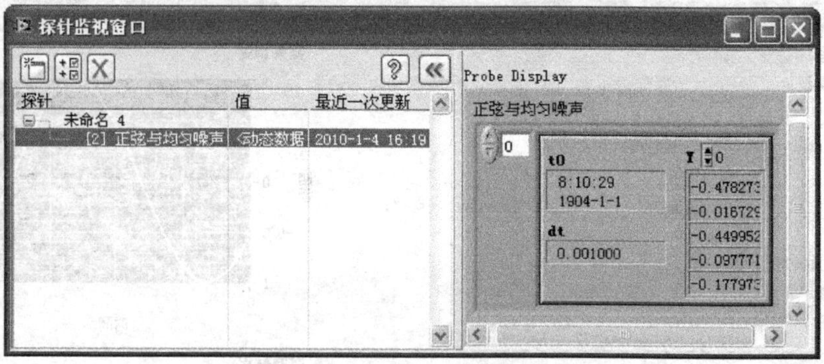

图 5-28　通用探针

6）创建带条件双精度探针：删除原探针，在连至随机数的数据线上的右键菜单中选择“自定义探针”下的“带条件双精度探针”，如图 5-29 所示，探针第一页实时显示数据值，第二页设置断点条件，在满足任意勾选中的条件之一时程序暂停。

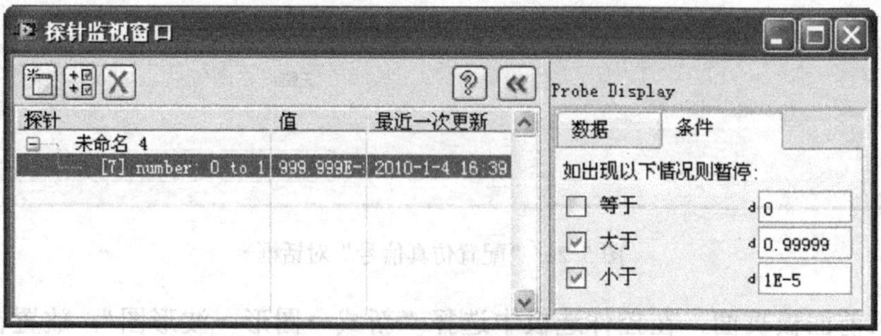

图 5-29　带条件双精度探针

7）创建控件型探针：删除原探针，在连至随机数的数据线上的右键菜单中选择“自定义探针”下的“控件→新式→图形→波形图表”，如图 5-30 所示。探针可以实时以图表的形式显示数据，适用于观察数据的实时趋势。

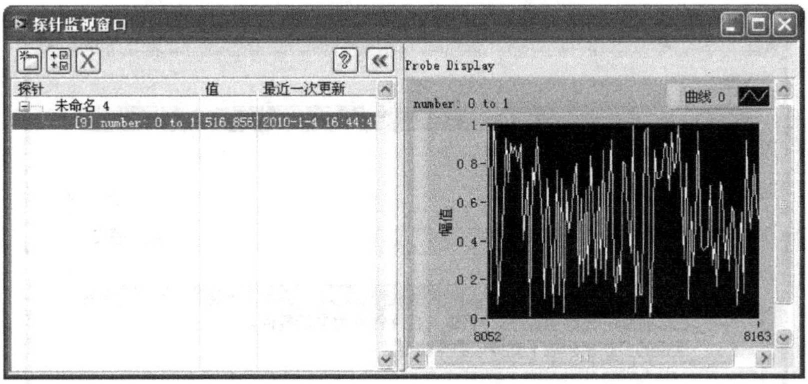

图 5-30　控件型自定义探针

本例中为了观察数据及信号分别创建了三种最常用的探针，实际上在自定义探针菜单项里还有更多其他形式灵活的自定义探针，适用于不同场合，读者可结合工程实际去体会。

程序调试过程中还经常将断点工具与探针工具配合使用，断点的创建方法为：调试运行 VI 前，从 VI 工具选板中选取断点工具，在数据线、节点或子 VI 上单击就可添加断点，或者从鼠标右键菜单中选择“设置断点”也可添加断点。

添加了断点的数据线上会出现一个红色圆点“—●—”，添加了断点的节点或子 VI 四周会出现红色实线，用来代表断点。需要清除断点时再次用断点工具单击该线，从鼠标右键菜单中选择“清除断点”即可。

程序运行后，数据流流至任一断点时，会暂停执行，并且下一待执行的函数、节点或子 VI 会不断闪烁以引起用户注意，用户可配合探针工具观察变量数据，或者使用单步调试工具逐步继续执行程序。

5.4.4　错误列表窗口的使用

程序错误一般分为两种，一种为程序编辑错误或编辑结果不符合语法，程序无法正常运行；另一种错误为语义和逻辑上的错误，或者是程序运行时某种外部条件得不到满足引起的运行错误，这种错误很难排除。

建立一个包含错误的 LabVIEW 程序，如图 5-31 所示，运行该程序会出现如图 5-32 所示的错误列表。

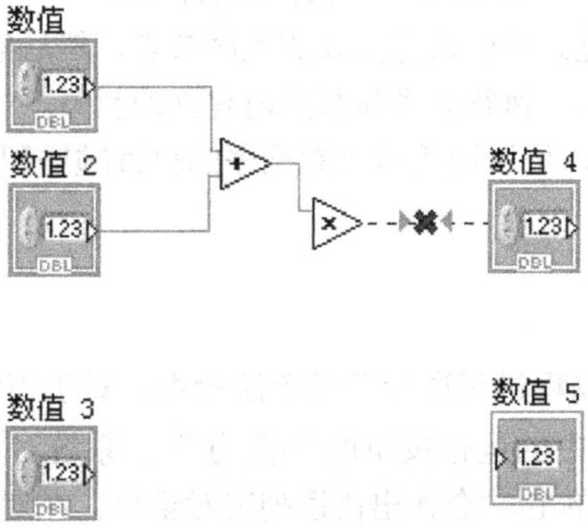

图 5-31　包含错误的程序框图

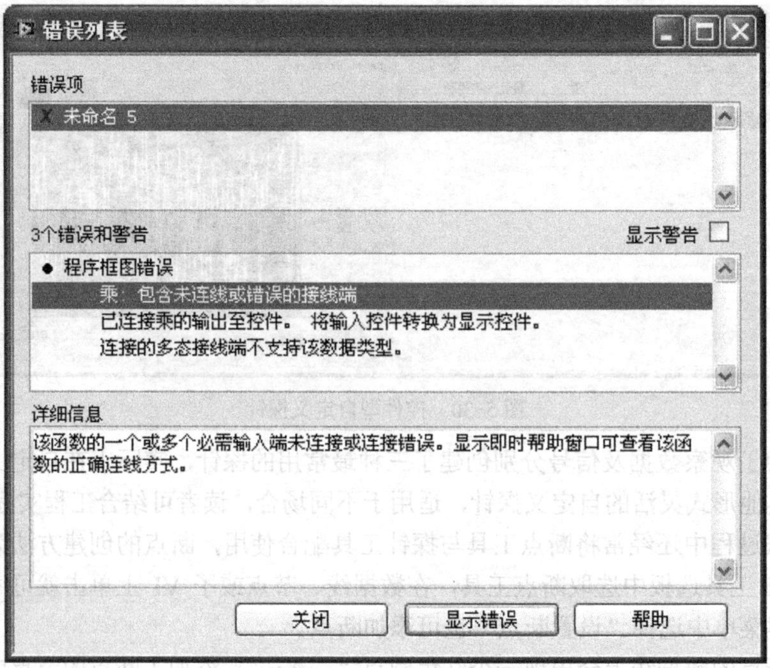

图 5-32　程序的错误列表

通过程序的错误列表，可以清楚地看到系统给用户的警告信息与错误提示。当运行 VI 时，警告信息让用户了解潜在的问题，但不会禁止程序的执行。如果想知道有哪些警告信息，用户可以选中图中的“显示警告”选项，这样，每当出现警告的时候，工具条上就会出现警告按钮。在编辑期间导致中断 VI 的最常见的错误有：存在断线头，数据类型不匹配和中断子 VI 等。

5.4.5　VI 的单步执行

如果想使程序逐个节点执行，可以采用单步执行。在单步执行时，可以查看全部代码的执行细节。单步执行方式有 3 种类型。

1）单击进入单步执行方式。打开一个要执行的程序节点并暂停。再次单击程序执行第一次动作，并在下一个子程序或程序结构执行前停止。

2）单击执行单步通过。首先执行打开的程序节点，然后停止在下一个节点处。

3）单击启动单步步出。执行完当前节点内容立即暂停。

通过使用单步执行方式，可以清楚地查看程序的执行顺序和数据的流动方向，进而检查程序逻辑的正确性。

5.4.6　VI 程序调试技巧

LabVIEW 可对用户的编程过程进行即时语法检查，对于不符合规则的连线或没有连接必须要连接的端子，工具栏中的运行按钮由变为。系统对于错误的准确定位，能够有效地提高调试程序的效率。单击会弹出错误列表对话框，在对话框中详细地列出了所有的错误 VI 程序，并在对话框的最下边对每个错误进行了详细描述及如何修改错误的一些建议。用户可以通过访问 LabVIEW 的帮助文件来了解有关该程序的相关问题，以便及时准确修改程序。

一般来说，上述的程序错误很多都是显而易见的，不改正程序的错误会直接导致程序无法运行。而在很多情况下，程序虽然可以运行，但是无法得出期望的结果。这种错误一般较难发现，对于这种错误，查找过程可以按以下步骤进行。

1）检查连线是否连接适当。可在某条连线上连续单击 3 次，将虚线显示与此连线相连的所有连线，以此来检查连线是否存在问题。

2）使用“帮助”下拉菜单中的“显示即时帮助”功能来动态显示鼠标所指向的函数或子程序的用法介绍以及各端口的定义，然后对比当前的连线检查连线的正确性。

3）检查某些函数或子程序的端口默认值，尤其是当函数或子程序的端口类型是可选型的时候，因为如果不连接端口，则程序在运行时将使用默认值作为输入参数来进行传递。

4）选择“查看”下拉菜单中的“VI 层次结构”，通过查看程序的层次结构来发现是否有未连接的子程序。因为有未连线的函数时，运行程序图标会变为，所以能很容易找到。

5）通过使用高亮执行方式、单步执行方式以及设置断点等手段来检查程序是否是按预定要求运行。

6）通过使用探针工具来获取连线上的即时数以及检查函数或子程序的输出是否存在错误。

7）检查函数或子程序输出的数据是否是有意义的数据。在 LabVIEW 中，有两种数据是没有意义的：一种是 NaN，表示非数字，一般是由于无效的数字运算得到的；一种是 InF，表示无穷大，一般是由运算产生的浮点数。

8）检查控件和指示器的数据是否有溢出。因为 LabVIEW 不提供数据溢出警告，所以在进行数据转换时存在丢失数据的危险。

9）当 For 循环的循环次数为 0 时，需要注意此时将会产生一个空数组，当调用该空数组时需要事先作特殊的处理。

10）检查簇成员的顺序是否与目标端口一致。LabVIEW 在编辑状态下能够检查数据类型和簇的大小是否匹配，但是不能检查相同数据类型的成员是否匹配。

11）检查是否有未连线的 VI 子程序。

5.5 综合实例：汽车测速系统设计

随着我国经济的飞速发展，我国的汽车拥有量越来越大。超速行驶是造成大部分交通事故的元凶。所以本节将设计一汽车测速系统，该系统可实时显示汽车速度，并且超过限定速度后会报警。

【例 5-4】 汽车速度的测量。

本实例的目的是综合运用本章的知识，设计汽车速度测量系统，并根据某型汽车的已知信息计算出实际行驶速度，同时判断是否超过限定速度（150km/h），当超过限定速度时将自动报警。

下面编写程序，进行系统设计。操作步骤如下。

1）首先，创建一个新的 VI。在程序框图界面的函数选板中选择“编程→数值”中的

"乘"函数，放置于程序框图中并复制一个。

2）在函数选板"编程→数值→数学与科学常量"中选择"Pi"，与其中一个"乘"相连，在"乘"的另一个输入端右击，选择"创建输入控件"，并命名为"车轮直径"，设置为1.2。（圆的周长计算为Pi*D）

3）在函数选板中选择"编程→数值→除"，在除函数的上一输入端右击选择"创建输入控件"，并命名为"车轮转速"，设置为700，在另以输入端右击选择"创建常量"，输入数值60。（车轮转速一般为r/min，除以60转化为r/s）

4）上两步的输出连接到第二个"乘"的两个输入端，在其输出端右击选择"创建显示控件"，命名为"车速"。

5）在函数选板"编程→比较"中选择"大于"函数，将"车速"输出连入"大于"的输入端。先将150乘以1000再除以3600，输出端连入"大于"的另一个输入端。（将km/h换算为m/s）

6）在前面板中选择"新式→布尔"中的"圆形指示灯"放置于前面板，并命名为"是否超速"。选择"查看"下拉菜单的"工具选板"，在"是否超速"亮时单击"工具选板→设置颜色"，然后在"是否超速"上右击选择红色。（报警灯为红色）

7）在控件选板中选择"新式→修饰→平面圆形"，并复制两个放置于前面板。将"车轮直径"、"车轮转速"以及"车速"放入圆形中，并单击工具栏的"重新排列"按钮的"移至前面"，将三个数值放在前台显示。

8）在"修饰"子选板中选择"上凸盒"，放置于前面板，并将上一步创建的三个控件放入"上凸盒"中。选定"车轮直径""车轮转速""车速"和"是否超速"，单击"重新排列"按钮下的"移至前面"，将数值前端显示。在工具选板中选择"设置颜色"，在"上凸盒"上右击选择较柔和的颜色。同样设置"平面圆形"的颜色，如图5-34所示。

9）在程序框图中将"是否超速"控件与"大于"的输出端相连，如图5-33所示。

10）运行程序，查看运行结果。

例程程序框图如图5-33所示。

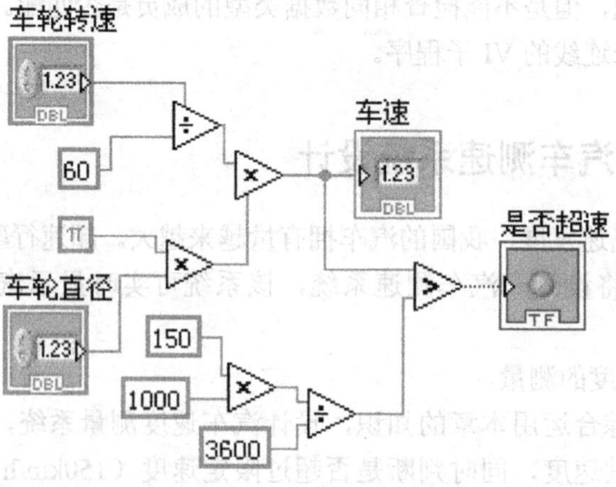

图5-33　汽车测速系统程序框图

汽车测速系统的前面板如图5-34所示。

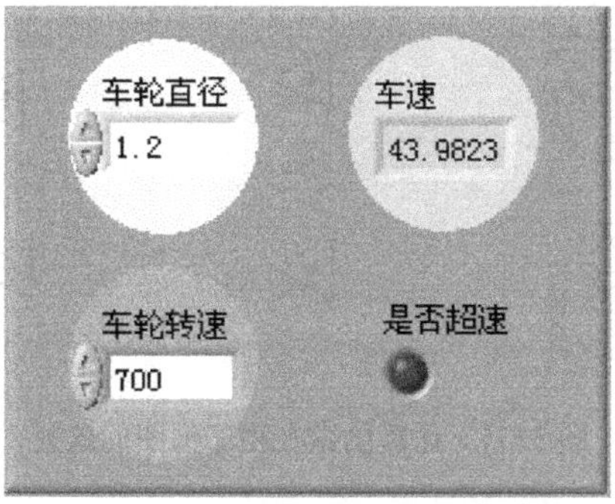

图 5-34　汽车测速系统的前面板

5.6　习题

1）新建一个 VI，任意创建几个不同类型的控件，并分别改变其颜色、大小、名称、文本字体等，并将其垂直等间隔分布。

2）创建一个子 VI，实现余弦定理的功能，即由输入三角形的三条边长求该三角形的三个角的余弦值。（要求控件及框图排列整齐美观）

3）在前面板中创建一个温度计控件，并将水银球颜色改为绿色，将刻度值区域改为红色。

4）编写一个小程序，要求计算两个数值的几何平均值和算术平均值，分别用普通模式和高亮模式执行，观察数据流流向，并添加必要的探针和断点，观察程序运行过程中数据的变化。

5）编写一个程序计算一元二次方程 $ax^2+bx+c=0$ 的两实根。（注意可能出现的逻辑错误）

5.7　上机实验

上机目的： 熟悉 LabVIEW 中前面板以及程序框图的使用。

上机内容： 创建一个 VI 程序，该 VI 实现的功能为：求解两个数值的算术平均值和几何平均值。

实现步骤：

1）创建一个 VI，在前面板窗口的控件选板中，选择“新式→数值→数值输入”控件，添加两个数值输入控件，双击标签名，分别命名为“输入 x”和“输入 y”。

2）在程序框图窗口中，在“编程→数值”子选板中分别选择加、乘、除、平方根函数，放置于程序框图中，如图 5-35 所示。

3）将“输入 x”连接至“加”的一端，“输入 y”连接至“加”的另一输入端。同样，“乘”的输入端也为“输入 x”和“输入 y”。

4）将“加”的输出端连接至“除”的上端输入端，在下端输入端右击选择“创建常量”，输入数值 2，在“除”的输出端右击选择“创建显示控件”，并命名为“算术平均值”。

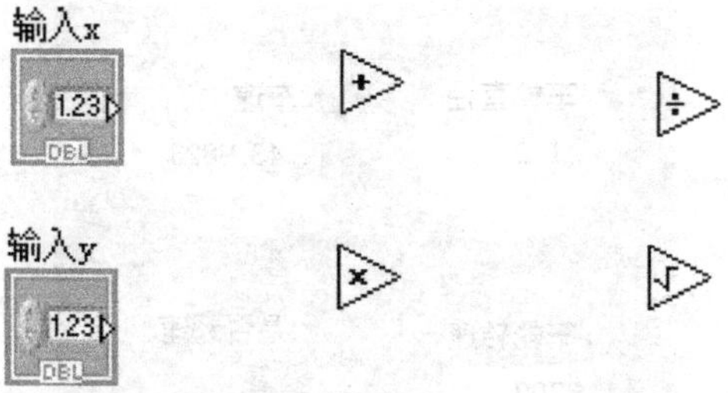

图 5-35　运算函数在程序框图的放置

5）在函数选板中选择“编程→比较→选择”函数，将“乘”的输出端连接至“选择”函数的上端输入端，在下端输出端右击选择“创建常量”，设置数值为 0。

6）将“选择”函数的输出端连接至“平方根”的输入端，在输出端右击选择“创建显示控件”，并命名为“几何平均值”。

7）在函数选板中选择“编程→比较→大于等于”函数，将“乘”的输出端连接到“大于等于”函数的上端输入端，另一输入端连接至 0。将“大于等于”函数的输出端连接到“选择”函数中间的输入端。

8）运行程序，查看运行结果。

本例程序流程图如图 5-36 所示，运行结果如图 5-37 所示。

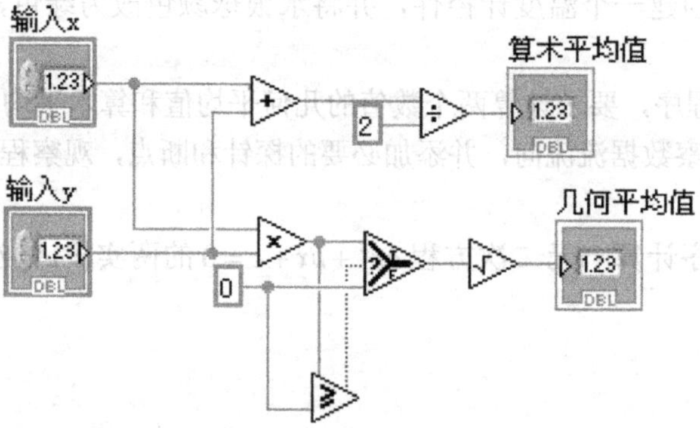

图 5-36　完整的程序框图

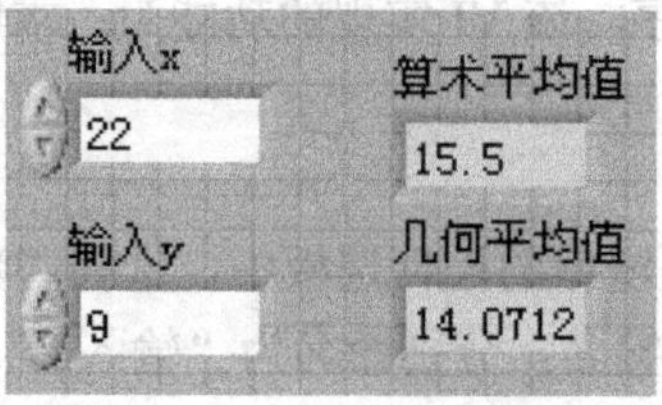

图 5-37　运行结果

第 6 章　LabVIEW 程序结构设计

程序的流程控件是程序设计的一项重要内容，直接关系到程序的质量和执行效率。对于 LabVIEW 这种基于图形方式和数据流驱动的语言，程序流程显得更为重要。其中结构是程序流程控制的节点和重要因素，在 LabVIEW 中，结构控制函数在代码窗口中是一个大小可调的方框，方框内编写了该结构控制的图形代码，不同结构间可以通过连线交换数据。

本章系统介绍了 LabVIEW 的 6 种基本结构：循环结构、条件结构、事件结构、顺序结构、公式节点及反馈节点，同时也介绍了定时结构、使能结构与变量的使用方法，它们位于“函数→编程→结构”子选板中，如图 6-1 所示。

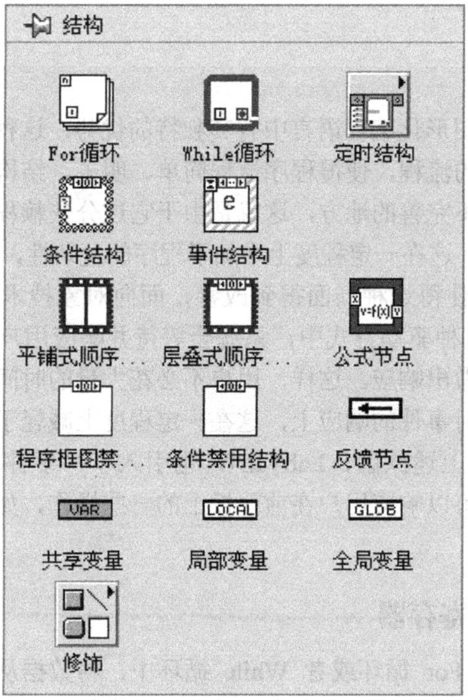

图 6-1　LabVIEW 函数选板中的结构子选板

6.1　LabVIEW 循环与结构的基本概念

6.1.1　循环结构

LabVIEW 的循环结构主要包括：For 循环、While 循环和定时循环。前两种循环结构的功能基本相同，但使用方法上有一些差别：For 循环必须指定循环的次数，到指定循环次数后自动退出循环；而 While 循环则不用指定循环的次数，只需要指定循环退出的条件，如果条件成立，则退出循环。定时循环是从 LabVIEW 7.1 开始新增的一种循环结构，这种结构能比较精确地控制循环的运行时间。

6.1.2 条件结构

条件结构相当于 C 语言中的“分支结构”，类似于 C 语言中的 Case 语句，在 LabVIEW 中，这种结构包含多个图形代码框，每个代码框中都有一段程序代码，对应一种情况或条件，程序根据条件选择一个代码框中的程序代码执行。

6.1.3 顺序结构

结构化的文本语言，如 C 语言，是按照代码的先后顺序编译、执行的，而基于图形方式、以数据流驱动的 LabVIEW 则不同。在 LabVIEW 中，只要某一个数据节点所需输入数据都已到位，则这个节点即开始执行，如果需要某一节点一定要在另一个节点后面执行，则可以用顺序结构来实现。

6.1.4 事件结构

数据流驱动的方式在图形化编程语言中有其独特的优势，这种方式可以形象地表现出图标之间的相互关系及程序的流程，使得程序流程简单、明了，结构化特征很强。但是数据流驱动的方式也有其缺陷和不完善的地方，这就是由于它过分依赖程序的流程，使得很多代码用在了对其流程的控制上，这在一定程度上增加了程序的复杂性，降低了其可读性。

面向对象技术的诞生使得这种局面得到改善，面向对象技术引入的一个重要概念就是“事件驱动”的方式，在这种驱动方式中，系统会等待并响应用户或其他触发事件的对象发出的消息，并对这种消息做出响应。这样，用户不必花大量的时间在研究数据的流向上，而可以把主要精力花在编写对事件的响应上，这在一定程度上减轻了用户编写代码进行程序流程控制的负担。正是基于上述原因，LabVIEW 也引入了“事件驱动”的机制——事件结构。利用事件结构，程序可以响应用户在前面板上的一些操作，如单击某个按钮、改变窗体大小、退出程序等。

6.1.5 反馈节点与移位寄存器

反馈节点的功能是在 For 循环或者 While 循环中，将数据从一次循环传递到下一次循环，从这一点上来讲，反馈节点和移位寄存器的功能非常相近，因而，在循环结构中，这两种对象可以互相替代使用。要注意的是，它们只能在 For 循环和 While 循环中使用。

6.1.6 使能结构

使能结构的主要作用是禁止程序中的部分代码执行，这在调试程序时很有用，在 LabVIEW 2015 中主要有两种使能结构：程序框图禁用结构和条件禁用结构。程序框图禁用结构用于禁用一部分程序框图，如果用户需要禁用程序框图上某部分代码时，则可使用条件禁用结构，将要禁用的节点放置在程序框图禁用结构中。条件禁用结构包括一个或多个子程序框图，LabVIEW 在执行时根据子程序框图的条件配置只禁用其中的一个子程序框图，如果用户需要根据定义的条件而禁用程序框图上某部分的代码时，可以使用该结构。

6.1.7 变量

变量是用来传递数据的，LabVIEW 的变量可以分为三类：局部变量、全局变量和共享变量。创建局部变量时，该对象的局部变量的图标将出现在程序框图上，写入一个局部变量相当于将数据传递给其他接线端，但是，局部变量还可向输入控件写入数据和从显示控件读取数据，事实上，通过局部变量，前面板对象既可作为输入访问也可作为输出访问，局部变量只能在同一个 VI 中传递数据。创建全局变量时，LabVIEW 将自动创建有前面板但无程序框图的特殊全局 VI，全局变量可在多个 VI 之间访问和传递数据。对于共享变量，只有在 Windows、RT 终端和特定的 PDA 终端上才可以创建、配置和使用，通过DataSocket VI 和函数可读取或写入其他平台上的共享变量，即共享变量可以在不同的平台、不同的程序之间传递数据。

6.2 For 循环

6.2.1 For 循环的建立

For 循环位于“函数→编程→结构”子选板中，它包含两个端口：循环次数（输入端口）和循环计数（输出端口），如图 6-2 所示。

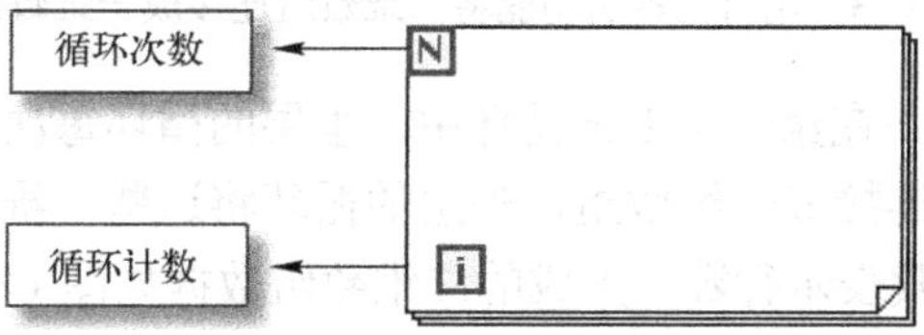

图 6-2 For 循环结构图

循环次数端口 N 用于指定框图代码的执行次数，它是一个输入端口，除非应用了自动索引功能，否则必须输入一个整型数，当连接一个浮点数时，LabVIEW 会自动对它按“四舍五入”的原则进行强制转换。

循环计数端口是一个输出端口，它记录着当前的循环次数，要注意的是，它是从 0 开始的，框图内的子程序每执行一次，i 的值就自动加 1，直到N-1，程序自动跳出循环。

> 注意：循环次数和循环计数端口的数值范围为 $0\sim2^{31}-1$ 的长整型数，如果给 N 的赋值为 0，则程序一次也不执行。

建立 For 循环的方法是：在函数面板上选择 For 循环的图标，然后在程序框图上所有需要在循环内的对象的左上角单击，按住鼠标往下拖动，直到把所有需要在循环内执行的对象包含在内。另外，也可以先拖动鼠标在程序框图上画出 For 循环的框图，再向其中添加代码。

6.2.2 For 循环的自动索引

LabVIEW 的 For 循环最大的特点就是它使用了自动索引功能。如果我们不知道一个数组的元素个数，只关心怎样取出它的各个元素来进行处理，或者是要把每次循环后的单个元素进行累加输出，这时候自动索引功能就显得非常有用，下面是一个自动索引的典型应用案例，将二维数组连接成一维数组，如图 6-3 所示。

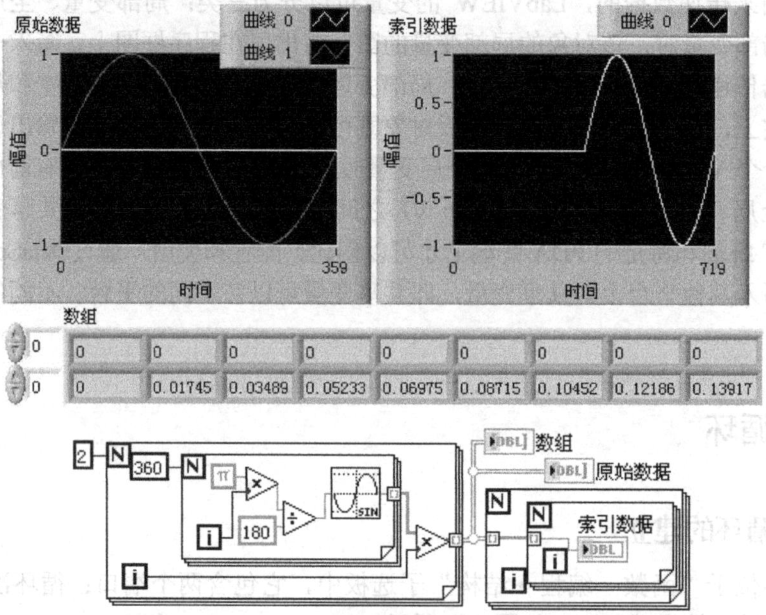

图 6-3 用自动索引功能将二维数组连接成一维数组

从图 6-3 中可以看出，在第一个 For 循环中，里层的循环每次产生 360 个数据点，这些数据点经过自动索引之后连接成一维数组，外层的循环将这些一维数组组成二维数组，数据按行存放，外层的循环次数表示行数。形成的二维数组数据如图 6-3 中“数组”所示，波形如图 6-3 中“原始数据”所示，它显示的是两个波形。

在第二个 For 循环中，外层的循环将数组按行进行索引，第一个循环索引第一行，以此类推，里层的循环将一维数组索引成单个的数据，从第 0 个开始，数据波形如图 6-3 中“索引数据”所示，它将两个波形连接成一个波形进行显示。

将一个数组拉到 For 循环的边框时，默认是可以使用自动索引功能的，此时通道的图标是白色空心的，如果要取消自动索引功能，只要在索引通道上右击，选择“禁用索引”即可，这里通道的图标变成实心框。输入通道使用自动索引功能后，二维数组可以被索引成一维数组，一维数组可以被索引成单个的数据；输出通道使用自动索引功能后，正好与输入通道相反。

6.2.3 移位寄存器

如果程序后一次的运行需要用到前一次的值，则可以使用移位寄存器，它实际上是 For 循环和 While 循环独有的局部变量。

1．移位寄存器的创建

在循环体的边框上右击，在弹出的菜单中选择“添加移位寄存器”即可完成移位寄存器的创建，这时，在循环体的两个竖边框上会出现两个相对的端口，它们的颜色是“黑色”，只有将它连接到相应的数据端时，才会显示相应的数据类型的颜色。其中，右侧的端口用来存放本次循环的结果，左侧的端口存放上次循环的结果。

移位寄存器的左右端口可以成对出现，也可以“一对多”，在“一对多”的情况中要特别注意的是，只能是右侧的“一个端口”对应左侧的“多个端口”，而不能反向。添加“一对多”端口时，在对应的端口上右击，选择“添加元素”。两种情况下的移位寄存器如图 6-4 所示。

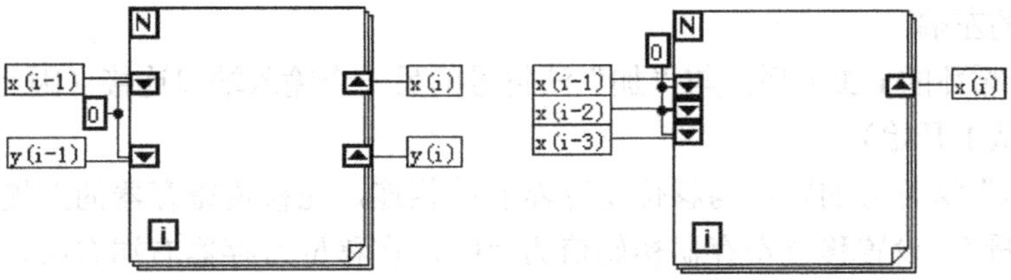

图 6-4　移位寄存器

2．移位寄存器初始化

移位寄存器可以存储的数据类型有数值型、布尔型、数组、字符串型等，给移位寄存器赋初值称为“显式初始化”，LabVIEW 支持移位寄存器“非初始化”，当首次执行时，程序自动给寄存器赋初值 0，对于布尔型的数据，则为“False”，后一次程序执行时就调用前一次的值，只要 VI 不退出，寄存器就一直保持前一次的值。

图 6-5 所示为“显式初始化”和“非初始化”两种情况下程序运行的结构，从程序的运行结果可以明显地看出两者的差异，如果用户每次都需要获得同样的运算结果，则需要进行“显式初始化”。

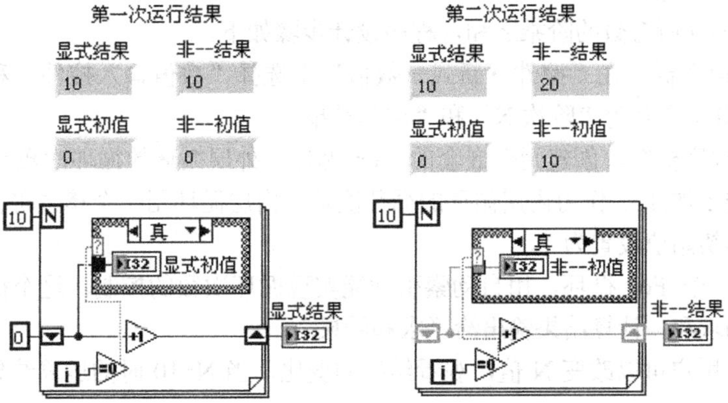

图 6-5　不同初始化方式运行结果

📖 注意：“非初始化”方式容易引起结果混乱，严重时可能导致程序崩溃，建议读者选择“显式初始化”。

6.2.4 For 循环应用举例

【例 6-1】 计算 $\sum_{x=1}^{100} x$。

该例是求前 100 个自然数的和，创建程序的步骤如下。

1）建立 For 循环体：切换到程序框图，从“函数→编程→结构”选择“For 循环.vi”，按住鼠标左键，拖动鼠标在程序框图上画一个合适的区域。

2）设置循环次数：在循环体的 N 端右击，选择“创建→常量”，默认值为“0”，双击“0”，改成“100”。

3）添加移位寄存器：在 For 循环结构体的边框上右击，选择“添加移位寄存器”。

4）从“函数→编程→数值”选择“加”法符号放置到循环体中，将其中一个输入连接到移位寄存器的左端。

5）将 For 循环的 i 加 1 后，与“加”法符号的另一个输入端口连接（因为 i 从 0 开始，题目计算要求从 1 开始）。

6）将“加”法符号的输出与移位寄存器右端相连，在移位寄存器的左侧端口右击，选择“创建→常量”，设置移位寄存器初始值为“0”，在移位寄存器右端右击，选择“创建→显示控件”，修改标签为“和”。

运行程序，计算结果和程序框图如图 6-6 所示。

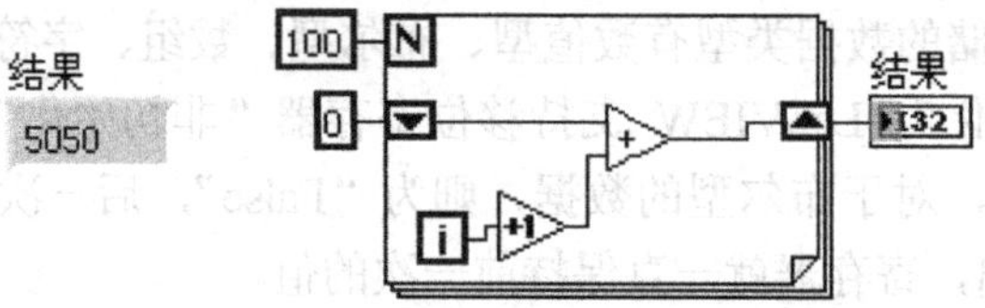

图 6-6　用 For 循环实现前 100 个自然数求和

【例 6-2】 计算$\sum_{x=1}^{n} x!$。

该例是求 1～n 所有数的阶乘之和，程序设计步骤如下。

1）切换到前面板，在“控件→新式→数值”中选择“数值输入控件”和“数值显示控件”，修改标签分别命名为“阶次 N”和“求和结果”。

2）切换到程序框图，创建两个嵌套的 For 循环，外层循环的循环次数和“阶次 N”连接，外层循环的 i 加 1 后作为内层循环的循环次数，内层循环用一个移位寄存器实现阶乘运算，移位寄存器初始值设置为 1。

3）再创建一个 For 循环，用自动索引功能实现循环次数的控制，这个循环的作用是实现对各个阶乘的求和，计算结果输出给“求和结果”。

运行程序，用户可以改变 N 值，观看结果的变化，当 N=10 时的运算结果和程序框图如图 6-7 所示。

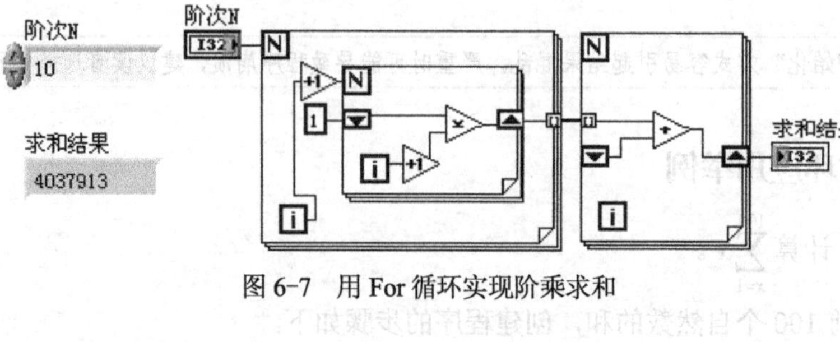

图 6-7　用 For 循环实现阶乘求和

6.3 While 循环

While 循环重复执行循环体内的代码，直到满足某种条件为止，它相当于传统文本编程语言中的 Do Loop 或 Repeat-Until 循环。

6.3.1 While 循环的建立

While 循环位于“函数→编程→结构”子选板中，它的建立和 For 循环类似，可以先在程序框图上按住鼠标键，拖动形成一个框，然后在框内编写代码，也可以先写代码，然后将要循环执行的代码用 While 循环框起来。和 For 循环不同的是，它事先不知道循环次数，只有循环条件，当条件满足时就执行循环体内的代码。While 包含两个端口：条件接线端（输入端口）和循环计数端（输出端口），如图 6-8 所示。

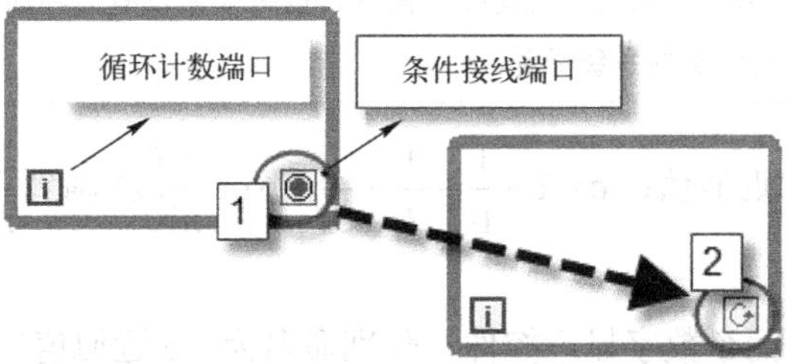

图 6-8 While 循环

While 循环的条件输入端口是一个布尔型的量，默认情况下，是当条件满足时循环停止，如图 6-8 中“1”所示，用户也可以将它设置成当条件满足时循环，如图 6-8 中“2”所示，具体方法为：单击循环控制端口。

While 循环也可以用移位寄存器，它的创建与用法与在 For 循环中相似，这里不再赘述。同样，在 While 循环中也有自动索引功能，不同之处在于：For 循环中的自动索引功能默认情况下是打开的，而在 While 循环中，默认情况下是禁止的。如果用户要启用自动索引功能，可用鼠标右击索引通道，选择“启用索引”。

注意：当 While 循环开始执行后，外部数据就无法传递到循环体内，所以循环的控制条件一定要放置在循环体内，否则会造成死循环。

6.3.2 While 循环应用举例

【例 6-3】 While 循环基本应用。

在本例中，用波形图表显示随机数，当用户单击“停止”按钮时停止程序。创建程序的步骤如下。

1）切换到前面板，在“控件→新式→布尔”中选择“停止”按钮控件，在“控件→新式→图形”中选择“波形图表”控件。

2）切换到程序框图，创建一个 While 循环，条件输入端与“停止”按钮连接。

3）从“函数→编程→数值”中选择“随机数（0-1）”，放置到循环体中，与“波形图表”连接。

4）从“函数→编程→定时”中选择“等待(ms).vi”，放置到循环体中，设置循环间隔为100ms。

程序运行结果和程序框图如图6-9所示。

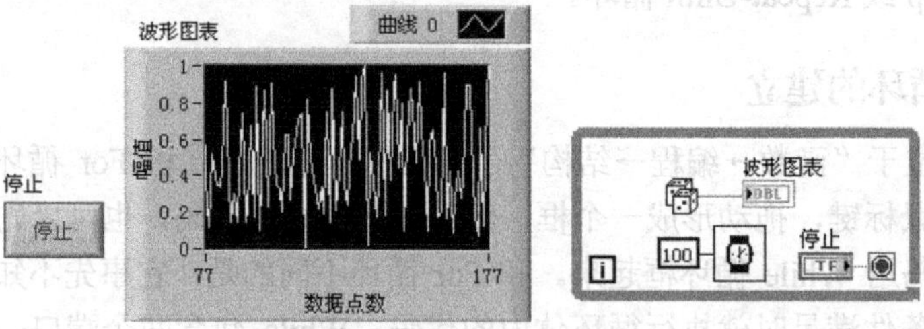

图6-9 While循环基本应用

> 注意：使用While循环时，建议用户设定循环间隔，因为如果没有循环间隔的话，While循环是“全速”运行的，这样会占用过多的系统资源。

【例6-4】 计算e的近似值：$e \approx 1+\frac{1}{1!}+\frac{1}{2!}+\frac{1}{3!}+\cdots+\frac{1}{n!}\left(\text{精确到}\frac{1}{n!}<10^{-5}\text{为止}\right)$。

创建程序的步骤如下。

1）在前面板上放置两个数字显示控件，分别命名为“e近似值”和“临界阶次N”。

2）切换到程序框图，创建一个While循环，在它内部创建一个For循环，将While循环的i加1后作为For循环的循环次数，给For循环添加移位寄存器，初始化为1（For循环的功能是计算各个数的阶乘）。

3）计算各个数阶乘的倒数，“倒数.vi”在“函数→编程→数值”中。

4）在“函数→编程→比较”中选择“小于？.vi”，将各个数阶乘的倒数与“1E-5”比较，输出值作为While循环的条件输入。

5）创建一个For循环，对各个数阶乘的倒数求和，结果输出给“e近似值”（启用While循环和For循环的索引功能）。

6）将“临界阶次N”与For循环的循环次数连接（注意“临界阶次N”放置在While循环体外，禁用While循环的索引功能）。

运行程序，计算结果和程序框图如图6-10所示。

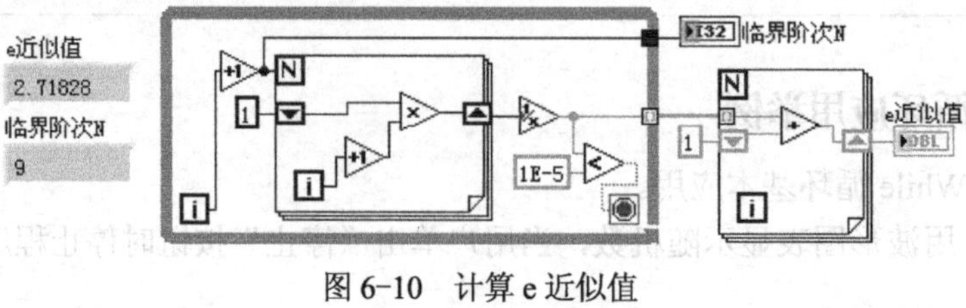

图6-10 计算e近似值

6.4 顺序结构

LabVIEW最大的特点就是数据流驱动，所以程序不一定按图形代码的先后顺序执行，这是和传统的文本编程语言最大的不同，如果用户一定要指定某段代码的先后执行顺序，则可以用顺序结构来实现。LabVIEW 中的顺序结构有两种形式：平铺式顺序结构和层叠式顺序结构。它们的功能是相同的，只是形式不同，层叠式可以节省更多的空间，让整个程序代码看上去更加整齐。

6.4.1 顺序结构的建立

1. 平铺式顺序结构

从"函数→编程→结构"中选择"平铺式顺序结构.vi"，在程序框图上拖动鼠标即可建立顺序结构，如图 6-11 所示。

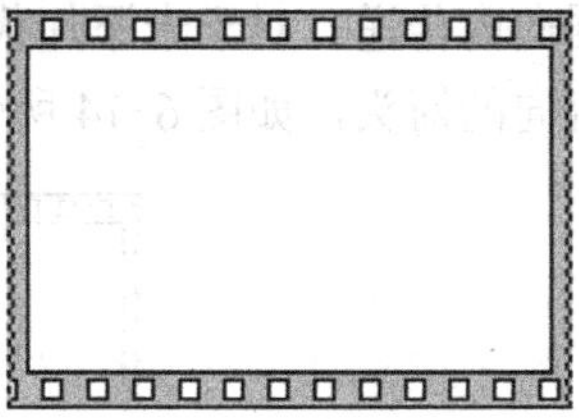

图 6-11 平铺式顺序结构

图 6-11 所示为平铺式顺序结构的一个帧，顺序结构中的代码是按帧执行的，同一个帧的代码执行不分先后，用户可在代码框上右击，选择"在后面添加帧"或"在前面添加帧"，如图 6-12 所示，这样，程序在执行时就按从前往后的顺序一帧一帧往下进行，如果在某一帧中要向外传递数据，则要等到这个帧里所有的代码都执行完毕后才能实现。

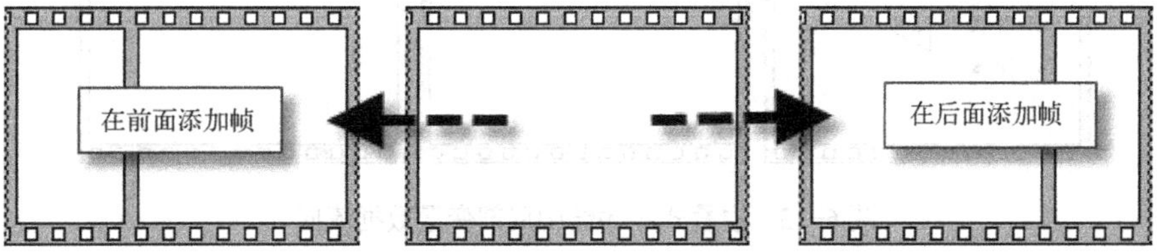

图 6-12 平铺式顺序结构帧添加

2. 层叠式顺序结构

层叠式顺序结构的建立方法和帧添加的方法与平铺式顺序结构相同，只是展现在用户面前的形式不同，对于层叠式顺序结构，用户只能看到一个帧，其他帧是层叠起来的，如图 6-13 所示，代码按"0、1、2…"的帧结构顺序执行，顺序框图上方显示的是当前帧的序号和总的帧数，例如"0[0..2]"表示这个程序共有 3 帧，当前为第 1 帧。

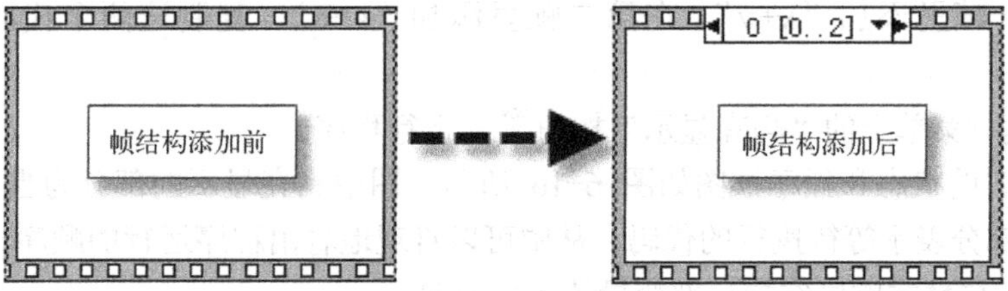

图 6-13 层叠式顺序结构

6.4.2 层叠式顺序结构的局部变量

对于平铺式的顺序结构，前后帧的数据可以通过数据连线直接传递，而对于层叠式的顺序结构，则要借助局部变量实现前后帧数据的传递。

创建层叠式顺序结构的局部变量的方法是在顺序结构的边框上右击，选择“添加顺序局部变量”，这样，在每一帧的对应位置会出现一个方框。对于添加代码的顺序结构框体，添加局部变量后，方框中有一个前头，如果箭头朝外，则表示数据向外传递，反之，则表示数据向内传递。对于未添加代码的顺序结构框体，添加代码后只是出现方框，而没有表示数据流向的箭头，如图 6-14 所示。

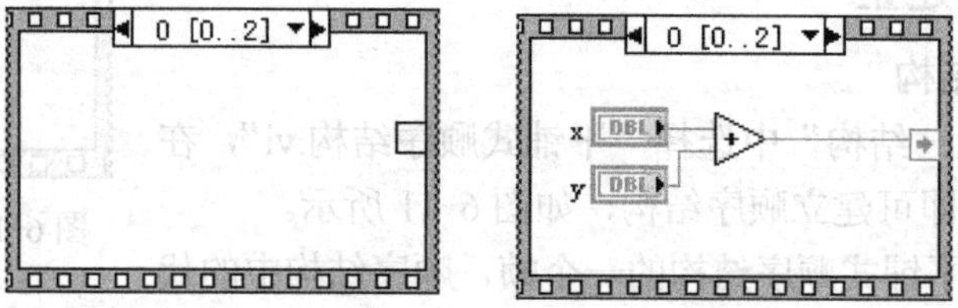

图 6-14　有无代码的层叠式顺序结构添加局部变量后的对比

在顺序结构中，数据只能从编号小的帧向编号大的帧传递，而不能反向，如图 6-15 所示。

图 6-15　层叠式顺序结构局部变量数据流向

6.4.3　顺序结构应用举例

【例 6-5】 查看顺序结构代码的执行顺序。

本例的目的就是查看顺序结构中代码的执行顺序，加深对顺序结构功能的理解，按如下步骤创建程序。

1）切换到程序框图，创建一个平铺式顺序结构，在结构体边框上右击，选择“在后面添加帧”。

2）在第一帧里添加“x+y”，在第二帧里添加“a+b”，复制这两个代码到顺序结构体外。

3）单击运行菜单上的“高亮显示”按钮，运行程序。

程序运行时的状态和程序框图如图 6-16 所示。图中高亮显示的部分为当前正在运行的代码，未高亮部分表示等待执行的代码，从中可以直观地看出程序运行的顺序。

【例 6-6】 层叠式顺序结构局部变量的数据流向。

本例的目的是观察层叠式顺序结构局部变量的数据流向，按如下步骤创建程序。

1）在前面板上放置两个数字输入控件，命名为“x”“y”，再放置两个数字显示控件，命名为“x+y”“(x+y)^2”。

2）切换到程序框图，创建一个层叠式的顺序结构，并在后面添加一个帧，在第一帧中放置一个“加”号，输入分别与“x”“y”连接，输出与“x+y”连接。

3）创建层叠式顺序结构的局部变量，在第一帧中将“x+y”连接到局部变量。

4）单击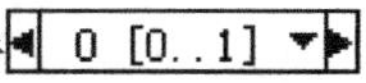，切换到第二帧，添加“平方”运算符，将输入连接到局部变量，输出连接到“(x+y)^2”。

5）创建一个 While 循环，将代码放到循环体内，设置循环间隔为 100ms。

运行程序，显示结果和程序框图如图 6-17 所示，用户可改变“x”“y”值，观察变化。

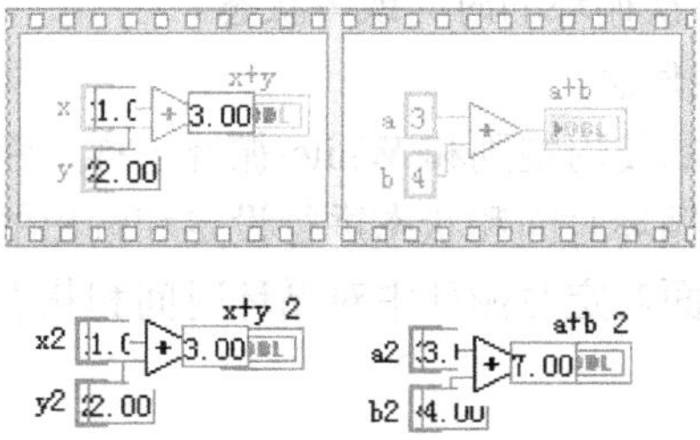

图 6-16　顺序结构代码执行顺序

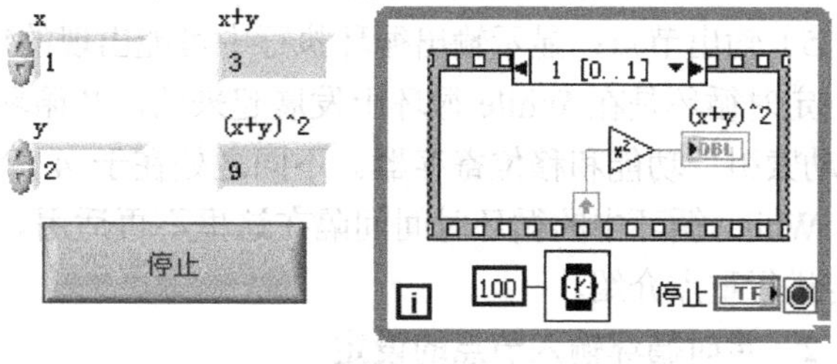

图 6-17　层叠式顺序结构局部变量应用

6.5　定时结构

定时结构的用法相对要复杂一些，它位于“函数→编程→结构”中，如图 6-18 所示，定时结构主要有定时循环和定时顺序两种结构。

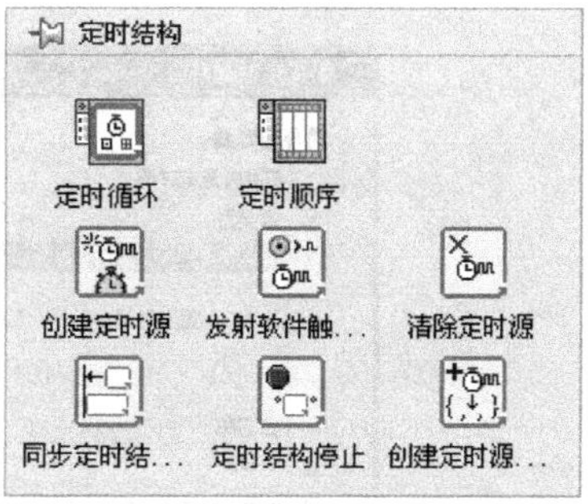

图 6-18　定时结构子选板

6.5.1　定时循环

1．定时循环的框图

定时循环根据指定的循环周期顺序执行一个或多个子程序框图或帧。在以下情况中可以使用定时循环结构：开发支持多种定时功能的 VI、精确定时、循环执行时返回计算值、动态改变定时功能或者多种执行优先级。右击结构边框可添加、删除、插入及合并帧。在“函数→编程→结构→定时结构”中选择“定时循环.vi”，在程序框图上拖动鼠标即可建立定时循环，如图 6-19 所示。

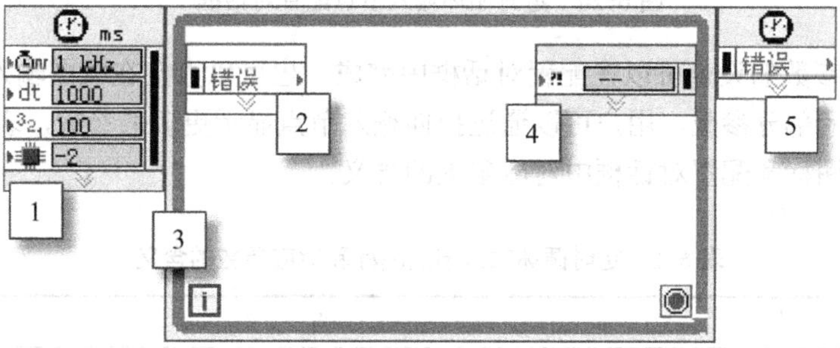

图 6-19　定时循环框图

和图中的标识对应，它主要包括以下 5 部分内容。

1）输入节点：确定定时循环的循环时序、循环优先级和循环名称等参数。

2）左数据节点：提供上一次循环的时间和状态信息，例如上一次循环是否延迟执行、上一次循环的实际执行时间等。

3）循环体：和 While 循环类似，定时循环的循环体包括循环计数端口和循环条件输入端口，前者用于指示当前的循环次数，后者连接一个布尔型变量，指示循环退出或者继续的条件。

4）右数据节点：接收左数据节点的信息，以决定下次循环的时间或者状态。

5）输出节点：显示输出循环执行中可能出现的错误信息。

定时循环是在 While 循环上发展起来的，其循环体的使用规则和 While 循环一样，包括“自动索引”功能和移位寄存器。不同之处在于 4 个对循环时间和状态进行设定和输出的节点，While 循环中的循环时间间隔在这里不再适用。下面对定时循环中对循环时间和状态的设定进行重点介绍。

2．定时循环输入节点的设定

在图 6-19 的中的位置“1”，即输入节点上双击，或者右击，在弹出的菜单中选择“配置输入节点”，即可打开如图 6-20 所示的节点设定对话框。

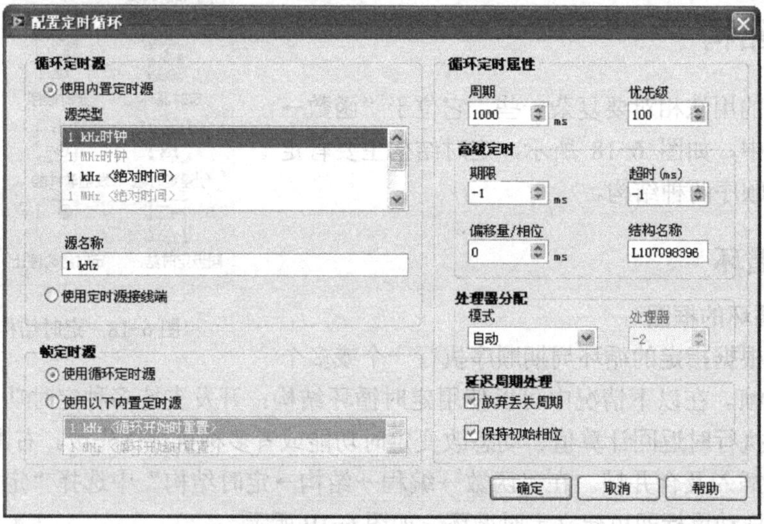

图 6-20　定时循环输入节点配置对话框

对输出节点参数的设定可以在配置对话框中完成，也可以直接在框图输入端完成，默认情况下框图只显示部分参数，用户可以通过拉伸输入节点显示更多的参数，表 6-1 列出了输入节点框图中的图标和配置对话框中对应参数的含义。

表 6-1　定时循环输入节点图标和对应参数的含义

图标	参数	含　义
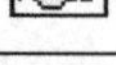	源名称	指定用于控制结构的定时源的名称。定时源必须通过创建定时源VI 在程序框图上创建，或从配置定时循环对话框中选择
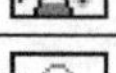	期限	指定定时源的周期、单位与源名称指定的定时源一致
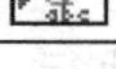	结构名称	指定定时循环的名称

（续）

图标	参数	含　义
▸t0	偏移量	指定定时循环开始执行前的等待时间。偏移量的值对应于定时循环的开始时间，单位由定时源指定
▸dt	周期	定时循环的时间
	优先级	指定定时循环的执行优先级。定时结构的优先级用于指定定时结构相对于程序框图上其他对象的执行开始时间。优先级的输入值必须为 1～65535 之间的正整数
	模式	指定定时循环处理执行延迟的方式。共有五种模式：无改变；根据初始状态处理错过的周期；忽略初始状态处理错过的周期；放弃错过的周期维持初始状态；忽略初始状态放弃错过的周期
	处理器	指定用于执行任务的处理器。默认值为-2，即 LabVIEW 自动分配处理器。如需手动分配处理器，可输入介于 0～255 之间的任意值，0 代表第一个处理器。如输入的数量超过可用处理器的数量，将导致运行错误且定时结构停止执行
	超时	指定定时循环开始执行前的最长等待时间。默认值-1，表示未给下一帧指定超时时间。超时的值对应于定时循环的开始时间或上一次循环的结束时间，单位由帧定时源指定
▸?!	错误	在结构中传递错误。接收到错误状态时，定时循环将不执行

对于其他节点更详细的说明请读者参考 LabVIEW 相应的说明和帮助文件。

6.5.2 定时顺序

定时顺序结构由一个或多个子程序框图（也称“帧”）组成，在内部或外部定时源控制下按顺序执行。与定时循环不同，定时顺序结构的每个帧只执行一次，不重复执行。定时顺序结构适于开发只执行一次的精确定时、执行反馈、定时特征等动态改变或有多层执行优先级的 VI。右击定时顺序结构的边框可添加、删除、插入及合并帧。定时顺序的框图如图 6-21 所示。

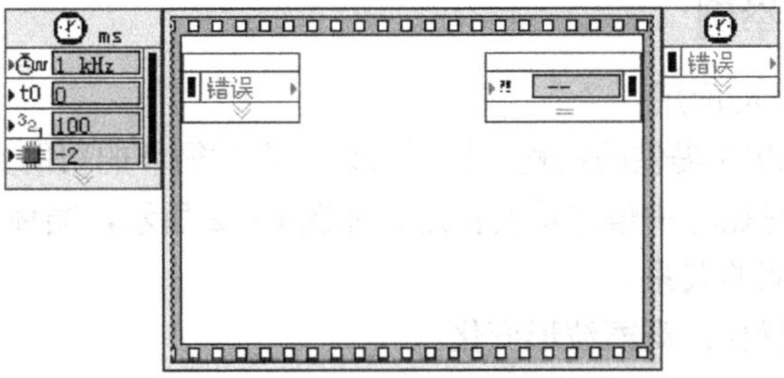

图 6-21　定时顺序框图

定时顺序结构也包括输入节点、左数据节点、右数据节点、输出节点，它们的作用和定时循环中的节点一样，设定方法和功能也类似，这里不再赘述。

注意：While 循环、For 循环、顺序结构、定时结构之间可以相互替换，具体方法为在结构体的代码框上右击，从菜单中选择相应的结构进行替换，替换后要注意更改各个结构运行的参数。

6.5.3 定时 VI

对于一般的程序，通过以上节点的设置完全能够实现一个程序中的多种运行速度，但对于一些高级编程，可能还需要提供自定义的定时时钟标准，有些还需要多个定时循环的同步，这些功能需要一些辅助的 VI 来实现，下面对它们的基本功能进行简单说明，见表 6-2。

表 6-2　定时 VI 的基本功能

名称	图标和端口	基本功能
创建定时源层次结构	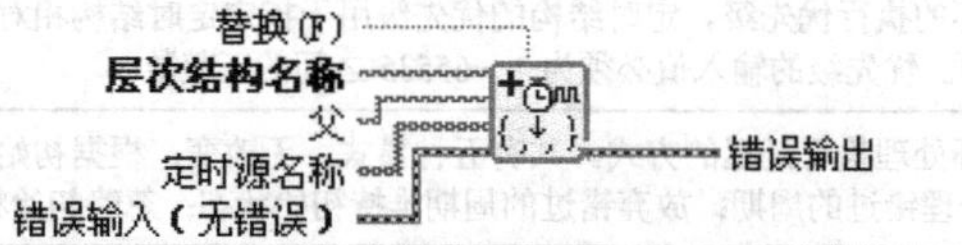 替换(F)　层次结构名称　父　定时源名称　错误输入（无错误）　错误输出	根据定时源名称中输入的名称，创建一个层次结构的定时源
清除定时源	 名称　错误输入（无错误）　父　错误输出	停止或删除为其他源所创建或指定的定时源
创建定时源	 名称（输入）　错误输入（无错误）　名称（输出）　错误输出	创建用于控制定时结构执行的 1kHz、1MHz 或软件触发定时源
发射软件触发定时源	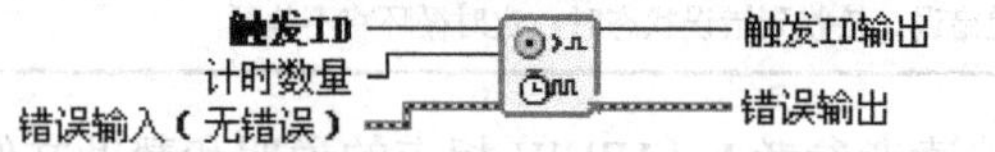 触发ID　计时数量　错误输入（无错误）　触发ID输出　错误输出	使用创建定时源VI 创建软件触发定时源
定时结构停止	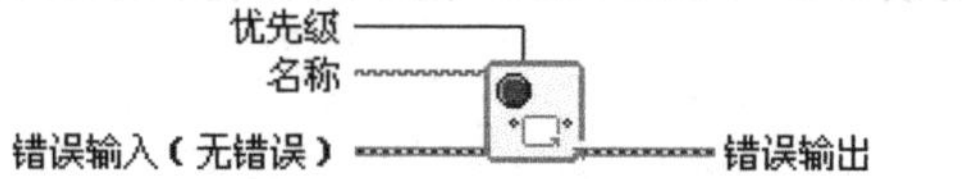 优先级　名称　错误输入（无错误）　错误输出	停止名称中输入的定时循环或定时顺序
同步定时结构开始	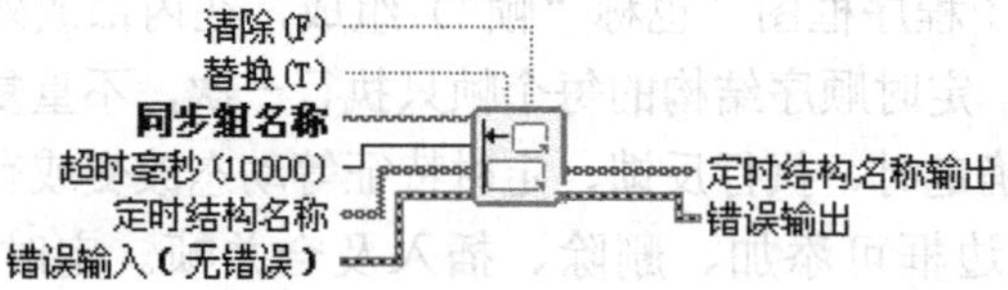 清除(F)　替换(T)　同步组名称　超时毫秒(10000)　定时结构名称　错误输入（无错误）　定时结构名称输出　错误输出	将定时结构名称中输入的定时循环或定时顺序结构名称添加到同步组名称所指定的同步组，从而使上述循环或顺序开始同步

6.5.4　定时结构应用举例

【例 6-7】　定时循环的应用。

本例是 LabVIEW 2015 提供的例程，读者可以在定时循环的帮助文档中，直接单击范例进行查看。它演示了定时循环中偏移量的作用。如图 6-22 所示，循环 A 和 B 的预期起始位置的突波表明了二者之间的关系。

读者可以进行如下操作，观察波形变化。

1）单击“运行”按钮，注意曲线上两个突波的位置关系。

2）输入不同的偏移量和周期，查看两个循环的关系。

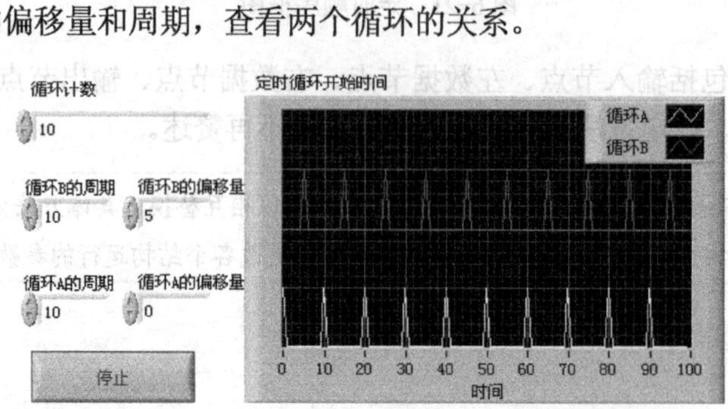

图 6-22　定时循环结构偏移量的作用演示

6.6 条件结构

条件结构也即选择结构，用于根据条件判断或者用户选择执行相应的程序代码，相当于C语言中的“分支”结构。

6.6.1 条件结构的建立

条件结构的建立方法与其他几种结构类似，在“函数→编程→结构”里选择“条件结构.vi”，然后在程序框图上拖动鼠标即可创建一个方形区域，这个方形的区域就是代码区，如图6-23所示。

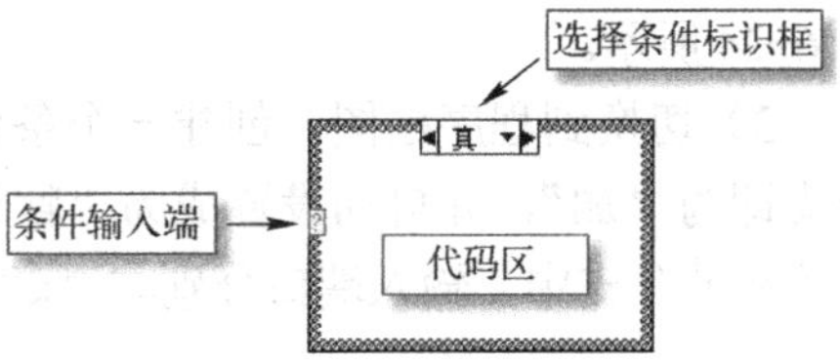

图6-23 条件结构

条件输入端决定执行哪个子图形的代码，条件输入值可以是整型、字符串型、布尔型或者枚举型，默认情况是布尔型。选择条件标识框里盛放了所有可以被选择的条件，并显示了当前子图形代码被执行的条件。

6.6.2 条件结构的设置

1．条件输入端口

条件输入端口的值由与它相连的输入控制对象决定，分支选择标识框自动调整为输入数据的类型，对于字符型和枚举型数值，在分支标识上会自动加上双引号，当键入的选择条件标识值与连接选择端口的数值类型不同时，选择标识变为红色，表示有误。

2．增减分支与默认分支

在默认情况下，条件结构只显示两个分支，用户可以在结构体上右击，选择“在后面添加分支”“在前面添加分支”“复制分支”“删除本分支”“删除空分支”来增加或者删除分支。

如果不能遍历所有可能的条件或情况，就必须设置一个默认的情况用来处理超出条件选项范围的情况。例如，如果条件输入端口连接的是一个数值型的控制量，而选择条件标识框中的可选分支只有“1、2、3”三个选项，则显然不能遍历所有的可能，所以要设置一个默认的情况，即当不满足其他条件时，执行默认条件子图形框中的代码。

默认情况下，条件结构把第一个分支作为默认分支，如果用户想设置其他分支为默认分支，则可在边框上右击，选择“本分支设置为默认分支”即可。

3．数据通道

当向条件结构框中输入数据时，每个分支连接或者不连接这个数据通道都是可以的，但是在从条件结构向外输送数据的时候，每个分支必须为这个通道连接数据。当向外输送数据时，如果有一个分支没有连接这个通道，则在这个分支中，该通道是空心的，连接数据后变成实心，程序才能正常执行。

如果某个分支没有数据要与输出通道连接，则可以在数据通道上右击，选择“未连接时使用默认”，程序运行时，会在这些分支的通道节点处输出相应的数据类型的默认值。

6.6.3 条件结构应用举例

【例 6-8】 用条件结构实现“加”“减”“乘”“除”四种不同的运算。

按如下步骤创建程序。

1）从“控件→新式→数值”中选择两个数值输入控件和一个数值显示控件，放置到前面板上，分别命名为“x”“y”“结果”。

2）从“控件→新式→下拉列表与枚举”中选择“枚举.vi”，放置到前面板上，命名为“运算”，并右击，选择“属性”，打开属性对话框，在“编辑项”选项卡中设置枚举值，如图 6-24 所示。

3）切换到程序框图，创建一个条件结构，条件输入端口与“运算”连接，此时第一个分支即为“加”，并自动设置成为“默认分支”，从“函数→编程→数值”中选择“加.vi”，放置到此分支中，输入端口分别与“x”“y”连接，输出与“结果”连接。

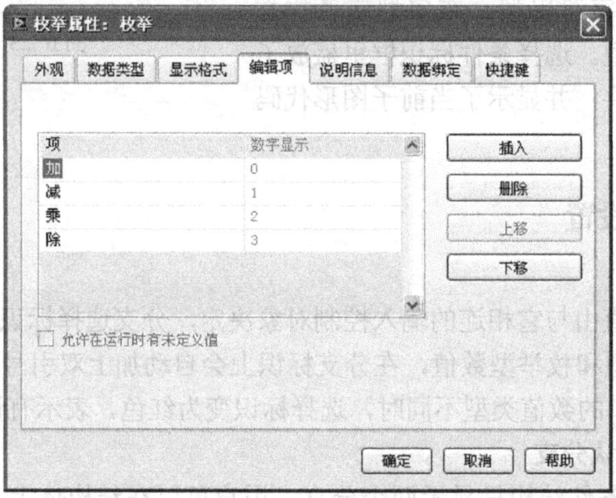

图 6-24　设置枚举项

4）单击“选择条件标识框”中的黑色箭头，切换到第二分支，添加“减”运算，输出与“结果”连接。

5）在条件结构框体上右击，选择“在后面添加分支”，此时“选择条件标识框”中自动显示为“乘”，参照步骤 3）或 4）的方法添加“乘”运算，再在此分支后添加一个“除”运算分支。

6）创建一个 While 循环，将所有代码都放在循环体中，设置循环间隔为 100ms。

运行程序，用户可以改变运算的方式和输入值观察结果变化。运行结果和程序框图如图 6-25 所示。

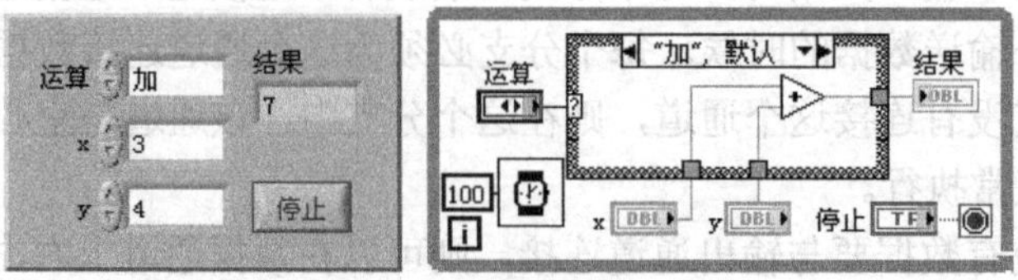

图 6-25　用条件结构实现四则运算

【例 6-9】 用条件结构实现温度监测报警。

本例程实现的是温度的监测与报警功能，当温度超过 60℃时，蜂鸣器发出警报，指示灯变为红色，反之，蜂鸣器不响，指示灯为绿色。创建程序的步骤如下。

1）从“控件→新式→数值”中选择“旋钮.vi”和“温度计.vi”放置到前面板上，将旋钮重命名为“模拟温度”，并双击控件的最大数值，修改成 100。

2）从“控件→新式→布尔”中选择“方形指示灯.vi”，放置到前面板上，命名为“指示灯”，打开属性对话框的“外观”选项卡，设置指示灯开时为“绿”，关时为“红”，如图 6-26 所示。

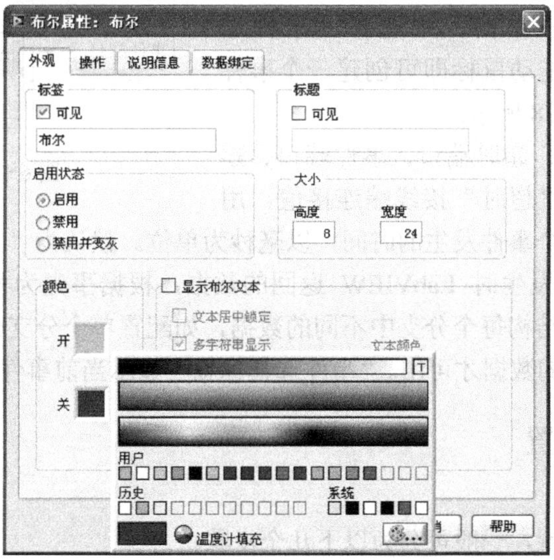

图 6-26 设置指示灯显示颜色

3）切换到程序框图，创建一个条件结构，从“函数→编程→比较”中选择“小于等于？.vi”，一端与模拟温度连接，另一端创建一个常量，数值设置为“60”，输出连接到条件结构的“条件输入端”。

4）从“函数→编程→布尔”中选择“真常量.vi”放置到“真”分支中，与指示灯连接，在“假”分支中放置一个“假常量.vi”，与指示灯连接，并从“函数→编程→图形与声音”中选择“蜂鸣声.vi”，放置到此分支中，温度计与模拟温度连接。

5）创建一个 While 循环，循环间隔为 100ms。

运行程序，用户可通过旋转旋钮观察显示结果，如图 6-27 所示。

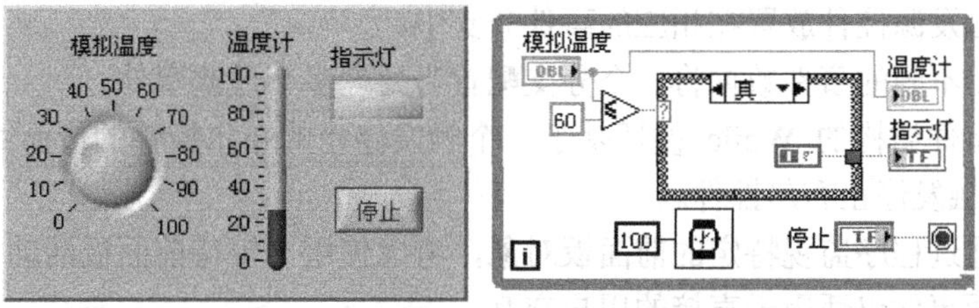

图 6-27 温度监测与报警程序前面板与程序框图

6.7 事件结构

LabVIEW 同样支持事件驱动，就像在 VB、Delphi 等可视化编程环境下一样，假设在控件对象上单击或右击，或者是当控件的值发生变化时，都可以触发一个事件。在 VI 程序中设置事件就可以对数据流编程进行控制，在事件没有发生之前一直处于等待，如果事件触发的话就响应执行相应的代码。

6.7.1 事件结构的建立

在“函数→编程→结构”中选择“事件结构.vi”，在程序框图上拖动鼠标即可创建一个事件结构的代码框，如图 6-28 所示。

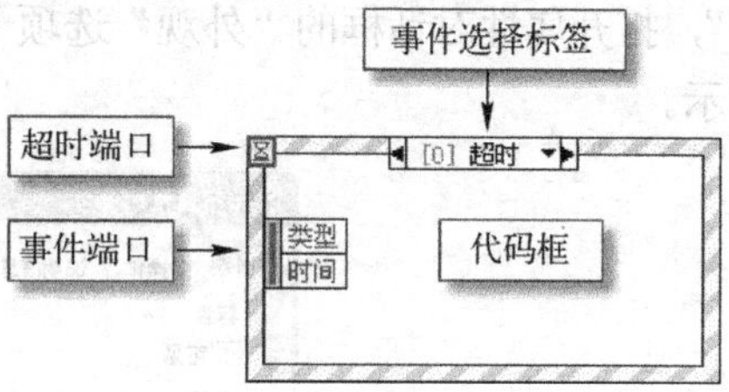

图 6-28 事件结构

事件结构主要包括：超时端口、事件端口、事件选择标签和代码框。“超时”接线端连接值，用于指定事件结构等待某个事件发生的时间，以毫秒为单位。默认为“-1”，即永不超时。“事件端口”用于识别事件发生时 LabVIEW 返回的数据，根据事先为各事件分支所配置的事件，该节点可显示事件结构每个分支中不同的数据，如配置单个分支处理多个事件，则只有被所有事件类型所支持的数据才可用。“事件选择标签”显示当前事件分支的名称。

6.7.2 事件结构的设置

1. 事件结构设置

对于事件结构的设置，一般可分为以下几个步骤。

1）创建一个事件结构。

2）设置超时参数。

3）添加或删除事件分支。

4）编辑触发事件结构的事件源。

5）设置默认分支结构（系统默认将超时分支作为默认分支）。

6）创建一个 While 循环，将事件结构包含在 While 循环体内。

📖 注意：事件结构必须放置在 While 循环中才能正常运行。

2. 事件结构使用建议

1）避免在循环外使用事件结构。

2）将事件触发源控件放置在相应的事件分支中。

3）不要使用不同的事件数据将一个分支配置为处理多个过滤事件。

4）如含有事件结构的 While 循环基于一个触发停止的布尔控件的值而终止，记得在事件结构中处理该触发停止布尔控件。

5）如无须通过程序监视特定的前面板对象，考虑使用“等待前面板活动”函数。

6）用户界面事件仅适用于直接的用户交互。

7）避免在一个事件分支中同时使用对话框和“鼠标按下？”过滤事件。

8）避免在一个循环中放置两个事件结构。

9）使用动态注册时，确保每个事件结构均有一个“注册事件”函数。

10）使用子选板控件时，含有该子选板控件的顶层 VI 将处理事件。

11）如需在处理当前事件的同时生成或处理其他事件，考虑使用事件回调注册函数。

12）请谨慎选择通知或过滤事件。用于处理通知事件的事件分支，将无法影响 LabVIEW 处理用户交互的方式；如要修改 LabVIEW 是否处理用户交互，或 LabVIEW 怎样处理用户交互，可使用过滤事件。

13）不要将前面板关闭通知事件用于重要的关闭代码中，除非事先已采取措施确保前面板关闭时 VI 不中止。例如，用户关闭前面板之前，确保应用程序打开对该 VI 的引用。或者，可使用“前面板关闭?”过滤事件，该事件在面板关闭前发生。

📖 注意：关于回调注册函数、通知事件、过滤事件等基本概念可参考 LabVIEW 的帮助文档，具体方法为在菜单栏中选择“帮助→搜索 LabVIEW 帮助”，打开 LabVIEW 的帮助文档，在“索引”选项卡中输入相应的关键词即可。

6.7.3 事件结构应用举例

事件结构在用户交互式编程中有着广泛的应用，下面结合具体的实例来详细介绍它的使用方法。

【例 6-10】 事件结构的基本应用。

本例目的是让读者了解事件结构的基本用法，单击“对话框”按键时弹出一个对话框，单出“退出”按钮时，停止程序。

按如下步骤创建程序。

1）创建事件结构，从“函数→编程→结构”中选择“事件结构.vi”，在程序框图上画一个合适的区域作为事件结构的代码区。

2）设置事件超时，默认情况为“-1”，表示永不超时，这里设置为 50ms。

3）添加事件源，切换到前面板，从“控件→新式→布尔”中选择“布尔”控件，分别命名为“对话框”和“退出”（在布尔文本上双击，输入“对话框”和“退出”）。

4）编辑“超时事件分支”，在事件结构体上右击，选择“编程本分支所处理的事件”，弹出如图 6-29 所示的“编辑事件”对话框。

下面对“编辑事件”对话框的配置做几点说明。

① 从图 6-29 中可以看出，“编辑事件”对话框分为 3 栏，第 1 栏为当前分支所选择的事件源与事件，第 2 栏为用户可选择的事件源，第 3 栏为这些事件源能产生的事件。

② 如果用户想要为一个事件分支添加或删除事件，可以通过第 1 栏最下方的“添加事件”和“删除”实现。

③ 在第 2 栏中，系统自动为整个程序包含的事件源分了类，用户可以选择想要触发的事件源。

④ 当用户在第 2 栏中选择了一个事件源后，在第 3 栏中会列出该事件源所包含的事件，用户可以根据需要进行选择。

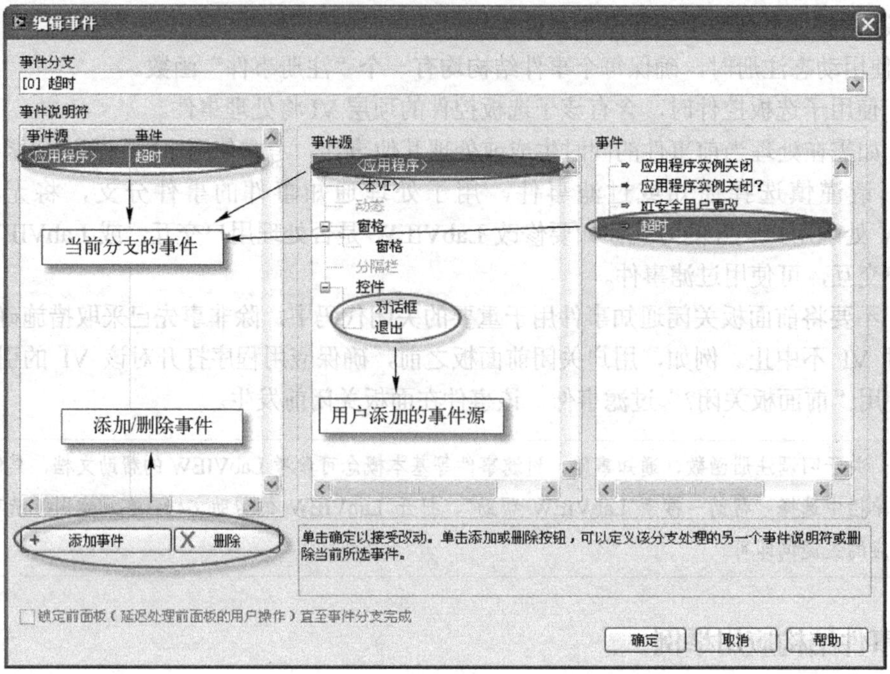

图 6-29 “编辑事件”对话框 1（超时分支）

⑤ 当用户选定了事件源和触发的事件后，在第 1 栏中会自动显示用户的选择，单击后，其包含的“事件源”和“事件”都会高亮显示。

5）添加“对话框分支”，在事件结构框上右击，选择“添加事件分支”（这时会弹出“编辑事件”对话框，我们先将它关闭，在下一步中再来编辑），在新产生的分支中，添加一个对话框控件（在“函数→编程→对话框与用户界面”中选择“单按钮对话框”控件），编辑此对话框控件显示的内容为“欢迎使用事件结构”，如图 6-30 所示。

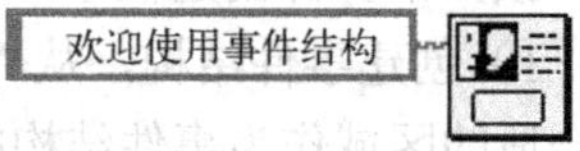

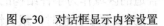

图 6-30 对话框显示内容设置

6）编辑“对话框分支”的事件源与事件，将第 3）步中创建的布尔控件“对话框”拖放到此分支中，右击该事件结构，选择“编程本分支所处理的事件”，按如图 6-31 所示的步骤进行配置。

7）添加“退出分支”并编辑，具体方法与步骤 6）类似，配置完成后的分支如图 6-32 所示。

8）添加 While 循环，并将“退出”按钮与 While 循环的“循环条件”端口连接，如图 6-33 所示。

运行程序，当用户单击“对话框”按钮时，弹出“欢迎使用事件结构”对话框，如图 6-34 所示，单击“退出”按钮时，程序停止。

【例 6-11】 用事件结构编写一个密码登录程序。

本例用事件结构实现一个密码登录框，当用户输入的密码为“123456”时，弹出“密码正确登录成功”对话框，单击“确定”按钮后程序停止，如果密码错误，则弹出“密码错误请重新输入”对话框，单击“确定”按钮后程序继续运行。创建程序步骤如下。

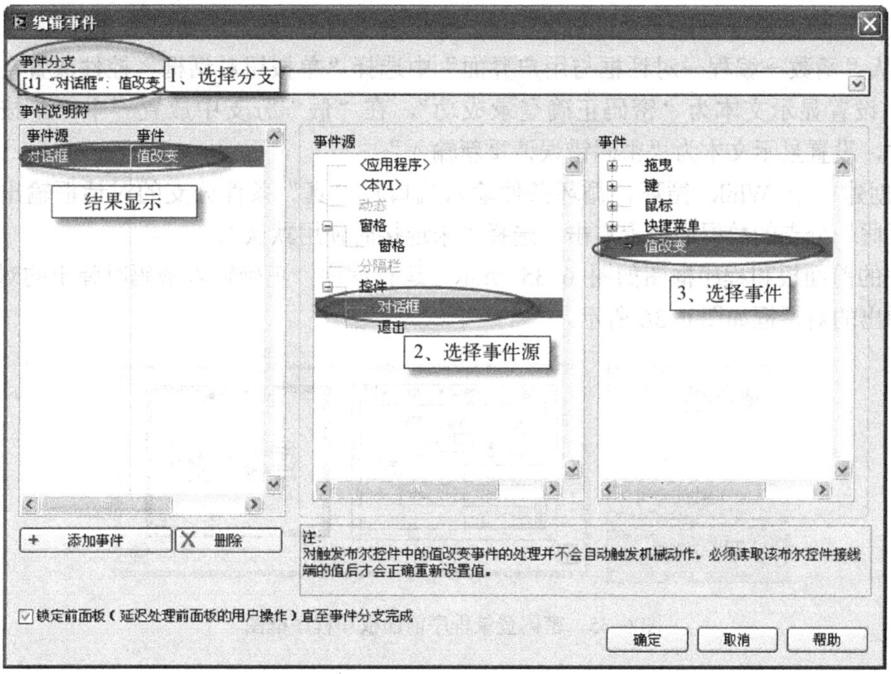

图 6-31 “编辑事件”对话框 2（对话框分支）

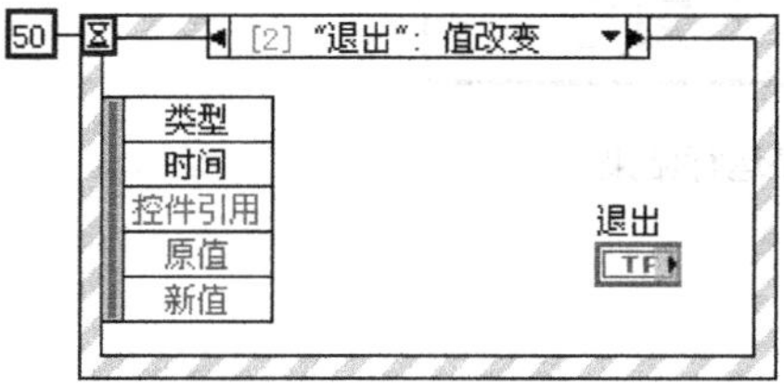

图 6-32 配置完成后的“退出分支”

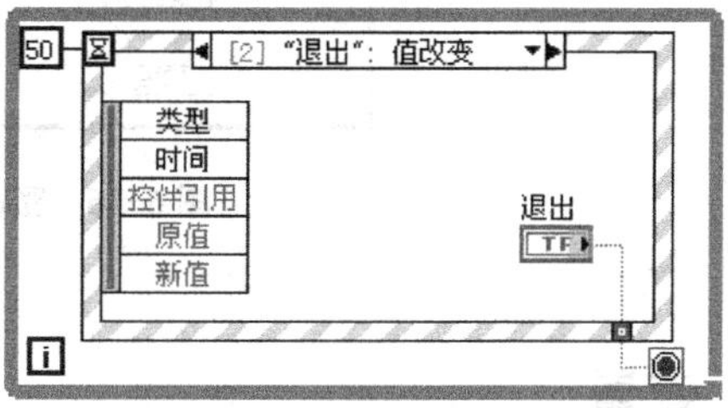

图 6-33 添加 While 循环后的事件分支

图 6-34 对话框事件运行结果

1）从“控件→新式→字符串与路径”中选择“字符串输入控件”，放置到前面板上，修改标签为“请输入密码”，右击控件选择“密码显示”，这样在输入字符时显示的是“*”。

2）从“控件→新式→布尔”中选择“确定”按钮控件作为“登录”事件的触发源，修改其标签为“登录”，右击选择取消标签显示（这样做的目的是使其在前面板上不显示标签，显得整齐，但在程序框图上显示标签，这样便于区分），在布尔文本上双击，修改文本为“登录”。

3）切换到程序框图，创建一个事件结构，按前一例的方法，修改触发源为“登录”，事件源为“值改变”。

4）从“函数→编程→比较”中选择“等于？.vi”，放置在“登录”事件分支中，一端连接“请输入密码”，另一端创建一个字符串常量“123456”。

5）在事件结构体外创建一个条件结构，条件选择端口与步骤 4）中“等于？.vi”输出端口连接，当输入的密码等于“123456”时，输出为“真”，反之，输出为“假”。

6）从“函数→编程→对话框与用户界面”中选择“单按钮对话框”控件放置在“真”分支中，设置显示文本为“密码正确登录成功”，在“假”分支中放置一个“单按钮对话框”控件，设置显示文本为“密码错误请重新输入”。

7）创建一个 While 循环，循环条件输入端口与“真”条件分支的对话框输出端口连接，在“假”分支的数据通道上右击，选择“未连接时使用默认”。

程序的前面板和程序框图如图 6-35 所示，运行程序，正确输入密码时弹出的对话框和错误时弹出的对话框如图 6-36 所示。

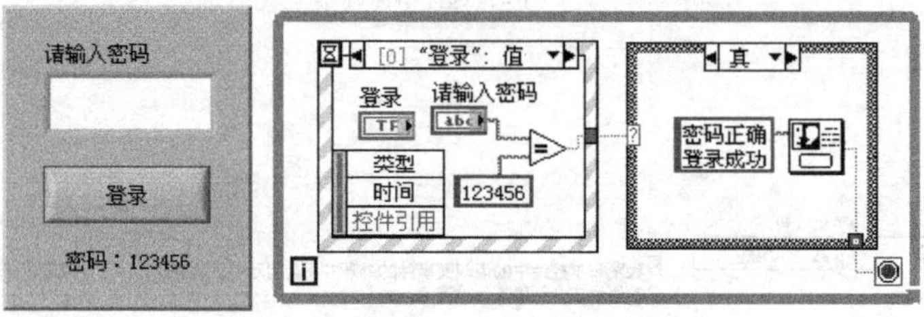

图 6-35　密码登录程序前面板和程序框图

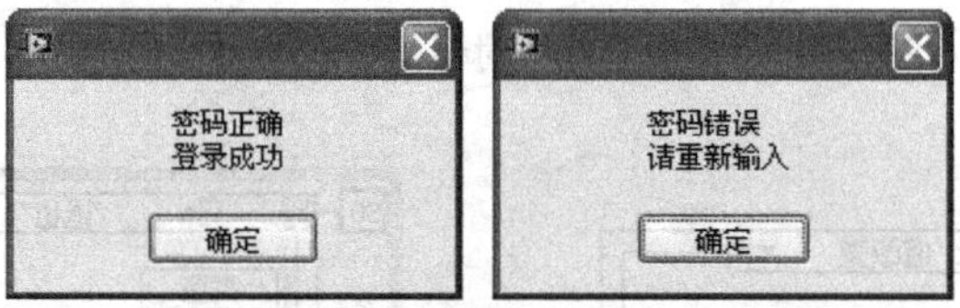

图 6-36　密码登录程序运行结果

6.8　变量

LabVIEW 的变量可以分为三类：局部变量、全局变量和共享变量，这里只讨论局部变量和共享量的使用。

6.8.1　局部变量

局部变量主要用于在程序内部传递数据，它既可以作为控制量向其他对象传递数据，也可以作为显示量接收其他对象传递过来的数据。

创建局部变量的方式有两种：一种是先从“函数→编程→结构”中直接选择“局部变量”放置到程序框图上，然后右击，选择“选择项”，连接要连接的对象；第二种方法是在要创建局部变量的已有对象上右击，选择“创建→局部变量”。

对于第一种方式，当“局部变量”刚放置到程序框图上时，局部变量没有与任何对象连接，此时局部变量显示为“？”，连接对象后，显示为对象的名称，如图 6-37 所示。

在选择局部变量的连接对象过程中，也即图 6-37 中“选择项”中显示的项目是程序中所有能够连接的对象，在此例中，前面板创建了三个数值控件，即图中显示的“数值 1”、

“数值 2”、“数值 3”。

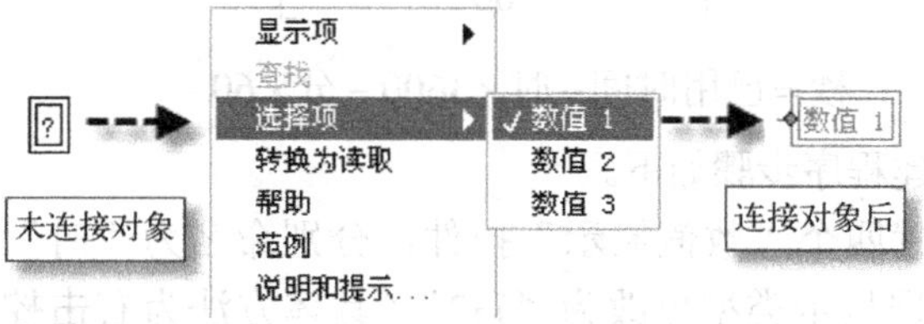

图 6-37　用第一种方法创建局部变量

对于第二种方式，我们仍以创建“数值 1”的局部变量为例，创建过程如图 6-38 所示。

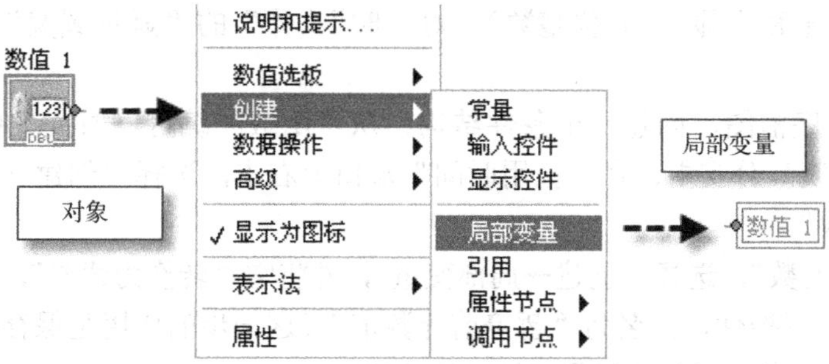

图 6-38　用第二种方法创建局部变量

一个对象可以创建多个局部变量，局部变量既可以作为输入控件，也可以作为输出控件给对象赋值。局部变量创建时，默认都是作为输入控件，右击选择“转换为读取”，就可以将其转换为输出控件，如图 6-39 所示。从图中可以看出：作为输入时，连接端口在左侧，为细框，转换为输出后，连接端口在右侧，细框变成粗框。

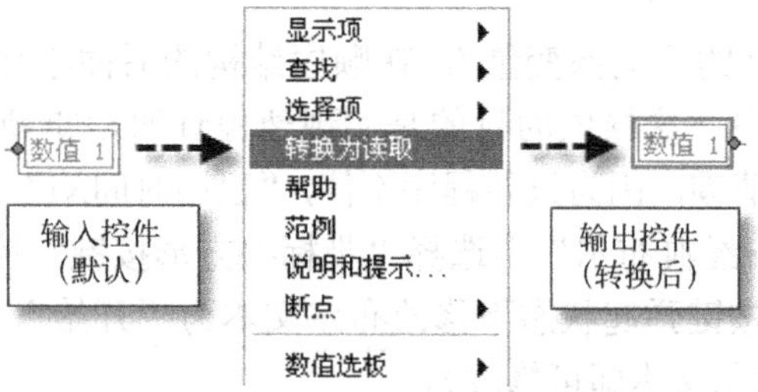

图 6-39　局部变量转换

6.8.2　局部变量应用举例

【例 6-12】 设计一个计时器。

本例是要实现一个计时器的功能，计时器可以暂停，暂停后继续计时。由“已用时间.vi”获取计时时间，然后通过式（6-1）、式（6-2）、式（6-3）实现时、分、秒的计算。暂停前后的计时值、“已用时间.vi”的“重置”控制、显示控件初始化的通过局部变量实现。

$$时=\left[\frac{已用时间}{3600}\right] \tag{6-1}$$

$$分=\left[\frac{已用时间-时\times3600}{60}\right] \tag{6-2}$$

$$秒=已用时间-时\times3600-分\times60 \tag{6-3}$$

式中的[ ]表示取整，创建程序步骤如下。

1）在前面板上放置四个“数值显示”控件，分别命名为“时”“分”“秒”“毫秒”。将“秒”“毫秒”的数据显示类型更改为“I32”（具体方法为右击控件，在“表示法”中选择“I32”）。打开“秒”的属性对话框，在“显示格式”选项卡中，把“精度位数”设置为“0”，勾选“使用最小域宽”，宽度为“2”，“左侧填充零”（这样做的目的是使“秒”显示 2 位整数）。对“毫秒”进行类似设置，只是将“最小域宽”设置为“3”，“左侧显示零”（即“毫秒”显示 3 位整数）。对“时”“分”的“显示域宽”也设置为“2”，“左侧填充零”。

2）切换到程序框图，创建一个条件结构，从“函数→编程→时间”中选择“已用时间.vi”，放置到“真”分支中，在“已用时间”端口上右击，选择“创建→显示控件”并将其命名为“计时数”。

3）右击“计时数”，选择“创建→局部变量”，并将它“转换为读取”，放置到“假”分支中，创建它的显示控件，命名为“暂停前计数值”（这一步的作用是保存暂停时的计时数与下面的“重置”一起完成暂停后累加计时的功能）。

4）创建“暂停前计数值”的局部变量，并“转换为读取”，在“函数→编程→数值”中选择“商与余数.vi”，按图 6-40 中的“真”分支进行连接。

5）创建一个“平铺式顺序结构”，将前几步中创建的对象圈到其中，在“前面添加帧”，切换到前面板，放置一个“方形指示灯”控件，将它“转换为输入控件”后命名为“重置”。在程序框图中，将它放到顺序结构的第一帧中，与“已用时间.vi”的“重置”端口连接。

6）创建“重置”控件的“局部变量”，在顺序结构的后面添加一个帧，将“重置”的“局部变量”放置到此帧中（这样做的目的是实现暂停计时后重新再计时后，将“已用时间.vi”在暂停时的计时数清零，因为只要程序不停，“已用时间.vi”就会一直计数）。

7）在“控件→经典→经典布尔”中选择“带标签方形按键”控件，放置到前面板上，命名为“开始/暂停”。在按键弹起状态下修改布尔文本为“开始”，然后将其按下，修改布尔文本为“暂停”（双击布尔文本即可修改）。

8）在程序框图中，将“开始/暂停”与条件结构的“条件输入端口”连接，并在整个条件结构外围创建一个 While 循环，设置时间间隔为 10ms。

9）在 While 循环的外侧创建一个“平铺式顺序结构”，在前面添加一个“帧”，创建“时”“分”“秒”“毫秒”“计时数”“暂停前计数值”的局部变量，放置到第一帧中，并初始化为“0”。

程序结构框图和运行结果如图 6-40 所示。

📖 注意：对于显示控件，只要程序未退出，就会保留前一次运行的值，这样往往会引起混乱，解决这一问题的最简单方法就是用局部变量进行初始化。

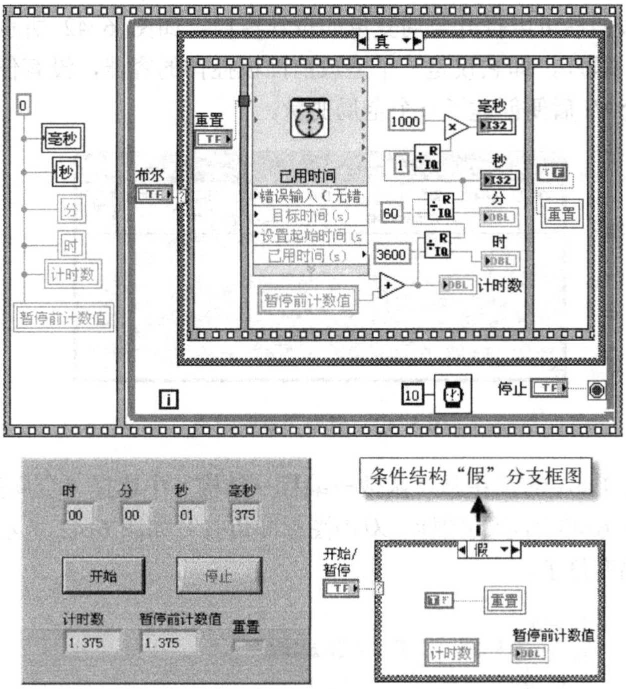

图 6-40　计时程序框图与运行结果

6.8.3　全局变量

前面介绍了局部变量的建立和使用方法，局部变量通常用于程序内部的数据传递，对于程序间的数据传递就无能为力了，而全局变量可以解决这个问题。

全局变量的创建方式也有两种。第一种方法是在 LabVIEW 的新建菜单中选择“全局变量”，如图 6-41 所示。

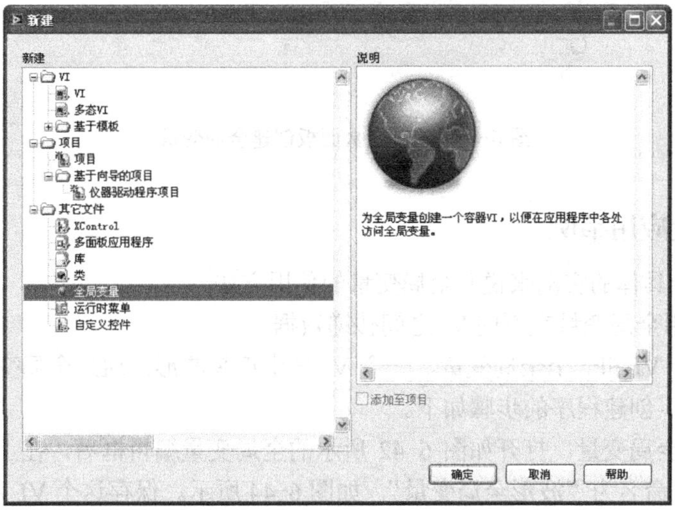

图 6-41　新建全局变量

单击“确定”按钮后可以打开全局变量的设计窗口，如图 6-42 所示，这是一个没有程序框图的 LabVIEW 程序，即它仅是一个盛放前面板控件的容器，没有任何代码，在其中加入控件，保存成一个 VI 后便创建了一个全局变量。

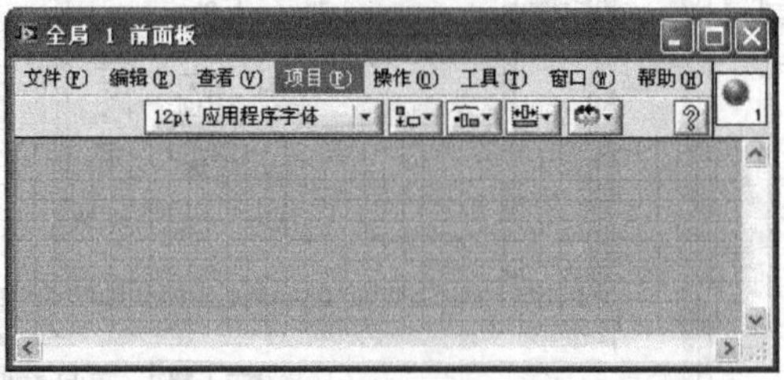

图 6-42　全局变量编辑框

第二种方法是在 LabVIEW 中从“函数→编程→结构”中选择“全局变量.vi”，放置到程序框图上后生成如图 6-43 所示的图标，双击图标即可打开如图 6-42 所示的编辑窗口，在这里就可以编辑该全局变量了。

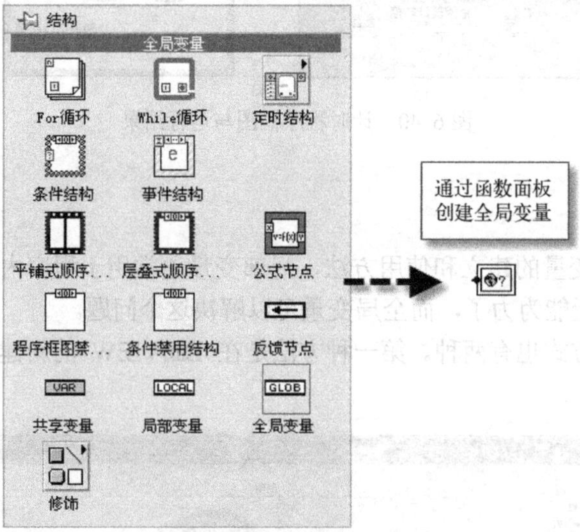

图 6-43　通过函数面板创建全局变量

6.8.4　全局变量应用举例

下面通过一个具体的实例来说明全局变量的使用方法。

【例 6-13】 用全局变量在不同 VI 之间传递数据。

本例创建两个 VI 和一个全局变量，一个 VI 产生正弦波形，通过全局变量传递后，在另外一个 VI 中显示，创建程序的步骤如下。

1）创建一个全局变量，打开如图 6-42 所示的全局变量编辑框后，在上面放置一个“波形图”显示控件，命名为“波形全局变量”，如图 6-44 所示。保存这个 VI 为“全局变量”。

2）创建信号发生 VI。在前面板上放置一个“波形图”控件，命名为“信号产生波形显示”。切换到程序框图，从“函数→Express→信号分析”中选择“仿真信号.vi”，放置到程序框图上，使用默认设置，用来产生一个正弦信号，输出与“信号产生波形显示”连接。在“函数”选板中单击“选择 VI”，在打开的对话框中选择第一步中创建的“全局变量”，与“仿真信号.vi”的输出端口连接。在“仿真信号.vi”的频率输入端口创建一个“输入控件”。创建一个 While 循环将所有程序框图上的对象框到其中，设置时间间隔为 100ms。保存这个 VI 为“信号产生波形显示”。程序框图如图 6-45 左图所示。

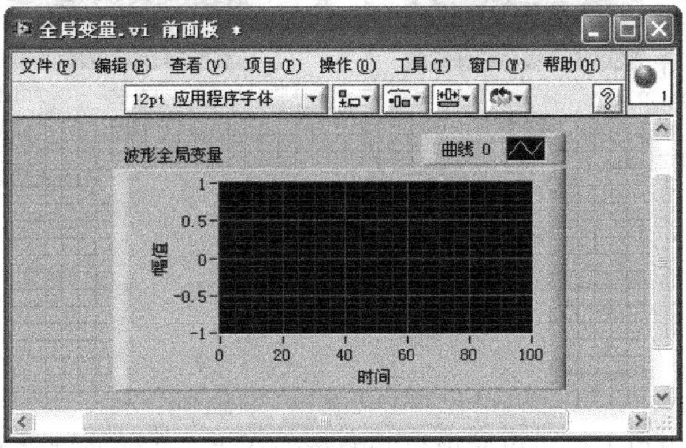

图 6-44　创建全局变量

3）创建信号显示 VI。在前面板上放置一个“波形图”控件，命名为“变量传递后波形显示”。切换到程序框图，从“函数→编程→波形”中选择“创建波形.vi”，拉伸后，单击各个端口，分别选择“Y”“dt”“t0”。在“函数”面板中单击“选择 VI”，在打开的对话框中选择第一步中创建的“全局变量”，右击选择“转换为读取”，与“创建波形.vi”的“Y”连接。在“dt”端口创建一个时间常量。在“t0”端口创建一个常量“0.001”。创建一个 While 循环将所有程序框图上的对象框到其中，设置时间间隔为 100ms。保存这个 VI 为“变量传递后波形显示”，程序框图如图 6-45 右图所示。

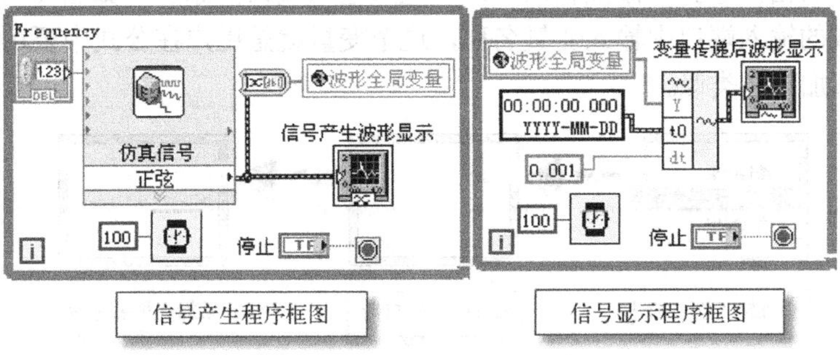

图 6-45　信号产生程序框图和信号显示程序框图

运行“信号产生波形显示”VI 和“变量传递后波形显示”VI，结果如图 6-46 所示。请读者改变信号的频率，比较显示结果是否一致。

📖 注意：用“仿真信号.vi”产生的信号是波形数据，带时间信息，通过变量传递后，自动转化为数组的形式，如果不用“创建波形.vi”进行波形重组，显示的将是采样的数据点数。步骤 3）中将“创建波形.vi”的“dt”设置成“0.001”是因为用“仿真信号.vi”产生波形数据时的采样频率为“1000”（注意不是信号的频率，具体看“创建波形.vi”的属性设置对话框。)。

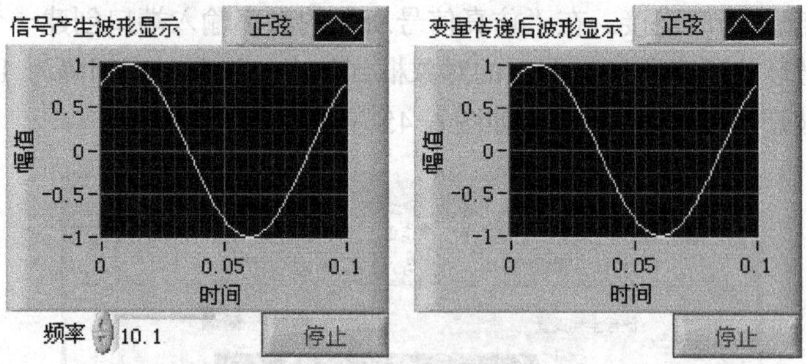

图 6-46　程序运行结果

6.9　公式节点

通过公式节点，用户不仅可以实现复杂的数学公式，还能通过文本编程写一些基本的逻辑语句，如 if…else、case、while 等，公式节点基本上弥补了图形化编程语言相对于文本语言的缺陷。公式节点的语言与 C 语言基本类似，程序语句以分号结束，可用/*……*/进行注释。

6.9.1　公式节点的建立

从“函数→编程→结构”中选择“公式节点.vi”，在程序框图上拖动鼠标即可创建公式节点的代码区，刚建立的“公式节点”默认情况下是没有输入/输出端口的，如果用户想对公式节点中的变量输入数据，或者将结果输出，需要手动添加端口。

在代码框上右击，选择“添加输入”即可完成输入端口的添加，如图 6-47 所示，然后可以在添加完成的输入端口中输入变量名称，这个变量就是用户在公式中要用到的变量，对于输出端口的添加与之类似。

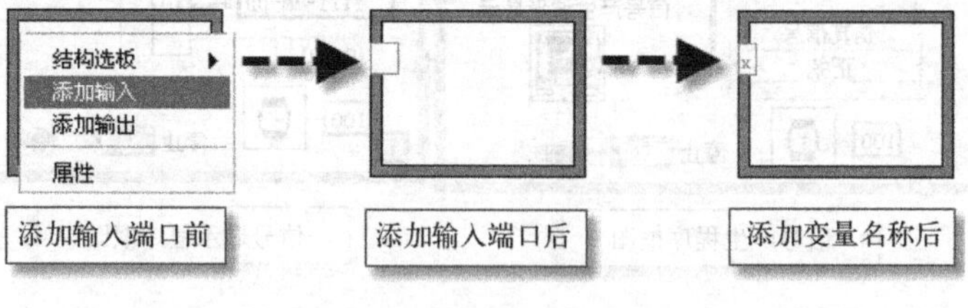

图 6-47　添加公式节点的输入端口

6.9.2　公式节点中允许的运算符

公式节点中的运算符与 C 语言类似，在公式节点中可以选用的函数可以在其帮助文件中找到，表 6-3 总结了公式节点中常用的一些运算符。

表 6-3　公式节点中常用的运算符

运　算　符	含　　义
**	指数
+、−、!、~、++、—	一元加、一元减、逻辑非、补位、前向加、后向加
*、/、%	乘、除、取模（取余）
+、−	加法、减法
>>、<<	算术右移、算术左移
>、<、>=、<=	大于、小于、大于或等于、小于或等于
!=、==	不相等、相等
&	按位与
^	按位异或
|	按位或
&&	逻辑与
||	逻辑或
? :	条件判断
= *op*=	赋值、计算并赋值，*op* 可以是+、−、*、/、>>、<<、&、^、|、%或**

操作符的优先级按表 6-3 从高到低排列，在同一行上的操作符有相同的优先级。赋值运算符“=”是右结合的（从右至左分组），和指数运算符“**”一样，其他的二进制运算符是左结合的。TRUE 的数值为 1，FALSE 的数值为 0。FALSE 的逻辑值为 0，TRUE 的逻辑值为非零值。条件表达式的逻辑值：<lexpr> ？<texpr>: <fexpr> 。如<lexpr>的逻辑值为 TRUE，执行<texpr>，其他情况执行<fexpr>。

6.9.3　公式节点应用举例

【例 6-14】 用公式节点进行复杂函数的计算。

虽然 LabVIEW 的“函数”子选板提供了许多基本函数的控件，但是如果要计算的函数比较复杂的话，实现起来会比较烦琐，而且会使得整个程序看上去异常凌乱，“公式节点.vi”正好能解决这一问题，本例是用一个公式节点实现公式（6-4）。

$$y = \frac{x^2 + 6x + \sin x}{3x + \cos x} \tag{6-4}$$

创建程序的步骤如下。

1）在前面板上放置一个“输入”控件和一个“输出”控件，分别命名为“x”和“y”。

2）切换到程序框图，创建一个公式节点，输入公式，注意运算符号规则。

3）添加输入、输出端口，输入变量为“x”，输出变量为“y”，输入与控件“x”连接，输出与控件“y”连接。

4）创建一个 While 循环，循环间隔为 100ms。

运行程序，用户可以通过改变输入值观察输出结果的变化，计算结果与程序框图如图 6-48 所示。

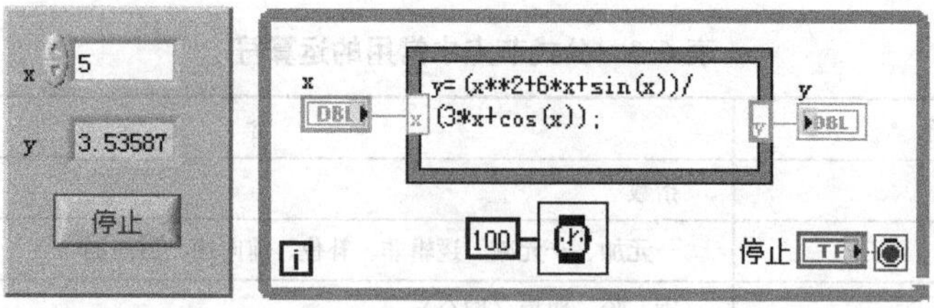

图 6-48 复杂公式计算

【例 6-15】 用公式节点进行任意函数曲线的绘制。

本例是用公式节点实现两个函数的计算，并在同一波形图中绘制指定点数的图形，两函数的形式见式（6-5）、式（6-6）。

$$y_1 = ax^{1/2} \tag{6-5}$$

$$y_2 = b\ln x \tag{6-6}$$

创建程序的步骤如下。

1）在前面板上放置 3 个数值输入控件，分别命名为“a”“b”“点数”，1 个“波形图”显示控件，拉伸图例曲线显示为两条，分别命名为“y1”“y2”。

2）切换到程序框图，创建一个公式节点，在代码体内输入（6-5）、（6-6）所示的表达式。

3）在“公式节点”外创建一个 For 循环，循环次数与“点数”输入控件连接。

4）创建公式节点的输入端口，添加参数为“a”“b”“x”，“a”与“a”输入控件连接作为“y1”的系数，“b”与“b”输入控件连接作为“y2”的系数，“x”与 For 循环的计数端口“i”连接，作为函数的自变量。

5）在“函数→编程→数组”中选择“创建数组.vi”，将 y1、y2 创建成二维数组后与波形图连接。

6）创建一个 While 循环，设置循环间隔为 100ms。

用户可以改变系数“a”“b”的值与绘制图形的“点数”值，观察波形的变化，程序运行结果与程序框图如图 6-49 所示。

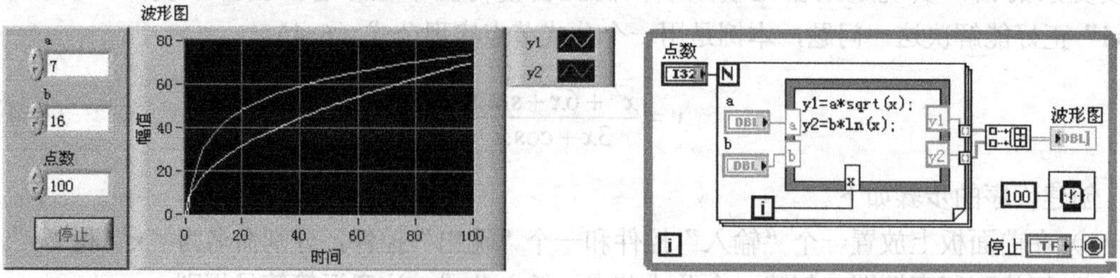

图 6-49 用公式节点实现函数计算并用波形图显示

6.10 反馈节点

除了使用移位寄存器可以实现前后两次数据的交换之外，还可以用“反馈节点”来实现，“反馈节点”的基本功能与移位寄存器是相似的，它的优点在于可以节省空间，使程序看上去更紧凑。

6.10.1 反馈节点的建立

从“函数→编程→结构”中选择“反馈节点”，放置到程序框图上，当它没有与任何数据连接之前是黑色的，与数据连接之后就变成与数据类型相应的颜色，如图 6-50 所示。

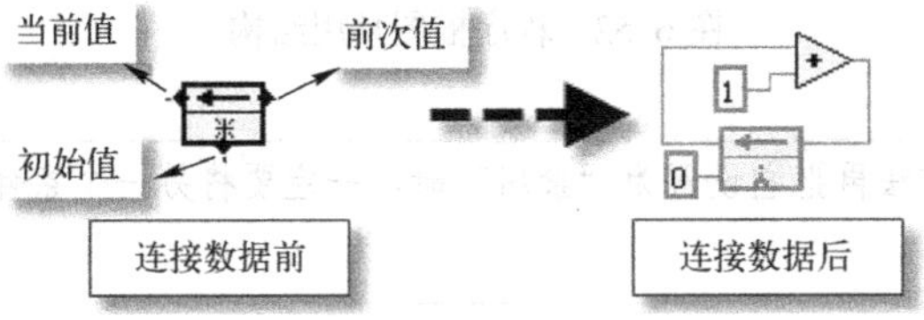

图 6-50 反馈节点

和移位寄存器一样，反馈节点也要进行初始化，否则会造成不可预料的结果出现。

6.10.2 反馈节点应用举例

【例 6-16】 用反馈节点实现前 N 项求和 $\sum_{x=1}^{N} x$ 。

创建程序的步骤如下。

1）在前面板上放置一个“数值输入”控件和“数值显示”控件，分别命名为“N”和“前 N 项和”。

2）切换到程序框图，创建一个 For 循环，循环次数与“N”连接。

3）在 For 循环体内放置一个“反馈节点”，初始化为“0”，For 循环的循环计数端口“i”加 1 后与“反馈节点”的当前值相加，输入到“反馈节点”的“前次值”输入端，并与“前 N 项和”连接。

运行程序，计算结果与程序框图如图 6-51 所示。

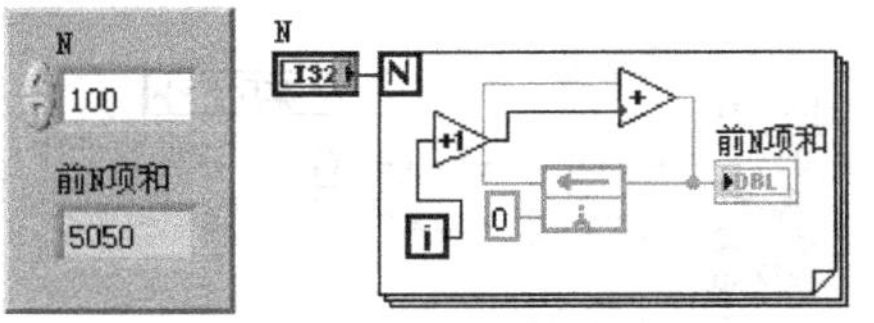

图 6-51 用反馈节点实现前 N 项求和

6.11 使能结构

使能结构是从 LabVIEW8 中开始新增的功能，用来控制程序是否被执行。使能结构有两种：一种是程序框图禁用结构，其功能类似于 C 语言中的/*……*/，可用于大段地注释程序；另一种是条件禁用结构，用于通过外部环境变量来控件代码是否执行，类似于 C 语言中通过宏定义来实现条件编译。它们的使用方法与“条件结构”类似。

6.11.1 程序框图禁用结构

在 C 语言中，如果不想让一段程序运行，则可以用/*……*/的方法把它注释掉，但是在 LabVIEW7 及之前的版本中只能通过“条件结构”来实现，从 LabVIEW8 开始增加了程序框图禁用结构，能实现真正的注释功能，而且使用方法非常简单，只要把需要注释的代码放置到框图中，并使之为“禁用”即可，如果要恢复此段代码，则选择“启用”即可，如图6-52所示。

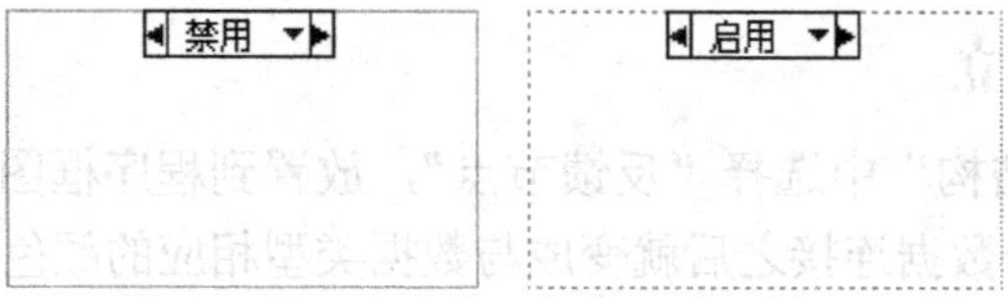

图6-52　程序框图禁用结构

注意：如果用同样的方法再把它设置为“禁用”时，一定要将另一个条件框使能，否则程序不能被执行。

6.11.2　程序框图禁用结构应用举例

【例6-17】　实现加法运算的“启用”与“禁用”。

本例的目的是介绍程序框图禁用结构的基本应用方法，用它实现加法运算的“启用”与“禁用”，创建程序的步骤如下。

1）在前面板上放置两个“数值输入”控件和一个“数值显示”控件，分别命名为“x”“y”“x+y”。

2）切换到程序框图，选择一个“加法”符号，将两个输入与“x”“y”连接，输出与“x+y”连接。

3）从“函数→编程→结构”中选择“程序框图禁用结构”，将“加法”运算框到其中，默认情况下，它是将“加法”运算“禁用”了，运行程序，结果如图6-53所示。

4）在“程序框图禁用结构”上右击，选择“启用本子程序框图”，运行程序，结果如图6-54所示。

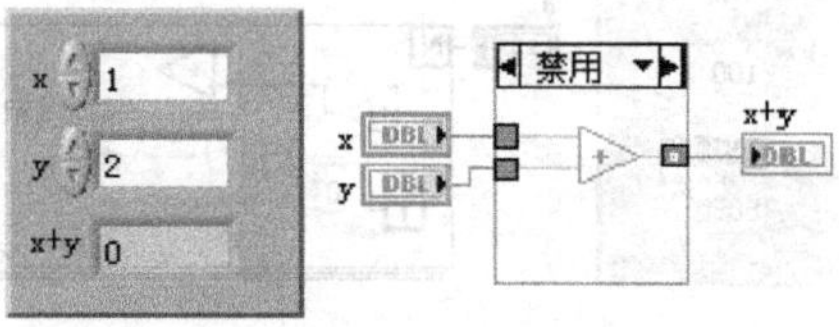

图6-53　禁用“加法”运算

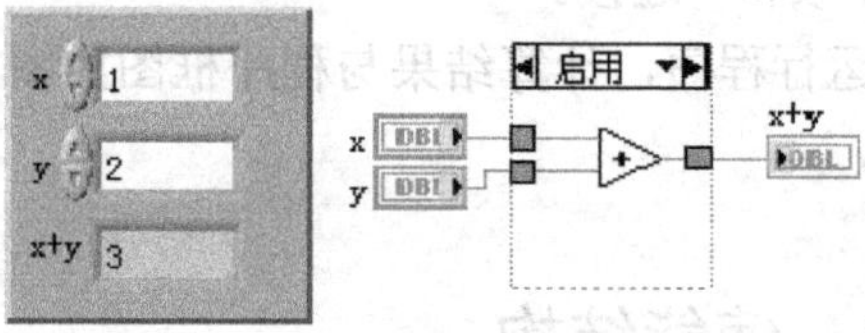

图6-54　启用“加法”运算

5）重新“禁用”加法结构，并将另一分支设置为“启用”（切换到另一分支，右击选择“启用本子程序框图”），运行程序，结果与步骤3）一致。

6.11.3　条件禁用结构

条件禁用结构的功能类似于C语言中的宏定义功能，即通过外部环境变量来控制代码是否执行，此外，还可以通过判断当前操作系统的类型来选择执行哪段代码。

环境变量只有在工程中才能使用，通过定义整个工程的环境变量，该工程下所有的VI都可以被这些环境变量控制，如果该工程下的VI脱离工程单独运行，则不受环境变量的控制。

6.11.4 条件禁用结构的建立

条件禁用结构的建立方法与程序框图禁用结构类似，建立后的的条件禁用结构如图 6-55 所示。

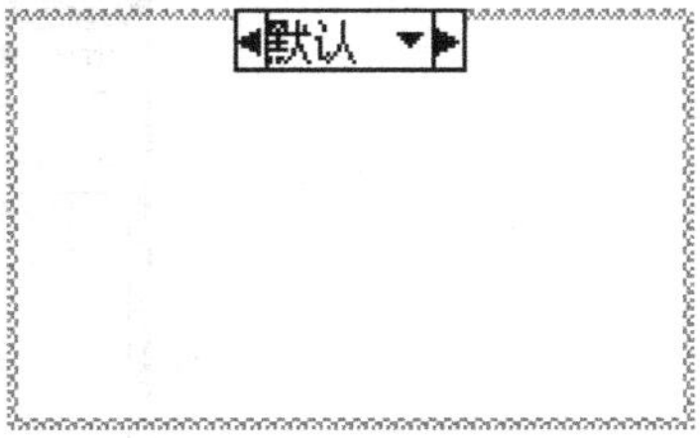

图 6-55 条件禁用结构

条件禁用结构包括一个或多个子程序框图，LabVIEW 在执行时根据子程序框图的条件配置只使用其中的一个子程序框图。当需要根据用户定义的条件而禁用程序框图上某部分的代码时，使用该结构。右击结构边框，可添加或删除子程序框图。添加子程序框图或右击结构边框，在快捷菜单中选择“编辑本子程序框图的条件”，可在配置条件对话框中配置条件。单击选择器标签中的递减和递增箭头可滚动浏览已有的条件分支。创建条件禁用结构后，可添加、复制、重排或删除子程序框图。

程序框图禁用结构可用于使程序框图上某部分代码失效。右击条件禁用结构的边框，从快捷菜单中选择“替换为程序框图禁用结构”，即可完成转换。

6.11.5 条件禁用结构应用举例

【例 6-18】 用条件禁用结构控制代码的运行。

本例是用条件禁用结构控制一段代码的执行，当满足条件 Global_Swich=True 时，执行此分支中的代码，禁用“默认”分支中的代码，反之则执行“默认”分支中的代码，禁用“Global_Swich=True”分支中的代码，创建程序的步骤如下。

1）新建一个工程，保存名为“条件禁用结构”，如图 6-56 所示。

图 6-56 创建项目

2）编辑环境变量。在项目名称上右击，选择“属性”，如图 6-57 所示，打开“项目属性”对话框，按如图 6-58 所示的步骤添加一个环境变量“Global_Swich”。

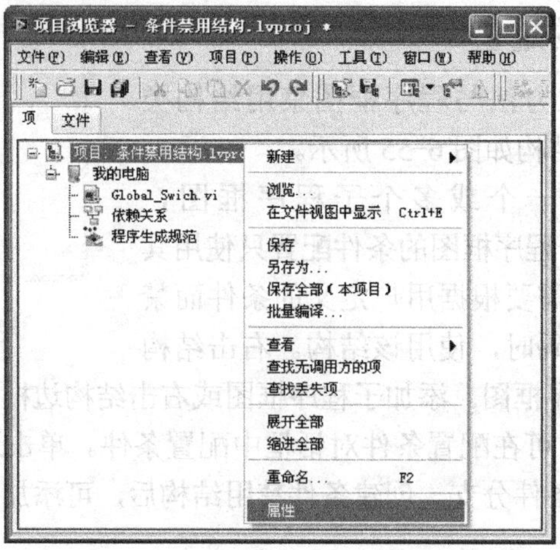

图 6-57　打开环境变量编辑对话框

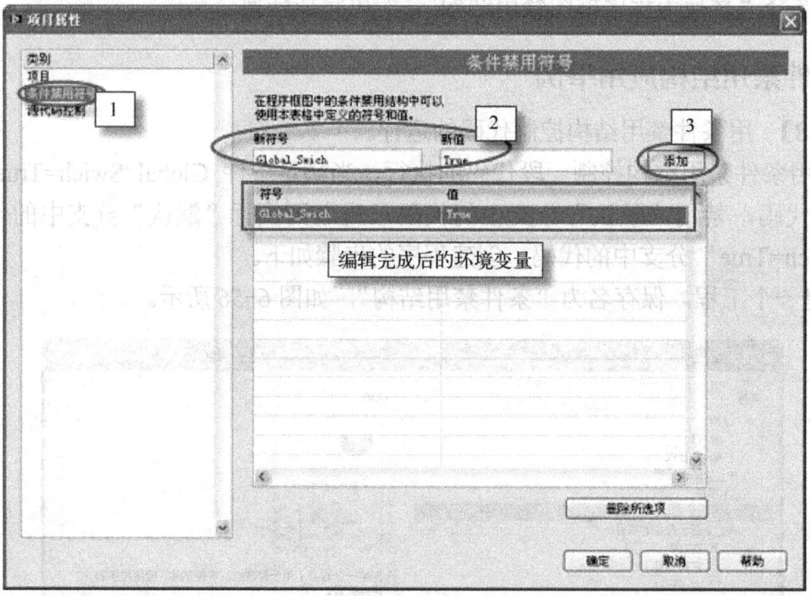

图 6-58　编辑环境变量

3）新建一个 VI，保存为“Global_Swich”。

4）在项目名称上右击，选择“新建”，打开一个新的 VI，从“函数→编程→对话框与用户界面”中选择“单按钮对话框”，放置到程序框图上，设置显示内容为“默认”。

5）选择“条件禁用结构”将步骤 4）中创建的对话框框到其中，此分支为默认。

6）在“条件禁用结构”上右击，选择“在后面添加子程序框图”，弹出配置条件对话框，按图 6-59 所示进行配置。

7）在新添加的分支中放置一个“单按钮对话框”，设置显示内容为“Global_Swich”。

运行程序，结果如图 6-60 所示，从图中可以看到条件不满足的分支呈灰色显示，用户可以改变“Global_Swich”分支的条件为“Global_Swich!=True”，再运行程序，结果如图 6-61 所示。

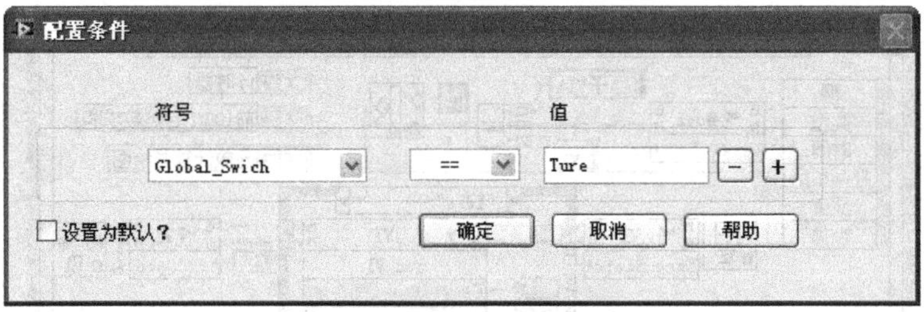

图 6-59　配置条件禁用结构

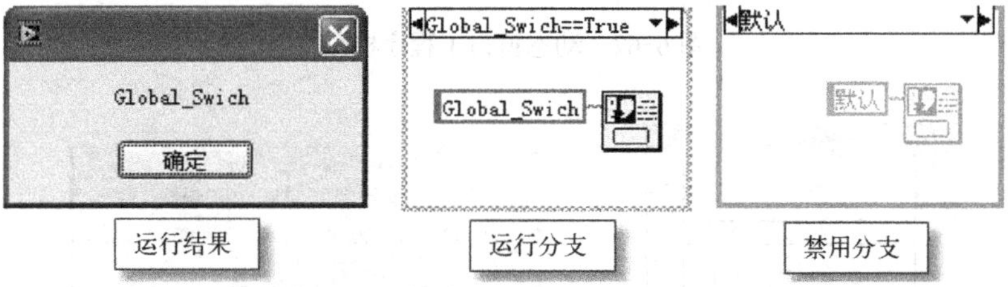

图 6-60　条件禁用结构运行结果

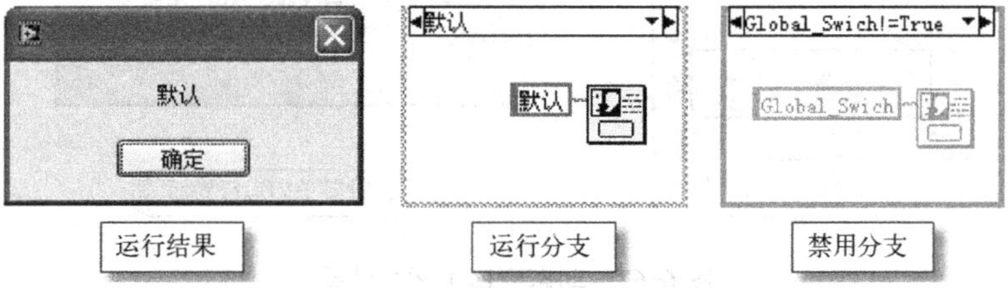

图 6-61　改变禁用条件后的运行结果

6.12　综合实例：动态窗口的实现

利用事件结构可以实现用一个主程序去控制多个子程序，这种方式对于编写比较庞大的应用程序时非常有用，它不但可以使界面看上去整洁，而且便于管理与维护。

下面我们先来看用“事件结构”实现动态窗口，在这个例子中，我们先创建一个主程序 VI，通过它上面的按钮，实现相应子 VI 的调用，这几个子 VI 分别是在本章中前几节中的实例中介绍过：例 6-1、例 6-12、例 6-15。创建程序的步骤如下。

1）创建一个新的 VI，保存为“动态窗口 1”。

2）放置 3 个“确定”按钮到前面板上，分别命名为“前 100 个自然数求和”“计时器”“函数计算与绘图”（注意这时的名称要与调用的子 VI 同名）。

3）在“动态窗口 1”的保存路径下创建一个文件夹“子 VI”，将在例 6-1、例 6-12、例 6-15 创建的 VI 复制到这个文件夹中。

4）按图 6-62 创建程序，事件结构的另一个分支为“停止”。

运行程序，单击“计时器”按钮，结果如图 6-63 所示。

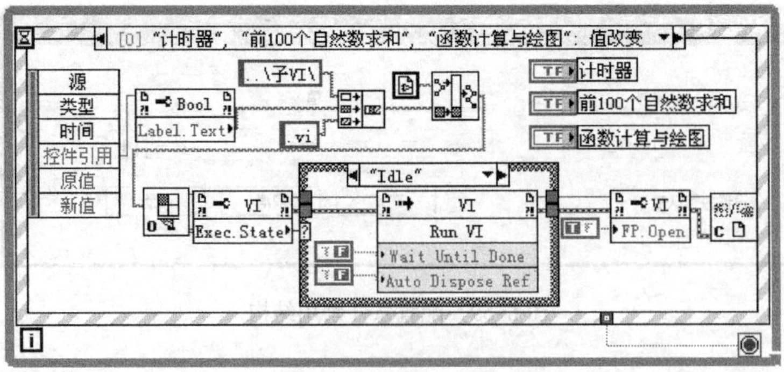

图 6-62　动态窗口 1 程序框图

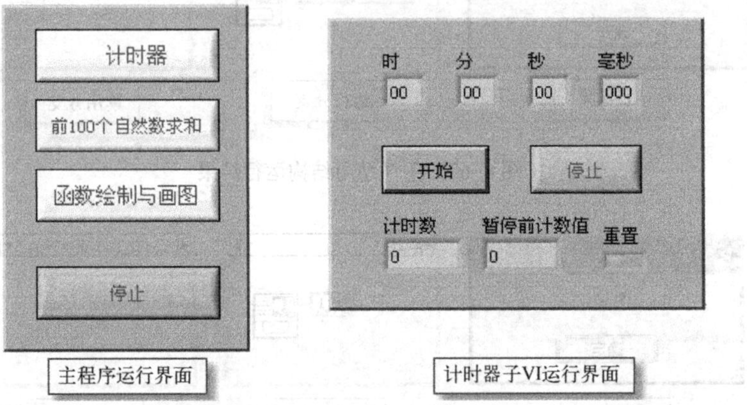

图 6-63　动态窗口 1 运行结果

这个程序是通过主程序调用子程序，各个程序是以一个独立的界面运行的，下面通过“子面板”实现在一个程序界面上分别调用各个子 VI，但在同一个界面的同一区域进行显示。“子面板”的作用就是在一个 VI 的面板中包含其他 VI 的前面板，它位于“控件→新式→容器”子选板中。创建程序的步骤如下。

1）新建一个 VI，保存为“动态窗口 2”。

2）参照上一例的步骤按图 6-64 创建程序。

3）事件结构的另一个分支为“停止”。

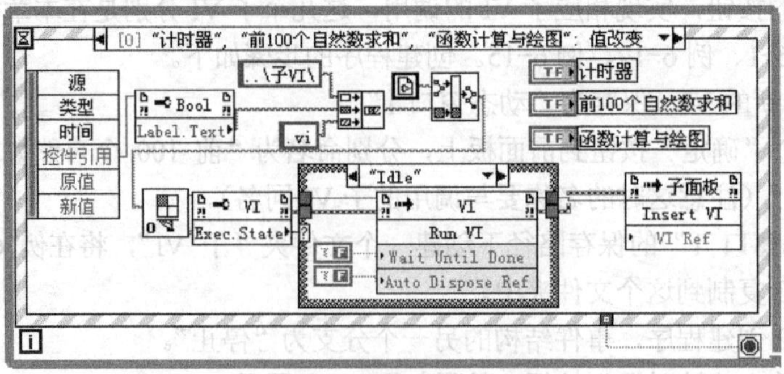

图 6-64　动态窗口 2 程序框图

运行程序，单击“函数绘制与画图”按钮，结果如图 6-65 所示。

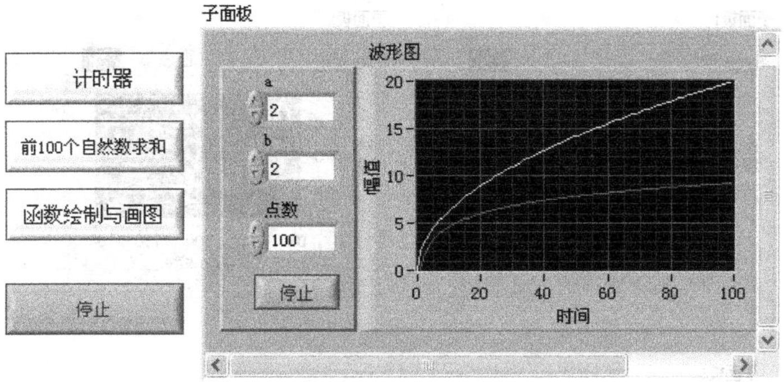

图 6-65　动态窗口 2 运行结果

下面我们再考虑这样一种情况：需要同时对十几个仪器进行监控，并要求程序能实时地显示这些仪器的结果，如果我们在界面上放置这十几个显示控件，大家可以想象这一定会非常的乱，下面就来讨论这个问题的解决方法，用“子面板”和“VI 模板”来实现。

通过一个具体的实例来说明这种方法的使用过程，在这个例子中实现 4 个子界面的载入，对于更多的界面，方法是类似的。创建程序的步骤如下。

1）将仪器的界面编写为一个单独的 VI，并把它保存为 VI 模板（扩展名设为.vit），新建一个 VI，在前面板上放置一个“波形图”显示控件，保存为“信号显示.vit”。

2）在前面板上放置 3 个“子面板”作为仪器子界面的“容器”，右击每个“子面板”选择“创建→引用”。

3）切换到程序框图，按图 6-66 创建程序。

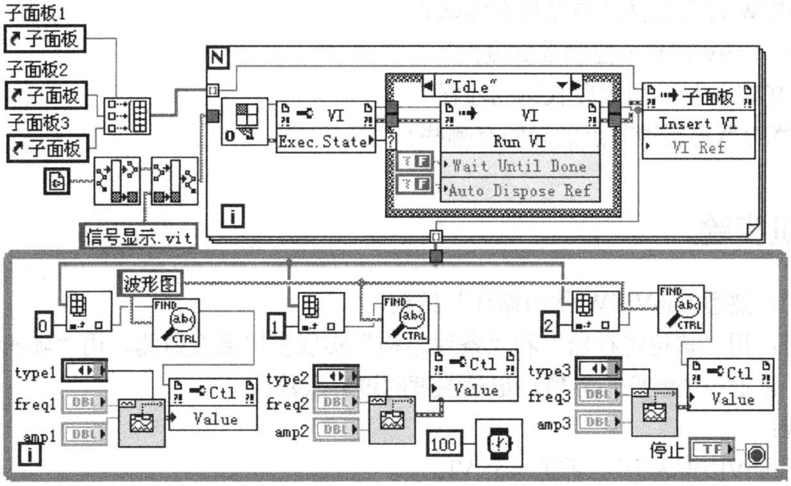

图 6-66　动态窗口 3 程序框图

运行程序，结果如图 6-67 所示，从图中可以看出，程序运行之后，创建了 3 个“信号显示.vit”的复本，用户可以改变 3 个信号的输入参数，观察波形的变化。

当停止主 VI 后，这些调用的子 VI——“信号显示.vit”对应的复本也会自动从内存中销毁，因此不用担心内存的释放问题。

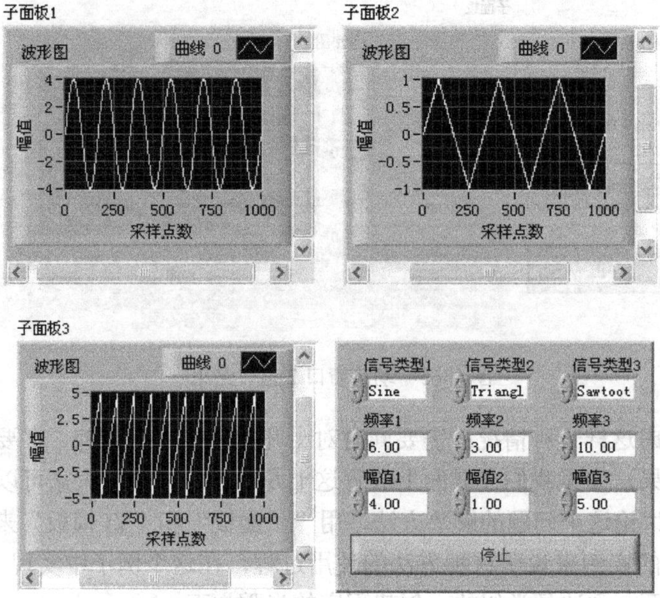

图 6-67　动态窗口 3 运行结果

6.13　习题

1）LabVIEW 中可用的循环与结构有哪些？

2）LabVIEW 特有的循环与结构有哪些？

3）如何在 LabVIEW 中控制数据流向？

4）LabVIEW 如何实现大段代码的注释？

5）移位寄存器与反馈节点的异同有哪些？

6.14　上机实验

上机目的：熟悉 LabVIEW 常用循环与结构。

上机内容：用“移位寄存器”和“条件结构”实现模拟温度监测，用“随机数”函数产生模拟温度，设定一个温度临界值，记录温度的过界次数。

实现步骤：

1）打开 LabVIEW 程序，新建一个 VI。

2）在前面板上放置：一个“波形图表”，命名为“模拟温度显示”；一个“数值输入控件”，命名为“临界值”；一个“数值显示控件”，命名为“过界次数”；一个“Express 表格”，命名为“监测信息”。

3）切换到程序框图，用“随机数（0-1）”乘以 100 后作为模拟温度，与“模拟温度显示”连接。

4）从“函数→编程→比较”中选择“大于等于？.vi”，一个输入端口与“模拟温度显示”连接，另一个输入端口与“临界值”连接，用来判断温度是否过界。

5）创建一个“条件选择结构”，条件输入端口与 4）中输出连接，如果模拟温度超过“临界值”，则为“真”，在“真”分支中“过界次数”加 1，并将“模拟温度显示”与“过界次数”用“合并信号”（在“函数→Express→信号操作”中）合并后与“Express 表格”的信号端连接，双击“Express 表格”，选择“格式化数字”为“十进制”，勾选“包含时间数据”。

6）创建移位寄存器并初始化为“0”，在“真”分支中前一次“过界次数”加 1 后连接到移位寄存器中，在“假”分支中前一次“过界次数”直接与移位寄存器连接。

7）创建一个 While 循环，设置时间间隔为 100ms。

运行程序，运行结果和程序框图如图 6-68 所示。

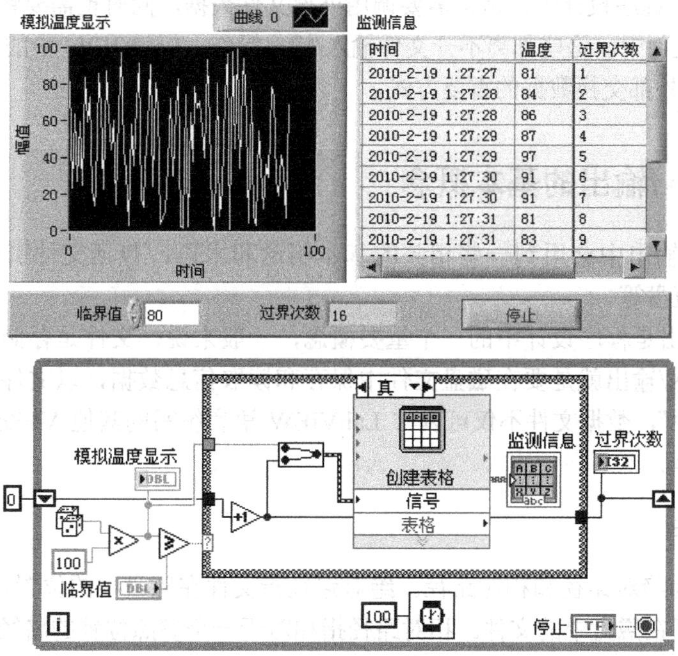

图 6-68　模拟温度监测运行结果与程序框图

第 7 章　LabVIEW 文件的输入与输出

本章主要介绍利用 LabVIEW 2015 进行文件输入、输出的方法和技巧，以及 LabVIEW 支持的基本输入、输出文件类型及其操作函数、VIs、Express VIs 等。并在此基础上总结各种文件输入、输出方式的特点和异同，使读者快速掌握 LabVIEW 程序设计中的文件输入/输出方法。

在 LabVIEW 程序设计中，常常需要调用外部文件数据，同时也需要将程序产生的结果数据保存在外部文件中，这些都离不开文件输入/输出操作。LabVIEW 中的文件输入/输出操作是 LabVIEW 和外部交换数据的重要方式。

7.1　文件输入/输出的基本概念

在文件输入/输出中会用到一些相关的基本概念和术语，包括文件引用句柄、文件格式、流程控件、流盘等。

文件输入/输出是程序设计中的一个重要概念，一般来说，文件是存储在磁盘上的数据的集合。文件输入/输出就是要在磁盘文件中保存和读取信息数据，以文件形式存储起来的数据具有“永久性”，数据文件不仅可以与 LabVIEW 语言编写的其他 VI 交换数据，而且可以与其他程序共享。

7.1.1　文件路径

文件路径分为绝对路径和相对路径。绝对路径指文件在磁盘中的位置，LabVIEW 可以通过绝对路径访问在磁盘中的文件。相对路径指相对于一个参照位置的路径，相对路径必须最终形成绝对路径才能访问磁盘中的文件。LabVIEW 中，路径可以是有效的路径名、空值或非路径。非路径是 LabVIEW 提供的一种特殊路径，是在路径操作失败时的返回值。

7.1.2　文件引用句柄

文件引用句柄是 LabVIEW 对文件进行区分的一种标识符，用于对文件进行操作。打开一个文件时，LabVIEW 会生成一个指向该文件的引用句柄，对打开的文件进行的所有操作均使用引用句柄来识别每个对象。引用句柄控件用于将一个引用句柄传进或传出 VI。LabVIEW 通过文件路径访问到文件后，为该文件设置一个文件引用句柄，以后通过此句柄即可对文件进行操作。文件引用句柄包含文件的位置、大小、读写权限等信息。

7.1.3　文件 I/O

文件 I/O 格式取决于所读写的文件格式。LabVIEW 可读写的文件格式有文本文件、二进制文件和数据记录文件三种。使用何种格式的文件取决于采集和创建的数据及访问这些数据的应用程序。

7.1.4 文件 I/O 流程控制

文件 I/O 流程控制保证文件操作按顺序依次执行。文件 I/O 操作过程中，一般有一对保持不变的输入、输出参数，用来控制程序流程。文件标识号就是其中之一，除了区分文件外，还可以进行流程控制。将输入、输出端口依次连接起来，可保证操作按顺序依次执行，实现对程序流程的控制。

7.1.5 文件 I/O 出错管理

文件 I/O 出错管理反映了文件操作过程中出现的错误。LabVIEW 对文件进行 I/O 操作时，一般提供一个错误输入端和一个错误输出端用来保留和传递错误信息。错误数据类型为一个簇，包含一个布尔量（判断是否出错）、一个整型量（错误代码）和一个字符串（错误和警告）。在程序中，将所有错误输入端和错误输出端依次连接起来，任何一点的出错信息都可以保留下来，并依次传递下去。在程序末端连接错误处理程序，可实现对程序中所有错误信息的管理。

7.1.6 流盘

流盘是一项在进行多次写操作时保持文件始终打开的技术，如在循环中使用流盘。流盘操作可以减少函数因打开和关闭文件与操作系统交互的次数，从而节省内存资源；流盘操作避免了对同一文件进行频繁地打开和关闭，可提高 VI 效率。

如果将路径控件或常量连接至写入文本文件、写入二进制文件或写入电子表格文件函数，则函数将在每次函数或 VI 运行时打开、关闭文件，增加了系统占用。对于速度要求高，时间持续长的数据采集，流盘是一种理想的方案，因为其在数据采集的同时将数据连续写入文件中。

为获取更好的效果，在采集结束前应避免运行其他 VI 和函数（如显示 VI 和函数等）。在循环之前放置打开/创建/替换文件函数，在循环内部放置读或写函数，在循环之后放置关闭文件函数，即可创建一个典型的流盘操作。此时，只有写操作在循环内部进行，从而避免了重复打开、关闭文件的系统占用。

7.2 文件的基本类型

7.2.1 文本文件

文本文件是最便于使用和共享的文件格式，几乎适用于任何计算机。许多基于文本的程序可读取基于文本的文件，多数仪器控制应用程序使用文本字符串。

如果磁盘空间、文件 I/O 操作速度和数字精度不是主要考虑因素，或无须进行随机读写，则可以使用文本文件存储数据，以方便其他用户和应用程序读取文件。若要通过其他应用程序访问数据，如文字处理或电子表格应用程序，可将数据存储在文本文件中。如需将数据存储在文本文件中，使用字符串函数可将所有的数据转换为文本字符串。

文本文件格式有三方面的缺点：第一，用这种格式保存和读取文件的时候需要进行文件格式转换，例如读取文本文件时，要将文本文件的 ASCII 码转换为计算机可以识别的二进制代码格式，存储文件的时候也需要将二进制代码转换为 ASCII 码的格式，因而需要花费额外的时间；第二，用这种格式存储的文件占用的磁盘空间比较大，存取的速度相对比较慢；第三，对于文本类型的数据，不能随机地访问其中的某个数据，这样当需要查找文件中某个位置的数据的时候就需要把这个位置之前的所有数据全部读出来，效率比较低。

7.2.2 电子表格文件

电子表格文件是一种特殊的文本文件，它将文本信息格式化，并在格式中添加了空格、换行等特殊标记，以便于被 Excel 等电子表格软件读取。例如用制表符来做段落标记以便让一些电子表格处理软件直接读取并处理数据文件中存储的数据。

7.2.3 二进制文件

二进制文件格式是在计算机上存取速度最快、格式最为紧凑、冗余数据也比较少的一种文件格式。用这种格式存储文件，占用的空间要比文本文件小得多，并且用二进制格式存取数据不需要进行格式转换，因而速度快，效率高。但是这种格式存储的数据文件无法被一般的文字处理软件如 Microsoft Word 读取，无法被不具备详细文件格式信息的程序读取，因而其通用性较差。

7.2.4 数据记录文件

确切地说，数据记录文件也是一种二进制文件，只是在 LabVIEW 等 G 语言中这种类型的文件扮演着十分重要的角色，所以在这里为其建立了一个独立的类型。数据记录文件只能被 G 语言，如 LabVIEW 读取，它以记录的格式存储数据，一个记录中可以存放几种不同类型的数据，或者可以说一个记录就是一个“簇”。

7.2.5 波形文件

波形文件是一种特殊的数据记录文件，专门用于记录波形数据。每个波形数据包含采样开始时间 t_0、采样间隔 dt、采样数据 y 三个部分。LabVIEW 提供了三个波形文件 I/O 函数。

7.2.6 测量文件

测量文件是 LabVIEW 7 版本后新引入的一种文件格式，是一种只有 LabVIEW 才能读取的文件格式，因而适合于只用 LabVIEW 访问的文件。这种文件的使用简单、方便。

7.2.7 配置文件

配置文件是标准的 Windows 配置文件，用于读写一些硬件或软件的配置信息，并以 INI 配置文件的形式进行存储。一般说来，一个 INI 文件是一个 key/value 对的列表。例如，一个 key 为“A”，它对应的值为“1984”。INI 文件中的条目为 A=1984。当运行完一个用 LabVIEW 生成的 EXE 文件时，程序也会自动生成一个.INI 文件。

7.2.8 XML 文件

XML 是 Extensible Markup Language 的缩写，即可扩展标记语言，利用 XML 纯文本文件可以用来存储数据、交换数据、共享数据。大量的数据可以存储到 XML 文件中或者数据库中。LabVIEW 中的任何数据类型都可以以 XML 文件方式读写。XML 文件最大的优点是实现了数据存储和显示的分离，用户可以把数据以一种形式存储，用多种不同的方式打开，而不需要改变存储格式。

7.3 文件 I/O 选板

针对多种文件类型的 I/O 操作，LabVIEW 提供了功能强大且使用便捷的文件 I/O 函数，这些函数大多数位于函数选板下的“编程→文件 I/O”子选板内，如图 7-1 所示。

除了该选板下的函数外，还有个别函数文件 I/O 函数位于波形子选板、字符串子选板和图形与声音子选板内。下面对文件 I/O 函数选板中常用的几个 I/O 函数进行简单的介绍。

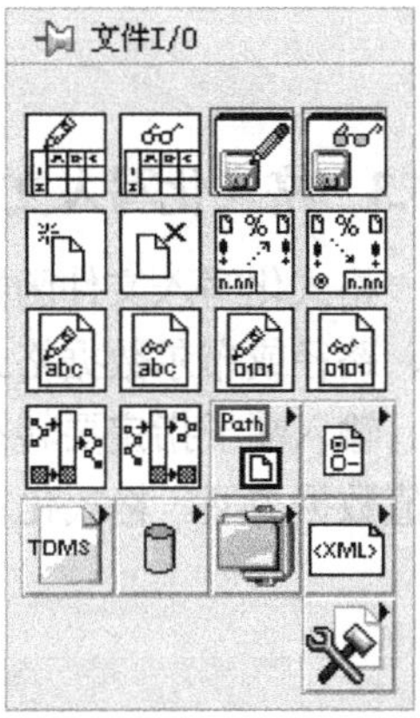

图 7-1　文件 I/O 子选板

7.3.1 打开/创建/替换文件函数

打开/创建/替换文件函数的接线端子如图 7-2 所示，它的功能是打开或替代一个存在的文件或创建一个新文件。文件路径（使用对话框）端子输入的是文件的绝对路径。如没有接线文件路径端子，则函数将显示用于选择文件的对话框。文件路径端子下方是文件操作端子，可以定义打开/创建/替换文件函数，可以输入 0～5 的整型量。输入“0”表示打开已经存在的文件，输入“1”表示替换已存在的文件；输入“2”表示创建新文件；输入“3”表示打开一个已存在的文件，若文件不存在则自动创建新文件；输入“4”表示创建新文件，若文件已存在则替换旧文件；输入“5”和输入“4”进行的操作一致，但文件存在时必须拥有权限才能替换旧文件。文件操作端子下方是权限端子，可以定义文件的操作权限，默认为可读写状态。

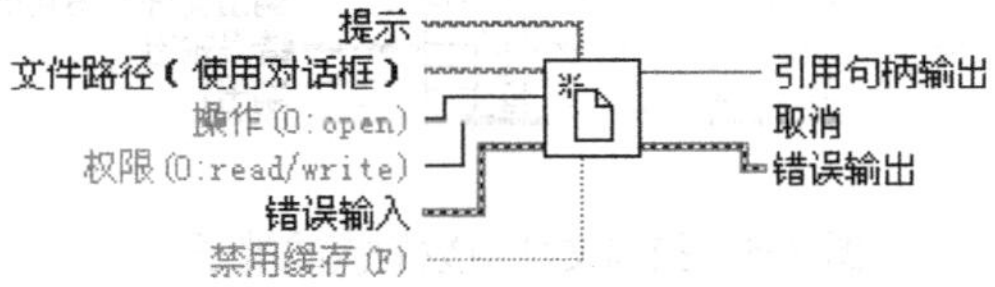

图 7-2　打开/创建/替换文件函数的接线端子

句柄也是一个数据类型，包含了很多文件和数据信息，在本函数中包括文件位置、大小、读写权限等信息，每当打开一个文件时，就会返回一个与此文件相关的句柄，在文件关闭后，句柄与文件联系会取消。文件函数用句柄连接，用于传递文件和数据操作信息。

7.3.2 关闭文件函数

关闭文件函数的接线端子如图 7-3 所示。在句柄连接的函数最末端通常要添加关闭文件函数。关闭文件函数用于关闭引用句柄指定的打开文件。使用关闭文件函数后错误 I/O 只在该函数中运行，无论前面的操作是否产生错误，错误 I/O 都将关闭，从而释放引用，保证文件正常关闭。

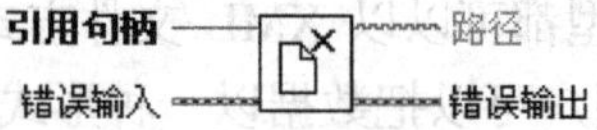

图 7-3　关闭文件函数的接线端子

7.3.3　格式化写入文件函数

格式化写入文件函数的接线端子如图 7-4 所示。格式化写入文件函数可以将字符串、数值、路径或布尔数据格式化为文本类型并写入文件。拖动函数下边框可以为函数添加多个输入。输入端子指定要转换的输入参数。输入的可以是字符串路径、枚举型、时间标识或任意数值数据类型。格式化写入文件函数还可用于判断数据在文件中显示的先后顺序。

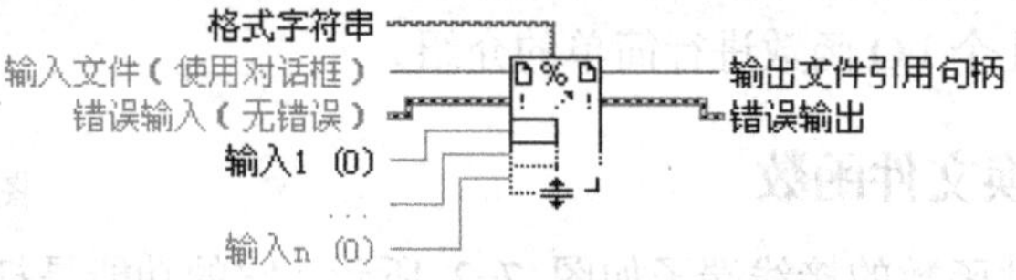

图 7-4　格式化文件函数的接线端子

7.3.4　扫描文件函数

扫描文件函数的接线端子如图 7-5 所示。扫描文件函数与格式化写入函数功能相对应，可以扫描位于文本中的字符串、数值、路径及布尔数据，将这些文本数据类型转换为指定的数据类型。输出端子的默认数据类型为双精度浮点型。

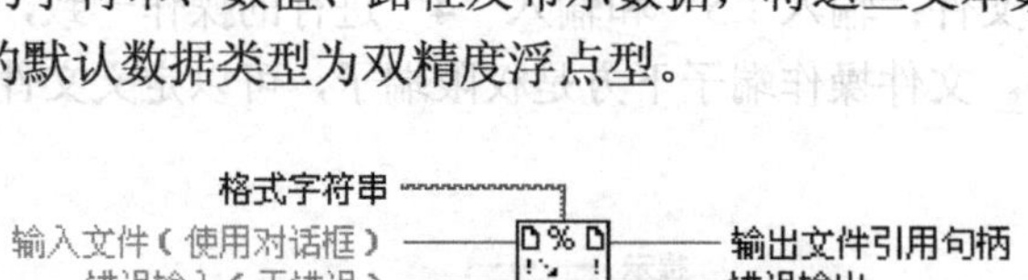

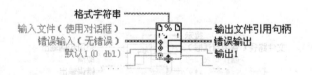

图 7-5　扫描文件函数的接线端子

要为输出端子创建输出数据类型有以下 4 种方式可供选择。

1）通过为默认 1～*n* 输入端子创建指定输入类型指定输出数据的类型。

2）通过格式字符串定义输出类型。但布尔类型和路径类型的输出类型无法用格式字符串定义。

3）先创建所需类型的输出控件，然后连接输出端子，自动为扫描文件函数创建相应的输出类型。

4）双击扫描文件函数，将打开一个“编辑扫描字符串”窗口，可以在该窗口进行添加、删除端子和定义端子类型的操作。

7.4 常用文件类型的使用

7.4.1 文本文件函数的使用

1. 写入文本文件函数

写入文本文件函数的接线端子如图 7-6 所示。文件端子输入的可以是引用句柄或绝对文件路径，不可以输入空路径或相对路径。写入文本文件函数根据文件路径端子打开已有文件或创建一个新文件。文本端子输入的为字符串或字符串数组类型的数据，如果数据为其他类型，必须先使用格式化写入字符串函数（位于函数面板字符串子选板），把其他类型数据转换为字符串型的数据。

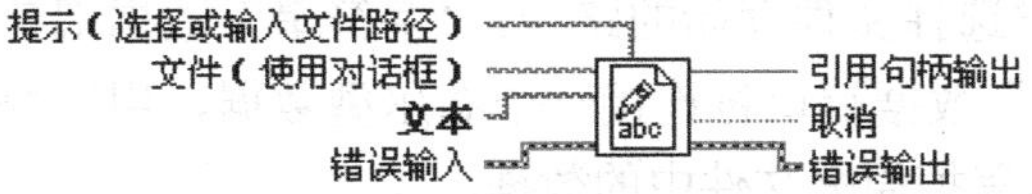

图 7-6　写入文本文件函数的接线端子

2. 读取文本文件函数

读取文本文件函数的接线端子如图 7-7 所示。

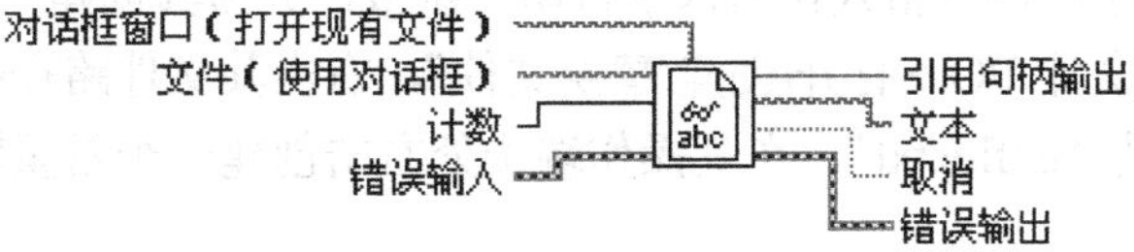

图 7-7　读取文本文件函数的接线端子

接线端子可以指定函数读取的字符数或行数的最大值。如计数端子输入小于 0，读取文本文件函数将读取整个文件。很多函数节点都有错误输入和错误输出功能，其数据类型为簇，它有三个功能。

1）用于检查错误信息。如果一个节点发生操作错误，该节点的错误输出端就会返回一个错误信息。若这个错误信息传递到下一个节点则该节点就停止运行，只是将错误信息继续传递下去。

2）通过将一个节点的错误输出与另一个节点的错误输入连接可以指定程序执行的顺序，起到一个数据流的功能。

3）错误输出端输出的簇信息可以作为其他事件的触发事件。

3. 设置文件位置函数

VI 多次运行时通常会把上一次运行时的数据覆盖，有时为了防止数据丢失，需要把每次运行 VI 时产生的数据资料添加到原数据资料上去，这就要使用设置文件位置函数，其接线端子如图 7-8 所示。设置文件位置函数位于“文件 I/O→高级文件函数”中，用于指定数据写入的位置。

自端子指定文件标记，即数据开始存放的位置。为自端子创建常量时，显示的是一个枚举型常量；选择 start 项表示在文件起始处设置文件标记；选择 end 项时表示在文件末尾处设置文件标记；选择 current 项时表示在当前文件标记处设置文件标记。偏移量用于指定文件标记的位置与自指定位置的距离。

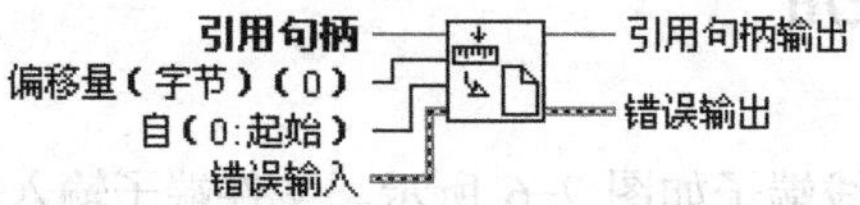

图 7-8　设置文件位置函数的接线端子

【例 7-1】 文本文件函数的使用。

写入文件函数有三个数据端口，分别为："文件的路径""字符串"和"是否添加到文件"。"文件的路径"数据端口为输入文件的路径，如果不连接任何路径，则程序会弹出"文件路径"对话框，让用户选择文件存储的路径。"字符串"数据端口为输入到文本文件的字符串。"是否添加到文件"数据端口将连接一个布尔型数据，用以决定在存储字符串的时候添加到文件的后面还是覆盖掉原来文件中的数据。

下面编写程序，进行文本文件的写入和读取。操作步骤如下。

1）首先，创建一个 VI，在程序框图新建一个循环次数为 100 的 For 循环。

2）选择"编程→数值→随机数（0-1）"函数和"加法"函数，放置在 For 循环内。并在"编程→比较"面板中分别创建"大于""选择"函数，放置在 For 循环内。

3）选择"编程→字符串→格式化写入字符串"函数，并为其创建一个字符串输入。

4）选择"编程→文件 I/O→打开/创建/替换文件"，右击其文件路径端子为其创建一个文件路径，本例选择的是"c:\file.txt"。在其操作端子处右击创建一个常量输入，并选择"open or create"。

5）选择"编程→文件 I/O→写入文本文件和关闭文件"函数，放置在 For 循环外。

6）选择"编程→文件 I/O→高级文件函数→设置文件位置"函数，放置在 For 循环外。

7）如图 7-9 所示，连接图中各函数接线端子。

8）选择"编程→文件 I/O→读取文本文件"函数，并为其分别创建文件路径和文件输出形式。

9）单击"运行"按钮，查看运行效果图。

10）运行程序后，前面板运行图如图 7-10 所示。同时，可以在 C 盘根目录下看见一个命名为 file 的文本文件，里面保存了随机数的数据。

🕮 注意：设置文件位置函数必须位于写入文本文件函数前面，因为需要在写入前规定写入位置。

7.4.2　电子表格文件函数的使用

1．写入电子表格文件

写入电子表格文件函数的接线端子如图 7-11 所示。格式输入端子指定数据转换格式和精度，二维数据输入端和一维数据输入端能输入字符串、带符号整型或双精度型的二维或一维数组。

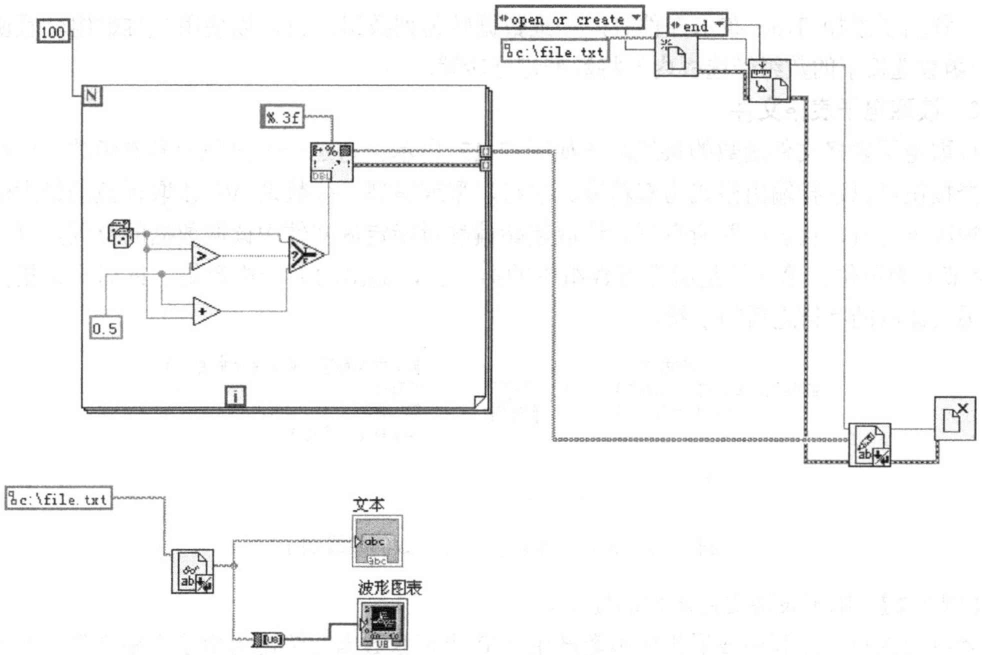

图 7-9　随机数写入和读取程序框图

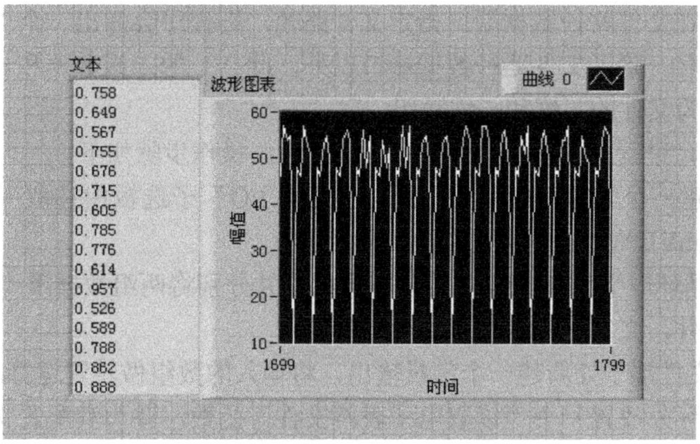

图 7-10　随机数写入和读取前面板

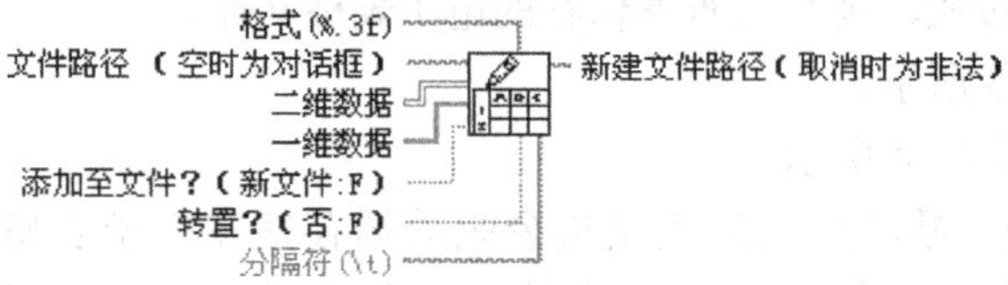

图 7-11　写入电子表格文件函数的接线端子

电子表格文件将数组转换为文本字符串形式保存。添加至文件端子连接布尔型控件，默认为 False，表示每次运行程序产生的新数据都会覆盖原数据。设置为 True 时每次运行程序新创建的数据将添加到原表格中去，而不删除原表格数据。默认情况下一维数据为行数组，当在转置端子添加 True 布尔控件时，一维数据转为列数组。也可以使用二维数组转置函数（位于函数选板下的数组子选板内）将数据进行转置。

2．读取电子表格文件

读取电子表格文件函数的接线端子如图 7-12 所示。它是一个典型的多态函数，通过多态选择按钮可以选择输出格式为双精度、字符串型或整型。行数是 VI 读取行数的最大值，默认情况下为-1，代表读取所有行。读取起始偏移量指定从文件中读取数据的位置，以字符（或字节）为单位。第一行是所有行数组中的第一行，输出的为一维数组。读后标记指向文件中最后读取的字符之后的字符。

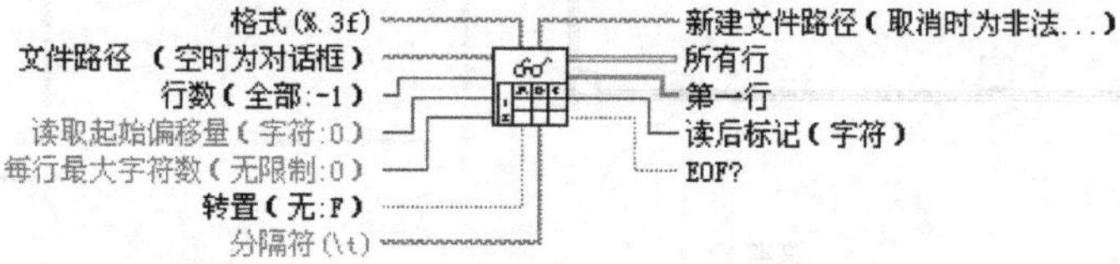

图 7-12　读取电子表格文件函数的接线端子

【例 7-2】 电子表格文件函数的使用。

本练习的目的是利用波形生成函数产生 200 个正弦数据并输出为电子表格文件，熟悉电子表格文件函数的使用。

写入电子表格文件函数用于存储电子表格文件，这个函数可以将一个一维或二维数组写入文件，如果没有在文件路径数据端口指定文件路径，则程序会弹出一个“文件”对话框，指示用户给出文件名。除了文件路径数据端口以外，此 VI 的二维数据和一维数据端口分别用来连接将要存储为文件的二维和一维数组。

下面编写程序，进行电子表格文件的写入和读取。操作步骤如下。

1）首先，新建一个 VI，从函数选板中“文件 I/O”子选板中选取“写入电子表格文件”函数，置于 LabVIEW 的程序框图。

2）利用 For 循环产生 200 个正弦及余弦数据，并分别将两组数据用“写电子表格 VI”储存为电子表格文件，文件的路径为“c:\file.xls”。

3）在添加至文件端子处新建一个常量输出，将输入的数组做转置运算。

4）在 For 循环外放置一个“读取电子表格文件”函数，并为其配置文件路径以及输出显示控件。

5）按图 7-13 所示为各函数连线，并检查有无断线。

6）单击“运行”按钮，到 C 盘查看保存的电子表格文件。

程序框图如图 7-13 所示。

本例运行结果如图 7-14 所示。

上面的程序将 For 循环产生的正弦与余弦数据存储在电子表格文件 file.xls 中，用 Microsoft Excel 打开这个文件，可以发现文件中有两行，第一行为余弦数据，第二行为正弦数据，用 Microsoft Excel 的绘图功能分别绘出这两行数据的散点图，如图 7-15 和图 7-16 所示。

这充分印证了电子表格文件的特性，也是这种文件格式最大的好处——可以用其他电子表格处理软件处理文件中的数据。

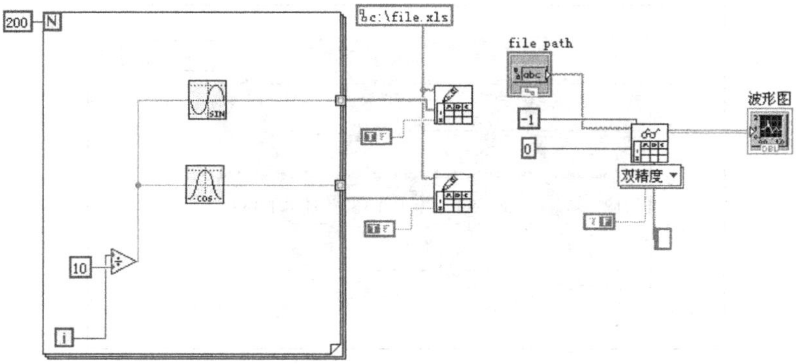

图 7-13　电子表格写入和读取程序框图

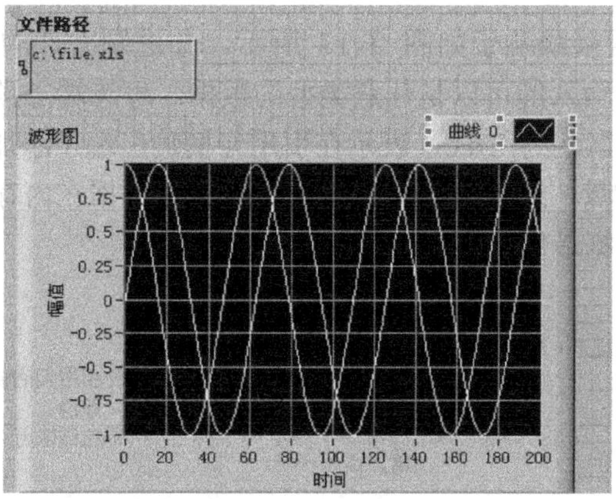

图 7-14　运行结果

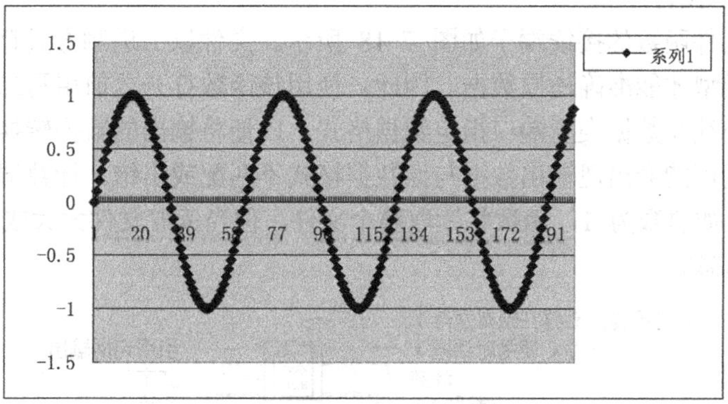

图 7-15　电子表格中正弦数据的绘图

7.4.3　二进制文件函数的使用

在众多的文件类型中，二进制文件是存取速度最快、格式最紧凑、冗余数据最少的文件存储格式，在高速数据采集时常用二进制格式存储文件，以防止文件生成速度大于存储速度的情况发生。二进制文件函数的使用方法简要说明如下。

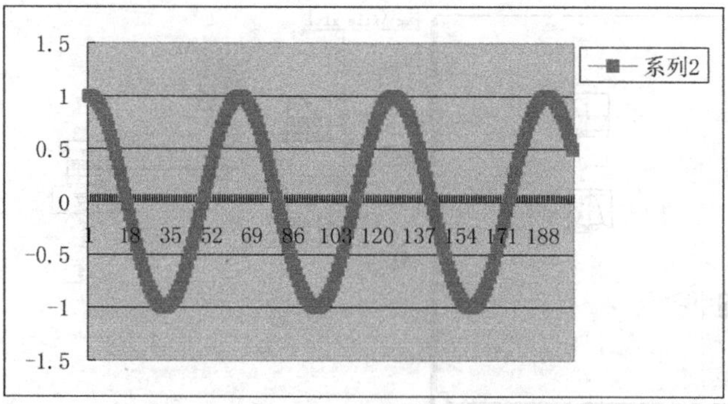

图 7-16 电子表格中余弦数据的绘图

1．写二进制文件

写二进制文件函数的接线端子如图 7-17 所示。二进制文件的文件结构与数据类型无关，因而其数据输入端子输入的可以是任意类型的数据。可选端子预置数组或字符串大小输入的是布尔类型的数据，默认为 True，表示在引用句柄输出端子添加数据大小的信息。字节顺序端子可以连续枚举常量，选择不同的枚举项可以指定数据在内存地址中的存储顺序，默认情况下最高有效字节占据最低的内存地址。

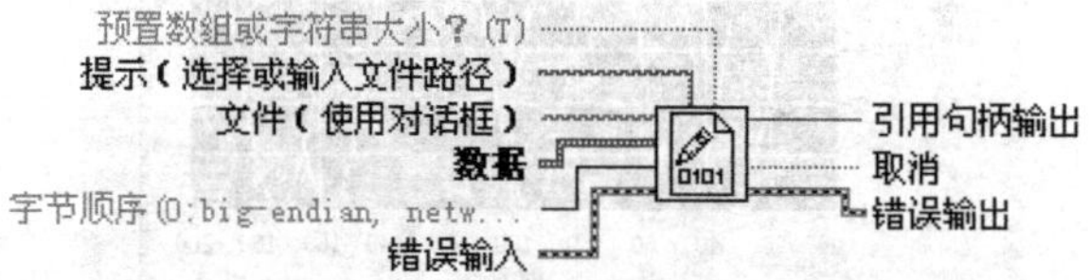

图 7-17 写二进制文件函数的接线端子

2．读取二进制文件

读取二进制文件函数的接线端子如图 7-18 所示。文件以二进制方式存储后，用户必须知道输入数据的类型才能准确还原数据。因此，使用该函数打开之前用写二进制文件函数存储的二进制文件必须在数据类型端口指定数据格式，以便将输出的数据转换成与原存储数据相同的格式，否则可能会出现输出数据与原数据格式不匹配或出错。计数端子指定要读取的数据元素的数量。如总数为-1，函数将读取整个文件，但当读取文件太大或总数小于-1 时，函数将返回错误信息。

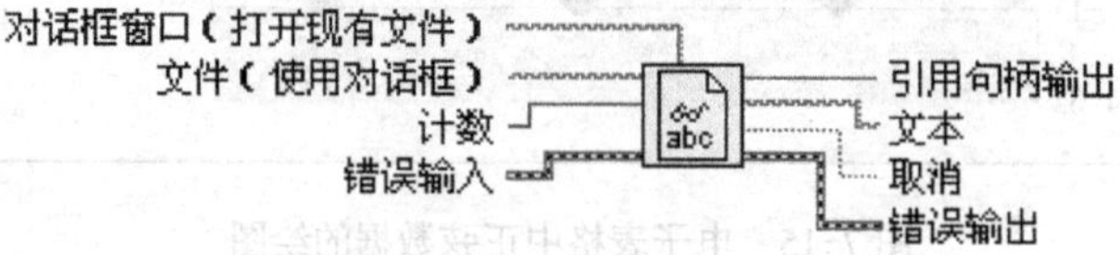

图 7-18 读取二进制文件函数的接线端子

【例 7-3】 二进制文件函数的使用。

本练习的目的是将一个混合单频和噪声的波形存储为二进制文件，熟悉二进制文件函数的使用。

写入二进制文件函数的输入数据端口主要有 4 个，分别为“文件路径”“二维数据”“一维数据”和“添加至文件”。四个数据端口的作用分别是指明存储文件的路径、存储的二维数组数据、存储的一维数组数据以及指明是否添加到文件。

下面编写程序，进行二进制文件的写入和读取。操作步骤如下。

1）首先利用 For 循环产生混合单频和噪声的波形，设置循环次数为 5。

2）利用“文件对话框”函数设定文件路径选择对话框的提示框、默认的存储文件名和提示的文件类型。“写二进制文件”函数输入的为波形数组类型的数据。

3）将混合单频和噪声的波形输出到“写二进制文件”函数中，将文件储存到 C 盘，并创建波形图表显示控件。

4）为“读取二进制文件”函数的数据类型端子创建包含波形数据的簇信息。

5）单击“运行”按钮，查看运行结果。

程序框图如图 7-19 所示。

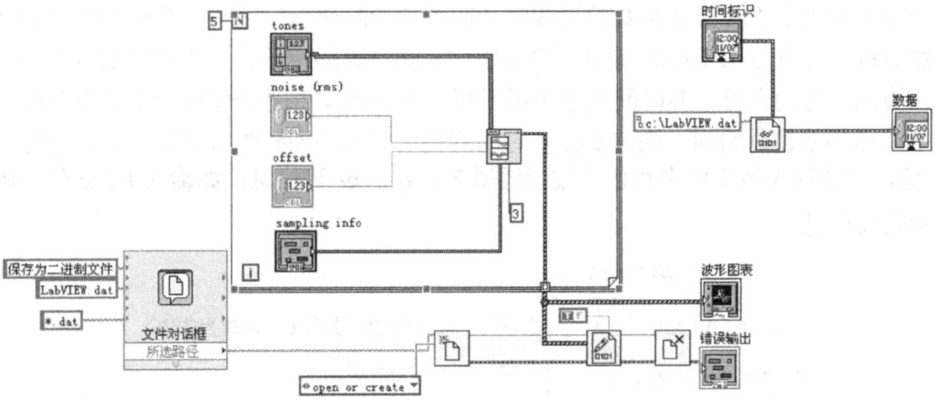

图 7-19　二进制文件存储、读取程序框图

程序前面板如图 7-20 所示。

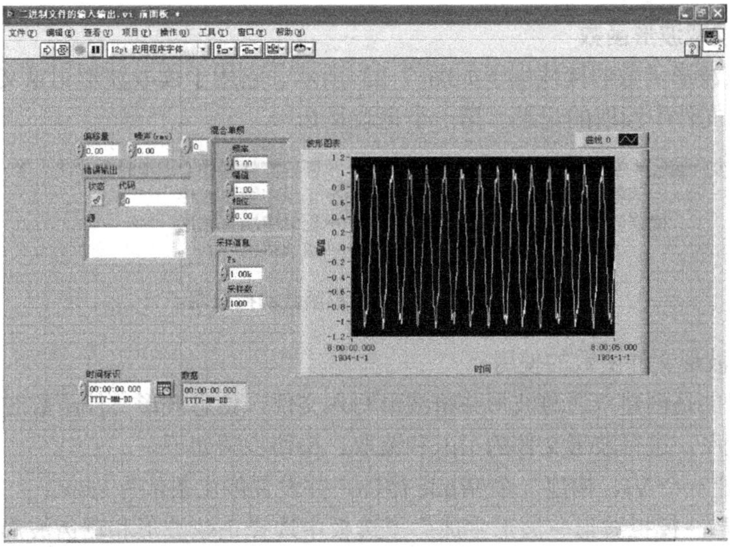

图 7-20　前面板示意图

7.4.4 波形文件函数的使用

1．写入波形至文件函数

写入波形至文件函数位于函数选板下的“波形→波形文件 I/O”子选板中。其接线端子如图 7-21 所示。它可以创建一个新文件或打开一个已存在的文件，波形输入端可以输入波形数据或一维、二维的波形数组，并且在记录波形数据的同时输入多个通道的波形数据。

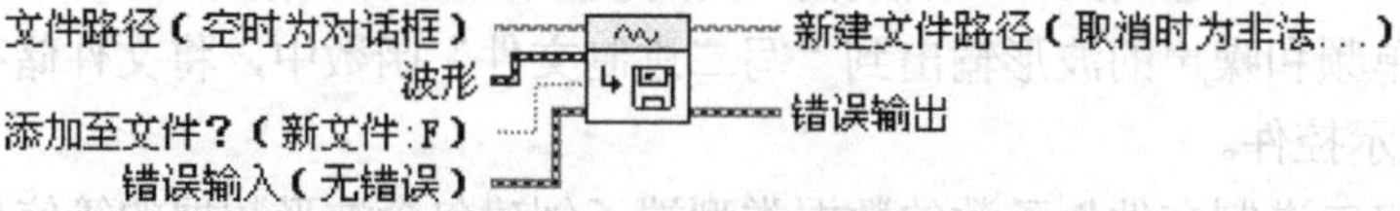

图 7-21　写入波形至文件函数的接线端子

2．导出波形至电子表格文件函数

导出波形至电子表格文件函数的接线端子如图 7-22 所示。它将一个波形转换为字符串形式，然后将字符串写入 Excel 等电子表格中去。其中分隔符函数用于指定表格间的分隔符号，默认情况下为制表符。多时间列端子用于规定各波形文件是否使用一个波形时间。如果要为每个波形都创建时间列，则需要在多时间列端子输入 True 的布尔值。如为标题端子输入 True 值，生成的表格文件中将包含波形通道名，t_0，dt 等信息；如输入 False 值，则表格将不显示表头信息。

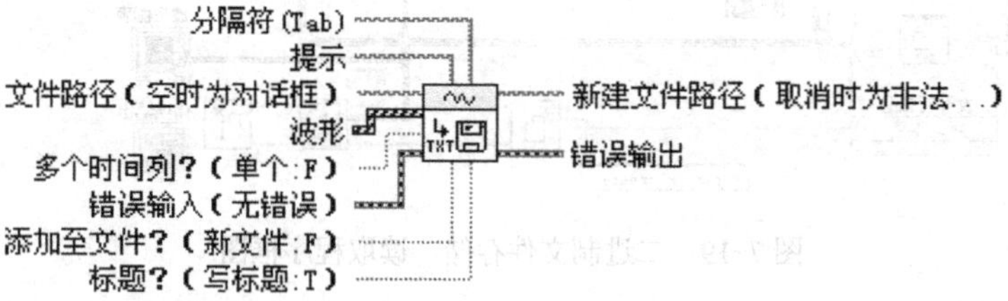

图 7-22　导出波形至电子表格文件函数的接线端子

3．从文件读取波形函数

从文件读取波形函数的接线端子如图 7-23 所示。它用于读取波形记录文件。其中偏移量端子指定要从文件中读取的记录。第一个记录是 0。

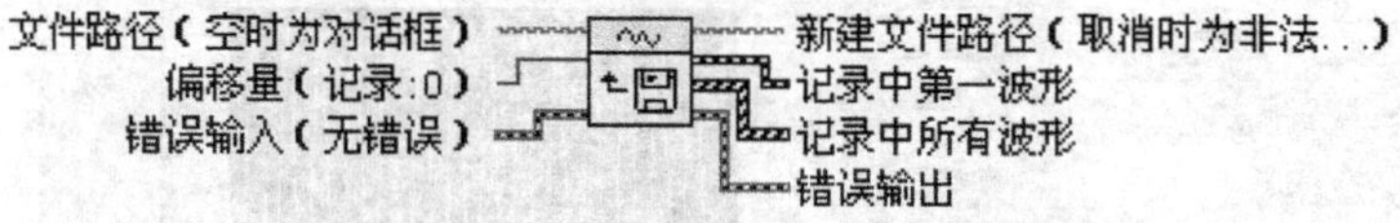

图 7-23　从文件读取波形函数的接线端子

【例 7-4】 波形文件函数的使用。

本练习的目的是创建双通道波形并将波形写入文件，熟悉波形文件函数的使用。

下面编写程序，进行波形文件的写入和读取。操作步骤如下。

1）首先创建一个 VI，构建一个 While 循环，并设置停止条件为 stop。

2）从“波形→模拟波形→波形生成”子选板中选择正弦波形和锯齿波形两个模拟波形函数，通过“定时器→获取日期/时间”函数为两个模拟波形创建不同的波形生成函数。

3）选择“波形→波形文件 I/O→写入波形至文件”，为其创建文件路径为“c:\wave.dat”，并将“添加至文件”接线端子设置为 True。

4）在 While 循环外创建一个“生成数组”函数，作为输入数据传递给“写入波形至文件”函数。

5）选择“导出波形至电子表格文件”，将函数导入 Excel 表格中。将程序框图中各函数如图 7-24 所示连线。

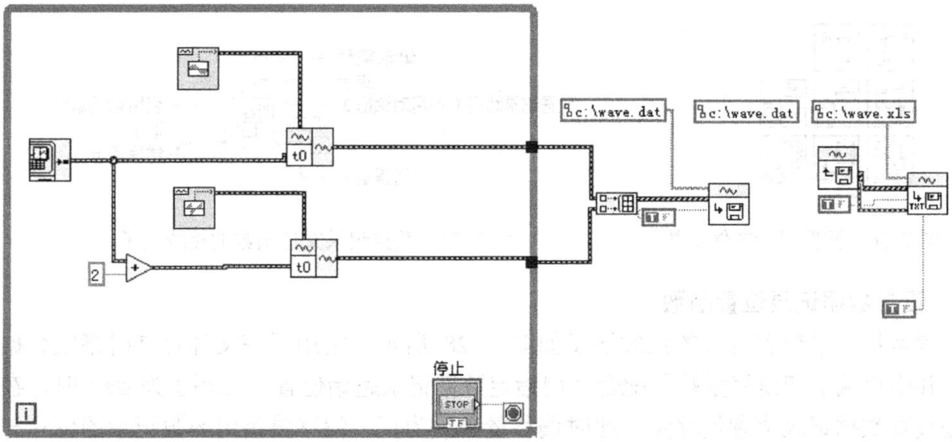

图 7-24　模拟双通道波形文件读取程序框图

6）运行程序，查看导入 Excel 表格，如图 7-25 所示。

	A	B	C	D
1	waveform	[0]		[1]
2	t0	35:34.5		35:36.5
3	delta t	0.001		0.001
4				
5	time[0]	Y[0]	time[1]	Y[1]
6	35:34.5	1.59E-11	35:36.5	0.00E+00
7	35:34.5	6.28E-02	35:36.5	2.00E-02
8	35:34.5	1.25E-01	35:36.5	4.00E-02
9	35:34.5	1.87E-01	35:36.5	6.00E-02
10	35:34.5	2.49E-01	35:36.5	8.00E-02
11	35:34.5	3.09E-01	35:36.5	1.00E-01

图 7-25　波形导入 Excel 电子表格

程序框图如图 7-24 所示。

注意：在程序框图对应的前面板设计中，应该在 VI 属性窗口中自定义窗口外观，隐藏工具栏中的“中止”按钮。因为如果直接在程序运行时按下“中止”按钮，数据流将在 While 循环内中止，未能传输到“写入波形至文件”函数中去。

7.4.5　数据记录文件函数的使用

数据记录文件函数位于“文件 I/O”子选板中的“高级函数→数据记录”子选板中，如图 7-26 所示。

1．打开/创建/替换数据记录文件函数

数据记录文件函数的接线端子如图 7-27 所示。数据记录文件函数和二进制文件函数的使用方法类似，也可以把各种数据类型以二进制的形式存储。与二进制文件函数的使用不同之处在于数据记录文件中的“打开/创建/替换数据记录文件”函数在使用时必须添加记录类型端子所要记录的数据类型。

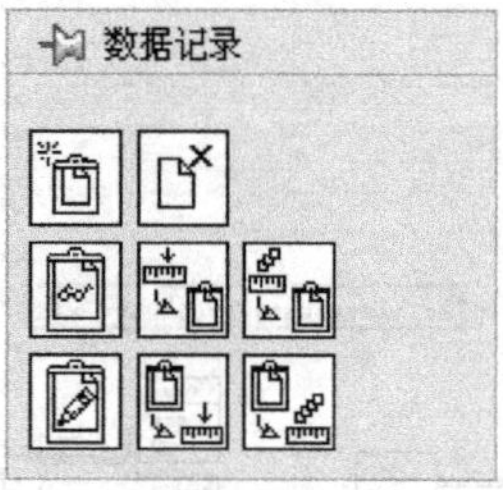

图 7-26　数据记录文件函数

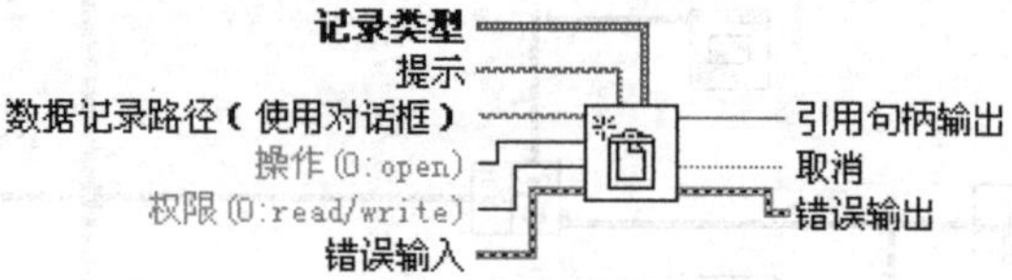

图 7-27　数据记录文件函数的接线端子

2．设置数据记录位置函数

设置数据记录位置函数的接线端子如图 7-28 所示。它用于在文件存储时指定数据存储位置，其中自端子和偏移量端子配合使用指定数据记录起始位置。自端子为 start 时，在文件起始处设置数据记录位置偏移量，此时偏移量必须为正，偏移量指定函数记录的位置与自指定的位置间的记录数。默认情况下为 current，在文件起始处设置数据记录位置偏移量。

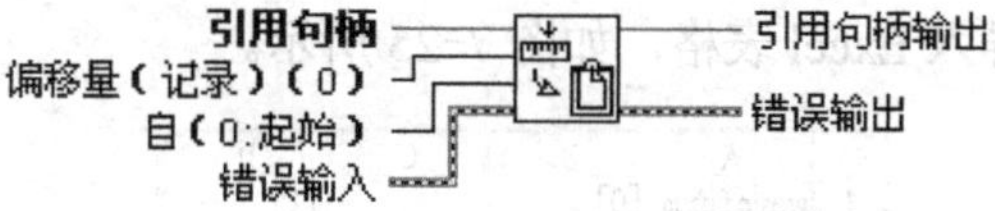

图 7-28　设置数据记录位置函数的接线端子

此处数据记录文件函数选板还包括“获取数据记录位置”“设置记录数量”和“获取记录数量”等一系列特殊功能函数。

【例 7-5】 数据记录文件函数的使用。

本练习的目的是创建一个仿真波形并写入数据记录文件，熟悉数据记录文件函数的使用。

下面编写程序，进行数据记录文件的写入和读取。操作步骤如下。

1）首先，创建一个仿真信号输出正弦和均匀噪声，位置在函数选板下的“编程→波形→模拟波形→波形生成”子选板下，可以设置其频率和幅值。

2）将“仿真信号”函数链接到“打开/创建/替换数据记录文件”函数，指定数据类型为“open or creat”。

3）将“打开/创建/替换数据记录文件”函数的输出端作为数据输入端连接到“写入数据记录文件”函数，把数据写入文件。

4）利用“拒绝访问”函数将访问权限选择为“deny write-only”，并使用“设置数据记录位置”函数指定每次运行程序时数据记录位置为当前位置。

5）使用“获取记录数量”函数获取数据记录的次数，每运行一次写入一次数据。

6）程序其余连线如图 7-29 所示。运行程序，查看运行结果。

程序框图如图 7-29 所示。

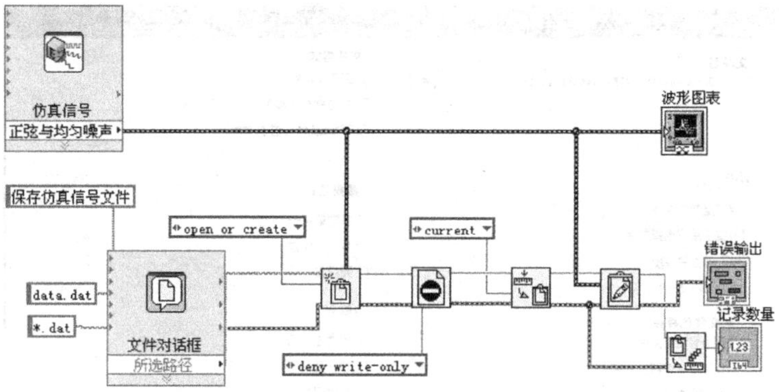

图 7-29　数据记录文件的输入输出程序框图

运行结果如图 7-30 所示。

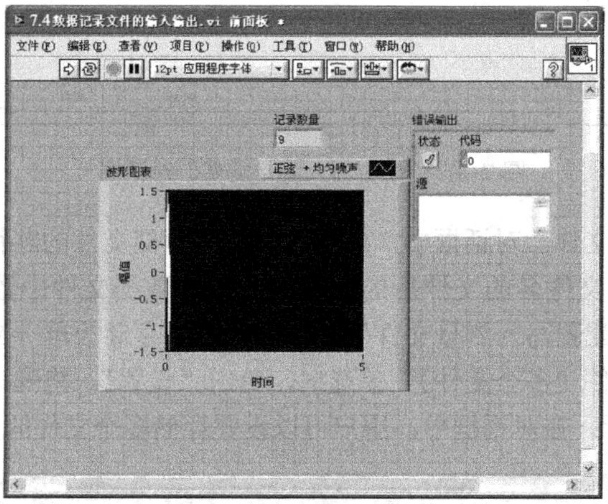

图 7-30　运行结果

📖 注意：因为“获取记录数量”函数记录的是每次写入数据后的记录次数，因此在使用“获取记录数量”函数时要把函数放置于“写入数据记录文件”函数后面。

7.4.6　测量文件函数的使用

测量文件是一种只有 LabVIEW 才能够识别的文件格式，通过写入测量文件函数实现文件的输入，通过读取测量文件函数实现文件的输出。使用这种文件格式进行文件的输入/输出的优势是使用方便，只需要对这两个函数的属性做一些简单的配置就可以很容易地实现文件的输入/输出。

1．写入测量文件函数

测量文件的输入是通过写入测量文件函数来实现的。从函数选板中的“文件 I/O”子选板中选取“写入测量文件”函数放置在程序框图上。这时，将弹出该 VI 的“配置写入测量文件”对话框，如图 7-31 所示。在对话框中，用户可以设置存储文件的一些选项。

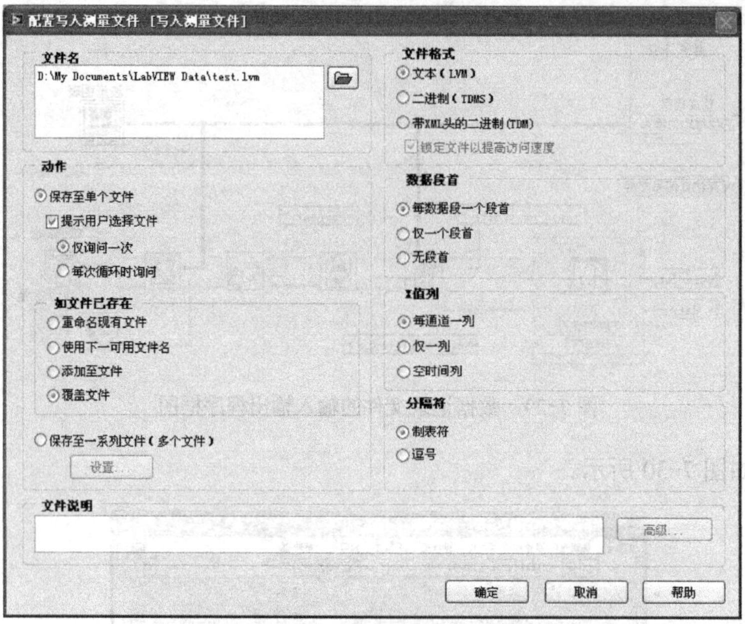

图 7-31 “配置写入测量文件”对话框

在“配置写入测量文件”对话框中，用户可以设置存储文件的路径，设置文件头信息，当存储目录下存在同样文件名的文件后的处理机制以及数据文件中数据之间的分隔符等信息。同时，还可以在“配置写入测量文件”对话框中设置存储为单一文件还是一系列文件，单击“保存至一系列文件（多个文件）”单选框，单击“设置”，将弹出“配置多文件设置”对话框，如图 7-32 所示。在对话框中，用户可以设置存储多个文件的文件名等选项。

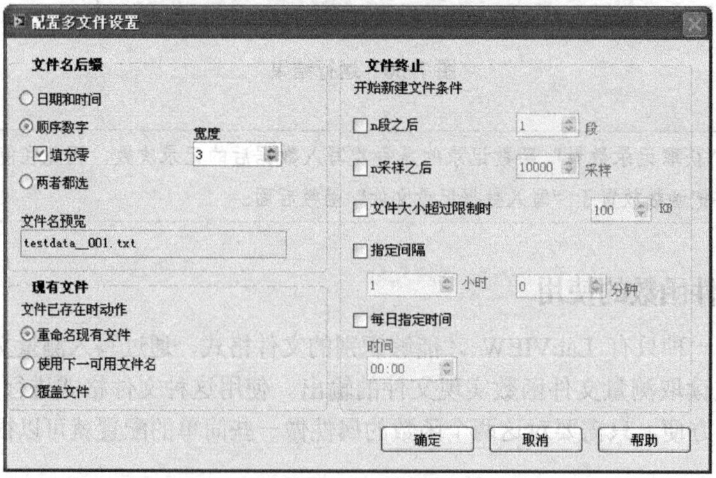

图 7-32 “配置多文件设置”对话框

写入测量文件函数的接线端子如图 7-33 所示。

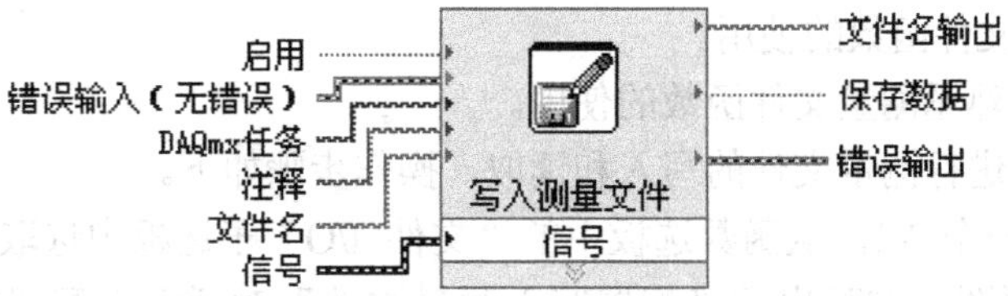

图 7-33　写入测量文件函数的接线端子

2. 读取测量文件函数

利用读取测量文件函数实现读取测量文件非常简单，只需要对其“配置读取测量文件”对话框做一些简单配置即可。从函数选板中的“文件 I/O”子选板中选取“读取测量文件”函数并放置在程序框图上，就会自动打开“配置读取测量文件”对话框，按照说明对其属性进行配置，如图 7-34 所示。

图 7-34 “配置读取测量文件”对话框

在“配置读取测量文件”对话框中有一个“开始读取文件”按钮，单击这个按钮可以按照文件路径中指定的文件读取文件的内容，这相当于一个预览文件内容的预览窗口。

读取测量文件函数接线端子如图 7-35 所示。

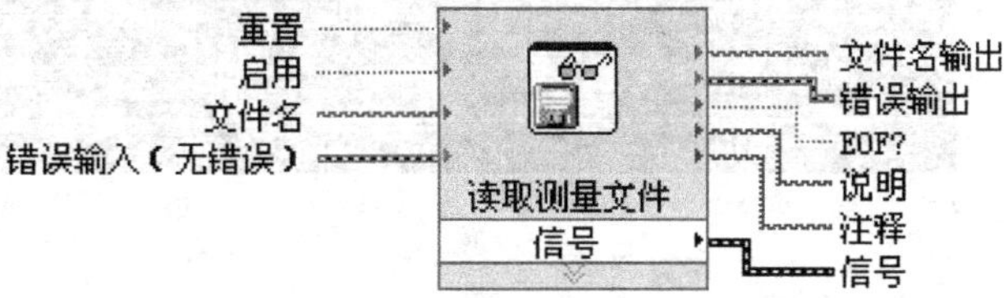

图 7-35　读取测量文件函数的接线端子

【例 7-6】 测量文件函数的使用。

本练习的目的是熟悉测量文件函数的使用。

下面编写程序，进行测量文件的写入和读取。操作步骤如下。

1）首先，新建一个 VI，从函数选板中的“文件 I/O”子选板中选取“写入测量文件”函数，放置于程序框图，在弹出的“配置写入测量文件”对话框中配置数据存储为单一文件，并选择让程序提示用户存储文件的路径。

2）从函数选板中的“编程→波形→模拟波形→波形生成”子选板中选取“仿真信号”函数，并配置其属性，设置输出频率为 10.2Hz，幅值为 2V，并与“读取测量文件”函数连接起来。

3）运行程序，在弹出的“选择文件路径”对话框中设置文件路径为“d:\My Documents\LabVIEW Data”。

4）从函数选板中的“文件 I/O”子选板中选取“读取测量文件”函数，放置于程序框图，在弹出的“配置读取测量文件”对话框中进行配置。

5）在读取测量文件的信号输出端单击鼠标右键，选择“创建图形显示控件”。

6）运行程序，查看运行结果，保存文件。

程序框图如图 7-36 所示。

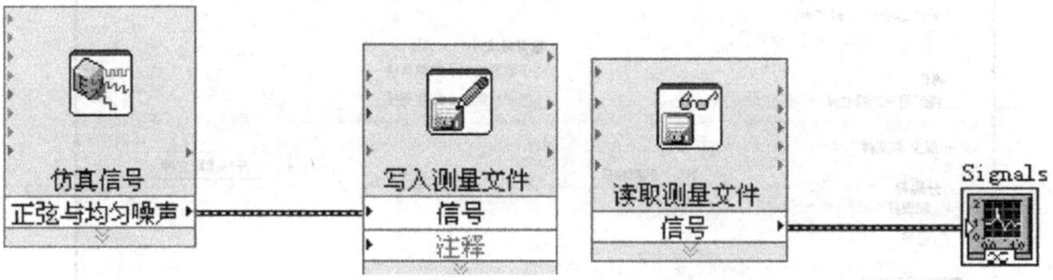

图 7-36　测量文件的输入输出程序框图

输出显示如图 7-37 所示。

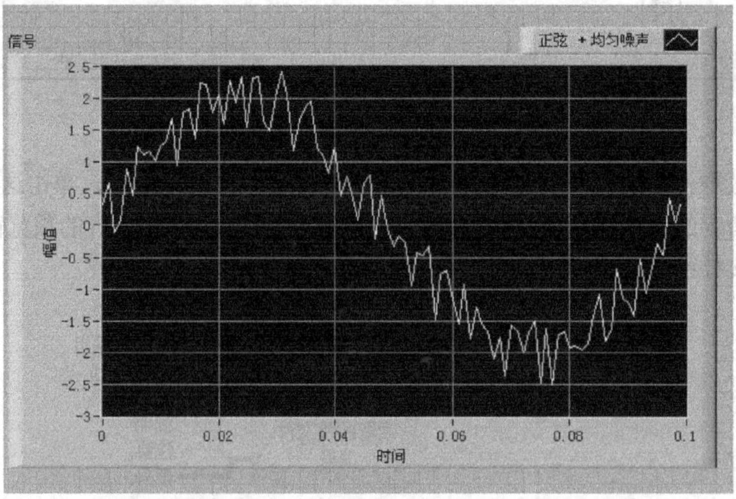

图 7-37　前面板显示效果图

7.4.7 配置文件函数的使用

配置文件即 INI 文件通常用于记录配置信息，标准的 Windows 配置文件以特殊的文本文件形式存储。配置文件由段（Section）和键（Key）两部分组成。每个段名必须取不同的名称，每个段内的键名也应不同。键值可以为布尔型、字符串型、路径型、浮点型和整型数据。配置文件接线端子如图 7-38 所示。

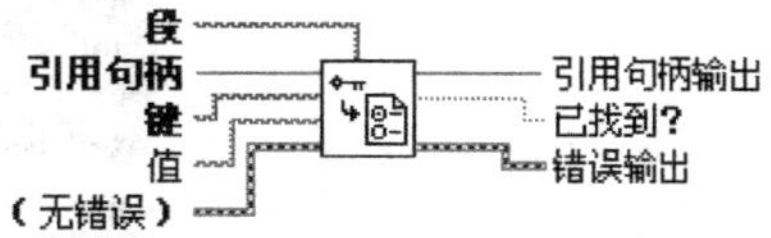

图 7-38 配置文件的接线端子

下面通过一个实例来说明配置文件的写操作。在“文件 I/O”子选板下的“配置文件”二级子选板内提供了丰富的配置文件函数。图 7-39 所示为一个简单写配置文件程序创建两个段，第一个段写入三个值，分别为布尔型数据、双精度浮点型数据和路径数据，第二个段写入一个字符串型的键值。

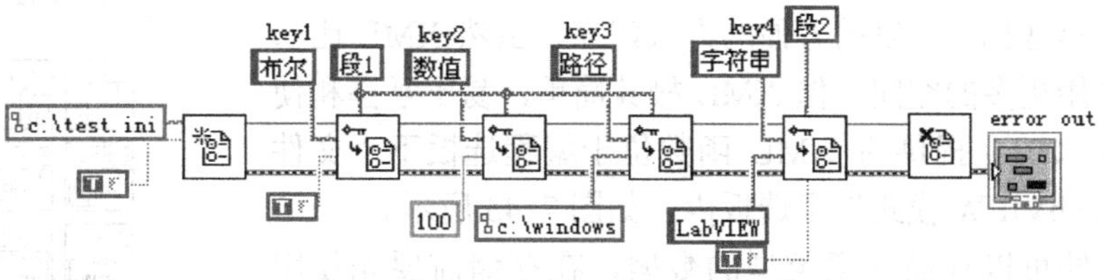

图 7-39 配置文件写操作

注意，配置文件的写入键默认的值为布尔型，当要输入其他类型数据时，需要右击“值”接线端子，在弹出的对话框“选择类型”中选择相应的数据类型。

在 C 盘中可以看到 test 文件，打开如图 7-40 所示。

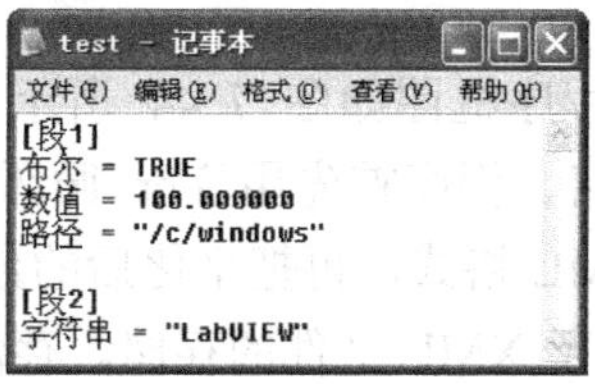

图 7-40 配置文件

配置文件的读操作与写操作类似，但是读操作必须指定读出数据的类型。将上例中创建的文件读出来，程序框图如图 7-41 所示。

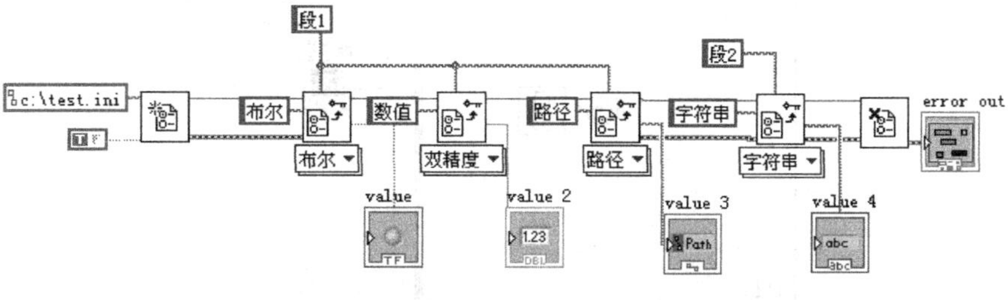

图 7-41 配置文件读操作程序框图

运行程序前面板效果图如图 7-42 所示。

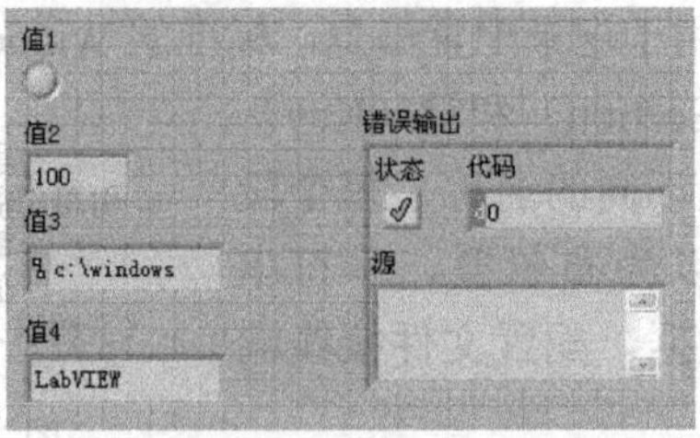

图 7-42　前面板效果图

7.4.8　XML 文件函数的使用

XML 是一种简单的数据存储语言，使用一系列简单的标记描述数据，而这些标记可以用方便的方式建立，虽然 XML 比二进制数据要占用更多的空间，但 XML 极其简单，易于掌握和使用。LabVIEW 2015 提供的 XML 函数位于编程选板下“文件 I/O→XML→LabVIEW 模式”子选板内，如图 7-43 所示。

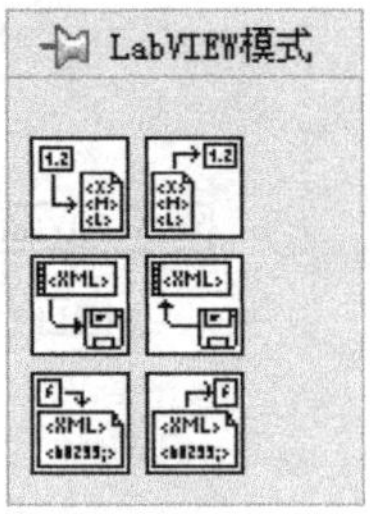

图 7-43　XML 文件操作函数

XML 文件可以存储任意类型的数据，在存储前要先使用“平化至 XML”函数，把任意类型的数据转换为 XML 格式。在读取时，首先通过“读取 XML 文件”函数读取文件，然后使用“从 XML 还原”函数把 XML 文件中的数据还原为平化前的数据类型再进行读取。生成的 XML 文件可以用 IE 浏览器打开，从中可以看到 XML 文件包括 XML 序言部分、其他 XML 标记和字符数据。下面通过简单的示例来说明如何读写 XML 文件。

将数据存储为 XML 文件的程序框图如图 7-44 所示。该程序框图是生成一个随机数组，并将数组以 XML 的格式存储。程序首先用 For 循环创建一个随机数组，通过平化至 XML 函数把双精度数组平化为 XML 格式，再把平化后的数据连接至“写入 XML 文件”函数的 XML 输入端子，这样就实现了 XML 文件的存储。存储的 XML 文件用 IE 浏览器打开的界面如图 7-45 所示，波形图如图 7-46 所示。

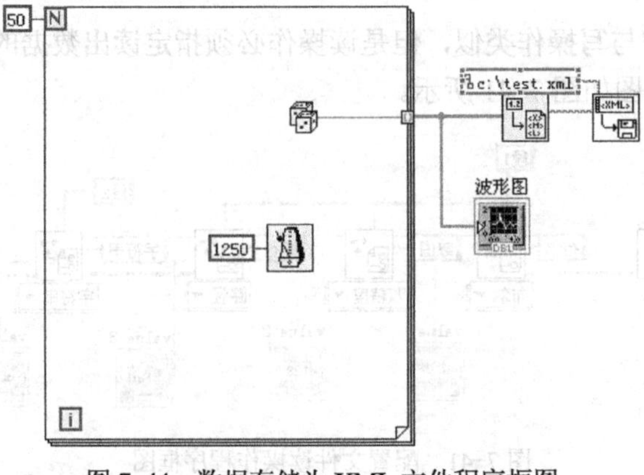

图 7-44　数据存储为 XML 文件程序框图

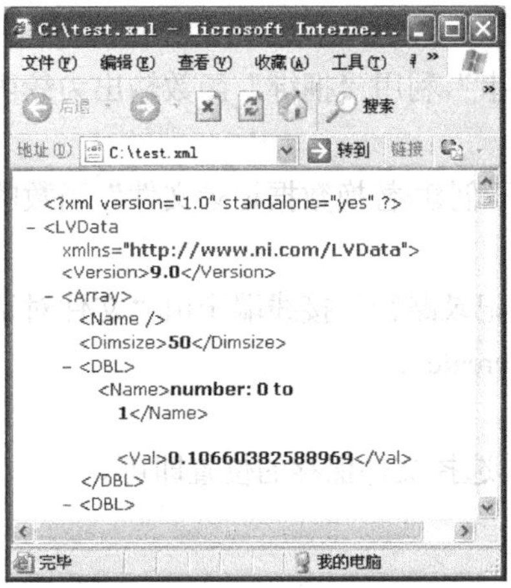

图 7-45　存储的 XML 文件用 IE 打开

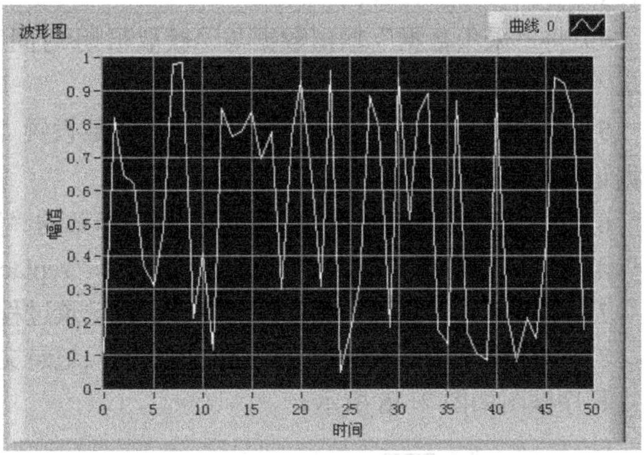

图 7-46　输入波形图

要读取生成的 XML 文件，用户可以参考如图 7-47 所示的程序框图。在使用“读取 XML 文件”函数的时候，用户要注意选择正确的多态 VI 选择器类型，还原平化数据时需要先在“从 XML 还原”函数的类型端子上添加还原的数据类型，以此指定原输入数据的类型，否则无法从平化后的 XML 文件中还原出数据。

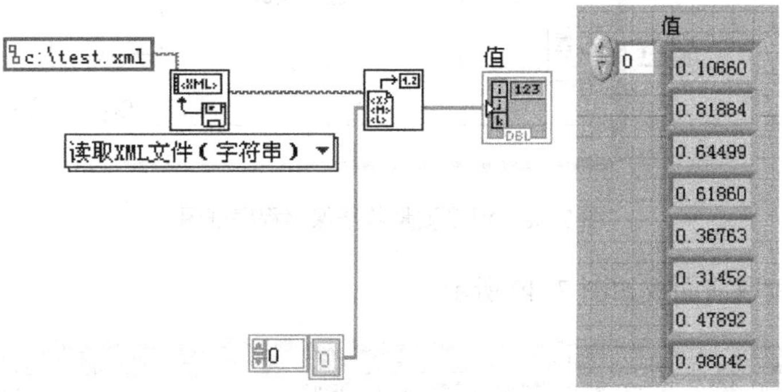

图 7-47　读取 XML 文件程序框图

7.5　综合实例：测量数据的保存和读取

【例 7-7】 测量数据的保存和读取。

本练习的目的是综合运用本章的知识，设计温度测量系统，并利用“文件 I/O”实现温度测量数据的保存和读取。

下面编写程序，进行测量数据的保存和读取。操作步骤如下。

1）首先，创建 While 循环，利用“采集数据（模拟）”函数获取温度数据，将数据经过数据处理送入“写入数据记录文件”函数中。

2）在函数选板“编程→定时”中选择“等待下一个整数倍毫秒”，为系统设置等待时间为 500。

3）在“写入数据记录文件”的错误输出和采集数量小于 0 时做与运算，设置为停止条件。

4）将“采集数据”输出数据与“获取日期/时间字符串”利用“捆绑”函数输出为簇函数送入“写入数据记录文件”函数。

5）将空字符串和空数组利用“捆绑”函数设置“打开/创建/替换数据记录文件”函数的数据记录类型。

6）将“打开/创建/替换数据记录文件”函数的“数据记录路径”接线端子由“文件对话框”函数来进行设置。其“操作”端子设置为“replace or create”。

7）利用“关闭文件”函数关闭整个数据记录过程。

8）运行程序，会弹出一个对话框提示输入记录文件，选择文件保存的位置即可。

程序框图如图 7-48 所示。

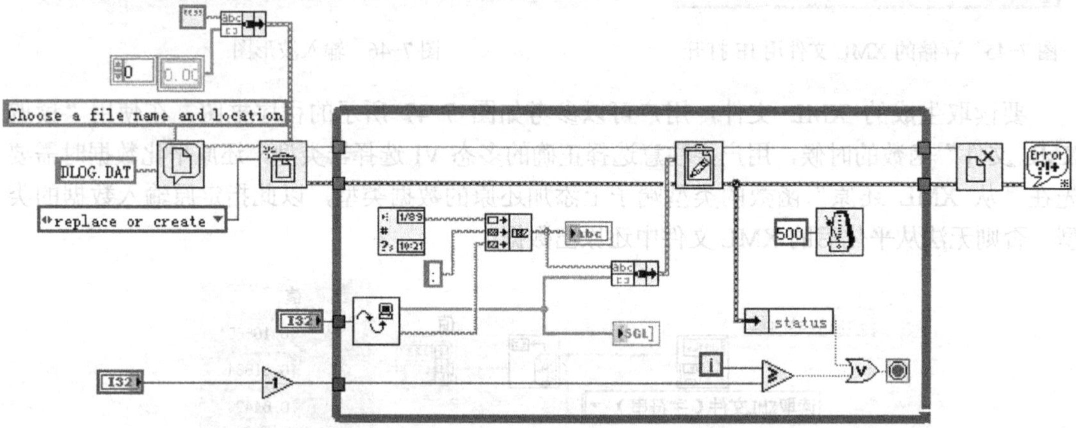

图 7-48　温度测量数据保存程序框图

温度数据的读取前面板如图 7-49 所示。

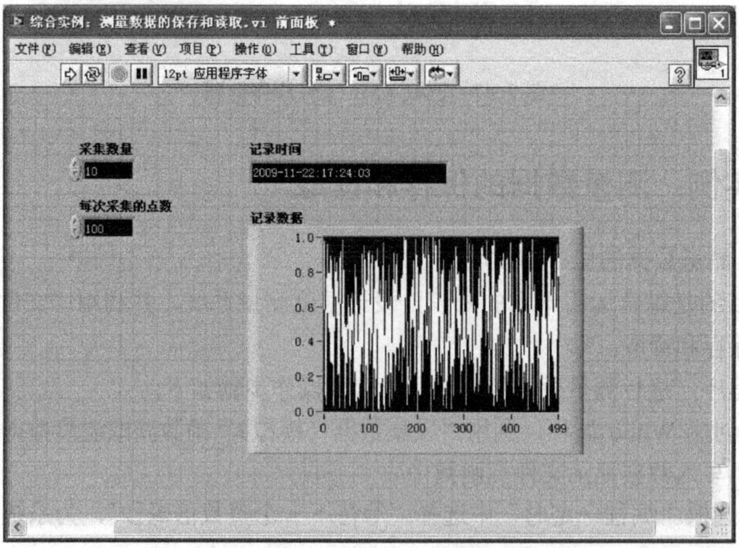

图 7-49　温度数据的读取前面板

7.6 习题

1）LabVIEW 提供的常用文件类型主要有哪些？

2）什么是文本文件？与其他格式的文件相比，文本文件有什么优点和缺点？

3）编写程序，要求将产生的 20 个 0～1 的随机数分别存储为文本文件、电子表格文件和二进制文件。

4）编写一个程序，要求将生成的一个由 5 个 0～1 的随机数组成的一维数组保存为 XML 文件。

7.7 上机实验

上机目的：熟悉“文件 I/O”选板的使用，以及文件的输入/输出。

上机内容：创建一个 VI 程序，该 VI 实现的功能为将一个 5 行 3 列的二维数组写入电子表格文件，并读取该文件。

实现步骤：

1）创建数组数据。利用 For 循环创建一个二维数组，其中第 x 行第 y 列的数值为 $2(x-1)+(y-1)$，如图 7-50 所示。

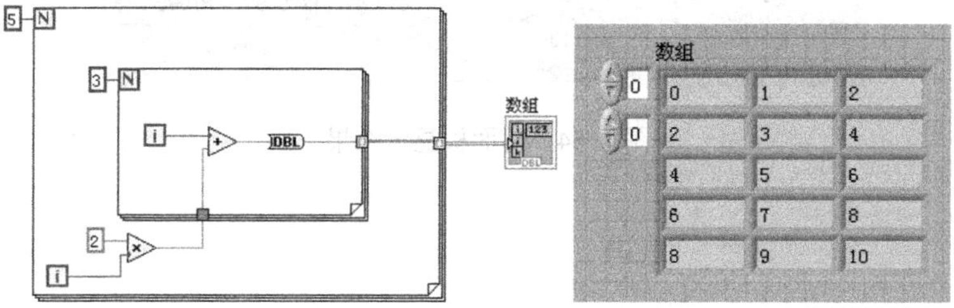

图 7-50　创建数组数据

2）将数组写入电子表格文件。在程序框图中添加函数节点“写入电子表格文件”中，输入接线端“二维数据”连接上一步创建的二维数组，如图 7-51 所示。

3）设置“写入电子表格文件”函数的“文件路径”为“c:\array.xls”，保存文件。此时可以在 C 盘根目录下看到“array.xls”文件，如图 7-52 所示。

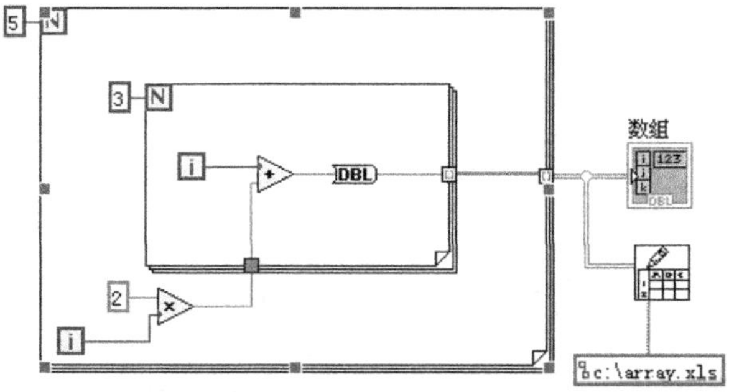

图 7-51　将数组写入电子表格文件

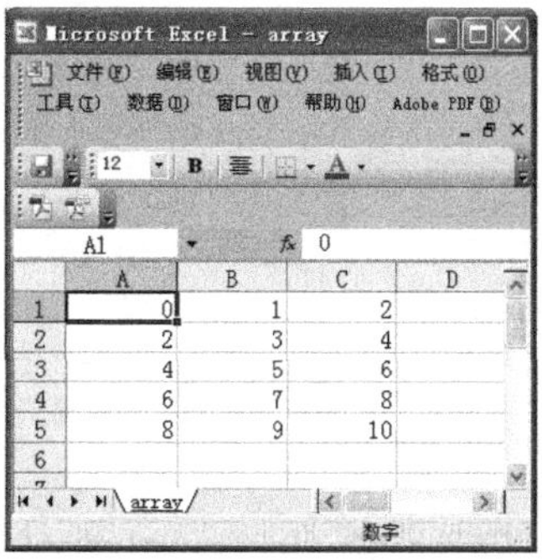

图 7-52　保存的 array 文件

4）从上一步创建的文件中读取数据。在程序框图中添加函数节点“读取电子表格文件”，输入接线端“文件路径”连接写入电子表格文件输出接线端；输出接线端所有行连接数组显示控件“读取结果”。完整的程序框图如图 7-53 所示，显示结果如图 7-54 所示。

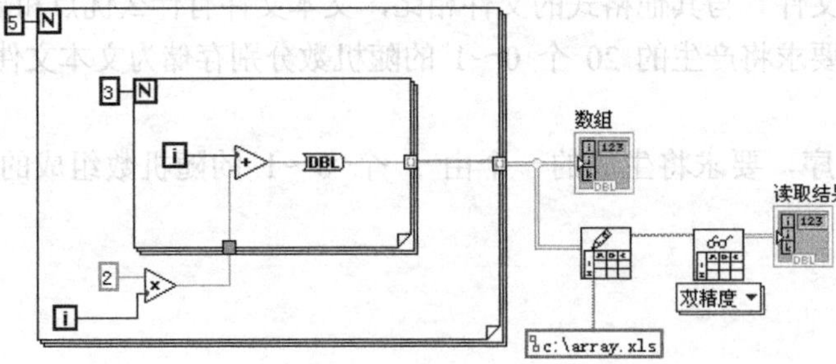

图 7-53 完整的程序框图

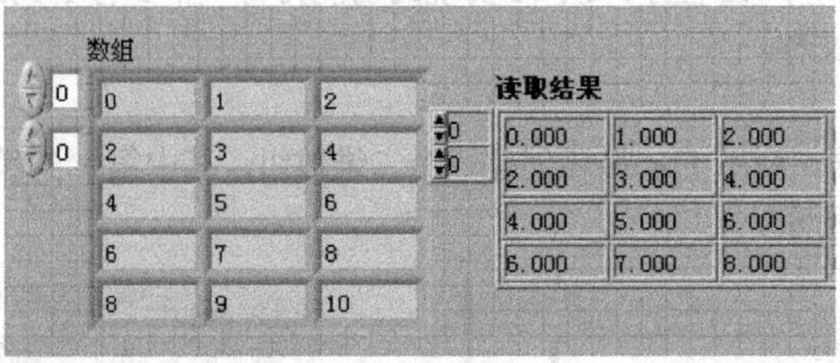

图 7-54 前面板显示结果

第 8 章　人机交互界面设计

8.1　VI 属性的设置

程序编译完成后用户可以通过 VI 属性窗口来设置和查看 VI 的属性或者对属性进行自定义设置，在前面板或程序框图下的“文件”下拉菜单中选择“VI 属性”选项，或通过快捷方式〈Ctrl+I〉键都可以打开 VI 属性窗口，如图 8-1 所示。在 VI 属性窗口中有 12 种属性类别可以选择，通过对这些属性的设置可以对程序运行的优先级、面板的外观、程序保密性、打印属性等进行修改。最后一项属性“C 代码生成选项”一般情况下用户无法对其进行设置，因此下面分别对前 11 种属性类别的使用进行简要说明。

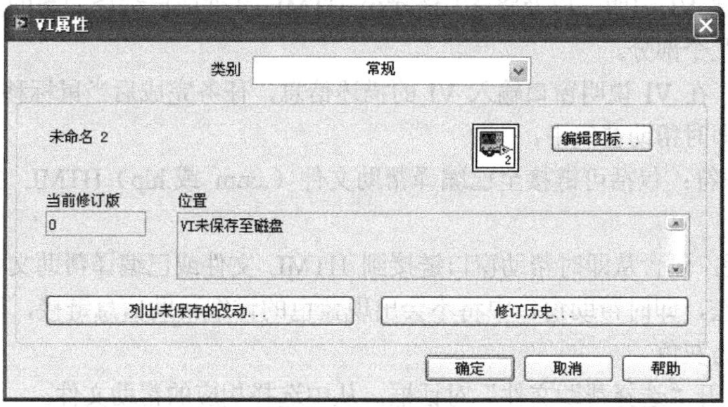

图 8-1　VI 属性窗口

8.1.1　常规属性页

在 VI 属性“类别”下拉菜单中选择“常规”选项，在 VI 属性窗口中就显示常规类别的属性设置页，如图 8-1 所示。常规属性页包括以下几个部分。

1）编辑图标按钮：单击后显示的是图标编辑器对话框。在编辑器中对图标进行修改，完成后单击“确定”按钮修改生效。

2）当前修订版：显示 VI 的修订号。

3）位置：显示 VI 的保存路径。

4）列出未保存的改动：单击弹出解释改动对话框，上面列出了 VI 每个未保存的改动和这些改动的详细信息。详细信息包括改动的内容、改动对程序结构和程序执行带来的影响两方面。

5）修订历史：单击弹出对话框，显示当前程序的所有注释和历史。

8.1.2 内存属性页

该页用于显示 VI 使用的磁盘和系统内存。编辑和运行 VI 时，内存的使用情况各不相同。内存数据仅显示了 VI 使用的内存，而不反映子 VI 使用的内存。每个 VI 占用的内存根据程序的大小和复杂程度而不同，值得注意的是，程序框图通常占用大多数内存。因此不在编辑程序框图时，用户应保存 VI 并关闭程序框图，从而为其他 VI 释放出空间。保存并关闭子 VI 前面板同样可释放内存。内存属性页包括以下几个部分。

1）前面板对象：显示 VI 前面板占用的内存容量，通常以字节为单位。

2）程序框图对象：显示 VI 程序框图占用的内存容量。

3）代码：显示 VI 已编辑代码的大小。

4）数据：显示 VI 所占用的数据空间的大小。

5）总计：显示 VI 所占用的内存总容量。

6）磁盘中 VI 大小总计：显示 VI 文件占用磁盘空间的容量。

8.1.3 说明信息属性页

该页用于创建 VI 说明，以及将 VI 链接至 HTML 文件或已编译的帮助文件。说明信息属性页包括以下几个部分。

1）VI 说明：在 VI 说明窗口输入 VI 的描述信息，任务完成后当鼠标移至 VI 图标后描述信息会显示在即时帮助窗口中。

2）帮助标识符：包括可链接至已编译帮助文件（.cnm 或.hlp）HTML 文件名或主题的索引关键词。

3）帮助路径：包含从即时帮助窗口链接到 HTML 文件或已编译帮助文件的路径或符号路径。如该栏为空，即时帮助窗口中将不会出现蓝色的详细帮助信息链接，同时详细帮助信息按钮也会显示为灰色。

4）浏览：打开“选择帮助文件”对话框，从中选择相应的帮助文件。

在 VI 中无法编辑子 VI 的帮助说明信息，如果要为子 VI 添加描述信息，可以打开子 VI，在子 VI 的说明信息属性页进行编辑。

8.1.4 修订历史属性页

该页用于设置当前 VI 的修订历史选项，该页包括以下几个部分。

1．使用选项对话框中的默认历史设置

用户可以使用系统默认的设置查看当前 VI 修订历史。如需自定义历史设置，可以取消此选项框。若选中此项，则下面的 1）～4）项为灰色，无法选取。

1）每次保存 VI 时添加注释：改动 VI 后保存该 VI，在历史窗口自动产生一条注释。

2）关闭 VI 时提示输入注释：如 VI 打开后已被修改，即使已保存这些改动，LabVIEW 也将提示在历史窗口中添加注释。如未修改 VI，LabVIEW 将不会提示在历史窗口中添加注释。

3）保存 VI 时提示输入注释：如在最近一次保存后对 VI 进行任何改动，LabVIEW 将提示用户向历史窗口添加注释。如未修改 VI，LabVIEW 将不会提示在历史窗口中添加注释。

4）记录由 LabVIEW 生成的注释：如果在保存前此 VI 已被修改编辑过，则保存 VI 时在历史窗口中会自动生成注释信息。

2．查看当前修订历史

显示与该 VI 同时保存的注释历史。

8.1.5 编辑器选项属性页

该页用于设置当前 VI 对齐网格的大小，还可在该页上改变控件的样式，方法是通过右击连线端，从弹出的快捷菜单中选择“创建→输入控件”或“创建→显示控件”方式创建控件的样式。编辑器选项属性页包括以下两个部分。

1）对齐网格大小：指定当前 VI 的对齐网格单位的大小（像素）。包括前面板网格大小和程序框图网格大小。

2）创建输入控件/显示控件的控件样式：LabVIEW 中通过右击接线端，从快捷菜单选择“创建→输入/显示控件”创建控件的样式。该选项提供了新式、经典、系统 3 种样式供用户选择。

8.1.6 保护属性页

该页用于设置受密码保护的 VI 选项。通常用于 LabVIEW 完成一个实际项目后，编程人员需要对 VI 的使用权限和保护性能进行设置，以避免程序被恶意修改或源代码泄密的情况发生。LabVIEW 在保护属性页中提供了 3 种不同的保护级别，以适应不同的使用场合。

1）未锁定（无密码）：允许任何用户查看并编辑 VI 的前面板和程序框图。

2）已锁定（无密码）：锁定 VI，用户必须在该页解锁，然后才能编辑前面板和程序框图。

3）密码保护：设置 VI 保护密码。选中后弹出输入密码对话框提示输入新密码，以对 VI 进行保护，设定后保存并关闭 LabVIEW。当再次打开刚才保存的 VI 时，用户只能运行此 VI，无法编辑 VI 或查看程序框图。若输入密码错误，用户则不能编辑 VI 或查看程序框图。单击前面板窗口菜单的“显示程序框图”选项，会弹出如图 8-2 所示的“认证”对话框，输入正确密码解除锁定，则可以对此 VI 进行编辑。

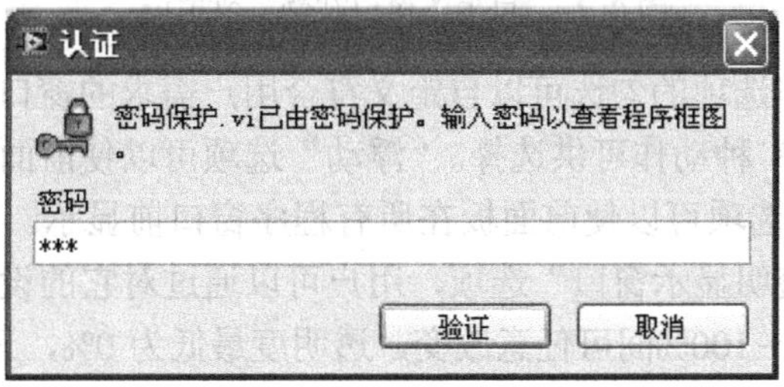

图 8-2 “认证”对话框

4）更改密码：更改该 VI 的密码。

8.1.7 窗口外观属性页

该页用于对 VI 自定义窗口外观。通过对它的设置可以隐藏前面板菜单栏和工具栏，改变窗口的动作、外观及用户与其他 LabVIEW 窗口的交互方式。窗口外观属性页的设置只在程序进行时生效。窗口外观属性页包括以下几个部分。

1．窗口标题

显示程序运行时窗口的标题。可以与 VI 名相同，也可以自定义。

2．窗口样式

窗口样式包括 3 种 LabVIEW 中设计好的窗口样式和一种可以自定义的窗口样式。3 种 LabVIEW 设计好的窗口样式效果图在窗口外观属性页面右端显示。

1）顶层应用程序窗口：只显示程序窗口的标题栏和菜单栏，不显示滚动条和工具栏，不能调整窗口大小，只能关闭和最小化窗口，没有连续运行按钮和停止按钮。

2）对话框：和顶层应用程序窗口样式相比，对话框样式没有菜单栏，只允许关闭窗口，不能对其最小化。运行时用户不能打开和访问其他的 VI 窗口。

3）默认：显示 LabVIEW 默认的窗口样式。此样式和编辑调试 VI 时窗口样式相同。

4）自定义：显示用户自定义的窗口模式。选中自定义选项并单击下方的自定义按钮，系统弹出“自定义窗口外观”对话框，如图 8-3 所示。

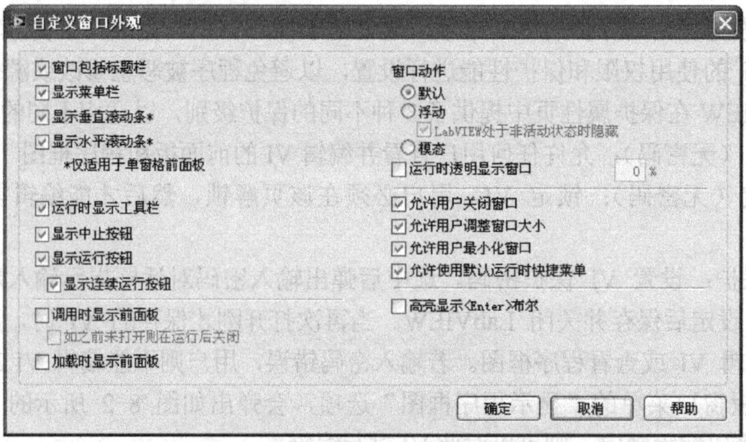

图 8-3 “自定义窗口外观”对话框

通过对窗口具体动作选项的勾选可以自定义符合用户需求的窗口外观。其中窗口动作选项有默认、浮动、模式 3 种动作可供选择。“浮动”选项可以使前面板在其他非浮动的程序窗口前面显示。“模式”选项可以使前面板在所有程序窗口前显示。在自定义窗口外观对话框中还有一个“运行时透明显示窗口”选项，用户可以通过对它的设置改变窗口运行时的透明度。透明度范围在 0%～100%间可任意改变，透明度最低为 0%，透明度最高为 100%，当透明度太高时窗口完全不可见。

8.1.8 窗口大小属性页

该页用于对 VI 自定义窗口的大小。窗口大小属性页包括以下几部分。

1）前面板最小尺寸：设置前面板的最小尺寸。窗口的长和宽均不能少于 1 像素。如窗口设置得过小，使滚动条超过内容区域的最小尺寸的界限，则 LabVIEW 将隐藏滚动条。如增大窗口，则滚动条又会出现。如允许用户在窗口外观页调整窗口尺寸，则用户不能将前面板调整为比该页上设置的长宽值更小。

2）使用不同分辨率显示器时保持窗口比例：当在显示器分辨率不同的计算机上打开时，VI 能调整窗口比例，占用的屏幕空间基本一致。使用该选项的同时，也可缩放一个或多个前面板对象作为调整。

3）调整窗口大小时缩放前面板上的所有对象：选中后前面板所有对象的大小会随窗口尺寸的变化而自动调整。但文本和字符串除外，因为字体的大小是不变的。程序框图的对象不会随窗口大小的变化而变化。允许用户调整前面板窗口对象大小时，可使用该选项。

8.1.9 窗口运行时位置属性页

该页用于自定义运行时前面板窗口的位置和大小。属性页包括以下几个部分。

1）位置：设置前面板运行时所在的位置。有未改变、居中、最小化、最大化、自定义 5 种类型可供选择。

2）显示器：有时一台机器控制多台显示器，通过在显示器对话框进行设置可以指定前面板在哪台显示器上显示。该选项仅当“位置”设为最大化、最小化或居中时有效。

3）窗口位置：设置前面板窗口在全局屏幕坐标中的位置。全局屏幕坐标指计算机显示屏幕的坐标，而非某个打开的窗口坐标。如图 8-4 所示，“上”设置栏表示程序窗口上边框在计算机屏幕上的位置，“左”设置栏表示程序窗口左边框在计算机屏幕上的位置。如勾选“使用当前位置”选项，则运行时窗口坐标不变，此时“上”和“左”设置栏为灰色状态不可输入。取消勾选，则可自定义窗口在其他位置显示，此时“上”和“左”设置栏为高亮可以输入数字，这些数字以像素为单位。

4）前面板大小：设置前面板的大小，不包括滚动条、标题栏、菜单栏和工具栏。宽度表示程序窗口的宽度像素，高度表示程序窗口的高度像素。如勾选“使用当前前面板大小”选项，则运行时前面板大小不变，此时“高度”和“宽度”设置栏为灰色状态不可输入，如图 8-4 所示。取消勾选，则可自定义窗口的大小，此时“高度”和“宽度”设置栏为高亮可以输入。前面板的大小必须大于或等于窗口大小属性页中设置的前面板最小尺寸。

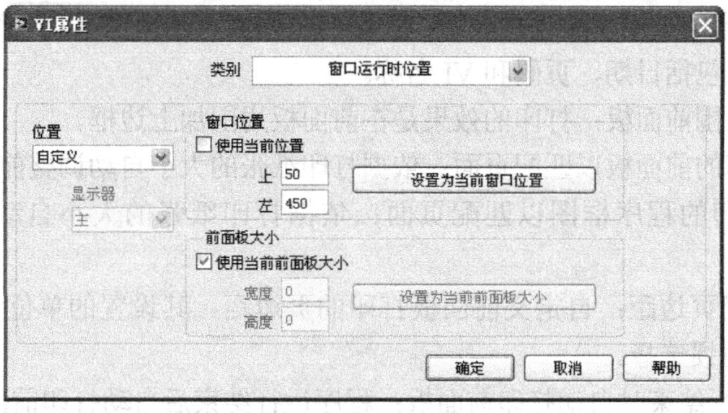

图 8-4 “VI 属性”对话框

8.1.10 执行属性页

该页用于在 LabVIEW 中设置 VI 的优先级别和为多系统结构的 VI 选择首选执行系统。执行属性页包括以下几部分。

1）优先级：VI 优先级设定 VI 在执行系统中的优先顺序，它和线程优先级无关。在下拉列表中有 6 种优先级可供选择。在程序设计时可以把重要 VI 的优先级设置得高一些，但通常只有特殊的 VI 才使用非标准优先级。应避免设置优先级后出现优先级倒置，如果出现优先级倒置，则优先级高的 VI 输入依赖优先级低的 VI 输出，优先级高的 VI 只能在优先级低的 VI 运行结束后才开始运行。同时也应避免饥饿现象发生，即在并行情况下，所有优先级高的 VI 都运行完后，优先级低的 VI 才运行，在循环情况下，优先级低的 VI 永远无法运行。需要说明的是子程序优先级和其他 5 个优先级不同，只有当 VI 没有前面板界面、无对话框时才能把 VI 设置成子程序优先级。设置为子程序的 VI 只能调用子程序优先级的 VI，子程序优先级 VI 比标准优先级 VI 运行快。

2）允许调试：勾选该选项允许对 VI 进行设置断点、启用高亮显示等调试。

3）重入执行：如果一个 VI 要被两个或多个程序同时调用，需要把 VI 设置为重入执行模式，重入执行中有两种副本使用形式，使用共享副本的方式可以减少内存使用。

4）首选执行系统：LabVIEW 支持程序的系统同时运行。在一个执行系统中运行的 VI 能够在另一个执行系统的 VI 处于运行中途时开始运行。LabVIEW 包括 6 个子系统它们是用户界面子系统、标准子系统、I/O 子系统、DAQ 子系统、Other1 子系统和 Other2 子系统。大多数情况下用户不需要根据 VI 功能硬性分配子系统。

5）启用自动错误处理：勾选后若程序运行错误会停止运行并弹出错误列表。

6）打开时运行：设置后当打开 VI 时程序自动运行，不用按“运行”按钮。

7）调用时挂起：当主程序调用子 VI 时，被设置为调用时挂起的子 VI 在被调用时会弹出前面板等待用户进行下一步操作。

8）调用时清除显示控件：清除本 VI 及下属子 VI 在每次程序运行时显示控件的内容。

9）运行时自动处理菜单：在程序运行时自动操作菜单。也可使用获取所选菜单项函数进行菜单选择。

8.1.11 打印选项属性页

该页用于对打印的页面属性进行设置。打印选项属性页包括以下几个部分。

1）打印页眉：包括日期、页码和 VI 名称。

2）使用边框包围前面板：打印的效果是在前面板周围加上边框。

3）缩放要打印的前面板以匹配页面：依据打印纸张的大小自动调整前面板的大小。

4）缩放要打印的程序框图以匹配页面：依据打印纸张的大小自动调整程序框图的大小。

5）使用自定义页边距：自定义前面板打印的页边距，其设置的单位为英寸（in）或厘米（cm），可根据习惯选择。

6）每次 VI 执行结束时自动打印前面板：程序运行结束后自动打印前面板。

8.2 对话框的设计

在程序设计中，对话框是人机交互的一个重要途径。LabVIEW 有两种方法实现对话框的设计：一种是直接使用 LabVIEW 函数面板中提供的几种简单的对话框，另一种是通过子 VI 实现功能复杂的对话框设计。

8.2.1 普通对话框

对话框 VI 函数的“编程→对话框与用户界面”面板下，如图 8-5 所示，按类型分为两种对话框：一种是信息显示对话框，另一种是提示用户输入对话框。

其中，信息对话框有：

1）单按钮对话框，默认按钮名为“确定”。

2）双按钮对话框，默认按钮名分别为“确定”和“取消”。

3）三按钮对话框，默认按钮名分别为“是”“否”和“取消”。

4）显示对话框信息，可以配置对话框显示内容和按钮个数。

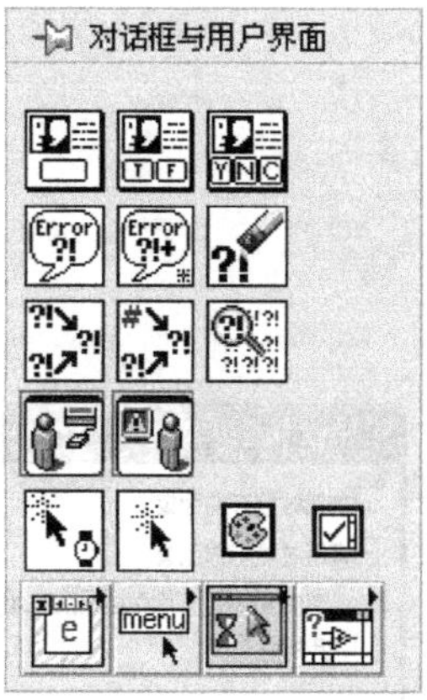

图 8-5　对话框与用户界面面板

三按钮对话框示例如图 8-6 所示。

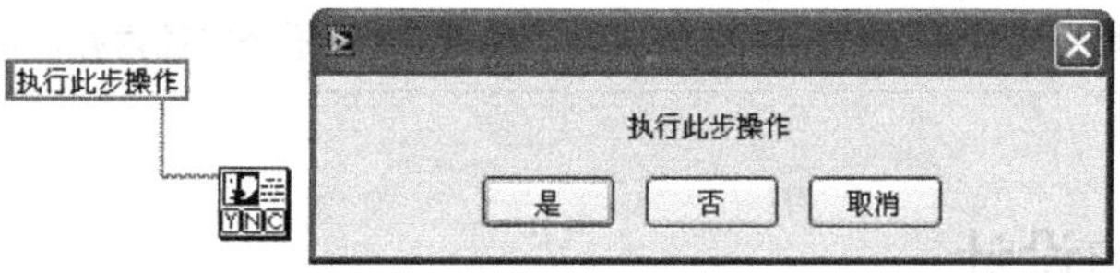

图 8-6　三按钮对话框示例

利用“提示用户输入”对话框可以输入简单的字符串、数字和布尔值，如图 8-7 所示。

图 8-7　“提示用户输入”对话框示例

8.2.2 用户自定义对话框

除了 LabVIEW 提供的简单的对话框，用户还能通过子 VI 的方式实现用户自定义的对话框。默认情况下调用子 VI 时不弹出子 VI 的界面。在调用子 VI 的程序框图中右击子 VI 图标，选择“子 VI 节点设置”选项会弹出如图 8-8 所示的对话框来设置子 VI 的调用方式。选择“调用时显示前面板”即表示调用子 VI 时会弹出子 VI 的前面板。在编辑子 VI 时需要对子 VI 前面板进行相应设置，例如不显示菜单栏、工具栏、滚动条、总在最前方等。如图 8-9 所示，这可以作为系统载入对话框。

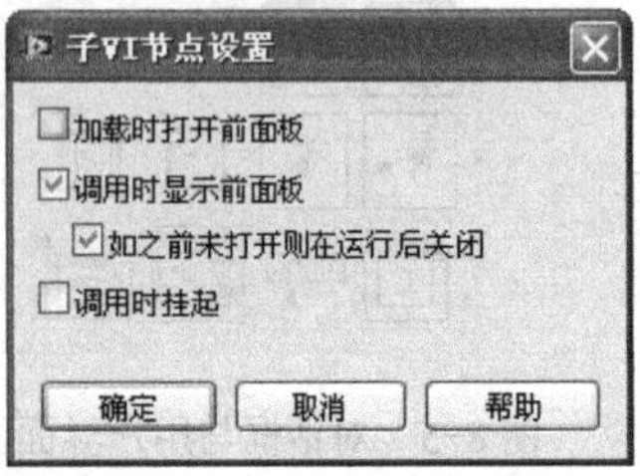

图 8-8　设置子 VI 调用方式

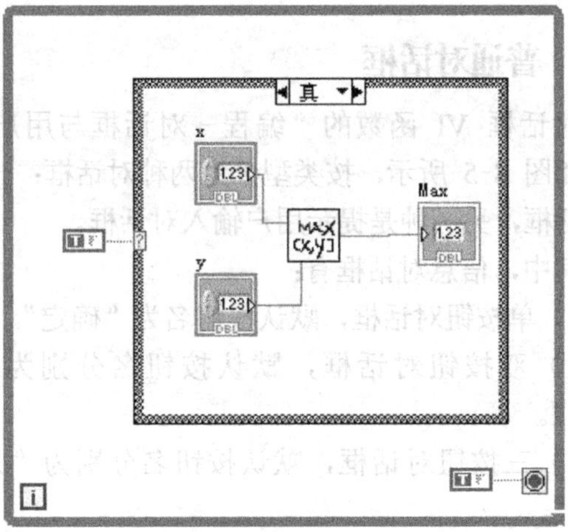

图 8-9　用户自定义的对话框

注意：自定义对话框还可以通过动态调用 VI 实现，这样 VI 就不会常驻内存，从而减少内存的使用。

8.3　用户菜单的设计

对一个良好的用户界面而言，菜单项是必不可少的组成部分。LabVIEW 提供了两种创建前面板菜单的方法：一种是在菜单编辑器中完成设计，另一种是使用菜单函数选板进行菜单设计。

8.3.1　菜单编辑器的设置

LabVIEW 提供了菜单编辑器以供用户方便快捷地设计程序菜单。在前面板编辑选项的下拉菜单中打开“运行时菜单”选项弹出如图 8-10 所示的菜单编辑窗口。

菜单编辑器提供有 3 种菜单类型：默认、最小化、自定义。用户可以在菜单类型下拉栏中选择需要的类型。默认类型显示系统默认情况下的标准菜单。最小化类型的菜单显示除工具、项目等不常用菜单项外的菜单项。自定义类型允许用户自定义程序运行时的菜单界面，用户需要编写相应的框图程序来实现菜单功能。

菜单类型栏左边是工具栏按钮，它用于创建菜单项并指定其顺序位置。工具栏各个按钮的功能如图 8-11 所示。

工具栏下方是预览窗口，用来显示当前已创建的菜单项，单击这些菜单项还可以显示其相应的下拉子菜单。菜单编辑器的左下角列表框用于显示菜单项并配合菜单工具栏选定和编辑菜单项。菜单编辑器的右下角是菜单项属性设置对话框，这些可设置的属性包括以下几项。

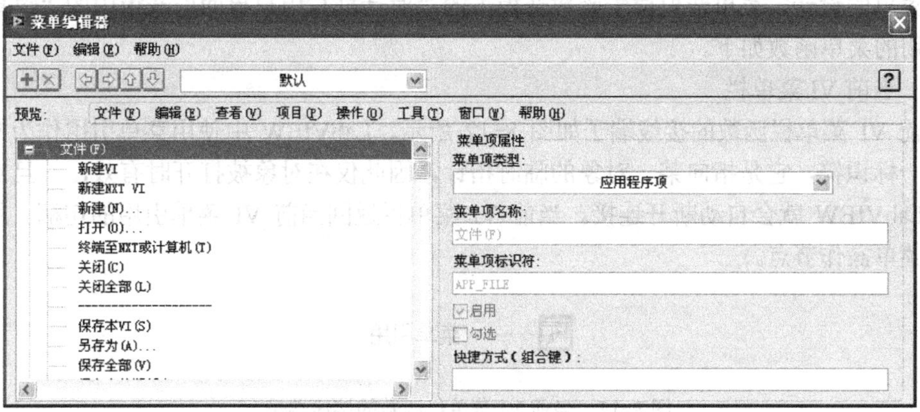

图 8-10　菜单编辑器窗口

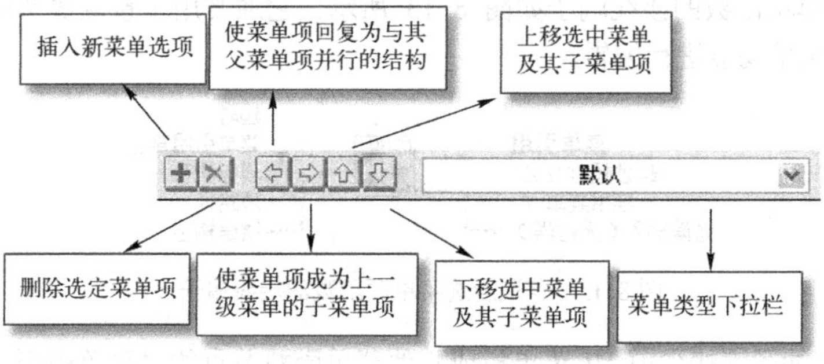

图 8-11　菜单工具栏

1）菜单项类型：在“菜单项类型”下拉列表中有用户项、分隔符、应用程序项 3 种类型可以选择。用户项用于用户创建新的菜单项，菜单名需要用户编写，用户需要在程序框图中编写相应的菜单应用程序来实现自定义菜单项的功能。分隔符用于在菜单项间创建分隔符号，用于分隔不同功能的菜单项。应用程序项用于选择系统自带的功能选项，这些选项的功能已定义好，不需要用户在框图中再编写相应的程序去实现菜单项功能，但用户不可以更改其名称。

2）菜单项名称：用于显示创建菜单的名称。

3）菜单项标识符：用于标识菜单项，使菜单项有唯一的标识符。标识符区分大小写。默认情况下菜单项标识符和菜单项名称相同。

4）启用：用于设置菜单项是否可用。如取消勾选则菜单项禁用。

5）勾选：选中则菜单项下拉列表的子菜单项有复选标记。

6）快捷方式（组合键）：用于设置菜单项相应的快捷键。要注意不能设置相同的快捷键。

8.3.2　菜单函数选板

通过 LabVIEW 中的菜单函数选板可以对自定义的前面板菜单赋予指定操作，实现前面板菜单的功能。同时，用户使用菜单模板上的节点功能也能对前面板菜单进行自定义，实现自定义菜单的设计。菜单选板位于函数选板下的“对话框与用户界面”选板中的“菜单”选板。常用的菜单函数如下。

（1）当前 VI 菜单栏

当前 VI 菜单栏函数的接线端子如图 8-12 所示。LabVIEW 中使用菜单引用作为某个对象的唯一标识符，它是指向某一对象的临时指针，因此仅在对象被打开时有效，一旦对象被关闭，LabVIEW 就会自动断开连接。当前 VI 菜单栏返回当前 VI 菜单引用的句柄，用于连接其他菜单操作节点。

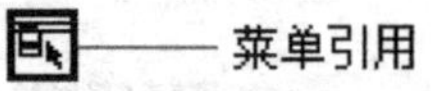

图 8-12　当前 VI 菜单栏函数的接线端子

（2）获取所选菜单项

获取所选菜单项函数的接线端子如图 8-13 所示。它通常用于设置等待时间，并获取菜单项标识用于对菜单功能进行编辑。

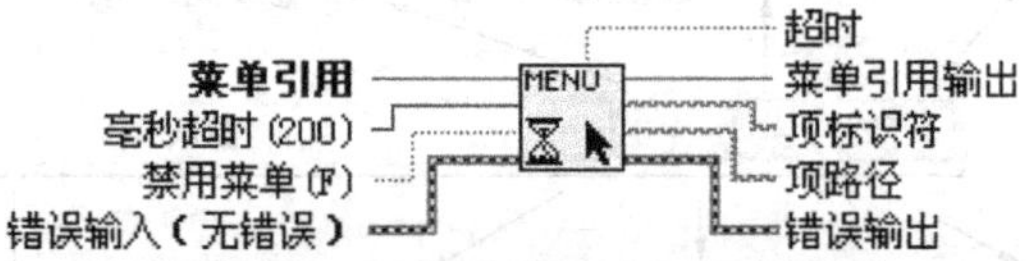

图 8-13　获取所选菜单项函数的接线端子

“菜单引用”端子连接当前 VI 菜单栏或其他菜单函数节点的“菜单引用输出”端子，用于传递同一菜单的操作函数。“毫秒超时”端子用于设置等待用户操作菜单的时间，当用户在“毫秒超时”节点设置的时间段内未对菜单项操作，则菜单程序运行结束，函数返回。“毫秒超时”端子输入的数字默认为 200，以 ms 为单位。如果用户不希望使用毫秒超时功能可以把输入值设为-1，表示一直等待用户对菜单进行操作；也可以在获取所选菜单项外放置 While 循环。“禁用菜单”端子输入的是布尔类型的数据，默认为 False，表示启用菜单追踪，可以对菜单项进行操作。如输入为 True，则暂时关闭菜单追踪。建议用户设置输入赋值为 True，这样在追踪到菜单动作时不能再对菜单项进行操作，以避免多个菜单动作同时被选择运行。

在处理完当前菜单事件后，必须调用启用菜单追踪函数节点重新打开菜单追踪，此时用户能再次对菜单项进行操作。“错误输入”端子默认为无错误，当本函数前的 VI 或节点函数运行出现错误时，本函数会把错误信息从“错误输入”传到“错误输出”，本函数停止运行。只有当“错误输入”为无错误时程序才正常运行。“超时”输出端子连接布尔型指示灯，默认为高亮，若在毫秒超时规定的时间段内监测到菜单动作，则布尔指示灯熄灭，当菜单程序运行结束后恢复为高亮状态。“菜单引用输出”连接的是下一函数的菜单引用输入。“项标识符”为字符串类型，通常连接条件结构的分支选择器端子，处理被选中菜单项的动作。“项路径”描述了所选菜单项在菜单中的层次位置，如果用户打开了文件菜单中的“保存”选项，则项路径描述为“文件：保存”。

（3）插入菜单项

插入菜单项函数的接线端子如图 8-14 所示。它通常用于在指定菜单或子菜单中插入新的菜单项。“菜单标识符”输入的是插入位置的上一级菜单名称字符串。如果不指定菜单标识符，则插入的菜单项为顶层菜单项。“项名称”端子定义了要插入菜单项的名称，输入的可以是单个字符串也可以是数组型字符串。项名称端子返回被选项目的名称字符串。

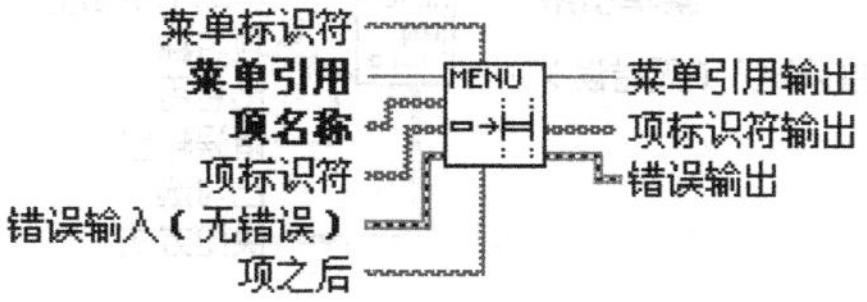

图 8-14　插入菜单项函数的接线端子

如果“项标识符”和“项名称”相同，可以只对两者中任一个进行名称定义。在字符串数组中输入 APP_SEPARATOR 可以在菜单项两项间创建分隔符。如果需要指定一个已创建的菜单项，把项名称插入指定菜单项后的位置，就需要使用“项之后”的端子。“项之后”的端子可以直接输入要插入菜单项的项标识符字符串，也可以是要插入菜单项的位置索引，位置索引默认从 0 开始。在“项之后”端子输入小于 0 的整数可以使插入的新菜单项位于菜单顶层位置；在“项之后”端子输入大于项目数的整数可以使插入的新菜单项位于菜单底层位置。“项标识符输出”端子用于返回和输出插入项的项标识，如果插入菜单项函数没有找到“项标识符”或“项之后”，则返回错误信息。

（4）删除菜单项

删除菜单项函数的接线端子如图 8-15 所示。它通常用于删除指定的菜单项，可以输入“菜单标识符”，也可以输入删除项的字符串或位置。如果没有指定“菜单标识符”，则删除所有的菜单项。“项”输入端子可以是项标识字符串或字符串数组，也可以是位置索引。只有使用位置索引的方法可以删除分隔符。

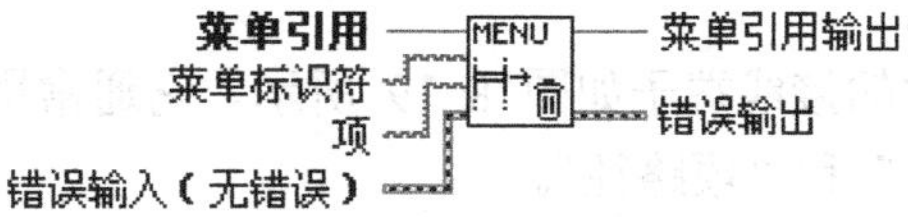

图 8-15　删除菜单项函数的接线端子

（5）启用菜单追踪

启用菜单追踪函数的接线端子如图 8-16 所示。它通常和获取所选菜单项配合使用。“启用”端子输入的是布尔型数据。若“启用”端子输入为 True 则打开追踪；若“启用”端子输入为 False，则关闭追踪。默认情况下端子输入为 True。

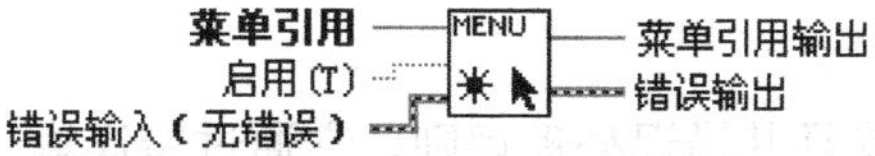

图 8-16　启用菜单追踪函数的接线端子

（6）获取菜单项信息

获取菜单项信息函数的接线端子如图 8-17 所示。它通常用于返回和“项标识符”一致的菜单项的属性。其中常用的返回属性是“快捷方式”。各端子含义和设置菜单项信息函数相同。

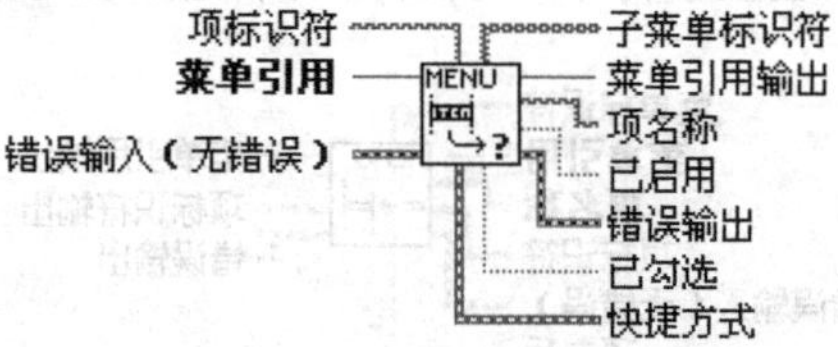

图 8-17　获取菜单项信息函数的接线端子

（7）设置菜单项信息

设置菜单项信息函数的接线端子如图 8-18 所示。它通常用于设置改变菜单属性，没有重新设置的属性不会改变。“项标识符”指定用户想要设置属性的菜单项或菜单数组。“快捷方式”用于设置菜单项的快捷方式，输入的为簇类型的数据，每个菜单在簇中有两个布尔类型，一个字符串。第一个布尔类型定义快捷键中是否包含〈Shift〉键，第二个布尔类型定义快捷键中是否包含〈Ctrl〉键，字符串中设置菜单快捷键，以配合〈Shift〉键或〈Ctrl〉键使用。已启用端子输入布尔型参数，默认为启用状态。

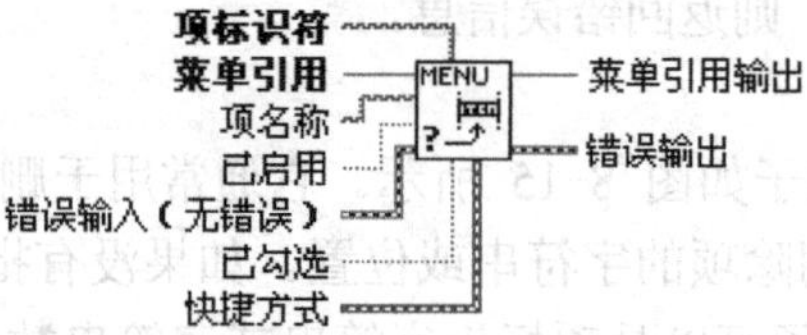

图 8-18　设置菜单项信息函数的接线端子

（8）获取快捷菜单信息

获取快捷菜单信息函数的接线端子如图 8-19 所示。它通常用于返回与所输入的快捷方式相同的菜单项“项标识符”和“项路径”。

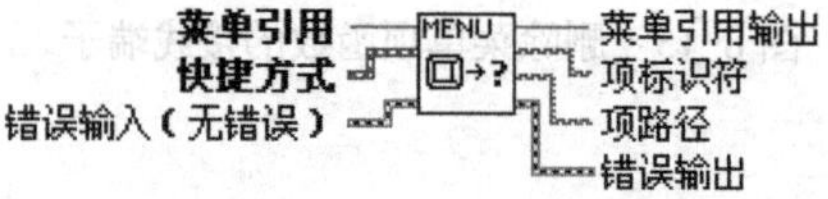

图 8-19　获取快捷菜单信息函数的接线端子

8.4　错误处理

LabVIEW 的一大特色就是其错误处理规则。它通过错误输入和错误输出簇来携带错误信息，并可以将错误信息从底层 VI 传递到上层 VI。

错误可以分为 I/O 错误和逻辑错误。I/O 错误是由客观原因引起的错误，譬如访问不存在的硬件地址，打开错误的文件路径等，这种错误会有错误信息输出。而逻辑错误是程序实现的逻辑和编程者设想的逻辑不一致，这种错误和软硬件无关，只和编程者的编程技巧有关，因此对于这种错误 LabVIEW 是无法给出错误信息的，用户需要自己调试。

LabVIEW 对已知的各种可能错误都有预先定义的错误代码，通过“帮助”菜单下的解释错误工具可以查找到该代码所代表的错误含义。具体的错误代码及范围见表 8-1。

表 8-1　具体的错误代码及范围

错 误 类 型	代 码 范 围
G 函数错误代码	0～85
数据采集错误代码	-10001～-10920
分析错误代码	-20001～-20065
TCP 和 UDP 错误代码	53～66
DDE 错误代码	14001～14020
PPC 错误代码	-900～-932
LabVIEW 特殊 PPC 错误	1～5
Apple Event 错误代码	-1700～-1719
LabVIEW Apple Event 特殊错误代码	1000～1004
GPIB 错误代码	0～32
仪器驱动错误代码	-1200～-13xx
串口错误代码	61～65
VISA 错误代码	-1073807360～-1073807202

用户也可以定义自己的错误代码，代码可以在 5000～9999 之间。

很多 LabVIEW 提供的 VI 函数都有“错误输入”和“错误输出”，当“错误输入”含有错误信息时，直接将错误信息作为“错误输出”输出，目的是将底层错误信息无阻碍地传递到上层显示。譬如一个数据采集处理系统，需要包含打开设备→读取数据→分析数据→显示数据这几个主要步骤，如果在打开设备时出现了错误，则需要在数据显示面板上显示相应的错误信息。因此在编辑子 VI 时最好也能有“错误输入”输入端和“错误输出”输出端。

此外，LabVIEW 还提供了一些错误处理函数，用于控制错误的输出形式。错误处理 VI 函数在函数选板的“编程→对话框和用户界面”选板下。下面简单介绍它们的功能和用法。

（1）简易错误处理器函数

这是一个简单的错误处理器函数，其接线端子如图 8-20 所示。通过它可以设定是否弹出错误对话框，若弹出对话框可以设定错误对话框的显示格式，并将错误簇的各个元素以及错误对话框显示信息作为输出。

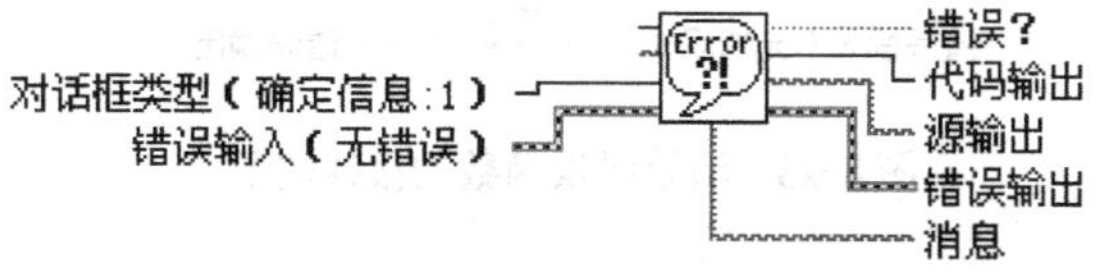

图 8-20　简易错误处理器函数的接线端子

(2) 通用错误处理器函数

通用错误处理器比简易错误处理器功能更加丰富一些，其接线端子如图 8-21 所示。在这里可以显示用户的自定义错误，并可以对设定错误采取相应的处理，最后将错误簇的各个元素以及错误对话框显示信息作为输出。该函数使用示例如图 8-22 所示，在该示例中，用户输入了预定义的各种可能性错误，并设定了当错误代码为 5005 的错误发生时不做任何处理。

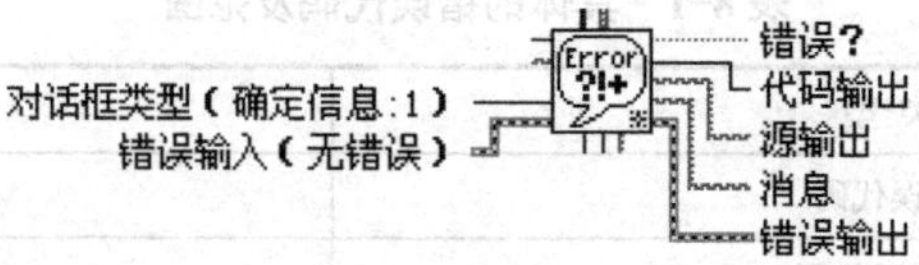

图 8-21　通用错误处理器函数的接线端子

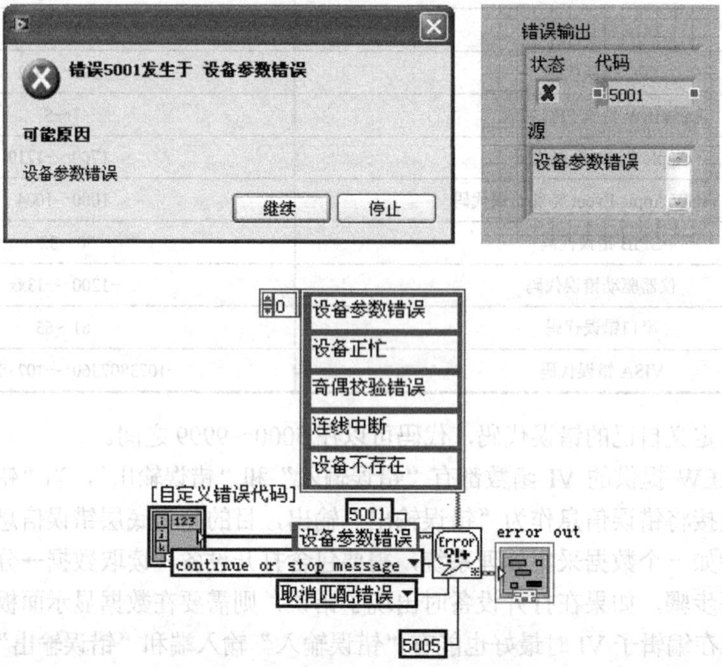

图 8-22　通用错误处理器函数示例

(3) 清除错误函数

该函数用于忽略错误输入，即无论输入有没有错误，输出结果都为空，其接线端子如图 8-23 所示。

图 8-23　清除错误函数的接线端子

(4) 合并错误函数

在系统编程时经常会遇到一个程序中有多个错误，这时候就需要利用该函数来处理多个错误。它将所有输入错误中的第一个错误作为输出，若没有任何错误，则输出为没有错误，其接线端子如图 8-24 所示。

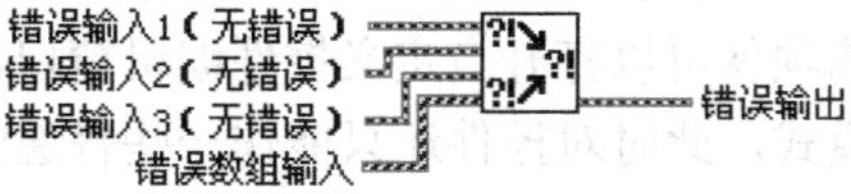

图 8-24 合并错误函数的接线端子

（5）错误代码转换为错误簇函数

该函数用于将错误代码转换为错误簇，譬如通过该函数将调用 DLL 时返回的错误代码转换为错误簇输出，其接线端子如图 8-25 所示。

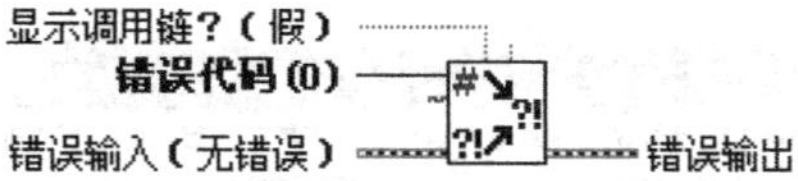

图 8-25 错误代码转换为错误簇函数的接线端子

（6）查找第一个错误函数

该函数功能和合并错误函数功能相似，只不过该函数输入的是错误代码数组。它将错误代码数组中的第一个错误代码输出。该函数对那些返回错误代码的某些底层 VI 或 DLL 有用，其接线端子如图 8-26 所示。

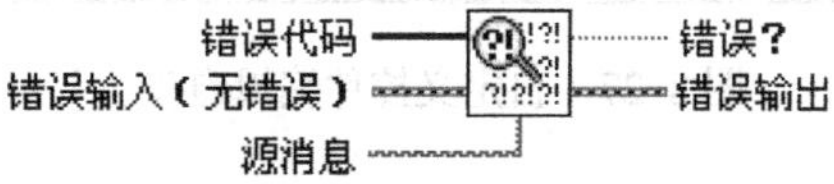

图 8-26 查找第一个错误函数的接线端子

有了这些 VI 函数基本上就可以处理所有的错误信息了。但是对于大型系统，譬如包含多个动态调用的 VI 面板和独立进程的系统，错误源可能非常多，用这些函数处理起来还是很不方便的。在这种情况下可以先建立一个错误数组的全局变量，再将所有的错误源输出都添加到该错误数组的尾端。系统周期性地检查该错误数组中是否有错误，若有错误则给出提示信息，并将错误数组清空，开始接受下一周期的错误输入。

注意：对于无人值守的监控系统，最好不要采取错误提示对话框的形式处理错误，因为当错误对话框弹出时，系统将暂停运行，直到有人处理后才会继续运行。这种情况下最好将错误直接显示在前面板上，并给出一定的提示。

8.5 自定义控件和自定义数据

8.5.1 自定义控件

LabVIEW 提供了强大的前面板控件选板，但通常只是一些简单的控件图标和功能。如果这些 LabVIEW 中自带的控件不符合用户的需求，用户可以通过使用这些原有的前面板控件自定义新控件的样式，也可以通过属性节点的设置为系统前面板控件创建新的功能。

LabVIEW 专门提供了自定义控件编辑窗口来编辑自定义控件。右击前面板的任何控件，选择“高级→自定义”选项就可以打开自定义控件编辑窗口，如图 8-27 所示。刚进入该窗口时，该窗口处于编辑模式，此时对控件还只能作一些普通的操作。单击工具栏扳手形状按钮，扳手形状按钮变为，该窗口进入自定义模式。在该模式下就可以对控件外观进行随意的修改了。如图 8-27 所示，用户可以看到滑动杆控件的各个部件，并可以对各个部件进行操作，譬如改变大小、颜色、形状、导入图片等。右击部件可以选择“从剪切板导入”或者“从文件导入”图片到部件。编辑完控件后可以选择是否将其保存为 CTL 文件，若选择保存，那么以后就可以直接在其他 VI 前面板中导入该控件（导入方法是在控件选板中选择“选择控件”选项，在打开的文件对话框中选择该 CTL 文件即可）。

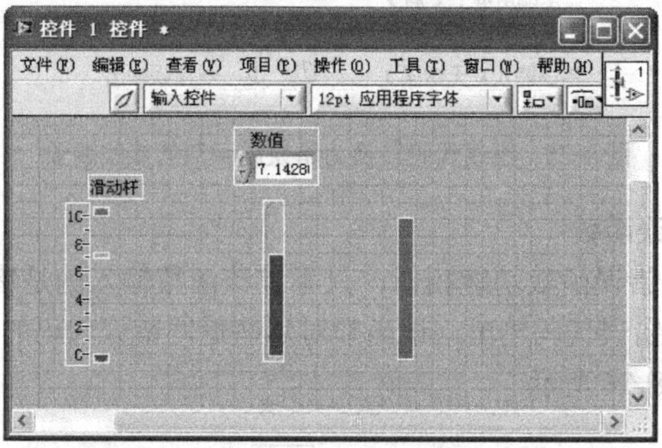

图 8-27　自定义控件编辑窗口

【例 8-1】 自定义电气元件控件。

本练习的目的在于掌握 LabVIEW 中自定义电气元件控件的功能，并方便后面对控件的调用。

操作步骤如下。

1）在 Windows 画图板上绘制一个表示电阻的图标，并将图片保存到文件夹中备用。

2）根据电阻控件要实现的功能选择“确定按钮”控件（位于“控件选板→布尔子选板”中），把“确定”按钮放置于 VI 前面板上。在按钮控件上单击鼠标右键，在快捷菜单的“显示”选项中取消布尔文本和标签。右击控件，从弹出的快捷菜单中选择“高级”子菜单中的“自定义”选项，进入控件编辑窗口。

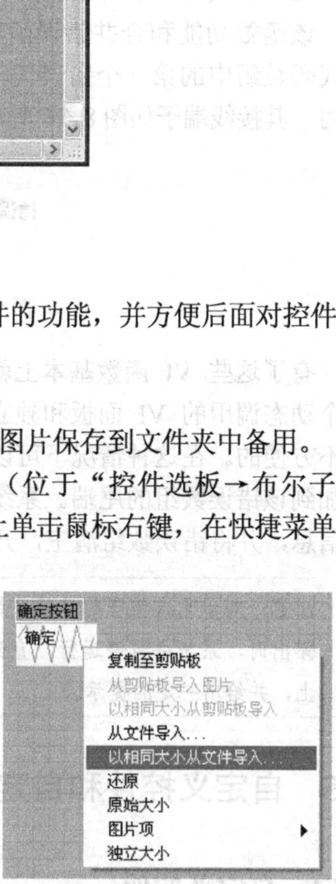

图 8-28　控件图标自定义窗口

3）单击切换至自定义模式图标，切换后进入自定义控件模式，用户可以对控件编辑窗口内的控件进行编辑。调整控件编辑窗口内控件的大小，在控件上单击鼠标右键，从弹出的快捷菜单中选择“以相同大小从文件导入”选项，选择步骤 1）中创建的图标并按控件大小覆盖控件原图标。完成后图标控件如图 8-28 所示。此时自定义的是布尔值为“假”时的控件图标。要自定义控件为“真”

值时的控件图标，需要单击图标，把界面切换回编辑模式，然后在控件上单击鼠标右键选择“数据操作→将值更改为真”选项，此时控件切换为“真”值时的图标，再次对控件进行操作，把图片导入“真”值时的控件。本例中电阻控件的作用是实现单击后显示或隐藏电阻上电压的值。要实现此功能，就要改变“确认”按钮的默认机械动作，使其从“释放时触发”机械状态改变为“单击时转换”机械状态，机械动作的类型可以从前面板控件的快捷菜单中的“机械动作”选项中选择。

4）完成后选择合适路径保存此控件，这样就完成了一个电阻控件图标的制作。按同样的方法可以自定义电源控件和电路开关控件。电源控件和电路开关控件也是在“确定”按钮的基础上添加图片以改变原控件的图标。电路开关控件的打开和闭合状态的图标不同，在编辑控件的时候需要加载不同的图片，注意图片上开关的大小和位置要保持一致。

8.5.2 自定义数据

通过自定义数据类型可以将所有应用了的自定义控件与保存的自定义控件文件相关联，即一旦自定义控件文件改变，相应的所有 VI 中该控件的应用实体都会跟着改变。这就类似于 C 语言中的 typedef 功能。譬如我们可以预定义一个簇用来代表汽车的控制面板，如图 8-29 所示，在系统中可能会有多个 VI 都用到该控制面板。当我们需要给控制面板添加新的控制功能时，只需要更新自定义控件文件就可以更新所有使用该控件的 VI。

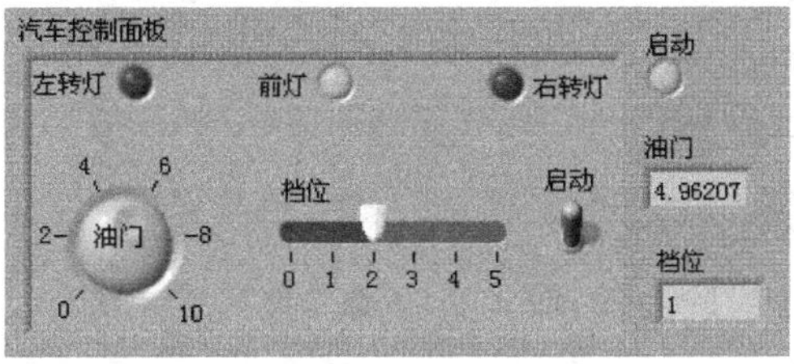

图 8-29　汽车控制面板

自定义数据类型控件的编辑和自定义控件的编辑基本一样，唯一的不同就是在自定义控件编辑窗口的工具栏的下拉菜单中选择自定义类型。

若不希望某个 VI 中的自定义数据类型控件自动更新，则可以右击该控件取消“对从自定义类型自动更新”的选择，需要更新时可以右击控件并选择从自定义类型更新来手动更新。

8.6 用户界面的设计

虽然程序的内部逻辑是程序的关键所在，但是我们也不能忽略用户界面的重要性。好的用户界面可以让用户乐于使用，减少用户的操作时间，在某些情况下甚至能避免灾难的发生。因此优秀的程序员应该花足够时间和精力在用户界面的设计上。下面介绍如何修饰静态界面和如何通过编程实现动态界面。

8.6.1 修饰静态界面

静态界面的修饰主要可以通过以下几个途径来实现。

（1）调节控件的颜色、大小和位置

除了系统风格的控件，LabVIEW 的大多数控件颜色都是可以随意调节的。通过“查看→工具”选板中的“画笔”工具可以轻松地改变控件或者文字的颜色。譬如可以将关键操作的按钮涂成红色，将警报文字设为黄色，正常状态设为绿色等。而对于大面积的背景颜色一般都用灰色调，因为它让人可以久看而不厌烦。

（2）控件的排版分组

简洁整齐的界面永远都会受到用户的欢迎。我们尽量要保证同类控件大小一致，排列整齐。这可以通过工具栏中的“排版”工具轻松实现。当对多个控件排完版后，可以通过“重新排序”按钮下的组合选项将多个控件绑定，这样就不会改变各控件之间的相对位置了。若需要重新排版，则可以取消组合。

（3）利用修饰元素

除了可以调节控件颜色、大小之外，还可以加入更多的修饰元素。这些修饰元素在控件选板的“新式→修饰”子选板下，如图 8-30 所示。虽然它们对程序的逻辑功能没有任何帮助，但是它可以使界面装饰和排版更容易，并能制造出一些意想不到的效果。

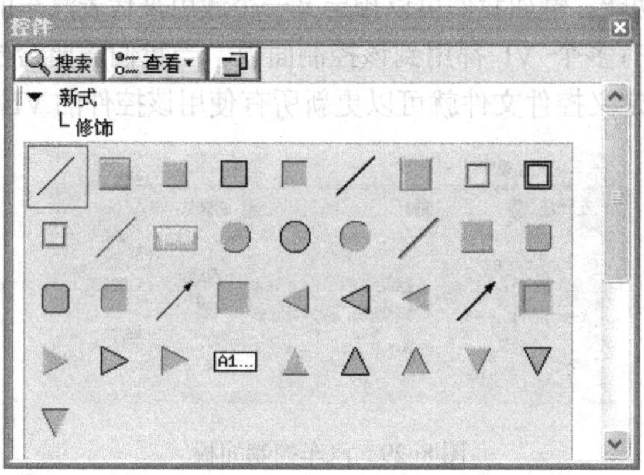

图 8-30　修饰元素选板

有兴趣的读者可以打开 LabVIEW 提供的大量系统实例来学习如何排版装饰界面。如图 8-31 所示的“滤波器设计的双通道频谱测量”程序的界面，该程序的路径为……\examples\apps\demos. llb\Dual Channel Spectral Measurement Through Filter.VI。

8.6.2　动态交互界面

美观的静态界面可以让用户感到赏心悦目，而动态的交互界面可以为用户提供更多的信息。譬如系统可以根据配置情况载入不同的界面或菜单；用不断闪烁的数字控件表示有报警发生；当用户移动鼠标到某代表关键操作的按钮上时，按钮颜色发生变化从而提醒用户小心操作；在用户进行某项操作前弹出对话框提醒用户是否确定等。

不断闪烁的数字控件可以通过控件闪烁属性实现。当报警发生时，将控件的闪烁属性设为“真”，当报警停止时再将其设置为“假”，如图 8-32 所示。

当移动鼠标到某按钮上时，按钮颜色自动发生变化以提醒用户避免误操作。这可以通过控件的颜色属性以及鼠标单击和鼠标离开时间来实现。需要在执行某个操作前弹出操作确认对话框非常简单，如图 8-33 所示。当用户单击“停止”按钮时，会弹出对话框询问用户是否确认要停止系统。

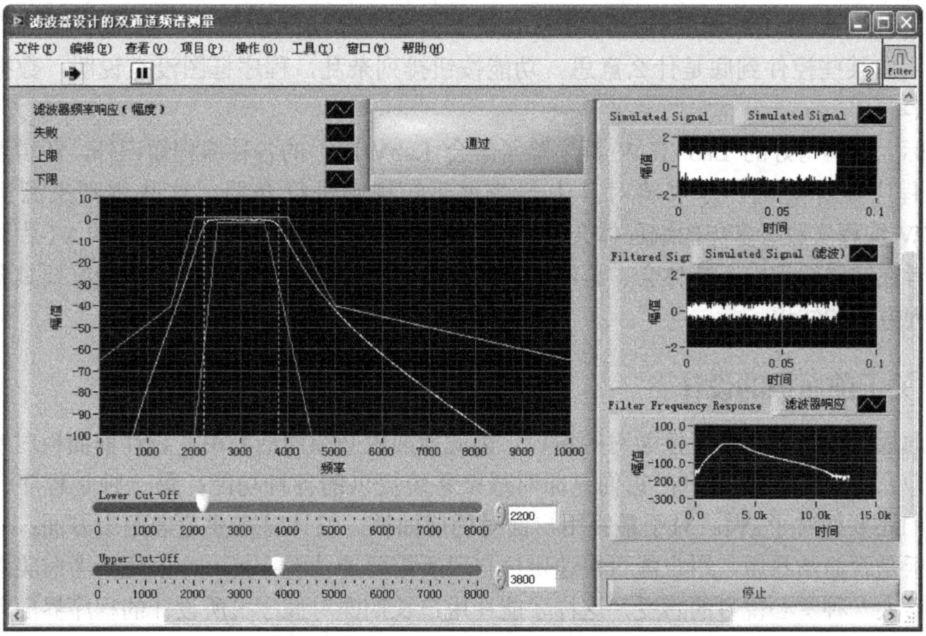

图 8-31　界面示例

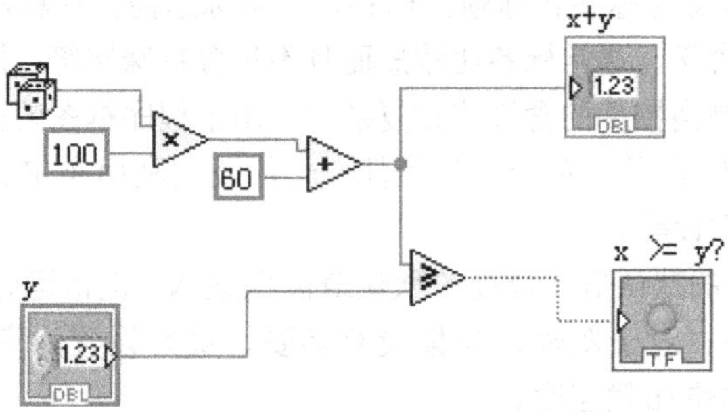

图 8-32　利用闪烁属性报警

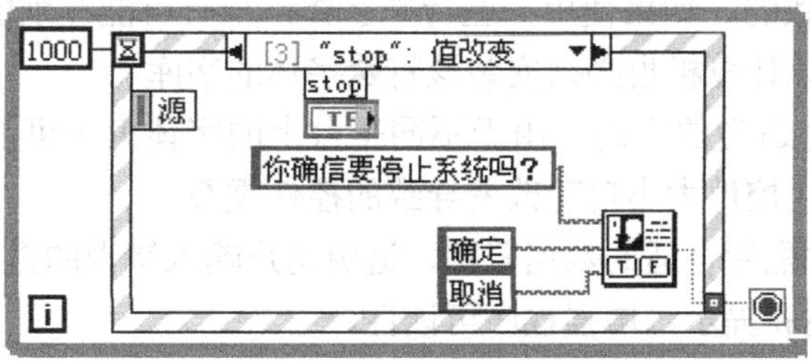

图 8-33　确认对话框示例

8.7　程序设计的一般规则

在阅读别人的 VI 程序时，可能总会被下面这些事实感到懊恼：前面板控件混乱不堪，不明白某些控件到底是什么意思，功能按钮排列杂乱，程序框图没有说明，数据流连线混乱等。

实际上，编写好的 LabVIEW 程序除了学会 LabVIEW 的各种编程知识外，还得遵循一些 VI 程序设计规则。本书将对其中一些重要的规则进行介绍，这些规则来源于众多 LabVIEW 编程实践者多年的编程体会。但如何才能编写可读性强、重用性好的 VI 程序，还需要读者在实践编程中不断体会、总结和提高。如果要编写系统级程序，则最好要具备一些软件工程方面的知识。

8.7.1　关于前面板的设计

前面板是最终用户将直接面对的窗口，因此前面板必须简洁易用。设计前面板时要考虑两种用户：一种是最终用户，它们只面对最终系统提供的各种功能；另一种是程序开发人员，他们还要面对子 VI。对于最终用户面对的前面板，设计时需要考虑两个方面：一方面是前面板是否简洁易用，用户能否快速定位自己所需要的功能；另一方面还要考虑美观，好的界面给人一种赏心悦目的感受，这样才能让用户长期面对程序员所设计的程序界面而不感到枯燥。而对于子 VI 面板则只要求前面板控件分类合理、排列整齐就可以了，因为开发者更注重的是子 VI 的接口和实现的功能。

1）为控件设置有意义的标签和标题。标签是用来标志控件在程序框图中的唯一标签，而标题用来表示控件的含义。通常标签比较短而且不包含特殊字符，用户可以直接把标签用来表示控件的定义。但是当控件的含义比较复杂时，由于程序框图的控件有限，用户需要利用标题来详细说明控件的含义。对于布尔控件，一般我们利用布尔文本就能表示控件的含义，譬如停止、取消或重设等。

2）为控件设置合理的默认值。合理的默认值能保证 VI 正常运行，并减少用户每次启动 VI 时不必要的操作。对于图表，如果没有必要，最好设置为空，因为这样可以节省 VI 占用的磁盘空间，加快加载速度。

3）确保标签控件的背景色是透明的。

4）最好使用标准字体——应用程序字体、系统字体和对话框字体。标准字体在任何平台上的显示结果都是一致的。如果使用一些特殊字体，很有可能在别的计算机上的显示结果会不一样，因为它需要该计算机也必须安装该特殊字体的字库。

5）在控件之间保持适当的距离。由于不同平台上的字体大小可能不同，因此控件之间保持适当的距离可以防止控件大小自动改变导致的控件重叠。

6）为数字输入控件配置合适的数据范围，避免用户输入错误的数据。

7）为控件设定描述和提示，增强程序可读性。

8）合理地安排控件。

9）将同类控件分组并排列整齐。对于位置相对固定的控件，为了避免相对位置的改变，可以通过重新排列按钮将多个控件绑定为同一个组。

10）尽量合理地、节省地、一致地使用颜色。不合理的颜色会分散用户的注意力。例如黄色、绿色或橙色的背景会把一个红色的报警灯淹没。同时，不要把颜色作为显示状态的唯一信息，那样可能造成色盲用户无法分辨。对于运行于不同平台上的程序，最好采用系统颜色。尽量使用柔和的颜色作为背景色，使用较亮的颜色显示重要控件。

11）最好使用“停止”按钮来停止程序，尽量不要使用“强行停止”按钮。

12）对于常用控件，尤其是枚举类型或簇，最好使用自定义类型。

13）导入图片来增强前面板的显示。

14）确保前面板能适合大部分用户的屏幕分辨率。在设计前面板时，一定要考虑到用户的屏幕分辨力。尤其是如果用户使用的是触摸屏或LCD，必须保证设计的前面板能在该分辨率下正常显示。

15）善用对话框。通过对话框的方式，用户可以更容易地输入信息。如果对话框中控件太多，最好用Tab控件将其分类。

注意：不要滥用对话框显示警告信息。因为如果用户不单击“确定”按钮，则程序将暂停直到单击该按钮为止，这对于无人值守的程序显然是不合适的。

8.7.2 关于程序框图的设计

程序框图是他人理解一个 VI 如何工作的主要途径，因此花费一些精力让程序框图更加组织有序和易读是很值得的。

1）不要把程序框图画得太大，尽量限制在滚动条内。

2）如果程序内容较多，最好通过子VI的方式将程序划分为多个模块。

3）为程序框图添加有益的注释。

4）最好使用标准字体。

5）确保数据流是从左向右流动以及连线是左进右出的。

6）把连线、终端、常数等排列整齐。

7）不要将连线放在子VI或其他程序框图的下面。

8）确保程序能够处理错误情况和不正确的输入。

9）节省使用层叠顺序结构，因为它会隐藏代码。

10）为子VI创建有意义的图标。

11）如果在多个VI中用到了同一个独特的控件或者需要在许多子VI之间传递复杂的数据结构，则考虑使用自定义数据类型。

12）避免过多地使用局部变量或全局变量。通过局部变量或全局变量可以使程序更加简洁，但是每次使用局部变量或全局变量都会产生一个新的副本，尤其是数组类型的数据将会占用较多内存。

8.8 综合实例：模拟电路图的设计

本实例是综合运用本章知识，设计一个模拟电路，并可以观察电路的电流及电压。

操作步骤如下。

1）完成前面板电源、电阻、开关控件的图标制作，在【例 8-1】中做了详细说明，这里不再赘述。

2）对前面板的属性进行设置，并对前面板界面进行设计和装置，完成电路图的设计。前面板控件修改后的背景色为白色且不带网格，为了电路图运行时的显示效果，需要在 VI 属性窗口的“编辑器”选项中把前面板网格单位的大小设置为最小值，完成后使用工具选板中的“颜色设置”工具把前面板背景色设置为白色。

3）将电源、电阻、开关控件放置于前面板上，在控件选板下“修饰”子选板中选择合适粗细的线条连接电路元件控件。

4）在前面板放置波形图表，调整波形图表的大小，在波形图表上右击，选择快捷菜单中显示项下的“X 滚动条”选项，为波形图表创建水平滚动条。为便于观察波形，修改标尺属性，使波形图表分段显示。具体方法是在图表属性对话框内选择“标尺属性”项，取消“自动调整标尺”项，自定义最小值为 0，最大值为 10。完成后波形图表以 10s 为单位分段显示电源波形。

5）在程序框图中编写程序代码，对前面板电路元件的功能和属性进行定义，实现为原有控制创建新的功能。

6）如图 8-34 所示，开关控件连接选择器端子控制条件结构。当关闭开关时，条件结构为“真”的分支运行，电路正常工作；当打开开关时，条件结构为“假”的分支运行，电路停止工作，如图 8-35 所示。

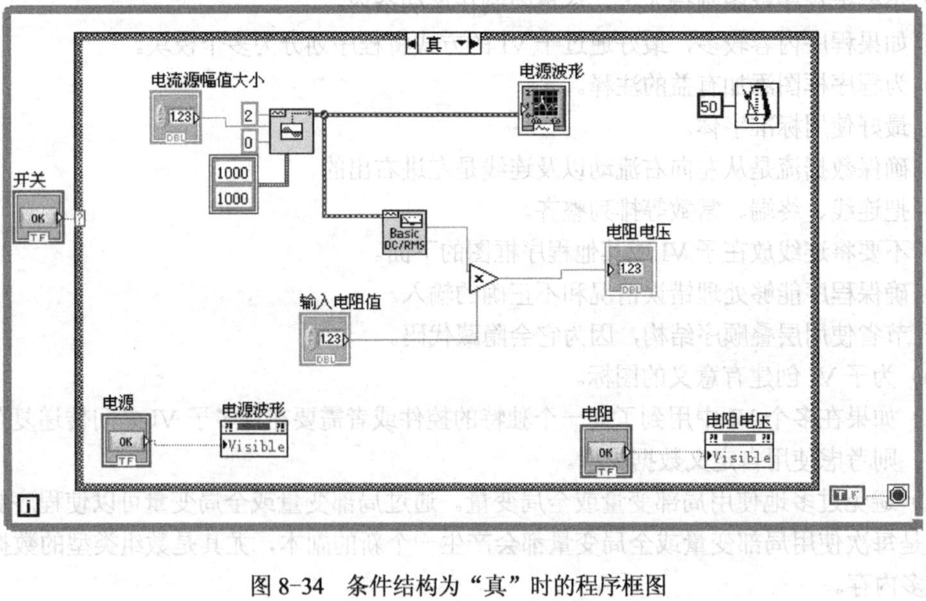

图 8-34　条件结构为“真”时的程序框图

7）要实现控制波形图标和电阻电压值的显示和隐藏，用户需要用到属性节点的相关功能。通过设置属性节点的众多属性可以为前面板控件添加各种新的功能。右击电阻电压显示控件，从快捷菜单中选择“创建→属性节点→可见”菜单项为电阻电压显示控件创建属性节点。连接电阻控件和新创建的属性节点，则通过电阻控件的按键输入可以控制电阻电压显示控件的可见属性。同样，为电源波形图表创建“可见”属性节点，通过电源布尔型控件去控制波形图表的显示和隐藏。

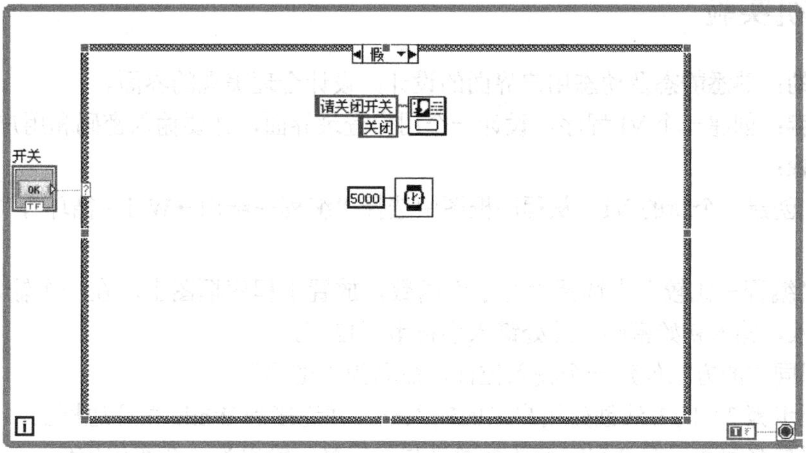

图 8-35　条件结构为“假”时的程序框图

8）完成后保存此 VI，运行查看前面板，如图 8-36 所示。

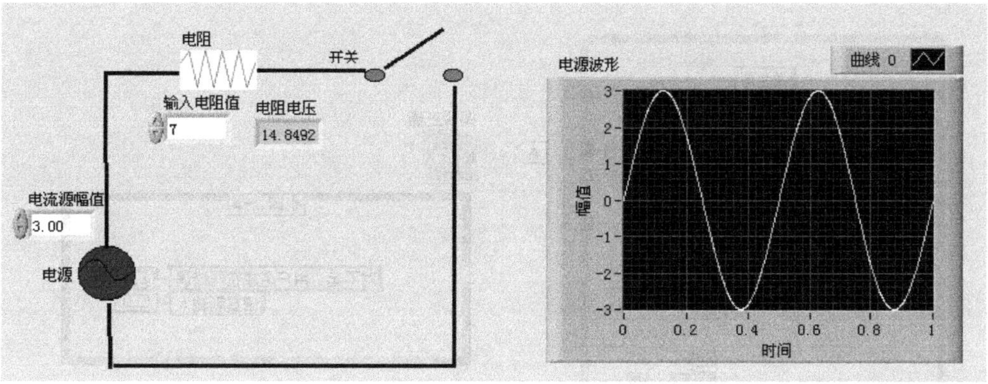

图 8-36　模拟电路前面板

注意：创建的“可见”属性节点需要改变其属性，右击“可见”属性节点的图标，选择“全部转换为输入”，之后才可以与电源和电阻控件连接。

8.9　习题

1）如何对 VI 进行属性设置？VI 属性设置内容主要可以分为几部分？各自有什么功能？

2）创建一个 VI，并设置密码保护，并比较输入密码正确与否对 VI 查看和修改的权限区别。

3）设计一个动态界面，利用对话框引导用户进入系统。

4）创建一个 VI，设置其运行时 VI 窗口在屏幕中的位置及其前面板的大小。

8.10 上机实验

上机目的：熟悉静态及动态用户界面的设计，设计合理美观的界面。

上机内容：创建一个 VI 程序，设计一个用户登录界面，并要输入密码和用户名。

实现步骤：

1）首先创建一个新的 VI，从程序框图中选择“编程→结构→While 循环”，放置于后面板上。

2）从“编程→比较”中选择“等于”函数，放置于程序框图上。在一个输入端口右击创建常量输入，输入初始密码，此处键入字符串“123”。

3）利用同样的方法创建一个输入控件，命名为“密码”。

4）利用步骤 2）的方法创建用户名的输入框，并连接到 While 循环边框上。

5）将用户名和密码在 While 循环外做“与”运算，输出为一个布尔控件。

6）在 While 循环的循环条件处创建一个输入常量，命名为“OK”。

7）在“编程→定时”选板中选择“等待下一个整数倍毫秒函数”，创建输入常量，输入 100。如图 8-37 所示。

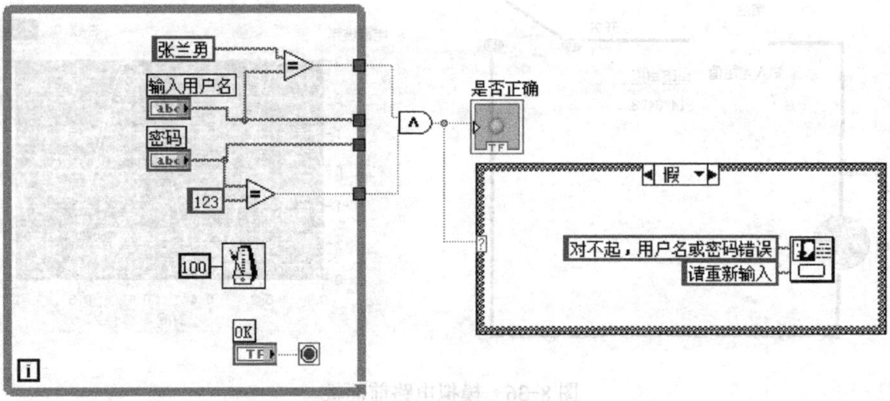

图 8-37　登录界面程序框图

8）在函数选板中选择“编程→结构→条件结构”，放置于程序框图上，在条件为“真”时，选择“编程→对话框与用户界面→单按钮对话框”，放置于条件结构里。并创建消息的输入常量为“欢迎使用 LabVIEW 2015”，创建按钮名称的常量为“确定”。

9）单击条件结构的选项，选为“假”。同样放置一“单按钮对话框”，并创建消息输入为“对不起，用户名或密码错误”，创建按钮名称为“请重新输入”。

10）将第 5）步中“与”的输出端与条件结构的输入端相连。

11）保存此 VI，命名为“登录欢迎界面”。

12）运行此程序，输入用户名为“张兰勇”，密码为“123”，可以登录进系统。前面板如图 8-38 所示，系统登录后界面如图 8-39 所示。

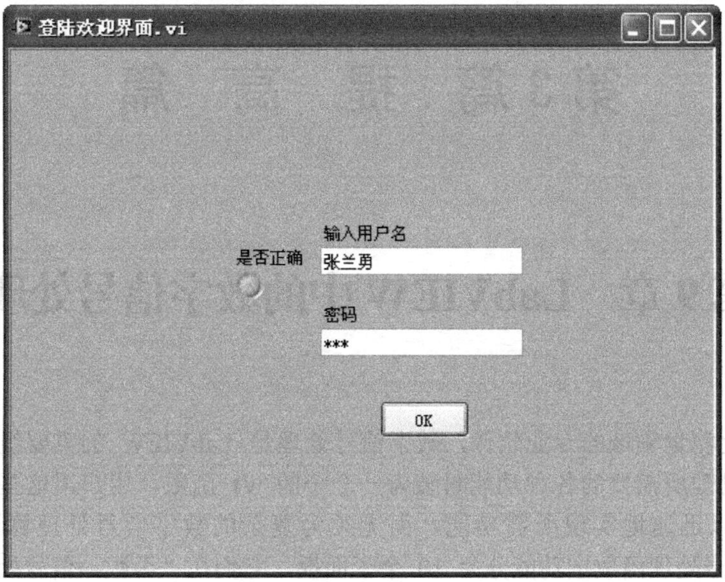

图 8-38　登录界面前面板

图 8-39　进入界面后对话框

第3篇　提　高　篇

第9章　LabVIEW中的数字信号处理

作为自动化测量领域的专业软件，数字信号处理是 LabVIEW 的重要组成部分之一，它将这些信号处理所需要的各种功能封装为一个个的 VI 函数，用户用这些现成的信号处理函数 VI 可以迅速地实现所需功能，而无须为复杂的数字信号处理算法花费精力。LabVIEW 把信号处理函数按功能分为 10 个子面板，它们在“函数→信号处理”选板下，如图 9-1 所示。

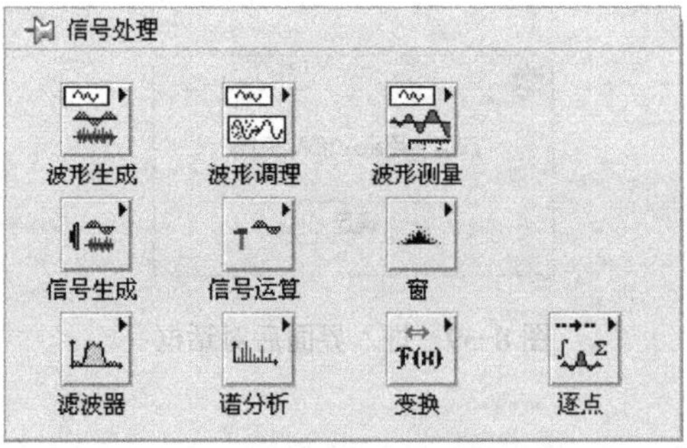

图 9-1　信号处理函数面板

本章系统讲述了信号处理子选板中典型 VI 函数的功能，并通过实例讲解了它们的使用方法。

9.1　信号处理的基本概念

9.1.1　信号发生

软件仿真时，LabVIEW 中信号的发生总体可以分为两种：一种是通过外部硬件发生信号，然后用 LabVIEW 编写程序控制计算机的 A-D 数据采集卡进行采集而获取信号；另外一种方式是用 LabVIEW 程序本身产生信号，即用软件产生信号。当然，用 LabVIEW 程序生成的信号，经过 D-A 输出后，也可以作为信号源来使用。

9.1.2　波形调理

波形调理的目的是尽量减少干扰信号的影响，提高信号的信噪比，它会直接影响到分析的结果，因此，一般在进行信号处理前，要先进行信号调理。常用的信号调理方法有滤波、放大和加窗等。

9.1.3 时频分析

对信号的分析可以分为时域分析和频域分析，这是对信号进行分析的两个不同角度和侧面，它们都可以反映信号的一些特征，在实际应用中往往这两种方法都是必需的。信号的时域分析主要是指在时域上对信号进行分析。

9.2 信号发生

LabVIEW 下信号的发生主要依靠一些可以产生波形数据的函数、VIs 以及 Express VIs 来完成，另外一些数学运算函数也可以用来产生波形信号。这些信号一方面可以供给 DAC，以发出真正的模拟信号，另一方面作为软件仿真时的信号源。

信号按不同的要求既可以用波形数据类型表示，也可以用一维实数数组表示。实际上波型数据的 Y 分量就是一维数组，但是波形数据类型还包含了采样率信息：dt 表示采样周期，采样率为 1/dt。因此，LabVIEW 有两个信号发生函数面板，其中“波形生成”子选板中的 VI 用于产生波形数据类型表示的信号，“信号生成”子选板中的 VI 用于产生一维数组表示的波形信号，如图 9-2 所示，它们分别位于“函数→信号处理→波形生成”和“函数→信号处理→信号生成”中。

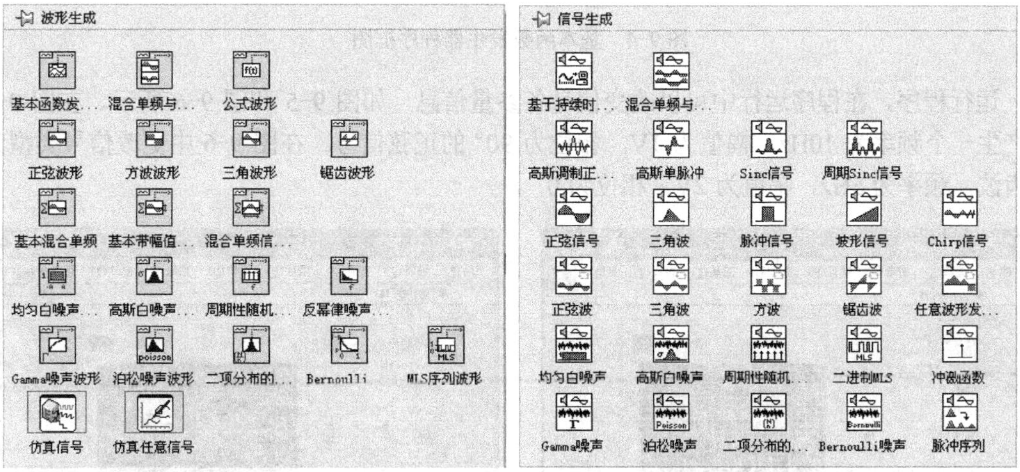

图 9-2 “波形生成”与“信号生成”函数选板

这一节主要介绍上述模板中一些常用的函数、VIs 以及 Express VIs 的使用方法。

9.2.1 基本函数信号

基本函数信号是指平时常见的正弦波、方波、三角波等，LabVIEW 2015 提供了丰富的函数和 VI 来实现此功能。这些函数与 VI 分别位于“函数→数学→基本与特殊函数”的“三角函数”“指数函数”“双曲函数”子选板和“函数→信号处理”的“波形发生”与“信号发生”子选板中，可用于监控数据变化趋势等对数据传输要求不高的应用场合。

【例 9-1】 编写一个信号发生器，要求信号类型、频率、幅值、相位等信息可调。

Basic Function Generator.vi 是 LabVIEW 中一种常用的用以产生波形数据的 VI，它可以产生 4 种基本信号：正弦波、方波、三角波和锯齿波，可以控制信号的频率、幅值及相位等信息，其接线端子如图 9-3 所示。

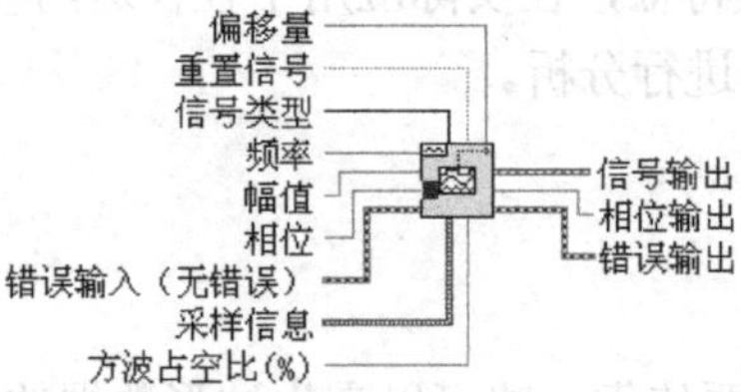

图 9-3 Basic Function Generator.vi 接线端子

本实例程序框图如图 9-4 所示。

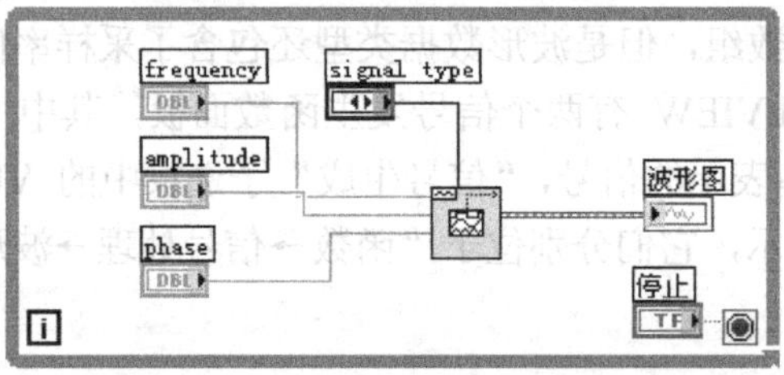

图 9-4 基本函数发生器程序框图

运行程序，在程序运行中可以改变信号各参量信息，如图 9-5 和图 9-6 所示。在图 9-5 中产生一个频率为 10Hz，幅值为 1V，相位为 90° 的正弦信号；在图 9-6 中更改信号类型为锯齿波，频率为 5Hz，幅值为 2V，相位为 0°。

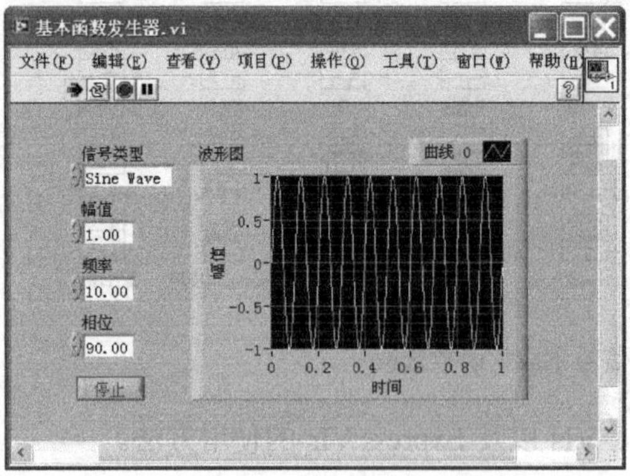

图 9-5 用基本函数信号发生器产生的正弦信号

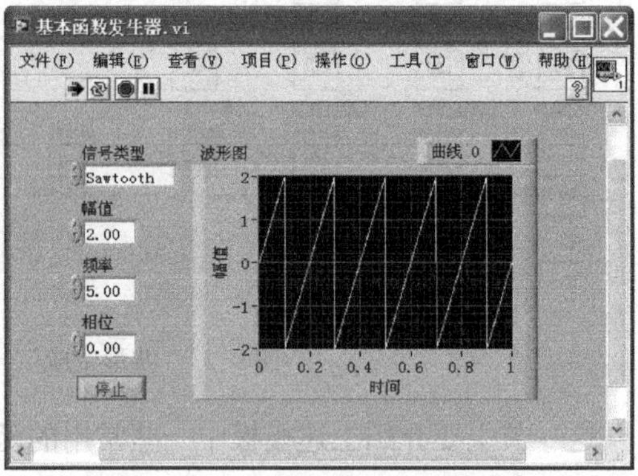

图 9-6 用基本函数发生器产生的锯齿波信号

9.2.2 多频信号

多频信号是由多种频率成分的正弦波叠加而成的波形信号，LabVIEW 2015 提供了 Basic

Multitone.vi、Basic Multitone with Amplitudes.vi 和 Multitone Generator.vi 三个 VI 专门用来产生多频信号，它们在“函数→信号处理→波形生成”子选板中。

【例 9-2】 编写一个多频信号发生器。

Multitone Generator.vi 的三个重要输入端口“tone frequency”“tone amplitudes”及“tone phases”分别用以连接一维数组，数组中的元素分别代表组成波形的正弦波信号的频率、幅值和相位，波形的个数由数组中数据的个数决定。此演示程序的前面板和程序框图分别如图 9-7 和图 9-8 所示。

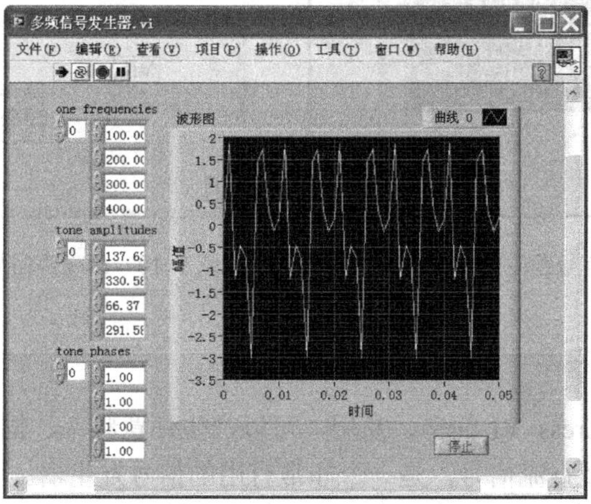

图 9-7 多频信号发生器前面板

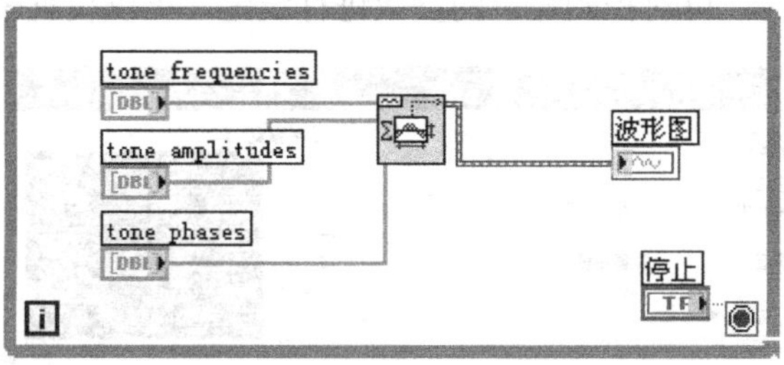

图 9-8 多频信号发生器程序框图

注意：这三种多频信号发生器各有特点：第一种和第二种所产生的多频信号各频率成分的频率间隔是固定的，第三种可以产生由任意频率成分组成的多频信号；第二种和第三种能指定信号幅值，而第一种则不能。

9.2.3 噪声信号发生器

在进行系统仿真时，噪声信号也是必不可少的，LabVIEW 2015 提供了白噪声、高斯噪声、周期随机噪声信号等多种常用的噪声信号发生器，这几种噪声信号发生位于“函数→信号处理”的波形生成与信号生成子选板里。

【例 9-3】 产生一个幅值在[-1,1]之间的均匀分布白噪声信号。

Uniform White Noise Waveform.vi 能产生一定幅值的白噪声信号，程序的前面板与程序框图如图 9-9 和图 9-10 所示。

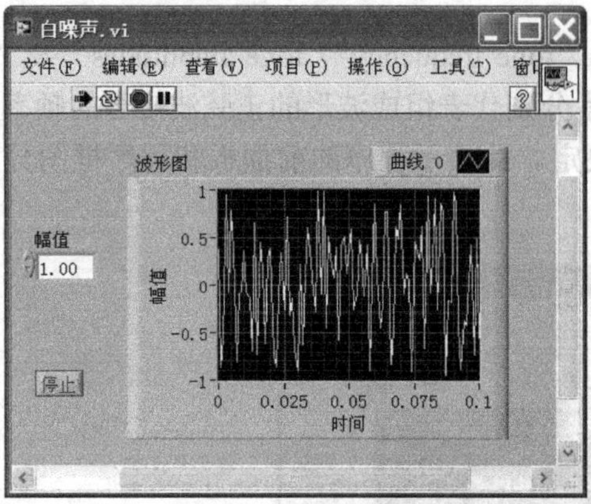

图 9-9 白噪声信号发生器前面板

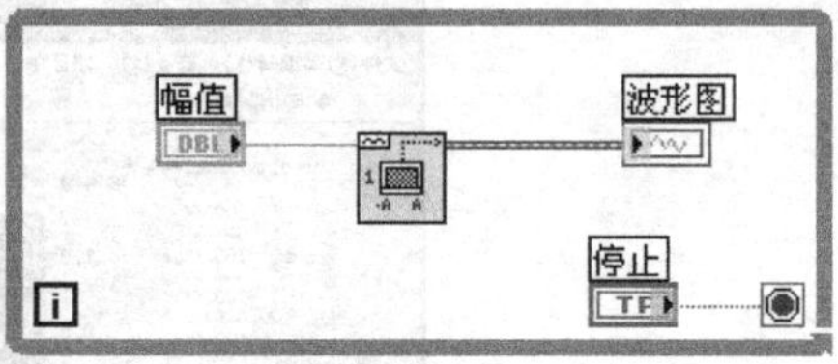

图 9-10 白噪声信号发生器程序框图

9.2.4 仿真信号发生器

Simulate Signal Express VI 简单、易用，可以产生任意频率、幅值和相位的正弦波、方波、三角波、锯齿波以及直流信号，是一个非常有用的信号发生器。

在使用 Simulate Signal Express VI 时，需要配置其属性，如图 9-11 所示。在对话框中可以选择信号的类型、幅值、频率、相位，可以添加噪声，噪声的种类有白噪声、高斯噪声、周期随机噪声等 9 种噪声，可对控制噪声的参数进行设定，可以设置采样点数目等信息。

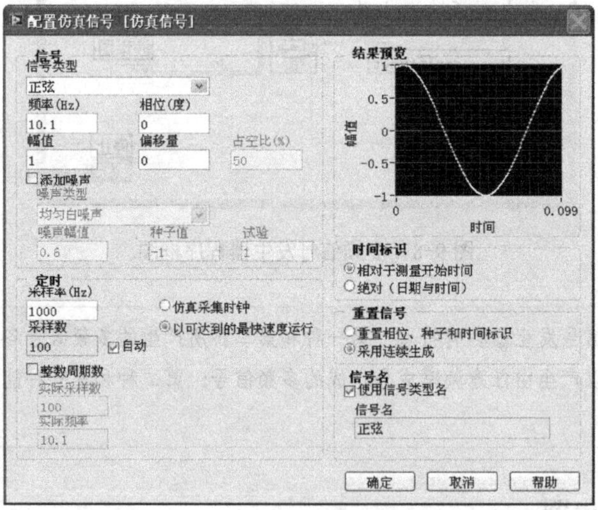

图 9-11 Simulate Signal Express VI 属性配置对话框

【例 9-4】 编写一信号发生器，要求信号的类型、幅值等参数可调，并能添加不同类型的噪声。

程序的前面板和程序框图如图 9-12 和图 9-13 所示。

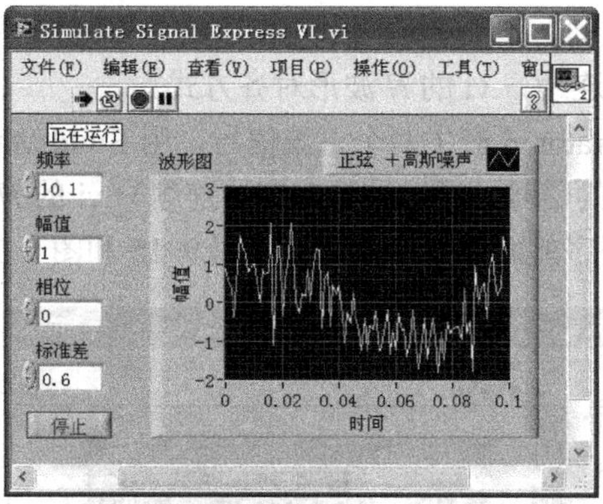

图 9-12　Simulate Signal Express VI 程序前面板

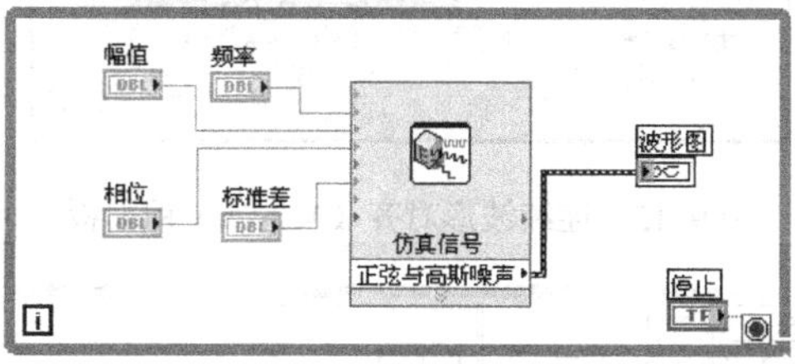

图 9-13　Simulate Signal Express VI 程序框图

9.3　波形调理

波形调理的相关 VI 位于“函数→信号处理→波形调理”子选板下，如图 9-14 所示。

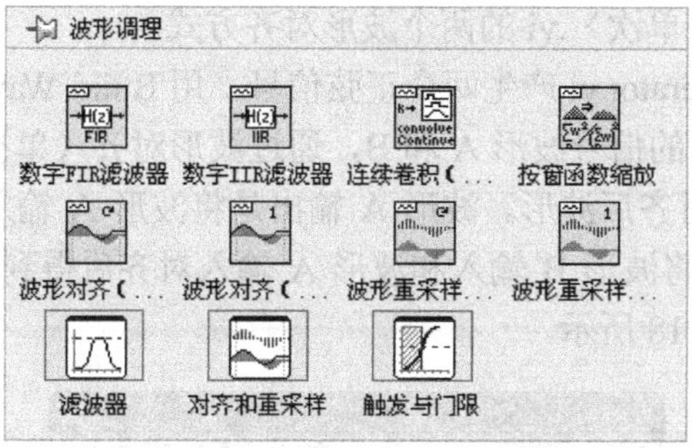

图 9-14　信号调理函数选板

下面介绍几个常用的信号调理函数的用法。

9.3.1　波形对齐

波形对齐 VI 的功能是将波形的元素对齐并返回对齐的波形，连接至波形输入端的数据类型决定所使用的多态实例，有 *N* 波形对齐、*M*+*N* 波形对齐、*N*+1 波形对齐、1+*N* 波形对齐、两个波形对齐 5 种。波形对齐 VI 有单次与连续两个 VI 可供使用，它们的区别在于单次对齐方式需要指定对齐的区间。下面通过两个实例讲解此 VI 的使用方法。

【例 9-5】 波形对齐（连续）.vi 的 *N* 波形对齐方式。

由 Basic Function Generator.vi 产生两个正弦信号，用 Build Waveform.vi 进行波形重组，产生两个时间延迟为 10ms 的信号，通过波形对齐（连续）.vi 的 *N* 波形对齐方式对波形进行对齐，输出对齐后波形。程序前面板与程序框图如图 9-15 和图 9-16 所示。

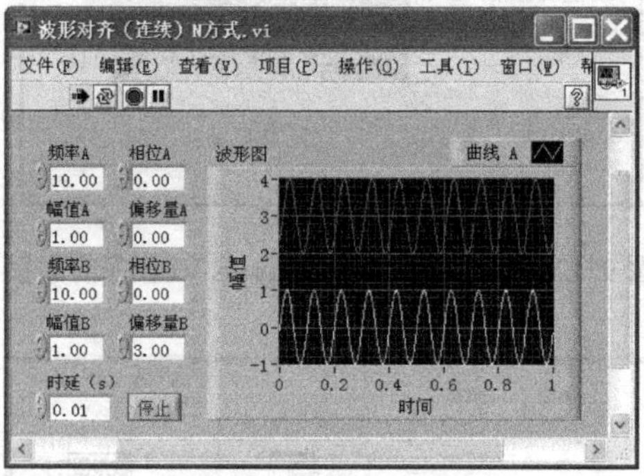

图 9-15 连续波形对齐（*N* 方式）前面板

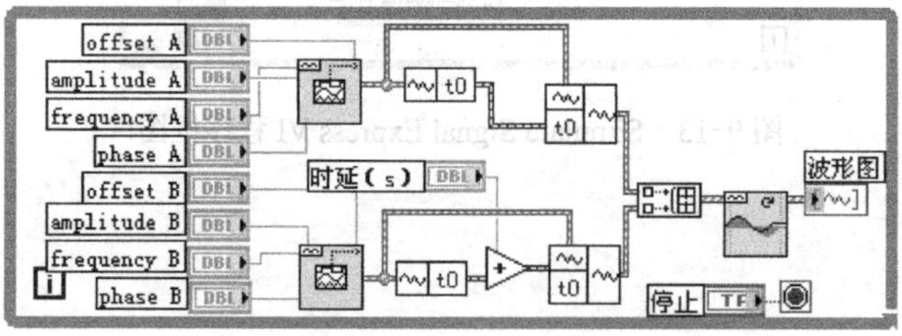

图 9-16 连续波形对齐（*N* 方式）程序框图

【例 9-6】 波形对齐（单次）.vi 的两个波形对齐方式。

由 Basic Function Generator.vi 产生两个正弦信号，用 Build Waveform.vi 进行波形重组，产生两个时间延迟为 10ms 的信号波形 A 和 B，通过波形对齐（单次）.vi 的两个波形对齐方式对波形进行对齐，输出对齐后波形。波形 A 输出是将波形 A 输入和波形 B 输入对齐后得到的波形，波形 B 输出是将波形 B 输入和波形 A 输入对齐后得到的波形。程序的前面板和程序框图如图 9-17 和图 9-18 所示。

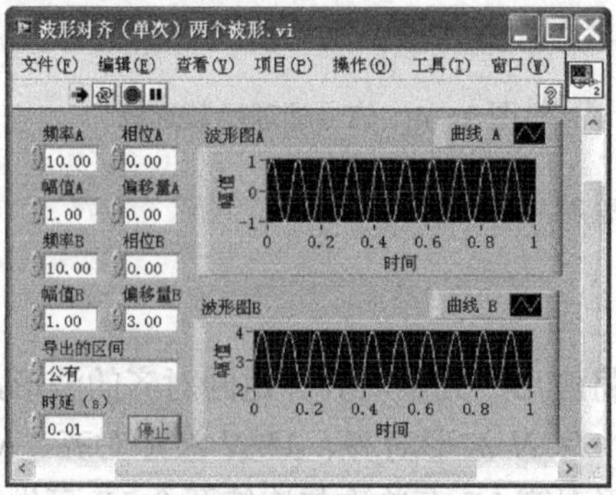

图 9-17 单次波形对齐（两个波形）前面板

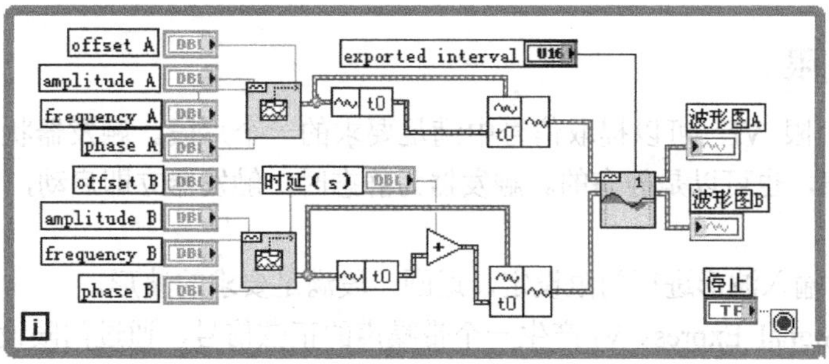

图 9-18　单次波形对齐（两个波形）程序框图

📖 注意：在波形对齐 VI 上右击，可在选择类型选项中选择波形对齐的 5 种类型。单次对齐的时候需要指定导出区间。

9.3.2　波形重采样

为了满足信号处理的需要，有时需要对信号进行重采样，LabVIEW 2015 中的重采样 VI 可以根据用户定义的 t0 和 dt 值，重新采样一个输入波形。连接至波形输入端的数据类型决定使用哪种多态实例。

【例 9-7】 对输入波形进行重采样，输出原始波形与重采样后得到的波形。

由 Basic Function Generator.vi 产生正弦信号，用重采样 VI 对正弦信号进行重采样，t0 和 dt 由用户指定，其中 dt=1/采样率。程序的前面板和程序框图如图 9-19 和图 9-20 所示。

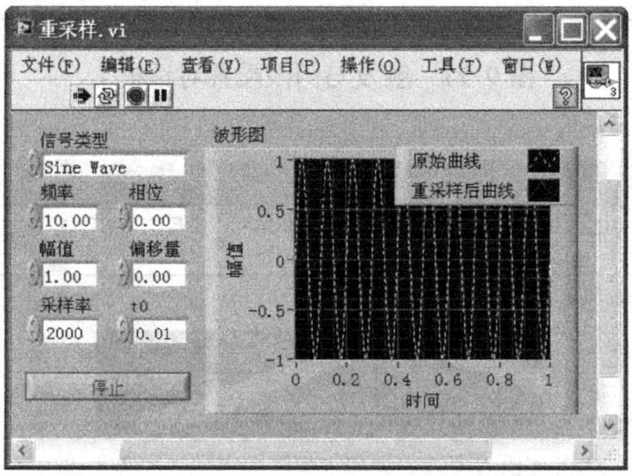

图 9-19　波形重采样前面板

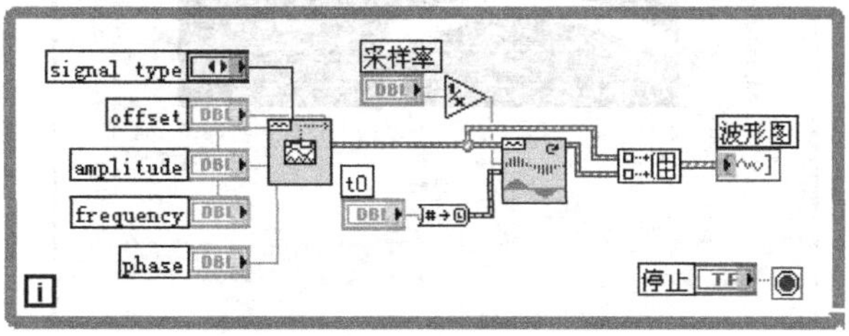

图 9-20　波形重采样程序框图

9.3.3 触发与门限

使用触发与门限 VI，可以提取信号中满足要求的一个片段。触发器状态可基于开启或停止触发器的阈值，也可以是静态的。触发器为静态时，触发器立即启动，Express VI 返回预定数量的采样。

【例 9-8】 对输入波形进行门限设定，返回一段满足要求的波形。

用 Simulate Signal Express VI 产生一个带噪声的正弦信号，通过门限设定，用触发与门限 VI 实现返回幅值大于 0 的一段信号。触发与门限 VI 的属性配置对话框配置完成后如图 9-21 所示，此演示程序的前面板和程序框图如图 9-22 和 9-23 所示。

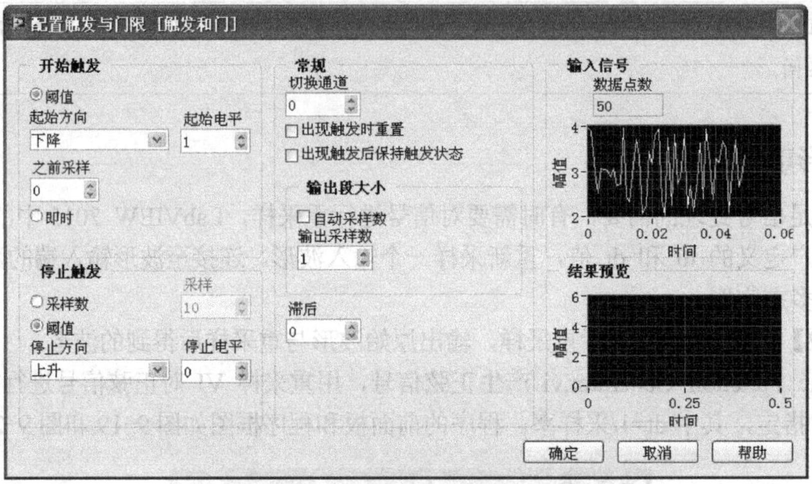

图 9-21 触发与门限配置对话框

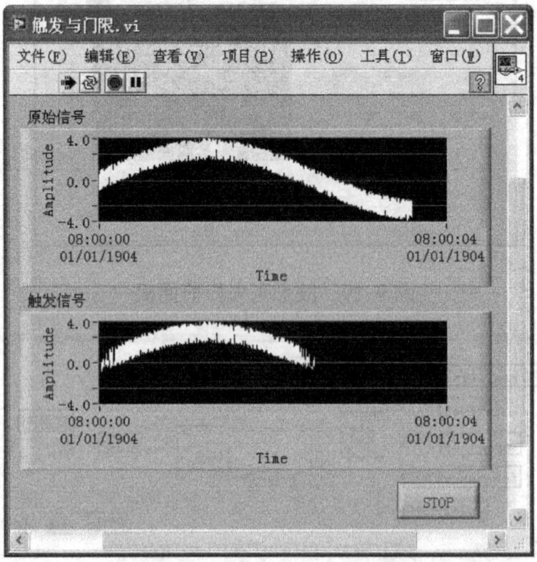

图 9-22 用触发与门限 VI 返回指定波形程序前面板

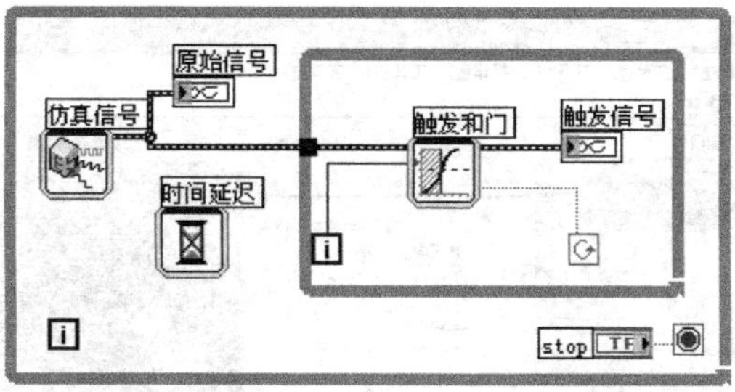

图 9-23　用触发与门限 VI 返回指定波形程序框图

9.4　信号的时域分析

用于信号时域分析的函数与 VI 位于“函数→信号处理→信号运算”子选板中，如图 9-24 所示，能实现卷积、相关、归一化等功能。

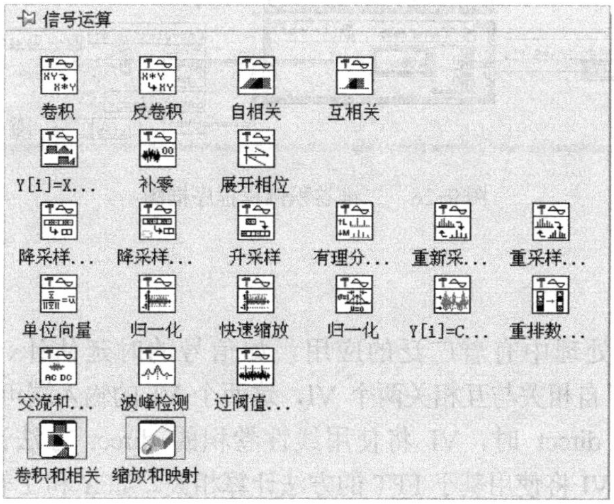

图 9-24　信号时域分析函数面板

下面介绍几种常用的时域分析 VI 的使用方法。

9.4.1　卷积

卷积 VI 计算输入序列 *X* 和 *Y* 的卷积，连接到 *X* 输入端的数据类型决定了所使用的多态实例，能实现对一维信号和二维信号的卷积运算。卷积运算 VI 的输入端能指定进行卷积运算时所采用的方法：对于算法的值为 direct 时，VI 将使用线性卷积的 direct 方法计算卷积；如算法为 frequency domain 时，VI 将使用基于 FFT 的方法计算卷积。如 *X* 和 *Y* 较小，direct 方法通常更快；如 *X* 和 *Y* 较大，frequency domain 方法通常更快。此外，两个方法数值上存在微小的差异。

【例 9-9】 用二维卷积实现对图像信息的边缘检测

此演示程序为 LabVIEW 2015 自带的一个二维卷积例程，程序的前面板和程序框图如图 9-25 和图 9-26 所示。

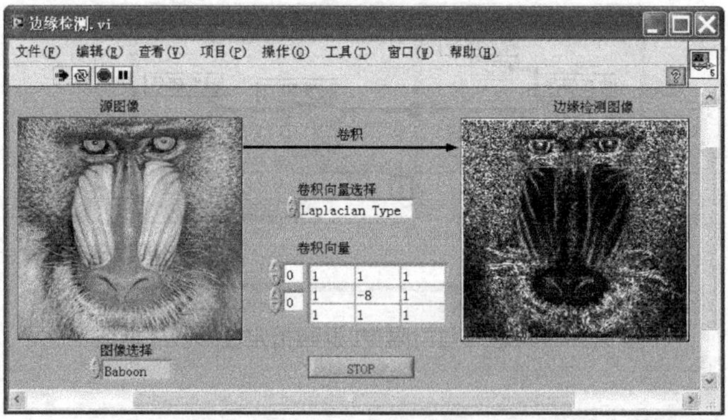

图 9-25　二维卷积例程前面板

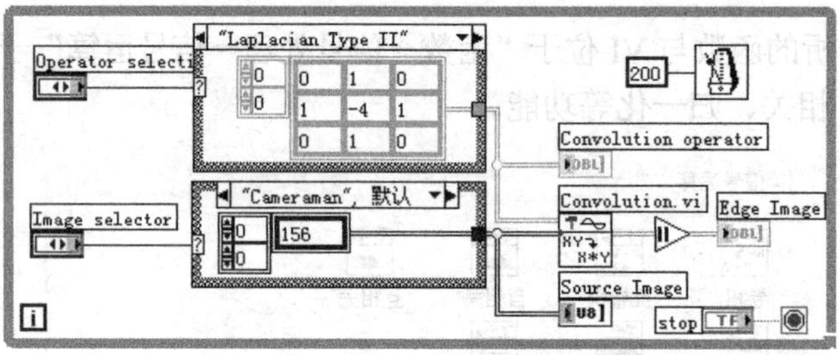

图 9-26　二维卷积例程程序框图

9.4.2　相关

相关运算在信号处理中有着广泛的应用，如信号的时延估计、周期成分检测等，LabVIEW 2015 提供了自相关与互相关两个 VI，这两个 VI 的输入端可指定进行相关运行所采用的算法：当值为 direct 时，VI 将使用线性卷积的 direct 方法计算相关；当算法为 frequency domain 时，VI 将使用基于 FFT 的方法计算相关。如 X 和 Y 较小，direct 方法通常更快。如 X 和 Y 较大，frequency domain 方法通常更快。此外，两个方法数值上存在微小的差异。

【例 9-10】 对一个含噪信号进行周期性分析。

自相关函数的一个重要应用是检验信号中是否含有周期成分，如果信号中含有周期成分，则自相关函数随 τ 的增大变化不明显，不含周期成分的随机信号则在 τ 稍大时，自相关函数就趋近为 0，同时，自相关函数幅值的大小随 τ 值变化的快慢程度也反映了信号中周期成分的强弱。图 9-27 中左图所示为不含周期成分的随机噪声的自相关图，右图所示为正弦信号的自相关图。图 9-28 和图 9-29 分别表示此演示程序的前面板和程序框图。

9.4.3　缩放与归一化

LabVIEW 2015 提供了对波形进行缩放和归一化的 VI。用于缩放的 VI 有两种：移除输入信号 X 的偏移量并缩放结果以使输出序列在[-1,1]的区间上；确定输入 X 的最大绝对值，再以该值对 X 进行缩放。归一化 VI 根据统计分布(μ,s)将输入向量或矩阵归一化（其中 μ 是均值，s 是标准偏差），从而得到统计分布为(0,1)的归一化向量或归一化矩阵。

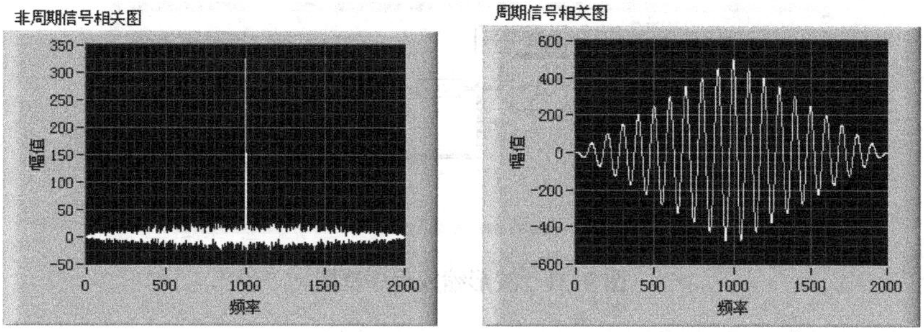

图 9-27　非周期信号与周期信号自相关图

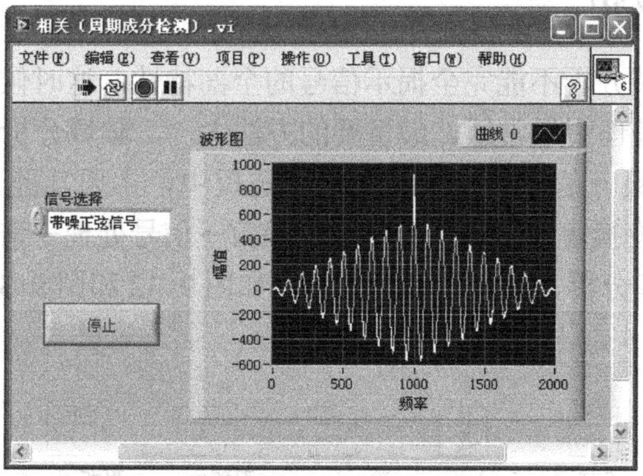

图 9-28　信号周期成分检测前面板

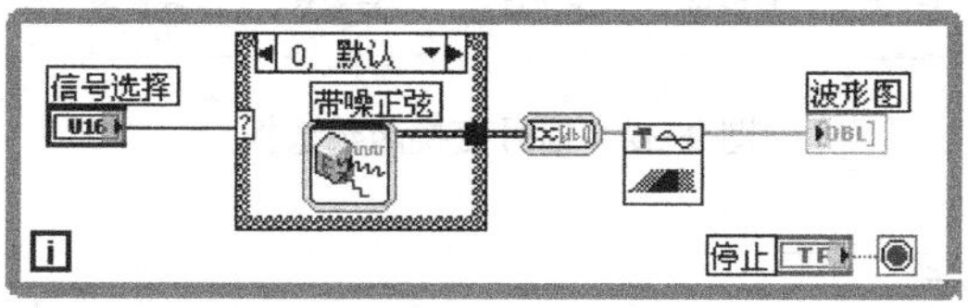

图 9-29　信号周期成分检测程序框图

【**例 9-11**】 对输入波形进行缩放。

采用第一种缩放方式将输入波形缩放到[-1,1]区间上，程序的前面板和程序框图如图 9-30 和图 9-31 所示。

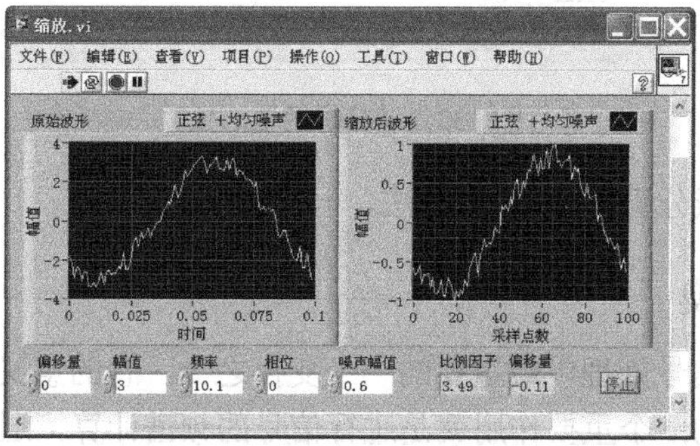

图 9-30　波形缩放前面板

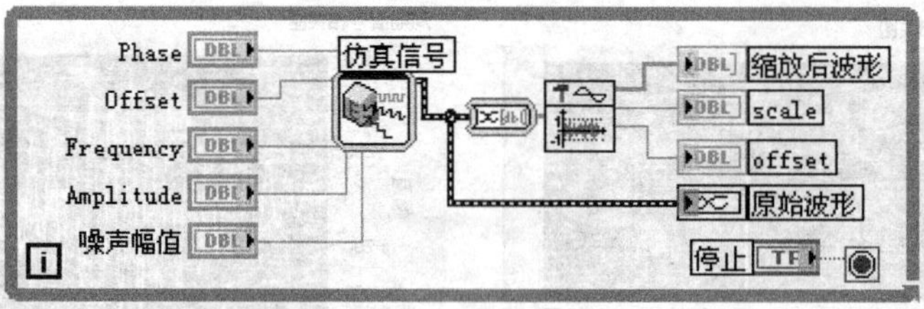

图 9-31　波形缩放程序框图

9.5　信号的频域分析

有时候对信号的时域分析不能完全揭示信号的全部特性，这时候就要对信号进行频域分析，频域分析也是信号处理中最常用、最重要的方法之一，频域分析的函数被划分为两部分存放，一部分位于“函数→信号处理→变换”子选板中，主要功能是实现信号的傅里叶变换、Hilbert 变换、小波变换等，另一部分位于“函数→信号处理→谱分析”子选板中，主要功能是实现对信号的频率分析、联合时频分析等，如图 9-32 和图 9-33 所示。

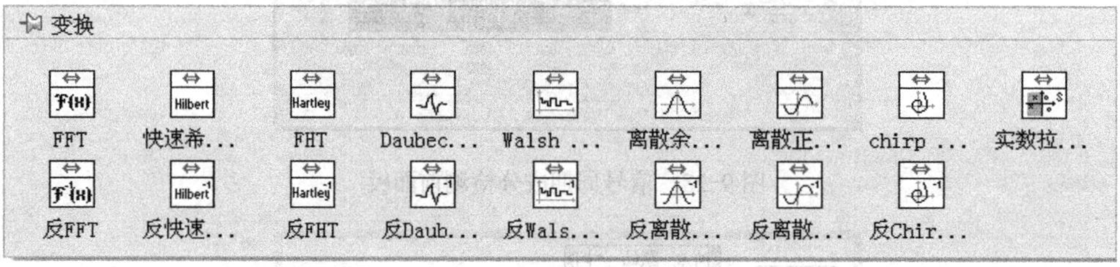

图 9-32　信号变换函数选板

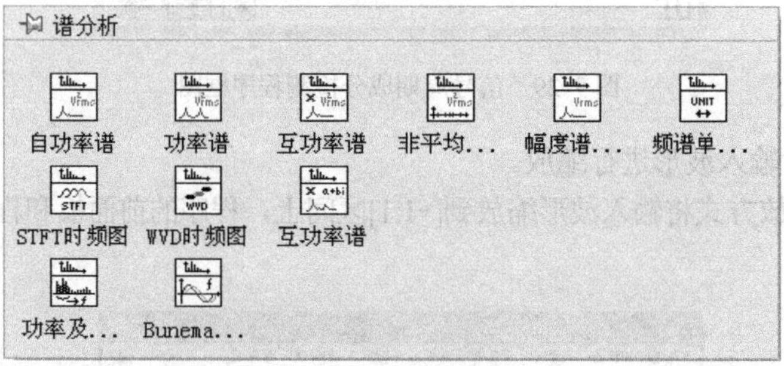

图 9-33　谱分析函数选板

下面介绍常用的频域分析 VI 的使用方法。

9.5.1　快速傅里叶变换

傅里叶变换是数字信号处理中最重要的一个变换之一，它的意义在于能使人们能在频域中观察信号的特征，它的一个重要作用就是进行信号的频谱计算，通过频谱，可以直观地看到信号的频率组成成分。

【例 9-12】 对输入多频信号进行快速傅里叶变换，观察其频率组成成分。

1．双边傅里叶变换

用多频信号发生器产生一个多频信号，用快速傅里叶变换 VI 对其进行 FFT，程序的前面板和程序框图如图 9-34 和图 9-35 所示。从图 9-34 中可以看到，傅里叶频谱中除了原有频率外，在 samples-f 的位置也有相应的频率成分。这是由于 FFT.vi 函数计算得到的结果是采样信号频谱在采样区间[0, f_s]上的一段（f_s 为采样频率），它不仅包含正频率成分，还包含负频率成分，因此，信号频率等于 200Hz 时，1800Hz 处对应的频率实际上为-200Hz。

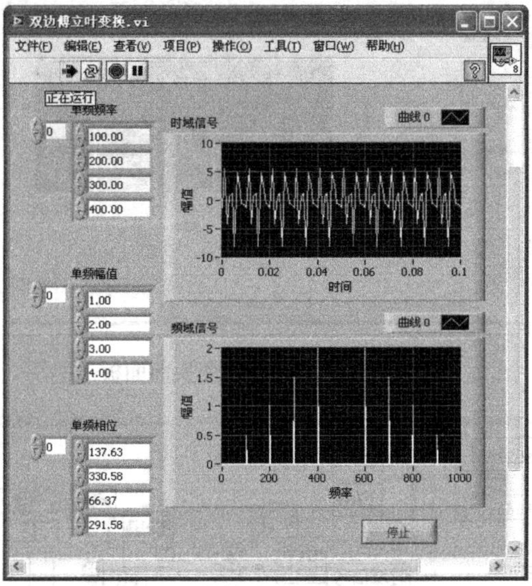

图 9-34 双边傅里叶变换前面板

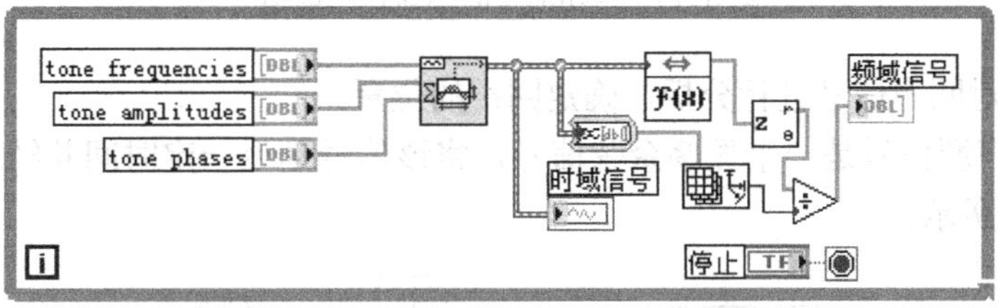

图 9-35 双边傅里叶变换程序框图

2．单边傅里叶变换

实际上，频谱中绝对值相同的正、负频率对应的信号频率是相同的，负频率只是由于数学变换才出现的，因此，将负频率迭加到相应的正频率上，然后将正频率对应的幅值加倍，零频率对应的频率不变，就可以将双边频谱转变为单边频谱了。图 9-36 和图 9-37 是对图 9-31 中信号进行单边傅里叶变换的前面板和程序框图。

9.5.2 Hilbert 变换

Hilbert 变换常用来提取瞬时相位信息，获取振荡信号的包络，计算单边频谱，进行回声检测和降低采样速率。

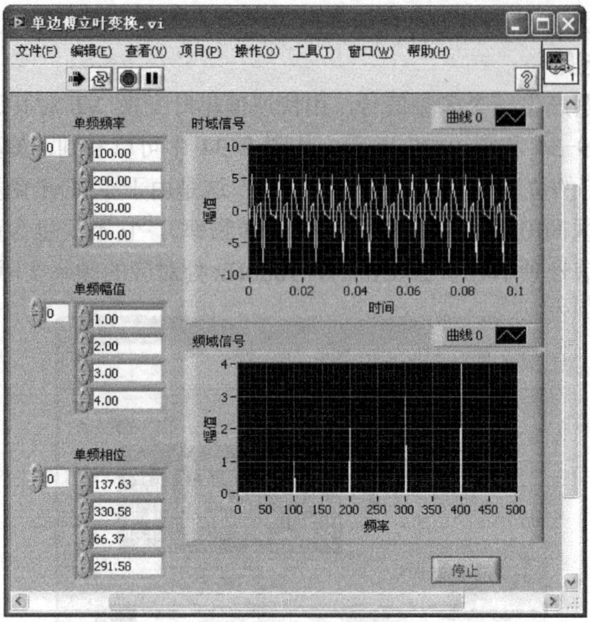

图 9-36　单边傅里叶变换前面板

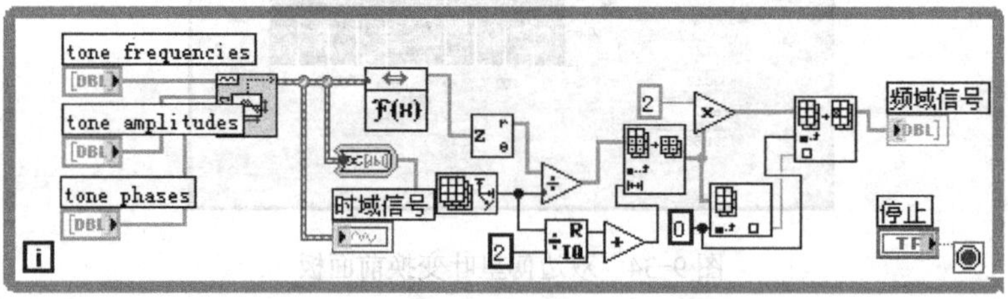

图 9-37　单边傅里叶变换程序框图

【例 9-13】 对回声信号进行分析，确定回声的位置。

在本例中，声源信号是一个振荡余弦信号，将该信号延迟一定时间并经衰减后作为回声信号，如图 9-38 所示。

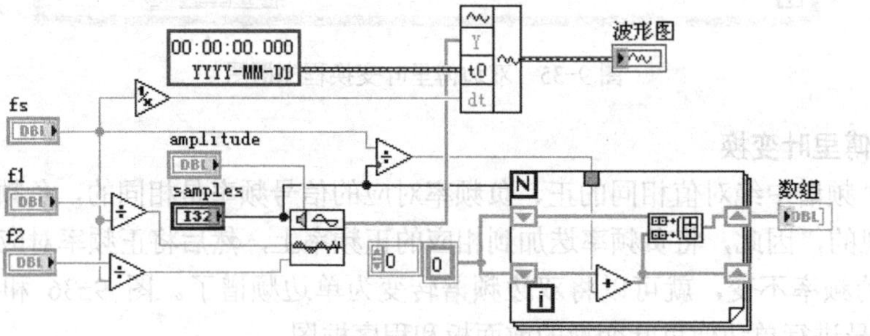

图 9-38　回声信号的产生

利用 Hilbert 变换得到解析信号，然后计算解析信号的幅值（以对数形式表示）以确定回声的位置。将回声延迟设为 125，则从图 9-39 的检测信号图中，可以明显地看到在采样点数为 125 处信号的包络有明显的扰动，即为回声的位置。程序框图如图 9-40 所示。

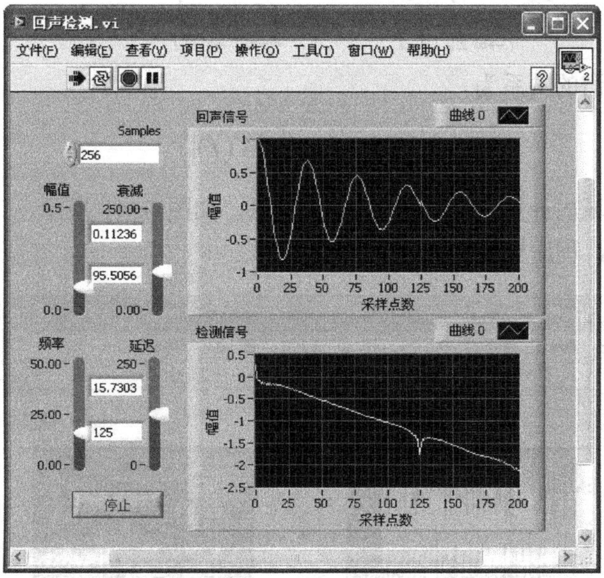

图 9-39 回声检测前面板

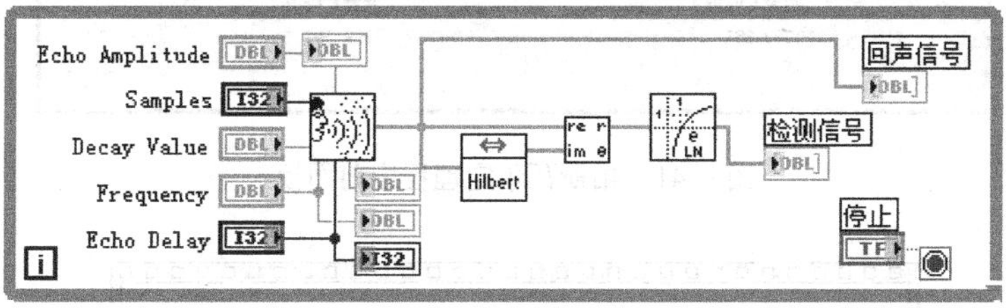

图 9-40 回声检测程序框图

9.5.3 功率谱分析

一个信号无论是从时域来描述还是从频域来描述，都是相互唯一对应的，功率谱分析能够提供信号的频域信息，是研究平衡随机过程的重要方法。LabVIEW 2015 提供了许多用于功率谱分析与计算的 VI，如自功率谱、互功率谱、非均匀采样数据的功率谱等。

【例 9-14】 验证帕斯瓦尔定理。

帕斯瓦尔定理指出，信号 $x(t)$ 在时域中计算的总能量，等于在频域中计算的总能量，即

$$\int_{-\infty}^{\infty} x^2(t)\mathrm{d}t = \int_{-\infty}^{\infty} |X(f)|^2 \mathrm{d}f$$

其中，$X(f)$ 是 $x(t)$ 的傅里叶变换，$|X(f)|^2$ 称为能量谱。帕斯瓦尔定理的离散形式为

$$\sum_{n=0}^{N-1} |x(n)|^2 = \frac{1}{N}\sum_{k=0}^{N-1} |X(k)|^2$$

其中，$x(n)$ 为时域信号的 N 点采样序列，$X(k)$ 是采样序列的傅里叶变换。在时域中信

号的平均功率为

$$P_{\mathrm{av}}=\lim_{T\to\infty}\frac{1}{2T}\int_{-T}^{T}x^2(t)\mathrm{d}t=\int_{-\infty}^{\infty}\lim_{T\to\infty}\frac{1}{2T}|X(f)|^2\,\mathrm{d}f$$

能量谱和自功率谱的关系为

$$P_{\mathrm{x}}(f)=\lim_{T\to\infty}\frac{1}{2T}|X(f)|^2$$

分别在时域和频域内计算一个 sine 信号的能量，如图 9-41 所示，可以看出，两种方法的计算结果是相同的，程序框图如图 9-42 所示。

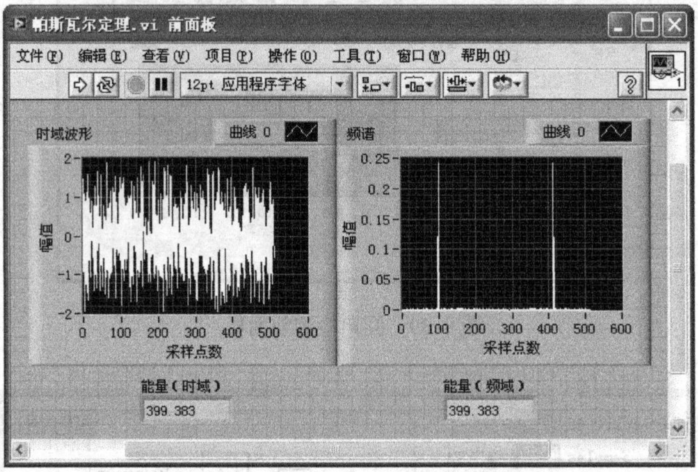

图 9-41　帕斯瓦尔定理程序前面板

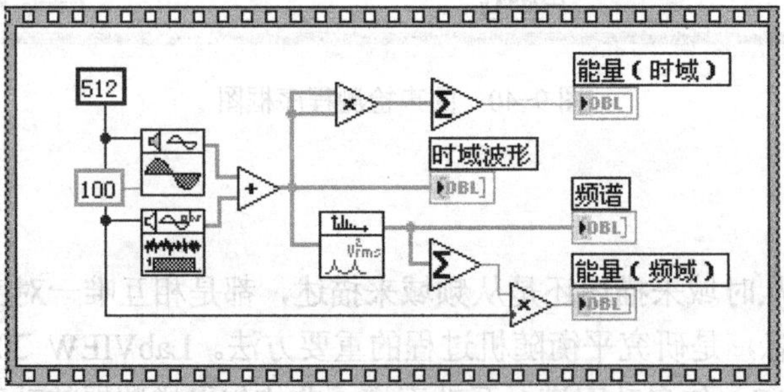

图 9-42　帕斯瓦尔定理程序框图

【例 9-15】 非等距采样数据的功率谱计算。

功率谱是通过傅里叶变换得到的，傅里叶变换的一个要求是数据在时间轴上必须是等距的，但在实际应用中，采样得到的数据并不一定能满足这一条件，插值是解决方法之一，但需要丰富的背景知识，如数据的模型等，一种有效的计算非均匀采样数据功率谱的方法是 Lomb 归一化周期图算法，这种算法可以直接处理原始数据，并不要求采样数据的间隔是均匀的。LabVIEW 中的 Unevenly Sampled Signal Spectrum.vi 能实现这一功能。图 9-43 和图 9-44 所示为此演示程序的前面板和程序框图。此程序为 LabVIEW 提供的例程，在 Unevenly Sampled Signal Spectrum.vi 的帮助文件中单击 Open examples 即可找到。

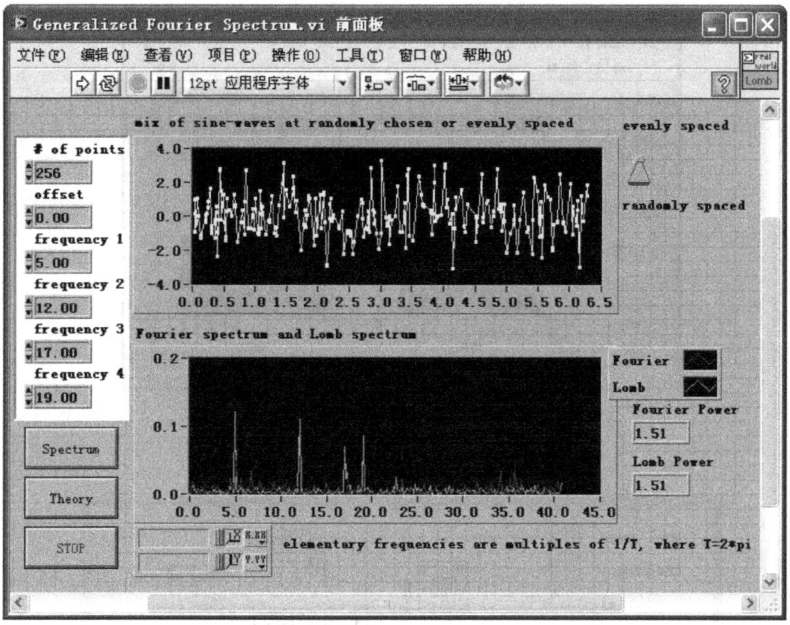

图 9-43　非等距采样数据功率谱计算程序前面板

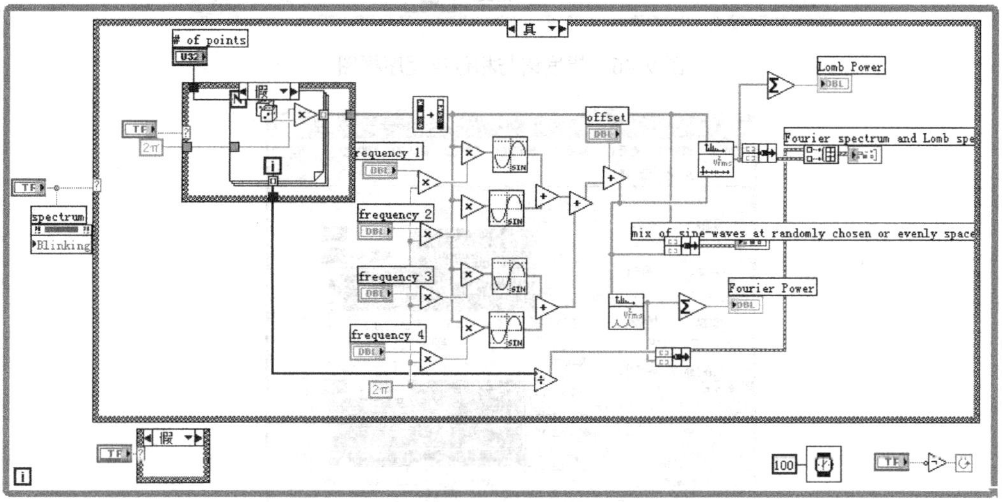

图 9-44　非等距采样数据功率谱计算程序框图

【例 9-16】 幅度谱与相位谱。

幅度谱与相位谱 VI 计算信号的 FFT，并以幅度谱与相位谱的形式进行显示，图 9-45 和图 9-46 为此程序的前面板与程序框图。

【例 9-17】 进行互谱运算。

LabVIEW 2015 提供了两个用于计算信号互功率谱的 VI，可对信号进行单边谱和双边互谱计算，能输出幅度谱和相位谱。图 9-47 和图 9-48 所示为对两个信号进行互谱运算程序的前面板和程序框图。

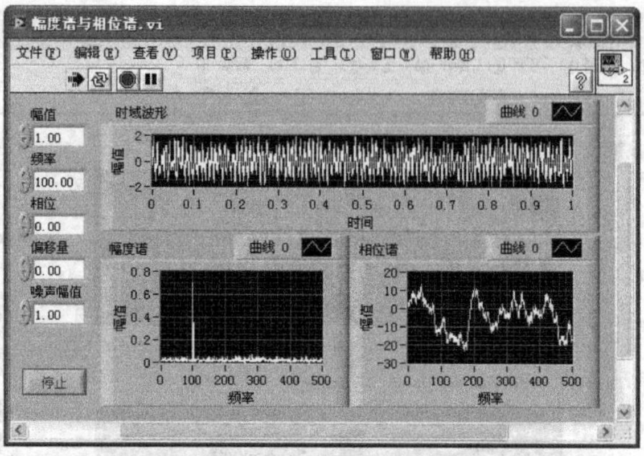

图 9-45　幅度谱与相位谱程序前面板

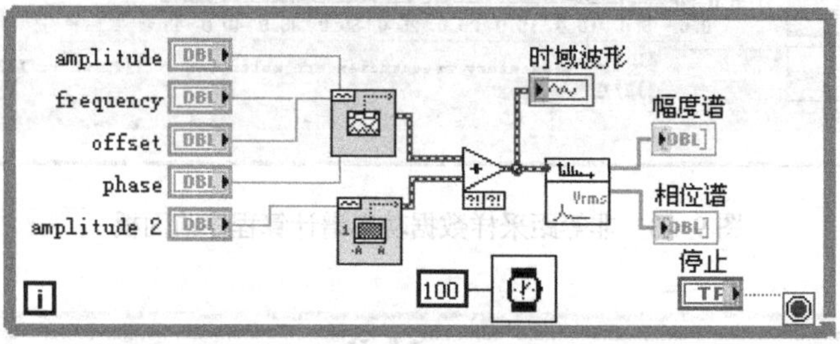

图 9-46　幅度谱与相位谱程序框图

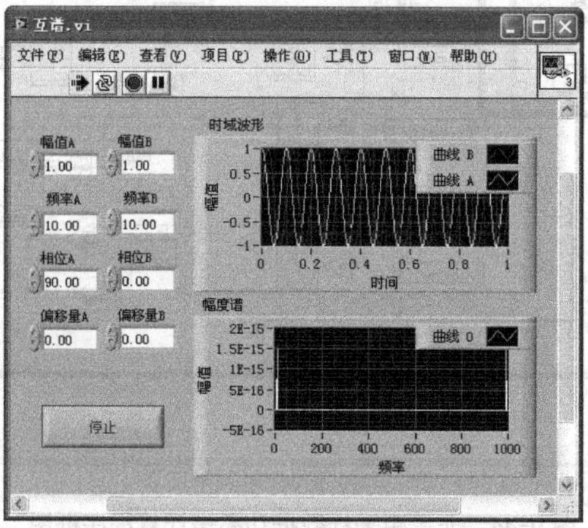

图 9-47　互谱运算程序前面板

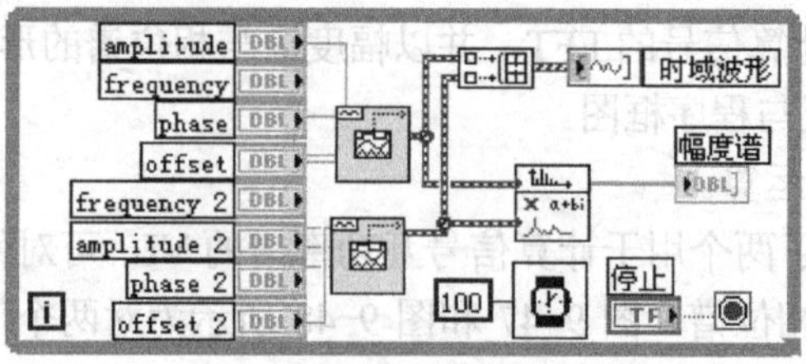

图 9-48　互谱运算程序框图

9.5.4 联合时频分析

传统的信号分析方法是信号单独在时域或频域中进行分析，而联合时频分析（Joint Time Frequency Analysis，JTFA）可以同时在时域和频域对信号进行分析，这有助于更好地处理特定的信号。它的作用主要是观察信号功率谱如何随时间变化，以及信号如何提取。LabVIEW 2015 版本提供了两个用于时频分析的 VI：WVD 用 Wigner-Ville 算法计算信号在时-频平面上的能量分布；STFT 用短时傅里叶变换计算信号在时-频平面上的能量分布。

【例 9-18】 线性调频信号的联合时频分析。

如图 9-49 和图 9-50 所示两个线性调频信号：信号 1 起止频率为 1～100Hz，信号 2 的起止频率为 100～1Hz，它们的频率特征完全相同，所以用频域的方法无法区分这两个信号。

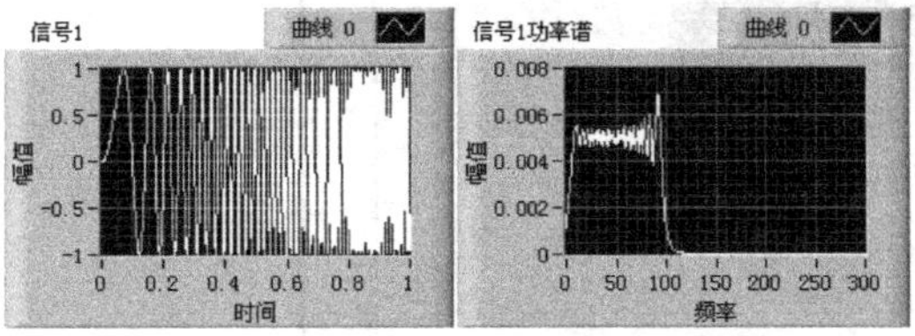

图 9-49　信号 1 时域波形及频谱

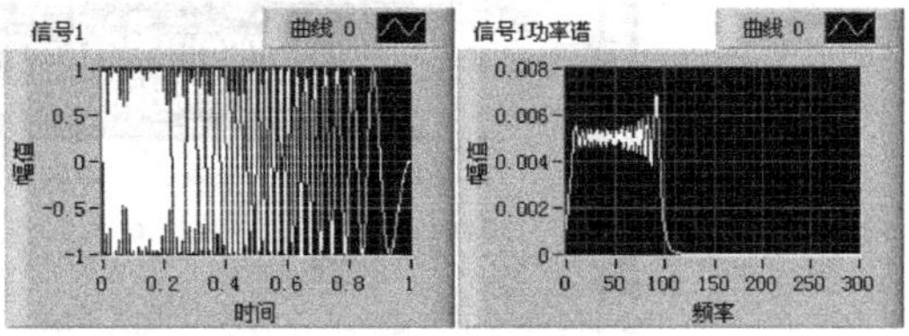

图 9-50　信号 2 时域波形及频谱

图 9-51 和图 9-52 所示为两个信号联合时频分析结果，很明显，两个信号在时-频面上的能量分布是不同的，图 9-53 所示为程序框图。

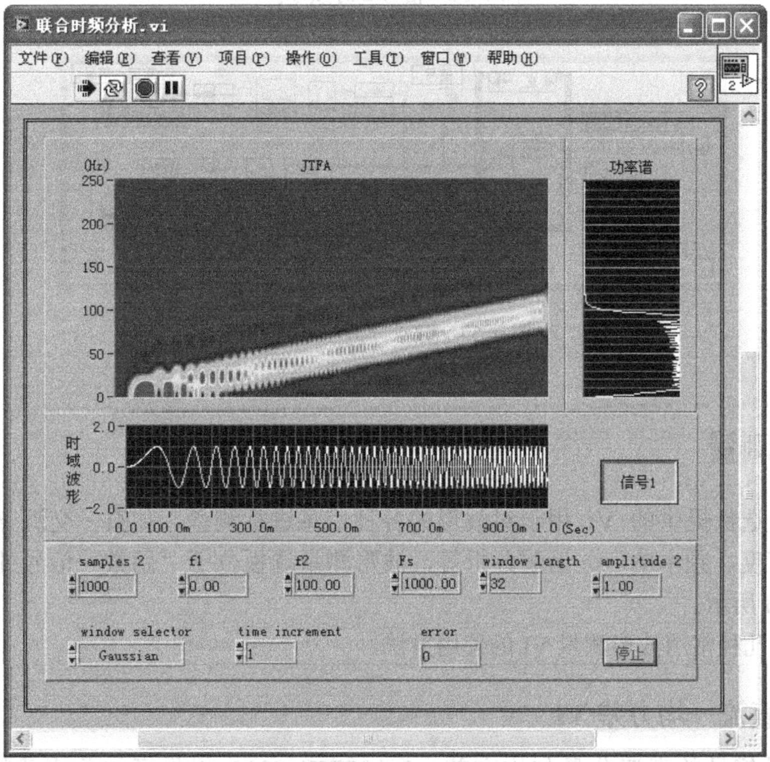

图 9-51　信号 1 时频分析

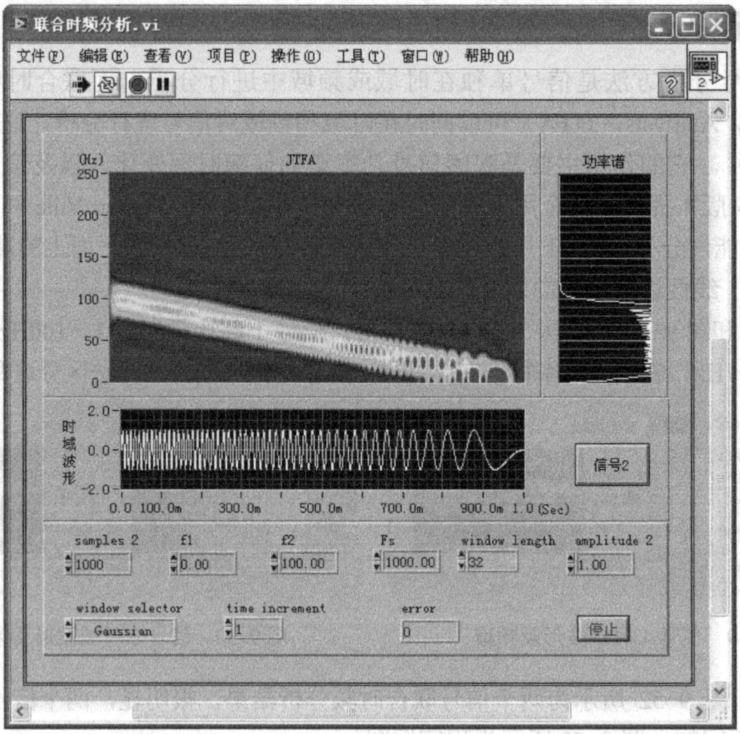

图 9-52　信号 2 时频分析

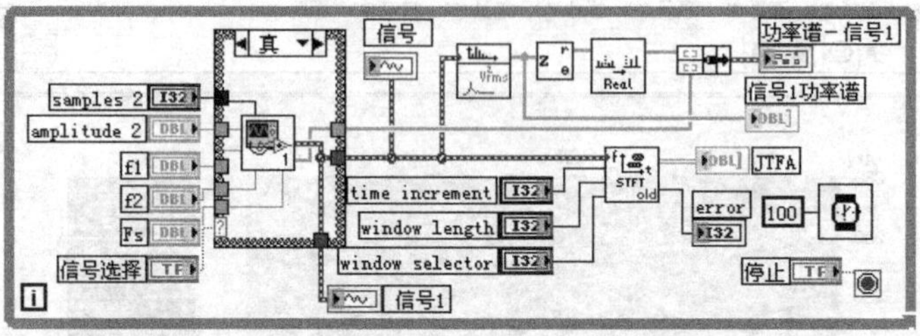

图 9-53　时频分析程序框图

9.6　波形测量

波形测量选板提供的 VI 用于对波形的各种信息进行测量，如直—交流分量、频率分量、功率谱密度、频率响应、谐波分析等，波形测量选板位于“函数→信号处理”子选板中，如图 9-54 所示。

下面介绍几种常用波形测量 VI 的使用方法。

9.6.1　平均直流—均方差 VI

用于测量信号的直流分量与均方差，LabVIEW 2015 提供了与此相关的三个 VI：Averaged DC-RMS.vi、Basic Averaged DC-RMS.vi、Cycle Average and RMS.vi。

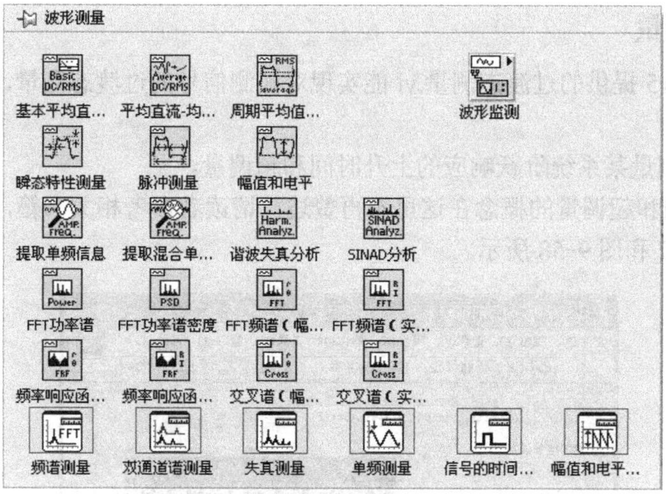

图 9-54　波形测量函数选板

【例 9-19】 测量含噪信号的直流分量与均方差。

由 Simulate Signal Express VI 产生含噪声信号，噪声幅值为 0.1V，信号幅值为 1V，直流分量为 3V，用 Cycle Average and RMS.vi 进行测量，程序的前面板和程序框图如图 9-55 和图 9-56 所示，从图中可以看到测得的直流分量为 3.1V，与实际相符，有效值为 3.09。

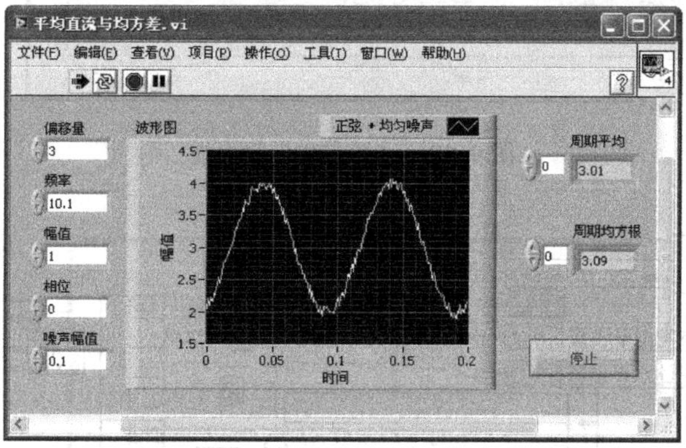

图 9-55　直流分量测量前面板

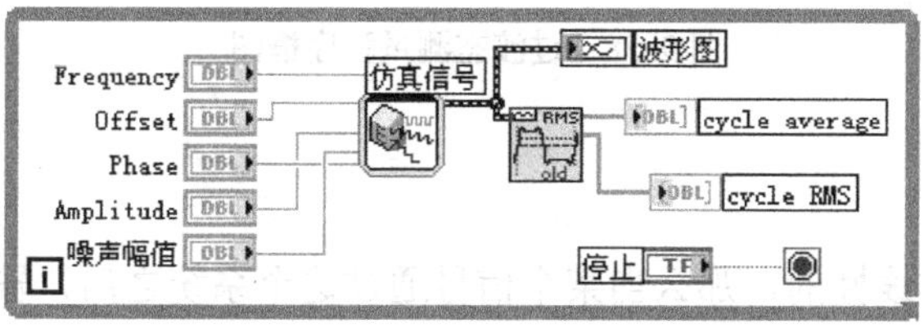

图 9-56　直流分量测量程序框图

📖 注意：这三种 VI 使用方法类似，只是输出数据类型不同，Basic Averaged DC-RMS.vi 和 Cycle Average and RMS.vi 返回的是数值型数据，Averaged DC-RMS.vi 返回的是波形数据。

9.6.2 过渡态测量

LabVIEW 2015 提供的过渡态测量.vi 能实现对被测信号的过渡态测量，如上升时间、超调量等。

【例 9-20】 测量某系统阶跃响应的上升时间和超调量。

关于上升时间和超调量的概念在这里不再赘述，请读者参考相关书籍，程序的前面板和程序框图如图 9-57 和图 9-58 所示。

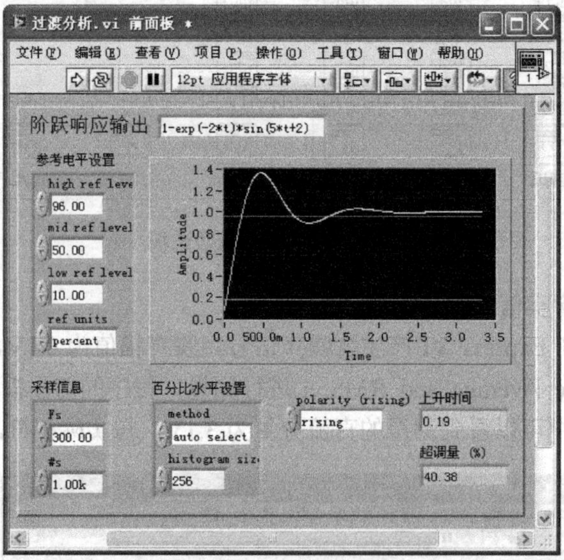

图 9-57 过渡态测量前面板

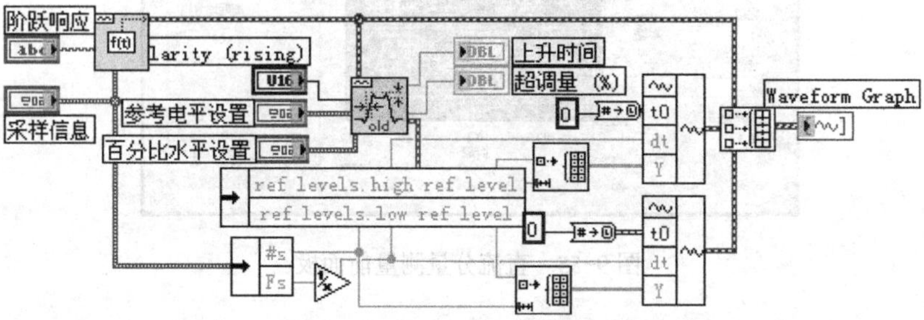

图 9-58 过渡态测量程序框图

9.6.3 谐波分析

如果一个系统是非线性的，那么当某个信号通过这个系统之后，输出信号将出现输入信号的高次谐波，这种现象称为谐波失真。谐波失真的程度常用总谐波失真（Total Harmonic Distortion，THD）来表示，即

$$THD\% = \frac{\sqrt{A_1^2 + A_2^2 + \cdots A_n^2}}{A_1^2} \times 100\%$$

【例 9-21】 测量信号的谐波失真。

设输入信号 $x(t)$ 是振幅为 1，频率为 10Hz 的正统信号，通过系统后，输出信号为

$$y(t) = x(t) + 0.001x^2(t) + 0.002x^3(t)$$

程序的前面板和程序框图如图 9-59 和图 9-60 所示。

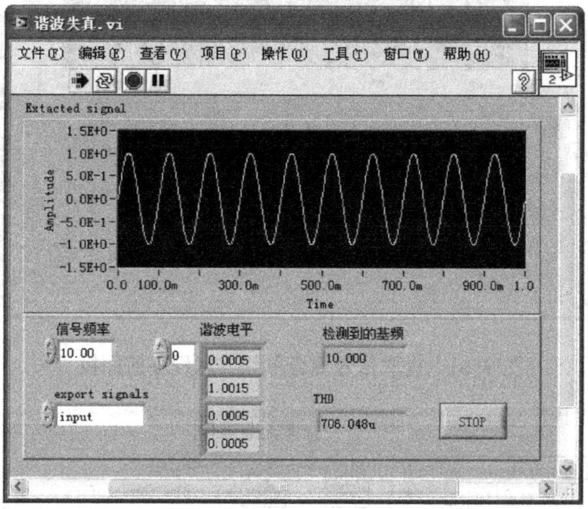

图 9-59 谐波失真测量前面板

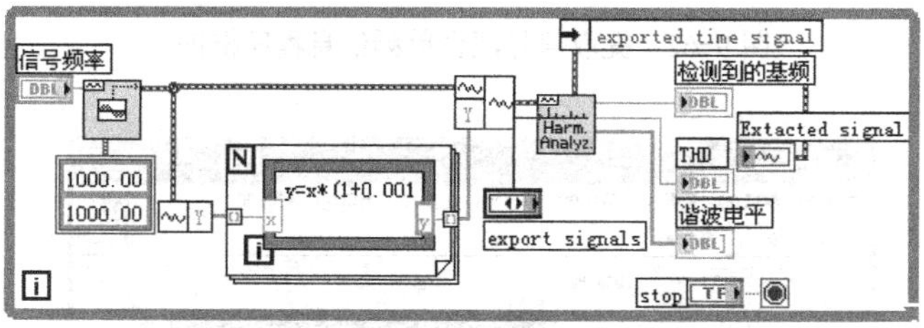

图 9-60 谐波失真测量程序框图

9.6.4 提取信号频率信息

【例 9-22】 提取信号混合单频信息。

LabVIEW 2015 提供两种 VI 分别用于提取单频信号的频率信息和多频信号的混合单频信息，此例程序的前面板和程序框图如图 9-61 和图 9-62 所示。

9.6.5 能量谱

LabVIEW 2015 提供的能量谱 VI 能对输入信号的能量进行测量，并在波形图上进行直观显示。

【例 9-23】 分析多频输入信号的能量谱。

输入信号为带噪声的多频信号，图 9-63 所示分别为输入信号的时域图、频谱图和能量谱图，从图中可以看出，有信号频率成分点处的能量较大，图 9-64 为此程序的程序框图。

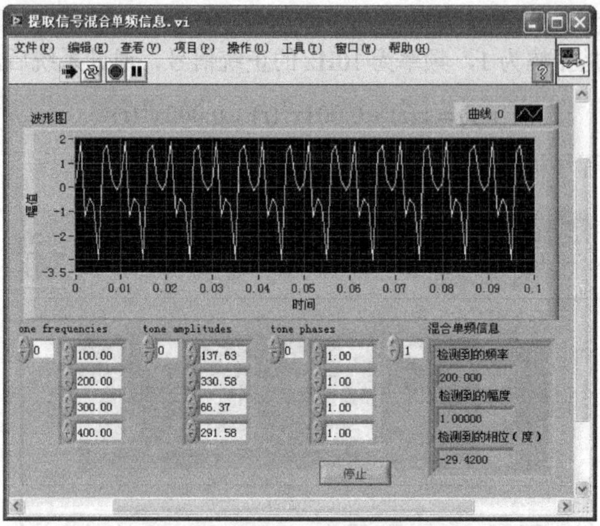

图 9-61　提取信号混合单频信息程序前面板

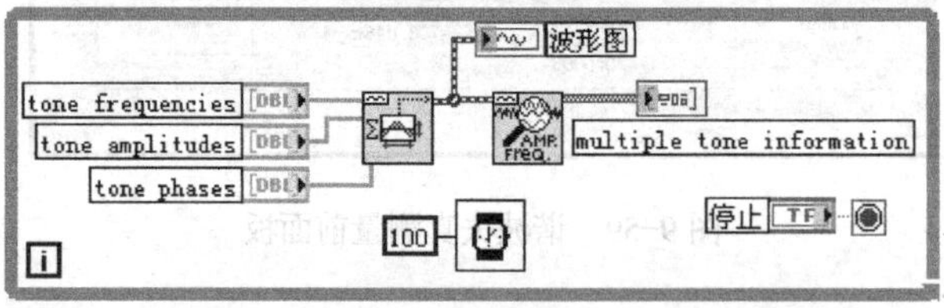

图 9-62　提取信号混合单频信息程序框图

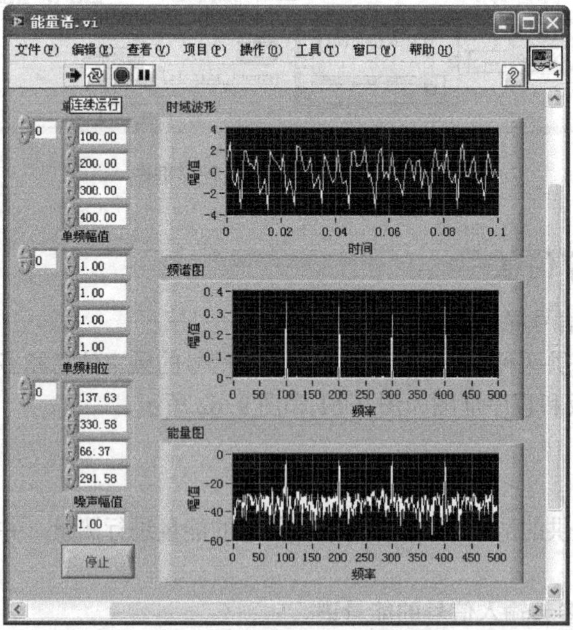

图 9-63　输入信号能量谱分析前面板

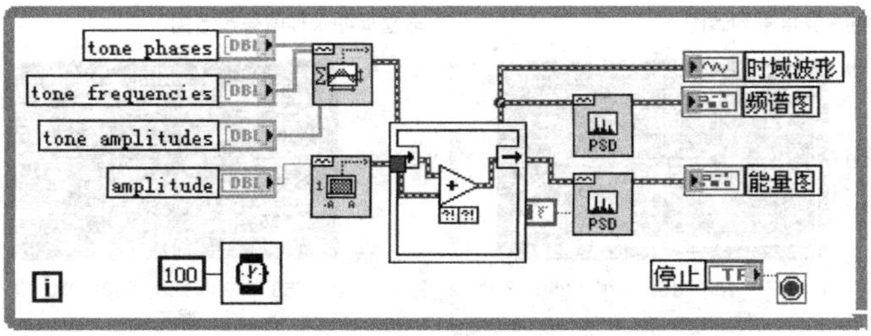

图 9-64　输入信号能量谱分析程序框图

9.7　窗函数

窗函数的作用包括截断信号、减少谱泄漏和用于分离频率相近的大幅值信号与小幅值信号等。在实际测量中，采样长度总是有限的，采样信号只是所测连续信号的截取部分，这将不可避免地出现谱泄漏现象，造成计算所得的频谱与实际信号的频谱不一致，解决谱泄漏问题的一个途径是无限延长采样周期，显然这种方法是不现实的，另一种有效的方法就是加窗。对信号加窗，可以减小截断信号的转折沿，从而减小谱泄漏。

LabVIEW 提供了多种窗函数，包括 Hanning 窗、Hamming 窗、Blackman 窗、Triangle 窗、Flap Top 窗等。对一个数据序列加窗，LabVIEW 认为此序列为信号截断后的序列，因此窗函数的输出序列的长度与输入序列相等。窗函数位于“函数→信号处理→窗函数”子选板中，如图 9-65 所示。

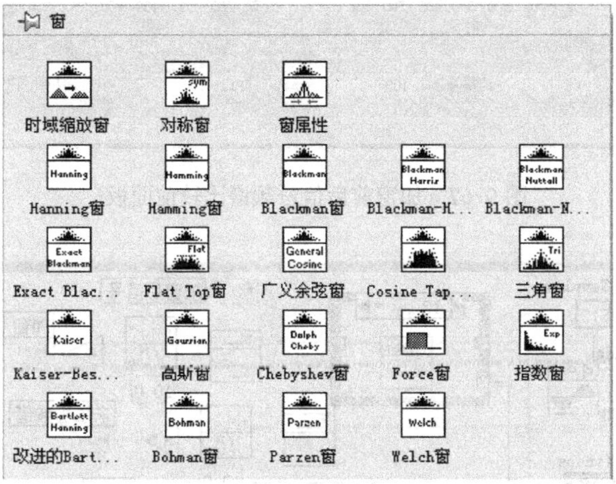

图 9-65　窗函数选板

【例 9-24】 信号加窗前后频谱的比较。

当对信号进行整周期采样时，延拓后的信号仍然是连续的，其傅里叶变换是对应频率处的一根棒线，如图 9-66 左图所示，如果是非整周期采样，则其延拓后的信号是非连续的，将发生频谱泄漏，从图 9-66 右图可以看出，信号的能量泄漏到了很宽的频带范围内。图 9-67 对比了非整周期采样信号加窗前后频谱图的变化，图 9-68 为此程序的程序框图，程序运行中可以选择不同的窗函数，以比较它们的不同效果。

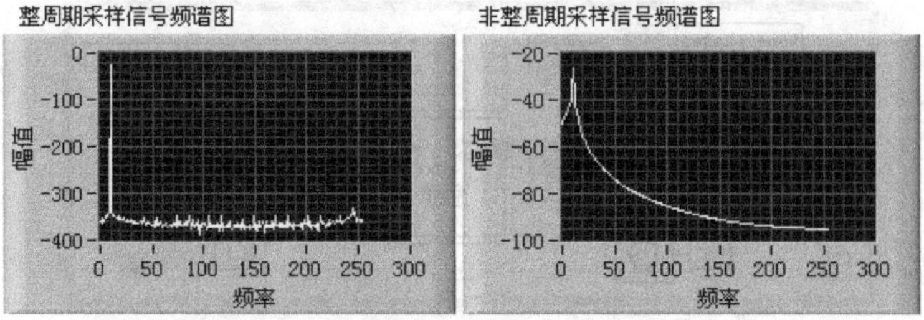

图 9-66　整周期采样和非整周期采样信号频谱图

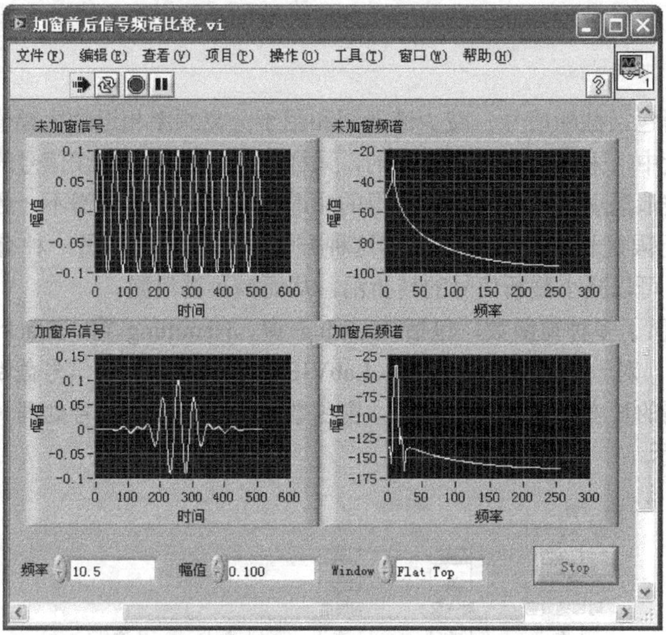

图 9-67　加窗前后信号频谱比较前面板

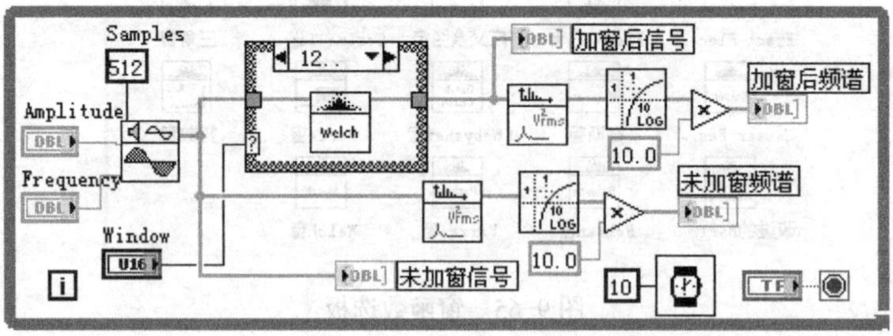

图 9-68　加窗前后信号频谱比较程序框图

【例 9-25】 利用窗函数分辨小幅值信号。

用窗函数分辨小幅值信号，程序前面板和程序框图分别如图 9-69 和图 9-70 所示，从图中可以明显地看到信号加窗之后，小幅值信号很容易被分辨出来，另外，用户可以设定不同的窗函数，以比较它们的处理效果。

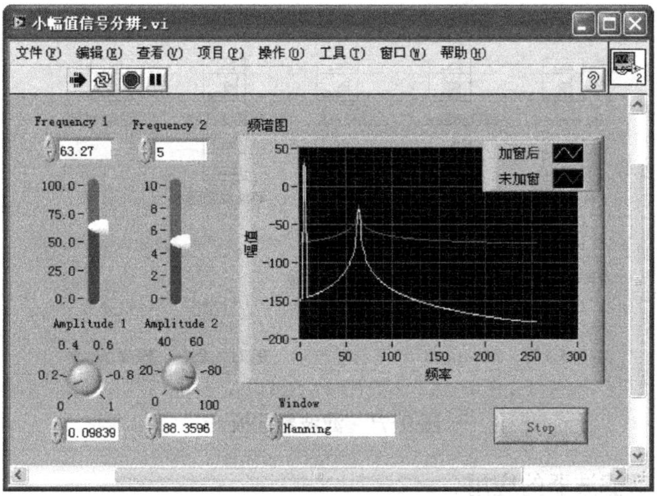

图 9-69　小幅值信号分辨前面板

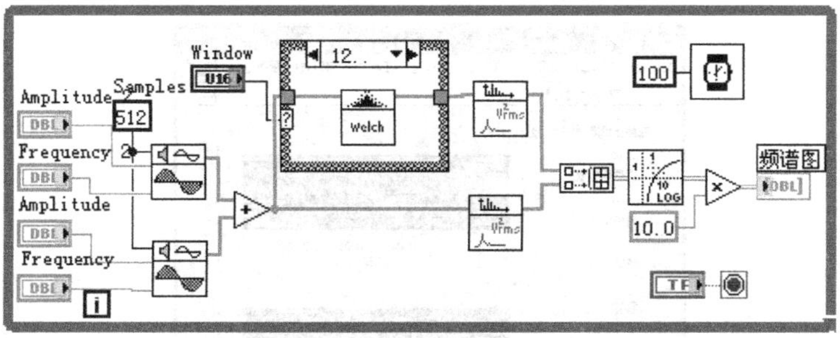

图 9-70　小幅值信号分辨程序框图

9.8　滤波器

滤波器的作用是对信号进行筛选，只让特定频率的信号通过。滤波器可以分为模拟滤波器和数字滤波器，本书只讨论 LabVIEW 提供的数字滤波器。

根据不同的冲激响应，可以将滤波器分为有限冲激响应（FIR）滤波器和无限冲激响应（IIR）滤波器。对于 FIR 滤波器，冲激响应在有限时间内衰减为 0，其输出仅取决于当前及过去的输入信号值。对于 IIR 滤波器，冲激响应理论上会无限持续，输出取决于当前及过去的输入信号值和过去输出的值。

LabVIEW 2015 提供了巴特沃斯滤波器、切比雪夫滤波器、贝塞尔滤波器等一些常用的滤波器函数，它们位于“函数→信号处理→滤波器”子选板中，如图 9-71 所示。

下面通过实例，简单介绍一下常用滤波器 VI 的使用方法。

9.8.1　低通滤波器

低通滤波器的作用是允许低于截止频率的信号通过，阻止高于截止频率的信号成分通过。

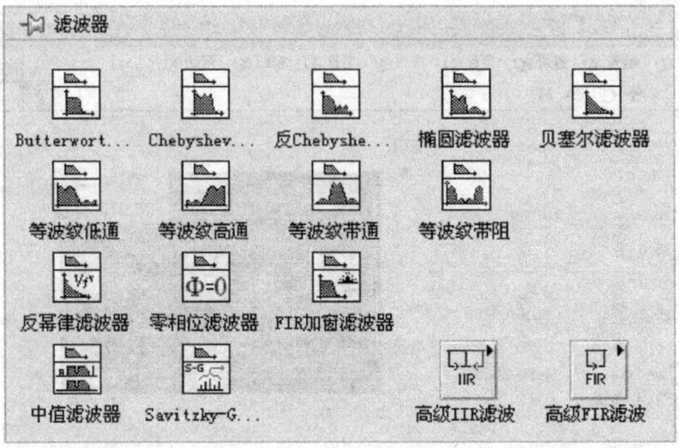

图 9-71　滤波器选板

【例 9-26】 低通滤波器的应用。

用 Simulate Signal Express VI 产生一定频率的带噪信号，用巴特沃斯低通滤波器进行滤波，程序前面板和程序框图如图 9-72 和图 9-73 所示。

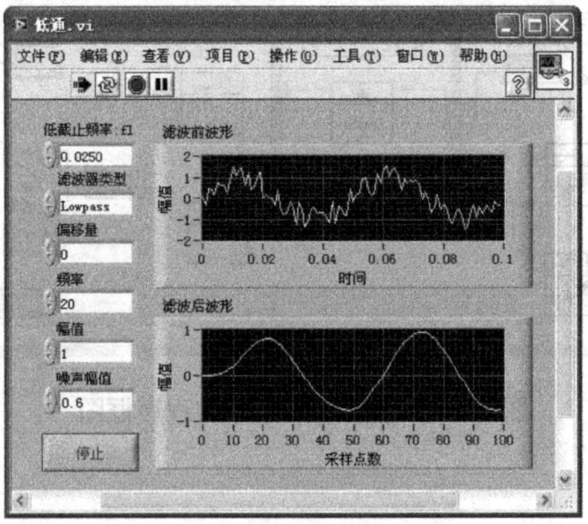

图 9-72　低通滤波程序前面板

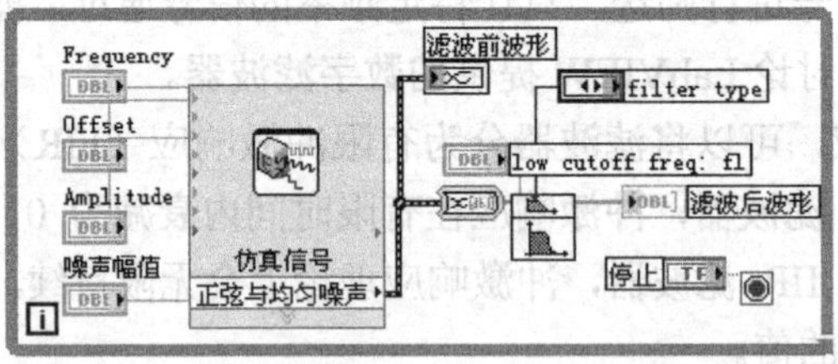

图 9-73　低通滤波程序框图

9.8.2　带通滤波器

【例 9-27】 带通滤波器的应用。

用多频信号发生器产生一个多频率成分的信号，通过切比雪夫带通滤波器筛选 150～350Hz 之间的信号，程序的前面板和程序框图如图 9-74 和图 9-75 所示，从图 9-74 中可以看出，经过带通滤波器之后，信号中只剩下特定的频率成分。

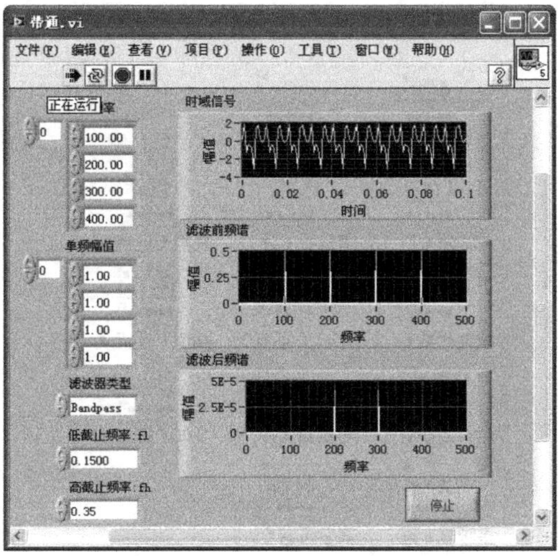

图 9-74　带通滤波程序前面板

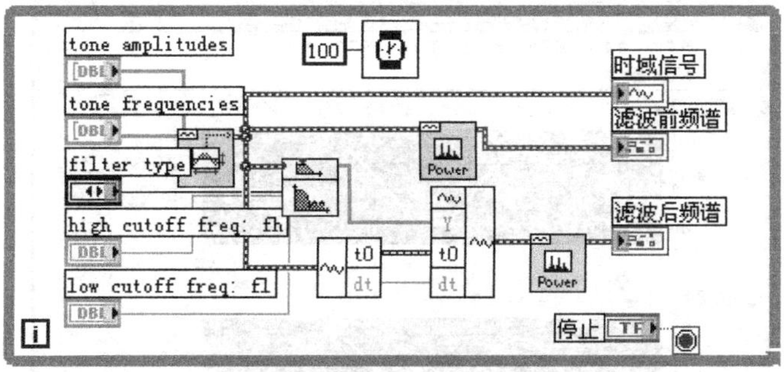

图 9-75　带通滤波程序框图

高通滤波器、带阻滤波器与此类似，此处不再赘述。

9.9　逐点分析库

传统的基于缓冲和数组的数据分析过程是先将数据采集到缓冲区，待缓冲区中数据达到一定要求后再将这些数据进行一次性处理，由于构建这些数据块需要一定时间，因此，用这种方法难以构建高效实时系统。而逐点分析中，数据分析是针对每一个数据点，一个接一个进行的，可实现实时处理。逐点分析库位于“函数→信号处理→逐点分析库”中，如图 9-76 所示。

【例 9-28】 基于逐点分析的实时滤波。

本例的实时信号由逐点正弦波发生函数模拟产生，并叠加了高频噪声。在线分析中，通过 Butterworth Filter PtByPt.vi 实时地滤除噪声，还原正弦信号，当数据量达到一定时，进入离线滤波。两种滤波的结果比较如图 9-77 所示，图 9-78 为程序框图，从图中可以看出在线分析和离线分析的结果是一致的，但是在线分析在数据采集的同时就给出了分析结果，而且不需要对采集到的数据进行缓存。

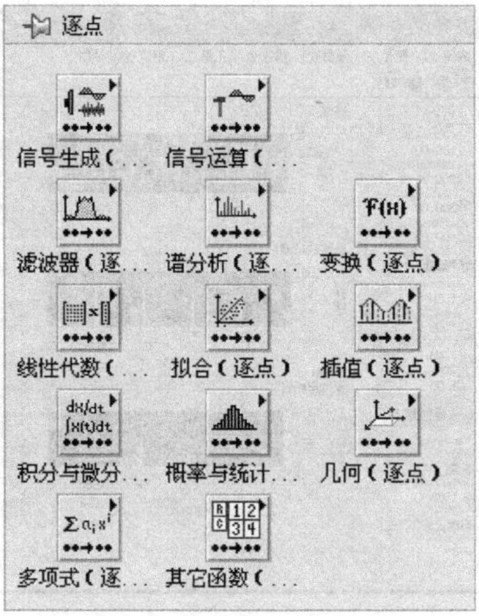

图 9-76　逐点分析函数选板

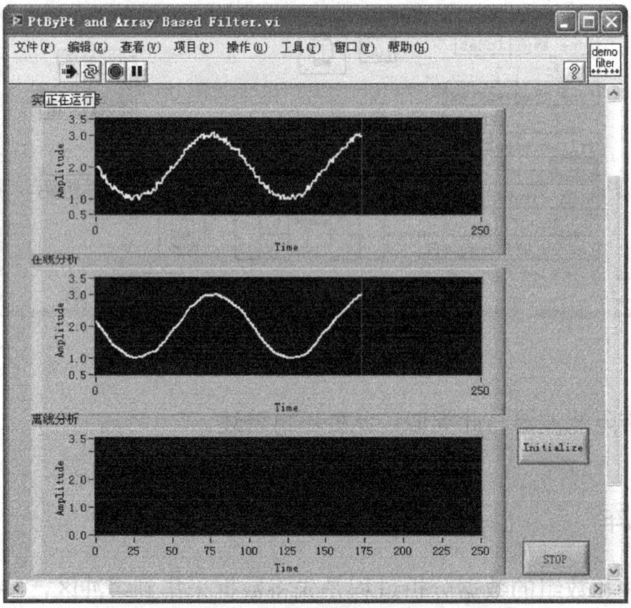

图 9-77　实时滤波前面板

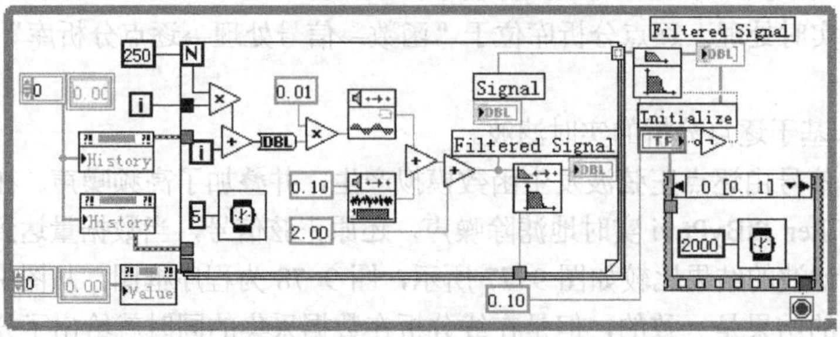

图 9-78　实时滤波程序框图

9.10 综合实例：Hilbert 变换提取信号包络

数字信号处理理论及其技术从诞生到现在，随着解决各种信号处理问题的需要，已经产生了许多信号变换的方法，各种信号变换的本质实际上都是将原始的时域信号从各种不同角度进行转换，从而换一个视角去观察和分析信号中的隐藏信息。

除了最常用的傅里叶变换之外，还有许多其他类型的信号变换，比如离散余弦变换、离散正弦变换、沃尔什变换、Hilbert 变换、小波变换等，正是这些新变换方法的不断诞生和发展，解决了许多单靠傅里叶变换无法解决的信号处理问题。

在 LabVIEW 的信号处理 VI 中，为部分信号变换方法提供了可调用的基本 VI，分布在函数选板“信号处理→变换”下，如图 9-79 所示。

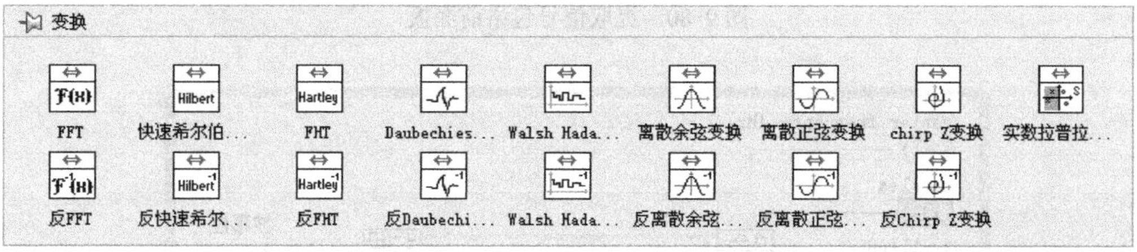

图 9-79　信号变换 VI

信号 $x(t)$ 的 Hilbert 变换的定义为

$$h(t)=H(x(t))=\frac{1}{\pi}\int_{-\infty}^{\infty}\frac{x(\tau)}{t-\tau}\mathrm{d}\tau$$

它作为一种数学工具被广泛地应用在通信系统或数字信号处理中，如提取瞬时频率和相位信息、提取信号包络以及检测回波等。

LabVIEW 中提供了快速 Hilbert 变换的计算 VI 与反变换 VI。

信号 $x(t)$ 与其 Hilbert 变换 $h(t)$ 构成一对 Hilbert 变换对，信号 $x(t)$ 的包络计算式可以表示为

$$E(t)=\sqrt{x^2(t)+h^2(t)}$$

根据该原理，对一个高斯调制正弦信号进行包络提取，在 LabVIEW 中实现的具体步骤如下。

1）新建“提取信号包络.VI”，添加“Gaussian Modulated Sine Pattern.vi”，以生成一个高斯调制正弦信号，对其各个参数幅值、中心频率、采样数、时延等创建各个输入控件，以便进行调节。

2）添加“Fast Hilbert Transform.vi”计算信号的 Hilbert 变换结果，并与原信号组成 Hilbert 变换对，计算出其复数的模值，就是原信号的上包络结果。

3）由于该信号上下对称，所以可对上包络直接取负后得到信号的下包络。将原信号、上包络和下包络绘制于同一个波形图中。

最终程序的前面板和程序框图如图 9-80 和图 9-81 所示，可以清楚地看到上下包络通过原信号波形的每一个波峰及波谷点。对于其他类型的信号，读者可以自己尝试。

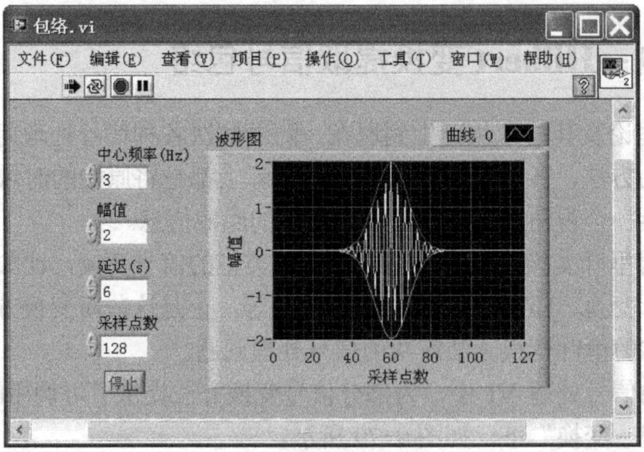

图 9-80　提取信号包络前面板

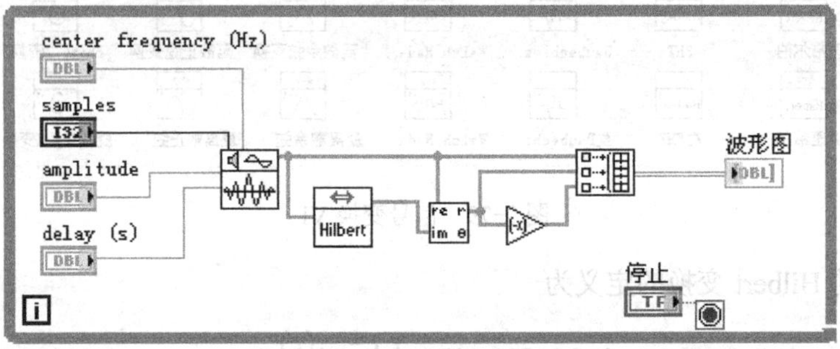

图 9-81　提取信号包络程序框图

9.11　习题

1）LabVIEW 中的仿真信号 VI 的基本波形信号有哪些类型？添加的噪声信号有哪些类型？

2）编写一个程序，要求对一个混有高频噪声的正弦信号实现低通滤波。

3）计算一个正弦信号叠加噪声后的单边傅里叶频谱。

4）设计一个实时谐波分析仪，要求可以对多个信号的混合波形的时域波形、频谱以及各次谐波分量进行观察，选择波形图纵轴为 Auto Scale，选择显示模式为对数型。

5）LabVIEW 可与哪些常见的编程语言实现混合编程？

9.12　上机实验

上机目的：熟悉 LabVIEW 中的信号分析与处理。

上机内容：创建一个 VI 程序，程序中需要使用正弦波形函数，波形图控件、幅度谱和相位谱函数。此 VI 要实现的功能是：首先创建两个正弦波形，并为每个正弦波形函数设置不同的频率、幅值和相位。通过加法函数将两个正弦波形合成为一个波形并输入到合成波形图的显示控件中，同时将合成的波形图输入幅度谱和相位谱函数，并从该函数的相位谱输出接线端输出至波形图控件中。

实现步骤:

1）创建一个 VI，在前面板中创建两个波形图控件，并分别修改标签为“时域波形图”和“频域波形图”，如图 9-82 所示。

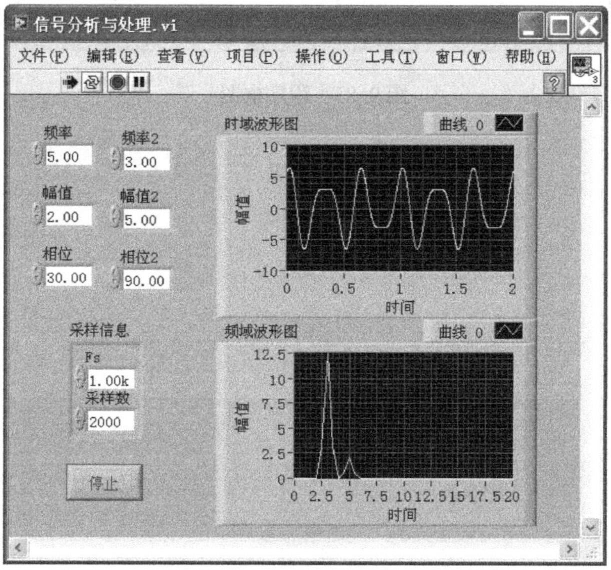

图 9-82　波形图及频谱

2）切换至程序框图，从函数选板中的“函数→波形→模拟波形→生成波形”子选板中选择正弦波形函数，将其放置于程序框图中。

3）在正弦波形函数相应的输入接线端子处右击，从弹出的快捷菜单中选择“创建→输入控件”选项，为输入端子创建输入控件，并修改标签为“频率 1”“幅值 1”和“相位 1”，设置其参数为 5，2，30。

4）按步骤 2）、3）重新创建一个正弦波形函数，并设置相应的输入控件值为 3，5，90。

5）在其中一个正弦波形函数的采样信息输入端子处右击，创建一个输入控件，该控件包含两个内容，采样频率与采样数。设置采样数为 100Hz 和 200Hz，并将其输入至另一个正弦波形函数的采样信息输入端子。

6）在程序框图中添加一个加法函数，并将两个不同的正弦波形作为输入数据输入至加法函数中。

7）选择函数选板中的“函数→信号处理→谱分析”子选板中的幅度谱和相位谱函数，将其放置于程序框图中并按所给出的程序框图完成控件与子函数间的连线。如图 9-83 所示。

8）切换至前面板，单击工具栏中的“运行”按钮观察结果。保存此程序并命名为“信号分析与处理”。

9）完成程序的创建，关闭程序。

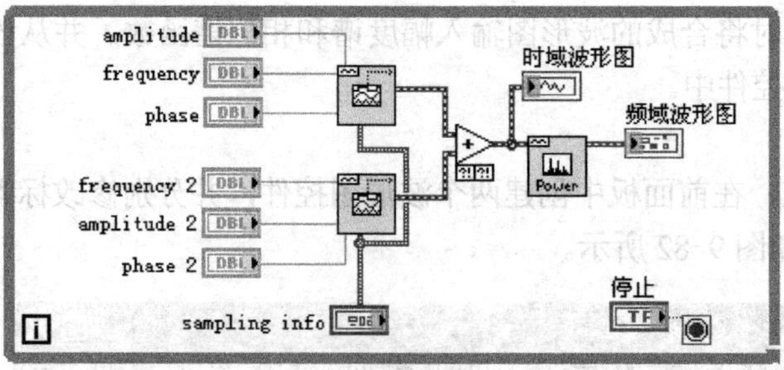
amplitude
frequency
phase
时域波形图
频域波形图
Power
frequency 2
amplitude 2
phase 2
sampling info
停止
TF

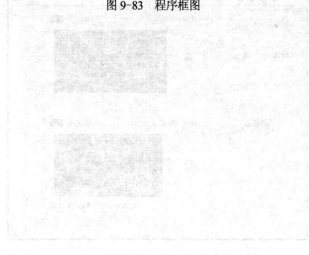

图 9-83　程序框图

第 10 章　LabVIEW 中的外部接口与应用

本章系统地介绍了 LabVIEW 与 DLL、CIN、ActiveX、MATLAB 等程序的接口，并通过实例讲解了它们的使用方法。

尽管 LabVIEW 的功能非常强大，但不同的编程语言在不同领域都有自己的优势，LabVIEW 具有强大的外部应用接口与扩展能力，可通过 DDE、CIN、DLL、MATLAB Script 以及 HiQ Script 等节点实现与外部应用软件（如 Word，Excel 等）、C 语言、Windows API、MATLAB 及 HiQ 等编程语言和系统进行通信，合理运用这些接口，可以更大程度地发挥 LabVIEW 的功能。

10.1　LabVIEW 外部接口的基本概念

10.1.1　动态数据交换

动态数据交换（Dynamic Data Exchange，DDE）是 Windows 操作系统中一种基于消息的协议，用于在 Windows 平台上的两个正在运行的应用程序之间动态交换数据，是进程间通信（Interprocess Communication，IPC）的一种方法。

进程间通信包括进程之间和同步事件之间的数据传递，DDE 使用共享内存来实现进程之间的数据交换，并使用 DDE 协议实现数据传递。利用 DDE，两个处于运行状态的程序之间可以相互发送或接收命令及数据，这两个程序分别称为客户程序（DDE Client）和服务器程序（DDE Server）。

10.1.2　动态链接库

动态链接库（Dynamic Link Library，DLL）是基于 Windows 程序设计的一个非常重要的组成部分。它是相对于静态链接库而言的。所谓静态链接库，是指把要调用的函数或者过程链接到可执行文件中，成为可执行文件的一部分，当多个程序都调用相同的函数时，内存中就会存在这个函数的多个复制文件，这样就浪费了宝贵的内存资源。而动态链接库所调用的函数代码并没有复制到应用程序的可执行文件中去，而是仅仅加入了一些所调用函数的描述信息（往往是一些重要的定位信息），仅当应用程序运行时，在 Windows 的管理下，根据链接产生的定位信息，Windows 转去执行这些函数代码，因而它是位于应用程序外部的过程库，并没有被绑定到 EXE 文件上，代码执行速度很快。

动态链接库是一个可以多方共享的程序模块，内部对共享的全程和资源进行了封装。动态链接库的扩展名一般是.dll，也可能是.drv、.sys 或.fon，它与可执行文件（exe）非常类似，最大的区别在于 DLL 文件虽然包含了可执行代码却不能单独运行，只能通过 Windows 应用程序直接或间接调用。

10.1.3 应用编程接口

API 是应用编程接口（Application Programming Interface）的简称，是 Windows 的核心，通过 API 函数的调用，可搭建出界面丰富、功能灵活的应用程序，尤其是在搭建某些特殊功能或者复杂系统时，更是少不了对 API 函数的调用。API 函数位于 Windows 系统目录下的多个 DLL 文件中，在 LabVIEW 调用 API 函数和调用 DLL 的方法是一致的。下面列出了 Windows 系统目录下主要 API 函数的一些 DLL 及说明。

1）Advapi32.dll：高级 API 连接库，包括大量的 API 如 Security 和 Registry 调用等。

2）Comdlg.dll：通用对话框库。

3）Gdi32.dll：图形设备接口库，如显示和打印等。

4）Kernel32.dll：Windows 系统核心 32 位 API 基础库，如内存和文件的管理。

5）Lz32.dll：32 位数据压缩 API 库。

6）Netapi32.dll：32 位网络 API 库。

7）Version.dll：系统版本信息库。

8）Winmm.dll：Windows 多媒体 API 库。

9）User32.dll：用户接口库，如键盘、鼠标、声音、系统时间等。

📖 注意：具体 API 函数功能、原型和参数请参考相关书籍，如《新编 Windows API 参考大全》。

10.1.4 C 代码接口

代码接口（Code Interface Node，CIN）技术是在 LabVIEW 中调用 C 源代码的通用方法。C 语言是目前公认的功能强大的程序语言，LabVIEW 通过与 C 语言混合编程可大大扩展其功能。很多厂商提供的 DAQ 设备驱动程序不能直接被 LabVIEW 调用，但是这些程序一般都是用 C 语言编写的，此时可以通过 CIN 节点调用这些代码，从而实现对 DAQ 设备的调用。

10.1.5 ActiveX

ActiveX 是微软提出的一组使用组件对象模型（Component Object Model，COM），使得软件组件在网络环境中进行交互的技术集，它与具体的编程语言无关，LabVIEW 支持对 ActiveX 控件的调用。ActiveX 可以使一个程序通过 ActiveX 控制另一个程序，其中一个程序作为客户端，另一个作为服务器端，LabVIEW 既可以作为客户端，也可以作为服务器端，这就是 ActiveX 的自动化功能，它是 ActiveX 的重要功能之一。

10.1.6 LabVIEW 与 MATLAB 混合编程

MATLAB 是 MathWorks 公司的产品，是一个为科学和工程计算而专门设计的高级交互式软件包，是一款功能十分强大的数学分析与信号处理软件，它提供的工具箱功能非常丰富，涉及数值分析、信号处理、图像处理、仿真、自动控制等领域，但它在界面开发、视频连接控制和网络通信方面不及 LabVIEW，因此，若能将两者结合起来，则可以充分发挥两者的长处。

10.2　LabVIEW 中的 DDE 调用

LabVIEW 的 DDE 调用由 DDE VIs 实现。LabVIEW 2015 函数模板并没有 DDE 的子模板，用户可以在以下路径中找到这些 VIs：…\National Instruments\LabVIEW 2015\vi.lib\Platform\dde.lib。用户可以通过函数模板的定制功能将这些 VIs 添加到函数模板中，如图 10-1 所示。

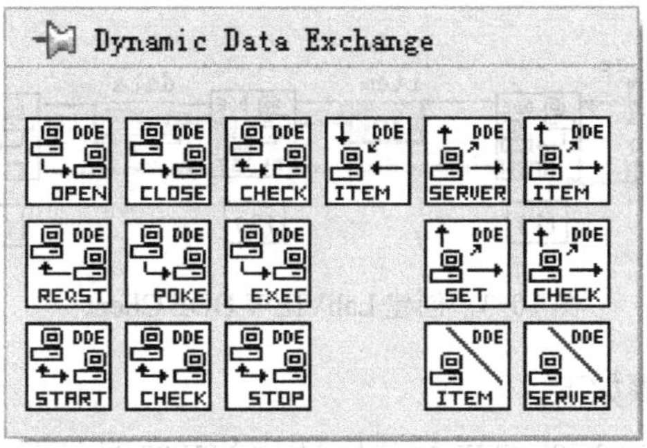

图 10-1　LabVIEW 函数模板中的 DDE 子选板

🕮 注意：模板定制功能在“工具→高级→编辑选板”中，具体操作可参看对话框中的帮助文件。若是直接添加 dde.lib 中的 VI 时可能会出现错误，出现这种情况时，可将要添加的这些 VI 另存到另一个单独的文件夹中，再添加即可。

10.2.1　LabVIEW 中的 DDE 通信

LabVIEW DDE 的子选板可以分为两部分：一部分为 DDE Server VIs，用于建立 DDE Server；另一部分为 DDE Client VIs，用于建立 DDE Client，并且实现 DDE Serve 和 DDE Client 之间的通信。

利用 LabVIEW DDE VIs 既可以将 LabVIEW VIs 设置为 DDE Server，也可以将 LabVIEW VIs 设置为 DDE Client。LabVIEW VIs 作为 DDE Server 时，可以任意指定服务和主题名称。

创建一个 DDE Server 的程序框图如图 10-2 所示。

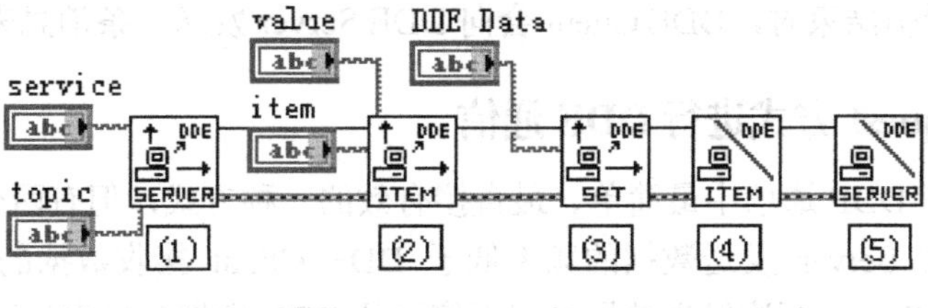

图 10-2　创建 LabVIEW DDE Server

创建 DDE Server 的步骤如下。

1）DDE 通信开始时，利用 DDE Srv Register Service.vi 创建或注册一个 DDE 服务和一

个 DDE 主题。

2）利用 DDE Srv Register Item.vi 创建一个 DDE 数据项目。

3）利用 DDE Srv Set Item.vi 向步骤 2）创建的 DDE 数据项目中发送数据。

4）DDE 通信结束后，利用 DDE Srv Unregister Item.vi 删除前面所创建的 DDE 数据项目。

5）利用 DDE Srv Unregister Service.vi 删除 DDE 服务。

利用 DDE Client VIs 将 LabVIEW VI 创建为 DDE Client 的程序框图如图 10-3 所示。

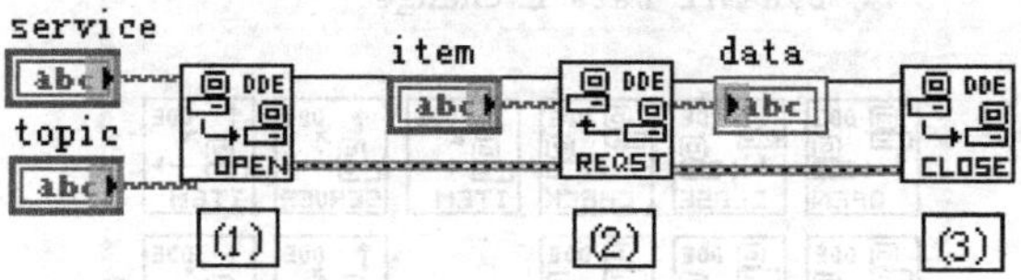

图 10-3　创建 LabVIEW DDE Client

创建 DDE Client 的步骤如下。

1）利用 DDE Open Conversation.vi 打开与 DDE Server 的 DDE 通信通道。

2）进行 DDE 通信。

3）通信完成后，利用 DDE Close Conversation.vi 关闭步骤 1）中所打开的 DDE 通信通道。

LabVIEW 中的 DDE Client 与 DDE Server 之间有四种通信方式。

1）利用 Request Data 命令（DDE Request.vi）向其他应用程序请求数据项目。

2）利用 Advise Data 命令（DDE Advise Start.vi,DDE Advise Check.vi），请求应用程序向 LabVIEW 发送一个数据。

3）利用 Poke Item 命令（DDE Poke.vi）向应用程序发送数据。

4）向 DDE Server 发送 String 命令（DDE Execute.vi），告诉它利用 Execute 命令来执行。当在框图程序中创建 DDE Server 时，Execute 命令是无效的。

DDE Client 通过使用 Request Data 命令或 Advise Data 命令，可以向 DDE Server 请求数据。DDE Client 利用 Request Data 命令请求数据的当前值。如果 DDE Client 想在某一段时间内监视一个数据的变化，则 DDE Client 必须使用 Advise Data 命令。通过使用这个命令，DDE Client 在自己和 DDE Server 之间建立一个连接，当数据发生变化时，DDE Server 会给 DDE Client 一个通知。DDE Client 通过告诉 DDE Server 停止 Advise Link 的方式来终止其监视行为。

当一次 DDE 通信结束时，DDE Client 会向 DDE Server 发送一条消息来结束这次通信。

10.2.2　利用 Request 方式进行 DDE 通信

这是 LabVIEW DDE 通信中最简单、最直接有效的一种方式，但有两个明显的缺点：一个缺点是如果 DDE Server 发送数据的频率低于 DDE Client 接收数据的频率，那么 DDE Client 就会在 DDE Server 两次发送数据之间不停地从 DDE 数据项目中读取数据，出现 DDE Client 重复接收数据的现象；另一个缺点是如果 DDE Server 发送数据的频率高于 DDE Client 接收数据的频率，则又会发生数据丢失的现象，即 DDE Client 不能接收到 DDE Server 所发来的全部数据。

当利用这种方式进行 DDE 通信时，必须保证 DDE Server 发送数据和 DDE Client 接收数据严格同步，才能进行正确的数据传输。所以，这种通信方式不能用于进行数据传输，只可用于监控数据变化趋势等对数据传输要求不高的应用场合。

【例 10-1】 利用 Request 方式进行 DDE 通信。

在图 10-4 所示的 DDE Server 程序框图中，首先利用 DDE Srv Register Service.vi 和 DDE Srv Register Item.vi 创建一个 DDE 服务、主题名和数据项目，然后在 While 循环中利用 DDE Server Set Item.vi 向客户 DDE 数据项目中发送数据，DDE Client 就可以从 DDE Server 所创建的 DDE 数据项目中将其中的数据读出，实现 DDE Server 和 DDE Client 之间的 DDE 通信。

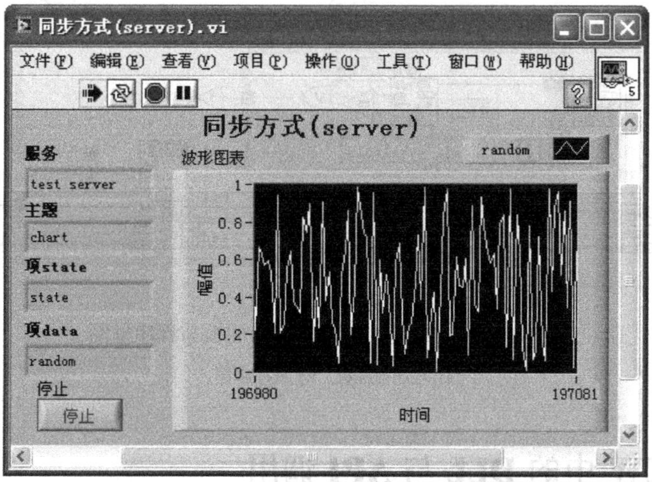

a)

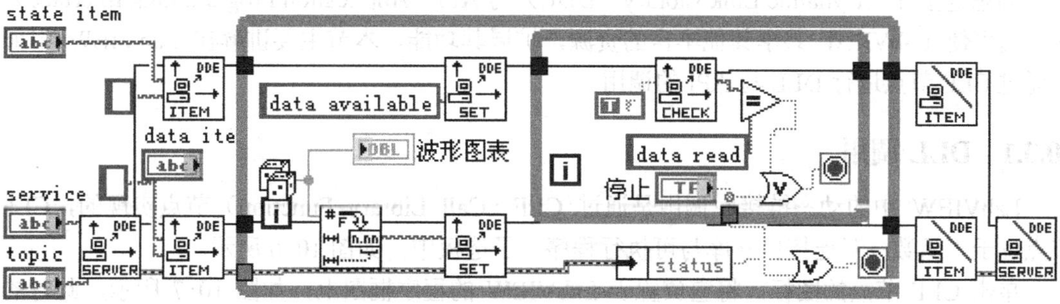

b)

图 10-4 同步方式（server）的前面板与程序框图

a) 程序前面板 b) 程序框图

在图 10-5 所示的 DDE Client 程序框图中，首先利用 DDE Open Conversation.vi 来建立与指定的 DDE Server 之间的连接，然后在 While 循环中利用 DDE Request.vi 从指定的 DDE 数据项目中读出数据。

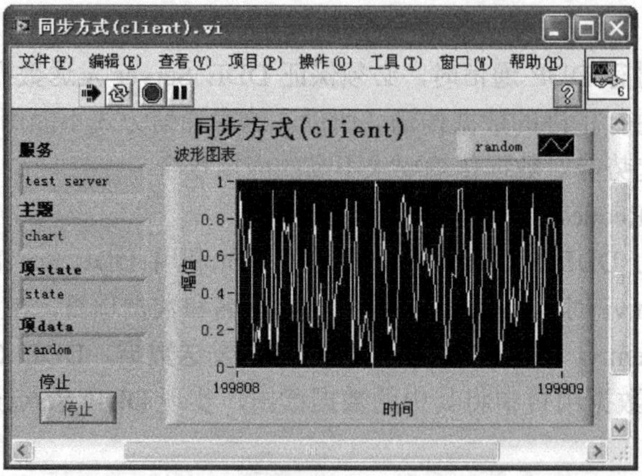

a)

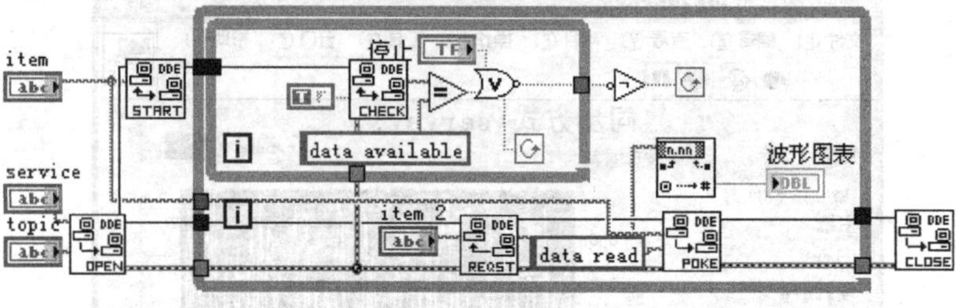

b)

图 10-5　同步方式（client）的前面板与程序框图

a) 程序前面板　b) 程序框图

10.3　LabVIEW 中的 DLL 与 API 调用

动态链接库（Dynamic Link Library，DDL）与 API（Application Programming Interface）的调用可使 LabVIEW 共享其他丰富的资源，扩展其功能，本节主要讲解在 LabVIEW 中如何通过 CLF 节点进行 DLL 与 API 的调用。

10.3.1　DLL 调用

LabVIEW 中的动态链接库调用是通过 CLF（Call Library Function）节点实现的，CLF 节点位于“函数→互连接口→库与可执行程序”子选板中，如图 10-6 所示。

单击 CLF 节点的图标，将它放置于 LabVIEW 的程序框图上，如图 10-7 所示，此时的 CLF 不能发挥任何功能，必须对它进行配置以后才能使用，下面通过一个具体的实例来说明 CLF 节点的配置方法。

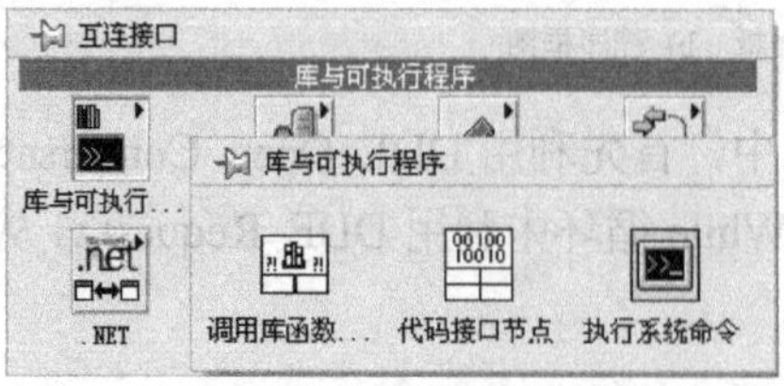

图 10-6　CLF 节点

图 10-7　未经配置的 CLF 节点

【例 10-2】 CLF 节点的使用。

本练习的目的是用 CLF 节点实现对 DSO25216 虚拟示波器/逻辑分析仪 USB 端口的配置。DSO25216 虚拟示波器/逻辑分析仪的 USB 端口配置是通过 CLF 节点调用动态链接库实现的。

下面编写程序，操作步骤如下。

1）在“函数→互连接口→库与可执行程序”子选板中单击 CLF 节点，将它放置在程序框图上。

2）双击 CLF 节点，弹出如图 10-8 所示的配置对话框，在“库名或路径”中指定所需 DLL 的路径，这时在函数名的下拉菜单里可以看到这个 DLL 所包含的函数名称，在这里我们要对它的 USB 端口进行配置，选择 FindPort 函数，这时的函数原型里面还看不到 FindPort 这个函数所包含的参数，需要在“参数”选项板里对它进行配置。如果在选择 DLL 路径时选择了下方面的“在程序框图中指定路径”，那么 DLL 的路径在程序框图中由参考路径给出，此时的“库名或路径”失效。

图 10-8 CLF 节点配置对话框

3）在右边的线程中选择“在 UI 线程中运行”或者“在任意线程中运行”，默认情况是“在 UI 线程中运行”，这时需要注意的是，如果被调用的函数返回时间很长，则会导致 LabVIEW 不能执行线程中的其他任务，因此界面反应可能会很慢，甚至导致死机。这时候最好把 DLL 设置成“在任意线程中运行”，前提是必须保证该 DLL 能被多个线程同时安全调用，譬如不包含可能产生竞争的全局变量或文件等。

4）在调用规范里指定该动态链接库是“标准 WINAPI 调用”还是“普通的 C 调用”，一般来说都采用“普通的 C 调用”，但是对于 API 来说，必须采用“标准 WINAPI 调用”。

5）单击“参数”选板，添加 FindPort 函数所包含的参数。单击和可进行参数的添加和删除，同时可调整下方的上下箭头参数的顺序。选中一个参数名后，可在右边的当前参数里对它进行设置，包括参数的名称、类型、数据类型等，具体配置要根据参数的实际情况而定，配置完成后的对话框如图 10-9 所示，在函数原型里会显示当前的配置信息。

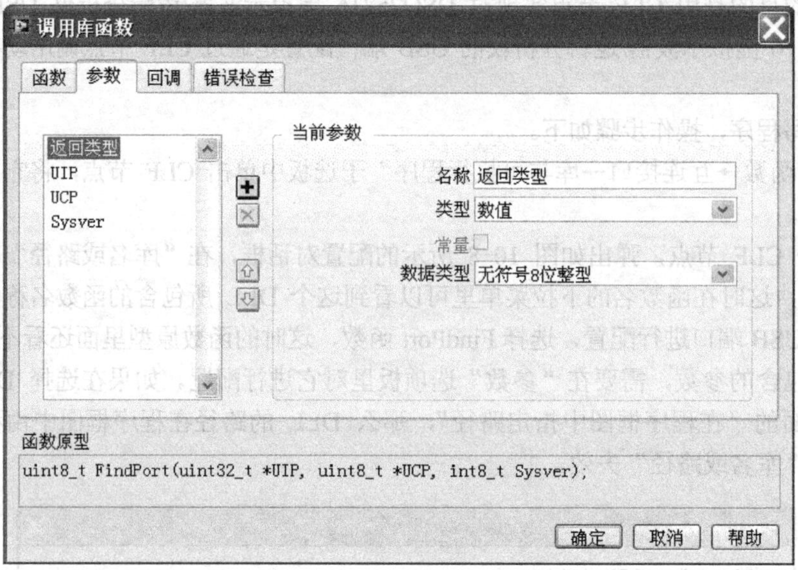

图 10-9 CLF 节点函数参数配置

6）回调和错误检查一般很少用到，用默认选项即可。

10.3.2 参数类型的配置

在通过 CLF 节点调用 DLL 与 API 时，最容易出错的地方就是参数类型的配置，在这里单独列出一节，希望能对读者有所帮助。

LabVIEW 中的数据类型和其他编程语言对应的数据类型有一些不同，因此需要知道它们的对应关系，如 Windows API 中 BYTE、WORD 和 DWORD 类型分别对应于 LabVIEW 中的 U8、U16 和 U32。在配置对话框中选定一个参数后，Type 下拉框中可以看到有如下几种可选的参数类型：Numeric、String、Waveform、Digital Waveform、Digital Data、ActiveX、Adapt to Type、Instance Data Pointer。

选中一种类型后，在下方可以看到更详细的配置信息。其中数值类型比较简单，波形、数字波形、数字数据是 LabVIEW 自身支持的数据，理解也不难，这里不再赘述，实例数据指针类型用于回调函数，使用较少，下面对比较常用的数组、字符串和匹配至类型这 3 种类型进行详细介绍。

1. 数组

对于数组类型，主要需要配置数组元素的类型、维数及传递格式。数据类型和数组的维都比较容易理解，在“数组格式”下拉框中有 3 种类型。

1）数组数据指针：数组的首地址，这是最常用的类型。

2）数组句柄：数组的地址。

3）数组句柄指针：指向数组句柄地址的指针。

最小尺寸输入框仅用于为一维数组分配空间。

2．字符串

对于字符串类型，有以下几种形式。

1）C 字符串指针：以 Null 字符结尾的字符串，C 语言中的字符串格式是最常用的格式。

2）Pascal 字符串指针：以一个字符串长度字节开头的字符串，即 Pascal 格式字符串。

3）字符串句柄：如果调用的动态链接库是由 LabVIEW 编写的，则可能会用到该格式。

4）字符串句柄指针：指向字符串句柄数组的指针。

最小尺寸输入框用于为字符串分配空间。

3．匹配至类型

匹配至类型对应于 Void 类型数据，即在函数原型中对应于“Void *”类型。它可以用来传递多种数据类型，例如结构类型等，具体是何种数据类型则由输入数据的类型决定，它满足如下的规则。

1）对于标量，传递的是标量的引用。数组和字符串的传递格式则由 Data Format 设置决定。

2）按值类型处理：传递句柄。

3）句柄指针：传递指向句柄的指针。

4）数组数据指针：传递数组首地址。

5）对于簇，传递的是簇的引用。

6）数组和簇中所包含的标量传递的也是引用。

7）数组中的簇传递的也是引用。

8）簇中的数组和字符串传递的是句柄。

LabVIEW 提供了各种数据类型使用方法的演示程序，读者可以在 Example Finder 中输入“DLLs”关键字打开 LabVIEW 自带的实例 Call Dll.vi 查看。

10.3.3 Windows API 调用

Windows API 函数封装在 Windows 目录下提供的多个 DLL 文件中，通过这些 DLL 的调用即可实现对 API 的调用，不同的是在配置 CLF 节点时，需要设置调用规范为“stdcall（WINAPI）”，下面通过一个具体的实例说明其调用方法。

【例 10-3】 CLF 节点调用 API 函数。

MessageBox 是 Windows 的动态链接库函数 User32.dll 中的一个函数，功能是创建 Windows 消息框，用户可以自定义消息框的标题和显示的内容，以及消息框的具体形式与按键组合。

下面编写程序，操作步骤如下。

1）在“函数→互连接口→库与可执行程序”子选板中单击 CLF 节点，将它放置在程序框图上。

2）配置 CLF 节点，双击 CLF 节点，弹出配置对话框，指定 DLL 的路径，这时在“函数名”下拉框中可以看到 user32.dll 中所包含的函数名称，这里选择 MessageBoxA 函数，如图 10-10 所示，调用规范选择“stdcall（WINAPI）”。

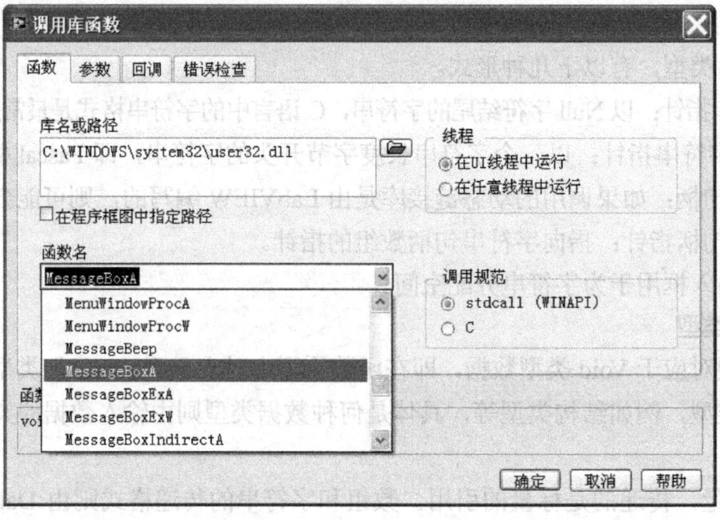

图 10-10　MessageBoxA 配置

LabVIEW 能检测出 DLL 包含的函数，但不能检测出每个函数所包含的参数，需要用户对所调用的 DLL 比较熟悉才能实现功能。MessageBoxA 函数有四个主要的参数，名称及含义如下。

① hWnd：创建消息框的父窗口句柄，如果该参数设置为 Null，则消息不与任何窗口关联。

② IpText：在消息框中显示的文字。

③ IpCaption：在消息框标题栏中显示的文字。

④ uType：指定消息框的图标类型及其按键组合。

3）下面设置函数的返回值类型。在参数选项卡中选择“返回类型”，类型为“数值”，数据类型为“无符号 32 位整型”，如图 10-11 所示。

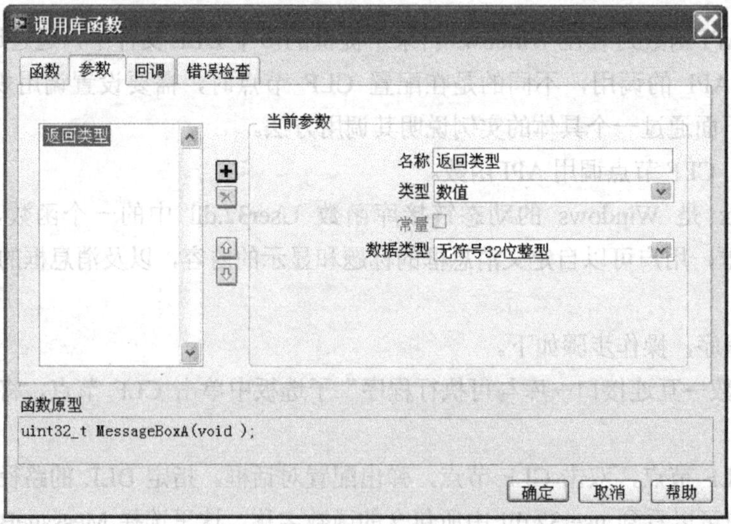

图 10-11　MessageBoxA 返回值配置

4）单击按钮，添加参数，名称设置为“hWnd”，类型选择“数值”，数据类型为“无符号 32 位整型”，“值”传递，如图 10-12 所示。

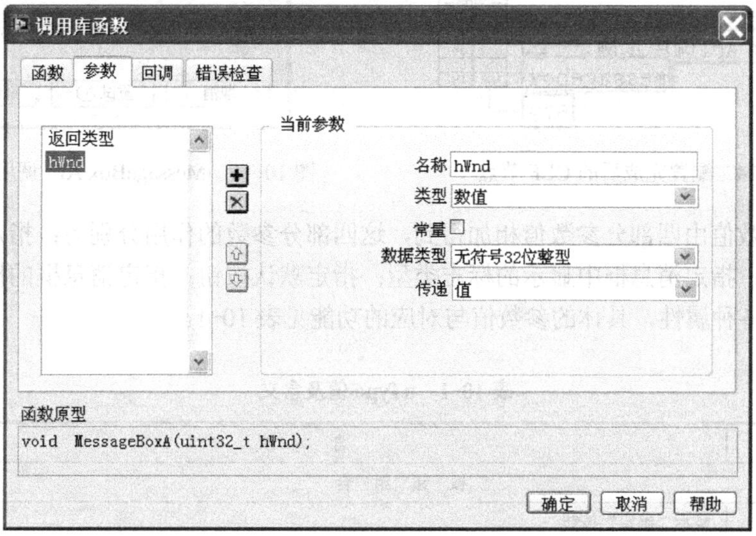

图 10-12　MessageBoxA 参数“hWnd”配置

5）按照同样的方法添加参数“IpText”“IpCaption”“uType”，其中：“IpText”“IpCaption”的类型为“字符串”，数据类型为“C 字符串指针”；“uType”的类型为“数值”，数据类型为“无符号 32 位整型”，“值”传递。配置完成后的对话框如图 10-13 所示。

图 10-13　MessageBoxA 参数配置完成后的对话框

6）配置完成后单击“确定”按钮，退出 CLF 配置对话框，这时的 CLF 节点图标上出现了刚才配置的几个函数的连线端口，如图 10-14 所示，将各端与输入相连，运行后程序显示的消息对话框如图 10-15 所示。

图 10-14　配置完成后的 CLF 节点

图 10-15　MessageBox API 调用程序运行结果

uType 的数值由四部分参数值相加得到，这四部分参数的作用分别为：指定消息框中显示的按钮组合；指定消息框中显示的标志类型；指定默认按钮；指定消息框的模态形式和文本显示方式等各种属性，具体的参数值与对应的功能见表 10-1。

表 10-1　uType 值及含义

参 数 值	含　　义
	按 钮 组 合
0	显示“确定”按钮
1	显示“确定”“取消”按钮
2	显示“终止”“重试”“忽略”按钮
3	显示“是”“否”“取消”按钮
4	显示“是”“否”按钮
5	显示“重试”“取消”按钮
6	显示“取消”“重试”“继续”按钮
	标 志 类 型
0	不显示任何标志
16	显示
32	显示
48	显示
64	显示
	默 认 按 钮
0	第一个按钮为默认按钮
256	第二个按钮为默认按钮
512	第三个按钮为默认按钮
768	第四个按钮为默认按钮
	消息框其他属性
0	消息框窗口的形式为应用程序窗口，用户必须首先响应消息框，然后当前的应用程序才能继续运行
4096	消息框窗口的形式为系统模态，此时所有的应用程序处理暂停状态，直到用户响应消息框为止
16384	在消息框中添加 Help 按钮
65536	将消息框窗口设定为最前面的窗口
524288	消息框中的文本右对齐
1048576	在希伯来（Hebrew）和阿拉伯（Arabic）系统中文本由右到左显示

在图 10-15 显示的消息框中为“取消”“重试（T）”“继续（C）”，显示标志，第三个按钮为默认按钮，所以 uType 参数的输入值为（3+64+512)=579。

7）单击消息框中的不同按钮值时会返回不同的值，用户可以根据这些值来控制不同的程序运行结构，表 10-2 为这些按钮与返回值的对应关系。

表 10-2　消息框中不同按钮返回值对照表

按　钮	返 回 值
OK	1
Cancel	2
Abort	3
Retry	4
Ignore	5
Yes	6
No	7

10.4　CIN 节点的使用

CIN 节点位于“函数→互连接口→库与可执行程序”子选板中，用户可以通过它与 C 语言进行通信，而 CIN 节点只能调用*.lsb 格式的文件，因此在调用 C 语言代码时，要先将其编译成*.lsb 的格式，这个过程可以通过 VC++来实现，具体过程比较复杂。

这一节主要讲 CIN 调用 C 语言的方法，一般可分成以下几个步骤。

1）创建一个空白的 CIN 节点。

2）为 CIN 节点设置输入、输出端口。

3）创建 C 语言源程序。

4）创建并编译成*.lsb 文件。

5）加载*.lsb 文件并完成调用过程。

下面通过一个具体的例子来说明 CIN 节点的使用方法。

【例 10-4】 CLF 节点实现加法运算。

下面编写程序，操作步骤如下。

1）在程序框图上放置一个空白的 CIN 节点，此时的 CIN 节点只有一对输入、输出。

2）为 CIN 节点添加输入、输出端口。用鼠标拖动节点的边框或者右击 CIN 节点，在弹出的菜单中选择“添加参数”，“输入”和“输出”都是成对出现的，在此程序中要实现“c=a+b”，所以一共三对“输入”“输出”，前两个用于输入，第三个用于输出。用于输出的端口要特别定义，否则 LabVIEW 会将其默认为输入端口，设置方法为右击对应的端口，在弹出的菜单中选择“仅可输出”，此时这个端口的输入端会变成灰色。

3）为输入端口添加两个输入参量，分别命名为“a”和“b”，为输出端口添加显示参量，命名为“c”，如图 10-16 所示。

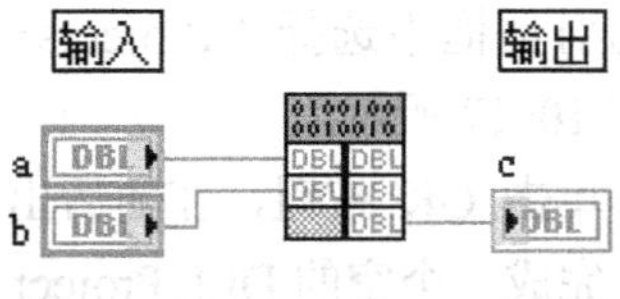

图 10-16　CIN 节点输入、输出端口

4）创建 C 语言代码。在 CIN 节点上右击，选择“创建.c 文件”，这时会弹出对话框要求用户指定程序代码的保存位置，待用户确定后，LabVIEW 会根据创建的输入、输出数据端口的定义，自动创建一部分 C 语言源代码：

```
/* CIN source file */

#include "extcode.h"

MgErr CINRun(float64 *a, float64 *b, float64 *c);

MgErr CINRun(float64 *a, float64 *b, float64 *c)
	{

	/* Insert code here */

	return noErr;
	}
```

可以看出，LabVIEW 为用户创建了三个变量 a、b、c，文件头“extcode.h”定义了 CIN 节点所要用到的基本数据类型及其他许多可供调用的函数。用户只需在“/* Insert code here */”中添加程序代码就可以了，加入加法运算的代码后，程序如下：

```
/* CIN source file */

#include "extcode.h"

MgErr CINRun(float64 *a, float64 *b, float64 *c);

MgErr CINRun(float64 *a, float64 *b, float64 *c)
	{

	*c=*a+*b;

	return noErr;
	}
```

5）将 C 语言源代码编译成*.lsb 格式的文件。这个过程可以分为两步：第一步是将 C 语言源程序编译成动态链接库文件（*.DLL）；第二步是将动态链接库文件编译成*.lsb 文件。这部分工作可以借助 Visual C++来完成，下面具体介绍一下编译的整个过程。

第一步，启动 VC，创建动态链接库文件。在 VC 主窗口中选择“File→New”，在弹出的对话框中选择“Projects→Win32 Dynamic-Link Library”，输入工程名称和保存路径如图 10-17 所示。

单击 OK 按钮，在随后出现的对话框中选择 An empty DLL project，单击“Finish”按钮，完成一个空的 DLL Project 的创建，如图 10-18 所示。

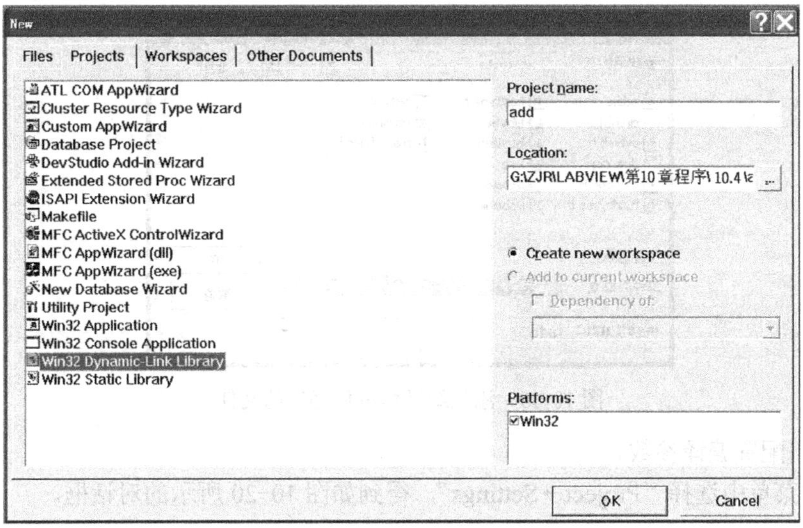

图 10-17 创建动态链接库文件 1

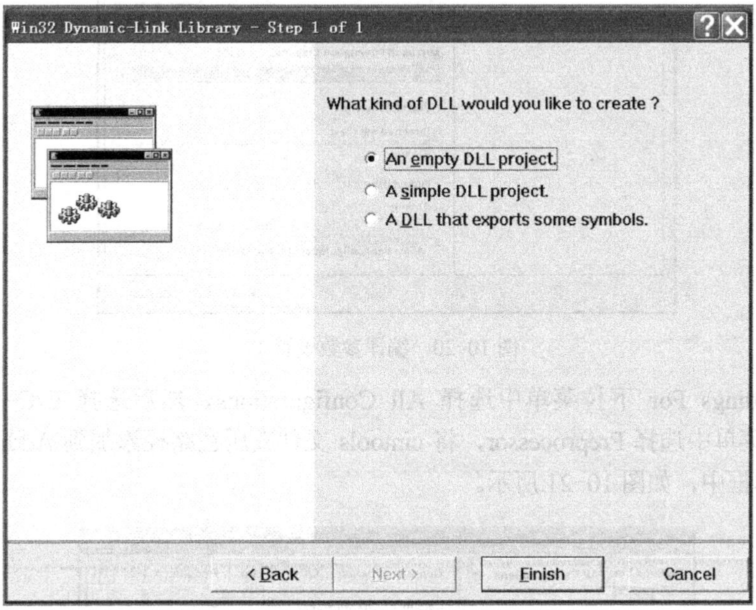

图 10-18 创建动态链接库文件 2

第二步，将 add.c 文件和 cintools 中的相关文件加入到 Project 中。在 LabVIEW 的安装目录下有一个名为 cintools 的文件夹，里面包含了编译*.lsb 文件所需要的各种相关文件和工具，在使用时建议用户首先将该文件复制到 DLL Project 文件夹中，这样可以方便地进行编译。

在 VC 的主菜单中选择“Project→Add To Project→Files”，在弹出的对话框中选择 cintools 文件夹中的下列文件：cin.obj，labview.lib，lvsb.lib 和 lvsbmain.def，添加到该工程中，同时，将 add.c 文件也添加进来，如图 10-19 所示，这些文件都是编译*.lsb 所必需的。

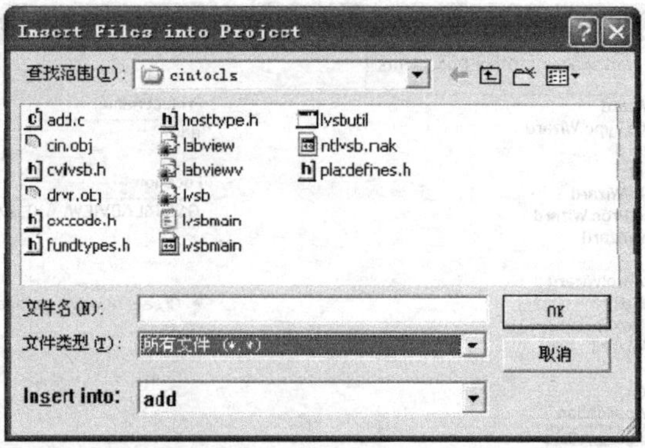

图 10-19　添加编译*.lsb 所必需的文件

第三步，配置编译参数。

① 在主菜单中选择“Project→Settings”，得到如图 10-20 所示的对话框。

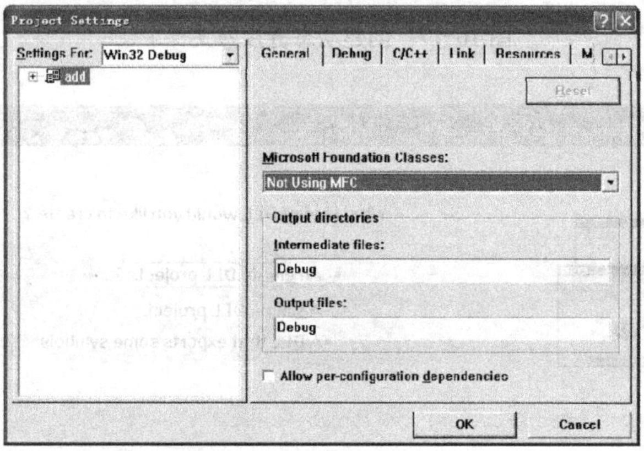

图 10-20　编译参数设置 1

② 在 Settings For 下拉菜单中选择 All Configurations，然后选择 C/C++选项卡，在 Category 下拉菜单中选择 Preprocessor，将 cintools 文件夹所在路径添加到 Additional include directories 文本框中，如图 10-21 所示。

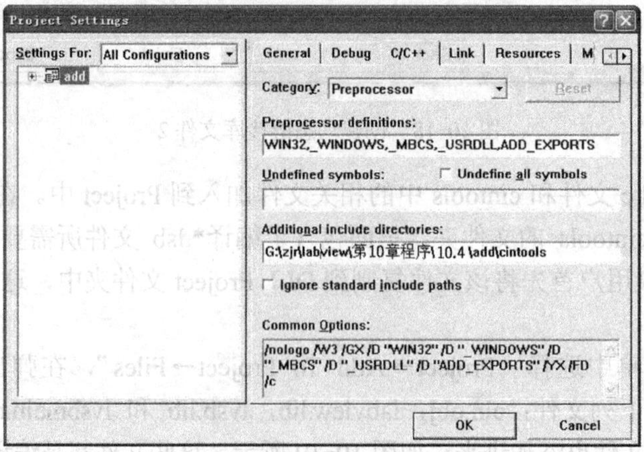

图 10-21　编译参数设置 2

③ 在 Category 下拉菜单中选择 Code Generation，在随后出现的 Struct member alignment 栏中选择 1Byte，在 Use run-time library 栏中选择 Multithreaded DLL，如图 10-22 所示。

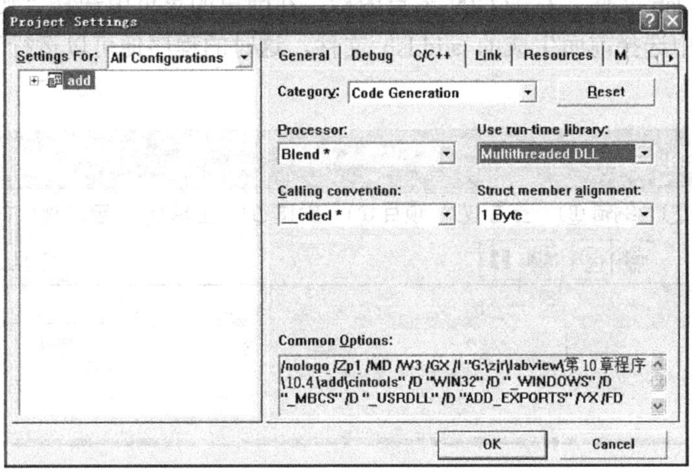

图 10-22　编译参数设置 3

④ 选择 Custom Build 选项卡，在 Commands 栏中输入如下代码：

"G:\zjr\labview\第 9 章程序\9.3\add\cintools\lvsbutil Add –d G:\zjr\labview\第 9 章程序\9.3\add→Debug"。

上述代码的格式是"<cintools 文件夹路径>\lvsbutil" $(TargetName)-d "&(WkspDir)\$(OutDir)"。

在 Outputs 栏中输入代码 add.lsb。这个代码的格式是(TargetName).lsb。

这一步实际上是利用 LabVIEW 的 cintools 工具的 lvsbutil 函数将 VC 生成的 DLL 文件转换成 CIN 节点能够使用的*.lsb 文件。配置完成后的对话框如图 10-23 所示，单击 OK 按钮退出配置对话框。

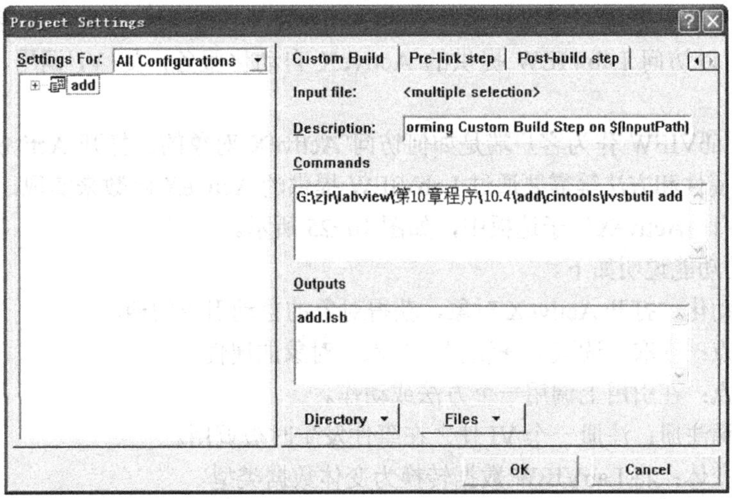

图 10-23　编译参数设置 4

⑤ 编译、存盘。在 VC 主菜单中选择“Build→Rebuild All”，如果没有错误，编译成功后会在刚才指定的 Debug 目录下生成 add.lsb 文件。

⑥ 加载 add.lsb 文件。右击 CIN 节点图标，在弹出的菜单中选择“加载代码资源”，在弹出的对话框中选择前面生成的 add.lsb 文件，这时的程序便可以运行了，如图 10-24 所示。

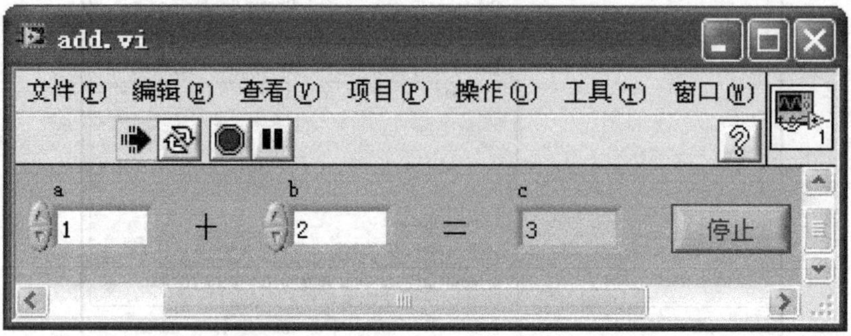

图 10-24　CIN 节点演示程序前面板

10.5　ActiveX 控件的调用

ActiveX 最常用的用法就是通过 ActiveX 控件获得其界面、属性和方法，它是存在于 ActiveX 容器中的一个可嵌入的组件，任何一个支持 ActiveX 容器的程序都能允许用户在其中“放置”ActiveX 控件，对嵌入式控件的操作是通过属性和方法实现的。ActiveX 是一种事件驱动的技术，类似于 LabVIEW 中的事件结构，当定义的事件发生时才去执行相应的程序。这一节主要讲述在 LabVIEW 2015 中调用 ActiveX 控件的方法。

10.5.1　ActiveX 自动化

LabVIEW 作为客户端，可以访问现有的 ActiveX 对象来增强自身的功能，作为服务器端，其他程序可以访问 LabVIEW 提供的 ActiveX 自动化服务，如 VI 调用、LabVIEW 控制等。

下面介绍 LabVIEW 作为客户端是如何访问 ActiveX 对象的。打开 ActiveX 对象，访问 ActiveX 对象的属性和方法等需要通过 LabVIEW 提供的 ActiveX 函数来实现，这些函数位于“函数→互连接口→ActiveX”子选板中，如图 10-25 所示。

主要函数的功能说明如下。

1）打开自动化：打开 ActiveX 对象，获得对象的自动引用句柄。

2）属性节点：获取（读取）→设置（写入）对象的属性。

3）调用节点：在引用上调用一个方法或动作。

4）事件回调注册：注册一个 VI 使之在事件发生时被调用。

5）转换为变体：将 LabVIEW 数据转换为变体数据类型。

6）变体转换为数据：将变体数据转换为 LabVIEW 中处理和显示的数据。

7）静态 VI 引用：可配置输出一个普通或者严格类型的 VI 引用。

8）取消注册事件：取消注册所有与事件注册相关联的句柄。

9）关闭引用：关闭与打开的 VI、ActiveX 等相关的引用句柄。

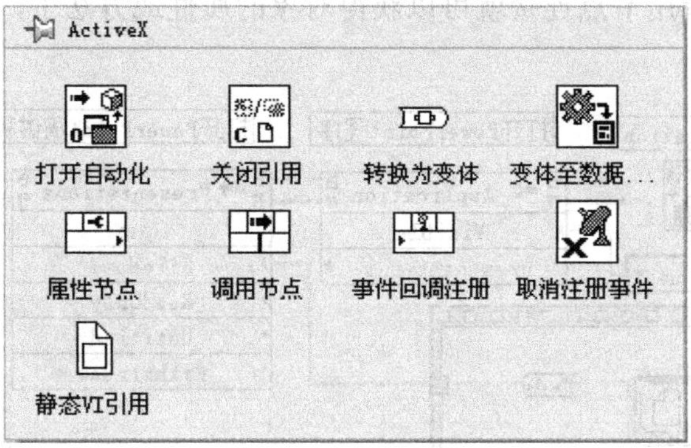

图 10-25　ActiveX 相关操作函数子选板

LabVIEW 作为客户端操作 ActiveX 对象的基本步骤如下。

1）打开自动化。

2）调用属性节点或方法节点访问 ActiveX 对象的属性或方法。

3）关闭引用。

下面通过一个具体的实例来介绍 LabVIEW 调用 ActiveX 对象的方法。

【例 10-5】 CLF 节点实现 PowerPoint 的播放。

本例通过 Microsoft PowerPoint 11.0 Object Library 提供的 ActiveX 对象来实现 PPT 的自动播放。

下面编写程序，操作步骤如下。

1）首先放置打开自动化函数在程序框图上，右击图标，在弹出的菜单中选择“创建→输入控制”，右击该控件并选择“选择 ActiveX 类→浏览”，打开如图 10-26 所示的对话框。

图 10-26　ActiveX 自动化对象选择对话框

2）在对话框中选择 Microsoft PowerPoint 11.0 Object Library 中的 Application 对象，单击“确定”按钮完成自动化引用句柄与 PowerPoint 应用的链接，下面只要将自动化引用句柄的输出与属性节点或者调用节点连接就可以获得对象的属性或方法了，程序框图如图 10-27 所示。

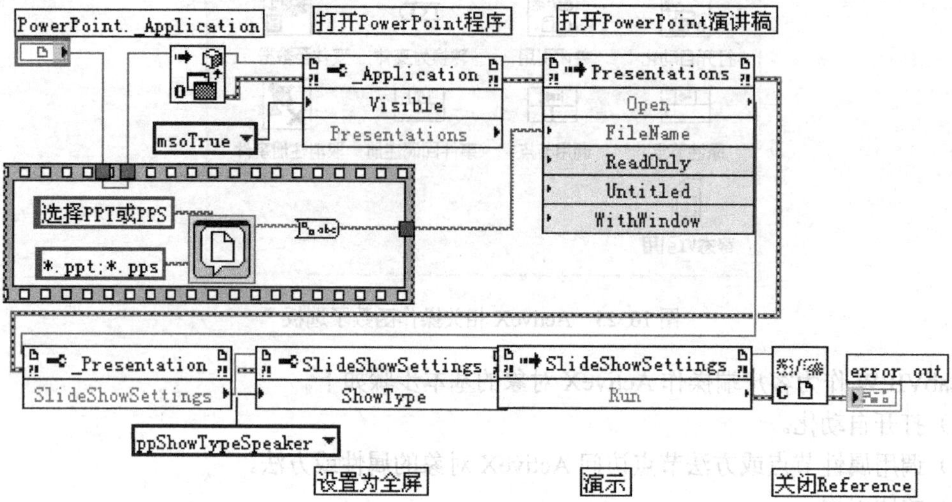

图 10-27 利用 ActiveX 自动化对象播放 PPT 的程序框图

10.5.2 ActiveX 容器

通过 ActiveX 容器，用户可以在 LabVIEW 的 VI 前面板中嵌入各种 ActiveX 组件，并访问其方法和属性，这好比在 Word 中嵌入了 Excel 表格，你可以在 Word 中编辑、使用 Excel 表格。ActiveX 容器在前面板的“控件→新式→容器→ActiveX 容器”子选板中，如图 10-28 所示。

使用 ActiveX 容器的流程如图 10-29 所示。

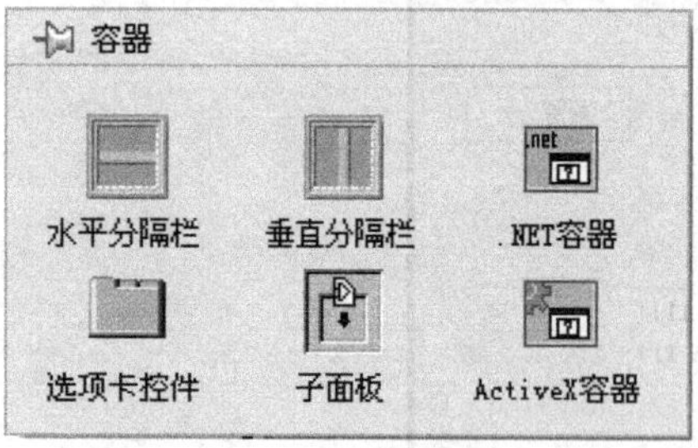

图 10-28 ActiveX 容器子选板

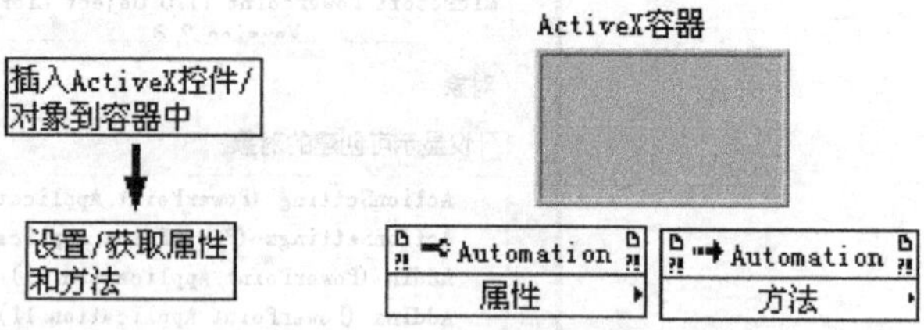

图 10-29 ActiveX 容器编程编程

下面通过一个具体的例子来说明 ActiveX 容器的使用方法。

【例 10-6】 使用 ActiveX 容器调用 Windows Media Player ActiveX 控件。

下面编写程序，操作步骤如下。

1）从“控件→新式→容器”子选板中选择 ActiveX 容器控件，并置于前面板上，如图 10-30 所示。

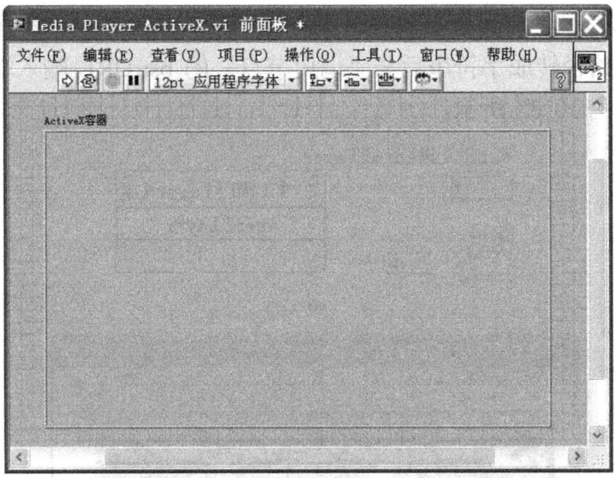

图 10-30　在前面板上添加 ActiveX 容器

2）在 ActiveX 容器控件上右击，从弹出的快捷菜单中选择“插入 ActiveX 对象”，将弹出“选择 ActiveX 对象”对话框，从中可以选择要插入的 ActiveX 控件，有三个选项，分别为“创建控件”“创建文档”“从文件中创建对象”。在这个实例中，我们选择“创建控件”，并在下面列出的 ActiveX 控件中选择 Windows Media Player，如图 10-31 所示，单击“确定”按钮，退出“选择 ActiveX 对象”对话框。

图 10-31　“选择 ActiveX 对象”对话框

此时的程序前面板变成如图 10-32 所示。

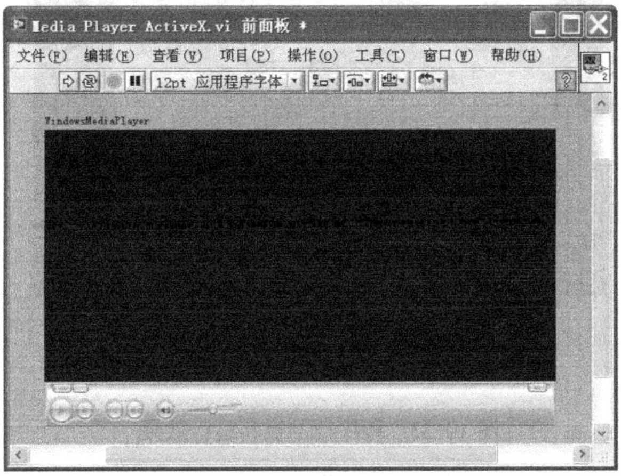

图 10-32　添加 Windows Media Player 控件后的程序前面板

3）切换到程序框图，从“函数→互连接口→ActiveX”子选板中选择“调用节点”，将 Windows Media Player ActiveX 控件的输出端口与“调用节点”的句柄输入端口相连，单击“调用节点”图标中的“方法”，选择“openPlayer”，这个“方法”的含义是打开 Windows

Media Player 播放影片。在前面板上放置一个文件打开路径控件，在程序框图中用“路径到字符串转换”控件将路径转成字符串后与“调用节点”的 bstrURL 输入端相连，程序框图、前面板和运行效果如图 10-33 所示。

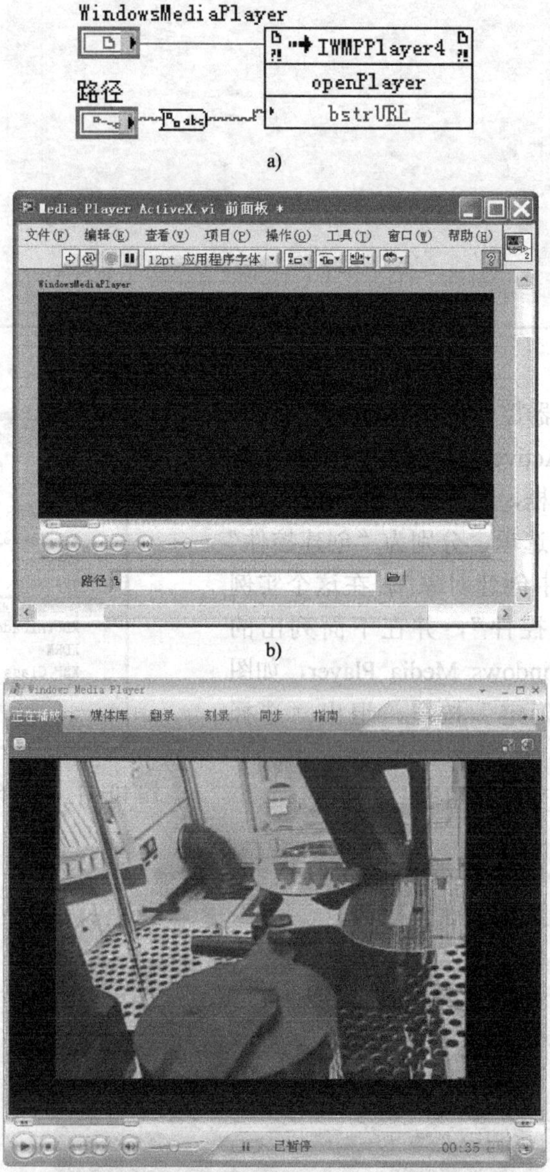

a) b) c)

图 10-33　程序前面板和运行效果

a) 程序框图　b) 程序前面板　c) 程序运行效果

10.5.3 ActiveX 事件

许多 ActiveX 控件除了与其关联的属性和方法之外，还定义了一套事件，当这些事件发生时，就传递给客户或者容器，当一具体的事件传回时，客户端可以通过执行代码实现任何必要的动作来处理事件。使用 ActiveX 事件的基本步骤是：创建 ActiveX 对象→注册该对象的特定事件→创建该事件发生时调用的回调 VI→VI 退出时注销事件。具体步骤如下。

1）在前面板上放置 ActiveX 控件。

2）从“函数→互连接口→ActiveX”子选板中选择“事件回调注册”函数放置在程序框图上，将 ActiveX 控件的输出句柄与“事件回调注册”节点的“事件”输入端口相连。

3）单击事件的下拉箭头，选择事件的类型。

4）将该事件需要使用的参数与“用户参数”相连，参数类型可以是任何 LabVIEW 数据类型，如果需要该事件返回数据，则需要将控件的句柄作为输入。

5）右击“VI 引用端口”，选择“创建回调 VI”，这时 LabVIEW 会自动根据所选择的事件类型和用户参数的数据类型创建并打开一个新的 VI，并将该 VI 的输出句柄与 VI 引用端口连接，新创建的 VI 即为回调 VI，当选择的事件发生时，程序就会转向去执行该 VI。双击回调 VI，可以看到此 VI 中已经包含了以下控件。

① 事件通用数据：在事件源中 1 代表 ActiveX 事件，2 代表.NET 事件。

② 控件引用：ActiveX 或者.NET 对象的引用，用户可通过右击选择。

③ 事件数据与返回数据：如果该事件不处理任何数据，例如单击事件，则没有该项。

④ 用户参数：与图 10-34 中前面板设定的参数相同。

下面通过一个具体的实例来讲解它的使用方法。

【例 10-7】 ActiveX 事件编写一个日历显示软件。

该实例是通过事件的方法调用 Calendar 控件来实现的，具体的操作步骤与前面所讲基本相同，这时不再赘述。

程序的前面板和程序框图如图 10-34 所示。

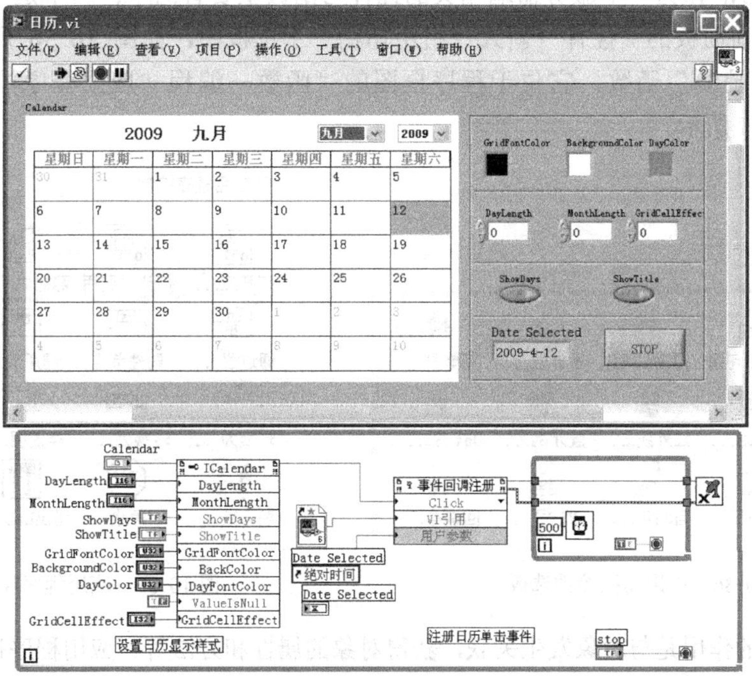

图 10-34 日历软件的前面板与程序框图

用户可以控制日历显示的格式，如背景色、字体颜色、显示方式等，当单击某一个日期时，在前面板的右下角会显示选中的日期。

回调 VI 的作用是当用户单击日历上的某一个日期时，该 VI 响应此单击事件，并通过属性节点获取日期值，按用户设定的格式返回此值，回调 VI 的程序框图如图 10-35 所示。

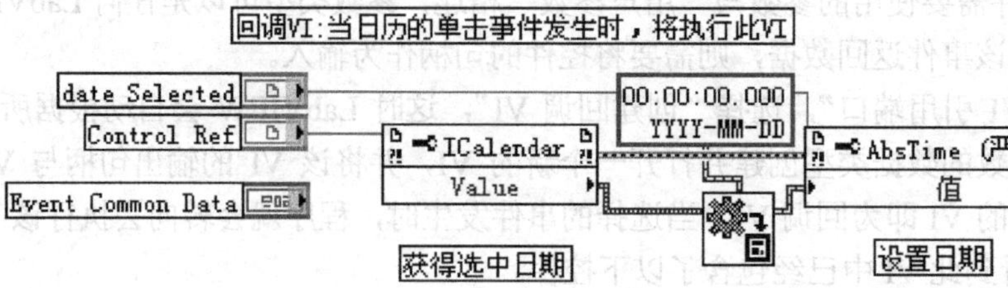

图 10-35　回调 VI 的程序框图

10.5.4　LabVIEW 作为服务器端

前面介绍了 LabVIEW 作为一个客户端调用其他 ActiveX 控件，同时，LabVIEW 还能作为一个服务器端，向其他程序提供 ActiveX 对象，其他程序如 Visual Basic、Visual C++等可以像调用普通 ActiveX 一样调用 LabVIEW。

1．相关控件与函数

与 LabVIEW 作为一个服务器端相关的控件与函数主要有两个：一个是"引用句柄"控件，它位于前面板的"控件→新式→引用句柄"子选板中，如图 10-36 所示；另一个是"应用程序控制"函数，它位于程序框图的"函数→编程→应用程序控制"子选板中，如图 10-37 所示。

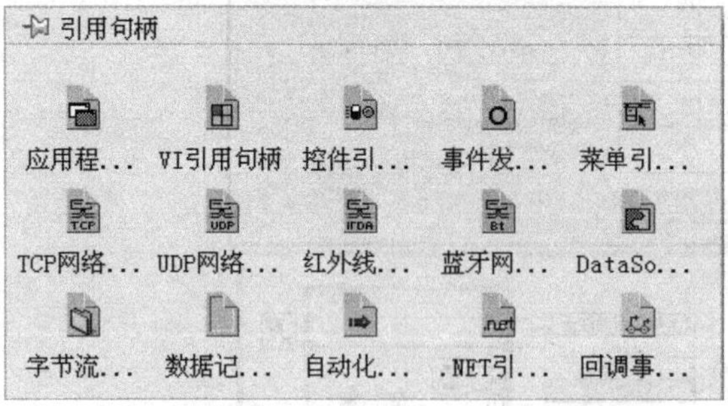

图 10-36　引用句柄控件选板

图 10-37　应用程序控制函数选板

引用句柄的作用是与对象发生关联，获得对象的属性和方法等，应用程序控制函数的作用主要是控制程序的运行等操作，具体函数的功能请参考 LabVIEW 本身的帮助文件，一般来说，一个 VI 服务器程序总是包含 3 个步骤：打开对象的引用，然后通过获得引用访问获得对象的属性和方法，最后关闭引用。

2．作为服务器端的相关设置

配置与启动 VI 服务器的方法是在菜单栏中选择“工具→选项”打开如图 10-38 所示的对话框，选择其中的“VI 服务器：配置”，在“协议”栏中选中“TCP/IP”复选框就启动了 VI 服务器，用户可以随意配置它的端口。在“VI 服务器：机器访问”栏中可以配置允许哪些计算机访问该 VI 服务器，如果想允许任何计算机访问该 VI 服务器，可以添加一个允许项目为“*”。在“VI 服务器：用户访问”栏中可以配置允许哪些用户有权限访问该 VI，从 LabVIEW8.0 开始，LabVIEW 增加了用户安全管理功能。关于这些功能的具体设置，用户可以单击对话框右下角的“帮助”按钮查看具体内容。

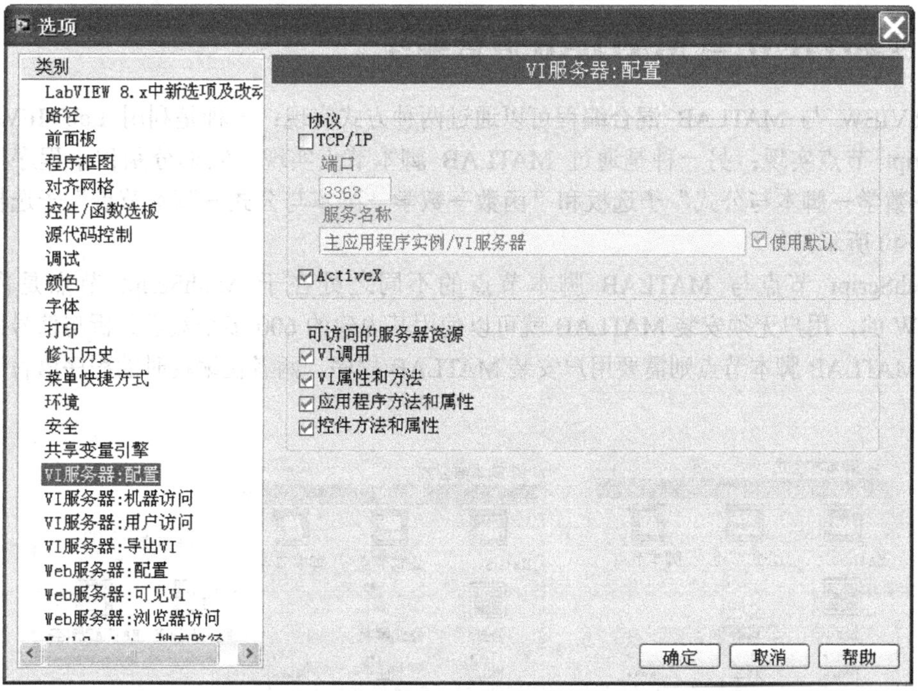

图 10-38　VI 服务器配置对话框

3．通过外部程序控制 LabVIEW

若要启动 LabVIEW 作为 ActiveX 的服务器端，必须先对 VI 进行配置，配置方法如前面所述，下面以 LabVIEW 自带的一个程序来演示如何在 Visual Basic 中调用 LabVIEW。

【例 10-8】 在 Visual Basic 中启动 LabVIEW 并运行该 VI。

该程序是 LabVIEW 自带的实例，用户可以在 LabVIEW 的安装路径“...\LabVIEW 2015\examples\comm\VBToLV.vbp”找到它，打开之后可以看到代码，程序运行之后的界面如图 10-39 所示，它的功能是对输入的数进行计算后输出结果。

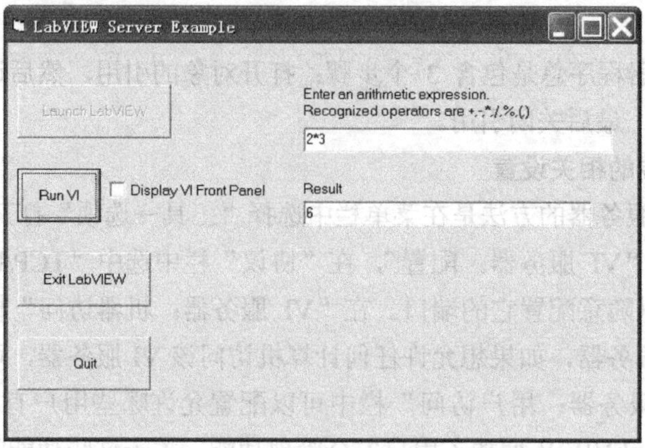

图 10-39　通过 VB 控制 LabVIEW 运行

10.6　LabVIEW 与 MATLAB 混合编程

LabVIEW 与 MATLAB 混合编程可以通过两种方式实现：一种是利用 LabVIEW 提供 MathScript 节点实现；另一种是通过 MATLAB 脚本节点实现。它们分别位于程序框图的“函数→数学→脚本与公式”子选板和“函数→数学→脚本与公式→脚本节点”子选板中，如图 10-40 所示。

MathScript 节点与 MATLAB 脚本节点的不同之处在于 MathScript 节点是内建于 LabVIEW 的，用户无须安装 MATLAB 就可以使用其内建的 600 多个数学分析与信号处理函数，而 MATLAB 脚本节点则需要用户安装 MATLAB 程序。两者在编程时的程序语言语法是相同的。

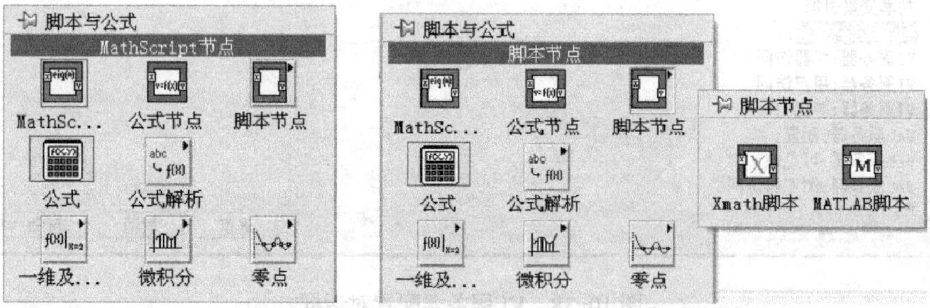

图 10-40　MathScript 节点和 MATLAB 脚本节点

10.6.1　MathScript 节点

MathScript 节点除了在“函数→数学→脚本与公式”子选板中可以找到外，在“函数→编程→结构”子选板中也可以找到。对于一般的数学分析与信号处理用 MathScript 节点的功能已经足够了。

该节点用于执行脚本。在节点中输入脚本，或通过右击节点边框后将文本导入节点。右击节点边框可添加输入和输出变量。右击输入或输出变量可设置其数据类型。创建 LabVIEW MathScript 时，必须使用该脚本支持的数据类型。表 10-3 列出了 LabVIEW 数据类型及其在 MATLAB 和LabVIEW MathScript中相应的数据类型。

表 10-3 LabVIEW 数据类型列表

LabVIEW 数据类型	MATLAB 语法	MathScript 语法
DBL 双精度浮点数	Real	Scalar»DBL
CDB 双精度浮点复数	Complex	Scalar»CDB
[DBL] 双精度浮点型一维数组	1-D Array of Real	1D-Array»DBL 1D
[CDB] 双精度浮点复数一维数组	1-D Array of Complex	1D-Array»CDB 1D
[DBL] 双精度浮点型多维数组	2-D Array of Real	Matrix»Real Matrix（仅二维）
[CDB] 双精度浮点型复数多维数组	2-D Array of Complex	Matrix»Complex Matrix（仅二维）
abc 字符串	String	Scalar»String
路径	Path	N/A
[abc] 字符串一维数组	N/A	1D-Array»String 1D

【例 10-9】 用 MathScript 画一个三维曲面。

程序框图和运行结果如图 10-41 所示。

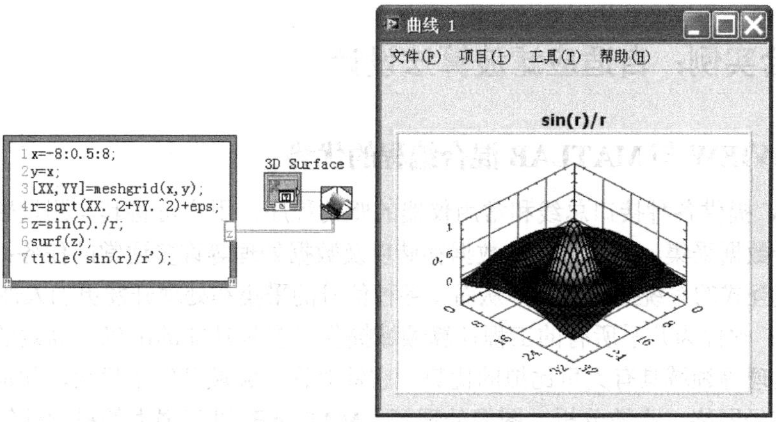

图 10-41 MathScript 画三维曲面的程序框图和运行结果

10.6.2 MATLAB Script 节点

MATLAB Script 节点中的脚本完全是 MATLAB 中的 M 文件，运行 MATLAB Script 节点时会启动 MATLAB，并在 MATLAB 中执行脚本内容。用户同样可以为 MATLAB Script 节点添加输入和输出，指定数据的类型，而且，大部分 MathScript 节点的脚本也可以在 MATLAB Script 节点中运行，【例 10-10】用 MATLAB Script 节点重新运行一下【例 10-9】中 MathScript 节点中的脚本。

【例 10-10】 用 MATLAB Script 节点重新执行【例 10-9】中的脚本程序。

程序框图和运行结果如图 10-42 所示。

对于比较简单的数学分析或者信号处理，MathScript 和 MATLAB Script 都能满足要求，并且处理效果相同，但是在涉及更复杂的领域，比如神经网络分析、图像处理等方面，则需要用 MATLAB Script 节点来实现。

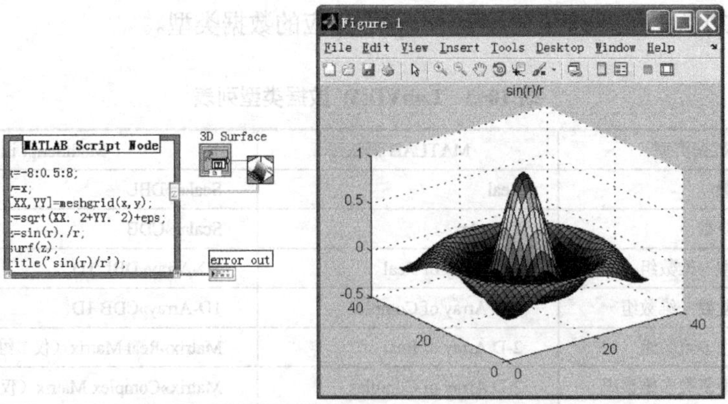

图 10-42　MATLAB Script 画三维曲面的程序框图和运行结果

注意：MATLAB 编译器能将函数文件编译成 C/C++代码，这些代码又能被 C/C++编译器编译成 DLL 文件，只要接口安排合适，就可以将 MATLAB 编写的程序集成到 LabVIEW 环境中，从而脱离 MATLAB 环境。

10.7　综合实例：自适应滤波算法设计

10.7.1　LabVIEW 与 MATLAB 混合编程的优势

LabVIEW 提供各种接口总线和常用仪器的驱动程序，用户可将其与测量硬件连接，方便地完成信号数据采集、信号分析、数据存储以及数据处理等许多通常的任务；可以很方便地创造一个交互式的系统控制界面，从而使各种信号的采集和处理开发更加人性化。

MATLAB 软件为几乎所有的工程计算领域提供了多种功能的准确、高效的工具箱，在信号和图像处理等领域具有无可比拟的优势。它针对许多领域开发了模块，如信号处理、数据库接口、神经网络、小波分析、图像处理等。MATLAB 以其强大的科学计算功能、大量稳定可靠的算法库、编程效率高等特点已成为数学计算工具方面的标杆。因此结合两者的优点，可以通过 LabVIEW 程序接口函数来调用其他各种应用程序和 MATLAB 软件中强大的数据处理软件包，这样结合可以使软件平台具有更强的数据处理能力，对于单独运用 MALTLAB 或虚拟仪器进行大量数据运算处理所解决不了的问题就迎刃而解了。其强大的科学计算与可视化功能、简单易用的开放式可扩展环境及面向不同领域而扩展的工具箱支持，使 MATLAB 在许多学科领域成为计算机辅助设计与分析、算法研究及应用开发的基本工具和首选平台。信号工具箱中提供了众多的函数，不仅可以完成信号产生、信号变换、滤波器设计分析与实现及随机信号的功率谱估计等，同时还配有相当数量的演示程序，几乎涵盖了数字信号处理与分析的全部内容。将 MATLAB 的程序模块嵌入到 LabVIEW 中，与 LabVIEW 方便的程序外观和操控功能结合起来，界面友好，功能强大。

10.7.2　自适应滤波算法

自适应滤波处理是根据噪声信号的相关性进行运算的，所以首先对噪声进行功率谱估计，用有色噪声模拟两路电磁干扰信号并估计功率谱密度。

将数据序列$x(n)(0 \leqslant n \leqslant N-1)$分为 K 段，每段有 M 个样本，$N=KM$。形成如式（10-1）所示的序列段：

$$x^{(i)}(n)=x(n+iM-N) \quad 0 \leqslant n \leqslant M-1, 1 \leqslant i \leqslant K \tag{10-1}$$

计算如下 K 个周期，得

$$I_M^{(i)}(\omega)=\frac{1}{M}\left|\sum_{n=0}^{M-1} x^{(i)}(n) e^{-\mathrm{j}\omega}\right| \quad 1 \leqslant i \leqslant K \tag{10-2}$$

如果$m>M$时，$R_x(m)$很小，那么就可以假设每个周期$I_M^{(i)}(\omega)$彼此独立。于是由这 K 个单独的周期，可以定义一平均周期$B_x(\omega)$为

$$B_x(\omega)=\frac{1}{K}\sum_{i=1}^{K} I_M^{(i)}(\omega) \tag{10-3}$$

通过相关功率谱的计算，得到信号与噪声的相关系数，从而在 MATLAB 里利用自适应滤波算法实现信号的滤波。

在 MATLAB 中编写自适应滤波程序，创建 M 文件，程序如下：

```
d=1;
e=1;
len=length(s1);
y=zeros(1,len);
for i=1:len
     a=s1(i);
  if(i+5<=len)
  b=s2(i+5);
  else
     b=0;
  end
c=s2(i);
y(i)=a-(b*d+c*e);
d=d+x/100*b*y(i);
e=e+x/100*c*y(i);
end
```

10.7.3　自适应滤波算法的实现

利用 LabVIEW 调用已经编好的 MATLAB 程序对一段仿真信号进行分析。首先创建两个正弦信号 VI，作为两个通路输入到 MATLAB Script 节点，同时加上若干直流分量以及干扰噪声。创建波形显示 VI 对处理后的波形进行显示，以便实时调节各种参数。自适应滤波程序流程图如图 10-43 所示。程序主要分两部分：信号采集模块和信号分析模块，其中信号分析模块是调用的 MATLAB 程序对信号进行自适应滤波处理。

进行滤波的前面板如图 10-44 所示。

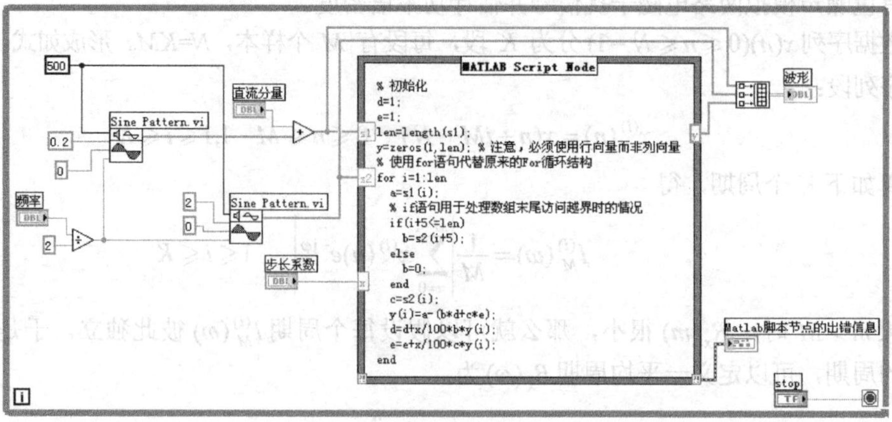

图 10-43　自适应滤波程序流程图

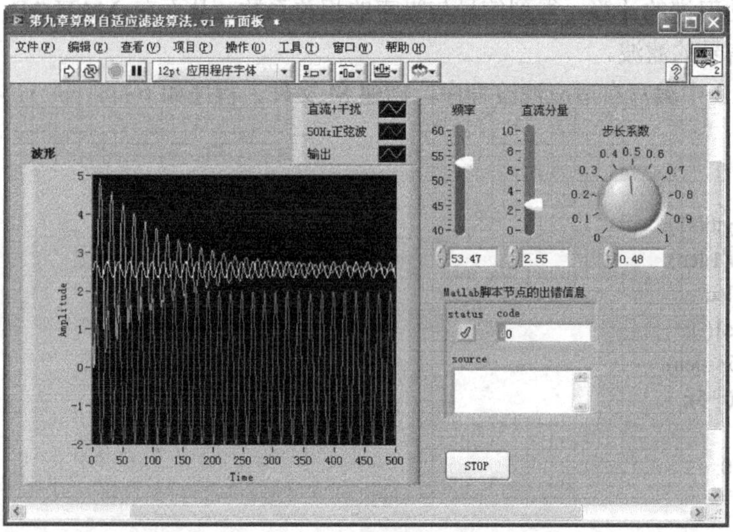

图 10-44　自适应滤波算法设计

10.8　习题

1）LabVIEW 可与哪些常见的编程语言实现混合编程？

2）DDE 通信有哪几种方式？各有什么优缺点？

3）DLL 调用和 API 调用的不同之处在哪？

4）LabVIEW 如何通过 CIN 节点调用 C 语言代码？

5）LabVIEW 作为客户端调用 ActiveX 时如何编写回调 VI？

10.9　上机实验

上机目的：熟悉 LabVIEW 与其他应用程序的接口及 ActiveX 控件的调用方法。

上机内容：调用通用对话框控件。

实现步骤：

1）打开 LabVIEW 程序，新建一个 VI。

2）放置 ActiveX 容器控件。在前面板上从“控件→新式→容器”子选板中选择 ActiveX 容器控件，并将它放置到前面板上。

3）向 ActiveX 容器添加对象。右击 ActiveX 容器控件，在弹出的快捷菜单中选择“插入 ActiveX 对象”，然后在出现的对话框中选择“创建控件”，从列表中选择“Microsoft Common Dialog Control”，单击“确定”按钮将它放置到 ActiveX 容器中。

4）设置初始路径。切换到程序框图，从“函数→互连接口→ActiveX”子选板中选择“属性节点”放置在程序框图上，将它的输入句柄连接至“Common Dialog Control”的输出句柄，单击“属性”选项，在弹出的快捷菜单中选择“InitDir”。将属性节点设置为读取（方法为在属性节点上右击，在弹出的快捷菜单中选择“全部转换为读取”），然后在“InitDir”右击选择“创建常量”，输入你想要设置的初始路径。

5）设置对话框标题，方法同步骤 4）。

6）设置对话框的调用方法。此处要用到“调用节点”，连接好句柄后将方法设置为“ShowOpen”。

7）输出选择的文件名，用属性节点实现，方法同步骤 4）。

8）保存，运行程序。

程序框图和运行结果如图 10-45 所示。

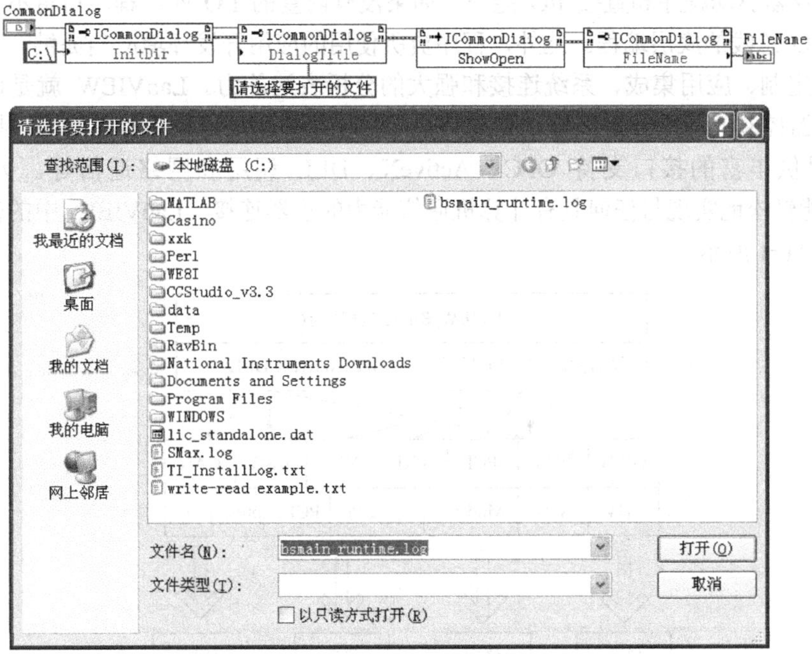

图 10-45　通用对话框调用的程序框图和运行结果

第 11 章　仪器控制与访问数据库

11.1　仪器控制概述

仪器控制是指通过个人计算机上的软件远程控制总线上的一台或多台仪器。它比单纯的数据采集要复杂得多。它需要将仪器或设备与计算机连接起来协同工作，可以根据需要延伸和拓展仪器的功能。通过计算机强大的数据处理、分析、显示和存储能力，可以极大地扩充仪器的功能。

一个完整的仪器控制系统除了包括计算机和仪器外，还必须建立仪器与计算机的通路以及上层应用程序。通路包括总线和针对不同仪器的驱动程序，上层应用程序用于发送控制命令、仪器的控制面板显示以及数据的采集、处理、分析、显示和存储等。

随着测试测量领域各方面技术的广泛发展，多接口多厂商系统变得日益普遍。为了能够应用最新的技术，需要建立一个合适的软件构架，它能够以最小的工作量和最大的软件复用来适应新的技术。因此选择一个合适的应用开发环境非常重要，它应当内置恰当的仪器控制功能，包括仪器驱动程序和直接 I/O 能力。如果没有内置的 I/O 库，程序员将不得不进行关于 OS 和 I/O 总线的底层编程。此外，程序员所使用的应用开发环境应当提供一个完整的功能集，包括定制、应用集成、系统连接和强大的分析表达能力。LabVIEW 就是这样一个非常适合于仪器控制的应用开发环境。它支持数千种仪器的驱动以及多种总线的连接方式。此外，它还提供丰富的接口支持 OPC、ActiveX、DLL 调用和网络通信等。因此，通过 LabVIEW 能轻松地实现与任何具有计算机通信能力的仪器连接。LabVIEW 中的仪器控制系统构架如图 11-1 所示。

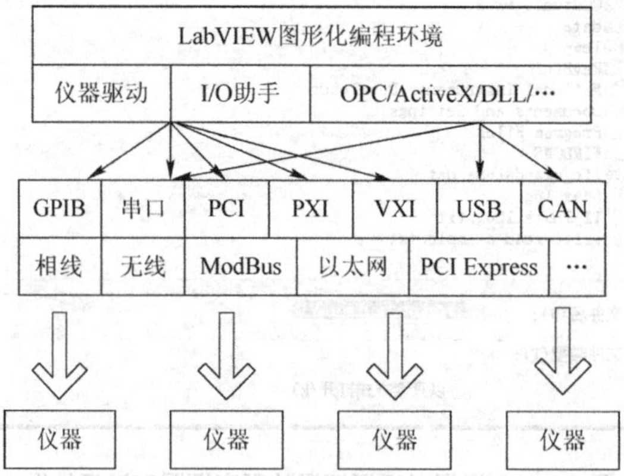

图 11-1　LabVIEW 中的仪器控制系统构架

11.2　仪器总线技术

仪器总线是仪器与计算机之间传递信息的通道，在测试测量领域，仪器总线技术的发展历来是工程师最为关心的部分。从 20 世纪 60 年代退出的专用于仪器控制的 GPIB 总线，到现在被广泛使用的 USB、VXI、PXI 和最新退出的 LXI、PXI Express，不断涌现出来的新型总线技术帮助我们的工程师能更快捷地完成测量任务。

根据总线的连接方式，仪器总线可以分为外部总线和内部总线两大类。外部总线主要提供传统分立式仪器与 PC 之间的互连，因此又通常被称为分立仪器总线。常见的外部总线包括 GPIB、USB、LAN/LXI 等。内部总线也被称为模块化仪器总线，它提供了开放的多厂商联合的标准和灵活的软件来创建用户自定义的仪器，具有很好的集成性和可扩展性。常见的内部总线包括 VXI、PCI/PXI/PXI Express 等。

11.2.1　GPIB 总线

通用接口总线（General Purpose Interface Bus，GPIB）是独立仪器上一种最通用的 I/O 接口。GPIB 是专为测试测量和仪器控制应用设计的。GPIB 源于惠普公司在 20 世纪 60 年代设计的 HP-IB，在 1975 年被标准化为 IEEE 标准 4888—1975。最初的标准定义了总线的电气、机械和功能规范及其基本软件通信规则。后来 ANSI/IEEE 标准 488.2—1987 精确定义了控制器和仪器如何通过 GPIB 通信，从而增强了最初的标准（最初的标准也被重新命名为 IEEE488.1—1975）。GPIB 是一种数字的、8 位并行通信接口，数据传输速率高达 8MB/s。该总线可为一个系统控制器提供多达 15 台仪器的连接，连线长度小于 20m。通过使用 GPIB 增强设备和扩展设备，用户可以克服设备数和连线长度的限制。GPIB 线缆和连接器具有多种用途，在任意环境中均可满足工业级需求。

个人计算机很少带有 GPIB，实际上，用户通常使用一个插卡（PCI-GPIB）或一个外部转换器（如 GPIB-USB）在自己的电脑上增加 GPIB 仪器控制功能。

GPIB 接口总线为含有 24 根线的数字式并行总线，如图 11-2 所示。

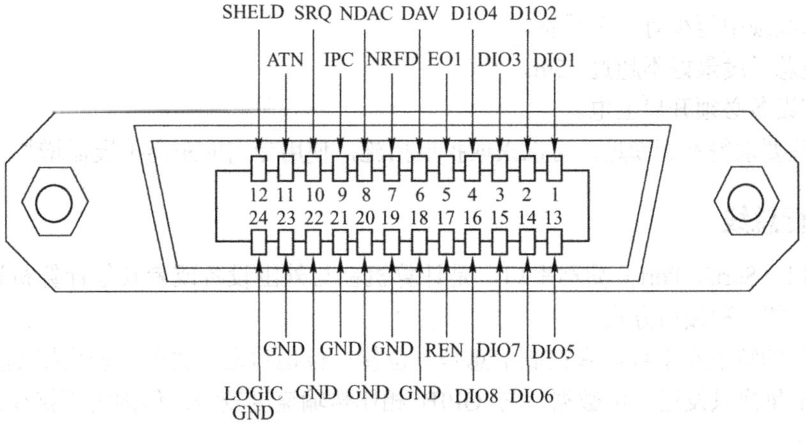

图 11-2　GPIB 接口

24 根线按照功能不同可划分为以下 4 组。

1）8 条数据线 DIO1～DIO8：用来传递数据或命令，数据传输方式按照按位并行，按字节串行的方式传输，即每条数据线代表一个字节 8 个 bit 中的一个，组成一个字节后一起传送。传送消息的编码一般为 ASCII 字符串，由于许多数据使用 7 位 ASCII 或 ISO 编码集，所以此种情况下可以将第 8 位数据 DIO8 留作校验位。

2）5 条总线管理线 EOI、IFC、SRQ、ATN、REN：用于管理设备从接口进入计算机中的信息流。

3）3 条握手线 DAV、NRFD、NDAC：按照握手机制异步地控制消息字节的传送过程，从而保证无差错的传送和接收过程。

4）8 条接地回线 GND、SIGNAL GND、SHIELD：用于接入地电位。

GPIB 总线规定了 GPIB 设备接入的方法，只要支持 GPIB 总线的仪器都可以作为 GPIB 设备，而计算机需要通过插入 GPIB 卡成为一台 GPIB 设备。每个 GPIB 设备都有不同的角色和任务。GPIB 设备可以分为以下四类。

1）讲者（Talker）：向一个或多个听者发送信息。

2）听者（Listener）：从讲者接收信息。

3）控制器（Controller）：向所有的总线设备发送命令，进行综合控制和管理。

4）空闲（Idle）：无任务。

GPIB 总线上某一时刻最多只允许有一个讲者和一个控制器，但听者的数量和空闲设备的数量可以为任意多个。GPIB 设备的角色并不是固定不变的，控制器可以根据系统需要实时地调配听者和讲者的角色。GPIB 系统里也可以没有控制器，但这时听者和讲者的角色一旦建立就不能再被改变。

GPIB 系统连接时需要遵守一些规定，才能保证数据传输的可靠性和系统的抗干扰性能。

1）任意两个设备间的线缆长度不超过 4m，整个总线上的设备平均间距不超过 2m。

2）连接线缆总长度不超过 20m。

3）系统中的设备总数不超过 15 个，且至少有 2/3 的设备开启上电。

对于高速应用，还需遵守如下的额外规定。

1）每米线缆中至少有一个设备。

2）线缆总长度最好不超过 15m。

3）所有设备必须开启上电。

如果某些要求得不到满足，可以采取扩展措施，使用专用的距离扩展器增加传输间距。

11.2.2 串行总线

串行接口（Serial Port）简称串口，是计算机在与外围设备或者其他计算机连接进行数据传送时常用的一种接口方式。

串口通信的特点在于数据和控制信息是一位接一位地传送出去的，若出错则重新发送该位数据，由于每次只发送一位数据，与 GPIB 相比传输速度较慢，但因为干扰少，所以适合于长距离传送。

串口已经成为大多数计算机的标准配置之一，在许多普通计算机的接口中都能找到。用户只需添加一根连接线即可进行串口通信，不需添加其他额外设备，所以在工业控制和通信中得到了广泛应用，但是一个串口只能与一个设备进行连接和通信，对于某些应用需求这是一个限制。

串口有多种通信标准和接口形式，如 RS-232、RS-422、RS-485 等，各种形式接口的引脚数量和定义也不尽相同。其中最常用的修订版本是 RS-232C，常用于连接计算机、打印机和调制解调器等设备。串口通常分为 25 针和 9 针，图 11-3 所示为 9 针串口。

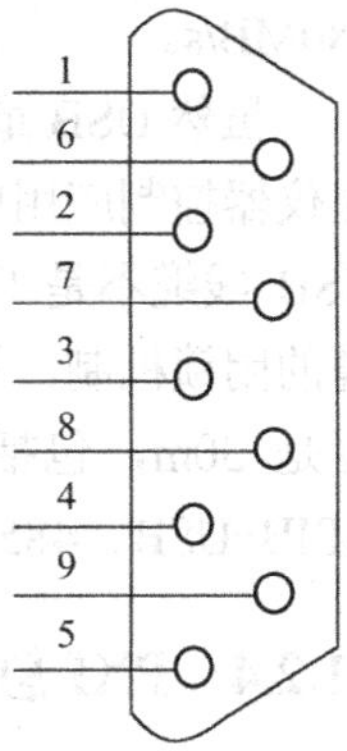

图 11-3　9 针串口

9 针串口的 9 条连接线中包括 2 条数据线（TD 和 RD）、5 条握手线（RTS、CTS、DSR、CD、DTR）、1 条信号地线（SG）和 1 条振铃指示线（RI），这些引线足以包含大多数 RS-232 接口中使用的核心引线集。25 针串口是标准的 RS-232 接口，其引线除了包括 RS-232 的核心引线集外，还可覆盖标准中规定的所有信号。

25 针和 9 针串口的引脚具体定义见表 11-1。

表 11-1　串口引脚定义

25 针针脚号	9 针针脚号	缩写	功能
2	3	TD	发送数据
3	2	RD	接收数据
4	7	RTS	请求发送
5	8	CTS	清除发送
6	6	DSR	数据准备好
7	5	SG	信号接地
8	1	CD	载波检测
20	4	DTR	数据终端准备好
22	9	RI	振铃提示

使用串口进行通信时，每个字符帧代表一个要传送的字符，为了保证数据传送的完整性，一个字符帧一般由以下几部分按顺序组成。

1）起始位：表示字符帧的起始位置，占 1bit。

2）数据位：表示字符数据的内容，大小由数据位数指定。

3）校验位：表示是否使用奇偶校验方法保证传送的可靠性，占 1bit。

4）终止位：表示字符帧的终止，附加于末尾，大小由终止位数指定。

11.2.3　USB 总线

通用串行总线（Universal Serial Bus，USB）的设计主要用于将个人计算机的外围设备（如键盘、鼠标、扫描仪和移动硬盘等）连接到计算机。在过去的几年中，支持 USB 连接的设备的数量已经大大增加。USB 是一项即插即用技术，当增加新的设备时，USB 主机自动检测，查询该设备的标识，并恰当地配置设备驱动器，因此使用起来非常方便。通过集线器连接，一个端口可以支持多达 127 台设备并发运行。USB 标准由标准组织 USB-IF 定义。最初的 USB1.1 规范定义了两种数据传输模式和速度：低速模式（最大吞吐量可达 1.5MB/s 或 200KB/s）和全速模式（最大吞吐量可达 12MB/s）。最新的 USB 规范——USB2.0 完全向后兼容低速和全速设备，同时也定义了一种新的高速模式，该模式下数据传输速率高达480MB/s。

虽然USB最初设计时只是作为PC的外部总线，但其速度、广泛可用性和易用性使得其在仪器控制应用中非常有吸引力。然后，USB在仪器控制中的使用仍存在一些不足。首先，USB线缆不是工业级线缆，这在噪声环境中可能会导致数据丢失。而且，没有用于USB线缆的闭锁机制，这使得线缆很容易被从PC或仪器中拔出。此外，USB系统中的最大线缆长度是30m，包括使用线上中继器。因此出现了大量的现场总线到USB的转换设备，譬如GPIB-USB、485-USB、CAN-USB等。

11.2.4 PXI总线

1997年，美国国家仪器有限公司又推出了一种新的仪器总线标准——PXI（PXI eXtention for Instrumention）总线标准。PXI是PCI在仪器领域的扩展，是与VXI总线并行的另一种模块化仪器总线标准。指定PXI规范的目的是为了将PC的性能价格比优势和PCI总线面向仪器领域的必要扩展结合起来，以期形成一种更好的测试仪器平台。

典型的PXI系统一般由PXI机箱、PXI控制和若干PXI仪器模块组成。PXI是在PCI内核技术上增加了成熟的技术规范和要求形成的。PXI增加了用于多板同步的触发总线和参考时钟、用于精确定时的星形触发总线以及用于相邻模块间高速通信的局部总线等，来满足试验和测量用户的要求。

PXI兼容CompactPCI机械规范，提供出众的机械完整性并使硬件部件易于装卸。PCI结合了PCI的电气总线特性与CompactPCI的坚固性、模块化及Eurocard机械封装的特性，并增加了专门的同步总线和主要软件特性。一方面，它直接吸收了PCI总线的结构紧凑、成本较低且被广大PC用户熟悉的特点，另一方面，它又吸收了VXI总线的触发总线、本地总线与系统时钟等技术，使之更适宜于测试系统的测试要求。PXI总线仪器的性能价格处于PCI插卡与VXI模块化仪器之间，可广泛应用于一般的测试领域。

11.2.5 VXI总线

VXI总线是VME eXtensions for Instrumentation的缩写，即VME总线在仪器领域的扩展。VME总线起初是为小型机设计的模块化系统总线，在20世纪80年代后期，仪器制造商为了满足军用测控系统的需求，在VME总线基础上专门设计并发布了VXI规范。VXI成功地减小了仪器系统的尺寸并提高了系统集成化水平。VXI总线系统一般由一个VXIbus主机箱、若干VXIbus器件、一个VXIbus资源管理器和主控制器组成，可包含最多256个设备。

VXI总线的控制方式一般有两种：使用内置式的内部控制器，或者使用GPIB、RS-232、VME或局域网等与外部控制器进行连接。前者适用于高速传输，而后者因为性能有瓶颈只适用于较低速度的传输，如进行调试或者发送仪器控制命令等。VXI系统具有完善的资源管理和系统管理功能。其资源管理器在系统上电或者复位时对系统进行配置，以使系统用户能够从一个确定的状态开始系统操作。在系统正常工作后，资源管理器就不再起作用。主机箱容纳VXIbus仪器，并为其提供通信背板、供电和冷却。

VXI仪器是一种模块化的卡式仪器，它集成了虚拟仪器的所有特征。它没有传统意义上的操作面板，对 VXI 仪器的操作与显示都需要借助 PC 进行。

VXI 总线的系统结构为虚拟仪器的开发提供了更为理想的平台。VXI 仪器的主要特点如下。

1）标准开放：VXI 是一种真正的开放标准，得到世界上许多仪器厂家的支持，因此用户可以选用不同厂家的仪器模块，使用户集成虚拟仪器系统选择性更大、灵活性更强、效率更高，缩短了系统组建时间，提高了系统可互换性。

2）吞吐量高：VXI 总线背板的理论数据传输率最高达 40MB/s，背板不再成为数据传输的瓶颈。

3）模块化结构：VXI 仪器系统采用了模块化结构，其采用共用电源、消除面板、共用冷却、高密度紧凑的结构设计，有利于减少尺寸，选用需要的测试模块、较少的 CPU 管理等措施降低系统的冗余度，与机架层叠式仪器系统相比，会大大缩小系统尺寸和降低成本。

4）易于实现网络控制：VXI 总线规范定义了仪器系统与计算机网络系统的连接，使仪器系统不但可以实现本地局域网络控制，也可实现远程广域网络控制，将仪器系统与计算机网络技术密切结合在一起。

11.3 仪器驱动程序

计算机与仪器进行通信的方式有两种：一种是基于寄存器的通信方式，另一种是基于消息的通信方式。具体采用哪种方式由仪器本身决定。若直接通过底层的通信方式与仪器通信，用户必须知道寄存器的配置或是消息的具体格式。这就加大了用户开发系统的工作量，仪器驱动程序就是解决这个问题的。

一个仪器驱动程序是一个包括高层函数的库，这些高层函数支持控制某个仪器或某个仪器簇。一个仪器驱动程序是一个软件例程集合，该集合对应于一个计划的操作，如配置仪器、从仪器读取、向仪器写入和触发仪器等。它将底层的通信命令或寄存器配置等封装起来，用户只需要调用封装好的函数库就能轻松实现对应于该仪器的任何功能。通过提供方便编程的高层次模块化库，用户不再需要学习复杂的某个仪器专用的底层编程协议。而且，对于同类的仪器，仪器驱动程序具有通用的结构和应用编程接口（API），所以一旦选择了一个仪器驱动程序，使用另一个仪器驱动程序将非常容易。

为了满足仪器控制和测试应用的不同需求，存在两种不同类型的仪器驱动程序：即插即用驱动程序和可互换虚拟仪器驱动程序。通过一个标准的、适用所用驱动程序的简单编程模型，即插即用仪器驱动程序简化了仪器的控制和与仪器的通信。可互换的虚拟仪器驱动程序是更为复杂的仪器驱动程序，它的特点在于为那些需要可互换性、状态缓存或仪器仿真等更为复杂的测试应用提升了性能和灵活性。

如果用户没有为特定的仪器找到仪器驱动，或者如果不需要使用仪器驱动，NI 软件也提供了数个交互式工具来更容易地实现直接的 I/O 控制和通信。

11.3.1 可编程仪器标准命令 SCPI

对于采用基于消息的通信方式，理论上来说消息的格式可以任意规定。不同的仪器可以采用不同的消息解析方式，譬如仪器 A 发送“A”表示读回仪器名称，仪器 B 发送“B”表示读回仪器名称，但是这样导致多种仪器会采用不同的命令集。为了解决这个问题，相关机构推出了可编程仪器标准命令 SCPI（Standard Commands for Programmable Instruments），旨在规范一套标准的命令集。该命令集只是一个规范，和硬件无关。

SPCI 方便易学，学会一种仪器的命令集后就很容易掌握另一种仪器的命令集。纵向上，同一类型的仪器命令集类似，例如不同数字万用表读取电压的命令是一致的；横向上，不同类型仪器同种功能的命令也一致。例如示波器、函数发生器的触发命令是一样的。

例如 Tektronix TDS220 示波器的 SCPI 命令集如下。

1）*IDN？——返回仪器标识，采用 IEEE488.2 标记法。

2）CH<x>：PRObe？——查询通道 x 的探头衰减。

3）HARDCopy：FORMat BMP——设置硬复制格式为 BMP 格式。

11.3.2 虚拟仪器软件构架 VISA

虚拟仪器软件构架（Virtual Instruments Software Architecture，VISA）是 VXIplug&play 系统联盟最重要的成果之一。它的目的是通过减少系统的建立时间来提高效率。随着仪器类型的不断增加和测试系统复杂化的提高，人们不希望为每一种硬件接口都要编写不同的程序，因此 I/O 接口无关性对于 I/O 控制软件来说变得至关重要。当用户编写完一套仪器控制程序后，总是希望该程序在各种硬件接口上都能工作，尤其是对于使用 VXI 仪器的用户。

通过 VISA，用户能与大多数仪器总线连接，包括 GPIB、USB、串口、PXI、VXI 和以太网。而无论底层是何种硬件接口，用户只需要面对统一的编程接口 VISA，如图 11-4 所示。

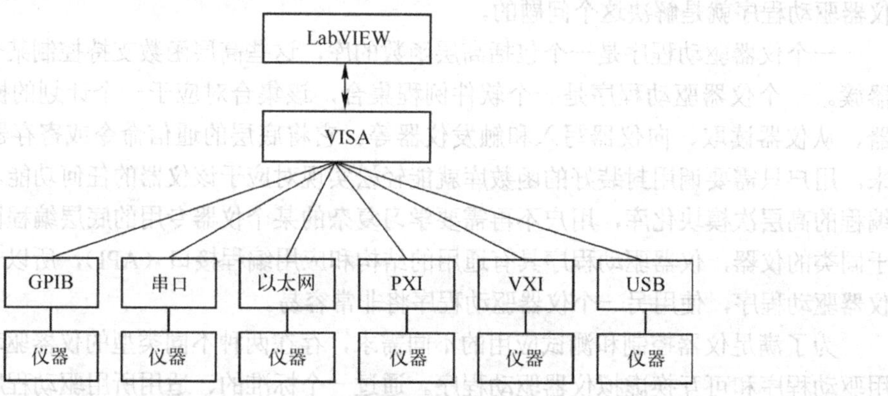

图 11-4 VISA 支持的多种接口

VISA 的另一个显著优点是其平台的可移植性。任何调用 VISA 函数的程序可以很容易地移植到其他平台上。VISA 定义了它自己的数据类型，这就避免了譬如移植程序时由于整数类型大小不一致导致的问题。

当然，有了 VISA 并不是说用户不需要安装特定的仪器驱动程序就可以直接和仪器通信了。恰恰相反，VISA 就是通过特定的仪器驱动程序和仪器通信的。因此在使用 VISA 与仪器通信之前必须安装仪器驱动程序，并需要通过 MAX 进行合适的配置。注意，该仪器驱动程序必须提供 VISA 接口才能使用户通过 VISA 与该仪器通信。

用户还可以通过 NI 提供的 VISA Driver Development Wizard 自己编写仪器驱动，该工具位于“开始→程序→National Instruments→VISA”菜单下。

VISA 函数在函数选板的“仪器 I/O→VISA”下，如图 11-5 所示。

通过这些 VISA 函数，用户可以与 GPIB、USB、串口、PXI、VXI 和以太网中的任何一种总线通信。图 11-6 所示的程序用来读取 GPIB 设备的标识符。

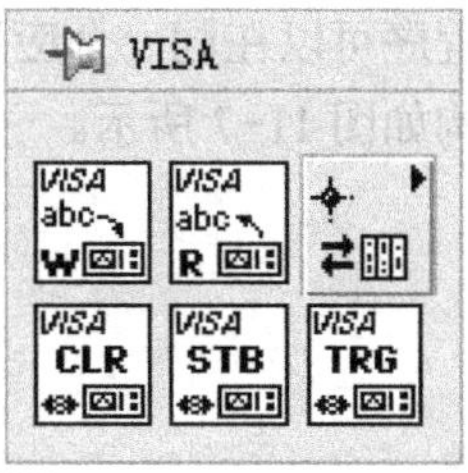

图 11-5　VISA 函数选板

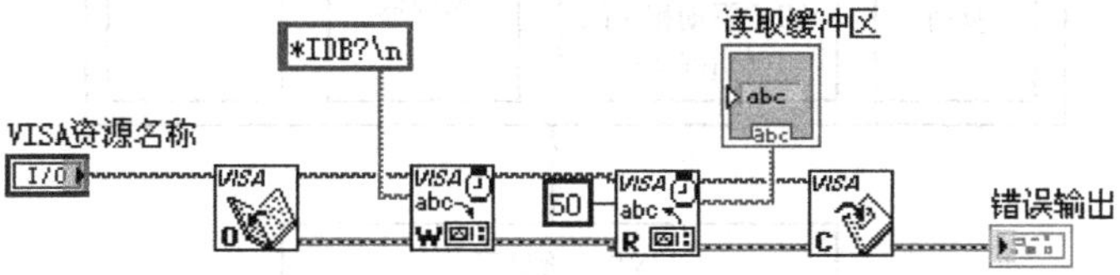

图 11-6　通过 VISA 读写 GPIB 设备

只要安装了设备的驱动并在 MAX 中进行了适当了配置，就能在 VISA 资源名称中看到该仪器的选项。也可以为 VISA 资源名称设置别名，譬如可以将 GPIB0：：10：：INSTR 的别名改为“函数发生器”。

11.3.3　可互换的虚拟仪器驱动程序 IVI

在测量与测试领域，工程师通常会面临这样一个问题：对于不同厂商生产的即使同类的仪器仍然需要编写不同的程序，比如同样是示波器，但是不同的厂商对同样的操作采用不同的命令集。这就导致编程人员要花费大量的精力去学习不同的仪器指令，尤其是当仪器升级换代时，他们还需要学习新的协议或命令并编写新的程序。虽然 VISA 实现了程序与硬件接口的不相关性，但是并没有实现仪器的可交换性。

针对这一问题，1998 年 9 月， IVI（Interchangeable Virtual Instrument）基金会成立了。IVI 基金会是最终用户、系统集成商和仪器制造商的一个开放的联盟，其中包括 NI、Hewlett Packard、Tektronix、Rohde&Schwarz 和 Anritsu。成立 IVI 基金会的目的是为了创建一个仪器驱动程序的标准，它基于 VXI 即插即用标准，但也提供一些高级特性，如仪器可互换性、仿真、状态缓存和多线程安全等——即 IVI 驱动程序。

IVI 驱动程序是更为复杂的仪器驱动程序，它的特点在于为那些需要可互换性、状态缓存或仪器仿真的更为复杂的测试应用提升了性能和灵活性。IVI 驱动是 NI 测试系统中一个完整的组件，它基于 VISA 并被集成在 NI 提供的应用程序开发环境中。IVI 构架将传统的仪器驱动程序分为两部分：仪器专用驱动和通用类驱动。仪器专用驱动和传统的仪器驱动功能相近，但是增加了一个底层构架用于优化性能和为仪器增添仿真能力。通用类驱动包含了控制一类仪器的一般功能并且在运行时调用相应的仪器专用驱动。而用户的测试程序可以基于通用类驱动程序也可以基于专用驱动程序，但是只有通用类驱动程序才是可互换的。IVI 基金会为 IVI 驱动程序定义了两种架构：一种基于 ANSIC，另一种基于微软组件对象模型（COM）技术。定义这两种架构是为了共存，而不是互斥。IVI-C 驱动程序和 IVI-COM 驱动程序可以在同一个应用中使用。NI 提供的 IVI 驱动是基于 IVI-C 架构的。NI 的 IVI 整体架构如图 11-7 所示。

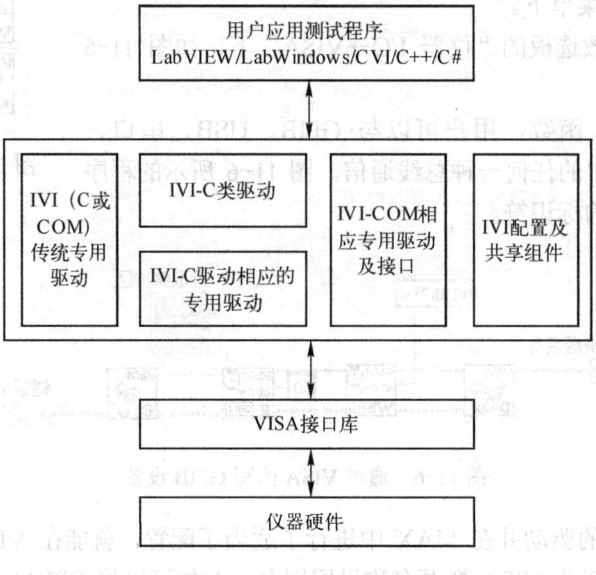

图 11-7　IVI 整体架构

IVI 仪器驱动技术具有如下优点。

1）高性能：IVI 驱动集成了一个强力的状态缓存引擎，它会跟踪仪器的硬件配置。因此只有当硬件设置需要改变时，它才会执行相应的 I/O 命令。此外，IVI 驱动是多线程的。因此用户能编写高性能的多线程测试程序从而极大地增大测试吞吐量。

2）仪器仿真能力：IVI 驱动程序内建了仪器仿真能力。通过仿真功能，用户可以在没有仪器的情况下编写程序。有两种途径产生仿真数据：一种是通过仪器专用驱动的仿真模式；另一种是通过 IVI 兼容包中的高级类仿真驱动程序。IVI 兼容包可以从 NI 网站下载得到。

3）仪器互换能力：IVI 驱动使仪器的互换成为可能。只要系统使用的仪器支持 IVI 驱动，系统开发完成后就不会因为仪器的升级换代或是更换品牌而改写代码。在未来 10～20 年内可以非常轻松地更换仪器。此外，IVI 为每一类仪器提供了规范和标准的 API。它将仪器的功能完整封装，让用户可以更快更容易地开发系统，并且极大地提高了代码重用能力，从而削减了软件维护开销。

4）开发灵活性：除了 NI 网站提供的大量 IVI 驱动程序外，用户还可以通过 LabWindows/CVI 提供的仪器驱动开发向导（Instrument Driver Development Wizard）很容易地开发自己的 IVI 驱动。这个向导通过自动代码生成和基于仪器类的功能模板极大地缩短了驱动开发时间。所有 NI 提供的 IVI 驱动都能在 NI 的开发环境中工作，其中包括 LabVIEW、LabWindows/CVI、Measurement Studio for Microsoft Visual Studio 和 TestStand。

11.4　网络通信与编程

随着网络的迅速发展，通过网络进行数据共享是各种软件和仪器的发展趋势。与传统仪器相比，LabVIEW 设计的虚拟仪器的另一个优势是具有强大的网络通信功能，可以方便地进行网络通信来实现远程虚拟仪器的设计。使用 LabVIEW 实现网络通信有 3 大类方法：

1）使用网络通信协议编程实现网络通信，可使用的通信协议类型包括 TCP/IP、串口通信协议、无线网络协议等。

2）使用 DataSocket 技术实现网络通信。

3）客户端远程控制服务器端发布的程序，控制方式包括远程面板和浏览器访问。

11.4.1 TCP 通信

TCP/IP 是一个通信协议簇，是由美国国防部高级研究计划署（DARPA）开发的，TCP/IP 从诞生以来已成为通用的通信标准被广泛应用于大量的计算机系统。

尽管 LabVIEW 提供了高效、易用的网络开发工具，但也提供了 TCP、IP、UDP、ActiveX 等功能模块板进行网络连接和进程通信，编程时摆脱了传统语言中烦琐的底层命令函数，只需从函数选板中选用有关的函数图标连线而成。

IP 是网络层协议，实现的是不可靠无连接的数据包服务。TCP 和 UDP 都是建立在 IP 的基础上的传输层协议。UDP 实现的也是不可靠无连接的数据包服务。而 TCP 是基于连接的协议，提供了可靠地建立连接的方法。

TCP/IP 是一套把因特网上的各种系统互联起来的协议簇，保证因特网上数据的准确快速传输。TCP/IP 通常采用一种简化的四层模型，分别为：网络接口层、网间层、传输层、应用层。它由控制同一物理网络上的不同机器间数据传送的底层协议组成，具体功能如下。

1）网络接口层提供 TCP/IP 的数据结构和实际物理硬件之间的接口。

2）网层间用来提供网络诊断信息。

3）传输层提供两种端到端的通信服务，一是能提供可靠的数据流传输服务的 TCP，二是提供不可靠的用户数据包服务的 UDP 服务。

4）应用层要有一个定义清晰的会话过程，通常包括的协议有 HTTP、FTP、Telnet 等。

TCP/IP 在因特网上每时每刻都保证了数据的准确传输。在数据采集领域，如何利用 TCP/IP 在网络中进行数据传输越来越多地受到人们的关注。

LabVIEW 运用内嵌的 TCP/IP 网络通信协议簇实现远程测控系统通信，把数据从网络或者因特网的一台计算机传输到另一台计算机，实现了单个网络内部以及多个互联网之间的通信。这样，科研人员和工程技术人员即使不在控制现场，也可以通过网络随时了解现场的控制系统运行情况和系统参数的实时变化，并可根据具体情况通过网络在客户计算机上对在控制现场运行于服务器计算机的控制系统发出命令，及时调整现场控制系统运行状况，从而达到远程控制的目的。基于计算机的网络测量系统平台将会不断发展，应用也将更加广泛。

通过把复杂的 TCP/IP 封装而提供的各种网络测量技术，使得网络测量的开发变得不再复杂，同时网络测量带来的巨大效益，使得网络测量在测量自动化领域得到了广泛的应用。

LabVIEW 中用于 TCP 编程的 VI 函数位于函数选板下的“数据通信→协议→TCP“子选板下，如图 11-8 所示。

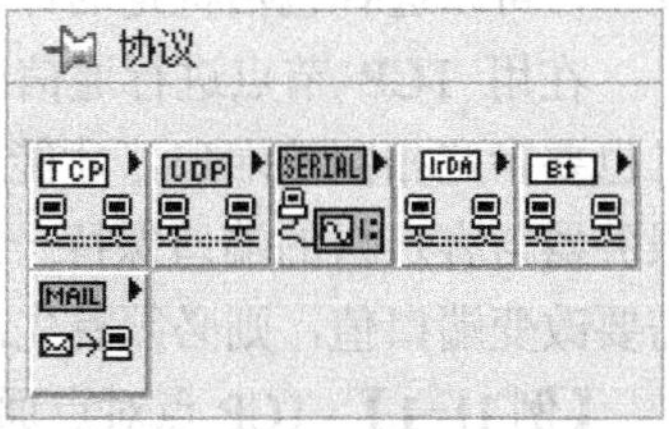

图 11-8 TCP 函数选板

利用服务器端/客户端模式进行通信，是在 LabVIEW 平台下网络通信最基本的结构模式。TCP 子选板中的“TCP 侦听”VI 函数用来创建一个 TCP 收听者，等待指定端口的 TCP 网络连接。它主要的参数如下。

1）端口（port）：系统中发布数据使用的端口。

2）超时（timeout，ms）：在指定的时间内没有建立连接则程序结束，返回一个出错信息，默认值为-1，表示无限等待。

3）连接标识（connection ID）：输出网络连接参考号。

4）远程地址（remote address）：连接到这台计算机指定端口的远程计算机 IP 地址。

5）出错信息输出（error out）：指出这个函数产生的错误。

TCP 编程 VI 函数含义列表见表 11-2。

表 11-2　TCP 编程 VI 函数说明

函数名称	功能
TCP 侦听	在指定端口创建一个监听器，并等待客户端的连接
打开 TCP 连接	打开由地址和远程端口或服务器名称所指定的 TCP 网络连接
读取 TCP 数据	从指定的 TCP 连接读取数据并通过数据输出返回结果
写入 TCP 数据	从指定的 TCP 网络连接写入数据
关闭 TCP 连接	关闭指定的 TCP 网络连接
IP 地址至字符串转换	将 IP 地址转换为字符串
字符串至 IP 地址转换	将字符串转换为 IP 地址或 IP 地址数组
解释机器别名	返回计算机的物理地址，用于联网或在 VI 服务器函数中使用
创建 TCP 侦听器	在指定端口创建一个监听器
等待 TCP 侦听器	等待已接收的 TCP 网络连接

TCP 通信的两端分别为服务器端（Server）和客户端（Client）。服务器端先对指定的端口（Port）监听，客户端向服务器端被监听的端口发出请求，服务器端接收到请求后便建立客户端与服务器的连接，然后就可以利用该连接进行通信了。通信完毕后，两端通过关闭连接断开连接。

在建立 TCP 连接前，应先设置 VI 服务器，其步骤如下。

1）VI 服务器端下，Configuration 中是否选择了 TCP/IP，并指定一个 0～65535 之间的端口号，确定服务器在这台计算机上用来监听请求的一个通信信道。

2）VI 服务器端下，TCP/IP Access 中本地装载 VI 程序的计算机必须在允许地址的列表中，可以选择包括特定的计算机或者也可以允许所有的用户访问。

3）VI 服务器端下，Exported VIs 中本地装载 VI 程序的计算机必须在允许输出地址的列表中，可以选择包括特定的计算机或者也可以允许所有的用户输出。

在用 TCP 节点进行通信时，需要在服务器程序框图中指定网络通信端口（Port），客户机也要指定相同的端口，才能与服务器之间进行正确的通信。端口值由用户任意指定，只要服务器与客户机的端口保持一致即可。在一次通信连接建立后，就不能更改端口的值了。如需要改变端口值，则必须首先断开连接才能重新设置端口值。

【例 11-1】 TCP 点对点通信。

本例是利用服务器端不断地向客户端发送数组数据，客户端不断接收数据。首先通过

“TCP 侦听”函数在指定端口监听是否有客户端请求连接，当客户端发出连接请求后，进入主循环发送数据。最后关闭连接，并过滤掉因为正常关闭导致的错误信息。

下面编写程序，进行基于 TCP 的通信。创建服务器端程序操作步骤如下。

1）首先，创建一个 VI，选择“编程→结构→while 循环”函数，放置于程序框图。

2）选择函数选板的“数据通信→协议→TCP→TCP 侦听”，放置在 While 循环外。并通过右击其输入端口创建输入端口。

3）选择“编程→信号处理→信号生成→Chirp”函数，并为其创建采样数、幅值以及频率。

4）选择“数据通信→协议→TCP→写入 TCP 数据”，并复制一个放置于 While 循环内。

5）选择“编程→数值→数据操作→强制类型转换”函数，放置于 While 循环内。

6）选择“编程→字符串→字符串长度”函数，放置于 While 循环内。

7）选择“编程→定时→等待”函数，并为其创建等待时间为 100。

8）如图 11-9 所示，连接图中各函数接线端子。

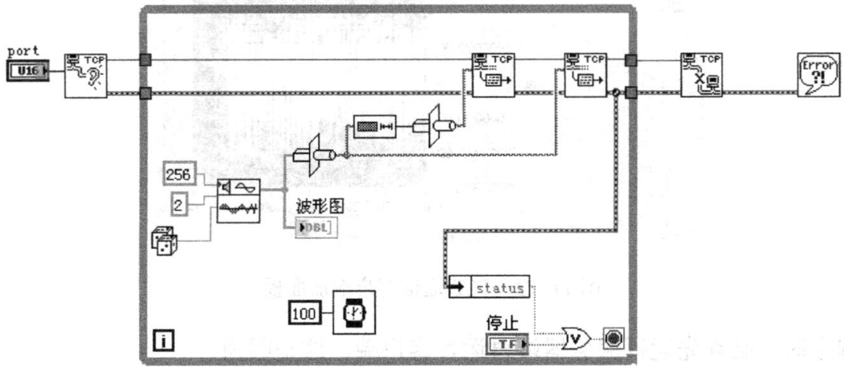

图 11-9　TCP 通信服务器端程序框图

客户端程序与服务器端程序类似，在此不再详述。客户端程序框图如图 11-10 所示。

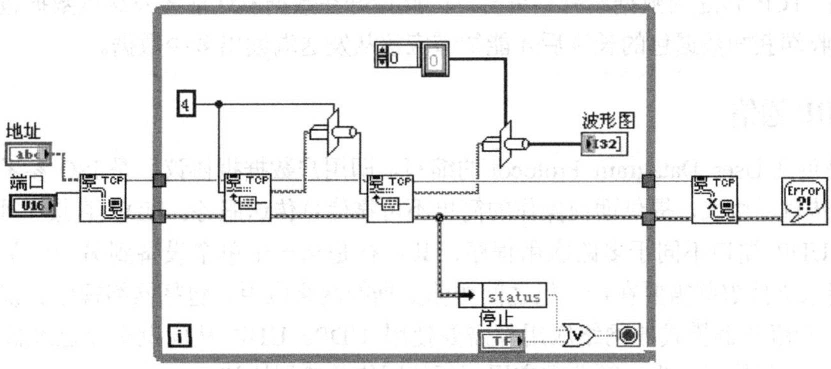

图 11-10　TCP 通信客户端程序框图

首先通过“打开 TCP 连接”函数向服务器端请求连接并建立连接，建立连接后，进入主循环接收数据。最后关闭连接，并过滤掉因为正常关闭导致的错误信息。程序运行前面板如图 11-11 及图 11-12 所示。

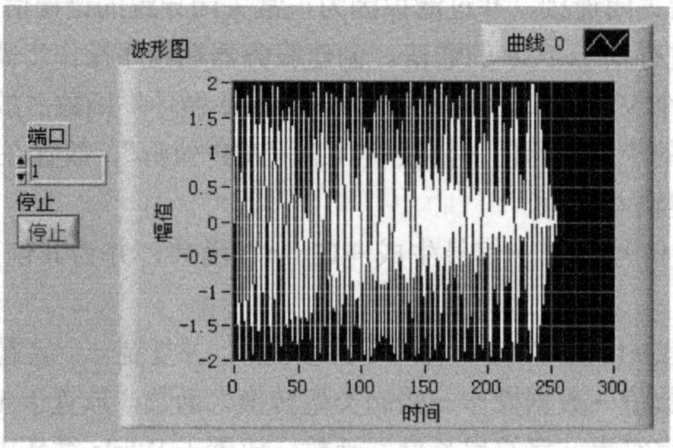

图 11-11　TCP 通信服务器端前面板

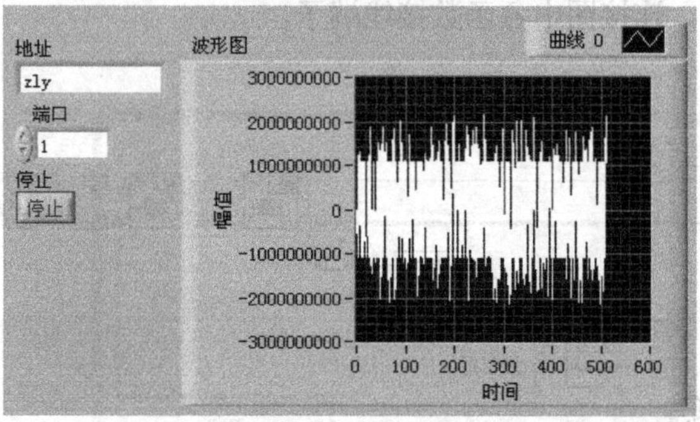

图 11-12　TCP 通信客户端前面板

运行程序时，必须先运行服务器端再运行客户端，这是因为：

1）由于“写入 TCP 数据”函数的数据输入只能是字符串，因此需要通过“强制类型转换”函数将数据类型转换为字符串。同样，在接收端需要再通过“强制类型转换”函数将字符串重新转换为原始数据。

2）由于 TCP 传递的数据没有结束符，因此最好在数据发送前先发送该数据包的长度给接收端，接收端获知数据包的长度后才能知道应该从发送端读出多少数据。

11.4.2　UDP 通信

UDP 是英文 User Datagram Protocol 的缩写，即用户数据报协议，是 ISO 参考模型中一种无连接的传输层协议，提供面向操作的简单不可靠信息传送服务。UDP 直接工作于 IP 协议的顶层。UDP 端口不同于多路应用程序，其运行是从一个单个设备到另一个单个设备。UDP 主要用来支持那些需要在计算机之间传输数据的网络应用。包括网络视频会议系统在内的众多的客户/服务器模式的网络应用都需要使用 UDP。UDP 从问世至今已经被使用了多年，到现在为止仍然不失为一项非常实用可行的网络传输层协议。

UDP 的主要特性如下。

1）UDP 是一个无连接协议，传输数据之前源端和终端不建立连接，当它想传送时就简单地抓取来自应用程序的数据，并尽可能快地把它放到网络上。在发送端，UDP 传送数据的速度仅仅受应用程序生成数据的速度、计算机的性能和传输带宽的限制；在接收端，UDP 把每个消息段放在队列中，应用程序每次从队列中读一个消息段。

2）由于传输数据不建立连接，因此也就不需要维护连接状态，包括收发状态等，因此一台服务器可同时向多个客户机传输相同的消息。

3）UDP 信息包的标题很短，只有 8 个字节，相对于 TCP 的 20 个字节信息包的额外开销很小。

4）吞吐量不受拥挤控制算法的调节，只受应用软件生成数据的速率、传输带宽、源端和终端主机性能的限制。

用于 UDP 编程的 VI 函数位于函数选板下的“数据通信→协议→UDP”子选板下，如图 11-13 所示。

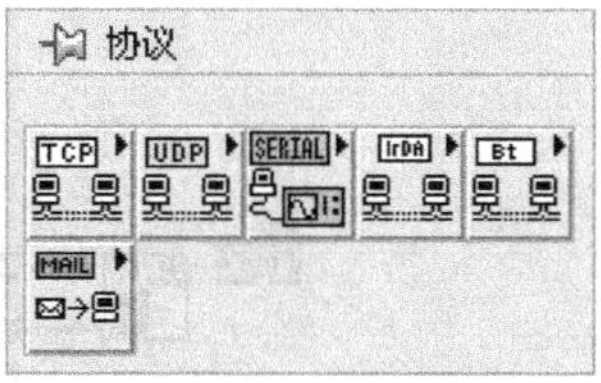

图 11-13　UDP 编程 VI 函数选板

UDP 使用报头中的校验值来保证数据的安全。校验值首先在数据发送方通过特殊的算法计算得出，在传递到接收方之后，还需要再重新计算。如果某个数据报在传输过程中被第三方篡改或者由于线路噪音等原因受到损坏，发送和接收方的校验计算值不会相符，由此 UDP 协议可以检测是否出错。这与 TCP 协议是不同的，后者要求必须具有校验值。

UDP 协议使用报头中的校验值来保证数据的安全。校验值首先在数据发送方通过特殊的算法计算得出，在传递到接收方之后，还需要再重新计算。如果某个数据报在传输过程中被第三方篡改或者由于线路噪声等原因受到损坏，发送和接收方的校验计算值将不会相符，由此 UDP 可以检测是否出错。这与 TCP 是不同的，后者要求必须具有校验值。

【例 11-2】 UDP 通信编程。

下面是 UDP 通信编程的具体步骤。

1）首先创建 UDP 发送端 VI。选择“编程→信号处理→信号生成→周期 Sinc”函数，放置于一个 While 循环内，并为其创建各个输入量。

2）选择“数据通信→协议→UDP→打开 UDP”以及“关闭 UDP”，分别放置于 While 循环外。

3）选择“数据通信→协议→UDP→写入 UDP”，放置于 While 循环内，并通过“强制类型转换”函数与“周期 Sinc”函数的输出相连。

4）分别为“UDP 打开”函数和“写入 UDP 数据”函数创建输入端口和地址。

5）按照如图 11-14 所示连接各个函数。

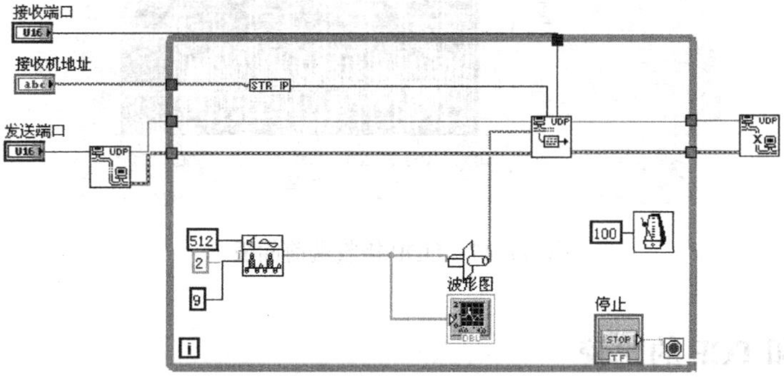

图 11-14　UDP 发送端程序框图

UDP 接收端程序的创建与发送端类似。用 UDP 打开节点打开 UDP Socket，端口与发送端指定的接收端口一致。在循环结构内，用“读取 UDP 数据”函数接收波形数据，并在前面板显示波形。循环结构外用“关闭 UDP”函数关闭程序。程序流程图如图 11-15 所示。

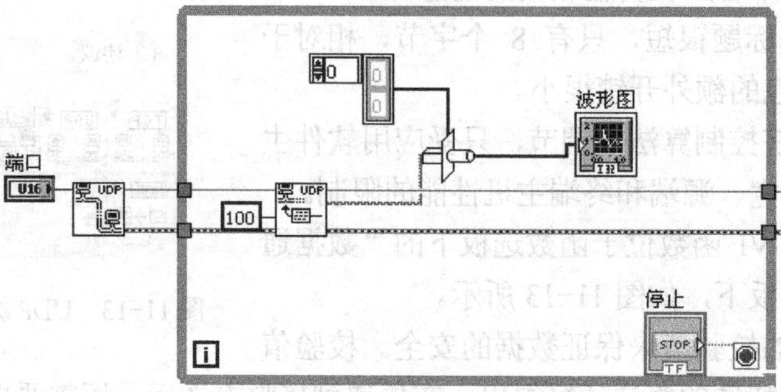

图 11-15　UDP 接收端程序框图

运行程序，发送端与接收端前面板如图 11-16 和图 11-17 所示。

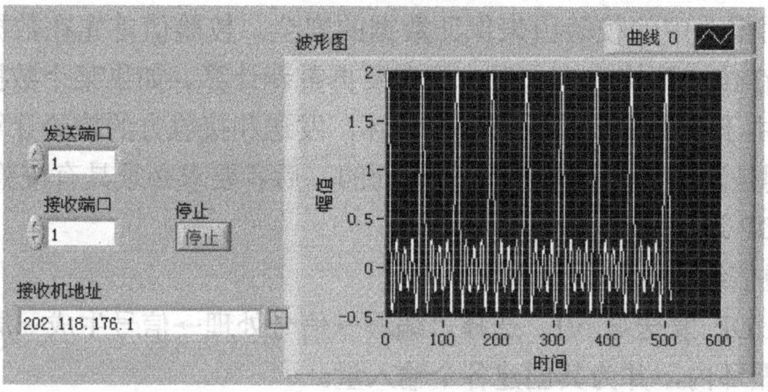

图 11-16　UDP 发送端前面板

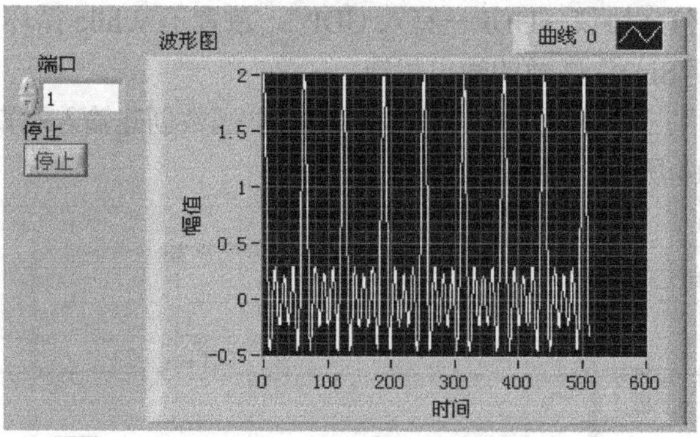

图 11-17　UDP 接收端前面板

11.4.3　UDP 和 TCP 的比较

UDP 和 TCP 的主要区别是两者在如何实现信息的可靠传递方面不同。TCP 中包含了专门的传递保证机制，当数据接收方收到发送方传来的信息时，会自动向发送方发出确认消息；发送方只有在接收到该确认消息之后才继续传送其他消息，否则将一直等待直到确认信息为止。

与 TCP 不同，UDP 并不提供数据传送的保证机制。如果在从发送方到接收方的传递过程中出现数据报的丢失，协议本身并不能做出任何检测或提示。因此，通常人们把 UDP 称为不可靠的传输协议。

相对于 TCP，UDP 的另外一个不同之处在于如何接收突发性的多个数据报。不同于 TCP，UDP 并不能确保数据的发送和接收顺序。事实上，UDP 的这种乱序性基本上很少出现，通常只会在网络非常拥挤的情况下才有可能发生。

11.4.4 DataSocket 通信

DataSocket 技术是 NI 公司推出的面向测控领域的网络通信技术。DataSocket 技术基于 Microsoft 的 COM 和 ActiveX 技术，对 TCP/IP 进行高度封装，面向测量和自动化应用，用于共享和发布实时数据。

DataSocket 能有效地支持本地计算机上不同应用程序对特定数据的同时应用，以及网络上不同计算机的多个应用程序之间的数据交互，实现跨机器、跨语言、跨进程的实时数据共享。

在测试测量过程中，用户只需要知道数据源和数据宿及需要交换的数据就可以直接进行高层应用程序的开发，实现高速数据传输，而不必关心底层的实现细节，从而简化通信程序的编写过程、提高编程效率。DataSocket 技术隐藏网络传输细节，能方便地实现测试终端和现场仪器之间的数据交换，同时满足实时性和安全性的指标要求。

目前 DataSocket 在 10M 网络中的传输速率可高达 640KB/s。对于中频以下的数据采集系统，可以达到很好的传输效果。随着网络技术的飞速发展和网络信道容量的不断扩大，测控系统的网络化已经成为现代测量与自动化应用的发展趋势。依靠 DataSocket 和网络技术，人们将能更有效地控制远程仪器设备，在任何地方进行数据采集、分析、处理和显示，并利用各地专家的优势，获得正确的测量、控制和诊断结果。

DataSocket 由 DataSocket 服务管理器（DataSocket Server Manager）、DataSocket 服务器（DataSocket Server）和 DataSocket 应用程序接口（DataSocket API）3 大部分构成。

1．DataSocket 服务管理器

DataSocket 服务管理器是一个独立运行的程序，选择“开始→程序→National Instruments→DataSocket→DataSocket Server Manager”打开程序，如图 11-18 所示。

DataSocket Server Manager 包括 3 个部分：服务器设置（Server Settings）、用户组（Pemission Groups）和预定义数据项（Predefined Data Items），下面分别介绍各部分的具体内容。

Server Settings：设置 DataSocket 服务器参数。其中包括客户端程序的最大连接数目（MaxConnections）、创建数据项的最大数目（MaxItems）、数据项缓冲区最大比特值大小（DfltBufferMaxBytes）和数据项缓冲区最大包的数目（DfltBufferMaxPackets）。

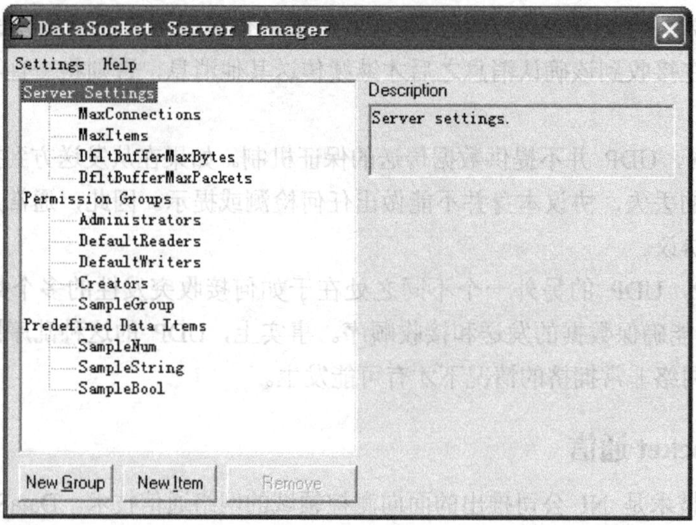

图 11-18 DataSocket Server Manager 程序框

Pemission Groups：设置用户组及用户，用来区分用户创建和读写数据项的权限，限制身份不明的客户对服务器进行访问和攻击。系统默认的用户组包括管理员组（Administrators）、数据项读取组（DefaultReaders）、数据项写入组（DefaulterWriters）和数据项创建组（Creators）。例如，将数据项读取组中用户设置为 everyhost，表示网络中的每台客户计算机都可以写入数据；而将数据项写入组中用户设置为 localhost，表示只有本地计算机可以写入数据。除了系统定义的用户组以外，单击左下方的“New Group”按钮可以添加新的用户组。另外，每个用户组下可以定义多个用户。

Predefined Data Items：设置预定义数据项，相当于自定义变量的初始化。单击下方的“New Item”按钮可以添加数据项，即添加自定义变量。图 11-19 中预定义了 3 个数据项“SampleNum”“SampleString”和“SampleBool”，值分别为“2.714”“zly”和“True”。

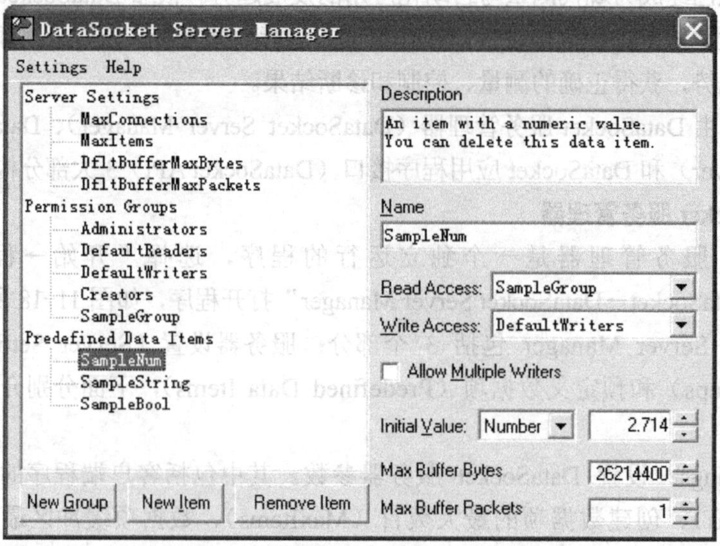

图 11-19 预定义数据项

DataSocket Server Manager 对 DataSocket Server 的配置必须在本地计算机上进行，而不能远程配置或通过运行程序来配置。

2．DataSocket 服务器

DataSocket Server 也是一个独立运行程序，负责监管 Manager 中所设定的具有各种权限的用户组和客户端程序之间的数据交换。DataSocket Server 通过内部数据自描述格式对 TCP/IP 进行优化和管理，以简化 Internet 通信方式；提供自由的数据传输，可以直接传送虚拟仪器程序所采集到的布尔型、数字型、字符串型、数组型和波形等常用类型的数据。

DataSocket Server 可以和测控应用程序安装在同一台计算机上，也可以分装在不同的计算机上，以便用防火墙进行隔离来增加整个系统的安全性。DataSocket Server 不会占用测控计算机 CPU 的工作时间，测控应用程序可以运行得更快。

选择“开始→程序→National Instruments→DataSocket→DataSocket Server”打开程序，如图 11-20 所示。

在 DataSocket Server 程序框的主菜单中选择“Tools→Diagnostics”，打开监视框，如图 11-21 所示。在监视框中可以浏览和修改预定义数据项的参数。

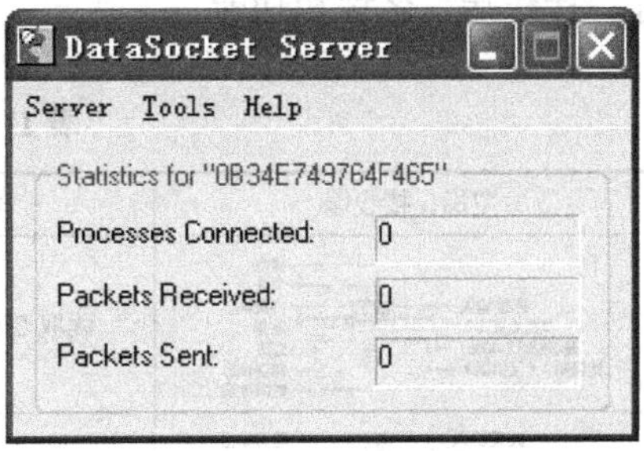

图 11-20　DataSocket Server 程序框

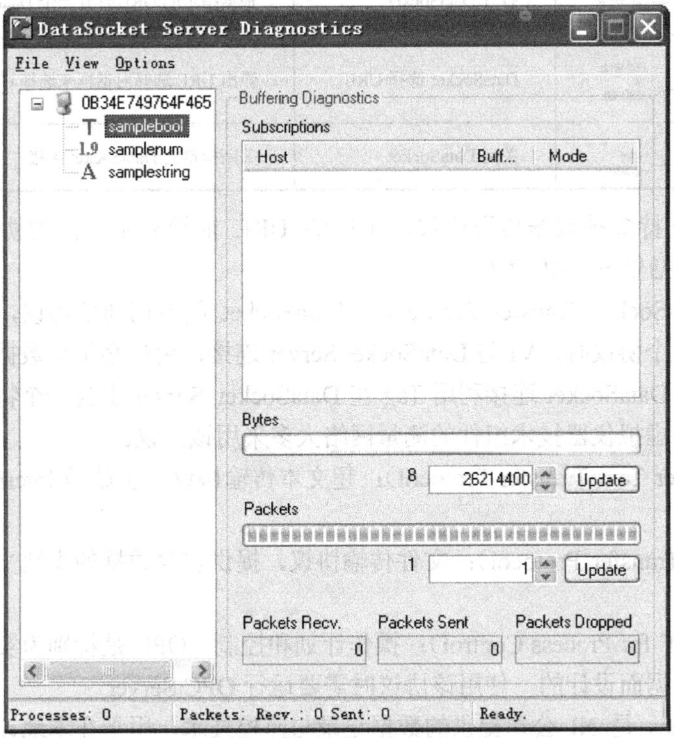

图 11-21　服务器监视框

3．DataSocket API

DataSocker API 用来实现 DataSocket 通信。在服务器端，待发布的数据通过 DataSocket

API 写入到 DataSocket 服务器中；在接收端，DataSocket API 又从服务器中读取数据。在 LabVIEW 中，DataSocket API 被制作成一系列 ActiveX 控件、函数节点和 VI，使用这些节点和 VI 就可以实现 DataSocket 通信。

DataSocket 节点位于函数选板的“数据通信→DataSocket”中，如图 11-22 所示。

与 TCP 和 UDP 通信节点相比，DataSocket 节点的使用更为简单和方便。表 11-3 详细列出了 DataSocket 子选板节点的图标、接线端、名称和功能。

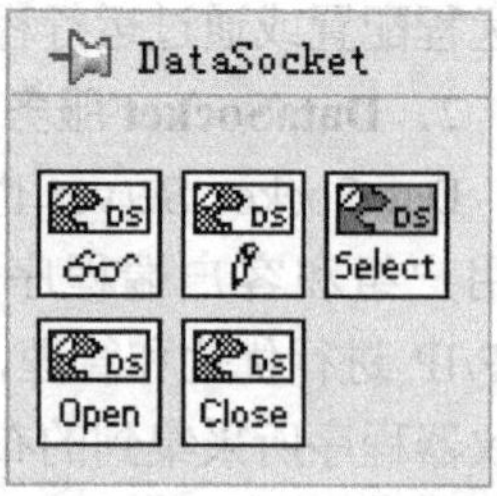

图 11-22　DataSocket 子选板

表 11-3　DataSocket 子选板节点

图标、接线端	名　称	功　能
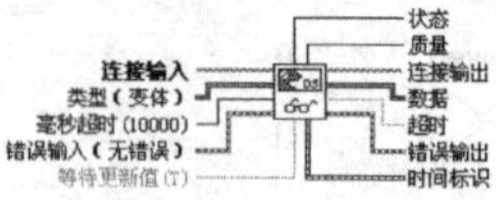 连接输入 类型（变体） 毫秒超时 (10000) 错误输入（无错误） 等待更新值 (T) 状态 质量 连接输出 数据 超时 错误输出 时间标识	读取 DataSocket	从指定的 DataSocket 连接中读取数据
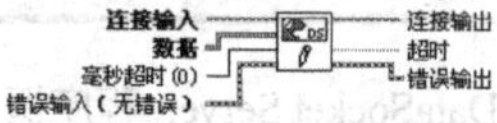 连接输入 数据 毫秒超时 (0) 错误输入（无错误） 连接输出 超时 错误输出	写入 DataSocket	将数据写入到指定的 DataSocket 连接中
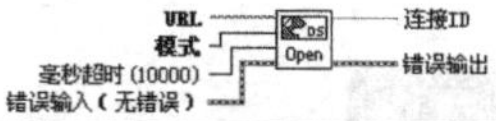 URL 模式 毫秒超时 (10000) 错误输入（无错误） Open 连接ID 错误输出	打开 DataSocket	根据指定的 URL 打开一个 DataSocket 连接
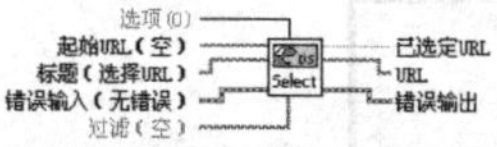 选项 (0) 起始URL（空） 标题（选择URL） 错误输入（无错误） 过滤（空） Select 已选定URL URL 错误输出	DataSocket 选择 URL	弹出 URL 选择对话框来选择 URL，返回选中的 URL
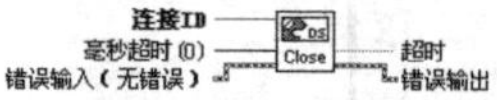 连接ID 毫秒超时 (0) 错误输入（无错误） Close 超时 错误输出	关闭 DataSocket	关闭指定的 DataSocket 连接

DataSocket 支持多种数据传送协议，不同的 URL 前缀表示不同的协议或数据类型。DataSocket 主要包括以下 URL 类型。

1）dstp（DataSocket Transfer Protocol）：DataSocket 的专门通信协议，可以传输各种类型的数据。使用这个协议时，VI 与 DataSocket Server 连接，用户必须为数据提供一个附加到 URL 的标识 Tag，DataSocket 连接利用 Tag 在 DataSocket Server 上为一个特殊的数据项目指定地址，目前应用虚拟仪器技术组件的测量网络大多采用该协议。

2）http（Hyper Text Transfer Protocol）：超文本传输协议，也就是 Internet 中网页使用的协议。

3）ftp（File Transfer Protocol）：文件传输协议，提供包含数据的本地文件或网络文件的连接。

4）OPC（OLE for Process Control）：操作计划和控制。OPC 是特别为实时（如工业自动化操作）产生的数据而设计的，使用该协议时需要运行 OPC Server。

5）logos：logos 是 NI 公司提供的数据记录与监控技术，用于在本地计算机和网络计算机之间传输数据。

6）file 传输协议：提供包含数据的本地文件或网络文件的连接。

表 11-4 列出了不同协议的 DataSocket URL 应用。

表 11-4　DataSocket URL 应用

协议	DataSocket URL 应用
dstp	dstp://server/tag
http	http://www.server.net/data.dat
ftp	ftp://ftp.server.net/data.dat
OPC	opc:\\machine\folder1\item
logos	logos://computer/logo/item
File	file:\\computer\folder\item

11.4.5　远程访问

在 LabVIEW 中，除了使用通信协议和 DataSocket 技术进行数据传输以外，还可以通过远程访问来实现网络通信。实现远程访问的方式有两种：远程面板控制和客户端浏览器访问，在实施这两种远程访问之前都需要对服务器进行配置。

1. 配置服务器

配置服务器包括 3 个部分：服务器目录与日志配置、客户端可见 VI 配置和客户端访问权限配置。在 LabVIEW 程序框图或前面板窗口中选择“工具→选项”打开参数配置框，左侧窗口下方的“Web 服务器：配置”“Web 服务器：可见 VI”和“Web 服务器：浏览器访问”分别对应服务器 3 个部分的配置内容。

1）Web 服务器配置：用来配置服务器目录和日志属性，如图 11-23 所示。勾选复选框“启用 Web 服务器”表示启动服务器，启动服务器以后，可以对其他栏目进行设置。“根目录”用来设置服务器根目录，默认为“LabVIEW 安装目录\www”；“HTTP 端口”为计算机访问端口，默认设置为 80；“超时（秒）”为访问超时前等待时间，默认设置为 60；勾选复选框“使用记录文件”表示启用记录文件，默认路径为“LabVIEW 安装目录\www.log”。

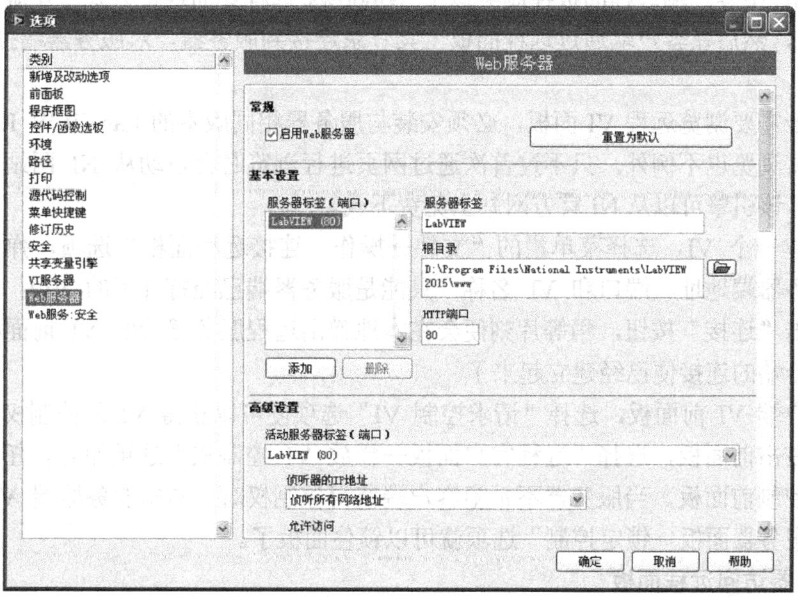

图 11-23　Web 服务器配置框

2）Web 服务器中可见 VI：用来配置服务器根目录下可见的 VI 程序，即对客户端开放的 VI 程序。窗口中间“可见 VI”栏显示列出 VI，“*”表示所有的 VI；“√”表示 VI 可见；“×”表示 VI 不可见。单击下方的“添加”按钮可添加新的 VI；单击“删除”按钮可删除选中的 VI。选中的 VI 出现在右侧窗口“可见 VI”框，选择“允许访问”将选中的 VI 设置为可见；选择“拒绝访问”将选中的 VI 设置为不可见。

3）Web 服务器/浏览器访问：用来设置客户端的访问权限。访问权限设置窗口与可见 VI 设置窗口类似。窗口中间的“浏览器访问列表”栏显示列出 VI，“*”表示所有的 VI；“√√”表示可以查看和控制；“√”表示可以查看；“×”表示不能访问。下方的“添加”按钮用来添加新的 VI，“删除”按钮用来删除选中的 VI。选中的 VI 出现在右侧窗口的“浏览器地址”框，选中“允许查看和控制”设置为可以查看和控制；选中“允许查看”设置为可以查看；选中“拒绝访问”设置为不能访问。

如果需要通过浏览器直接访问前面板，则需要进行如下设置。

首先选择“工具→Web 发布工具”选项，在该对话框中的 VI 名称栏中选择希望在网页中进行浏览的 VI，这些 VI 必须是已经打开了的。查看模式有 3 种：内嵌式表示 VI 前面板将嵌入在网页中，用户不仅可以浏览前面板，还可以控制前面板；快照表示仅把当前 VI 前面板的截图发布在网页中；显示器与快照一样，但是它会不断地按照指定时间间隔更新截图。单击“下一步”，可以对网页标题、头注和尾注等进行配置。单击“下一步”，在对话框中配置网址，URL 即远程机器浏览时的网页地址。选择“保存至磁盘”将会弹出文件 URL 对话框，单击“连接”就可以在本地网页浏览器中浏览到该网页了。至此完成了服务器的配置。

完成服务器配置以后，便可以选择远程面板或浏览器方式访问服务器以及对服务器进行远程操作了。

2．远程面板控制

LabVIEW 中客户端远程面板控制类似于 Windows 远程桌面连接方式。在服务器端打开一个 VI 面板，然后在客户端通过远程面板工具登录连接到服务器，对服务器端打开的 VI 进行操作。

客户端若需要浏览远程 VI 面板，必须安装与服务器相同版本的 LabVIEW Run-Time 引擎。通过网页浏览也不例外，只不过首次通过网页进行浏览时会自动从 NI 网站下载该引擎并自动安装。该引擎可以从 NI 官方网站上免费下载。

首先新建一个 VI，选择菜单栏的“文件→操作→连接远程面板”选项，弹出一个对话框。输入服务器端地址、端口和 VI 名称（只能是服务器端已经打开了的 VI）；选择是否要求控制；单击“连接”按钮，稍等片刻便会在本地弹出远程服务器端的 VI 前面板。此时客户端和服务器端的连接便已经建立起来了。

右击客户端 VI 前面板，选择“请求控制 VI”选项便可以获得 VI 的控制权，需要释放控制权时，右击前面板，选择“远程客户面板→释放 VI 控制权”选项即可。任何时候只能有一个用户控制前面板。当服务器不希望客户端获得控制权时，右击服务器端 VI 前面板，选择“远程服务器面板→锁定控制”选项就可以锁住面板了。

3．浏览器访问远程面板

通过浏览器访问远程面板的操作十分简单，直接在地址栏中输入配置时配置的 URL 地址即可。如果本机没有安装 LabVIEW Run-Time 引擎，那么浏览器首次访问时会自动从 NI 网站下载该引擎并安装。

同样，通过浏览器访问也存在获得控制权限的问题，与上一小节相同不再赘述。

注意：同时允许远程面板的访问客户端数量是有限制的，LabVIEW 专业版开发系统最大允许 5 个客户端同时连接，完整版只允许一个。若需要更多，则需要单独从 NI 购买。

LabVIEW 还提供了一个远程面板连接监控工具用来监测远程面板的连接状态和网络流量等。在服务器端 LabVIEW 主菜单中选择“工具→远程面板连接管理器”选项可以打开该工具。

11.5 通过 LabSQL 访问数据库

LabSQL 是一款免费的、多数据库、跨平台的 LabVIEW 数据库访问工具包，可以在 http://jeffreytravis.com/中下载到，在本书光盘中也有，名为 LabSQL-1.1a.rar。

11.5.1 LabSQL 安装

LabSQL 的安装方法很简单，在 LabVIEW 安装目录的 user.lib 文件夹中新建一个名为 LabSQL 的文件夹，将下载的 LabSQL-1.1a.rar 解压到 LabSQL 文件夹中。解压后可以看到 LabSQL ADO functions 和 Examples 两个文件夹，及 ADO210 帮助文档和 README_FIRST 文本文档。LabSQL ADO functions 是 LabSQL 工具包，Examples 是应用实例，ADO210 是程序员帮助文档，README_FIRST 是 LabSQL 的说明文件，里面包括 LabSQL 的版本信息、系统需求、安装步骤和简单的使用方法等。安装完成后，运行 LabVIEW，在“函数→用户库”子选板中就可以找到 LabSQL，如图 11-24 所示。

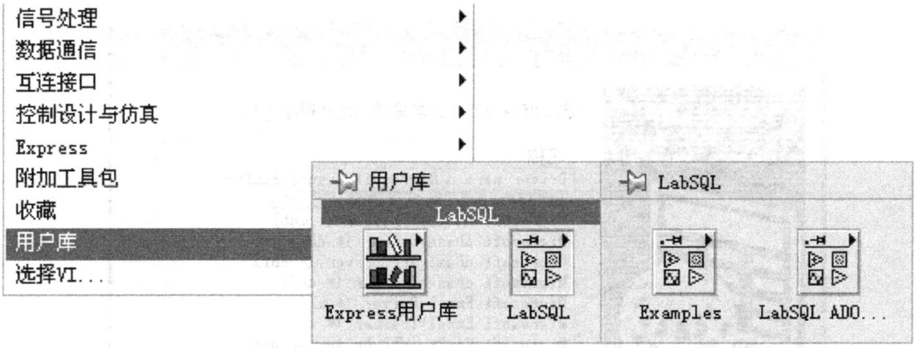

图 11-24 LabSQL 子选板

11.5.2 LabSQL 配置

在使用 LabSQL 之前，首先要在 Windows 操作系统的 ODBC 数据源中创建一个 DSN (Data Source Name，数据源名)，它是连接 LabSQL 与数据库的纽带，创建步骤如下。

1）在 Windows 操作系统的“控制面板→管理工具”中选择“数据源（ODBC）”，弹出 ODBC 数据源管理器，如图 11-25 所示。

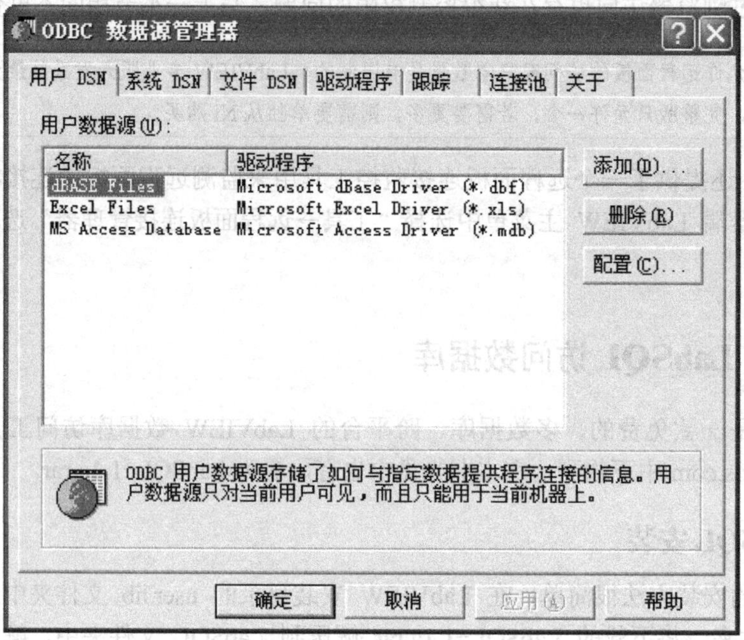

图 11-25　ODBC 数据源管理器

2）在“用户 DSN”选项卡中选择“dBASE Files”，单击“添加”按钮，弹出如图 11-26 所示的对话框。

3）在图 11-26 中选择“Microsoft Access Driver(*.mdb)”，单击“完成”按钮，弹出如图 11-28 所示的对话框。

图 11-26　创建新数据源

4）在图 11-27 中的“数据源名”一栏中创建 DSN 的名称例如 myDB，利用“选择”按钮选择需要利用 LabSQL 访问的数据库，单击“确定”按钮完成 DSN 的创建，如图 11-28 所示，这样，LabSQL 就可以利用这个 DSN 访问与之相关联的数据库了。

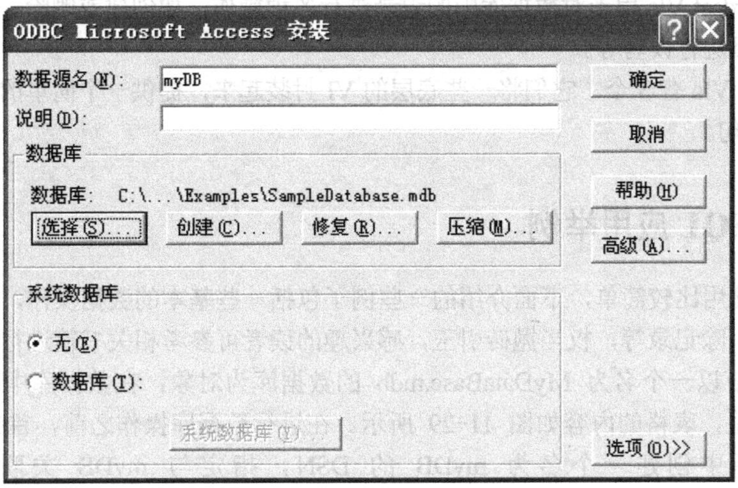

图 11-27　设定数据源属性

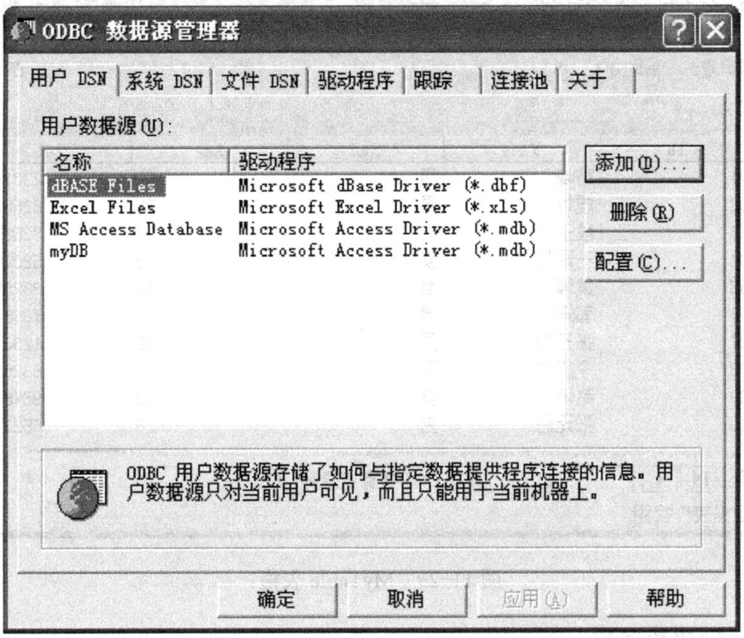

图 11-28　创建了新的数据源的 ODBC 数据源管理器

11.5.3　LabSQL VIs

LabSQL VIs 按功能可以分为 4 类：Command VIs、Connection VIs、Recordset VIs 和 Top Level VIs。

Command VIs 的功能是完成一系列基本的 ADO 操作，如创建或删除一个 Command、对数据库中的某一个参数进行读写操作等。

Connection VIs 用于管理 LabVIEW 与数据库之间的连接。

其中 Recordset VIs 用于对数据库中的记录进行各种操作，如创建或删除一条记录，对记录中的一个条目进行读写等。

Top Level VIs 有 3 个，它们将一些底层的 VI 封装起来，提供一个简单的接口，即可直接执行 SQL 语句。

11.6 LabSQL 应用举例

LabSQL 使用比较简单，下面介绍的一些例子包括一些基本的数据操作，如查询、修改数据，添加、删除记录等，权当抛砖引玉，感兴趣的读者可参考相关书籍进行深入研究。为介绍方便，本节以一个名为 MyDataBase.mdb 的数据库为对象，在数据库中新建一个名为 MyTable 的表格，表格的内容如图 11-29 所示。在进行数据库操作之前，首先在 Windows ODBC 数据源中创建一个名为 myDB 的 DSN，指定与 myDB 关联的数据库为 MyDataBase.mdb，下面所有的数据库操作都基于 DSN=myDB。

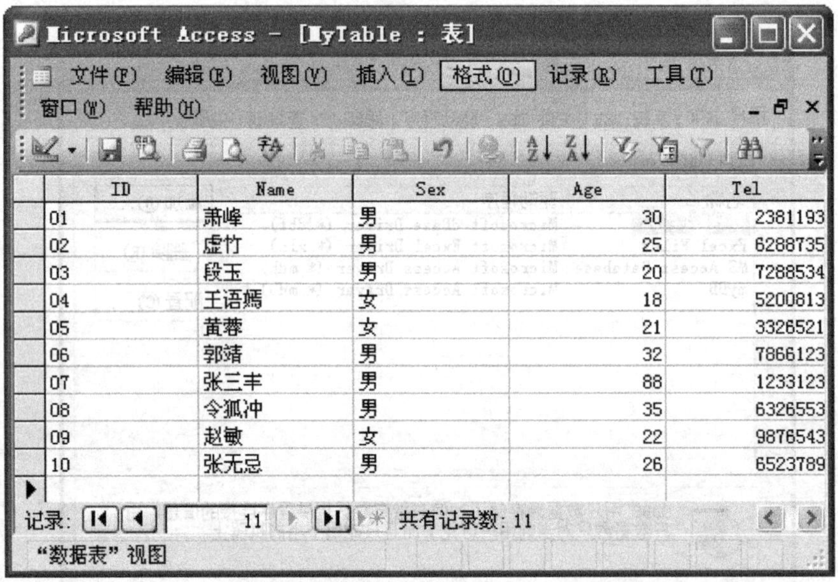

ID	Name	Sex	Age	Tel
01	萧峰	男	30	2381193
02	虚竹	男	25	6288735
03	段玉	男	20	7288534
04	王语嫣	女	18	5200813
05	黄蓉	女	21	3326521
06	郭靖	男	32	7866123
07	张三丰	男	88	1233123
08	令狐冲	男	35	6326553
09	赵敏	女	22	9876543
10	张无忌	男	26	6523789

图 11-29　MyTable 表格

【例 11-3】 创建数据源。

在本例中介绍如何在 Microsoft Access 中创建一个数据库及在这个数据库的基础上创建数据源，下面的几个例子都使用这个数据源。按如下步骤创建程序。

1）在“开始→所有程序→Microsoft Office”中选择“Microsoft Access”，打开 Microsoft Access 数据库编辑界面，在“文件”中选择“新建”，然后在弹出的右边栏中选择“空数据库”，如图 11-30 所示，在弹出的保存对话框中选择保存的路径，保存名称为

"MyDataBase.mdb"。

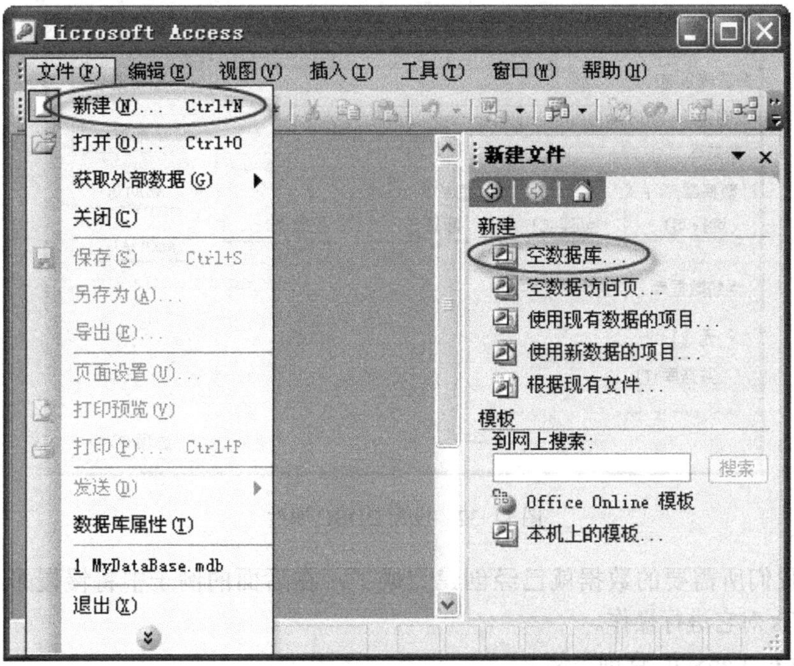

图 11-30　创建数据库 MyDataBase.mdb

2）保存完成，打开如图 11-31 所示的对话框，选择"表→通过输入数据创建表"，按图 11-29 所示输入所需要的数据。

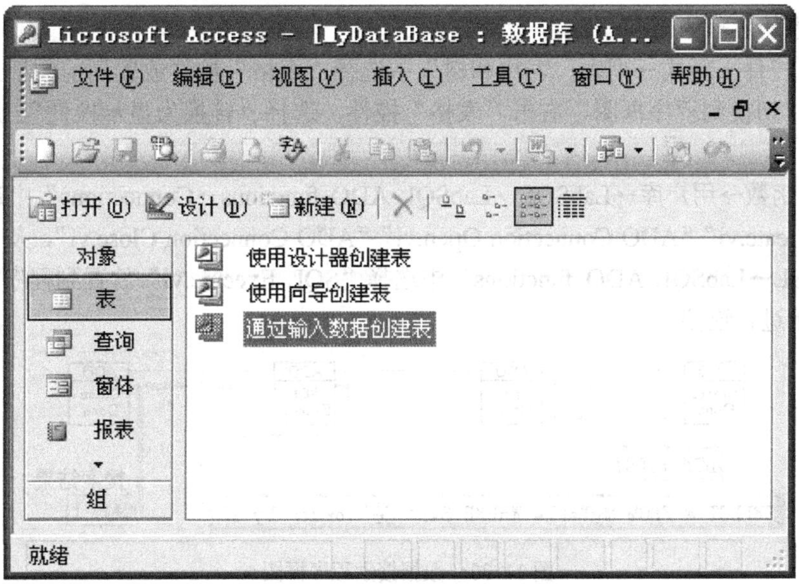

图 11-31　新建 MyTable

3）按 13.5.2 的方法在 Windows ODBC 数据源中创建一个名为 myDB 的 DSN，指定关联数据库为 MyDataBase.mdb，如图 11-32 所示。

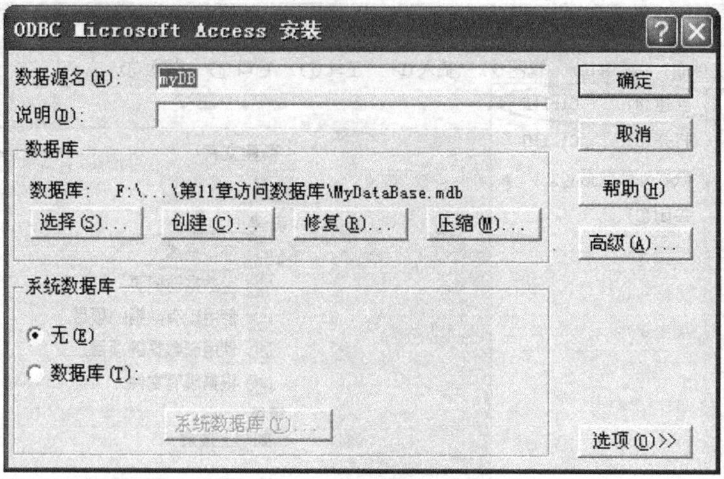

图 11-32 设置 ODBC 属性

这样，我们所需要的数据就已经创建完成了，在后面的例子中将慢慢来讲解如何用 LabSQL 的 VIs 对它进行操作。

【例 11-4】 LabSQL 查询举例。

本例要实现的功能是查询 MyTable 中所有性别为“男”的数据，实现这个功能有两种方法：一种是用 Connection VIs 实现；另一种是用 Recordset VIs 实现。实现查询功能的基本步骤主要包括如下四步：建立与数据库的连接，执行 SQL 查询，获取查询结果，断开与数据库之间的连接。在本例中用 Connection VIs 来实现查询功能。

创建程序的步骤如下：

1）从“控件→新式→列表、表格和树”中选择“表格”控件放置到前面板上，命名为“搜索结果”，切换到程序框图，右击“表格”控件，选择“转换为显示控件”，用来显示搜索的结果。

2）从“函数→用户库→LabSQL→LabSQL ADO functions→Connections”中选择“ADO Connection Create.vi”“ADO Connection Open.vi”“ADO Connection Close.vi”，从“函数→用户库→LabSQL→LabSQL ADO functions”中选择“SQL Execute.vi”放置到程序框图上，按图 11-33 所示进行连接。

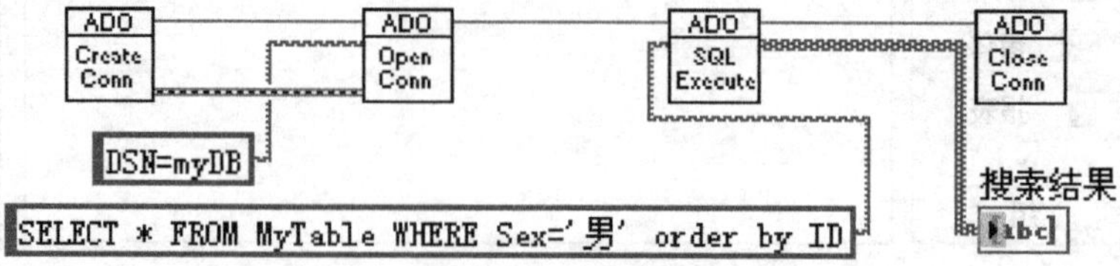

图 11-33 数据搜索程序框图

3）在“ADO Connection Open.vi”的“ConnectionString”端口设置常量“DSN=myDB”，设置“SQL Execute.vi”的“Command Text”为“SELECT * FROM MyTable WHERE Sex='男'

order by ID”，“Data”输出端口与“搜索结果”连接。

运行程序，搜索结果如图 11-34 所示。

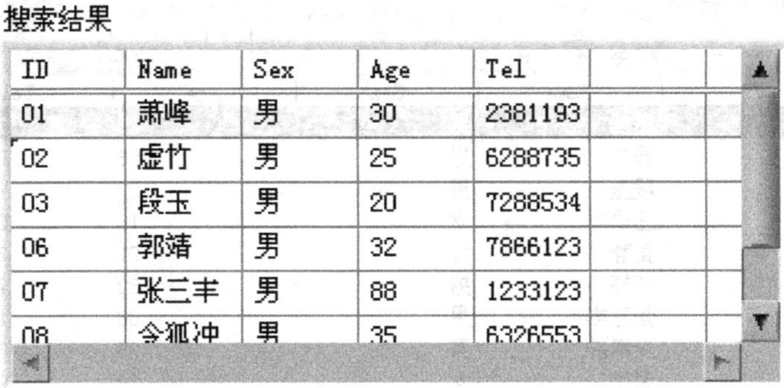

搜索结果

ID	Name	Sex	Age	Tel
01	萧峰	男	30	2381193
02	虚竹	男	25	6288735
03	段玉	男	20	7288534
06	郭靖	男	32	7866123
07	张三丰	男	88	1233123
08	令狐冲	男	35	6326553

图 11-34　符合条件的搜索结果

【例 11-5】 LabSQL 修改记录举例。

修改记录也可由 Connection VIs 和 Recordset VIs 实现，基本步骤如下：建立与数据库的连接，建立与记录集对象的连接，确定被修改的记录位置，修改记录，断开与数据库之间的连接。创建程序的步骤如下。

1）用“ADO Connection Create.vi”与“ADO Connection Open.vi”建立与数据源的连接并打开。

2）用“ADO Recordset Create.vi”和“ADO Recordset Open.vi”建立与记录集对象的连接并用查询命令“SELECT * FROM MyTable”打开所有记录。

3）用“ADO Recordset Find.vi”将光标移动到要修改的记录上，如要修改“萧峰”的记录，则在“ADO Recordset Find.vi”的“Criteria”端口输入“Name='萧峰'”。

4）用“ADO Set Field Value.vi”修改记录。参数“Fields”指定记录中的字段，记录中的字段从左至右顺序依次为“0，1，2，3…”；参数“Values”修改该字段的值，在本例中将“萧峰”的年龄修改为“25”。

5）用“ADO Recordset Close.vi”和“ADO Connection Close.vi”关闭与数据库之间的连接。

程序框图如图 11-35 所示，运行后打开 MyTable，可以看到“萧峰”的年龄已经修改为“25”，如图 11-36 所示。

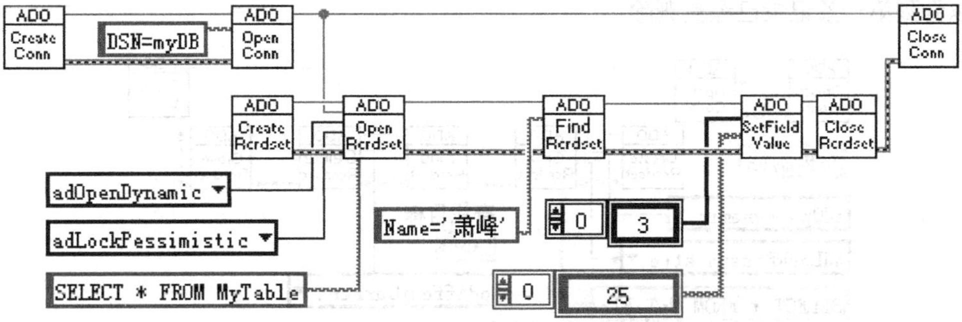

图 11-35　修改记录程序框图

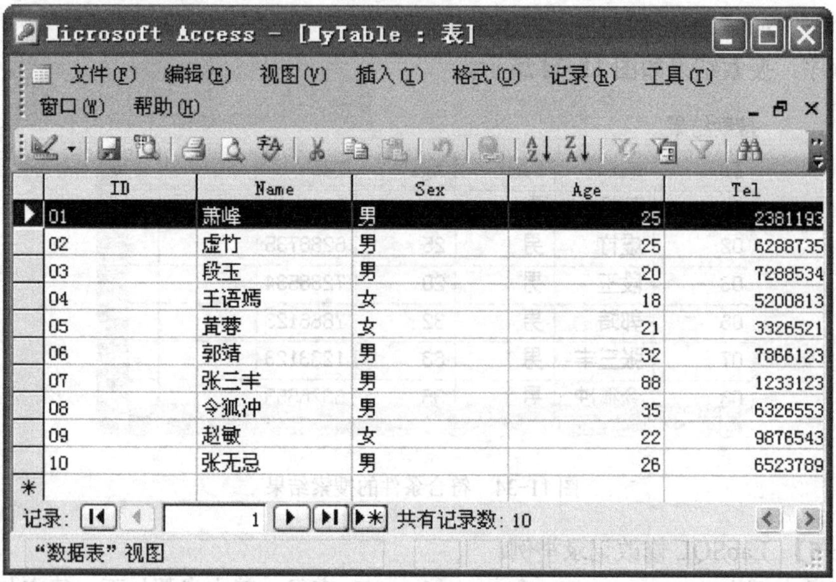

ID	Name	Sex	Age	Tel
01	萧峰	男	25	2381193
02	虚竹	男	25	6288735
03	段玉	男	20	7288534
04	王语嫣	女	18	5200813
05	黄蓉	女	21	3326521
06	郭靖	男	32	7866123
07	张三丰	男	88	1233123
08	令狐冲	男	35	6326553
09	赵敏	女	22	9876543
10	张无忌	男	26	6523789

图 11-36　修改后的结果

【例 11-6】 LabSQL 删除记录举例。

删除记录的步骤如下：建立与数据库的连接，建立与记录集对象的连接，确定被删除的记录位置，删除记录，断开与数据库之间的连接。本例删除 MyTable 里指定的一条记录，用"ADO Recordset Delete Record.vi"实现。创建程序的步骤如下。

1）用"ADO Connection Create.vi"与"ADO Connection Open.vi"建立与数据源的连接并打开。

2）用"ADO Recordset Create.vi"和"ADO Recordset Open.vi"建立与记录集对象的连接并用查询命令"SELECT * FROM MyTable"打开所有记录。

3）用"ADO Recordset Find.vi"将光标移动到要删除的记录上，如要删除"萧峰"的记录，则在"查找目标"中输入"Name='萧峰'"。

4）用"ADO Recordset Delete Record.vi"删除记录。

5）用"ADO Recordset Close.vi"和"ADO Connection Close.vi"关闭与数据库之间的连接。

按图 11-37 所示连接各个 VI，运行程序后，MyTable 的显示结果如图 11-38 所示，从表中可以看到第一条记录已经被删除。

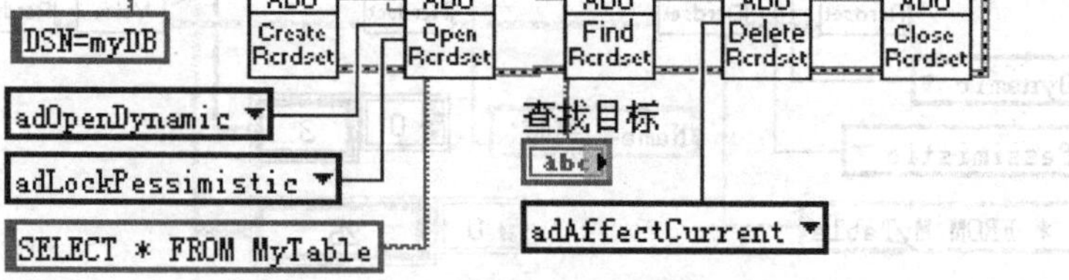

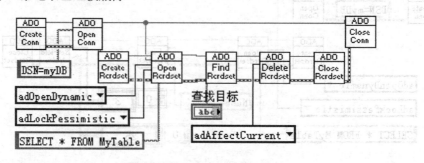

图 11-37　删除记录程序框图

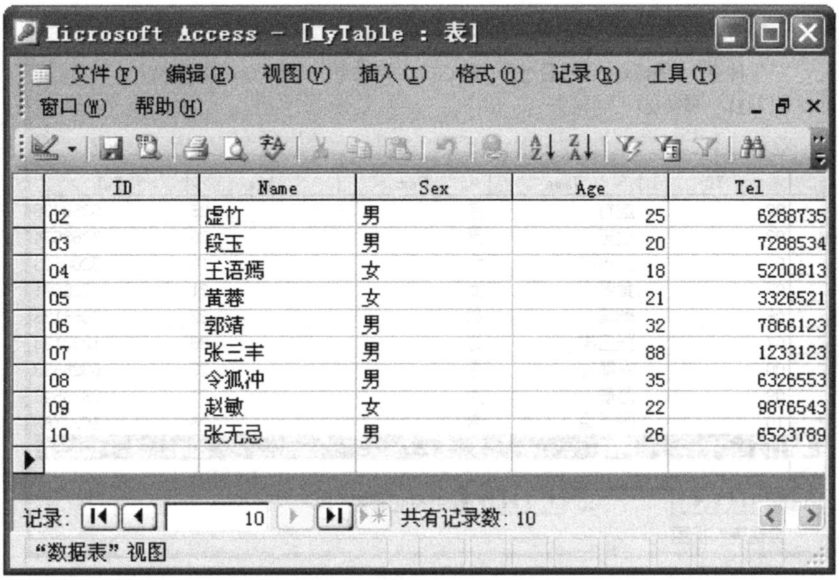

图 11-38　删除第一条记录后的 MyTable

【例 11-7】 LabSQL 添加记录举例。

添加记录的步骤如下：建立与数据库的连接，建立与记录集对象的连接，添加记录，断开与数据库的连接。本例的作用是在"ID=11"处添加一条新的记录，创建程序的步骤如下。

1）用"ADO Connection Create.vi"和"ADO Connection Open.vi"创建与数据库的连接并打开。

2）用"ADO Recordset Create.vi"和"ADO Recordset Open.vi"建立与数据记录集对象的连接并打开，用"SELECT * FROM myTable"命令获得数据库的全部记录。

3）用"ADO Recordset Addnew.vi"添加一条新记录，用"ADO SetField Value.vi"为新的记录中的每一个字段赋值。

4）用"ADO Recordset Close.vi"和"ADO Connection Close.vi"关闭与数据库之间的连接。

创建完成的程序框图如图 11-39 所示，运行结果如图 11-40 所示。

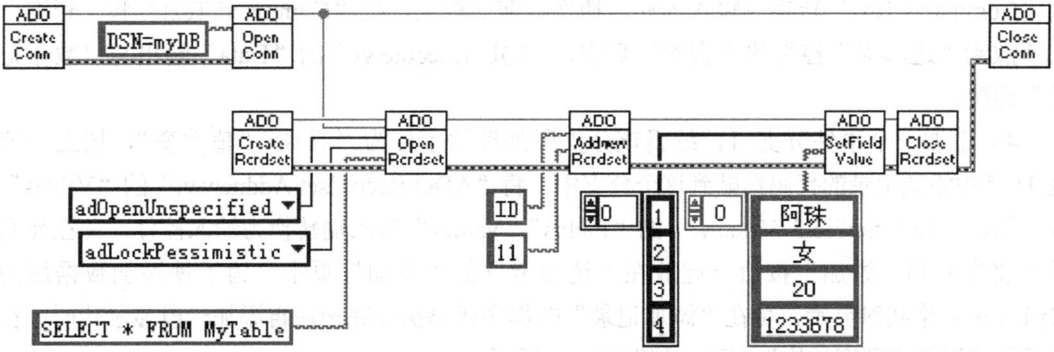

图 11-39　添加记录程序框图

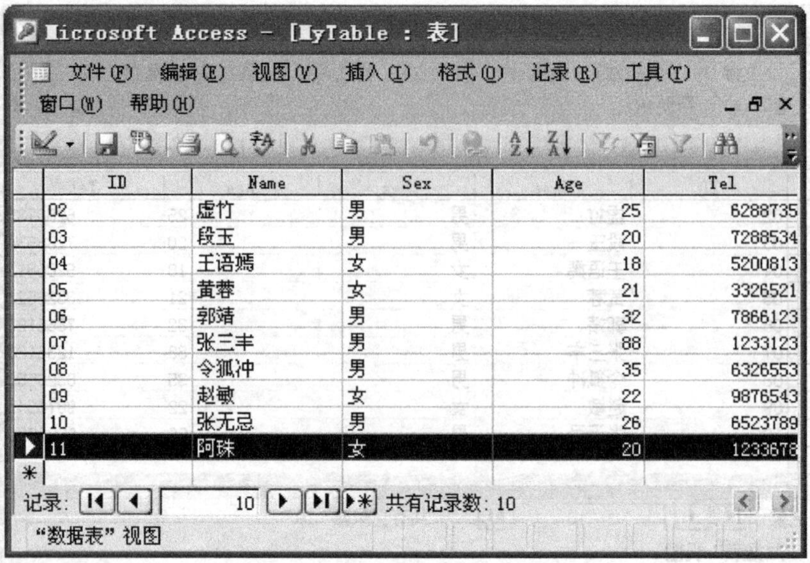

ID	Name	Sex	Age	Tel
02	虚竹	男	25	6288735
03	段玉	男	20	7288534
04	王语嫣	女	18	5200813
05	黄蓉	女	21	3326521
06	郭靖	男	32	7866123
07	张三丰	男	88	1233123
08	令狐冲	男	35	6326553
09	赵敏	女	22	9876543
10	张无忌	男	26	6523789
11	阿珠	女	20	1233678

图 11-40　添加记录后的 MyTable

11.7　综合实例：实现简单的数据库管理

前面讲述了用 LabSQL 实现数据库管理的几种基本操作，但没有实现人机交互，这和实际应用还有一定的距离，在本节当中，编写一个简单的数据管理软件，能通过人机交互实现数据记录的添加、删除、查询和修改，并能实时显示数据库的内容。本例中操作的数据库对象还是基于上节中建立的 MyTable 表格。创建程序的步骤如下。

1）创建一个新的 VI，保存为“综合实例”。

2）放置 6 个“确定”按键到前面板上，分别命名为“查询”“添加”“修改”“删除”“显示数据”和“退出”；1 个选项卡控件，添加成 4 个标签，分别命名为“查询”“添加”“修改”“删除”；1 个表格控件，命名为“数据记录”。

3）在程序框图上创建一个事件结构，编辑第 0 个事件分支所处理的事件为“查询”“值改变”，把上一节例 11-4 中查询记录的代码粘贴到这个分支中，把“SQL Execute.vi”的“Command Text”转换成输入控件，切换到前面板上，把“Command Text”和“查询”按钮放到“选项卡”控件的“查询”页中，“SQL Execute.vi”的“Data”输出与“数据记录”连接。

4）添加一个事件分支 1，编辑该分支所处理的事件为“添加”“值改变”，把上一节例 11-7 中添加记录的代码粘贴到这个分支中，将“ADO Recordset Addnew.vi”的“Values”输入端、“ADO SetField Value.vi”的“Fields”“Values”输入端转换为输入控件，并在前面板中将它们和“添加”按钮一起放在“选项卡”的“添加”页中。为了使添加数据后的 MyTable 表格实时显示，可在“添加记录”的程序代码执行完毕后再添加一段显示代码，在这里用“层叠式顺序结构”实现，如图 11-41 所示。

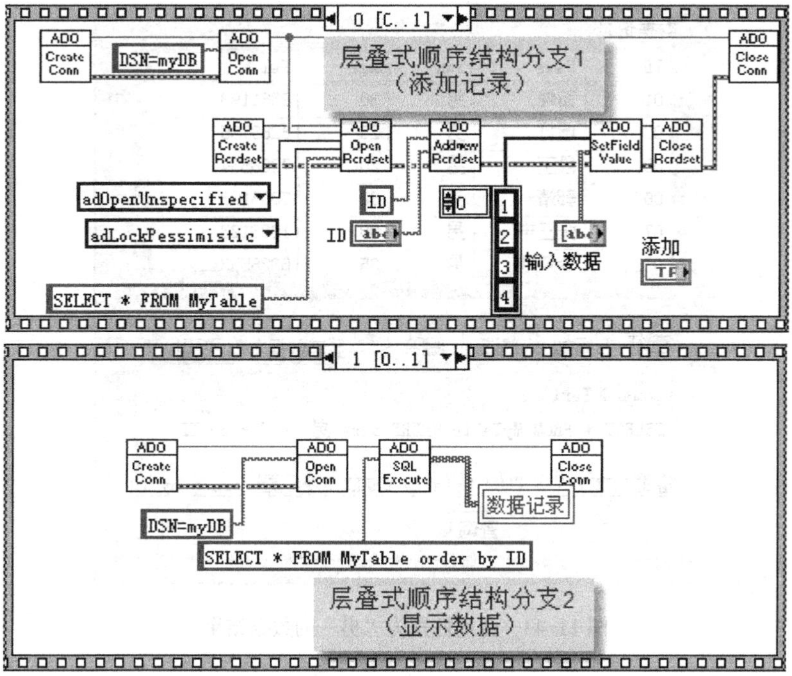

图 11-41　添加数据记录程序框图

5）按步骤 4）的方法分别添加“修改”和“删除”事件分支。

6）添加“显示数据”分支和“退出”事件分支。“显示数据”用来直接显示整个表格的数据；“退出”按钮与“While 循环”的停止端口连接。

程序框图的“查询”分支如图 11-42 所示，运行程序，输入查询条件“SELECT * FROM MyTable WHERE Sex='男' order by ID”，单击“查询”按钮，筛选出所有性别为“男”的数据记录，结果如图 11-43 所示。

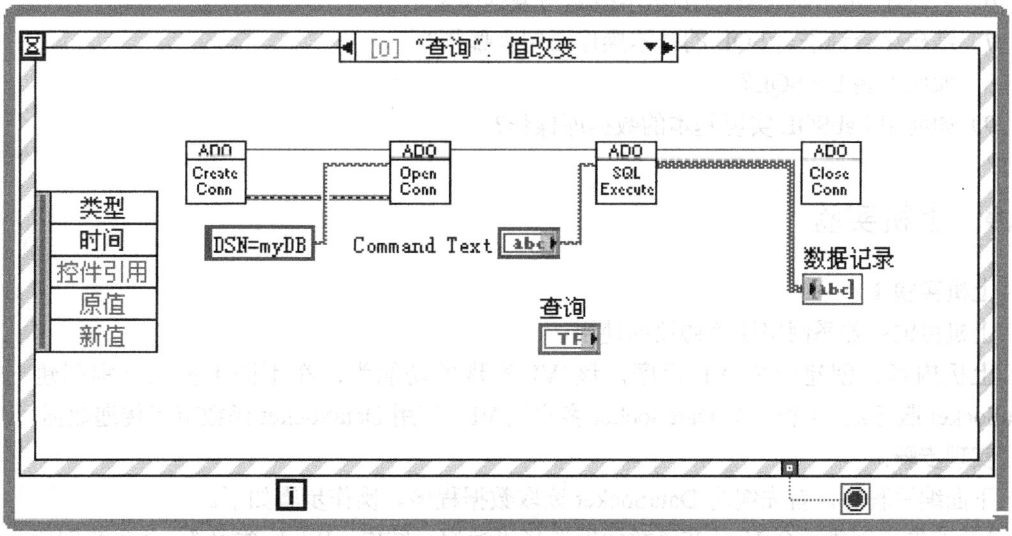

图 11-42　“查询”分支程序框图

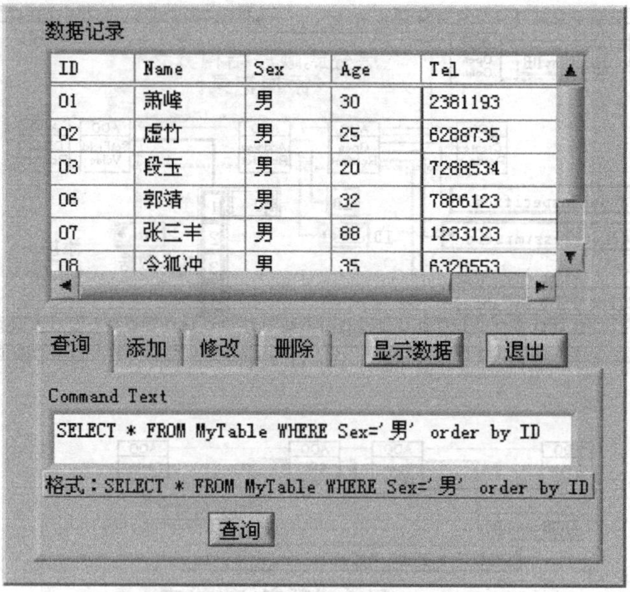

图 11-43　查询性别为"男"的数据结果

11.8　习题

1）GPIB，VXI，PXI，SCPI，VISA 都代表什么意思，各自有什么功能？

2）GPIB 的最高传输速率是多少？

3）编写程序，要求利用 TCP 实现文本数据的点对点通信。

4）编写一个程序，利用 UDP 进行计算机间数值型数据的通信。

5）LabVIEW 中如何实现数据库访问？

6）请表述 Microsoft ADO 的基本概念与编程模型。

7）结构化查询语言 SQL 的基本操作语句有哪些？

8）如何安装 LabSQL？

9）如何用 LabSQL 实现基本的数据库操作?

11.9　上机实验

上机实验 1

上机目的：熟悉网络通信协议的使用。

上机内容：创建一个 VI 程序，该 VI 实现的功能为：在不同主机上分别创建一个 DataSocket 服务器 VI 和一个 DataSocket 客户端 VI，使用 DataSocket 函数节点传递数据。

实现步骤：

下面编写程序，首先编写 DataSocket 读取数据程序。操作步骤如下。

1）首先，创建一个 VI，在函数面板选择"编程→结构→While 循环"，并为其创建一个停止条件，放置于程序框图。

2）选择“编程→数据通信→读取 DataSocket”函数，放置在 While 循环内。通过右击其输入端口分别为其创建输入变量。

3）在前面板选择“控件→新式→图形→波形图控件”，并在程序框图中将其与“DataSocket 函数”输出端相连。

4）选择“编程→定时→时间计数器”，设置循环时间。

5）如图 11-44 所示连接各个函数。

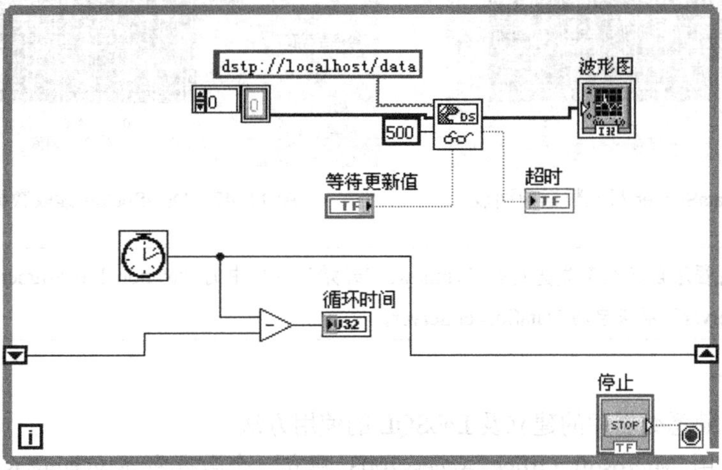

图 11-44　DataSocket 读取数据程序框图

下面创建 DataSocket 写入数据程序，操作步骤如下。

1）首先，创建一个 VI，在函数选板选择“编程→结构→While 循环”，放置于程序框图。

2）选择“编程→信号处理→波形生成→正弦”函数，并设置其幅值为 3，选择“编程→定时器→等待下一个整数倍毫秒”函数作为其相位输入，将“等待下一个整数倍毫秒”函数的输入设置为 500，放置在“While 循环”内。通过右击其输入端口分别为其创建输入变量。

3）选择“编程→数据通信→写入 DataSocket”函数，将其错误输出端连接至“While 循环”的停止条件。

4）如图 11-45 所示连接各个函数。

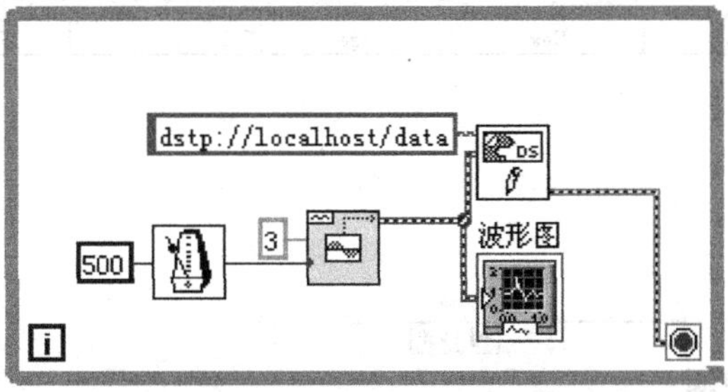

图 11-45　DataSocket 写入数据程序框图

5）运行程序，首先运行“DataSocket 写入数据”，再运行“DataSocket 读取数据”，前面板如图 11-46 和图 11-47 所示。

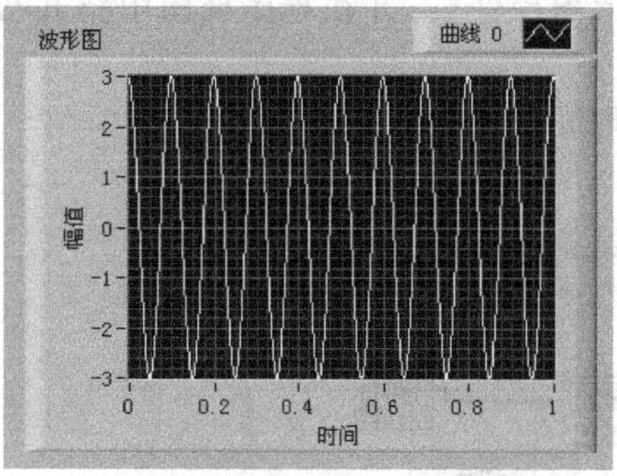

图 11-46　DataSocket 写入数据前面板

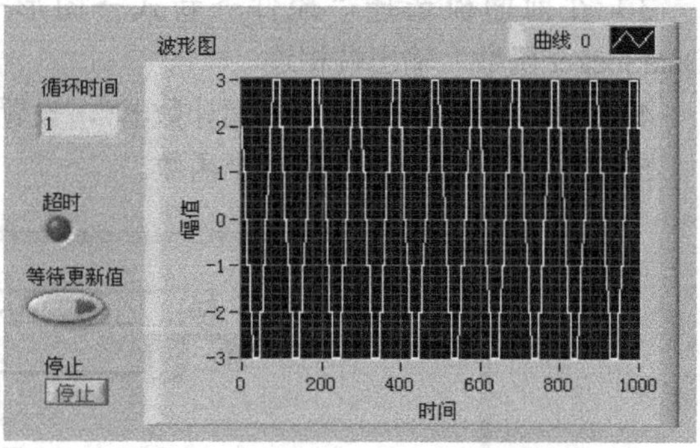

图 11-47　DataSocket 读取数据前面板

📖　注意：在运行程序前必须事先先运行 Windows“开始”菜单中的“National Instruments→DataSocket→DataSocket Server”项来启动 DataSocket Server。

上机实验 2

上机目的：熟悉数据库的建立及 LabSQL 的使用方法

上机内容：用 Microsoft Office Access2003 建立一个数据库 MyDataBase，建立数据源“myDB”并进行配置，在 MyDataBase 中建立一个数据表格 MyTable，用 LabSQL 实现数据显示、添加、删除、查询、修改等基本操作。

实现步骤：

这里介绍的是从数据库的建立到实现基本操作的整个过程，与前面所讲内容一样的地方只列出步骤，不再进行详细介绍，只把不同之处列出并说明。

1）创建数据库。具体步骤参考例 11-3，保存为 MyDadaBase.mdb，在 MyDadaBase.mdb 中创建一个新的表格 MyTable，把字段 1、2、3、4 分别修改为“Name”“Sex”“Age”“Tel”，如图 11-48 所示。

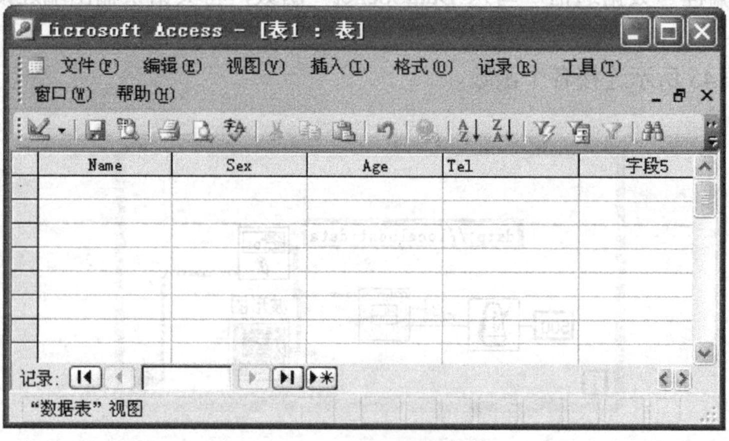

图 11-48　创建 MyTable 表格

当关闭时会有如图 11-49 所示的提示，单击“是”按钮添加主键。

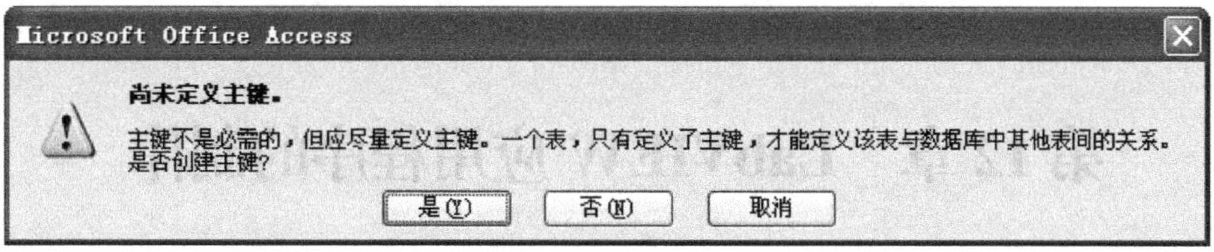

图 11-49　添加主键

再打开 MyTable 时，会看到添加主键后的列，如图 11-50 所示，把字段“编号”改成“ID”，单击“视图→设计视图”，把字段“ID”的数据类型设置为“文本”，如图 11-51 所示。在添加表格内容的时候，“ID”的编号数据位数要一致，如“01、02、03、…、10”或者“001、002、003、…、010”，否则数据不能正常排序。

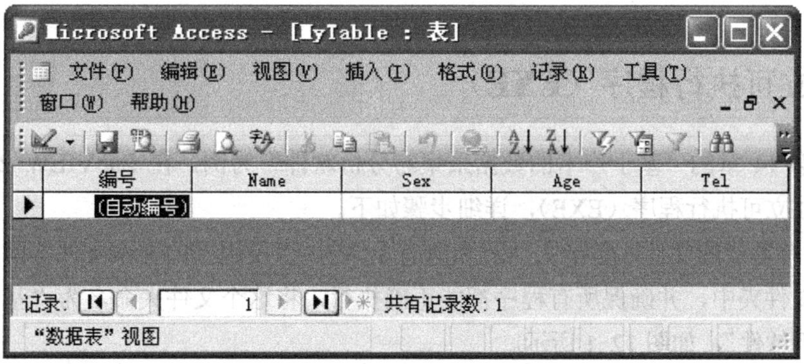

图 11-50　添加主键后的 MyTable

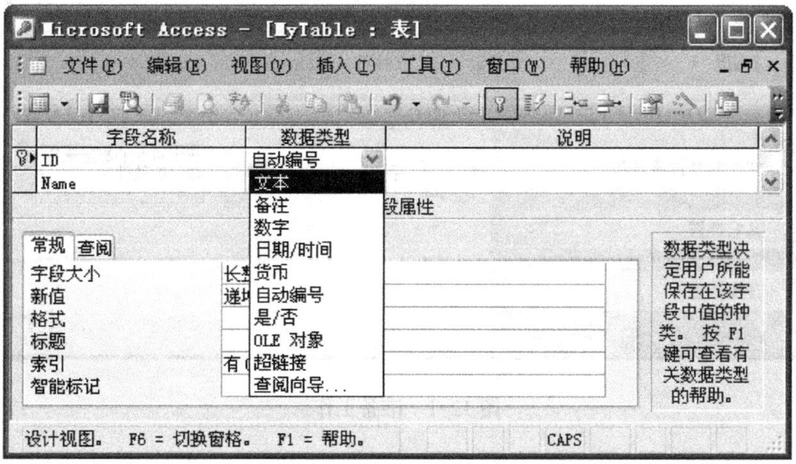

图 11-51　设置“ID”的数据类型

2）创建数据源。方法参考例 11-3，数据源名为“myDB”,与 MyDataBase.mdb 关联。

3）编写程序实现对数据库的基本操作，具体步骤和方法参考“综合实例”。

4）进行数据记录的查询、添加、修改、删除等操作，观察 MyTable 内容的变化。

第 12 章　LabVIEW 应用程序的制作

前面我们所编写的程序只能在 LabVIEW 的环境下运行，这当然不是我们所希望的，如果想要编写的程序脱离 LabVIEW 的环境，就需要将它编译成可独立运行的程序。

本章将详细介绍了独立可执行程序（EXE）和安装程序（SETUP）的制作方法，两者的区别在于，EXE 的运行还需要安装 LabVIEW Run-Time 运行引擎，而 SETUP 则可以把这个引擎集成到程序当中，安装完成后即可运行了。

12.1　独立可执行程序（EXE）

这里以第 14 章的“基于声卡的数据采集与分析软件”为例，在 LabVIEW 2015 专业版环境下制作独立可执行程序（EXE），详细步骤如下。

1）将所有需要的文件，包括主 VI 和所有子 VI，以及用到的文本文件等附属文件，都放置到一个文件夹中，并确保所有程序都能正确执行，将这个文件夹命名为“基于声卡的数据采集与分析软件”，如图 12-1 所示。

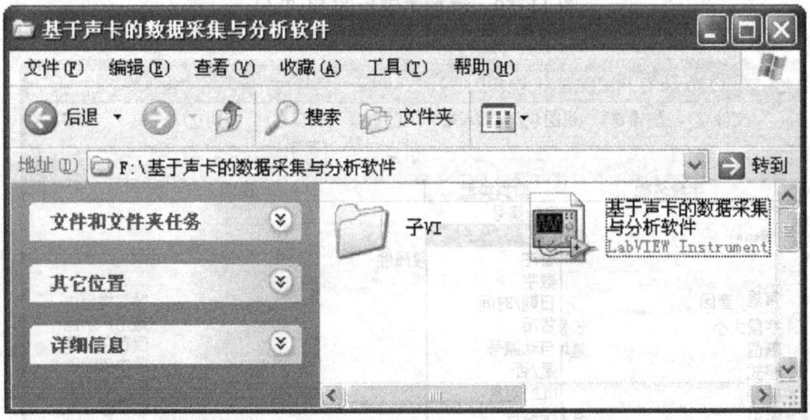

图 12-1　准备工作

2）建立一个项目，将所有的 VI 和支持文件都添加到项目中去，也就是把这个文件夹添加进去。具体方法为：在项目中右击“我的电脑→添加→文件夹（自动更新）”，将“基于声卡的数据采集与分析软件”文件夹添加进去，并且保存项目，命名为“基于声卡的数据采集与分析软件”，如图 12-2 所示。

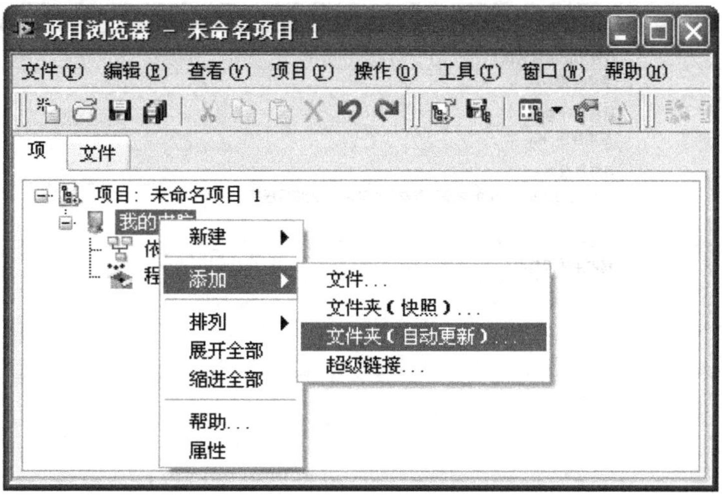

图 12-2 添加文件夹

3）在项目中，右击“程序生成规范→新建→应用程序(EXE)”，如图 12-3 所示，弹出一个“我的应用程序 属性”设置框，如图 12-4 所示。

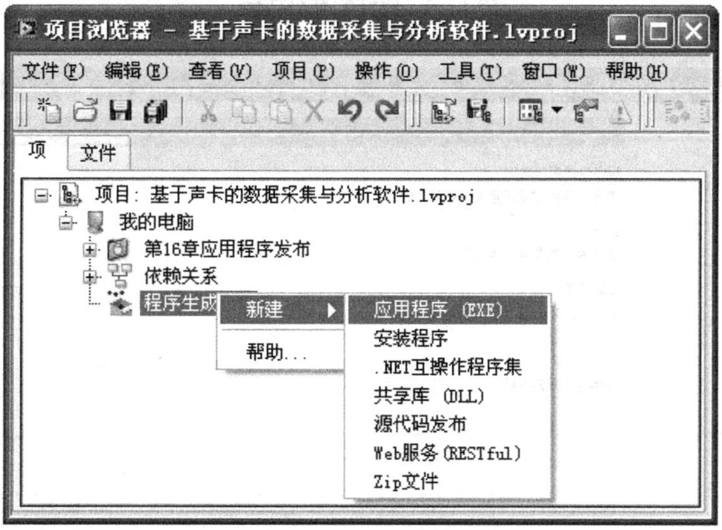

图 12-3 新建应用程序

4）按照从上到下的顺序，依次介绍每一步设置。

① 信息：输入 EXE 文件名和目标文件名，注意，应用程序目标目录会有一个默认的路径，如果程序中用到附属文件，比如 txt 或者 excel 文件等，最好改变这个默认的路径，重新选择包含所有文件的那个文件夹，因为如果程序中用到了相对路径，这样就能够正确找到其他文件，程序执行时不会弹出类似于“文件不存在”的错误。如图 12-5 所示。

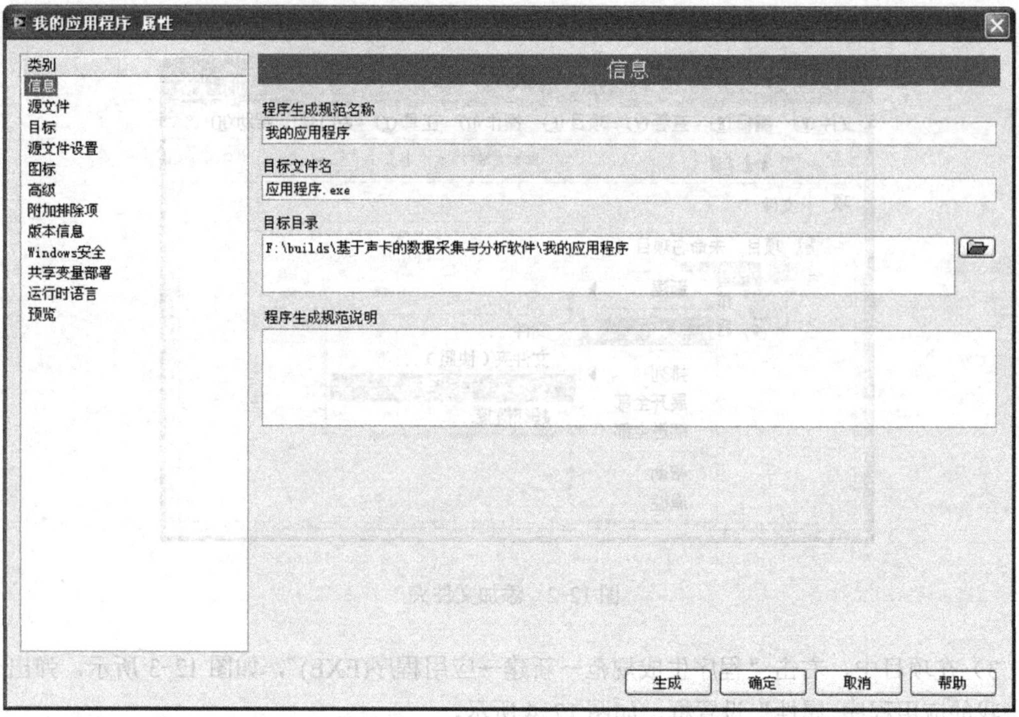

图 12-4 属性配置对话框

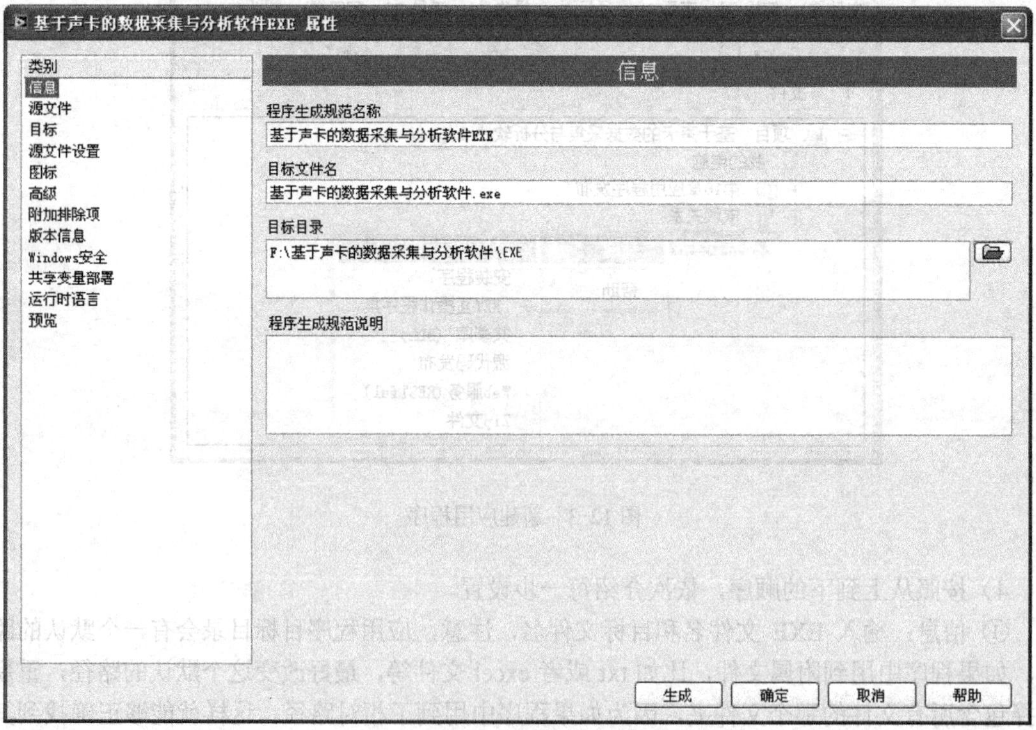

图 12-5 信息设置

② 源文件：在左边的“类别”栏中，选择“源文件”，双击“项目文件”下面的“基于声卡的数据采集与分析软件”文件夹，在显示的所有文件中，选中程序中的主 VI—“基于声卡的数据采集与分析软件.vi”，将主 VI 添加到“启动 VI”栏里面，双击“子 VI”文件夹，将“波形显示.vi”添加到“始终包括”栏里面，如图 12-6 所示。

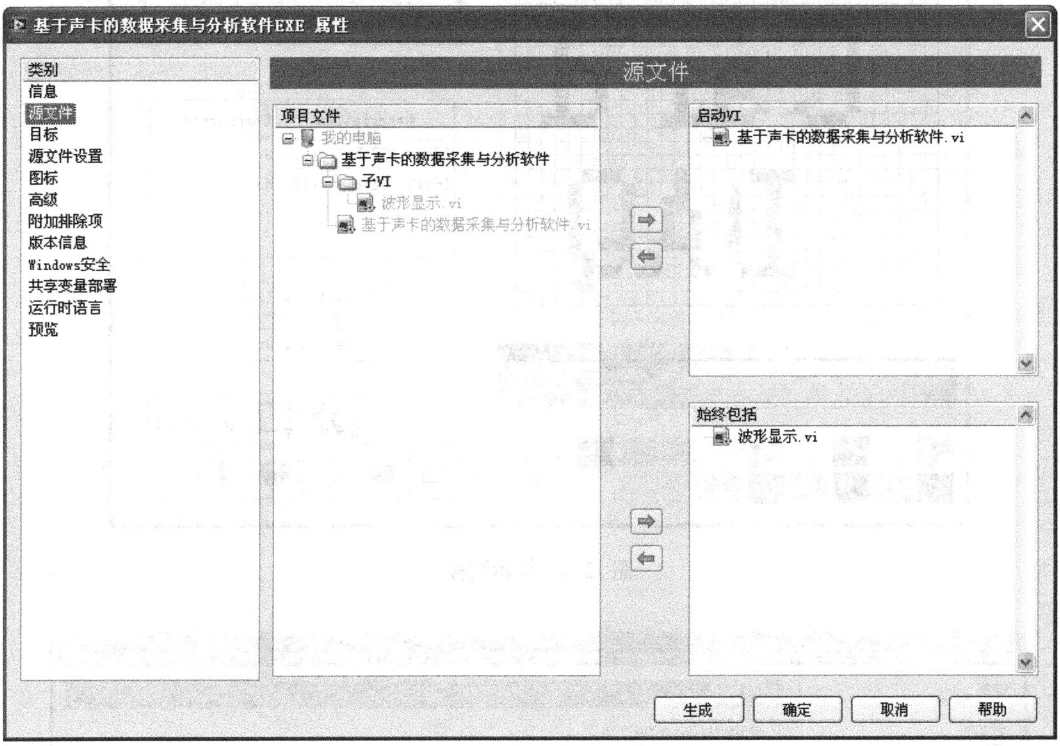

图 12-6　源文件设置

③ 目标：在这里可以设置 EXE 文件和支持文件所在路径，这里新建一个文件夹，命名为 EXE，路径为“F:\基于声卡的数据采集与分析软件\EXE”，其他使用默认设置。

④ 源文件设置：在这里可以设置每个 VI 的属性，这里使用默认设置。

⑤ 图标：将“使用默认 LabVIEW 图标文件”前面的勾去掉，如果之前有设计好的图标，可以单击下面的那个浏览文件的图标，然后选择之前设计好的图标，添加进去，或者可以单击“图标编辑器”，在弹出来的界面中编辑图标，如图 12-7 所示。在这里，我们在图标上输入“Sound Card DAQ”，关闭并保存，然后将它添加进去，如图 12-8 所示。

⑥ 高级、附加排除项、版本信息、运行时语言等都采用默认设置。

⑦ 预览：在该项目中直接单击“生成预览”，如果生成成功，就会出现生成文件的预览，如图 12-9 所示，否则，将弹出对话框提示失败原因。

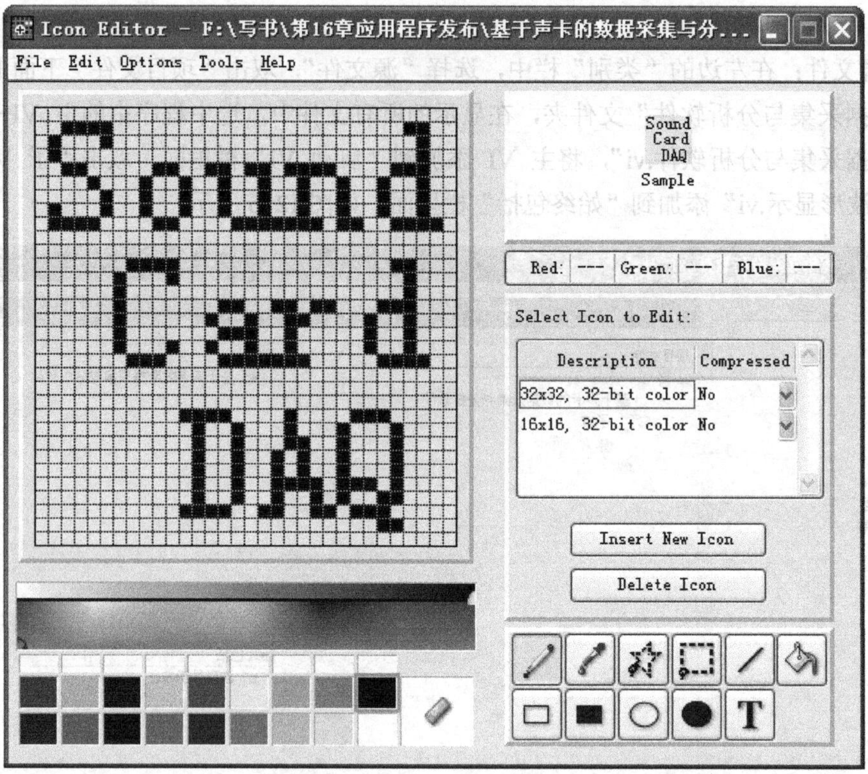

图 12-7　编辑图标

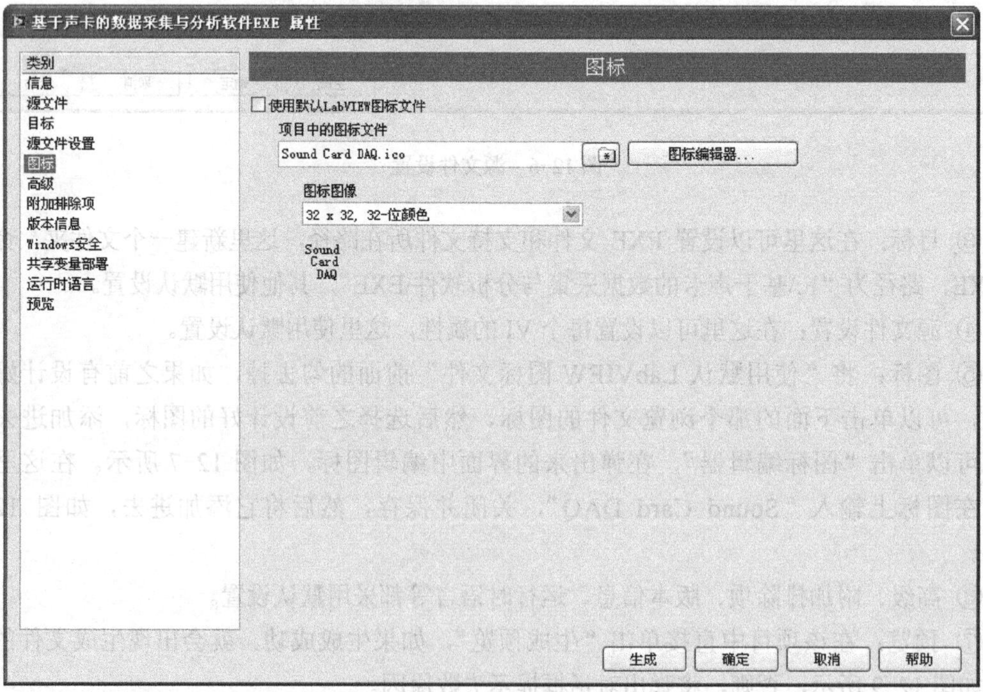

图 12-8　添加编辑后的图标

图 12-9　生成预览成功

预览成功后，就可以单击下面的“生成”按钮来制作 EXE 文件了，如图 12-10 所示。

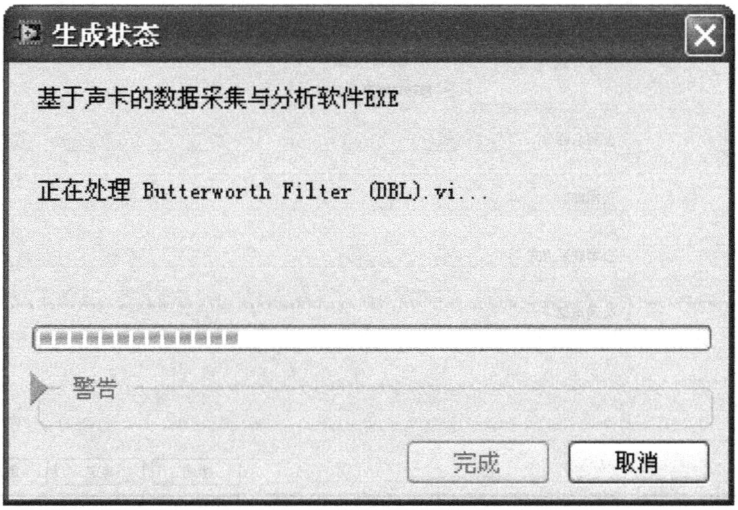

图 12-10　制作 EXE 文件

当“生成”进度对话框显示生成结束后，单击“完成”按钮，就完成全部的步骤了，可以到预先设置的可执行文件目录下（“F:\基于声卡的数据采集与分析软件\EXE”）运行该执行文件，也可以在项目管理器中，右击该文件，选择“运行”项运行该文件。至此，EXE 文件全部制作完成，保存全部项目。

📖 注意：运行 EXE 文件，要求计算机上必须有 LabVIEW Run-Time 运行引擎，如果希望在没有任何 NI 软件的机器上运行该软件，则需要制作安装文件，即 SETUP 文件，安装文件可以把 LabVIEW Run-Time 运行引擎、仪器驱动和硬件配置等打包在一起作为一个安装程序发布。

12.2 安装程序（SETUP）

安装程序的制作步骤如下。

1）在项目中，右击"生成程序规范"，选择"新建→安装程序"。

2）在弹出的"基于声卡的数据采集与分析软件 SETUP 属性"设置框中进行设置，按从上到下的顺序进行介绍。

① 产品信息：这里可以设置安装程序的相关信息，比如程序名称、版本、开发公司信息等，设置完成后如图 12-11 所示。

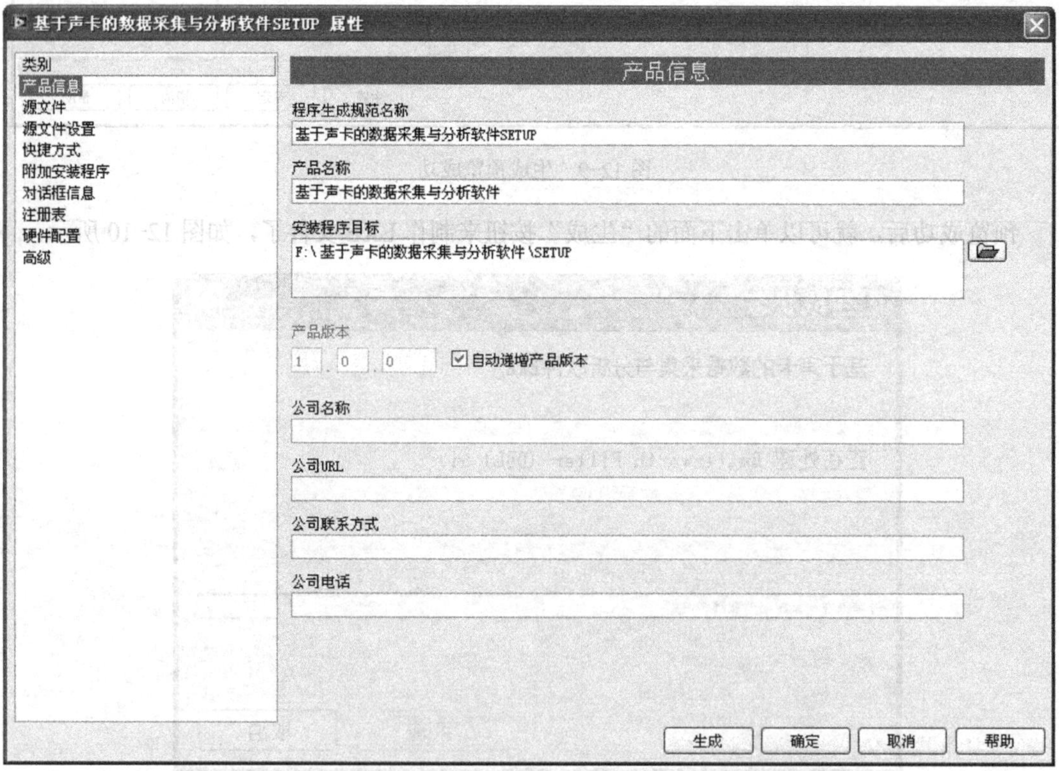

图 12-11 产品信息设置

② 源文件：在这里可以设置安装程序需要的那些文件。双击"项目视图"下面的"我的电脑"图标，打开下面的"基于声卡的数据采集与分析软件"文件夹，将里面需要的附属文件添加到右边的 ProgramFilesFolder 下面的"基于声卡的数据采集与分析软件"文件夹下面，这个位置是默认的。然后再把"项目视图→程序生成规范→基于声卡的数据采集与分析

软件”也添加到右边，至此，完成源文件的添加，如图 12-12 所示。

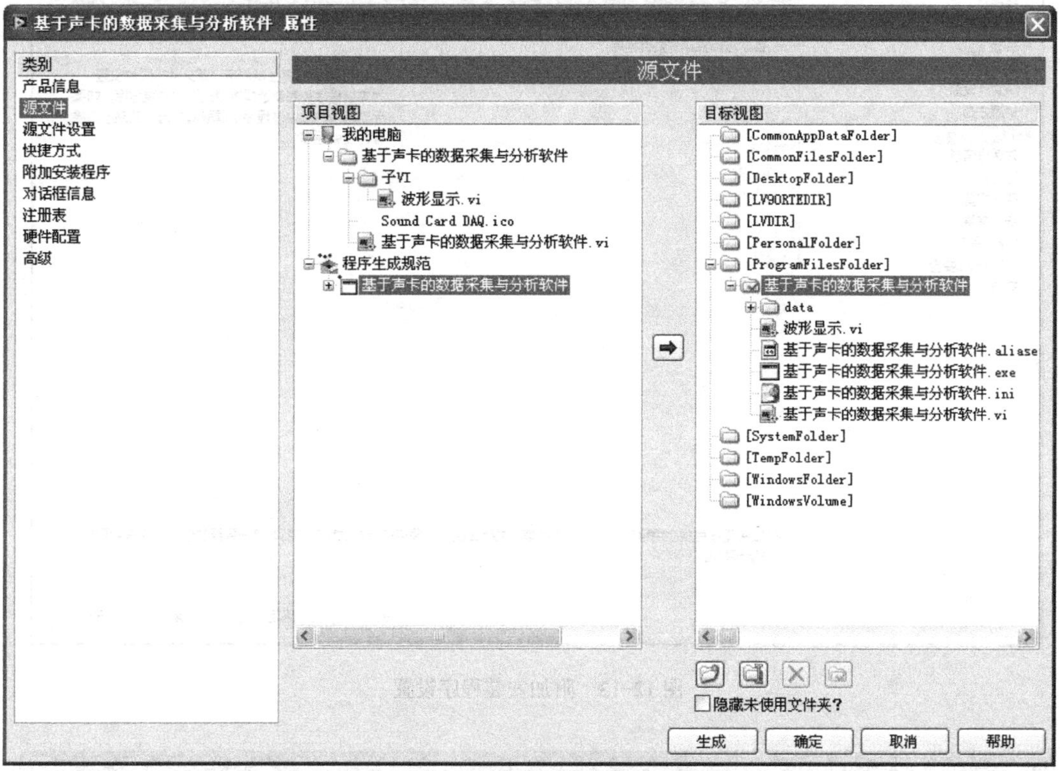

图 12-12 源文件设置

③ 源文件设置和快捷方式都采用默认设置。在“源文件设置”中，可以设置被安装的文件的属性。在“快捷方式”中，可以设置在开始菜单中的启动项和启动名称，这里均采用默认设置。

④ 附加安装程序：在这里可以选择需要安装的附加软件，其中，“NI LabVIEW 运行引擎 2015 SP1”这一项是执行可执行程序必需的软件，其他的软件，如果需要，也要选上，如图 12-13 所示。

⑤ 对话框信息：设置显示给用户看的欢迎信息或者提示信息，在这里进行如图 12-14 所示的设置。

⑥ 注册表：设置注册表信息，这里保持默认设置。

⑦ 硬件配置：可以将 MAX 的硬件配置信息也包含在安装文件中，并选择是否自动对目标机器上的硬件进行配置，这里保持默认设置。

⑧ 高级：这里保持默认设置。

配置完成以后，单击“生成”按钮，就会出现生成进度界面，如图 12-15 所示，等待片刻，生成成功以后，就可以在项目的程序生成规范下面看到“基于声卡的数据采集与分析软件 SETUP”。打开安装程序的目标文件夹（“F:\基于声卡的数据采集与分析软件\SETUP”），就可以看到 Setup.exe 及其相关文件都在 Volume 文件夹下面，如图 12-16 所示。由于包含了 NI 的其他附加软件，所以它要比可执行文件（EXE）大很多，文件大小一般都要上百兆。

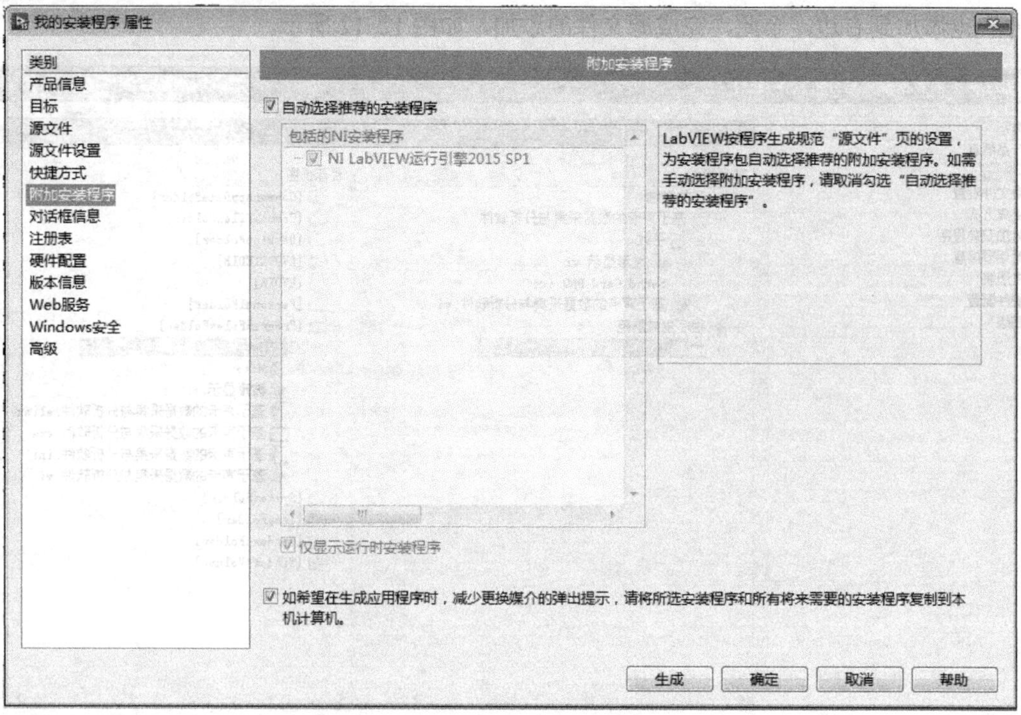

图 12-13　附加安装程序设置

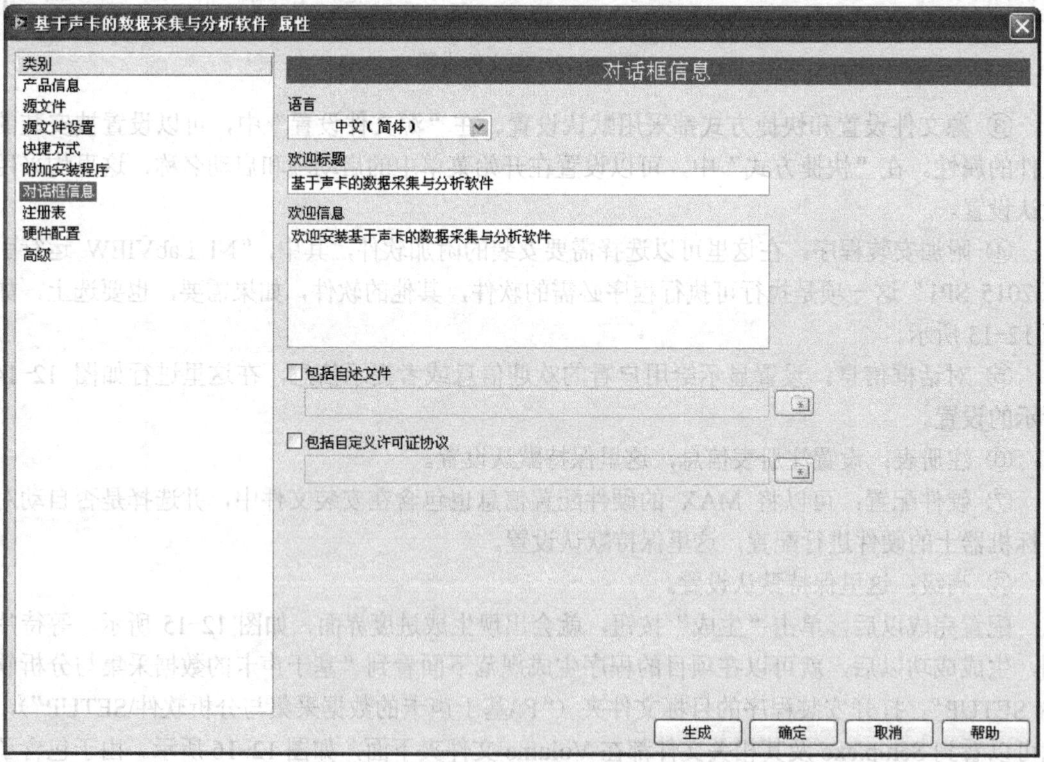

图 12-14　欢迎信息设置

图 12-15　制作 SETUP 文件

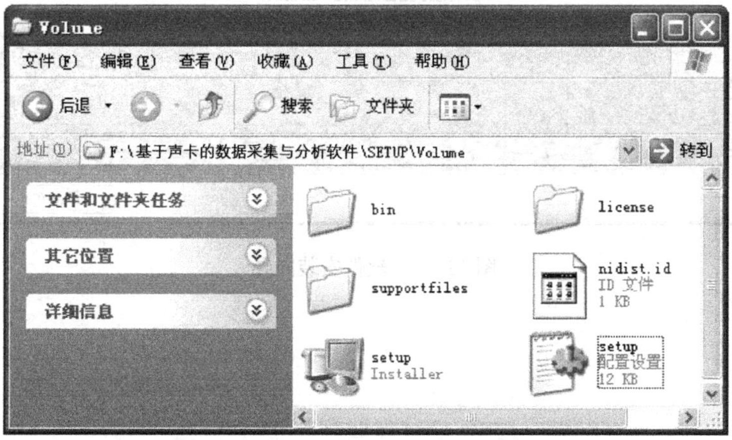

图 12-16　SETUP 文件制作完成后的 Volume 文件夹

双击"setup"即可进行安装，安装时，程序首先对系统进行更新，出现如图 12-17 所示的更新界面，更新完成以后进入安装界面，如图 12-18 所示，再往下的步骤和正常安装应用程序的步骤一样。

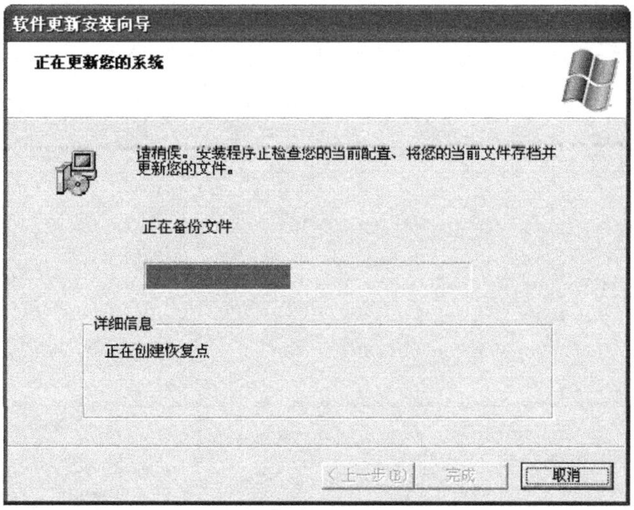

图 12-17　软件更新向导

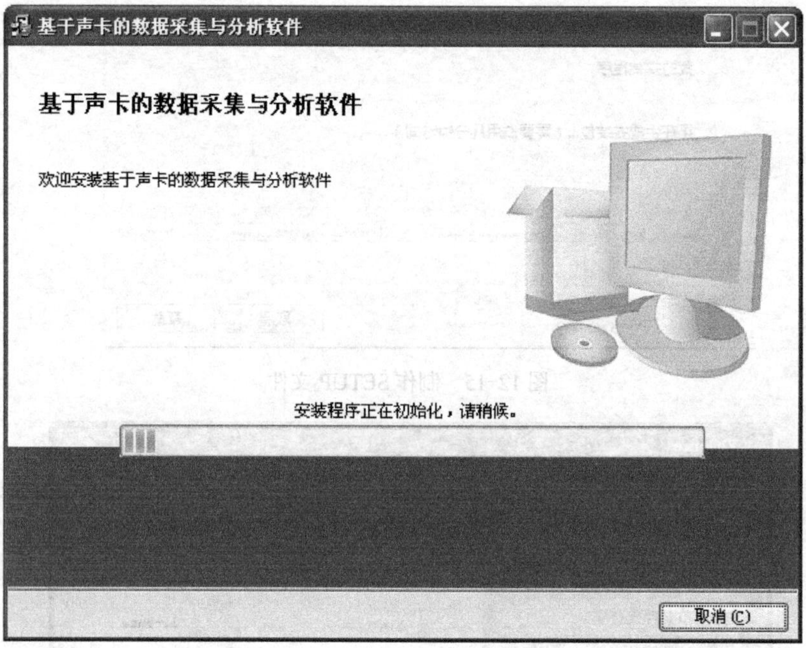

图 12-18　软件安装向导

第4篇 综 合 篇

第13章 电磁干扰自动测试系统

13.1 自动测试系统

现代技术发展对电子测量要求越来越高，测试项目和范围与日俱增，测试对象逐渐复杂，测试参数繁多，测试速度和测量精度的要求不断提高，这就使得传统的单机单参数手工测试已经不能满足需要，迫切要求自动测量技术的发展与完善。现代检测技术、传感技术、控制技术、数字信号处理技术，特别是计算机技术的发展，都为自动测试技术提供了条件。高速度、高精度、多参数、多功能的自动测试系统是电子测量、计算机、虚拟仪器、总线与接口等技术有机结合的产物。

13.1.1 自动测试系统的概念

自动测试系统（Automatic Test System，ATS）是指采用计算机控制，在程控指令的指挥下能自动完成某种测试任务而组合起来的测量仪器和其他设备的有机整体，也是对那些能自动完成激励、测量、数据处理并显示或输出测试结果的一类系统的统称。这类系统通常是在标准的测控系统或总线（GPIB、VXI、PXI 等）的基础上组建而成的。自动测试系统具有高速度、高精度、多功能、多参数和宽测量范围等众多特点。工程上的自动测试系统往往针对一定的应用领域和被测对象，并且常按应用对象命名，因此有飞机自动测试系统、EMC 自动测试系统、发动机自动测试系统等。对于飞机、导弹等大型装备的自动测试系统，又可以按应用场合来划分，分为生产过程用自动测试系统及维护用自动测试系统等。

13.1.2 自动测试系统的组成

自动测试系统一般由自动测试设备（Automatic Test Equipment，ATE）和测试程序集（Test Program Set，TPS）所组成，如图 13-1 所示。

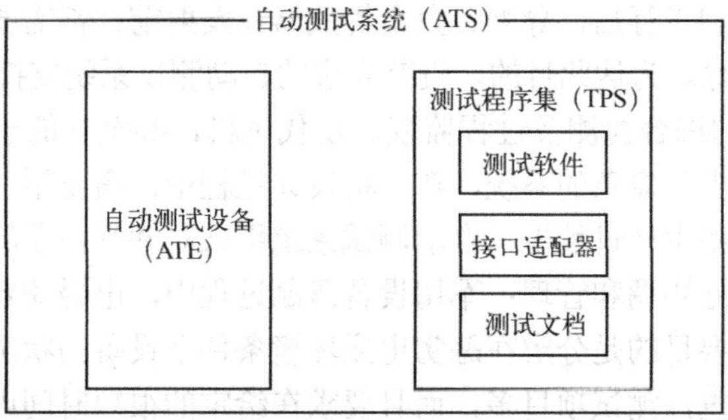

图 13-1 自动测试系统的组成

自动测试设备是指用来完成测试任务的全部硬件和相应的操作系统软件。ATE 硬件本身可以像便携式设备那样小，也可以是由多个机柜组成。

为适应舰船、飞机或机动前线部队的应用，ATE 往往是一些加固了的商用设备。即使是非前线环境（如维修站或修理厂）应用的 ATE，也大多由货架设备组成。ATE 的心脏是计算机，该计算机用来控制复杂的测试仪器，如数字万用表、频谱分析仪、信号发生器及开关组件等，这些设备在测试软件的控制下工作，通常是提供被测对象中的试件所要求的激励，然后在不同的端口或连接点上测量被测对象的响应，从而确定该被测对象是否具有规范中规定的功能或性能。

TPS 是与被测对象及其测试要求密切相关的。典型的测试程序集由 3 部分组成，即

1）测试程序软件。

2）测试接口适配器，包括接口装置、保持紧固件及探头。

3）被测对象测试所需的各种文件。

测试软件通常用标准测试语言或通用计算机语言如 C，Ada 编写。ATE 中的计算机运行测试软件，控制 ATE 中的激励设备、测量仪器及开关组件等，将激励信号加到需要加入的地方，并且在合适的点测量被测对象的相应信号，然后再由测试软件来分析测量结果。由于每个被测对象（Unit Under Test，UUT）有着不同的连接要求和输入/输出端口，因此 UUT 连到 ATE 通常要求有相应的接口设备，称为接口适配器，它将完成 UUT 到 ATE 的正确、可靠的连接。

因此，一般来说，自动测试系统包括 4 个部分：控制器，主要是计算机，是系统的指挥控制中心；程控仪器、设备，能完成一定的具体测试、控制任务；总线与接口，是连接控制器与各种程控仪器、设备的通路，完成信息、命令、数据的传输与交换；测试软件，为了完成系统测试任务而编制的各种应用软件。

13.1.3 自动测试系统的应用范围

由于受到各行业，特别是军事领域的强有力的需求牵引，近十余年来自动测试系统和自动测试设备技术发展十分迅速。总的说来，自动测试系统主要应用于如下场合。

1）高速、高效率的功能、性能测试。对于那些大批量生产并且测试项目多而且复杂的电子产品（如大批量生产的电路板、电路组件等），以往的人工手动检测已经不能适应，必须采用相应的自动测试系统。

2）快速检测、诊断/维护，提高装备的机动性。现代舰船、飞机、导弹等都是十分复杂的系统。飞机在飞行前和飞行后，导弹、鱼雷等武器在发射前，都需要快速检测与诊断，遇有故障则迅速定位与排除。为达此目的，没有先进的自动测试系统支持是根本不行的。

3）高档复杂设备的综合检测及过程监视。现代飞机，甚至它的子系统（如电子系统、火力控制系统等）都是十分复杂的系统，在飞机设计过程中，需要用一些自动测试系统来支持设计验证；在电子设备生产过程中，自动测试系统用来对并行作业的各个子系统的生产过程进行测试和监视，实施协调和管理；军用设备研制过程中，电磁兼容测试是一项困难、费时、费力的任务，其主要目的是分辨在恶劣电磁环境条件下设备的状况。由于处于试验环境中的被测对象复杂而贵重，测试项目多，而且要求在给定的很短时间内完成，这类测试任务也必须采用相应的自动测试系统才能完成。

13.1.4 自动测试系统的现状和发展趋势

自动测试系统的发展经历了从专用型向通用型发展的过程。在早期，仅侧重于自动测试设备本体的研制，近年来，则着眼于建立整个自动测试系统体系结构，同时注重 ATE 研制和 TPS 的开发及可移植性，以及人工智能在自动测试系统中的应用。目前，ATS 正向着分布式的集成诊断测试系统发展。

国防、军事领域是自动测试系统应用最多、发展最迅速的领域，武器装备研发、使用、维护过程中对自动测试系统的众多需求是推动自动测试系统和自动测试设备技术发展的强大动力。早期的军用自动测试系统是针对具体武器型号和系列的，不同系统间互不兼容，不具有互操作性。随着装备的规模和种类的不断扩大，专用测试系统的维护保障费用高昂，美国仅在 20 世纪 80 年代用于军用自动测试系统的开支就超过 510 亿美元。同时，庞大、种类繁多的测试设备也无法适应现代化机动作战的需要。因此从 20 世纪 80 年代中期，美国军方就开始研制针对多种武器平台和系统，由可重用的公共测试资源组成的通用自动测试系统。目前在美国，军种内部通用的系列化自动测试系统已经形成，如海军的综合自动支持系统（CASS），空军的电子战综合测试系统（JSECST），海军陆战队的第三梯队测试系统（TETS）。其中以洛克希德·马丁公司为主承包商的海军 CASS 系统最为成功，现已生产装备了 15 套全配置开发型系统、185 套生产型系统，其中 145 套已装备在 38 个军工厂、基地和航空母舰上。

目前美军通用测试系统多采用模块化组合配置，根据不同的测试要求，以核心测试系统为基础进行扩展。测试仪器总线以 GPIB 和 VXI 为主。随着 PC 性能的不断提高，以 PC 为测控计算机，采用 Windows NT 操作系统的测试系统逐渐普及。

在科学技术高度发展的今天，测试工作处于各种现代装备系统设计和制造的首位，是保证现代装备系统实际性能指标的重要手段。代表着装备重要性能技术指标的电磁兼容性测试也正加大力度，以通用化、模块化、智能化、标准化、数字化、网络化为特点，在实际应用中迅速发展。发达国家对军用装备电磁兼容性自动测试十分重视，都制定了严格的测试规程，如代表国际军用电磁兼容性发展最高水平的美国陆、海、空三军均有自己完善的电磁兼容测试设备与技术发展：空军模块化的电磁兼容自动测试发展强化系统功能，提高系统的通用性，为设备的研制、生产和使用建立协调发展的条件；海军自动测试系统发展致力于加强海军电磁兼容的可测性工作和为海军的飞机、舰艇和卫星上的电子设备、导航、通信和电子战系统等提供一种先进的自动测试系统。其总的目标是：发展通用、多功能、抗干扰、小型化、模块化和基于 VXI 总线的军用电磁兼容测试系统。

13.2 电磁干扰

13.2.1 电磁干扰的产生

随着现代科学技术的发展，电子、电气设备或系统获得了越来越广泛的应用。运行中的电子、电气设备大多伴随着电磁能量的转换，高密度、宽频谱的电磁信号充满整个人类生存的空间，构成了极其复杂的电磁环境。以通信系统、控制系统和计算机系统为主干的电子系统在这样的电磁环境中受到了严峻的考验。现代电子系统与电磁环境构成一对难舍难分的孪生兄弟。电子系统越是现代化，其所造成的电磁环境就越复杂；反之，复杂的电磁环境又对电子系统提出更为严峻的要求，人们面临着一个新问题，这就是如何提高现代电子、电气设备或系统在复杂的电磁环境中的生存能力，以保证电子系统初始的设计目的。正是在这种背景下产生了电磁兼容的概念，形成了一门新的学科——电磁兼容性（Electromagnetic Compatibility，EMC）。

电磁干扰的问题早在 19 世纪 80 年代就提出来了。1881 年英国著名科学家希维赛德发表了《论干扰》的文章，这是研究干扰问题最主要的早期文献。1887 年柏林电气协会成立了“全部干扰问题委员会”，成员包括著名的赫姆霍兹、西门子等人。1888 年赫兹用实验证明了电磁波的存在，同时该实验也指出了各种打火系统向空间发射电磁干扰，从此开始了对电磁干扰问题的实验研究。1889 年英国邮电部门研究了通信干扰问题，同期美国的《电子世界》杂志也刊登了电磁感应方面的论文。1934 年英国有关部门对 1000 例干扰问题进行了分析，发现其中 50%是电气设备引起的。

在 20 世纪 90 年代，随着电气与电子工程领域的飞速发展，在计算机、信息技术、控制工程领域里，电磁噪声和解决由电磁干扰造成的问题变得尤为迫切和重要。这也给电磁噪声领域带来了大量的国际技术交流活动。自 1996 年 1 月 1 日起，欧盟开始强制执行 89/336/EEC（EMC）指令，率先将产品的电磁兼容性要求纳入国家法规。指令规定所有电子产品（设备）必须符合 EMC 要求。同时，其军用也在电磁干扰及其测量和控制领域产生出了许多成果。美军做的工作和出版的标准在这个领域起了引路的作用。除了基本的 MIL-STD-461/462/463 以外，美军还出版了几种其他标准，其内容涵盖了系统的电磁兼容性，以及各种设备诸如雷达、飞机电源、空间系统、海军泊场、移动通信等的设计和性能要求。

在我国，对电磁兼容的理论和技术的研究起步较晚，直到 20 世纪 80 年代才组织系统的研究并制定国家级和行业级的电磁兼容性标准和规范。我国自从 1983 年发布第一个电磁兼容标准（GB3907—1983）以来，至 2004 年已发布了百余项有关的国家标准，其中包括对应 CISPR 的国家标准。此外，根据我国国情还需要制定一些其他 EMC 国家标准和对应 TC77 的国家标准。上述标准为我国产品的 EMC 性能检测提供了依据，也是我国开展 EMC 认证工作的基本条件之一。

虽然人们认识到电磁干扰危害的时间比较长，而且今日确实已有大量理论的、解析的和实践的资料可供了解电磁干扰之用，但这个领域至今仍有许多问题和课题等待研究，例如干扰特征、测量技术和减缓其危害的技术等方面还需要进一步的研究。

13.2.2 电磁干扰的测试

电磁兼容自动测试的发展与自动测试技术息息相关，自动测试系统的发展让电磁兼容测试更加快速、准确。

通常一个完整的电磁兼容测试系统由电磁干扰测试系统和电磁敏感度测试系统组成，如图 13-2 所示。

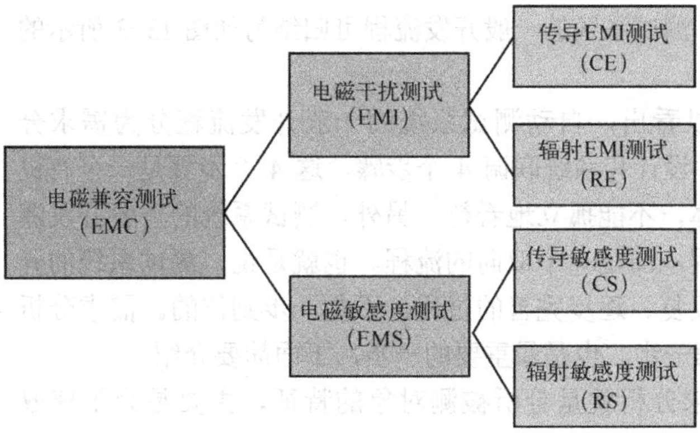

图 13-2　电磁兼容测试的组成

电磁干扰测试涉及的仪器多，需处理数据的工作量大，还要计算传感器的转换系数，并与标准规定的极限值进行比较，以判定干扰信号是否满足要求。手动测量既费时又费力，迫切需要自动测量系统。通常干扰测量系统需要包括以下功能。

1）参数设置。包括测试标准的选择和测试参数的设置，如测试频段、测试带宽、衰减器、扫频步进、每个测试点的驻留时间等。

2）控制监测设备进行信号测量，以一定的步长和速率对信号进行扫频测量、判别和读出数据。

3）数据处理能力。将测量的信号电压转换成干扰的量值，自动补偿传感器使用引入的、随频率变化的校准系数，并可用线性或对数频率坐标显示出干扰信号的频谱分布。利用小波理论对信号进行滤波处理，得到受试设备的干扰信号。

4）数据的存储和输出能力。将每次的测量数据列表存放，需要时提取，特别是传感器系数、标准极限值和测试结果的数据存储，便于数据处理时调用。

由于电磁干扰测试涉及仪器多，覆盖频段广，频点密。手动测试的话需要三人以上配合操作仪器，工作量大，耗时长。用计算机通过总线控制众多仪器，自动加入探头和传感器的修正系数，自动调节施加的干扰信号和电平的大小，并实时监视功率输出，保证放大器安全工作，生成测试曲线和报告。

目前，电磁兼容测试系统的软件平台有 VC、VB、C++以及 HP VEE 等，今后的电磁兼容自动测试系统将向着以计算机为核心的更高层次、更高水平的虚拟仪器系统为发展方向。与传统仪器相比，虚拟仪器具有很高的灵活性，用户可以通过编制软件来定义它的功能。概括来说，它主要有以下一些特点：软件是虚拟仪器的核心，虚拟仪器的性价比高，虚拟仪器具有良好的人机界面以及与其他设备互联的能力等。

13.3　自动测试系统的开发流程

本节介绍开发基于 PC 的自动测试系统的一般流程以及开发过程中需要注意的地方。

13.3.1　需求分析

自动测试系统类型多样，应用领域不一，开发流程各有特点，但测试系统的一般开发流程却是大体相同的。测试系统的一般开发流程可归结为如图 13-3 所示的形式。

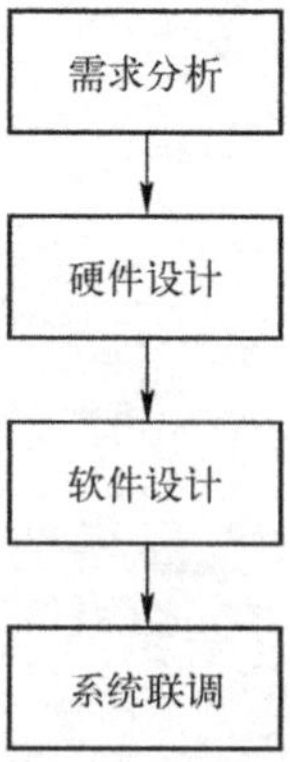

图 13-3 测试系统的一般开发流程

由图 13-3 可以看出，自动测试系统的一般开发流程分为需求分析、硬件设计、软件设计和系统联调 4 个步骤，这 4 个步骤是一个有机的、相互联系的整体，不能孤立地看待。另外，测试系统的一般开发流程不是一个单向流程，而是一个双向的流程。也就是说，测试系统的开发过程是一个不断反复、逐步完善的过程，不是一步到位的。需求分析是测试系统开发的第一步，也是最重要的一步，下面简要介绍。

简单地说，需求分析就是分析被测对象的特征，主要是为了获取被测对象的信号特点，如被测信号是电量还是非电量、信号的幅值和频率、阻抗特性、通道数量、信噪比等。被测对象的特点是测试系统硬件设计的依据。在需求分析的基础上，明确测试系统的任务和技术指标，确定调试系统和开发软件的手段等。另外，还要详细评估系统设计过程中可能遇到的技术难点，并提出可能的解决方案。需求分析对于能否设计出一个符合用户需求的测试系统是非常重要的，设计人员应对被测对象进行充分的调查研究。调研的方法多种多样，如查阅相关的技术资料、借鉴他人的成功经验等。全面、深入的需求分析可以使开发工作少走弯路。

在需求分析的基础上，编写完整的系统任务设计说明书，画出系统的原理框图，作为整个测试系统设计的基础和依据。

13.3.2 硬件设计

在系统的总体方案确定下来之后，设计者便可以着手系统的硬件设计。对于基于 PC 的测试系统，其硬件设计一般包括两个部分：信号处理设计和数据采集板卡的选择。其中，数据采集板卡的选择是硬件设计的重点。当然，硬件设计还应包括微机及其外设的选用等方面的内容。测试系统的硬件设计需要遵循以下基本原则。

1）经济合理

在硬件设计的过程中，不能盲目地追求高档硬件设备，而应该在满足系统性能指标的基础上尽可能地降低硬件成本，这是硬件设计的一条基本原则。

2）稳定可靠

测试系统的工作环境往往比较恶劣，为保证在特定工作环境下，测试系统能正常、可靠地工作，首先要确保测试系统的硬件设备能可靠、稳定地运行。可以通过如下途径提高硬件设备的可靠性。

① 硬件设备要设计有过电压、过电流、过载保护报警功能，保证输入、输出通道正常工作。

② 严格管理硬件设备的购置、筛选和测试。

③ 降额使用硬件设备。降额使用指的是在低于额定电压、额定电流的条件下使用元器件，这能提高元器件的可靠性。

④ 在硬件的设计过程中，应对被测对象的关键部件和易损部件专门设计保护电路，以确保被测对象的安全；同时，还应对测试系统设计必要的隔离电路，确保系统自身的安全。

另外，在系统的设计中应充分考虑操作人员的安全保护。

3）安全保险

一套在室内运行良好的测试系统如果应用于工业现场或在野外作业，由于现场的干扰，可能导致系统不能正常运行，严重的话将会造成不良后果，因此对测试系统采取完善的抗干扰措施是必不可少的。抗干扰的硬件措施包括电磁屏蔽、正确接地、隔离技术、滤波技术、电源去耦等。

在前面章节已对信号处理进行了较为详细的介绍，下面把数据采集卡的选取作为测试系统硬件设计的主要内容进行详细介绍。数据采集设备的选取需要考虑到以下几点。

① 根据被测对象选择数据采集设备。各个领域的被测对象形式各异，特点迥异，因此用于感知被测对象变化的传感器的种类也是多种多样的。传感器输出信号既有电量的，也有非电量的。对于电量信号，又有电压信号和电流信号之分。对于电压信号，既有高频信号又有低频信号，有高压信号也有微弱电压信号。针对不同的信号，选择具有适当性能指标的数据采集设备才能达到较好的效果。例如，对于低幅值信号，应选用高增益的数据采集卡；对于电流信号，需要在数据采集设备的输入端并联一个精密电阻对信号进行取样。在某些应用场合，一套具有输入隔离配置的数据采集卡能够提高测试系统的可靠性，还能确保被测对象的安全。

② 根据采样定理选择数据采集设备。根据 Nyquist 采样定理，只有当数据采集设备的采样率大于被测信号最高频率的 2 倍时，才能不失真地还原被测信号。因此，用户需要根据被测信号的最高频率来确定数据采集设备的最高采样率。一般情况下，要求采样频率至少为被测信号最高频率的 2.5 倍。在工程上，采样频率一般取为 6～8 倍。一般的数据采集设备给出的最高采样率指的是单通道条件下的最高采样率，如果用户需要进行多通道数据采集，此时每个通道所具有的最高采样率等于数据采集设备的最高采样率除以通道数。

③ 根据分辨率及精度要求选择数据采集设备。数据采集卡的分辨率由其模数转换器的位数决定。对于具有低灵敏度特点的传感器的输出信号，应该选取高分辨率的数据采集卡；而对于具有高灵敏度特点的传感器的输出信号，应该选用低分辨率的数据采集卡。在实际的工作当中，技术人员经常使用数据采集卡模数转换器的位数来表示板卡的精度，一般来说分辨率高的采集卡其精度也比较高，但并非总是一致的。精度指的是系统将信号转换后所得的实际结果与理论值之间的偏差，它是零位误差、零漂、积分线性误差、微分线性误差以及温度漂移等综合因素引起的总误差。因此，用户在选取数据采集卡时，需要注意这两个重要指标的异同。

④ 根据信道数量选择数据采集设备。测试系统往往对被测对象的多个特征量进行采样。在某些应用场合，还要求测试系统具有对多个被测对象进行同步采样的功能。

⑤ 根据数据总线类型选择数据采集设备。数据采集卡的接口总线类型多种多样，不同接口总线的硬件接口不一样，数据传输的协议和速率不一样。具体选用何种总线的数据采集卡，要根据用户的实际需求而定。

⑥ 根据用户的其他需求选择数据采集设备。如果用户有同步采集或触发采集等需求，则应选取那些具有同步或触发功能的数据采集卡。如果被测信号既有模拟量又有数字量，则应选用那些配置有模拟输入通道和数字量输入通道的多功能数据采集卡。

13.3.3 软件设计

使用 LabVIEW 开发复杂的测试系统应用软件，需要遵循软件工程中的一般原则和方法。下面简要介绍一下这些一般原则和方法。

（1）软件需求分析

在开发软件之前，首先要准确定义软件的需求，也就是要明确软件的设计任务，这是开发应用软件的第一个阶段。软件需求分析的主要任务是收集、分析、理解、明确用户的具体需求，在此基础上，明确软件的任务功能。然后再把软件任务进行细分，把一个大的设计任务分解成若干个相对独立的小任务，这就是软件工程中“自顶而下，逐层细分”的设计原则。

（2）模块化设计

在设计一个复杂的测试系统软件时，一般是根据软件工程学中的“自顶而下，逐层细分”的设计原则，将软件系统分解成若干个功能模块，各功能模块之间既相互联系，又相互独立，这样才能使软件系统结构清晰，分工明确，便于软件的开发、调试、修改和维护，提高了软件的可维护性和可读性；同时还有利于软件的进一步扩充，提高软件的可扩展性。在编写软件时，要尽量采用 SubVI 的形式，这样可以使程序的层次分明，易于理解，程序也得到简化。

（3）可操作性强

在软件的开发过程中，设计人员应该采取有效措施降低对软件操作人员专业知识的要求，这样可以提高工作效率和软件的可操作性。提高软件易操作性的措施包括设计良好的人机交互界面、使用易于识别的前面板图标等。

13.3.4 系统联调

系统联调是对系统开发工作的一种检验，也是测试系统开发过程中的一个重要环节。在硬件和软件分别调试成功之后，接下来的任务就是对整个测试系统进行系统联调。一般情况下，系统联调首先应在温湿度条件和电磁环境较好的实验室中进行，这样可以减小外界因素对系统产生的不利影响，便于分析调试结果，排除故障原因。实验室联调通过后，还需要在工作现场对测试系统进行现场联调，在现场测试系统的各项性能指标，检验系统适应现场工作环境的能力。根据测试结果及其分析，设计人员可以改进设计，并可为新的测试系统的开发积累经验，还可为用户的正确使用、维护、修理提出指导或建议。

总之，测试系统的设计是一个不断完善的过程，仅一次就设计成功是很困难的。一个性能良好的测试系统只有经过不断地修改和补充才能够得到。

13.4 需求分析——电磁干扰自动测试系统

随着高新技术武器装备的发展，现代化舰船、飞机、导弹、卫星、航天器等平台上电子、电气设备和系统日益增多，使电磁环境变得十分复杂，在实际使用中已反映出装备存在着受电磁能量的影响问题。射频能量对人体、军械、燃油有潜在的危害性，它可使人员、电子设备、军械系统的使用性和安全性降低，以致不能完成预期的战斗任务。电磁兼容性是直接影响装备作战能力的重要性能，也是制约装备作战力发挥的关键技术。随着信息化建设步伐的加快，装备向高频、高速、高集成度方向发展，电磁兼容技术及其应用已渗透到武器装备建设和发展的各个领域。

对电磁兼容性测试技术开展系统的研究，运用现代高新技术的研究成果，采用科学合理的方法，才能保证测试方法的先进性、科学性，保证测试结果的准确性、有效性和军用设备的电磁兼容性检测的质量，对电磁兼容性相关技术的发展具有重要意义。自从 20 世纪 80 年代开始执行设备和分系统级的测试标准，国内相继建立了不少电磁兼容专业实验室。随着 GJB151A/152A 的颁布实施，各实验室不断增加新设备，进行实验室建设，测试仪器仪表更新换代，现有设备具有生产厂商多、型号多、测试用途广等特点。开展参照 GJB152A 的电磁干扰检测项目，由于该测试频率范围宽，要求采用阶梯功率电平，需要控制的设备多，因此，测试过程长，工作量大，目前大部分测试数据需要手工换算，过程需用手工操作，而且需对大量的测试数据进行分析处理，测试步骤烦琐、效率低，整个测试过程需要耗费很大的人力物力。因此，迫切需要一套适用于试验室现有设备、适用于 GJB152A 测试标准的电磁干扰自动测试软件，以取代现在测试过程中的手工换算、手工操作，提高测试的可重复性、量化度和自动化程度。

近几年来，军用装备快速发展，电磁兼容研究测试任务日益增多，为更快更好地完成任务，在产品设计阶段及早发现和排除电磁敏感性问题，提高产品兼容性和可靠性，提高产品对恶劣电磁环境的适应能力成为亟须解决的问题。

13.5 硬件设计——测试系统的硬件组成

本节首先介绍测试系统硬件的总体结构，给出总体结构的示意图，然后具体描述测试系统的工作原理和驱动方式，接着详细阐述被测信号的特点，以及被测信号在送入数据采集卡之前对其进行调理的必要性。

13.5.1 硬件组成

通过对电磁干扰测试过程的分析，测试系统的硬件组成主要包括：测试控制器、信号发生器、监测设备、测试接口装置。控制器、天线、测量仪器等之间的连接通过程控仪器的 PXI 总线来实现。这时，控制器（计算机）、信号源（信号发生器）、测量仪器（频谱仪、测量接收机等）、开关系统（开关矩阵）等组成系统的设备，都是具有 PXI 接口的台式虚拟仪器，它们在电气上是通过 PXI 电缆串接，而在机械上是各自独立的仪器，它们在机柜中叠层安放。

通过前面对电磁干扰测试各部分的测试需求分析，确立整个测试系统的组成方式，并按照各部分的选型原则进行了选择和配置，系统硬件组成如图 13-4 所示。

信号发生系统为被测设备提供输入，天线 1 和接收机测量 EUT 的辐射，开关系统实现测试仪器、EUT 接口和专用测试电路之间的互连。控制器通过 GPIB 总线控制信号发生器、天线、测量接收机、开关系统和程控电源。还可以通过控制器的串行接口控制其他外接设备。控制器拥有磁盘存储器作为外存储器，以键盘、显示器和打印机作为人机接口。

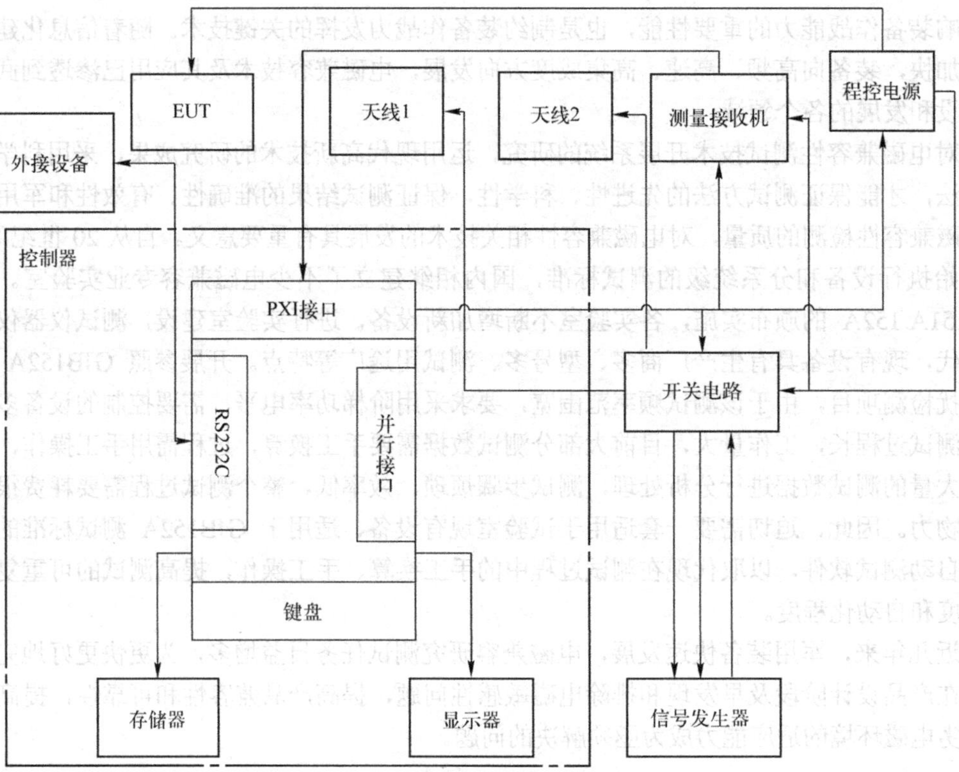

图 13-4 电磁干扰测试系统硬件组成

13.5.2 数据采集卡

仪器之间的联系控制模块是系统的重要设备。PXI 卡是典型的虚拟仪器连接模块，它包含了测试系统所需的功能，适合于信号控制和数据采集系统，可由计算机直接控制，使用计算机，通过 PXI 卡可以实现对一台或多台仪器的控制功能，并组成仪器系统，使我们的测量工作变得快捷、简便、精确和高效。

测试系统的主要设备 PXI5660 是一个基于 PXI 技术标准的射频信号分析仪。它具有模块化仪器的架构，其中包括一个宽带射频的下变频器、一个高纯度的中频数字化仪和进行频谱测量和调制解调的软件工具包。

基于 PXI 技术的电磁兼容测试平台是一个软件定义的系统，它是根据用户的要求通过软件来订制测量硬件的功能。NI PXI5660 是用于自动化测试的模块化 2.7GHz RF 矢量信号测试仪，作为优秀的数据采集卡，PXI5660 既可以作为一个高性能无线接收机（如用于射频检测的仪器），也可以作为一个矢量信号分析仪（如用于射频信号测量应用的仪器）。

传统的频谱分析仪使用一种叫作“扫频调谐”的方法。射频前端有一个混频器，把射频输入和一个频率十分接近所需射频频率的可调振荡器进行混频。混频器是一个模拟乘法器，在输出端产生和频与差频信号。频率较高的和频信号由检波器输出端的一个滤波器进行滤波；频率较低的差频信号则输出给检波电路。检波器的输出由一个低速的模数转换器转化为数字信号。混频器和低通滤波器由可调振荡器驱动组成一个可调滤波器。混频器输出端的低通滤波器的带宽决定频谱显示时频率轴的频谱分辨率。

矢量信号分析仪是一个宽频的仪器。它不需要对一个模拟滤波器进行扫频来显示频谱，而是对所选择的频谱块对应的时域信号进行数字化，因此得出的频谱会包含相位信息。所有频率同时被一个宽频的滤波器进行捕获，然后进行复杂的FFT运算，而不是像频谱分析仪用窄带滤波器和电压计对它们依次进行捕获。

NI PXI5660和大多数频谱分析仪最大的区别就是PXI5660可以是一个矢量信号分析仪。这意味着我们可以同时采集大量的20MHz带宽的频谱信号。矢量信号分析仪的优势在于：

1）在相同的时间内采集更多的数据，使得基础测量要快得多。

2）在很宽的带宽下数字化的信号包含频率信息。

3）对数字化的信号（幅度和相位）进行高级算法计算。

采集一个射频信号包括两个步骤：下变频和数字化。

下变频模块PXI5660拥有20MHz的实时带宽，可以把信号频率下变频到以15MHz为中心频率，范围在5～25MHz之间。

数字化仪模块PXI5660拥有一个高速的模数转换器和板上的硬件处理能力。它由一个14位的64MS/s的模数转换器和一个数字下变频集成电路组成。这个数字下变频芯片可以进行实时批处理，并将任何20MHz带宽的信号降频到基带信号，这对于捕捉无线通信的信号来说是非常理想的。同时，下变频集成电路也可以从频谱中产生复杂的I/O数据。数字化仪模块包括了专为数据传输设计的高速MiniMITE集成电路。MiniMITE通过DMA方式将数据直接传输到主机的内存上，从而释放主机CPU以进行数据的分析、显示和通信任务。

下变频模块首先对任何一个3GHz范围内的信号进行用户可选择的衰减，然后进入升频阶段。得到的信号再经过一个谐振滤波器，这是为了在信号进入多级的降频模块前滤去镜像抑制。经过降频的信号以5～25MHz的中频信号输出。下变换器使用一个高稳定度、高精度的恒温晶体振荡器来驱动其他的系统时钟并提供±50ppb（parts per billion）的频率精度。PXI5660精妙的频率调节和多级的架构保证了其寄生响应远低于传统仪器的动态范围。

PXI是Personal Computer eXtensions for Instrumentation的缩写。PXI的主要优势在于它利用了已经验证的符合工业标准的技术。PXI建立在高速的CompactPCI总线基础之上，并加入了类似VXI所具有的定时、触发和同步功能。为了便于集成，PXI采用了开放的软件标准，其中包括通用的操作系统。

PXI利用了PC平台的尺寸、价格和总线速率的优势，并配之以GPIB和VXI作为仪器规范的特性，使得用户能够同时拥有这两方面的强大优势。

PXI具有更快的总线传输速率（132MB/s）、更小的体积以及更好的性价比。此外，因为借助于PC技术，PXI将会根据业界最先进的技术（如PCI Express）来不断更新其产品，届时用户可以以最少的投资随时升级整个测试系统。

作为一个开放的、基于PC的测试测量和控制平台，PXI和PXI Express提供了业界最好的数据带宽性能和背板集成的定时和同步功能，它同时拥有和多种其他总线互联的软硬件接口支持，使得PXI和PXI Express成为最理想的混合总线测试平台的核心，更是成为了全世界许多公司首选的自动化测试平台。

13.5.3 接收天线

接收天线的主要作用是接收外界的电磁场信号。由于要测试的频带从30MHz～1GHz，只用一个普通的接收天线不可能完成全频带的测试任务。为此，需要选择与不同频带相对应的双锥型极性测试天线。根据实际测试情况，本系统选择一对测试天线来构成一组全频带测试天线。为了避免测试过程中由于转换天线方向造成的测试不确定性误差，降低测试的复杂程度和测试人员的劳动强度，系统在天线和 EMI 接收机之间接入可用 GPIB 控制的天线开关对接收天线的方向进行自动切换，使接入到 EMI 接收机的信号快速接收天线的信号。在选择转换天线开关时，要特别注意天线开关所适用的频率范围和开关本身所能承受的功率。当环境电平在连接线缆中衰减过大而淹没在噪声电平中的时候，应在接收天线和天线开关之间添加一个适当增益的放大器。在最后的数据处理时相应地也应将这一部分考虑进去。

13.5.4 其他仪器的选择

选用测量接收机 ESIB、美国 Agilent 公司频谱仪 E7402A；校准装置：具有 50Ω 特性阻抗，两端头有同轴连接器，在中心导体周围为校准注入探头提供足够空间的同轴传输线；定向耦合器：选用美国 AR 公司 DC2500、DC6280；衰减器，50Ω；同轴负载，50Ω；LISN；开关（矩阵）模块选用美国 HP 公司的产品。

13.5.5 测试系统的工作原理

电磁干扰自动测试系统需产生规定的信号，对信号进行测量，获得大量的数据进行分析与处理。LabVIEW 可支持不同数据采集卡，具有强大的数据处理能力和友好的人机界面。数据采集将电压、电流等物理信号转换为数字量并传递到计算机中。基于 LabVIEW 的硬件系统如图 13-5 所示。

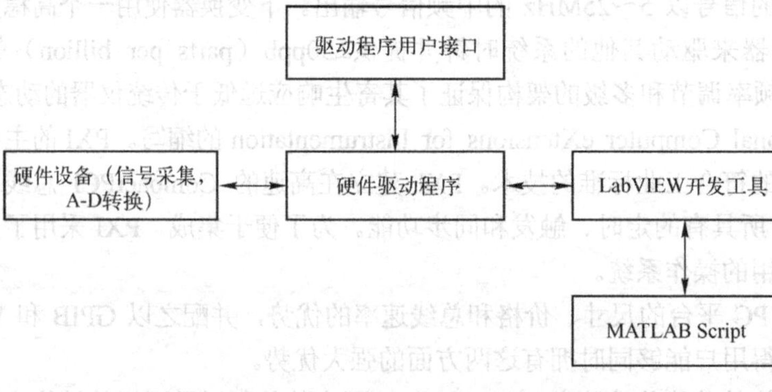

图 13-5 基于 LabVIEW 的硬件系统结构

信号发生、数据采集硬件有多种形式，硬件的选择根据自动测试系统应用并考虑现有的技术资源而定。本部分的数据采集采用 PXI 矢量信号分析仪，硬件驱动程序是应用软件对硬件的编程接口，它包含着硬件的操作命令，完成与硬件之间的数据传递。依靠硬件驱动程序可以大大简化 LabVIEW 编程工作，提高工作效率，LabVIEW 开发环境安装时，购置 PXI 矢量信号分析仪时 NI 公司会提供相应的驱动，它包含 NI 公司多种数据采集硬件的驱动程序。在驱动程序的用户接口 Measurement&Automation Explorer 中，用户可以对硬件进行各种必要的设置与测试，LabVIEW 的数据采集按 Measurement&Automation Explorer 设置采集数据硬件地址。

13.6 软件设计——测试系统的程序结构

本节主要分析测试系统的程序结构。首先介绍测试系统程序的总体构成，然后讨论测试系统各个子系统应用程序的结构，最后主要分析测试系统程序中的主要子 VI。

13.6.1 测试系统程序的总体构成

软件的总体框架设计是整个测试系统的核心，也是系统主要组成部分。电磁干扰自动测试系统的软件设计采用模块化思想和层次化思想。设计应用程序时，采用由上至下的设计方法（Top-Down），首先明确电磁干扰自动测试系统的总体要求和性能参数，然后将系统划分为各个功能模块，如信号产生、数据读取、数据分析、显示等，再将各个模块逐步划分为更小的模块。这样分层次模块化程序结构不但增加了程序的可维护性，也增加了程序的可读性，使程序流程图更加清晰明了，同时也避免了大量的重复编程工作。LabVIEW 函数库中集成了常用的函数模块，这些模块为开发者完成数据采集、分析、显示等任务提供了极大的方便。本部分所述的程序模块以及它们之间层次关系如图 13-6 所示。

由图 13-6 可以看到，本部分软件主要由信号发生、数据读取、数据分析、数据显示、数据保存、生成报告等模块组成，能够完成测试系统中常用任务，信号发生部分主要是利用仪器驱动实现信号发生，利用时间间隔读取电压电平信号，利用公式关系转换为需要的功率（dBm）、电流（dBuA）显示出频谱图。

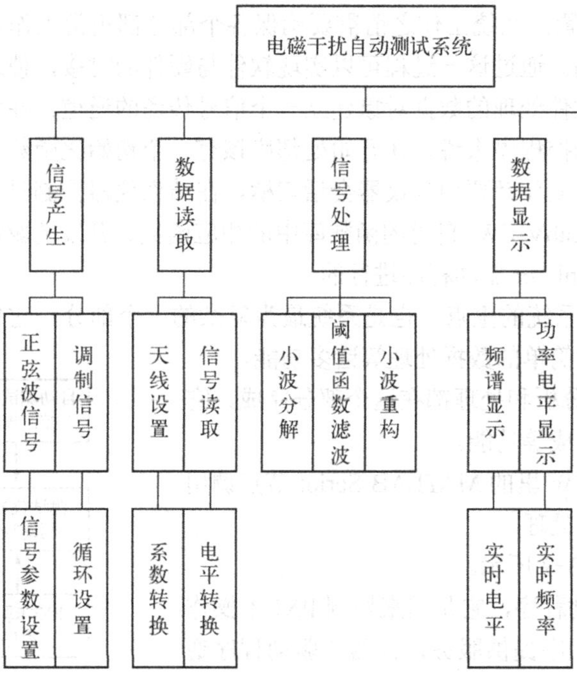

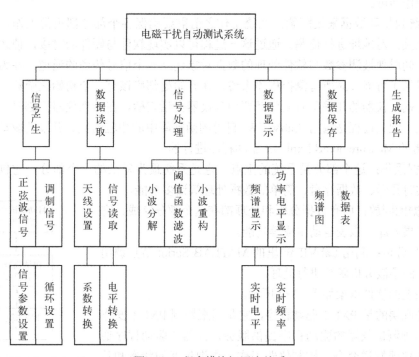

图 13-6 程序模块间层次关系

利用 LabVIEW 提供的各种函数，结合仪器的命令码开发驱动程序，实现对被测信号的发生、数据采集、放大与模/数转换，进而供计算机进一步分析处理。数据处理部分主要完成对采集信号的显示、分析。信号分析利用 MATLAB 强大的计算功能，调用小波函数进行分析处理。

13.6.2　系统软件结构规划

在电磁干扰自动测试软件框架中，测试项目流程的读取、执行，测量结果的获取、判断、显示等操作全部由主调程序负责调度。为实现测试系统软件的可扩展性和易维护性，在系统软件的设计阶段仔细地设计了软件结构，使系统软件能够适应新的硬件模块和算法。采用框架的处理方法，把数据和测试流程分开，从而实现测试软件的通用性和灵活性。测试仪器、测试项目的配置参数由项目配置文件来保存，测试结果数据由数据表来管理，而测试流程的任务则是读取配置文件的数据，配置测试仪器，并进行相应的数据采集、分析计算，以及把测试结果写到测试结果文件，并生成报告。模块化设计过程中因为各个模块相互独立，所以整个程序易于扩展和维护。主要以如下功能对系统进行架构。

1）主控模块：该模块在整个测试软件系统中负责系统参数配置和初始化、模块调度和流程控制。该模块为整个系统提供唯一的用户入口，同时调度软件中各子系统工作，促进了各模块的灵活性和软件的可复用性。

2）测试参数配置：完成测试项目的工作参数配置，采用结构化的通用设计思想，把测试过程中用到的校准参数、软件参数以及一些特殊的要求存到文件中，测试的时候调用各项目的配置文件，就能完成相应的测试任务，这样操作人员只需按照测试流程用鼠标和键盘进行简单的操作即可。

3）系统自检和数据采集配置：系统工作之前需要确保各个部分都正常工作，所以要对仪器进行连接，对地址进行检测。通过这一过程可以实现软件与硬件的对接，使之完整地结合在一起。同时使被测参数与软件处理的数据对象建立一个信号传递的通道，并为被测对象灵活配置提供了可能。对所有测控程序来说，在开始处都应该有一个初始化函数，用于获得仪器会话句柄。仪器的几乎所有操作都要用到仪器会话句柄，在结束仪器控制时应该关闭它以释放资源。配置过程是调用 LabVIEW 自身的函数库中的相应函数、开发的驱动程序以及 NI 产品自带的 Measurement&Explorer 驱动程序进行的。

4）数据采集：这个部分是系统的重点，也是系统最为复杂的一个部分，它包括数据读数、数据实时显示、数据存盘、简单的数据处理等诸多功能。

5）数据的回放：所有数据分析和处理都在这个部分完成，它包括数据结果入库、报表自动生成等功能。

6）信号分析：利用 LabVIEW 里的 MATLAB Script 节点调用已经编制好的小波分析函数进行处理。

测试系统的软件框架如图 13-7 所示。

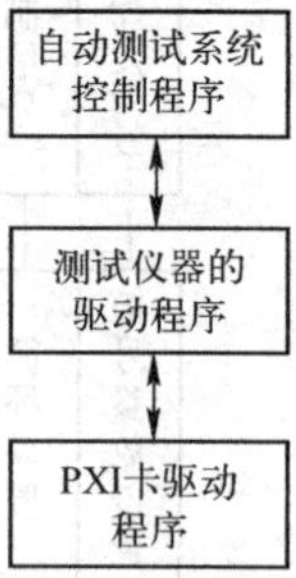

图 13-7　测试系统软件框架

处于最底层的是 PXI 卡驱动程序，它是用来控制 PXI 卡操作的，它为各种测试仪器的驱动程序提供服务，仪器的驱动程序通过它可以向仪器发送命令，控制仪器工作、查询仪器的状态和从仪器读取检测数据。

处于第二层的是各种测试仪器的驱动程序，每个仪器的驱动程序都做成一个动态链接库，核心程序通过调用动态链接库中的函数来控制每个仪器。仪器驱动程序是针对每一台仪器编写的能够控制该仪器各种操作和参数的程序。针对每一种类型的仪器（把自动测试的仪器分为信号发生器、功率计、场强探头、示波器、场强接收机或频谱分析仪几种类型）确定统一的接口，实现统一的功能，当改变同类型的仪器型号时，只需根据确定的接口创建新的驱动程序。

处于最上层的是系统的自动测试控制程序，它是一个独立的可执行文件（EXE 文件），是整个测试软件的核心，这个独立的可执行程序会自动调用用户选用仪器的驱动程序来实现对仪器的控制，并提供对所调用动态链接库的检查，确保所编制动态链接库的正确性，在用户改变所用仪器时，程序根据不同仪器的驱动控制相应的仪器，无须在程序中做任何改动，当用户选用新的、且在仪器库中不存在的仪器时，只需开发新仪器的驱动即可，不必修改主程序。

13.6.3 测试系统软件开发实现

测试系统包括系统参数配置程序、校准程序、环路阻抗特性测试、测试程序、报告生成程序。测试程序流程如图 13-8 所示，系统通过 PXI 总线控制仪器，自动加入天线和接收机的修正系数，调节扫描频率的幅值，并实时监视输出功率，干扰磁场的大小，对测试信号进行滤波处理，生成测试曲线和测试报告。

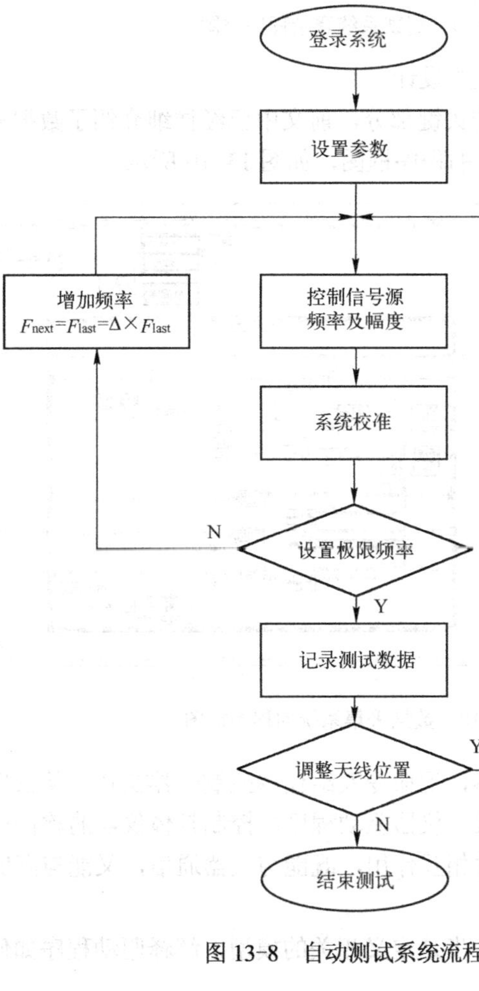

图 13-8　自动测试系统流程图

13.6.4 子系统的程序结构

本节将详细介绍 3 个子系统的程序结构，并给出子系统程序的程序框图。

（1）系统登录界面设计

首先设计系统登录界面。利用 LabVIEW 的良好的人机界面，为系统设置用户登录界面。这样系统可以加密做测试。关于登录界面的设计，在第 8 章中已经给出详细的设计过程，本节不再阐述，登录程序框图如图 13-9 所示。

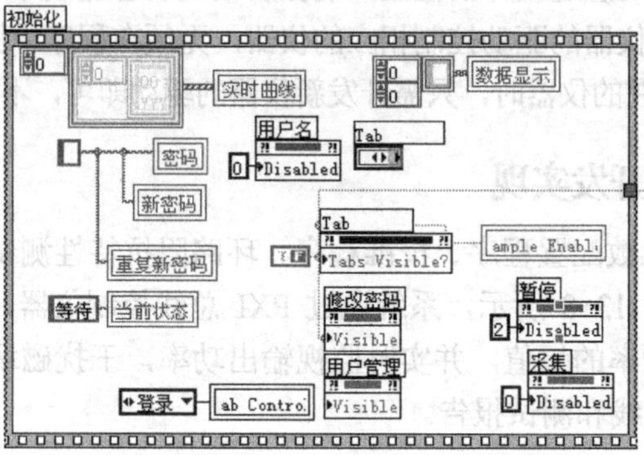

图 13-9 测试系统登录程序框图

（2）数据采集模块设计及驱动程序设计

数据采集模块是整个系统设计的关键部分，前文中已经详细介绍了数据采集系统的构建以及程序设计方法，这里只给出设计的程序框图，如图 13-10 所示。

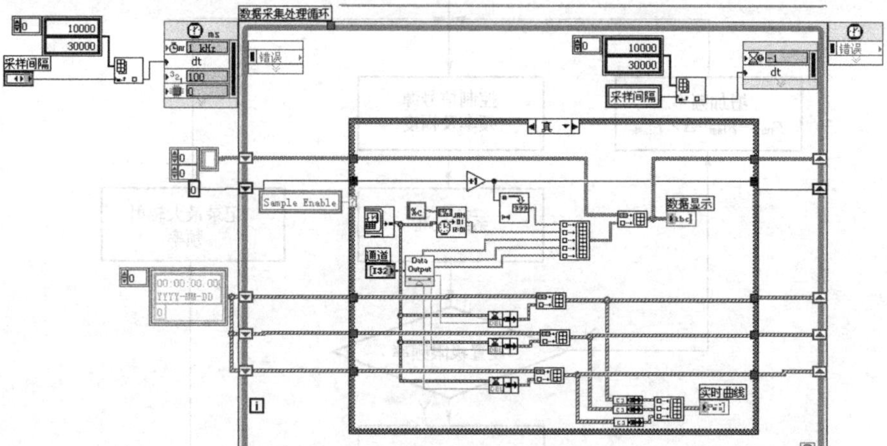

图 13-10 数据采集系统的程序框图

仪器驱动程序的用途是控制仪器，把命令发给仪器控制仪器操作，从仪器读回数据，编排格式使其成为应用程序易用的形式。仪器驱动程序由控制具体仪器的软件模块组成，这些模块必须能在整个系统中与其他软件相互作用，既能与仪器通信，又能与高层软件和使用仪器驱动程序的最终用户进行通信。

因此，创建仪器驱动程序的第一步是定义相关的模型，解释驱动程序如何与系统的其他部分相互作用。仪器驱动程序外部接口模型显示仪器驱动程序如何与系统中的其他软件部分连接，如图 13-11 所示。

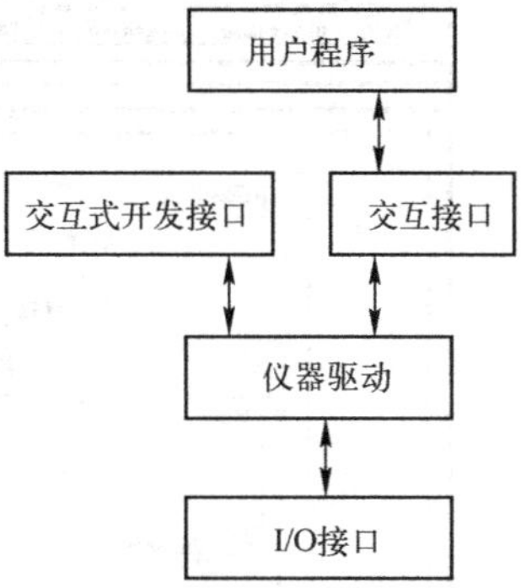

图 13-11 仪器驱动外部接口模型

1）仪器驱动程序功能体。此模型包含的仪器驱动程序功能体（functional body）是驱动程序的源代码，是用于控制特定仪器的函数库。功能体的详细说明由仪器驱动程序内部设计模型给出。

2）驱动程序的用户接口。驱动程序的用户程序开发接口是在测试应用程序中使用仪器驱动程序的方法。用户接口是标准的函数调用，没有特殊的针对仪器驱动程序的要求。

3）I/O 接口。I/O 接口是驱动程序与仪器硬件通信的途径。仪器驱动程序的一个重要考虑是如何进行仪器 I/O 通信。

（3）信号分析与处理模块设计

信号分析与处理模块是对采集的数据进行分析和处理，其运算速度的快慢会影响整个测试系统的运行。在第 10 章中已经对 LabVIEW 中调用 MATLAB 程序进行信号处理功能做了详细介绍，此处不再赘述。在 MATLAB 里创建一个 M 文件，利用 LabVIEW 里的 MATLAB Script 节点导入 M 文件即可对信号进行分析，程序框图如图 13-12 所示。

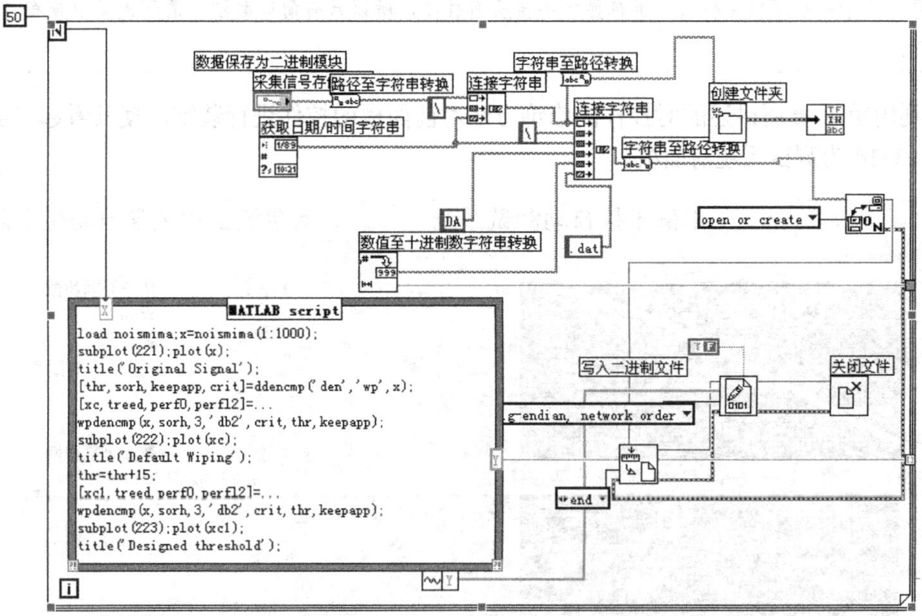

图 13-12 信号处理模块设计程序框图

13.7 系统集成——电磁干扰自动测试系统

将上文编制的各个模块在 LabVIEW 里集合成一个整体系统，方便调试和更换设备。总体设计程序框图如图 13-13 所示。

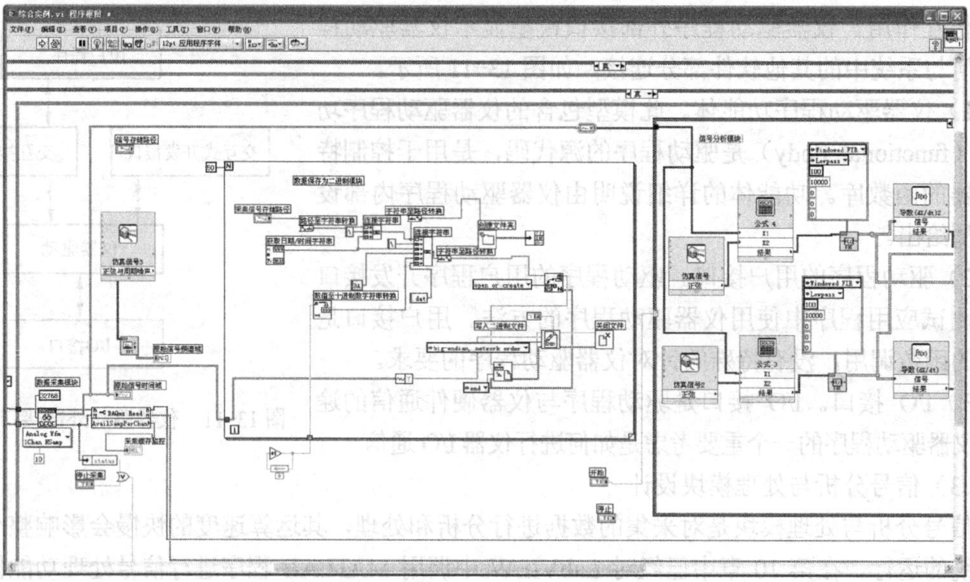

图 13-13　电磁干扰自动测试系统程序框图

📖 注意：由于原程序框图较大，屏幕显示不全所有程序，所以只有窗口截图，请到光盘中查看详细程序框图。

再利用第 8 章所讲述的对控件的修饰方法对前面板的控件进行装饰，使其看起来美观大方。图 13-14 为测试系统前面板。

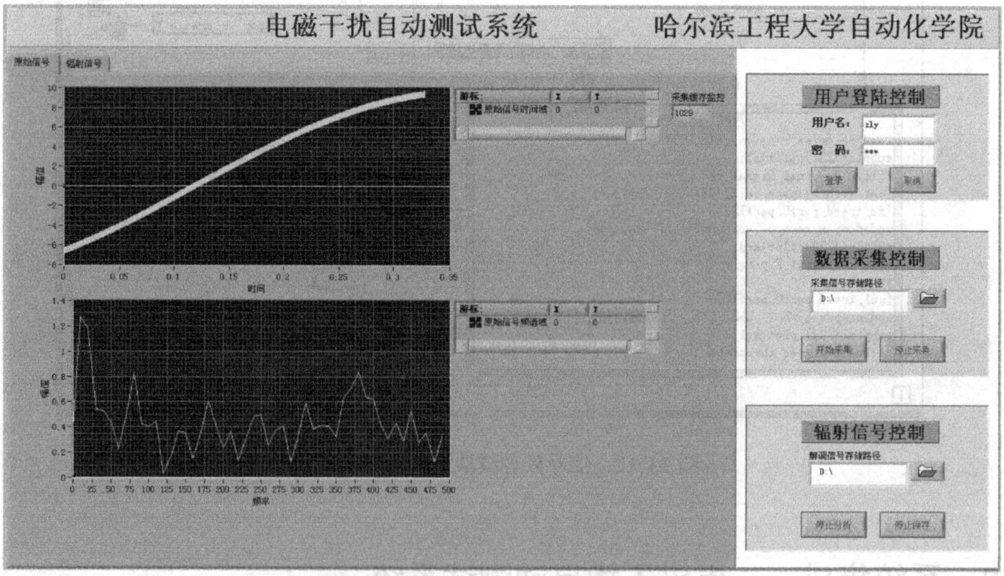

图 13-14　电磁干扰测试系统前面板

在登录界面处用户名输入“zly”，密码输入“123”，登录进系统后单击“开始采集”，系统即开始工作。

本书的随书光盘中给出了测试系统的整个程序代码。通过前面章节的学习，读者已经具备一定的 LabVIEW 基础知识，因此可以完全读懂、理解这些代码。测试系统的源程序提供了一个比较完善的、多任务的数据采集和分析处理的程序框架，读者完全可以在此基础上修改、构建自己的多任务测试系统。

在程序设计中，许多功能的具体实现方法都不是唯一的，笔者给出的方法是基于笔者自己的理解，不一定是最好的方法，甚至会有不足之处，读者完全可以根据自己的理解和喜好使用自己的编程方法。

第 14 章　基于声卡的数据采集系统

14.1　声卡的硬件结构与特性

声卡作为语音信号与计算机的能用接口，其主要功能就是语音信号经过 DSP（数字信号处理）音效芯片的处理，进行模拟信号与数字信号的转换，因此，从其功能上来看，声卡可以作为数据采集卡来使用。一般的声卡价格比较低廉，而且 LabVIEW 提供了专门用于声卡操作的基本函数，所以用声卡搭建数据采集系统非常方便。

14.1.1　声卡的基本参数

作为一种数据采集设备，声卡最主要的是采样位数和采样率两个参数。目前市场上的主流声卡是 16 位的，相对大多数采集卡 12 位的分辨率来讲，声卡这方面的性能比较高。但是作为一种音频处理设备，声卡的采样率不是很高，普通声卡的采样率分为 4 档：44.1kHz、22.05kHz、11.025kHz、8kHz。对于少数专业的声卡，采样率能达到 96kHz 或者更高的 192kHz 等。另外，声卡对 20Hz～20kHz 的音频信号有比较好的响应，而对这个频率范围之外的信号有很强的衰减，因此对于测试来讲，信号的频率最好在 50Hz～10kHz 范围之内。

14.1.2　声卡的硬件接口

对于不同的声卡，其硬件接口有所不同，一般声卡有 4～5 个对外接口，Wave Out（Line Out）和 SPK Out 是输出接口，Wave Out 输出的是没有经过放大的信号，SPK Out 输出的是经过功率放大器放大后的信号，可直接接到扬声器上。Mic In 和 Line In 是输入接口，两者的区别在于，后者只能接入较弱的信号，幅值大约为 0.02～0.2V，这个信号较易受干扰，在数据采集时常用 Mic In，它可接入幅值约不超过 1.5V 的信号。这两个通道输入端口内部都有隔直电容，直流信号和频率太低的信号都不能被接受。多数声卡在接入端把左右声道短接成一个通道，这种声卡可作为单通道数据采集卡用，声卡本身不提供参考电压，需要自行标定。在进行数据采集时，信号可以通过 3.5mm 的音频插头通过声卡输入到计算机中或从计算机输出。

在进行数据采集时需要在 PC 上对声卡进行设置，具体方法如下。

1）双击音量图标，弹出“主音量”控制对话框，在菜单中选择“选项→属性”。

2）在属性页的“混音器”中选择“Realtek HD Audio input”（这个名称根据具体的 PC 可能有所不同）。

3）在“显示下列音量控制”列表中勾选“线路音量”和“麦克风音量”。

这样，就可以对“线路音量”和“麦克风音量”进行调节了，如图 14-1 所示，将音频与对应的接口连接就可以进行数据采集了，对于普通的集成声卡，一般为 3 个接口，从颜色上区分，粉红色的为 Mic In，草绿色的为 Wave Out，浅蓝色的为 Line In。

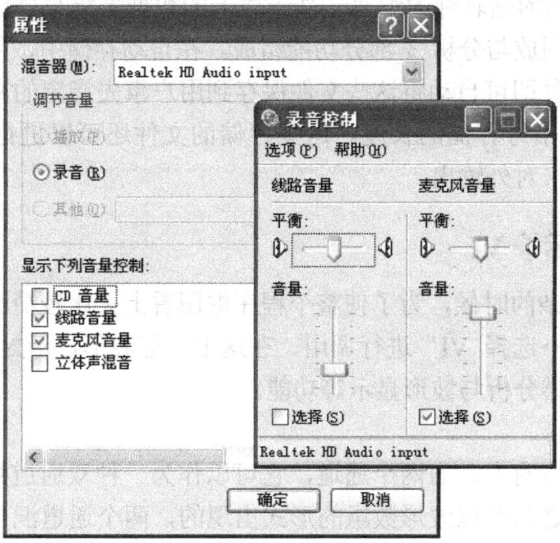

图 14-1　声卡录音控制

14.2　声卡操作函数

LabVIEW 提供了一系列使用 Windows 底层函数编写的与声卡有关的函数，利用这些函数可以方便地搭建基于声卡的信号采集程序，这些函数位于“函数→编程→图形与声音→声音”子选板上，如图 14-2 所示。

图 14-2　声卡操作函数子选板

这些函数都是用 Windows 底层函数编写的，直接与声卡驱动联系，可以实现对声卡的快速访问和操作，具有比较高的执行性能。声音子选板下又分“输出”“输入”与“文件”三个子选板，它们分别提供声音输出、输入与声音文件相关的 VI。声卡操作函数的用法比较简单，这里不再赘述，感兴趣的读者可以参考 LabVIEW 的帮助文档，另外，通过菜单栏的“帮助→查找范例”打开 NI 范例查找器后，在“硬件输入与输出→声音”可以找到这些函数的典型应用，通过对它的修改即可实现用户所需的功能。

14.3　构建基于声卡的数据采集与分析系统

14.3.1　系统组成

基于声卡的数据采集与分析系统主要由传感器、信号调理电路、声卡和计算机 4 部分组成。其中传感器的作用是获取外界信息，并转成相应的电信号，这些信号一般比较微弱，并且常常伴有较强的噪声，需要经过调理电路的滤波和放大，声卡将这些信号进行采样，变成数字信号后送入计算机进行显示和保存。

对于前置的传感器和信号调理电路，这里不作过多的讨论，这里采用的声卡就是普通 PC 上的声卡，主要介绍的是软件的编写。基于声卡的数据采集与分析系统软件主要由自动存储、手动存储和信号回放与分析 3 部分功能组成。在自动存储中，用户只要指定每个文件的长度、总文件数，软件即可自动将这些文件保存到用户事先指定的文件夹中。在手动存储中，需要用户手动控制信号存储的长度。这些存储的文件还可以进行回放、基本的时频分析，同时还可以通过声卡对外输出。

14.3.2 编写波形显示子 VI

当一个程序比较复杂的时候，为了使整个程序框图看上去比较简洁，可以对部分代码进行封装，再通过“函数→选择 VI”进行调用，在这里，把波形显示封装成一个子 VI，能实现通道选择、滤波、频谱分析与波形显示等功能。

1. 通道选择

前面已经讲到，声卡有左、右两个通道，它可以作为一种双通道数据采集卡使用，但这些数据在进入到计算机之后是以波形数组的形式出现的，两个通道混合在一起，信号分离通过用“函数→Express→信号操作”中的“拆分信号.vi”实现。

经过“拆分信号”处理，左、右通道的信号已经分离，对于每个通道的数据处理用“条件结构”实现，如图 14-3 所示，“通道选择”通过“菜单下拉列表”控件实现，如图 14-4 所示。

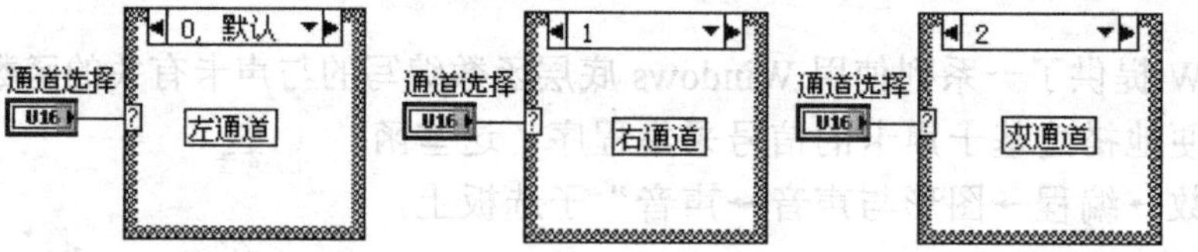

图 14-3 不同通道的数据处理框图

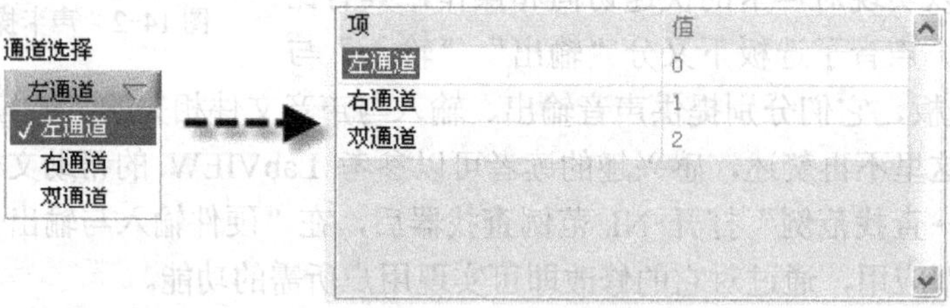

图 14-4 “通道选择”控件与属性设置

2. 数据类型转换

“读取声音输入.vi”的输出数据是一个波形数据，如图 14-5 所示，这些数据包括 t0、dt 和 Y，其中 t0 表示数据采集的当前时间，dt 表示采样周期，即 $1/f$，Y 就是采集到的数据。对它进行某些处理（比如滤波）的时候先要进行类型转换，用“函数→Express→信号操作”中的“从动态数据转换.vi”即可实现，第一次把它放置到程序框图上时，或者双击都可打开它的配置对话框，

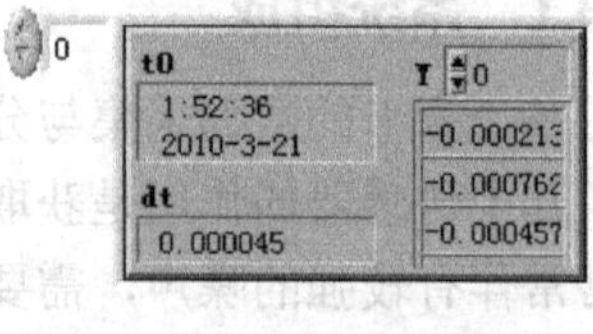

图 14-5 输入波形数据格式

如图 14-6 所示，这里选择“一维标题数组—单通道”或者“单一波形”都可以。

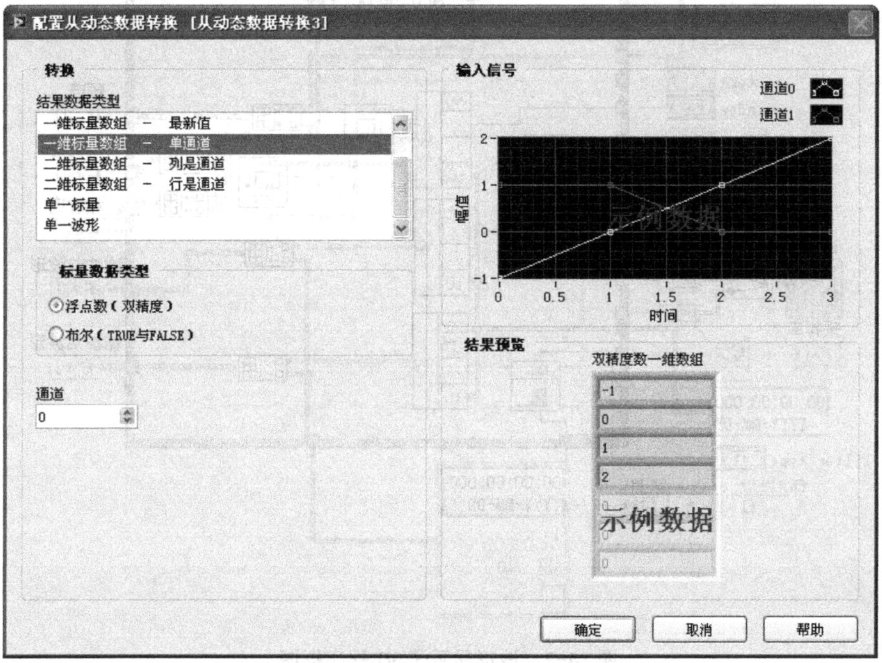

图 14-6　配置从动态数据转换 VI 对话框

3．谱分析

谱分析的实现比较容易，LabVIEW 已经为我们封装好了这些函数，只要对它进行相应的设置即可。进行谱分析的时候，有时候需要调整数据点数，可以通过“函数→编程→数组”中的“拆分一维数组.vi”实现。在这里用“函数→信号处理→波形测量”中的“FFT 功率谱密度”实现信号的功率谱分析，用“FFT 频谱（幅度—相位）.vi”实现对幅度—相位谱的分析，可以对处理结果的显示方式等进行设置。另外，谱分析之前要用“函数→编程→波形”中的“创建波形.vi”对数据进行重组，把它还原成一个波形数据。

4．滤波

“函数→信号处理→滤波器”中提供了许多常用的滤波器，这些 VI 使用非常简单，这里选择“Butterworth 滤波器”，可以进行低通、高通、带通等方式滤波，要注意的是它的 fs 端口要连接数据的采样率，否则没有波形输出，另外在进行波形显示的时候，如果不对它进行波形重组，那么显示的横轴是数据点数。

5．波形显示

为了使显示比较符合我们的习惯，对滤波后的数据进行了波形重组，这样它显示的横轴是时间，另外，因为后面涉及对双通道数据的处理，在显示的时候为了能在一个波形图中显示出来，需要用“创建数组.vi”将两路波形数据组合到一起，这样就会出现一个问题：在对单通道的数据进行处理的时候只有一路波形数据，为了使数组类型匹配，在单通道显示的时候，将另一通道数据用一个空数组来替代。

至此，整个波形显示子 VI 的功能已经全部实现，程序框图如图 14-7 所示。

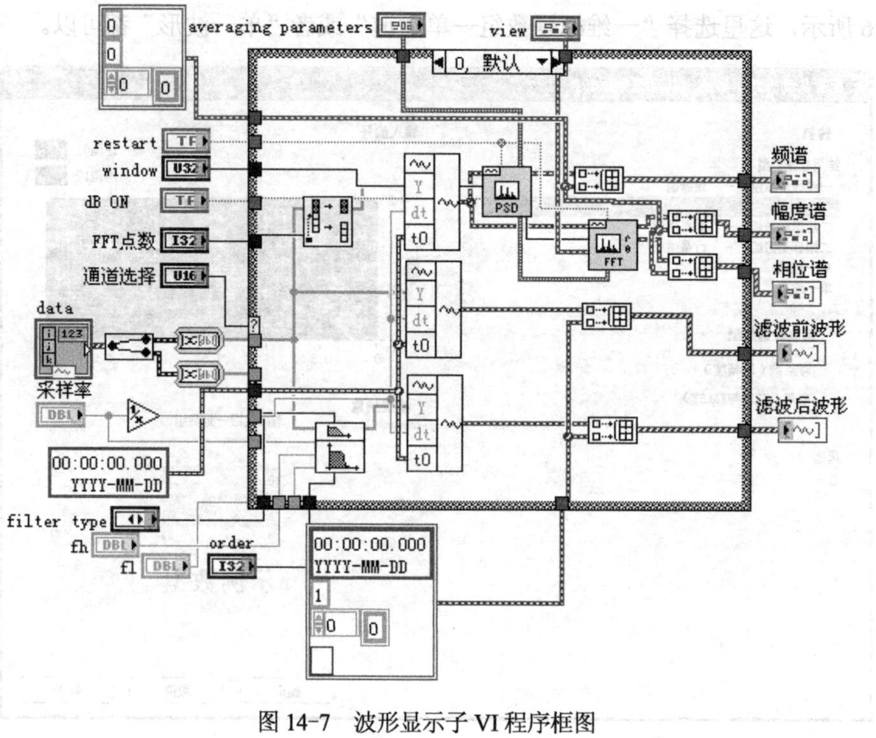

图 14-7　波形显示子 VI 程序框图

6．设置输入输出端口

经过上面 5 个步骤，波形显示子 VI 的基本功能已经实现，但要能够被正常调用，还需要对它进行端口设置，也即进行封装。端口设置比较简单，单击菜单栏右上角的图标，选择“显示连线板”，这样图标就变成了连线端口，如图 14-8 所示。在图标上单击一个端口，然后在前面板上单击相应的控件，这样控件与端口就对应上了，用户可以对端口的分布、数目进行调整。另外，还可以对图标进行编辑，输入用户想要的字符或者图案作标记。

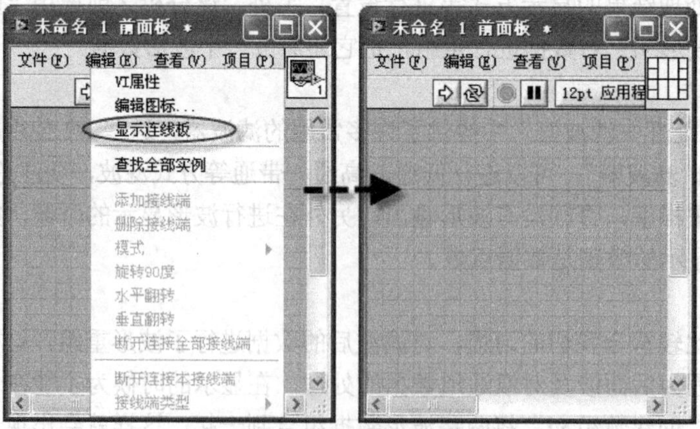

图 14-8　显示连线板

至此，波形显示子 VI 就制作完成了，将它保存为“波形显示.vi”，以后就可以对它进行调用了。

14.3.3 自动存储

声卡对数据的采集主要通过“配置声音输入.vi”“读取声音输入.vi”“声音输入清零.vi”3 个 VI 实现，声音文件的存储主要通过“写入并打开声音文件.vi”“写入声音文件.vi”“关闭声音文件.vi”3 个 VI 实现。

利用声卡进行数据采集之前，要先对声卡进行配置，这里的配置主要包括：设备 ID 号（0）、采样模式（选择连续采样）、每通道采样点数、采样率、通道数、每采样比特数（16）。当进行连续采集的时候，如果参数没有改变，则不需要每次都对声卡进行配置，只要循环读取缓冲的数据即可。在进行数据存储之前要先打开一个声音文件，而写入完成之后则要将它关闭。

如果一段数据太长，会对后续处理造成麻烦，经常会因为计算机内存不够而不能完整地读出存储的数据，解决这个问题的方法就是对数据进行分割，那么，针对这个问题，我们可以在存储的时候就把文件分割成一定长度的数据段，便于后续处理，也即这里所说的自动存储。对于自动存储，它的目标是实现指定文件长度、指定文件数目的数据采集与存储，可用 For 循环实现。整个程序框图如图 14-9 所示，内层的 For 循环实现对单个文件长度的控制，循环次数=[采集时间×采样率÷每通道采样点数]+1，[ ]表示取整，要注意的是这里只是近似文件的长度，并不是十分精确的，比如设置文件长度为 5s，实际采到的信号长度可能是 5s 多一点。在进行自动存储之前要先指定文件存放的路径、要保存的文件数目、每个文件的长度，要注意的是文件名不要加扩展名，由程序自动添加序号和扩展名。波形显示通过调用“波形显示”子 VI 实现。

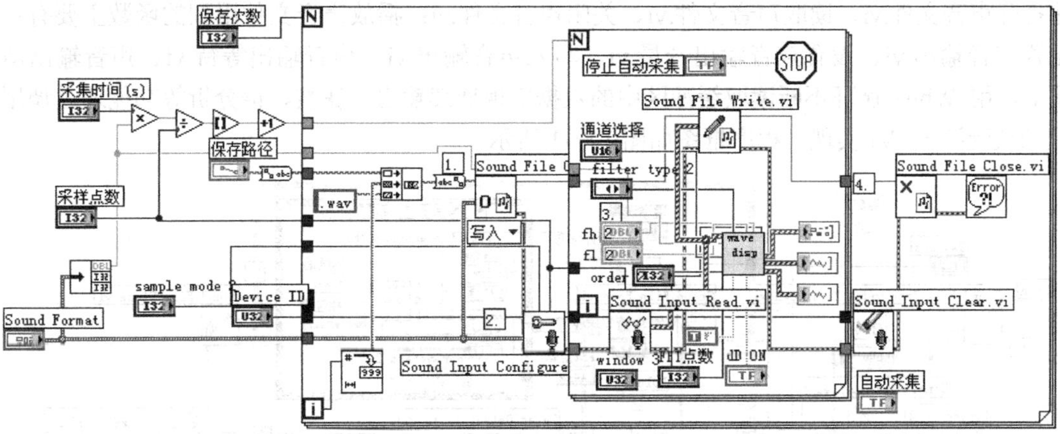

图 14-9　自动存储程序框图

14.3.4 手动存储

手动存储需要经过用户的操作才能进行一段文件的存储，它的存储长度需要用户控制。程序的编写与自动存储类似，将图 14-9 的外层循环去掉，内层循环改成 While 循环，对声卡参数的配置方式和波形显示方式不变，程序框图如图 14-10 所示。在使用过程中，要先指定文件的存放路径（注意这里的文件名称要加扩展名，扩展名为“.wav”），程序一开始运行时，并不存储数据，单击“保存”按钮后才开始进行数据保存，在数据保存过程中，“保存”按钮会闪烁（这个功能用“属性节点”的“闪烁”实现）。

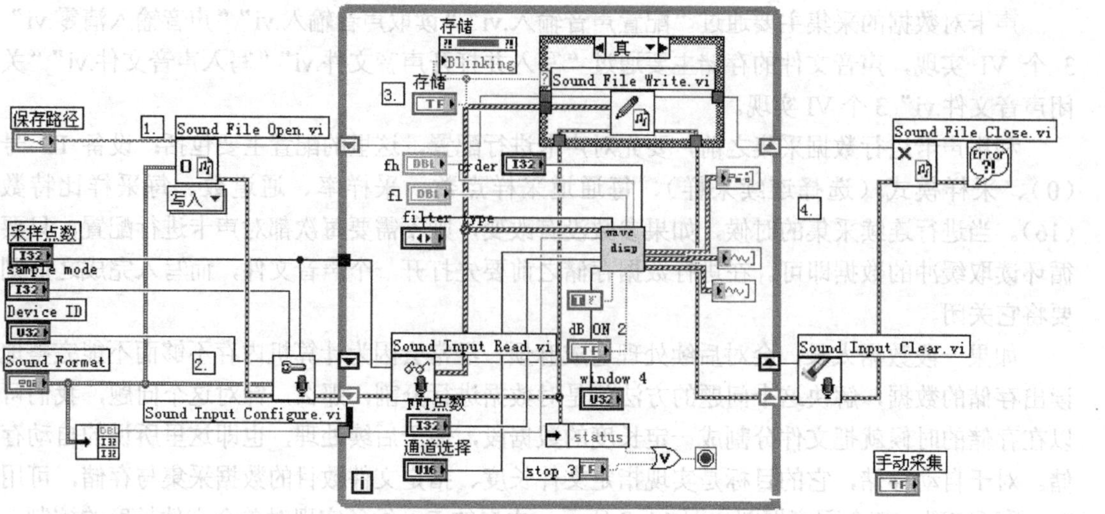

图 14-10　手动存储程序框图

14.3.5　信号回放与分析

信号回放与分析部分的功能就是将采集到的信号进行再现和分析，当然，也可以通过这个程序将信号通过声卡发射出去。读取声音文件用到的函数主要有：声音文件信息.vi、读取并打开声音文件.vi、读取声音文件.vi、关闭声音文件.vi；播放声音文件用到的函数主要有：配置声音输出.vi、设置声音输出音量.vi、写入声音输出.vi、声音输出等待.vi、声音输出清零.vi。用 While 循环不断读取缓冲区中的数据实现连续输出，滤波、谱分析等功能通过调用“波形显示”子 VI 实现，程序框图如图 14-11 所示。

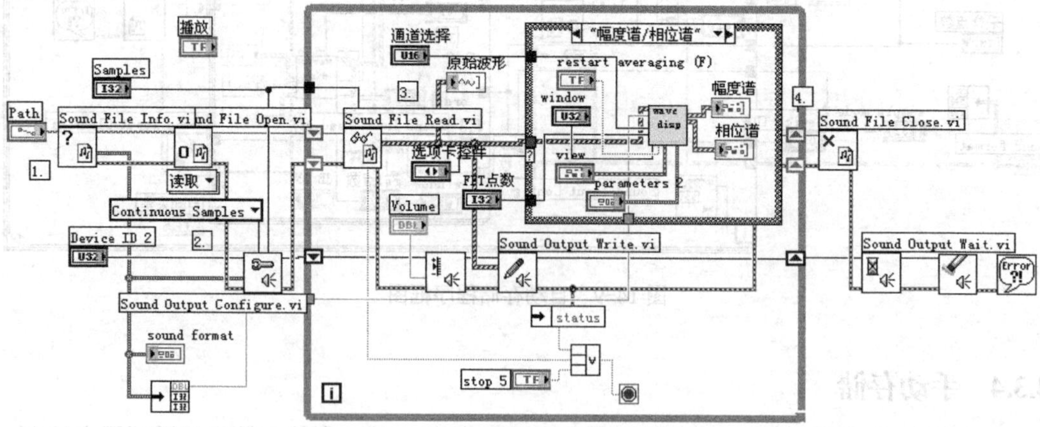

图 14-11　信号回放与分析程序框图

14.3.6　程序组合

将块程序代码组合在一起，在一个程序上实现多个功能，这些功能又互不干扰，最简单的方式就是利用“条件结构”或者“事件结构”。在这个综合实例中，各个模块功能，如自动存储、手动存储、信号回放与分析，包括后面要讲到的帮助与退出程序都是用事件结构实现的，在信号回放与分析模块中滤波、幅度谱与相位谱、功率谱等功能是通过条件结构实现的。

1．主程序

主程序是建立在事件结构的基础上的，关于事件结构的详细内容请参考 6.7 中的相关内容，在这个实例中，各分支的事件源、事件及功能见表 14-1。

表 14-1　主程序各事件分支说明

序号	事件源	事件	功能
0	自动采集	值改变	运行自动采集程序
1	手动采集	值改变	运行手动采集程序
2	播放	值改变	运行回放与分析程序
3	帮助	值改变	弹出帮助信息
4	退出	值改变	退出程序

注意：在编辑事件的时候，一定要注意取消对话框下面“锁定前面板（延迟处理前面板的用户操作）直至事件分支完成”的选择，否则，运行“手动保存”程序分支时，会造成里面的 While 循环“假死”，即程序在运行这个分支时，界面上的按钮会失去响应。

2．回放与分析模块

回放与分析模块要实现的功能是采集数据的再现与滤波、幅度—相位谱分析、功率谱分析等，因为界面显示有限，不可能一次把所有的程序运行结果都显示出来，这里用一个“条件结构”进行选择，选择条件由“选项卡”控件提供，将这 3 个功能模块分别放置在选项卡控件的不同页上，这样，切换选项卡页的时候就选择了不同的功能模块，如图 14-12 所示。

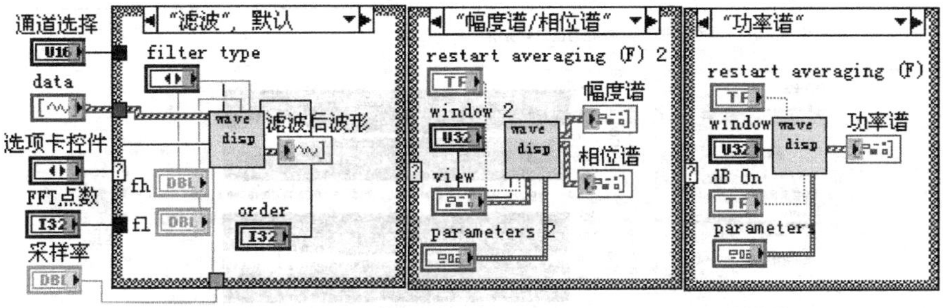

图 14-12　信号分析程序框图

14.4　界面布局与修饰

界面布局与修饰是程序编写的重要一步，一个布局合理，色彩搭配恰当的界面可以使人赏心悦目，而且易于操作。

界面的布局与修饰没有一个特定的公式可以参考，只要使人看上去舒服即可，一般来说，有下面几点可以用来作为参考。

1）把同一类型的控件放在一起。

2）充分利用“控件→新式→修饰”中的线条、框框等进行划界修饰。

3）用“查看→工具”打开“工具”选板之后，对界面进行着色修饰，但注意最好不要把色彩弄得过于复杂。

4）充分利用菜单栏中的“对象对齐”“分布对象”“调整对象大小”“重新排序”等工具对控件进行快速对齐、布局、调整大小等。

5）利用属性节点对控件的显示进行控制，如在本例中对“手动存储”模块中的“存储”按钮设置了“闪烁”，当按钮按下时，即进行数据保存时，“存储”按钮会闪烁。

另外，对于一些控件，可以进行自定义，具体方法为：在控件上右击，选择“高级→自定义”，打开控件自定义前面板，在这个前面板上可以对控件的形状、颜色、机械动作等进行修改，还可以加入图片，在本例中修改了两个“确定”按钮，一个作为“帮助”按钮，一个作为“退出”按钮，修改后的效果如图 14-13 所示。

整个程序的界面如图 14-14 所示，程序框图如图 14-15 所示。需要特别说明的是：

图 14-13　自定义修改后的控件

1）在进行存储前要先设置好保存路径、采样参数等。

2）采样参数在运行过程中不可改变，滤波参数和显示参数可以改变。

3）自动存储时不要指定文件扩展名，由程序自动添加，手动存储和回放时要指定文件的扩展名，扩展名为“.wav”。

4）手动存储在单击“保存”按钮后才开始保存数据。

5）双击图表上的数值，可以改变波形显示的范围。

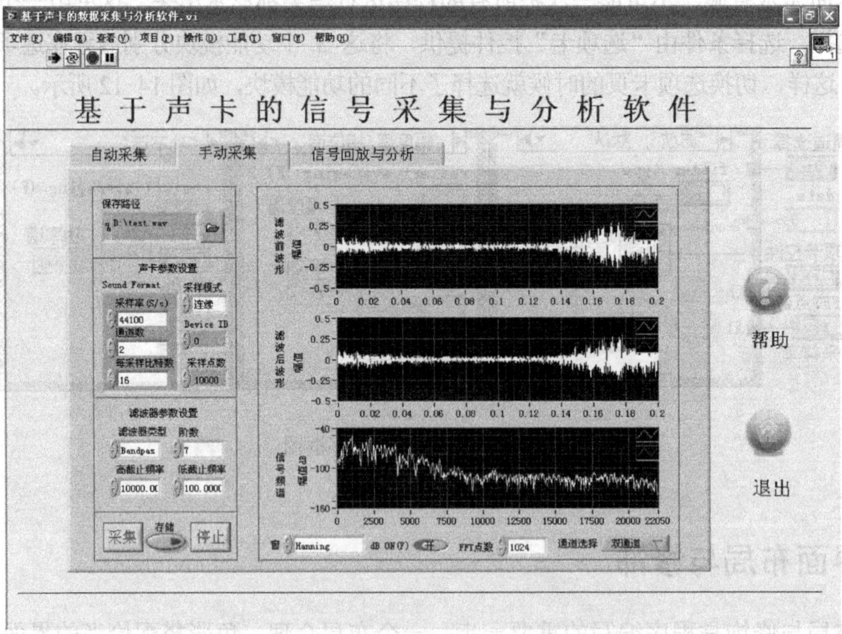

图 14-14　基于声卡的数据采集与分析软件界面

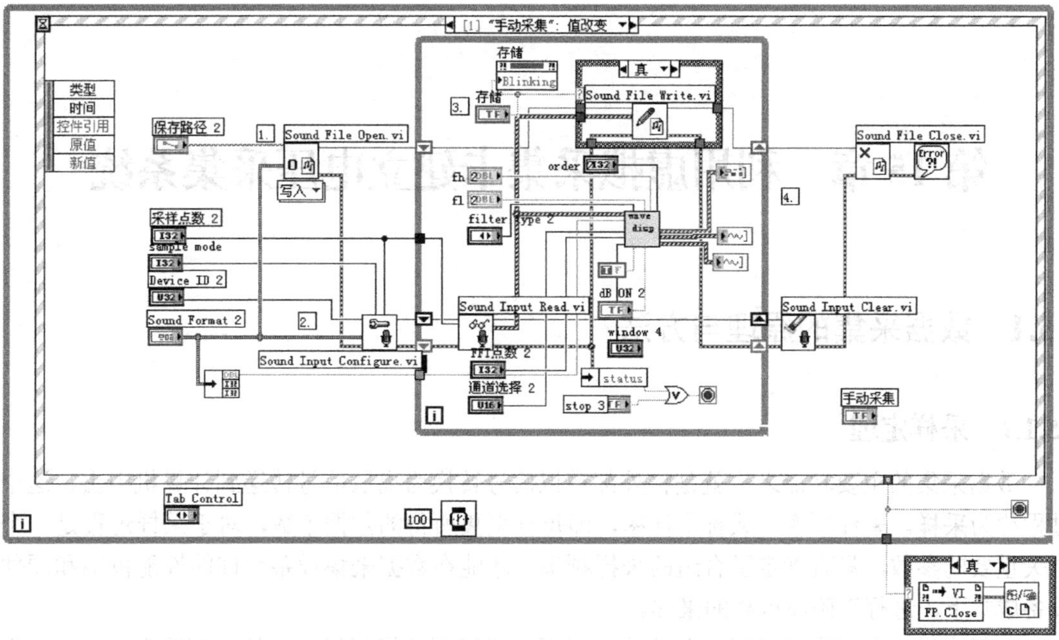

图 14-15　基于声卡的数据采集与分析软件程序框图

第 15 章　利用虚拟采集卡建立电压采集系统

15.1　数据采集的原理与方法

15.1.1　采样定理

数据采集的主要功能之一就是将外部模拟信号转换为离散信号传递到计算机中去，这个过程称为**采样**。采样频率，或称采样率，即每秒采集所得的数据个数，对于采样过程是一个至关重要的参数，只有确定了合适的采样频率，才能在数据采集设备允许的性能范围和硬件设备成本下，进行正确而可靠的采样。

一般来讲，在没有任何附加条件或说明下，我们不能指望每一个信号都能唯一地由一组等间隔的样本值来表征，有无限多个信号都可以产生一组给定的样本值。但是，如果一个信号是带限的（即它的傅里叶变换在某一有限频带范围以外均为零），并且它的样本取得足够密的话（相对于信号中的最高频率而言），那么这些样本值就能唯一地用来表征这一信号，并且能从这些样本中把信号完全恢复出来。这一结果就是**采样定理**。具体数学表达如下：

设 $x(t)$ 是某一个带限信号，在 $|\omega| > \omega_M$ 时，$X(j\omega) = 0$。如果 $\omega_s > 2\omega_M$，其中 $\omega_s = 2\pi/T$，那么 $x(t)$ 就唯一地由其样本 $x(nT)$，$n = 0, \pm1, \pm2, \cdots$ 所确定。

在采样定理中，采样频率必须大于 $2\omega_M$，该频率 $2\omega_M$ 称为**奈奎斯特率**。

过高的采样频率显然会增加采集设备的工作负担以及软件计算的工作量，另外也会增加硬件采购成本。而过低的采样频率不足以正确恢复原始信号，采样定理之中，采样频率必须至少是原始信号中所包含最高频率的 2 倍，此时所得到的采样信号才能包含原始信号所有频率分量的全部信息，否则从采样信号恢复原始信号时将发生畸变。理论上只要采样频率达到信号所包含最高频率的 2 倍以上就可以避免畸变，但是工程应用上往往要留出一些裕量，一般取 5～10 倍，如果对信号处理效果有更高的要求，甚至还需取得更高。

在实际应用中，即使已经知道待采集信号的最大频率值，但受环境噪声和通道干扰影响（比如交流输电线路的 50Hz 信号干扰，以及附近电焊或超声波焊接可能带来的超高频干扰），会带来很高频率的干扰信号，混杂于有用信号中从而产生畸变，影响采集效果。

为解决此类问题，通常在采样器和模数转换器之间加一个低通滤波器，可以保证低频信号通过并且衰减高频信号，从而保证所有频率分量都在适当的范围内。执行这种功能的滤波器常被称为抗畸变滤波器，许多数据采集卡或者数据采集设备都已经通过硬件方式实现了抗畸变滤波器的连接。

15.1.2　NI-DAQmx 简介

NI-DAQmx 是与数据采集硬件设备进行通信的编程接口，该接口是一个包含各种 VI、函数、类、属性和特性的库，为设备创建应用程序。最常用的 VI 分为如下几类。

1）**模拟输入**是用来提供单通道或多通道的单点或波形的数据采集。模拟输入有如下几个技术指标。

① 通道数。对于采用单端和差分两种输入方式的设备，模拟输入通道数可以分为单端输入通道数和差分输入通道数。在单端输入中，输入信号均以共同的地线为基准。这种输入方法主要应用于输入信号电压较高（高于 1 V），信号源到模拟输入硬件的导线较短（低于5m），且所有的输入信号共用一个基准地线的场合。如果信号达不到这些标准，此时应该用差分输入。对于差分输入，每一个输入信号都有自己的基准地线，由于共模噪声可以被导线所消除，从而减小了噪声误差。

② 采样速率。这一参数决定了每秒钟进行模数转换的次数。一个高采样速率可以在给定时间下采集更多数据，因此能更好地反映原始信号。

③ 多路复用。多路复用是使用单个模数转换器来测量多个信号的一种常用技术。

④ 分辨率。模数转换器用来表示模拟信号的位数即是分辨率。分辨率越高，信号范围被分割成的区间数目越多，因此，能探测到的电压变量就越小。图 15-1 显示了一个正弦波和使用一个理想的 3 位模数转换器所获得相应数字图像。一个 3 位变换器（此器件在实际中很少用到，在此处是为了便于说明）可以把模拟范围分为 8 个区间。每一个区间都由在 000～111 内的一个二进制码来表示。很明显，用数字来表示原始模拟信号并不是一种很好的方法，这是由于在转换过程中会丢失信息。然而，当分辨率增加至 16 位时，模数转换器的编码数目从 8 增长至 65536，由此可见，在恰当地设计模拟输入电路其他部分的情况下，可以对模拟信号进行非常准确的数字化显示。

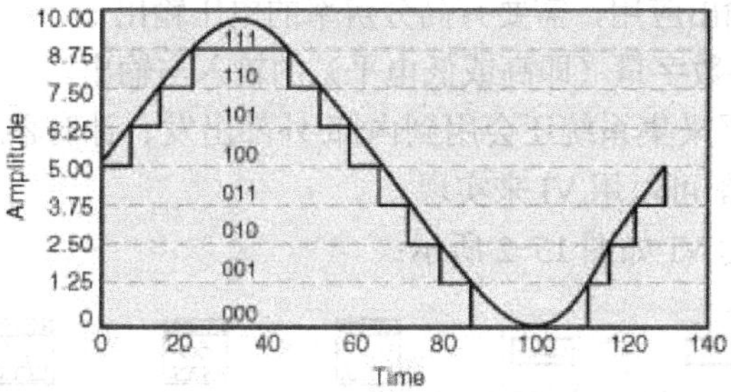

图 15-1　3 位分辨率下正弦波的数字化

⑤ 量程。量程是模数转换器可以量化的最小和最大电压值。NI 公司的多功能数据采集设备能对量程范围进行选择，可以在不同输入电压范围下进行配置。由于具有这种灵活性，可以使信号的范围匹配模数转换器的输入范围，从而充分利用测量的分辨率。

⑥ 编码宽度。数据采集设备上可用的量程、分辨率和增益决定了最小可探测的电压变化，此电压变化代表了数字值上的最低有效位 1（LSB），也常被称为编码宽度。理想的编码宽度为电压范围除以增益和 2 的分辨率次幂的乘积。例如，NI 的一种 16 位多功能数据采集设备——NI 6030E，它可供选择的范围为 0～10V 或－10～10V；可供选择的增益：1，2，5，10，20，50 或 100。当电压范围为 0～10V，增益为 100 时，理想的编码宽度为

$$\frac{10}{100\times 2^{16}}\text{V}=1.5\mu\text{V}$$

⑦ 微分非线性度（DNL）。在理想情况下，当提高一个数据采集设备上的电压值时，模

数转换器上的数字编码也应该线性增加。如果对一个理想的模数转换器测定电压值与输出码的关系，绘出的线应是一条直线。这条理想直线的离差被定义为非线性度。DNL 是指以 LSB 为测量单位，和 1LSB 理想值的最大离差。一个理想的数据采集设备的 DNL 值为 0，一个好的数据采集设备的 DNL 值应在±0.5 LSB 以内。

⑧ 稳定时间。稳定时间是指放大器、继电器或其他电路达到工作稳定模式所需要的时间。当在高增益和高速率下进行多通道采样时，仪用放大器是最不容易稳定下来的。在这种条件下，仪用放大器很难追踪出现在多路复用器不同通道上的大变化的信号。一般而言，当增益越高并且通道的切换时间越短时，仪用放大器越不容易稳定。事实上，没有现成的可编程增益放大器可在 2μs 时间内、增益为 100 时，稳定地达到 12 位精度。NI 为数据采集应用专门开发了 NI-PGIA，所以应用 NI-PGIA 的设备在高增益和高采样速率下具有一致的稳定时间。

2）**模拟输出**是提供单通道或多通道的单点或波形的数据输出。主要包括以下几个技术指标。

① 稳定时间。稳定时间是指输出达到规定精度时所需要的时间。稳定时间通常由电压上的满量程变化来规定。

② 转换速率。转换速率是指数模转换器所产生的输出信号的最大变化速率。稳定时间和转换速率一起决定数模转换器改变输出信号值的速率。因此，一个数模转换器在一个小的稳定时间和一个高的转换速率下可产生高频率的信号，这是因为输出信号精确地改变至一个新的电压值这一过程所需要的时间极短。

③ 输出分辨率。输出分辨率与输入分辨率类似，它是产生模拟输出的数字码的位数。较大的位数可以缩小输出电压增量的量值，因此可以产生更平滑的变化信号。对于要求动态范围宽、增量小的模拟输出应用，需要有高分辨率的电压输出。

数字 I/O 模块是提供数字量（即高或低电平）的输入与输出。

此外，较复杂的数据采集系统还会用到内部/外部出发、计时器/计数器等功能，这些在 LabVIEW 和 NI-DAQ 中都可以用 VI 来实现。

NI-DAQmx 中包含的 VI 如图 15-2 所示：

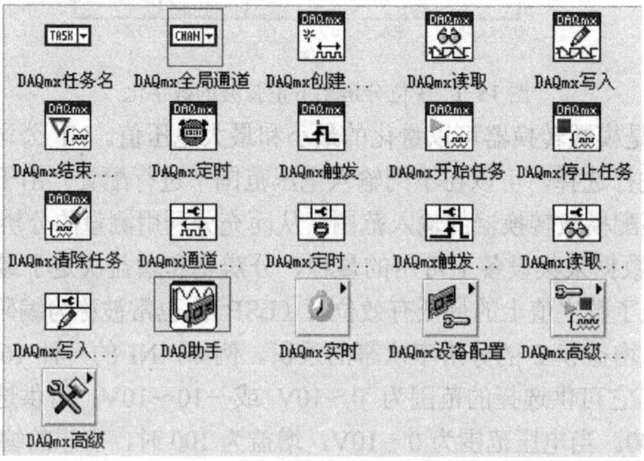

图 15-2　NI-DAQmx 的函数选板

15.2 数据采集系统的构成

一个完整的数据采集系统包括计算机、传感器和变换器、信号调理模块、数据采集设备、硬件驱动、应用程序编程接口、硬件配置管理软件、应用软件等。计算机通过测量设备接收原始数据。信号调理部分使用传感器和转换器调理待测物理量，使测量设备更加容易接收数据。软件采集这些原始数据，以可以理解的形式显示它们，对数据进行处理，使数据能够以图形、表格或者文件的形式形成报表。软件也对测量系统进行控制，通知测量设备应何时以及从哪个通道采集或生成数据。典型的数据采集系统构成如图 15-3 所示。

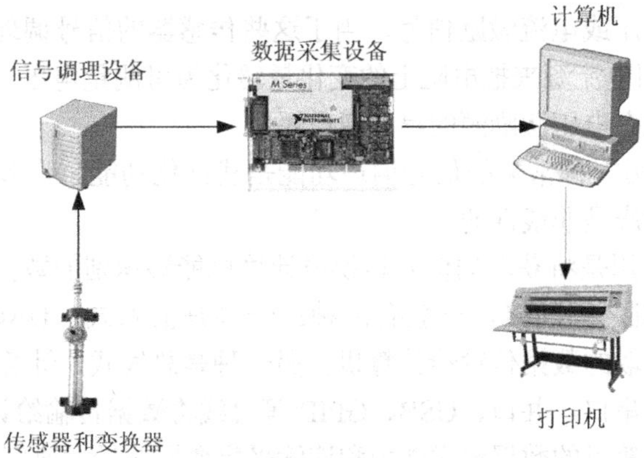

图 15-3 数据采集系统构成

15.2.1 数据采集系统的硬件

不同的数据采集系统根据高低端需求不同，虽然具有各种各样不同的配置，但其各个组成单元的构成基本是一致的。数据采集系统的硬件部分主要有传感器和变换器、信号调理设备、数据采集设备和计算机 4 部分组成。

传感器感应物理现象并生成数据采集系统可测量的电信号。例如，热电偶、电阻式测温计（RTD）、热敏电阻器和集成电路传感器可以把温度转变为模数转化器可测量的模拟信号。其他例子包括应力计、流速传感器、压力传感器，它们可以相应地测量应力、流速和压力。在所有这些情况下，传感器可以生成和它们所检测的物理量成比例的电信号。

传感器和变换器输出的信号常常不能直接被采集设备读取，需要进行信号调理。信号调理设备的主要功能如下。

1）放大功能。放大是最为普遍的信号调理功能。例如，需要对热电偶的信号进行放大以提高分辨率和降低噪声。为了得到最高的分辨率，要对信号放大以使调理后信号的最大电压范围和模数转换器的最大输入范围相等。

2）隔离功能。另一种常见的信号调理应用是为了安全目的把传感器的信号和计算机相隔离。被监测的系统可能产生瞬态的高压，如果不使用信号调理，这种高压会对计算机造成损害。使用隔离的另一原因是为了确保插入式数据采集设备的读数不会受到接地电势差或共模电压的影响。当数据采集设备输入和所采集的信号使用不同的参考“地线”，而一旦这两个参考地线有电势差，就会带来麻烦。这种电势差会产生所谓的接地回路，这样就将使所采集信号的读数不准确，或者如果电势差太大，它也会对测量系统造成损害。使用隔离式信号调理能消除接地回路并确保信号可以被准确地采集。

3）多路复用功能。多路复用是使用单个测量设备来测量多个信号的常用技术。模拟信号的信号调理硬件常对如温度这样缓慢变化的信号使用多路复用方式。模数转换器采集一个通道后，转换到另一个通道并进行采集，然后再转换到下一个通道，如此往复。由于同一个模数转换器可以采集多个通道而不是一个通道，每个通道的有效采样速率和所采样的通道数成反比。

4）滤波功能。滤波器的功能是指在所测量的信号中滤除不需要的信号。噪声滤波器用于如温度这样直流信号，它可以衰减那些降低测量精度的高频信号。

5）激励功能。对于某些传感器，信号调理也能提供激励源。例如应力计、热敏电阻器和 RTD 需要有外部电压或电流激励信号，用于这些传感器的信号调理模块常用来提供激励信号。RTD 测量常使用电流源来把电阻上的变化量转化为可测量电压。应力计是阻值非常低的电阻设备，常用于配有电压激励源的惠斯通电桥。

6）线性化功能。另一种常见的信号调理功能是线性化功能。许多传感器，如热电偶，对被测量的物理量的响应是非线性的。

数据采集设备的作用是将获取的信号转换成计算机能够识别的数据，并送入计算机中，数据采集设备和计算机之间的接口一般有两种：一种是插入式，DAQ 卡通过计算机中的 PCI/PXI 插槽直接将获取的数据传输给计算机；另一种是总线式，计算机外的 DAQ 硬件首先获取数据，然后通过串口、并口、USB、GPIB 等总线将数据传输给计算机。

总线方式决定了计算机的数据传送能力和连续采集数据的最大速度，最常见的是 PCI 总线、PXI/Compact PCI 总线、USB、串口、并口、IEEE1394 总线以及 ISA 总线。在选择总线方式时，应根据数据采集设备、计算机的支持类型和系统数据传输特点，选择恰当的方式。

在采集大量甚至海量数据时需要考虑计算机的硬盘容量和读写速度，否则会影响到数据采集速率和最大存储容量。当采集快速变化的高频信号时，需要配置高速硬盘，并保证有连续的硬盘空间来存储数据。而普通的中低端硬盘就可满足一般情况下的采集需求。

计算机的处理器速度影响到对信号的计算和分析速度。一般情况下，对于那些只需 1s 内采集和分析一次或数次的普通数据采集系统，使用中低端的处理器就可满足要求。而需要实时处理高频信号或需要承担大型计算任务时，就需要使用 32 位的高速处理器及协处理器，或者专用的数字信号处理器。

15.2.2 数据采集系统的软件

虚拟仪器的一大特色就是“软件即仪器”。所以数据采集系统的软件也代替了仪器的部分功能，可以实现对硬件设备的驱动以及对数据的采集和分析等功能。根据应用层次的不同，基于虚拟仪器的数据采集系统的软件部分一般可由驱动程序、应用程序编程接口和虚拟仪器开发工具 3 部分组成，如图 15-4 所示。

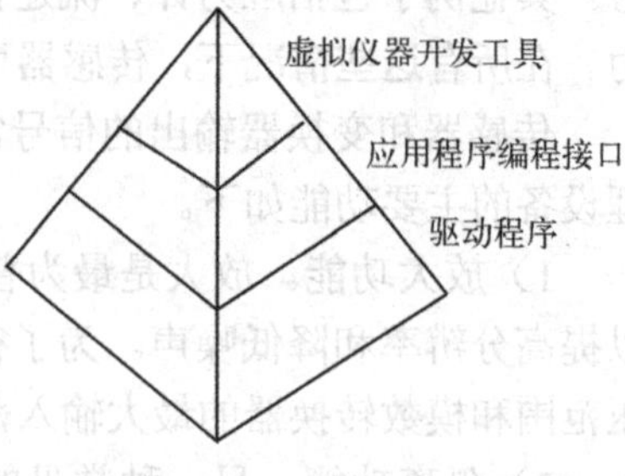

图 15-4 数据采集系统的软件结构

驱动程序提供对底层硬件设备的驱动功能，如 NI-DAQmx、Traditional NI-DAQ、NI-VISA 等；应用程序编程接口（Application Programming Interface，API）将常用的采集步骤封装为一系列子 VI 或者子函数供用户使用，使得用户可以不必关心驱动程序的细节，熟悉

API 的使用方法后直接调用即可；而虚拟仪器开发工具 LabVIEW 作为顶层的软件开发平台，可提供强大而灵活的开发功能，方便用户快速搭建数据采集和测量应用程序。

数据采集 VI 按功能可划分为不同的等级。

（1）顶层：简易 DAQ 节点

简易 DAQ 节点执行最简单的数据采集操作，一般位于数据采集子选板的第一行。需要完成最基本的数据采集操作时它的功能是很出色的。它还能自动进行出错提示，用一个对话框询问用户是终止程序执行还是忽略错误。简易 DAQ 节点是中间层 DAQ 节点的逻辑组合，但它只提供最基本的输入输出接口。对复杂的应用程序，应当选用中间层 DAQ 节点以得到更多功能和性能。

（2）第二层：中间层 DAQ 节点

中间层 DAQ 节点由高级 DAQ 节点组成，但是它们使用较少的参数，并且不具备某些高级的功能。中间层 DAQ 节点比简易 DAQ 节点给用户更多的对错误进行处理的机会。在每一个节点中用户都可以检查错误，将出错的信息簇传递给其他节点。

（3）第三层：工具 DAQ 节点

同中间层 DAQ 节点类似，它们比简易 DAQ 节点具有更多的输入/输出参数，因此在开发应用软件时，工具 DAQ 节点具备更多的硬件操作功能，能够更有效地控制硬件。

（4）底层：高级 DAQ 节点

高级 DAQ 节点是对数据采集驱动程序最底层的接口。很少有应用软件需要高级 DAQ 节点。高级 DAQ 节点为用户从数据采集驱动程序返回更多的状态信息。

15.3 NI-DAQmx 的特点

NI 公司开发了两套 NI-DAQ 驱动程序：Traditional NI-DAQ 和 NI-DAQmx，都可以与 LabVIEW 和 NI 公司的硬件产品无缝结合使用，因此也成为利用 LabVIEW 构建数据采集系统时驱动程序的首选。

15.3.1 NI-DAQmx 的新特性

NI-DAQmx 与 Traditional NI-DAQ 相比，有如下突出的新特性。

1）更轻松地添加 DAQ API 的新特性和新设备。

Traditional NI-DAQ 的许多 API 函数都有大量的参数而且没有有效的方式可以添加新参数，而 NI-DAQmx 通过一个丰富的属性层次来使用基于属性的方法，其易于扩展的特点使得添加新特性更为轻松。另外，NI-DAQmx 使用了作为组件的插入式设计，添加新设备更为便利。

2）更有效的多线程数据采集。

Traditional NI-DAQ 最初是为旧版本的单线程操作系统而设计的，在多线程操作系统下运行时，Traditional NI-DAQ 必须将存取操作限制在每次一个线程，不能同时完成两个或者更多的 DAQ 任务。NI-DAQmx 使用多线程设计解决了这个问题，能够有效地利用多线程同时执行多个 DAQ 任务和访问驱动器。

3）提高了数据采集性能。

Traditional NI-DAQ 对应用程序的控制力不够强，例如验证配置、保留资源和对硬件编程等，因此用户不能重写这些应用程序以更快地运行。NI-DAQmx 则利用一个基于已定义状态模型的设计提高了性能，并且对于检验、保留和实施等一些高级操作提供了高级的 API 功能，因此用户拥有更强的控制能力以创建更高效的数据采集系统。

4）提高了驱动性能和可靠性。

用户每添加一个新特性或者对驱动进行一次改变，NI-DAQmx 中一个严格且完备的功能和性能自动测试包就会检测这个改变是否引入了漏洞。NI-DAQmx 也能够处理异常情况，如 DAQ 任务中止、看门狗定时器终止和设备的意外删除等。

5）更便利的使用方式。

Traditional NI-DAQ 中含有的 Easy I/O 和中间的 I/O 层使得创建一般的 DAQ 任务更加轻松，然而用户在需要添加更多高级特性时就不得不使用更高级的 API 进行重写。NI-DAQmx 引入了以下方式，使得开发应用程序更为轻松。

配置工具助手，如 DAQ Assistant。利用 DAQ Assistant，用户可以图形化地选择它们希望进行的测量类型，保存配置以供以后使用并自动生成代码；高级 NI-DAQmx 路由特性，简化了 DAQ 设备的触发和同步；报告并描述错误，帮助用户精确地确定错误的原因并推荐解决方案，使得调试 DAQ 应用程序更加便利；引入 Express VI 和多态性 VI 等新特性，用户可以从一个简单的配置对话框来选择参数并构建 DAQ 系统。多态性 VI 则可根据 DAQ 任务的不同进行自动匹配，帮助用户更容易地找到特性。

15.3.2 NI-DAQmx 的安装和重要概念

在安装 NI-DAQmx 之前，需要确定已经安装了 LabVIEW 7.0 以上的版本，如果没有则需要预先安装 LabVIEW。将 DAQ 光盘放入光驱，双击“安装程序”，自动出现如图 15-5 所示的画面，开始安装。

图 15-5　安装 NI-DAQmx

在安装过程中，可以自定义安装组件，如图 15-6 所示。

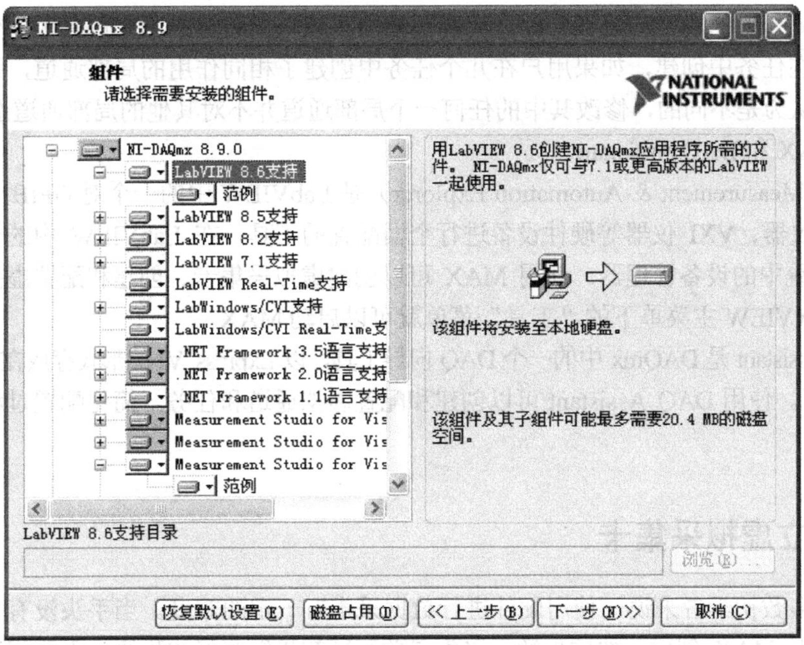

图 15-6　自定义安装组件

注意：检查安装程序检测和选择的正确支持文件与应用软件或语言的正确版本号。双击一个特征项前面的加号可以展开子特征项的列表，如图 15-6 所示。还可以选择附加选项来安装支持文件、范例和文档。

首先需要明确一些基本概念的含义及其之间的区别和联系。

（1）物理通道（Physical Channel）和虚拟通道（Virtual Channel）

物理通道是实际存在的测量信号或产生信号的端口，与采集卡上的通道名称相对应，例如 Dev1/ao1、SC1Mod4/ai0 等，硬件一旦确定，物理通道的名称和属性就不能更改。

虚拟通道是一组配置的集合，包括名称、物理通道、端子连线方法、测量类型和标定信息等。DAQmx 的每一次测量过程都需用到虚拟通道，用户可以通过 DAQ Assistant、MAX 或者 DAQmx 的接口 API 3 种方法来创建或者配置虚拟通道。虚拟通道的名称和属性可以由用户随时更改。

（2）任务（Task）

任务是带有定时、触发或者其他属性的一个或多个虚拟通道的集合。一个任务代表用户所做的一次测量或者信号发生。用户可以通过 DAQ Assistant、MAX 或者 DAQmx 的接口 API 3 种方法来创建或者配置任务，任务里的属性信息可以由用户进行设置并保存，从而在应用程序中使用这个任务。

（3）局部虚拟通道（Local Virtual Channel）和全局虚拟通道（Global Virtual Channel）

DAQmx 中，虚拟通道可以在任务中创建并作为任务的一部分，也可以在任务外创建并独立于任何任务。在任务中创建的虚拟通道称为**局部虚拟通道**，在任务外创建的虚拟通道称为**全局虚拟通道**。用户可以在 MAX 中创建和配置全局虚拟通道，然后再应用到各个任务中去，如果全局通道的属性一旦被修改，就会在使用了该全局通道的所有任务中生效。局部虚拟通道只能在任务中创建，如果用户在几个任务中创建了相同作用的局部通道，那么这几个局部通道被认为是不同的，修改其中的任何一个局部通道并不对其他的局部通道造成影响。

（4）MAX 和 DAQ Assistant

MAX（Measurement & Automation Explorer）是 LabVIEW 中的一个对 GPIB 卡、数据采集卡、串口仪器、VXI 仪器等硬件设备进行全面配置的工具，在 LabVIEW 中的作用类似于 Windows 系统中的设备管理器。使用 MAX 可以创建虚拟采集卡、创建和配置虚拟通道和任务。单击 LavVIEW 主菜单下的“工具”菜单就可以启动 MAX。

DAQ Assistant 是 DAQmx 中的一个 DAQ 向导工具，以 Express VI 的形式存放在 NI-DAQmx 的子 VI 库下。使用 DAQ Assistant 可以创建和配置虚拟通道和任务，简化配置过程并自动生成程序代码。

15.4 建立虚拟采集卡

对于大多数初学者来说，使用硬件进行数据采集有一定的难度。当手头没有数据采集卡时，可以利用 MAX 创建一块虚拟数据采集卡并测试初步编写好的程序，直到程序运行无误后再拿到有数据采集卡的机器上去运行。

【例 15-1】 创建一块 PCI 6250 虚拟采集卡并采集双通道电流。

1）打开 MAX，在左侧配置导航栏“我的系统”下的“设备和接口”上右击，选择“新建……”后会弹出如图 15-7 所示的对话窗口，从中选择“NI-DAQmx Simulation Device”后单击对话窗口下的“Finish”按钮确认。

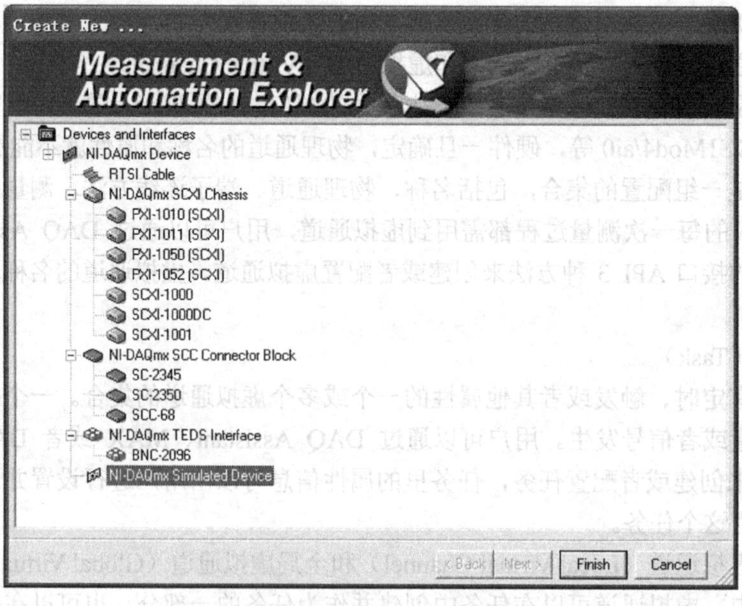

图 15-7　创建虚拟采集卡

2）确认后会弹出一个要求用户选择具体设备型号的对话框，选择 M 系列的 PCI-6250，单击“OK”按钮确认，如图 15-8 所示。然后在 MAX 左侧的配置导航栏就可以看到这块虚拟采集卡了。

3）在 MAX 左侧配置导航栏的“我的系统”下的“数据邻居”上右击，从菜单中选择“新建……”后，在弹出的对话框中选择“NI-DAQmx Global Virtual Channel”，然后单击“Next”按钮，出现如图 15-9 所示的对话框。

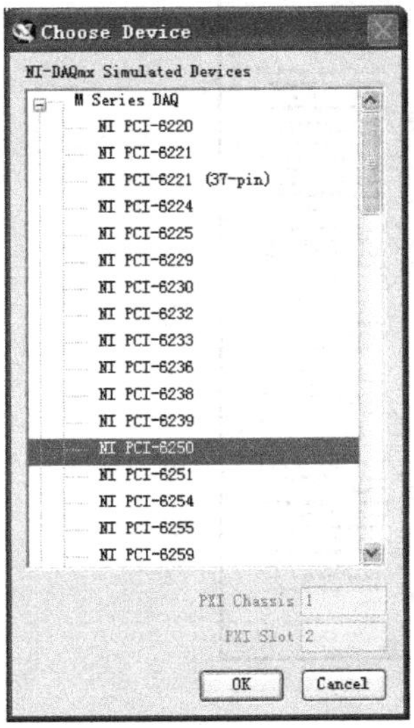

图 15-8　PCI-6250 虚拟采集卡

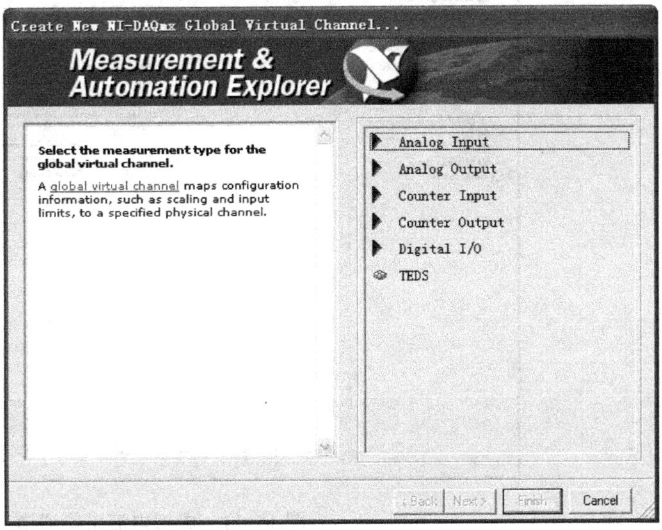

图 15-9　创建全局虚拟通道

4）选择“Analog Input”下的“Current”，表示这是一个测量电流的模拟输入通道，然后单击“Next”按钮选择刚刚虚拟出来的数据采集卡的第一个通道 ai0 作为测量的物理通道，如图 15-10 所示。

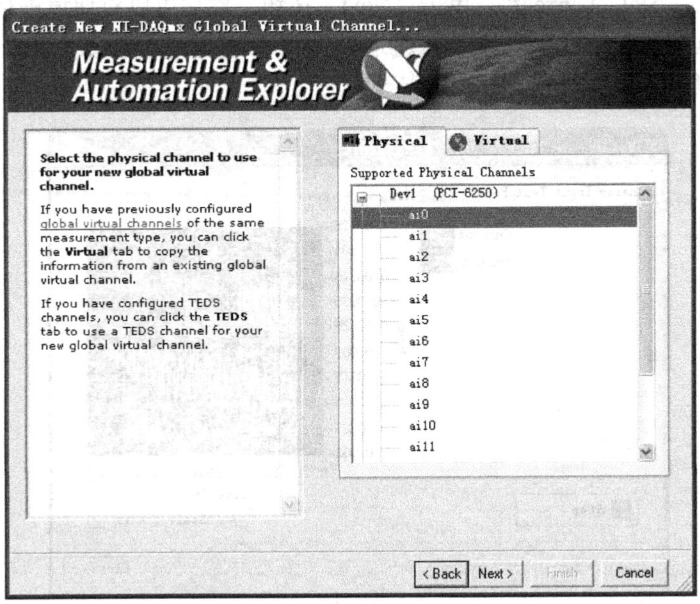

图 15-10　测量的物理通道

5）然后单击“Next”按钮，下一界面要求输入创建的虚拟通道的名字，这里使用MyCurrentChannel1，然后单击“Finish”按钮确认，在左侧导航栏就可以看到该虚拟通道了。如图 15-11 所示。

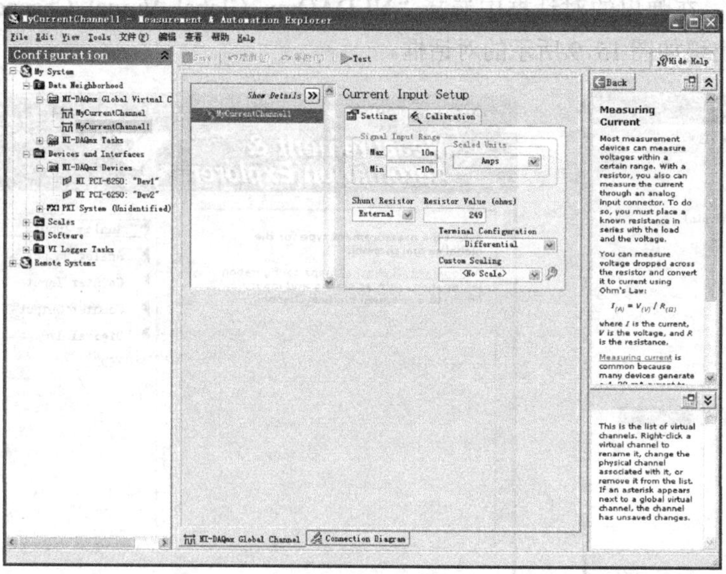

图 15-11　虚拟电流采集通道

由于此时还没有新建任何任务，这个虚拟通道是独立于任何任务的。配置完成后单击“Start”按钮就可以进行采集，用于测试配置是否合理。下面进行任务的创建。

6）在 MAX 左侧配置导航栏“我的系统”下的“数据邻居”上右击，选择“新建……”后，在弹出的对话框中选择“NI-DAQmx Task”，然后单击“Next”按钮。同样选择“Analog Input”下的“Current”，单击“Next”按钮。然后可以对通道进行参数配置。

7）单击“Add Channel”增加一个通道，同样对通道进行参数配置。单击窗口中的“Run”就可以采集数据了。如图 15-12 所示。

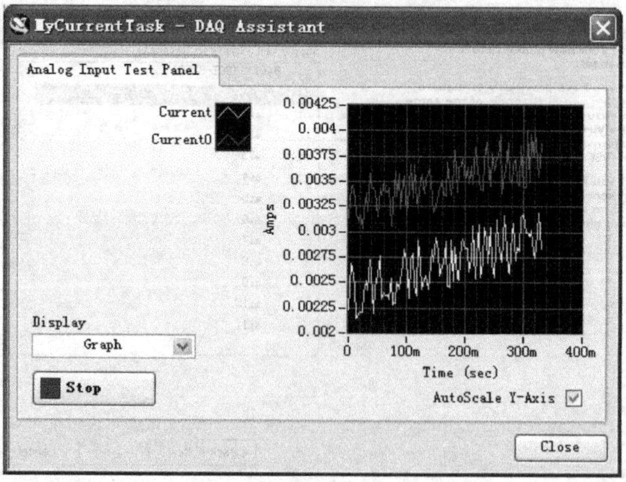

图 15-12　采集电流波形图

15.5 利用虚拟采集卡建立电压采集系统

本实例是采用 NI-DAQmx 创建虚拟通道，同时连续采集电流读数并将采集到的数据绘制到一张波形图上。

15.5.1 通道配置

1）打开一个新 VI。

2）在程序框图中，显示函数选板并选择 Express 输入，以显示输入选板。

3）选择输入选板上的 DAQ Assistant Express VI，如图 15-13 所示。将该 Express VI 放置到程序框图上。此时 DAQ 助手将启动并出现 Create New 对话框。

4）单击 Analog Input，显示 Analog Input 选项。

5）选择 Voltage 创建一个新的电压模拟输入任务。对话框将列出各个已安装的 DAQ 设备的通道。列表中通道的数量取决于 DAQ 设备中通道的实际数量。

6）在 Supported Physical Channels 列表中，选择仪器与信号连接的物理通道（如 ai0）并单击 Finish 按钮。如图 15-13 所示，DAQ 助手将打开一个新对话框，显示所选通道的各配置选项。

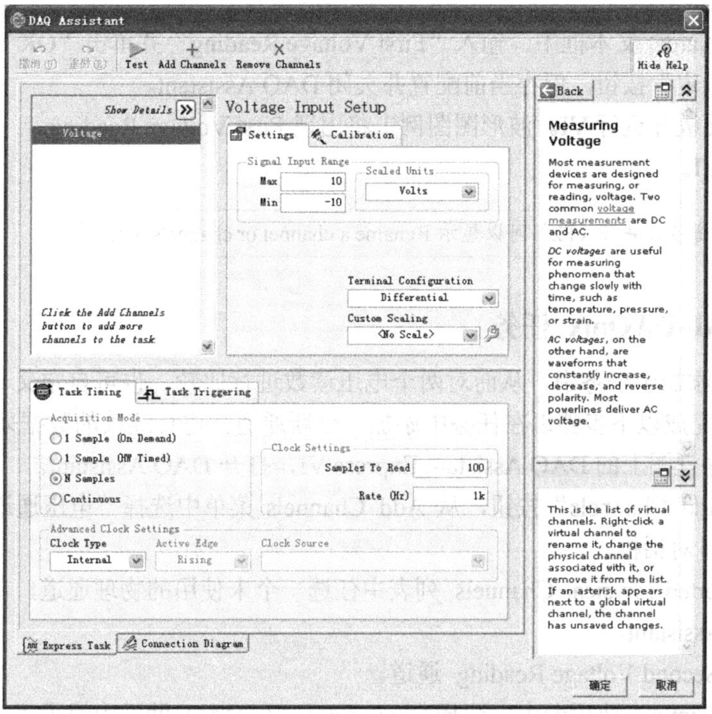

图 15-13 DAQ 助手配置选项

7）在 Settings 选项卡的 Input Range 中，将 Max 和 Min 分别设为“10”和“-10”。

8）在 Task Timing 选项卡中，选择“N Samples”。

9）在 Samples To Read 文本框中输入“100”。

15.5.2 测试任务

对任务进行测试以检验通道配置是否正确。完成以下步骤以确认数据采集的执行状态。

1）单击“Test”按钮，显示 DAQ Assistant 对话框。

2）单击“Start”按钮 1～2 次以确认是否正在采集数据，接着单击“Close”按钮返回至 DAQ 助手。

3）单击“确定”按钮保存当前配置并关闭 DAQ Assistant。LabVIEW 将生成该 VI。

4）将 VI 命名为“Read Voltage.vi”，并在适当的位置保存。

15.5.3 绘制图形

利用上一小节所创建的任务，将 DAQ 设备所采集的数据绘制到图形中。完成以下步骤，把从通道采集到的数据绘制到波形图并改变信号的名称。

1）右击 Voltage 接线端，并从快捷菜单中选择“创建→图形显示控件”。

2）切换到前面板并运行 VI 3～4 次。观察波形图。波形图图例中将出现 Voltage。

3）在程序框图中，右击 DAQ Assistant Express VI，并从快捷菜单中选择“属性”以打开 DAQ Assistant。

4）右击通道列表中的 Voltage，从快捷菜单中选择 Rename，显示 Rename a channel or channels 对话框。

5）在 New Name 文本框中，输入“First Voltage Reading”并单击“OK”按钮。

6）单击“确定”按钮，保存当前配置并关闭 DAQ Assistant。

7）打开前面板并运行 VI。波形图图例中将出现 First Voltage Reading。

8）保存该 VI。

注意：选择通道名称并按〈F2〉可以显示 Rename a channel or channels 对话框。

15.5.4 编辑 NI-DAQmx 任务

将另一通道添加至任务中，从而对两个电压读数进行比较。也可自定义一个连续采集电压读数的任务。完成以下步骤以在任务中添加一个新通道并进行连续的数据采集。

1）双击程序框图上的 DAQ Assistant Express VI，打开 DAQ Assistant。

2）单击“Add Channels”按钮，从 Add Channels 菜单中选择“电压通道”，显示 Add Channels To Task 对话框。

3）在 Supported Physical Channels 列表中任选一个未使用的物理通道，单击“确定”按钮返回至 DAQ Assistant。

4）重命名 Second Voltage Reading 通道。

5）在 Task Timing 选项卡中，选择 Continuous。在 DAQ 助手中设置“定时和触发”选项，这些选项作用于通道列表中的所有通道。

6）单击“确定”按钮保存当前配置并关闭 DAQ Assistant。此时 Confirm Auto Loop Creation 对话框将出现。

7）单击“是”按钮。LabVIEW 在程序框图上放置一个 While 循环，将 DAQ Assistant

Express VI 和图形显示控件包围在内。While 循环的“停止”按钮与 DAQ Assistant Express VI 的 stop 输入端相连。而 Express VI 的 stopped 输出端则与 While 循环的条件接线端相连。此时程序框图如图 15-14 所示。

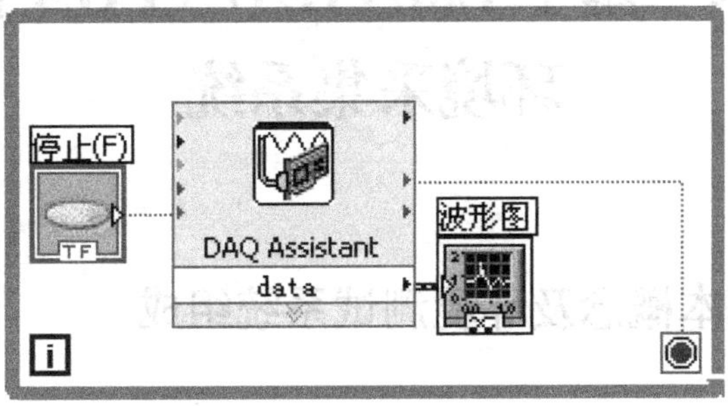

图 15-14 Read Voltage VI 的程序框图

如发生错误，或在 VI 运行时单击“stop”按钮，DAQ Assistant Express VI 将停止读取数据并停止 While 循环，同时 stopped 输出端返回一个 TRUE 值。

15.5.5 直观比较两个电压读数

图形直观显示了两个电压读数，便于用户自定义曲线而更好地区分两个信号。执行以下步骤，设置波形图中的曲线颜色。

1）展开前面板上的图例，显示两条曲线。

2）运行 VI。图形中将出现两条曲线，图例中将显示这两条曲线名称。

3）右击图例的 First Voltage Reading，从快捷菜单中选择颜色。使用颜色选择工具选择所需颜色（如红色），以便于识别不同曲线。修改 Second Voltage Reading 曲线的颜色。

4）保存该 VI。采集波形图如 15-15 所示。

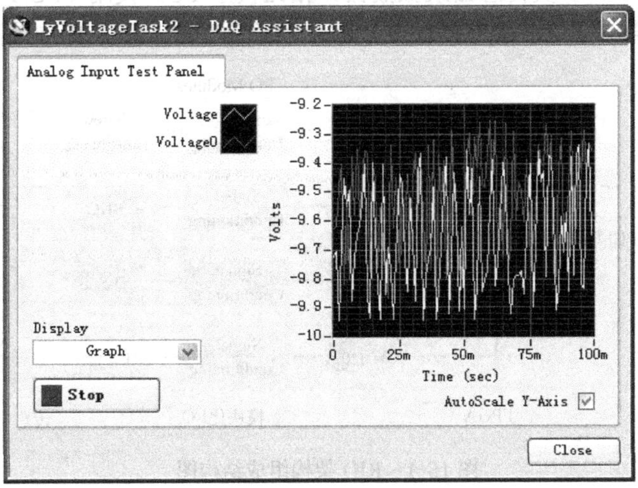

图 15-15 采集波形图

第 16 章　基于 LabVIEW FPGA 模块的环境采集系统

16.1　FPGA 的基本概念及环境测试系统组成

16.1.1　FPGA 的基本概念

FPGA（Field Programmable Gate Array）全称为现场可编程门阵列，其特点是它作为一种万能芯片，可以替代常规芯片，通过软件改变它的硬件功能。FPGA 是一种可编程门阵列，未上电之前 FPGA 是空白的，上电后，通过读取里面存储的内容，FPGA 会自动配置，形成需要的功能芯片。也就是说 FPGA 是由软件决定的芯片，它的功能可由软件进行更新。

FPGA 作为新技术，其重要性不言而喻。而传统 FPGA 的程序设计必须通过专业的开发软件完成（如 ISE），也需要使用专业的编程语言（如 VHDL）。而 NI 的 FPGA 工具包则另辟蹊径，它是以 LabVIEW 作为基本开发环境，采用我们熟知的图形化编程方式来编写 FPGA 程序的。它只需要结合相应的 FPGA 板卡，可以像编写常规的 LabVIEW 程序一样编写 FPGA 程序，不需要更多的 FPGA 方面的专业知识。需要注意的是，LabVIEW FPGA 工具包是针对特定硬件的，不能用于通用 FPGA 的开发。此外 NI 为 LabVIEW 与 FPGA 结合提供了一种可重配置 I/O（RIO）架构，如图 16-1 所示，RIO 架构由以下 4 部分构成：处理器、FPGA、模块化 I/O 以及传感器或激励器。相比较于 PC，使用 FPGA 来实现各项功能是基于 FPGA 实时性强的特点，能够提供更快的反馈控制响应，以及更加灵活的控制 I/O。

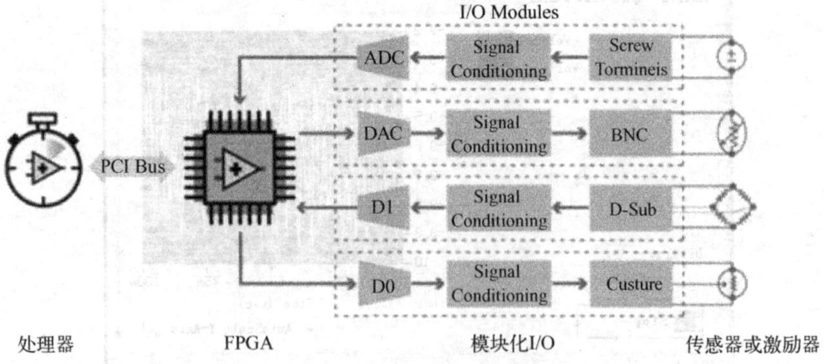

图 16-1　RIO 架构组成结构图

16.1.2　环境测试系统组成

一个完整的基于 LabVIEW FPGA 模块的测试系统结构如图 16-2 所示。

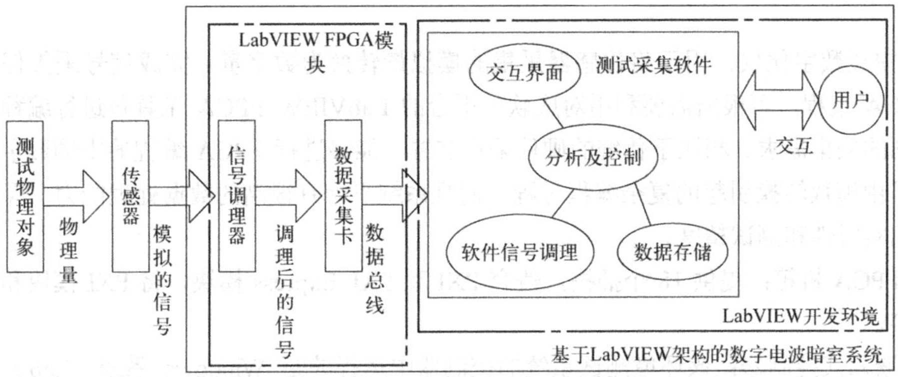

图 16-2　基于 LabVIEW FPGA 模块的测试系统结构

基于 LabVIEW FPGA 的测试系统由传感器、信号调理器、数据采集卡、计算机和测试采集软件组成。其中测试采集软件又可以分为软件信号调理、分析及控制、数据存储和交互界面 4 部分。测试系统基于 LabVIEW 软件架构通过同一款软件不仅完成传统测试软件的功能，还兼顾数据采集的采集卡仪器控制、数据传输控制、用户交互界面开放等功能。其中仪器控制、数据传输控制等在 LabVIEW FPGA 模块中通过编程实现，测试软件和用户交互部分则通过 LabVIEW 软件开发环境实现。基于 LabVIEW FPGA 的采集属于在线采集，平台采用 PXI 嵌入式实时控制器并且使用中频数字化仪等完成数模转换，并通过 LabVIEW FPGA 模块对仪器编程。相比离线采集，基于 FPGA 模块的采集系统具有良好的实时性效果，能够处理大批量的宽带数据，并实时地对系统工况进行监测；相比通过 DSP 或虚拟仪器等其他在线采集方法，该系统平台集成完善，接口板卡充足，能够实时高速的采集模拟和数字信号，同时模型程序编写简洁方便，支持在线调参功能，可以方便地对参数进行在线监控。

下面以基于 LabVIEW FPGA 模块的环境测试系统为例，介绍 LabVIEW FPGA 模块在实际工程中的应用。该环境测试系统以系统级设备的环境为测试对象，完成电磁、振动与噪声的实时测试与在线分析功能。该环境测试系统的系统结构如图 16-3 所示。

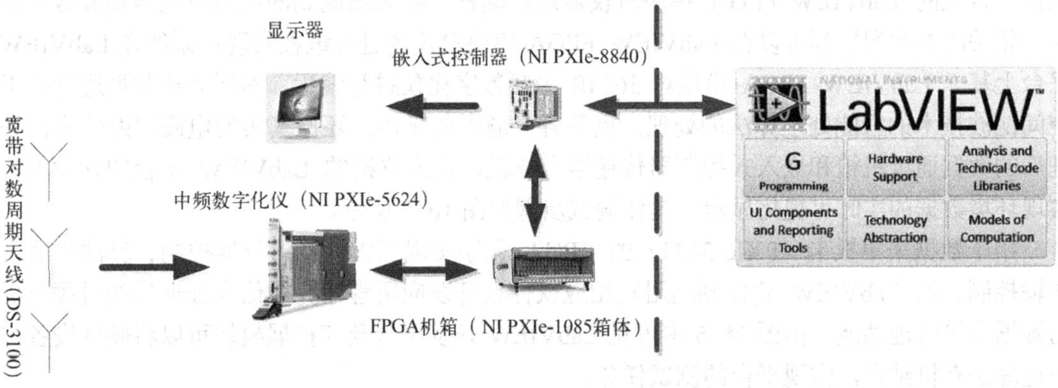

图 16-3　环境测试系统结构

环境测试系统由中频数字化仪、FPGA 机箱、嵌入式控制器及显示器组成。各部分功能如下。

1）中频数字化仪：用于将传感器采集的模拟量转换为数字量，完成信号采集任务，其支持 FPGA 编程，可根据需要利用对应软件平台的 LabVIEW FPGA 工具包进行编程配置，满足不同的采集需求。相比于传统的硬件采集装置，能够进行 FPGA 编程的中频数字化仪不仅减少了由模数转换引起的复杂编程过程，而且系统平台有很高的数据处理能力，保证了采集数据的实时性和测试精度。

2）FPGA 机箱：提供 18 个插槽，兼容 PXI 和 PXI Express 模块，将 PXI 模块和高性能背板连接。

3）嵌入式控制器：该环境测试系统的控制器中运行的是 Windows 系统，LabVIEW 软件安装在该控制系统中，完成 LabVIEW 与 LabVIEW FPGA 程序的编写任务。测试系统实物如图 16-4 所示。

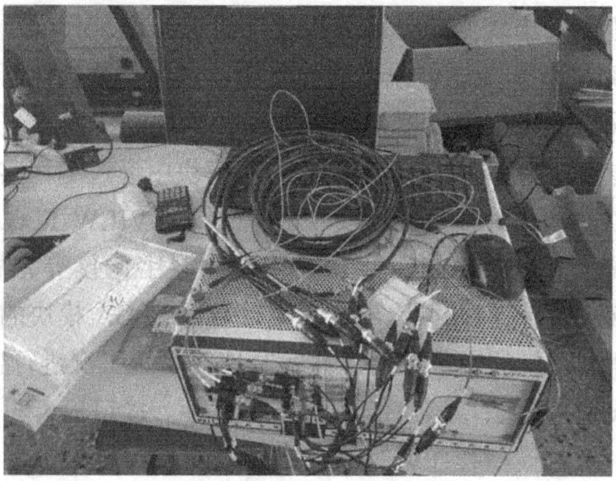

图 16-4　测试系统实物

各部分之间关系概述如下：通过对数周期天线作为传感器将其布置在测试对象周围的关键位置。通过 PXI 机箱中嵌入的 3 个 5624R 中频数字化仪与 3 个天线相连，通过 LabVIEW 软件平台上的 LabVIEW FPGA 模块对仪器进行编程，将天线测到的模拟电压转换成数字信号，相关的参数配置都可以在 LabVIEW FPGA 模块对仪器进行编程实现；系统在 LabVIEW 平台上基于 LabVIEW FPGA 模块对 5624R 中频数字化仪进行编程，对所采集数据进行基于空间滤波技术的智能处理算法的处理，剔除各个通道的噪声，还原真实的电磁辐射信号；处理后的数据通过机箱和嵌入式控制器传递给上位机，在上位机的 LabVIEW 平台的软件上，实现环境数据的实时可视化显示。具体测试步骤如图 16-5 所示。

用于数据采集板卡（PXIe-5624）的 FPGA 程序实现三大功能：仪器控制、算法实现、传输控制。而 LabVIEW 软件则利用其相应软件包开发应用程序完成信号处理后的时频分析与数据库等管理功能。由图 16-5 中可见 LabVIEW 开发平台及其扩展模块可以将硬件设备与先进算法有机结合，实现平台的测试任务。

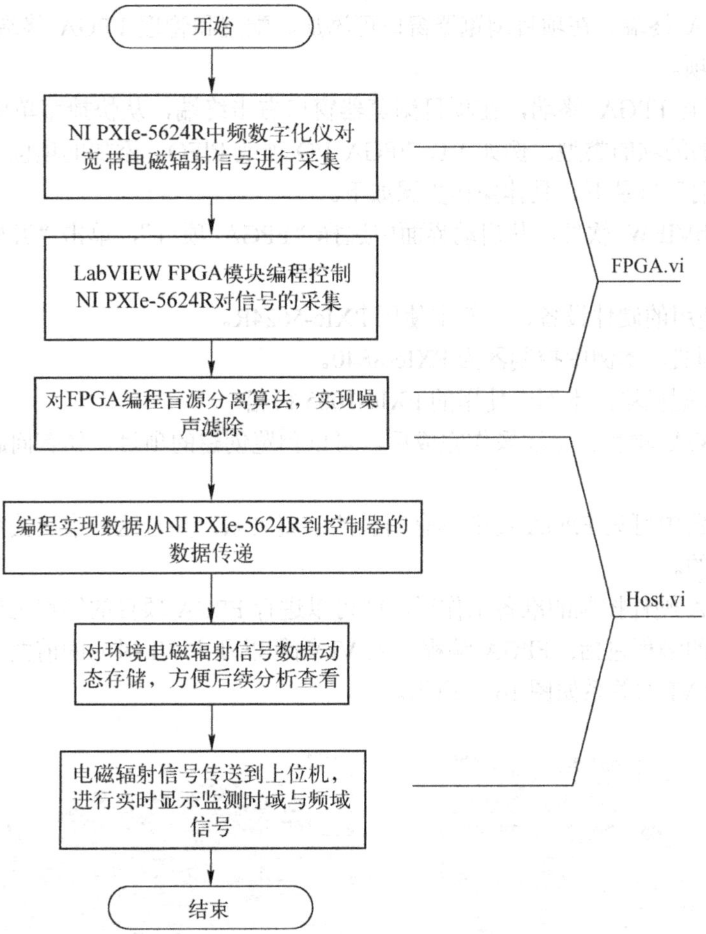

图 16-5　基于 LabVIEW 软件平台任务流程图

16.2　构建 FPGA 项目

需要注意的是，FPGA 编程必须通过项目管理器进行，一个完整的 FPGA 应用包含主 VI、FPGA VI、FPGA 终端、终端范围的选项（例如 FPGA I/O、FPGA FIFO 和 FPGA 终端时钟），其组织结构如图 16-6 所示。

图 16-6　FPGA 项目组织结构

开发设备 FPGA 模块，必须创建用于 FPGA VI 和主 VI 的项目。通过FPGA 项目向导可创建项目。在启动窗口单击“新建项目”或在 LabVIEW 中选择“文件→新建”打开新建对话框，选择“项目→新建项目”创建新项目。FPGA 终端、FPGA 终端时钟、FPGA I/O和FPGA FIFO可被添加至项目。FPGA 终端可选择之前在 MAX 中配置的或添加一个新的 FPGA 终端。在项目浏览器窗口可添加、配置和管理 FPGA 终端下的 VI、文件夹及 FPGA 项目项。

如要添加项至 FPGA 终端，在项目浏览器窗口右击终端，从快捷菜单中选择“新建→x”，x 是指待添加的项的类型。例如 VI、FPGA I/O 项或 FIFO。添加的项位于项目浏览器窗口的“FPGA 终端”目录下。具体操作步骤如下。

1）打开 LabVIEW 软件，从启动界面中选择“FPGA 项目”，单击“开始”按钮进入下一界面。

2）选择所使用的硬件设备，本例中使用 PXIe-5624R。

3）选择控制器，本例中控制器为 PXIe-8840。

4）选择可重配机箱，本例中使用的 PXIe-1085 机箱。

5）预览 FPGA 项目。上述操作完成后，可以预览创建的项目，如有问题，可以返回上一步进行修改。

从项目管理器中可见 FPGA 终端具有明显的隶属关系，并且这种隶属关系与它们之间的物理关系是一致的。

在完成 FPGA 硬件控制的准备工作后，就可以进行 FPGA 项目的编程工作了，一个完整的环境测试项目的编程包括：FPGA 编程、主 VI 编程以及主 VI 对应的前面板设计。其中，主控 VI 和 FPGA VI 的关系如图 16-7 所示。

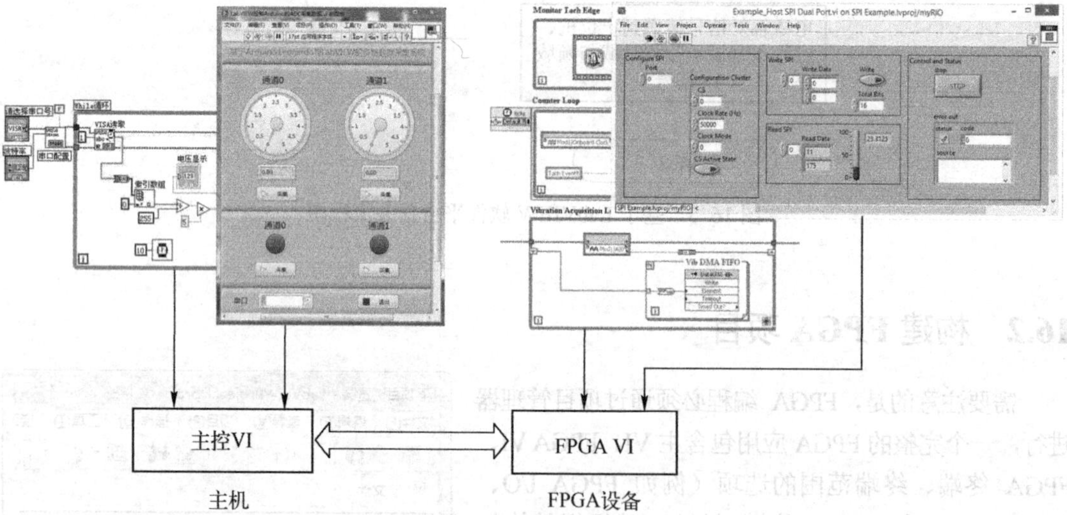

图 16-7 主 VI 与 FPGA VI 之间的关系

主 VI 在主机上运行，FPGA VI 在 FPGA 设备（PXIe-5624R）上运行，FPGA VI 拥有和主 VI 类似的编程环境，所不同的是 FPGA VI 拥有自己独特的操作函数，鉴于不同的硬件设备 FPGA 集成的操作函数各有不同，读者可以根据自己所选用的 FPGA 设备自行探索。

其中 FPGA 编程需根据具体的测试需要进行编程，本章不再赘述，本章主要介绍如何将设计好的 FPGA 程序编译下载。LabVIEW FPGA 模块提供了两种编译方式，一是直接运行 FPGA VI，二是在顶层 VI 的快捷菜单上选择“编译”项。FPGA 程序的编译是通过 FPGA 编译服务器实现的。作为 FPGA 编译服务器的客户端，启动编译后，LabVIEW 会自动连接到

FPGA 编译服务器。编译期间，LabVIEW 可以断开与编译服务器的连接，但是服务器会继续进行 FPGA 程序的编译。LabVIEW 只要不更改正在编译的 VI，就可进行其他工作。需要注意的是，编译过程比较耗时，一个较小的 FPGA 程序就可能耗时十几分钟。

主 VI 与 FPGA VI 的交互可通过下面步骤来完成。

1）打开 FPGA VI 的引用，创建程序生成规范或 FPGA VI 编译生成的位文件。

2）使用"FPGA 接口"函数发送或接收数据。

3）使用"关闭 FPGA 引用"函数关闭 FPGA 引用。

图 16-8 给出了一个简单的主控 VI，用以说明主控 VI 是如何与 FPGA VI 进行交互的。

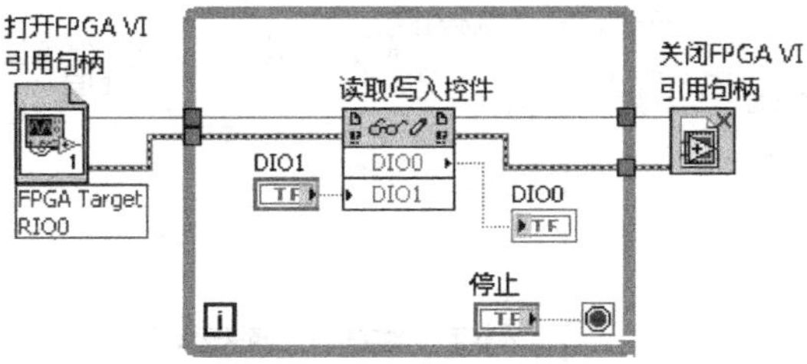

图 16-8　主 VI 与 FPGA VI 交互程序框图

在该主控 VI 中，应用写入一个值至 FPGA 上的布尔输入控件（DIO1），从 FPGA 的布尔显示控件（DIO0）读取值。

16.3　应用实例

本实例以如图 16-9 所示系统作为测试对象，测试其电磁、振动、噪声环境。以电磁环境测试为例，首先，要分析的电磁辐射频率范围为 9kHz～1GHz，为满足采样定律，统一设置采样频率为设备硬件所能达到的最高采样 $f_s = 2\text{GS/s}$，存储深度 $N = 4\text{M}$。经公式计算采样分辨率为 500k，采样时间为 2ms。结合测试需求在相应的 LabVIEW 中编写同步测试记录程序，按照测试步骤完成对系统相应部位的电磁辐射与振动噪声测试。按照测试需要，根据前面章节介绍的内容，编写相应的前面板，如图 16-10 所示，对应的程序框图如图 16-11 所示。

图 16-9　系统测试现场

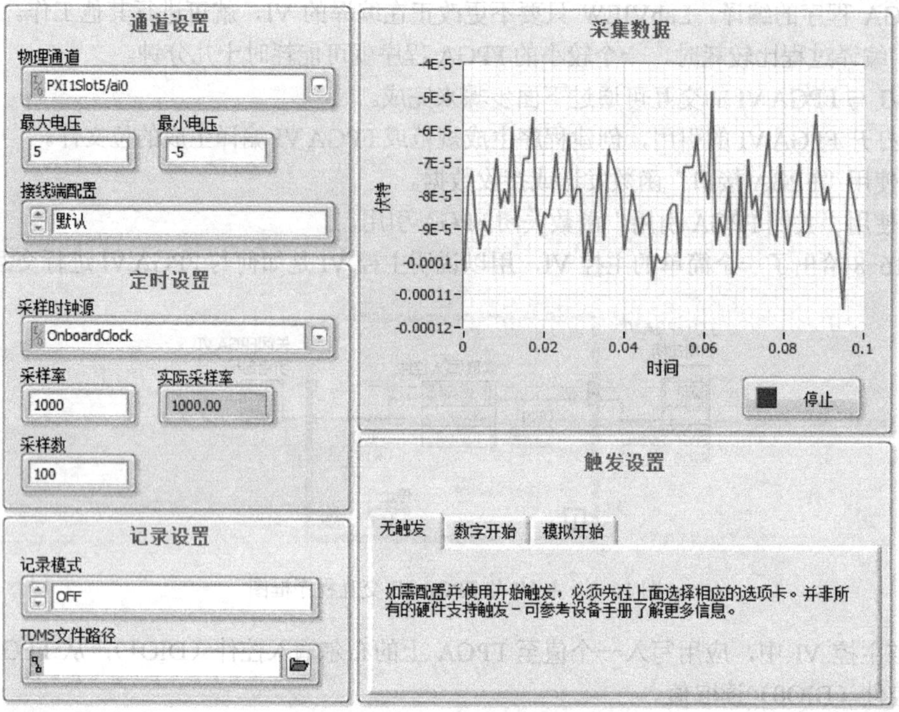

图 16-10　测试程序前面板

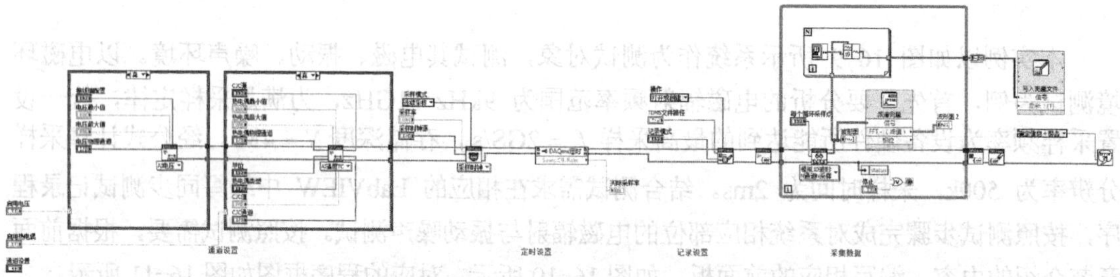

图 16-11　多通道振动、噪声同步测试与记录程序框图

如图 16-10 可见，所设计的测试程序包含：“通道设置”“定时设置”“记录设置”“采集数据”及“触发设置”等部分。其中，“通道设置”主要从下拉菜单中选择对应硬件设备，并为所采集的信号设置相应的阈值。“定时设置”部分则是设置相应的采样参数，如采样频率、采样数等。此外该前面板还综合前面章节的内容设计了“记录模块”，以便对采集数据进行保存与回放，“采集数据”是将采集到的数据可视化，方便操作人员进行观察、分析与记录，“触发设置”则是为了根据需要选择相应的触发形式。与振动、噪声采集类似，设计相应的电磁辐射采集程序框图，如图 16-12 所示。最终基于 FPGA 模块的环境测试系统完成了系统级设备的环境测试任务，测试频谱如图 16-13、图 16-14、图 16-15 所示。

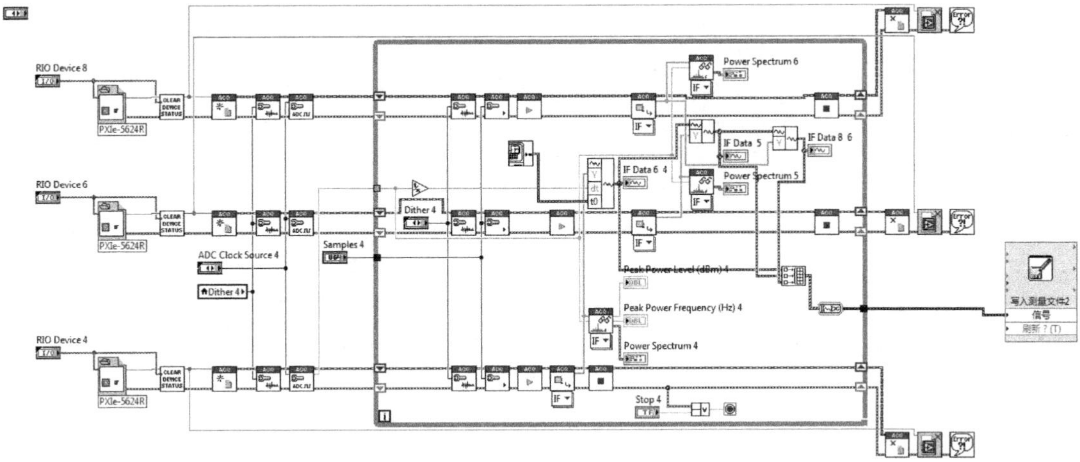

图 16-12　三通道电磁辐射同步采集与测试程序框图

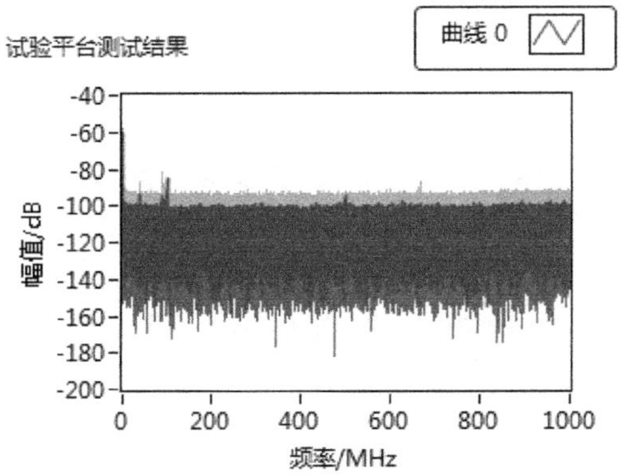

图 16-13　系统电磁测试频谱

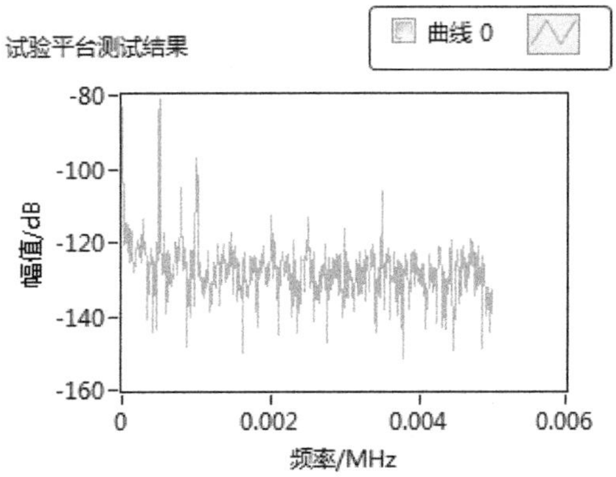

图 16-14　系统噪声测试频谱

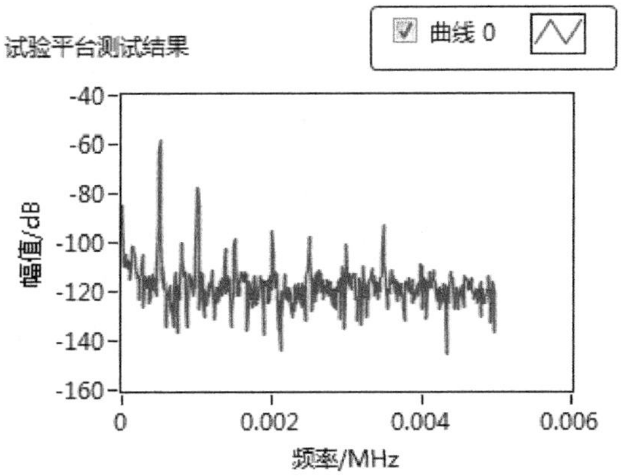

图 16-15　系统振动测试频谱

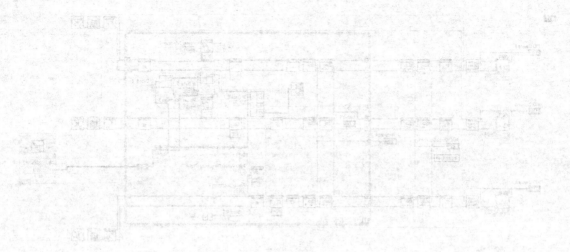

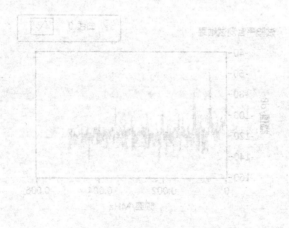